普通高等教育智能建筑系列教材

电 气 安 全

第 3 版

杨 岳 编

机 械 工 业 出 版 社

本书主要讨论电力用户范围内面向非电气专业人员的电气安全问题，重点是技术原理和工程措施。全书共分八章，第一章介绍与电气安全相关的基础知识，第二章介绍低压配电系统，第三～八章分别介绍电击防护、建筑物防雷、过电压及电涌保护和电气环境安全问题。附录中所收录的数据可用于学生了解实例和完成作业，也可部分满足课程设计与毕业设计需要。

本书强调技术原理和工程体系在电气安全问题中的作用，注重内容的应用针对性和知识更新。本书可用作大学本科电气工程及其自动化、建筑电气与智能化、安全工程、自动化等专业的专业课教材，也可用作以上方向专业硕士和工程技术人员的参考书，还可供注册电气工程师（供配电专业）考试复习与培训使用。

本书配有免费电子课件，欢迎选用本书作为教材的教师登录 www.cmpedu.com 注册下载。

（责任编辑邮箱：jinacmp@163.com）

图书在版编目（CIP）数据

电气安全/杨岳编.—3版.—北京：机械工业出版社，2017.9（2025.1重印）

普通高等教育智能建筑系列教材

ISBN 978-7-111-56422-5

Ⅰ.①电… Ⅱ.①杨… Ⅲ.①电气安全-高等学校-教材 Ⅳ.①TM08

中国版本图书馆CIP数据核字（2017）第063537号

机械工业出版社（北京市百万庄大街22号　邮政编码100037）

策划编辑：贡克勤　责任编辑：贡克勤　吉　玲

责任校对：肖　琳　封面设计：张　静

责任印制：常天培

固安县铭成印刷有限公司印刷

2025年1月第3版第9次印刷

184mm×260mm · 21.25印张 · 509千字

标准书号：ISBN 978-7-111-56422-5

定价：59.00元

电话服务

客服电话：010-88361066

010-88379833

010-68326294

网络服务

机　工　官　网：www.cmpbook.com

机　工　官　博：weibo.com/cmp1952

金　书　网：www.golden-book.com

机工教育服务网：www.cmpedu.com

封底无防伪标均为盗版

智能建筑系列教材编委会

序

20世纪，电子技术、计算机网络技术、自动控制技术和系统工程技术获得了空前的高速发展，并渗透到各个领域，深刻地影响着人类的生产方式和生活方式，给人类带来了前所未有的方便和利益。建筑领域也未能例外，智能化建筑便是在这一背景下走进人们的生活。智能化建筑充分应用各种电子技术、计算机网络技术、自动控制技术、系统工程技术，并加以研发和整合成智能装备，为人们提供安全、便捷、舒适的工作条件和生活环境，并日益成为主导现代建筑的主流。近年来，人们不难发现，凡是按现代化、信息化运作的机构与行业，如政府、金融、商业、医疗、文教、体育、交通枢纽、法院、工厂等，他们所建造的新建筑物，都已具有不同程度的智能化。

智能化建筑市场的拓展为建筑电气工程的发展提供了宽广的天地。特别是建筑电气工程中的弱电系统，更是借助电子技术、计算机网络技术、自动控制技术和系统工程技术在智能建筑中的综合利用，使其获得了日新月异的发展。智能化建筑也为设备制造、工程设计、工程施工、物业管理等行业创造了巨大的市场，促进了社会对智能建筑技术专业人才需求的急速增加。令人高兴的是，众多院校顺应时代发展的要求，调整教学计划、更新课程内容，致力于培养建筑电气与智能建筑应用方向的人才，以适应国民经济高速发展的需要。这正是这套建筑电气与智能建筑系列教材的出版背景。

我欣喜地发现，参加这套建筑电气与智能建筑系列教材编撰工作的有近20个姐妹学校，不论是主编者还是主审者，均是这个领域有突出成就的专家。因此，我深信这套系列教材将会反映各姐妹学校在为国民经济服务方面的最新研究成果。系列教材的出版还说明了一个问题，时代需要协作精神，时代需要集体智慧。我借此机会感谢所有作者，是你们的辛劳为读者提供了一套好的教材。

吴启迪

写于同济园

第3版前言

本书是在总结第1、2版使用情况的基础上，为适应教育部卓越工程师教育培养计划要求而修订的。修订的总体思路是遵循按行业标准培养的原则，以工程主流技术和最新规范、标准为依据，充实和更新内容，并调整部分内容的安排，以更好地适应教学需要。

修订的主要内容有：将原书第三章“电击防护”调整为两章，分别介绍电击防护技术和电击防护工程应用，更新了电击防护技术的内容，增加了工程应用的分量和深度；将原书第五章“过电压及低压系统电涌保护”调整为两章，分别介绍供配电系统过电压保护和低压配电系统电涌保护，增加了低压系统工频故障过电压的内容，更新充实了电涌保护的内容；将原书第四章“建筑物防雷”按GB/T 21714—2015《雷电防护》体系做了较大幅度调整和更新，并将工程接地装置部分调整到第一章。全书由原来的六章扩充为八章。

本次修订在内容组织上沿用第2版的做法，从基础理论和工程体系两个维度形成电气安全问题的知识结构，使教材内容能兼顾知识迁移性和应用针对性，并避免内容的散乱。本次修订在知识范围、理论深度、工程背景和应用针对性上都有所加强，部分内容难度加大，还提供了少量带“*”的难度较大的习题，教师可以根据教学需要进行合理取舍。

由于采用了较多新版本的标准，书中部分术语、数据、参量定义和图用符号等可能与工程现状主流应用有所不同，如图用文字符号的字母代码、雷电防护等级的概念、电气分隔的定义、反击防护措施的表述等，在此特别提请读者（尤其是使用本教材的教师）注意。对一些标准不统一或有冲突的问题，书中一般通过脚注给予注释，以避免产生歧义。

本次修订由杨岳完成，在此谨向参与过本书以前版本编写工作的马占敖老师表示感谢。由于作者水平有限，虽经修订，书中不足和错误之处仍在所难免，恳请读者和专家指正。

编　者

2017年2月

第2版前言

本书于2003年出版，满足了当时电气工程专业（尤其是建筑电气专业方向）对电气安全教材的迫切需求，也被一些院校的安全工程专业选用。近年来，通过收集分析使用本书的教师的意见，结合作者在本校电气和安全专业的使用体会以及电气安全技术的最新进展，并对照工程界对注册电气工程师（供配电专业）的专业知识要求，作者对原书进行修订。修订总体思路如下：

(1) 降低起点。原书以修完“供配电系统”或类似课程为起点，现改为以修完“电工学”为起点。

(2) 明确难度层次。以“节”“段”为单位区分难度层次，便于教师取舍。

(3) 强干弱枝。大量删除枝节性和罗列性内容，强化知识结构主干，突出重点。

(4) 推陈出新。主要在低压系统电涌保护部分更新陈旧的内容，另外在特低电压、建筑物防雷、环境技术及接地等内容中贯彻最新的IEC技术体系精神。

(5) 方便使用。注重知识的前后顺序、层级衔接和逻辑清晰，以便于阅读；提供一些常用的工程数据，以方便完成作业和课程设计。

(6) 加强习题。大幅度增加习题的数量和类型，注重习题与知识点的对应。

修订从内容和结构两方面入手，具体调整如下：

内容方面，增加了“低压配电系统”一章，以降低起点；在电气环境安全一章增加了“爆炸和火灾危险性场所的电气安全简介”一节，以适应安全工程专业的需要；增加了接地技术原理性内容的介绍；删除了输电线路防雷和中、高压系统内部过电压防护的内容；对原书中的罗列性内容，以说明技术原理为限进行了大幅度删减；新增了附录部分，列出了二十多个附表，提供常用数据。

结构方面，将原书第一章调整为电气安全基础技术，将绝缘、接地、环境三项技术作为电气安全的支撑性基础技术在本章介绍，强化了接地部分的内容；将原书第一章“电气设备电击防护方式分类”“外壳与外壳防护”调整到第三章，结合电击防护进行介绍；第三章增加“电击防护工程设计计算”一节，将原分布于各节之中的难点内容集中到一节中统一介绍，既结构清晰，又方便不同教学层次的取舍；将原书建筑物防雷部分明确按外部防雷和内部防雷分别介绍。

第2版保留并强化了原书在知识体系构成上的两条主线：一条是各种电气安全问题与基础理论之间的关系；另一条是各种电气安全问题在工程体系中的位置关系。二者从纵、横两个方向构建了电气安全工程的知识结构，使具有案例式教学特征的本门课程不再只是一个个零散案例的堆积，而是一个有机的整体。因此建议在使用本书时，除第六章可以做讲座式介绍以外，其他各章虽然可以在内容上有所取舍，但基本原理和工程体系这两条主线不能被截断，否则很难让学生建立起完整的知识体系，在关联性很强的电气安全工作中，只晓方法和局部、不明道理和全局所形成的防护体系通常会顾此失彼。至于这样做所涉及的难度问题，其实所需理论并不深奥，都是最基本的电路或电磁场理论，难点在于将这些理论运用到分析解决电气安全问题上，而这实际上是大多数专业课程所共同面对的难点之一。克服这一难点，既可提高本门课程的教学质量，又能培养学生应用所学知识解决实际问题的能力，可谓一举两得。

本次修订由杨岳负责总体构思和安排，第四章第一、四、六节的修订工作由马占敖和杨岳共同完成，其余部分由杨岳完成。由于作者水平有限，虽经修订，书中不足和错误之处仍在所难免，恳请读者和专家指正。

作 者

2010年5月

第1版前言

在我们周围存在着各种各样的能量，这些能量大部分以其自然的形态存在，小部分被我们有控制地使用。能量是我们赖以生存的不可或缺的一种物质形式，但能量也能对我们的生存环境造成破坏。电能是能量的一种存在形式，它既存在于雷电、静电等自然现象中，也存在于我们人为制造的电力系统或电子信息系统中。电气危害总是缘于电能的非期望分配，电气安全则正是要研究这些非期望分配产生的原因、途径、量值大小及特性参数等问题，并提出有效的防护方法。

因此，电气安全问题并不像人们通常所认为的那样，是一个只要小心谨慎就能避免的问题，恰恰相反，电气安全是一个基础性和综合性极强的技术领域。电气安全的工程目标是，只要没有产生机械破坏，都不会有电气安全事故的发生。当然，从现实的角度看这一目标是不可能完全达到的，但以更高的概率接近这一目标应成为我们努力的方向。

针对我国电气化水平迅猛提高和电气安全水平（尤其是非电气专业场所的电气安全水平）相对落后的现状，本书主要论述与供配电系统和建筑物相关的人身安全、设备（主要指用电设备）安全和环境安全等三部分内容。具体来说，包括电击防护、雷电防护、过电压防护、电气火灾预防、静电防护和电磁兼容等内容。本书不包括火灾及爆炸危险性场所的电气安全问题，也不包括电力生产及劳动保护方面的安全措施。本书的目的是希望学生通过学习，能了解供配电系统及建筑物内电气危害产生的途径与种类，掌握分析电气危害的基本理论，掌握电击防护、过电压防护和雷电防护的工程方法，建立电气环境安全的概念，为今后的学习和工作打下良好的基础。

本书是电气工程与自动化类专业建筑电气技术系列教材之一，由智能建筑规划教材编委会组织编写。本书主要供电气工程专业的本科学生使用，也可供相关专业的学生和工程技术人员参考。考虑到高校教学改革的进程，有相当一部分非电力类专业的学生也使用本书，因此作者在叙述上力求通俗易懂，尤其是对问题的引入花费了不少笔墨，并在前后内容的衔接处做适当重复，目的是便于不同专业的学生阅读和自学。本书的起点是学生已修完电类专业基础课，一般还应修完“供配电系统”（又称“工业与民用供电”）或类似的课程。

鉴于安全问题的严肃性、严谨性及可能由此产生的法律后果，本书作者特别声明：本书可作为工程技术人员的参考资料，但不能作为工程设计、安装施工及工程验收等的技术依据，作者不承担因引用本书观点或数据而产生的任何后果的责任。

本书共分五章，第一、二、四、五章由杨岳编写，第三章由马占敖编写，全书由杨岳主编，北方交通大学张小青教授主审。张小青教授对本书的内容提出了宝贵的意见，在此深表感谢。

本书在编写过程中还得到了重庆大学电气工程学院领导和同事们的大力支持，重庆大学谢永茂教授，原重庆建筑大学建筑设计研究院电气总工陈家国，重庆市建筑设计研究院电气总工邓申军，解放军后勤工程学院赵宏伟副教授，重庆工商大学杨琳副教授，重庆大学周齐国、龙莉莉、魏明、冯黄碧副教授等也对本书提出了宝贵意见，另外，杨本强讲师也为本书做了不少具体工作，在此一并表示感谢。

由于近年来我国电工标准正处在与国际标准接轨的过程中，不论是在看待电气安全问题的基本观点上，还是在对电气危害采取的工程防护措施上，都发生了重大的变化，一些旧的措施已作废，新的方法正陆续出台，一些通用安全措施（如电气隔离等）还没有完整的标准或规范，而有些规范尚不配套（如特低电压标准已有GB3805.1—1993，但其他方面与特低电压相关的规范仍多与GB3805—1983配套），与国际标准接轨的力度也正从“等效采用”转为“等同采用”等，使电气安全问题中与标准或规范有关的很多技术问题处在频繁的变化之中，作者因时间、信息渠道等诸多因素的限制，收集的资料难免挂一漏万，加之水平有限，书中疏漏甚至错误之处在所难免，恳请读者和专家批评指正。

作　者

2002年10月

目　录

第一章　电气安全基础

第一节　电气安全问题立论

一、电气安全问题的背景

1. 社会背景

从古至今，人类一直在努力地认识和改造自然，并取得了辉煌的成就。但辉煌的光芒掩盖不了另一个事实，那就是与文明发展如影随形的人类对其自身及周围环境的危害。以近代工业革命为发端，伴随着科学技术的迅速发展，各种危害较之以往显著加剧，其涉及面之广已几乎涵盖每一个技术领域，程度之严重已足以威胁人类自身的生存，这已有悖于人类认识和改造自然的初衷。作为一个庞大的工程领域，电气工程的情况不可能例外。电气工程是现代社会的支撑性技术体系之一，它几乎无处不在、无所不需，因此其产生的危害涉及面广、程度严重且影响深刻。面对危害，防范的要求自然产生，由此形成电气安全问题的第一个现实背景。

2. 自然背景

除了人为地利用电磁能量以外，自然界本身也存在着各种电磁过程，如雷电、静电、宇宙电磁辐射等，这些自然现象也时刻影响着正常的人类活动。社会科学技术发展水平越高，这些自然界电磁过程可能造成的危害越大，如何应对这些危害，也是必须研究的课题，这构成了电气安全问题的另一个现实背景。

3. 技术发展规律性背景

按照一般规律，一个学科在其发展初期，总是以研究事物的原理并利用所获得的成果来谋取利益为主要方向，而当与这个学科领域相关的工程技术高度发展并建立起庞大的工程体系之后，由于负面效应的显现，如何抑制其危害又会成为研究的重点之一。这一规律在汽车、石化、冶炼、矿产、电子信息等行业无一不得到验证，电气工程也不例外。因此，研究电气安全问题符合技术发展的客观规律。

4. 学科背景

作为一种物理现象，“电”被人们利用的途径主要有两条，一条是用作为能源，另一条是用作为消息的载体。因此，电气安全问题是包括电力、通信、计算机、自动控制等在内的诸多技术领域所共同面临的问题，这使它具有了广泛性和基础性的特征；同时，电气安全又涉及材料选用、设备制造、设计施工、安装调试及运行维护等诸多环节，这又使它具有了系统性和综合性的特征；再者，电气安全问题通常发生在我们预期以外的电磁过程中，这表明它具有突发性和随机性的特征。综合以上特征可知，从问题本身的基础性，到研究问题所涉及的学科跨度及理论深度，电气安全问题具有丰富的学术内涵和广阔的应用范围，这表明电气安全问题具有坚实的学科背景。

二、电气安全问题的工程现状

在发达国家，社会对电气安全问题极为重视，尤其是对涉及用户人身安全和公共环境安全的问题，更是予以了严格的规范。在我国，过去由于观念和体制上的原因，电气安全问题多侧重于电网本身的安全和电力生产场所的劳动保护，对一般民用场所的人身、财产安全和环境安全问题较为忽视，以致电击伤害和电气火灾等恶性事故的发生率长期居高不下，单位用电量的各种事故率通常比发达国家高出若干倍以上。最近三十多年来，我国在学习国际先进技术、等效或等同采用国际先进标准等方面做了大量工作，在电气安全的工程实践上有了长足进步，但与发达国家相比，仍然有一定差距，这主要体现在以下几个方面。

1）认识不足。社会（其中包括很大一部分电气工程专业人员）普遍对电气安全问题的技术性特征认识不足，很多人认为这只是一个管理和科普教育的问题，甚至认为是一个只要小心谨慎就能避免的问题。

2）技术标准滞后，体系欠清晰，标准间的配合不够严密，有的甚至相互矛盾。即使部分等效或等同采用了IEC标准，也还存在消化不良、既有工程体系支持不足以及工程实践滞后等问题。

3）从业人员相关知识不够系统、完整，一些不恰当甚至错误的概念、术语、方法等还在被广泛地使用。如36V安全电压、火线、零线、接零保护等。

4）工程项目中，错、漏安全技术措施的现象较为普遍。如住宅卫生间的局部等电位联结常未实施，剩余电流保护因误动作而被大量取消等。

以上问题中，认识不足和知识体系不完整是根本原因。要解决这些问题，必须从专业人员的专业教育入手，只有专业人员具备正确的认识和知识，才可能在全社会提高电气安全水平。

由于经济的持续快速发展，我国城、乡居民家庭和公共场所的电气化程度迅速提高，如何在这种情况下实现较高的安全用电水平，是一个十分紧迫的问题。因此，将电气安全问题作为电气工程一个重要的专业领域进行研究，修正长期以来在电气安全问题上的认识偏差，以科学的态度去探索，用工程的手段去应对，是一项十分有意义的重要的工作。

三、本课程研究的范围和重点

首先明确，本书讨论的是电气安全的工程技术性问题，而非管理措施。

其次，本书所针对的对象不包括电力生产专业场所，重点讨论面向非电气专业场所和非电气专业人员的电气安全问题。

第三，在本书所讨论的问题中，除雷电防护以外，主要是将电气系统作为加害者而非受害者来讨论的。也就是说，重点不仅在于电气系统本身的安全，而且更在于电气系统对周围环境造成的危害。

基于以上认识，本书将对电击防护、雷电防护、过电压与电涌保护以及电气环境安全等问题进行论述。由于这些问题大多与低压配电系统有关，因此书中专列一章对低压配电系统进行介绍，供不熟悉低压配电系统的读者参考。

电气安全是电类本科专业课程中综合性和实践性较强的课程之一，具有案例式教学的特征。作为课程，一个又一个的电气安全问题应该被综合成一个有机的整体，而非一大堆毫无关联的问题的堆砌。要做到这一点，需要从两个方面入手：一是从技术原理上深刻认识，找到众多电气安全问题的共同理论基础，形成纵向的知识结构；二是明晰有关各种电气安全问题的工程体系，找到每一具体的电气安全问题在工程体系中的位置，形成横向的知识结构。为此，既需要我们积极运用电路、电磁场、电机学等专业基础课程知识来解决实际问题，又需要我们勤于查阅工程标准、设计规范等技术资料以了解工程体系。若此，则不仅能学好这门课程，还可以巩固基础知识，更将锻炼我们分析解决问题的能力，为今后独立工作打下良好基础。

第二节　电气危害

一、电气危害的分类

电气危害是电气安全首先要研究的问题。按产生电气危害的源头分类，可将电气危害分为自然因素产生和人为因素产生两大类。自然因素有如雷电、静电等，人为因素主要是各种电气系统和设备，产生诸如电击、电弧灼伤、电气火灾等危害。按电气危害发生的特征分类，可将电气危害划分为电气事故和电磁污染两大类。电气事故具有偶然性与突发性的特征，而电磁污染具有必然性和持续性的特征。表1-1列出了电气危害的主要种类及原因。

表1-1　电气危害的种类及原因

<table>
<tr><th colspan="3">类型</th><th>原因及举例说明</th></tr>
<tr><td rowspan="6">电气事故</td><td rowspan="3">故障型</td><td>电击</td><td>1. 绝缘损坏，造成非带电部分带电
2. 爬电距离或电气间隙被导电物短接，造成非带电部分带电
3. 机械性原因，如线路断落，带电部件滑出等
4. 雷击
5. 各种因素造成的系统中性点电位升高，使PE或PEN线带高电位</td></tr>
<tr><td>电气火灾和电气引爆</td><td>1. 过电流产生高温引燃
2. 非正常电火花、电弧引燃、引爆
3. 雷电引燃、引爆</td></tr>
<tr><td>设备损坏</td><td>1. 过载或缺相运行
2. 电解和电蚀作用
3. 静电或雷击
4. 过电压或电涌</td></tr>
<tr><td rowspan="3">非故障型</td><td>电击</td><td>直接事故：误入带电区、人为超越安全屏障、携带过长金属工具等；间接事故：因触碰感应电或低压电等非致命带电体引起的惊吓、坠落或摔倒等</td></tr>
<tr><td>电气火灾</td><td>高温：溶液、溶渣的滴落、流淌、积聚使附近的物体燃烧、爆炸</td></tr>
<tr><td>设备损坏和质量事故</td><td>1. 长期电蚀作用使设备、线路受损
2. 工业静电引起的吸附作用、影响产品质量</td></tr>
<tr><td rowspan="2">电磁污染</td><td colspan="2">电磁骚扰</td><td>工作产生的电磁场对别的设备或系统产生的干扰等</td></tr>
<tr><td colspan="2">职业病</td><td>强电磁场对人体器官的损伤（如微波），或使人体某一部分功能失调等</td></tr>
</table>

从表1-1中可知，大多数电气事故是在故障时发生的，它具有不确定性；而在非故障时发生的电气事故，多是由于违反操作规程或电气知识不够造成的。电磁污染类的电气危害，

基本上都是在正常工作情况下产生的。

二、电气危害的主要加害源简介

1. 供配电系统

供配电系统产生的电气危害有两个方面，一方面是系统对自身的危害，如短路高温损坏线路、过电压破坏绝缘等；另一方面是系统对用电设备、环境和人员的危害，如电击、电气火灾、电压异常升高造成的用电设备损坏等，其中尤以电击和电气火灾危害最为严重。

电击是最严重的电气危害之一，它可直接导致人员死亡、伤残，或因电击产生的坠落等二次事故导致人员伤亡，因此，对电击伤害的研究是电气安全问题最为重要的组成部分之一。过去我国由于民用电气化水平不高，对电击问题的研究多集中在工业或电气专业场所，但随着经济的发展，民用用电量在迅速上升，虽然还不及发达国家水平，但我国一般民用场所的电击事故率已远远超过发达国家。可以预计，随着经济的进一步发展，我国人均用电量和民用用电量占总用电量的比例均会向发达国家趋近，若单位用电量的电击伤亡率不大幅下降，则电击伤亡事故会成倍乃至数十倍地增加，这对于社会来说是一个灾难性的预期。因此，针对非电气专业场所和人员的电击防护技术性措施应该被放到突出的位置，过去那种主要通过管理措施来进行电击防护的观念，不适合应用在非专业场所。

电气火灾是我国最近三十年来迅速发展的一种电气灾害，我国电气火灾在火灾总数中所占的比例基本在30%以上波动，数倍乃至十倍于发达国家水平，绝大多数电气火灾发生在非专业场所，所造成的损失极为巨大。电气火灾的发生多与供配电系统的过载运行或电气设备质量不合格、施工安装不规范等有关。

2. 雷电与静电

雷电是一种大气放电现象，可使人、畜遭受电击和灼烧，使建筑物受到损坏，使电力系统、通信系统、电子设备等遭到破坏，还可能引发火灾与爆炸。我国曾有因雷击引发大型油库特大火灾的案例，也有雷击引发火灾烧毁文物保护古建筑的记录。近年来因建筑物中IT设备大量增加，雷击损坏IT设备和系统的事件高频度发生。雷击产生危害的根本原因在于雷电所蕴含的巨大能量，因此控制雷电能量的泄放，是预防雷电危害的关键。由于人类的重要活动场所几乎都集中在建筑物中，建筑物的防雷也就成了雷电防护的重点。

在有些场所，静电产生的危害也不能忽视。静电可以是有意生成的，但造成危害的静电多是生产过程或日常行为中自然产生的。静电危害主要在于静电产生的强场强和高电压，它是电气火灾的原因之一，对电子设备的危害也很大。

三、电气危害的特点

1. 非直观

由于电既看不见、听不到，又嗅不着，其本身不具备为人们感观所直观识别的特征，因此其潜在危险不易被察觉，这给事故产生创造了有利条件。

2. 途径广

比如电击伤害，大的方面可分为直接电击与间接电击，再细分下去，有设备漏电产生的电击，也有带电体接触到电气装置以外的可导电部分（如水管等）而发生的电击，还有可能因接地极传导高电位而发生电击等。再比如雷电危害，可能因电闪产生的机械能破坏建筑物，也可能因电闪的热能引发火灾，还可能因雷电流下泄产生的电磁感应过电压损坏设备或产生火花引爆，或者接地极散流场产生跨步电压造成电击伤害等。由于供配电系统所处环境复杂，电气危害产生和传递的途径也极为多样，使得对电气危害的防护十分困难和复杂，需要周密、细致和全面的考虑。

3. 能量范围广且谱密度分布多样

能量大者如雷电，电荷量可达100库伦以上，雷电流量值可达数百千安培，且高频和直流成分大；能量小者如电击电流，以工频电流为主，致命电流仅为毫安级。对于大能量的危害，合理控制能量的泄放是主要防护手段，因此泄放能量的能力大小是保护措施的重要指标；而对小能量的危害，能否灵敏地感知是防护的关键，因此保护措施的灵敏性又成了重要的技术指标。

4. 作用时间长短不一

短者如雷电过程，持续时间可短至微秒级；长者如导体间的间歇性电弧短路，通常要持续数分钟至数小时才会引发火灾；而电气设备的轻中度过载，持续时间可达若干年，使绝缘的寿命缩短，最终才因绝缘损坏而产生漏电、短路等故障。对不同持续时间的电气危害，保护措施的响应速度和方式应有所不同。

5. 关联性

不同危害之间、危害与防护措施之间、不同防护措施相互之间常常互有牵扯，不能完全割离，这就是关联性。如绝缘损坏导致短路，而短路又可能引发绝缘燃烧，导致电气火灾；又如建筑物外部防雷系统可极大地减小雷击产生的破坏，但雷电流在防雷系统中通过时又可能产生反击、感应过电压、跨步电压电击等新的危害；再如剩余电流保护与电涌保护之间配合不当时，可能产生相互消减对方防护效果的现象。因此，电气危害的防护需要统筹兼顾。

四、电气危害的规律

不同类型的电气危害，各具自身的规律性。比如电击事故的规律为：①夏季居多；②低压触电居多；③移动和手持设备居多；④农村触电事故居多；⑤特殊场所如施工现场、矿山巷道、狭窄场所等居多等。但总体来说，各类电气危害都具有以下共同的规律。

第一，电气危害总是缘于能量的非期望分配。不管是供配电系统产生的电气危害，还是自然界产生的电气危害，危害发生时，总是有非期望的电磁能量出现在敏感的场所或部位。比如：电击发生时，本应传送给用电负荷的能量有一小部分传送至了人体；绝缘介质的高温，通常是导体的功率损耗超过了预期值，等等。这一规律提示我们，在研究电气危害产生的机理时，应时刻关注能量的来源问题。

第二，电气危害的发生总会伴随有物理参量量值或特性的变化，这些参量可以是运行参量，也可以是本构参量。如雷击发生时接闪器处的电场强度剧升，电击发生时可能会有剩余电流产生，等等。找出特定参量在电气危害发生时与正常运行时的差异，是发现电气危害发生的主要技术途径。

第三节　绝缘技术基础

绝缘指用电介质对带电体进行封闭和隔离、使电能在设定的通道中传输的技术措施，它既是电击防护的基本措施（如相导体对外壳的绝缘），又是保证电气设备正常工作的基本条件（如相导体间通过绝缘防止短路）。本节从绝缘材料和绝缘结构两个层面简介与电气安全相关的绝缘问题。

一、绝缘材料

1. 绝缘材料的电气性能

绝缘材料又称电介质，是一类导电能力很小的材料的总称。工程应用中的绝缘材料电阻率一般不低于$10^7\Omega\cdot m$。绝缘材料按物态分为气体、液体和固体绝缘。气体绝缘材料常见的有空气、氢、六氟化硫等；液体绝缘材料常见的有变压器油、电容器油、氯化联苯、合成十二烷基苯等；固体绝缘材料种类繁多，常见的有树脂、纸、云母、橡胶、塑料、陶瓷等。

导体的电气性能是大家都比较熟悉的，它对电气设备的性能有着重要的影响。实际上，绝缘材料的电气性能同样对电气设备的性能有着重要的影响，而且在关系到设备寿命、故障率等方面的问题时，绝缘材料的影响程度更大。绝缘材料的电气性能非常复杂，反映其电气性能的参数也比较多，本节仅选择最常用的几个参数进行介绍。

（1）绝缘电阻率　绝缘电阻率是绝缘材料的主要电气参数之一，它等于规定条件下，单位长度、单位截面积的绝缘材料上所加的直流电压与流过的稳态直流电流之比。绝缘电阻率与所加电压大小有关，还与温度、湿度等因素密切相关，如温度每下降10℃，绝缘电阻率一般增大约1.5~2倍。

（2）介质损耗因数　介质损耗是指在外加电压作用下绝缘介质中损耗的有功功率。在交流电压作用下，除泄漏电流引起的损耗外，还有绝缘介质中极化过程随着电压极性的改变而重新向相反方向发展所造成的附加损耗。

图1-1a是绝缘介质的等效电路，图中三个并联支路的物理意义为：R_i支路表示绝缘介质中能自由移动的载流子在电压作用下产生电流的效应；C_0支路表示加在绝缘两端的电极与绝缘介质共同构成的电容效应，也称无损极化电容效应；R_a与C_a串联支路表示介质在外加电场作用下发生有损极化过程的效应。所谓无损极化，是指无极性分子在电场作用下发生了正负电荷中心分离，但这种分离是弹性的，一旦外电场消失，分子正负电荷中心又会重合，因此这种极化不消耗能量。所谓有损极化，主要是指偶极子在外电场作用下发生一致性取向，这种极化是非弹性的，即外电场消失后不会自行恢复，因此有能量消耗。另外，不同介质间的夹层极化也属于有损极化。在外加直流电压作用下，过渡过程（C_0和C_a充电）完毕后，只有R_i有电流通过，这个电流就是泄漏电流，R_i即绝缘电阻；但在外加交流电压作用下，情况有所不同，分析如下：

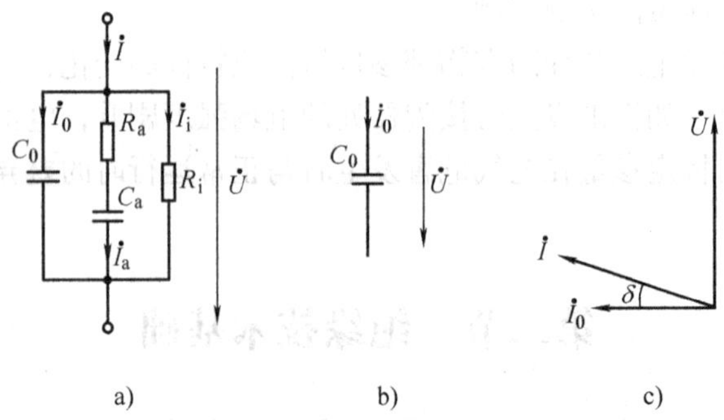

图1-1　绝缘介质等效电路及相量图

a）实际绝缘介质　b）理想绝缘介质　c）相量图

理想绝缘介质在电极外加交流电压作用下应只显现电容效应，如图 1-1b 所示，此时流过绝缘介质的电流应超前电压$\dot{U}$90°，如图 1-1c 中 $\dot{I}_0$ 所示。但实际的绝缘介质总有损耗，使得实际流过绝缘介质的电流 $\dot{I}$ 不可能超前 $\dot{U}$90°，而是比 90°小一个角度 δ。从图 1-1c 可知，δ 角越大，$\dot{I}$ 在 $\dot{U}$ 上的投影（即绝缘介质中电流的有功分量）越大，绝缘介质的有功损耗也就越大，因此称 δ 为介质损耗角。

为求出损耗的大小，将图 1-1a 中的等效电路简化为如图 1-2a 所示，此时的相量图如图 1-2b所示，有功功率损耗 ΔP 为

$$\Delta P = UI_R = UI\sin\delta = U\frac{I_C}{\cos\delta}\sin\delta = UI_C\tan\delta$$

$$= U\frac{U}{1/(\omega C_P)}\tan\delta = \omega C_P U^2\tan\delta \qquad (1\text{-}1)$$

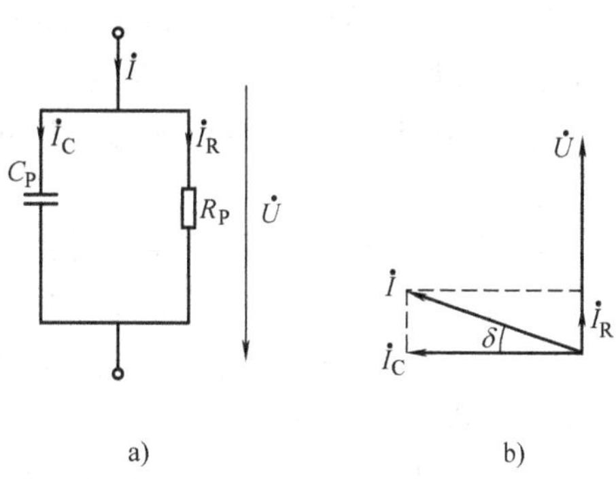

图 1-2　绝缘介质简化等效电路及相量图

由式（1-1）可知，绝缘介质的损耗与角频率 ω、电压 U、等效电容 C_P 和介损角 δ 有关，对于给定的绝缘试品和试验条件，C_P、U 和 ω 都是确定的，介质损耗 ΔP 的大小与介质损耗角的正切 $\tan\delta$ 成正比，$\tan\delta$ 因此成为绝缘测试中的一个重要参数，称为介质损耗损因数，简称介损因数。

实验证明，在规定的试验条件下，介损因数与绝缘试品的形状、尺寸等无关，而只与试品材料相关，因此该参数与绝缘电阻率一样，是一个绝缘材料的本构电气参数。

（3）介电强度　介电强度又称介质强度或耐压强度，是指绝缘介质在电场作用下不被击穿所能承受的最大场强，它与绝缘介质的物态（气体、液体还是固体）、环境温度、大气压强、湿度等诸多因素有关，还与试验电压及作用方式有关。一般给出直流电压作用下的介电强度，如标准空气的介电强度为 3kV/mm。

绝缘介质在电场作用下发生的介质电流剧增、绝缘性能丧失的现象，称为介质击穿。介质击穿的情况有两种，一种是外加电压高于绝缘介质的承受能力，使性状良好的介质发生击穿；另一种是绝缘介质性状劣化或损坏，在允许电压作用下发生击穿。前者只要设计选择合理一般均可避免，后者则是不确定性事件，常常是发生电气事故的直接原因。

气体、液体和固体绝缘介质，其击穿的机理和击穿后的性状有所差异，详细的介绍可参见高电压方面的书籍，此处要强调的是介质击穿后的恢复问题。气体介质击穿后，若外加过电压消失，其绝缘性能在很大程度上可以得到恢复，恢复所需的时间很短；液体介质击穿后，若外加过电压消失，其绝缘性能在一定程度上可以得到恢复；固体介质一旦击穿，其绝缘性能便不可恢复。

2. 绝缘材料的耐热分级

绝缘材料的耐热性能与绝缘介质的很多电气性能密切相关。在保证寿命的前提下，根据绝缘材料所允许的最高长期工作温度，可将它们分成若干等级，称为绝缘材料的耐热等级。电工标准将绝缘材料的耐热等级分为 7 级，如表 1-2 所示。

表 1-2 绝缘材料的耐热等级

耐热等级	Y	A	E	B	F	H	C
长期允许使用的最高温度/℃	90	105	120	130	155	180	>180

某一等级绝缘材料的工作温度若超过表中规定的温度值，则介质的老化速率将超过预期值，寿命缩短。例如 A 级绝缘的长期允许工作温度上限为 105℃，若实际工作温度超过上限值 8℃，即长期工作在 113℃，则绝缘的寿命会缩短约一半，这就是通常所说的绝缘热老化 8℃定则。实际上并不是各级绝缘都满足 8℃定则，如 B 级绝缘为 10℃，而 H 级绝缘为 12℃等。

绝缘老化是绝缘破坏的重要内因之一，因此合理地选择绝缘材料的耐热等级，避免因绝缘提前老化造成的绝缘破坏，对预防电气事故的发生具有重要意义。

与表 1-2 所列耐热等级相对应的常用绝缘材料举例如下。

Y 级：未浸渍过的棉纱、丝及纸等材料或其组合物。

A 级：合成有机薄膜、合成有机瓷漆等材料或其组合物。

B 级：用适合的树脂黏合或浸渍、涂覆后的云母、玻璃纤维、石棉以及其他无机材料，合适的有机材料或其组合物。

F 级和 H 级：材料与 B 级的相类似，只是使用的树脂有所不同，如 H 级使用硅有机树脂等。

二、绝缘结构

1. 绝缘结构的概念

由一种或若干种绝缘材料制作的绝缘体，连同全部端子组成的完整结构称为绝缘结构。

注意区分绝缘结构与绝缘材料的不同。绝缘材料是一种物质，而绝缘结构是由绝缘材料制作的部件。同一种绝缘材料可以制作出任意多种绝缘结构。

2. 绝缘结构按保护功能分类

绝缘结构按功能可分为工作绝缘和保护绝缘两类。就保护绝缘而言，又可按其保护功能分为四种形式，分别为基本绝缘、附加绝缘、双重绝缘和加强绝缘。

（1）基本绝缘　带电部件上对触电起基本保护作用的绝缘结构称为基本绝缘。若带电部件上绝缘的主要功能不是防触电，而是为了电气上分隔带电部件以防止短路，则称为工作绝缘，工作绝缘属于功能性绝缘。有些情况下电气设备的工作绝缘和基本绝缘由同一绝缘结构兼任。

（2）附加绝缘　附加绝缘又叫辅助绝缘或保护绝缘（保护绝缘这一名称与绝缘结构的分类名同名，不建议采用），它是为了在基本绝缘一旦损坏的情况下防止触电而在基本绝缘之外附加的一种独立绝缘结构。

（3）双重绝缘　是一种组合形式的绝缘结构，指由基本绝缘和附加绝缘共同组成的绝缘结构。

（4）加强绝缘　相当于双重绝缘保护程度的单独绝缘结构。“单独绝缘结构”不一定是一个单一体，它可以由几层组成，但层间必须结合紧密，形成一个整体，各层无法再拆分为基本绝缘和附加绝缘各自进行单独的试验。

双重绝缘和加强绝缘如图 1-3 所示，图中 a、b、c、d 为双重绝缘，e、f 为加强绝缘。

3. 爬电距离和电气间隙

爬电距离和电气间隙是电气设备中与绝缘结构密切相关的两个参数。

爬电现象指电气设备中带电部分沿绝缘结构表面发生的电弧放电，电弧通常呈水纹或树枝状，不连续，像在绝缘表面爬行一样，因此称为爬电。爬电常发生在湿度大或绝缘表面污染的情况下，实质上是表面电场不均匀导致的局部放电。爬电可能导致局部绝缘性能下降，长期的爬电还可能发展到贯穿两极导体，发生闪络。

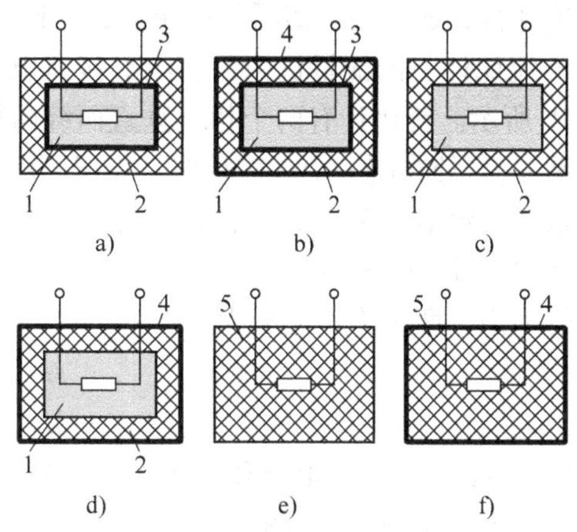

图 1-3　双重绝缘和加强绝缘
1—基本（兼工作）绝缘　2—附加绝缘
3—不可能触及的金属体　4—可触及的金属体
5—加强绝缘

爬电距离是指有电位差的两个可导电部分之间沿绝缘表面的最短距离。爬电距离过小，会在固体绝缘表面产生闪络或击穿，使绝缘失效，产生危险。因此对爬电距离有最小值要求。

电气间隙是指电气设备中两个可导电部分之间在空气中的距离。电气间隙过小时，空气将被击穿，因此有最小电气间隙值的要求。

爬电距离和电气间隙如图 1-4 所示。最小爬电距离和最小电气间隙不仅与工作电压有关，还与空气温度、湿度和污秽等情况有关。

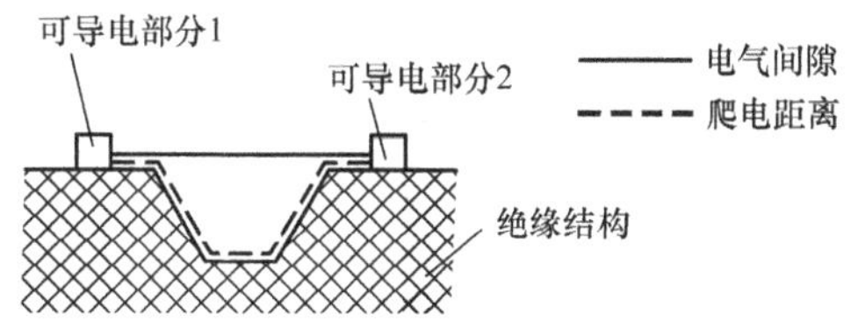

图 1-4　爬电距离和电气间隙

三、绝缘检测

如前所述，绝缘破坏是造成电气事故的主要原因。绝缘破坏有些是偶然因素造成的，有些则是设计不合理、制造缺陷、使用不当或寿命终了造成的。绝缘检测的目的是通过试验发现可能造成绝缘破坏的隐患，一般为非破坏性试验。

1. 绝缘电阻测试

绝缘电阻是绝缘结构的电气参数，而绝缘电阻率是绝缘材料的电气参数，两者虽有一定关系，但含义不同，不能混淆。

测试电气设备的绝缘电阻是在电气设备的绝缘上施加直流电压，测量绝缘中流过的电流及其变化，并以此为依据判断绝缘的好坏。测量绝缘电阻的经典专用设备为绝缘电阻表（习称兆欧表或摇表）。

（1）绝缘电阻表原理　电磁式绝缘电阻表原理接线图如图 1-5a 所示。G 为手摇直流发电机，作为测试用电源，其电压通常为 500～2500V，每 500V 一档，可调。由于手摇发电机容量很小，负载特性（即输出电压随输出电流大小而变化的关系）下降很快，若直接将测试电压加在受试件上读取电流值，然后通过 U/I 计算出绝缘电阻，一则需要计算才能得出结果，较为不便，二则 U 的大小直接受 I 的影响，并不是测试档上的标称值（如 500V），若要准确计算，还需测出实际的电压值，在使用上甚为不便。因此在绝缘电阻表中采用了一种叫作“流比计”的测量机构，它能直接将电压电流之比的运算结果在刻度上显示出来，如图1-5b所示。流比计有两个相互垂直而绕向相反并固定在一起的线圈——电压线圈 w_V 和电流线圈 w_A，处在同一个永磁场中。当E、L端子接入受试品 R_x 时，两个线圈支路便通过电阻并联在直流电机两极上。摇动手柄S达匀速（一般为120r/min），在电压 U 作用下电流 I_V、I_A 分别流过线圈 w_V 和 w_A，于是在线圈磁场与永磁场相互作用下，线圈上将产生两个方向相反的力矩，两个力矩分别为

$$M_A = K_A f_A(\alpha) I_A$$
$$M_V = K_V f_V(\alpha) I_V$$

式中　M_A、M_V——电流和电压线圈上的电磁力矩；
K_A、K_V——比例系数；
I_A、I_V——通过电流和电压线圈的电流；
$f_A(\alpha)$、$f_V(\alpha)$——电流、电压线圈电磁力矩与线圈偏转角度的函数关系；
α——线圈（指针）偏转角度。

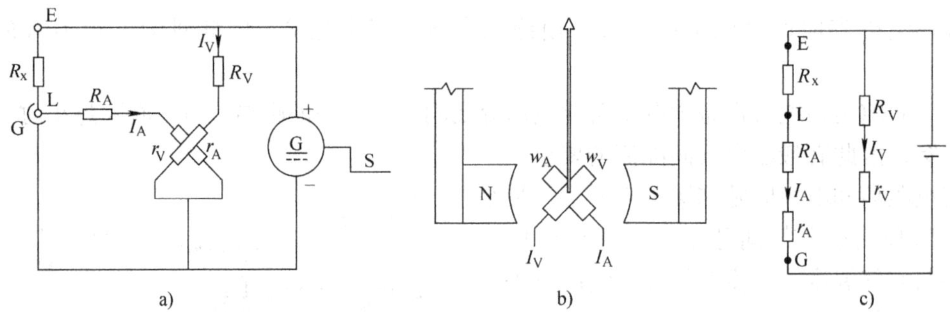

图1-5　绝缘电阻表原理

G—手摇直流发电机　w_A、w_V—电流和电压线圈　R_A、R_V—电流和电压支路电阻
r_A、r_V—电流和电压线圈电阻　E、L—测试接线端子　G—屏蔽端子　R_x—试品电阻

当 $M_A \neq M_V$ 时，因力矩不平衡，线圈便带动指针转动，使 α 发生变化，直到 $M_A = M_V$ 为止，此时

$$K_A f_A(\alpha) I_A = K_V f_V(\alpha) I_V$$

即

$$\frac{I_A}{I_V} = \frac{K_V}{K_A}\frac{f_V(\alpha)}{f_A(\alpha)} = Kf(\alpha) \tag{1-2}$$

式中，$K = \frac{K_V}{K_A}$；$f(\alpha) = \frac{f_V(\alpha)}{f_A(\alpha)}$。

由式（1-2）可知，线圈（指针）偏转角度 α 取决于电流线圈与电压线圈中电流的比值。由图1-5c的等效电路可知以下关系

$$\frac{I_A}{I_V} = \frac{R_V + r_V}{R_A + r_A + R_x}$$

因 R_V、r_V、R_A、r_A 均为确定值，故 $\frac{I_A}{I_V}$ 仅为 R_x 的函数，将该函数关系写成

$$\frac{I_A}{I_V}=g(R_x) \tag{1-3}$$

综合式（1-2）和式（1-3）可知

$$Kf(\alpha)=g(R_x)$$

故

$$\alpha=f^{-1}\left[\frac{1}{K}g(R_x)\right]=h(R_x)$$

即偏转角度是被测绝缘电阻 R_x 的函数，而与电源电压没有直接关系，这样一来消除了电源电压对测量精度的影响，二来可将这种函数关系反映在表计的刻度盘上，直接读出绝缘电阻阻值。

图 1-5 中屏蔽端子 G 可连接受试品屏蔽环，屏蔽环集中了受试品外表的泄漏电流，这些电流主要与受试品表面污秽或凝露等有关，不能反映受试品内部绝缘性状的好坏。通过连接屏蔽端子 G，可将受试品表面泄漏电流直接旁路，使其不能进入流比计的电流线圈参与测量，如图 1-6 所示。

（2）测试内容　绝缘电阻表可测试绝缘介质的绝缘电阻和吸收比。试验发现，在进行绝缘电阻测试时，在测试开始后的很长一段时间内，绝缘电阻值一直是变化着的，开始很小，随着测试时间的延续逐渐变大，数分钟乃至更长时间后才趋于稳定，其变化过程如图 1-7 所示，图中曲线 1 和 2 分别是同一绝缘结构在绝缘状况良好和绝缘性能已劣化的情况下测出的曲线。现根据绝缘介质等效电路图（见图 1-1a）和对其中各支路物理意义的解释，对图 1-7 中曲线的变化过程和两条曲线的差异作一定性解释。

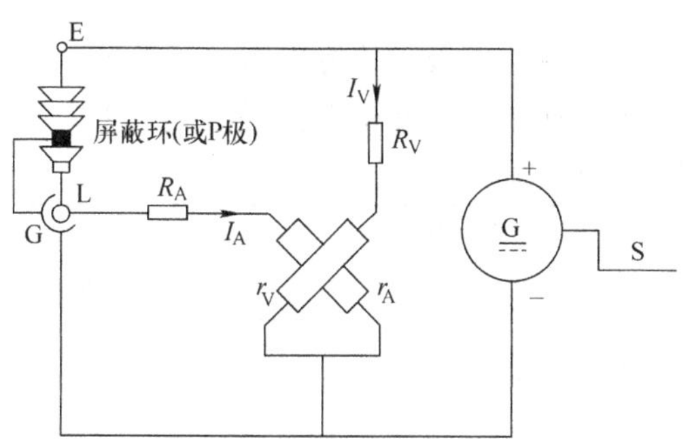

图 1-6　绝缘电阻表屏蔽端的应用

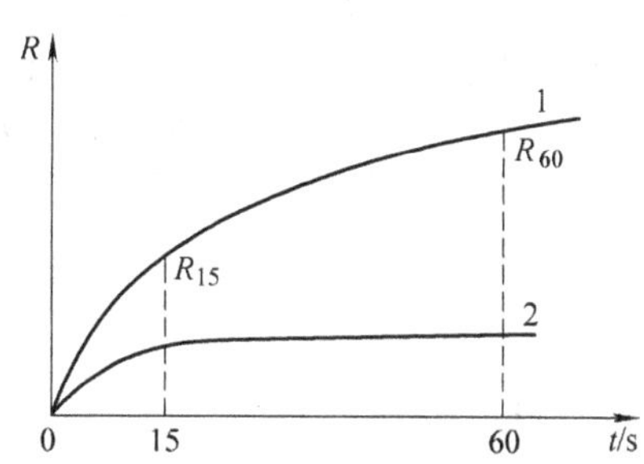

图 1-7　绝缘电阻及吸收化测试
1—绝缘良好　2—绝缘劣化

图 1-8 表示了绝缘介质加上直流电压后电流的变化过程。图中 i_0 为图 1-1a 中 C_0 支路的充电电流，由于 C_0 支路表明的是绝缘介质无损极化的电容效应，基本为纯容性，时间常数趋近于 0，故 i_0 衰减很快，在 $10^{-12}\sim10^{-13}$s 内衰减完毕。i_i 为图 1-1a 中 R_i 支路上的电流，由于该支路为纯阻性，故其大小恒定，但电流的大小与绝缘好坏相关，绝缘良好时电流小，反之电流大。而 i_a 为图 1-1a 中 R_a 与 C_a 串联支路的电流，该支路表明了介质的有损极化情况，R_a 越大，表明有损极化越不严重，此时时间常数大，i_a 衰减缓慢，而当有损极化严重时，R_a 相对较小，时间常数也小，衰减相对变快。因此，绝缘介质中总的电流 i 是一条衰减的曲线，其衰减的速率与有损极化的大小关系最为密切，衰减得快或稳态电流大，都是绝缘

不良好的标志，而其稳态值只与绝缘电阻 R_i 有关。根据 $r=u/i$，不难通过图 1-8 中曲线 i 推导出图 1-7 中的电阻曲线，曲线 1 对应于 i 衰减慢且泄漏电流小的情况，曲线 2 对应于 i 衰减快且泄漏电流大的情况。

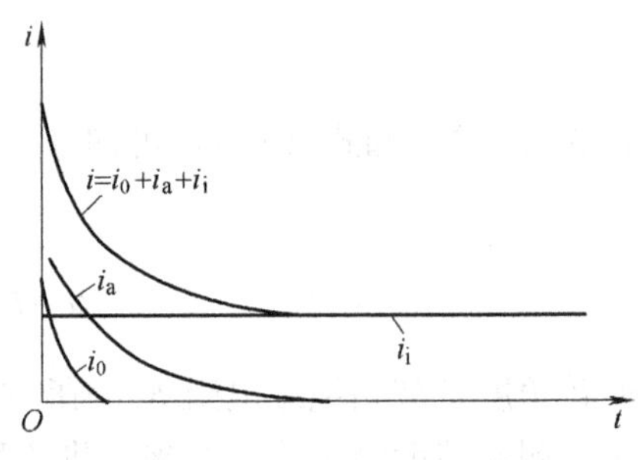

图 1-8　吸收电流曲线

i_0—电容电流　i_a—吸收电流　i_i—泄漏电流

由以上分析可知，不只有稳态绝缘电阻 R_i 才能反映绝缘的性状，绝缘电阻值的变化过程还能从有损极化损耗的角度反映绝缘的性状，因此常用一个叫"吸收比"的参数来综合表示这两者所反映出的绝缘性状。吸收比 K 定义为

$$K=\frac{R_{60}}{R_{15}} \tag{1-4}$$

式中　R_{60}——加压后 60s 时的绝缘电阻值；

R_{15}——加压后 15s 时的绝缘电阻值。

一般来说，K 值大表明吸收电流衰减缓慢，绝缘干燥良好，通常 $K \geqslant 1.3$ 就认为绝缘良好，而若 K 接近于 1，说明吸收现象明显，此时吸收电流衰减快，且泄漏电流所占比例大，意味着绝缘可能受潮或有缺陷。对于大型电机或长电缆等，由于吸收过程本身就很长，通常采用 10min 与 1min 的电阻值之比作为吸收比。

（3）测试目的与测试结果判别　绝缘电阻的测试结果判别有两种方法：限值判别法和比较判别法。

所谓限值判别，是指相关标准给出了各种电气或电子设备绝缘电阻的最低值，如果测试结果低于最低值，则可判定产品绝缘不合格，不能使用。这些最低值举例如表 1-3 所示。

表 1-3　几种电器的绝缘电阻最小限值

产品名称	绝缘电阻/MΩ				
	热态	冷态		潮态	
空调风扇用单相电动机	3			2	
电气暗装面板，接线盒				5	
电灯灯头		50		2	
低压电源控制设备				1	
管形荧光灯镇流器		20			
民用机场灯具		≤42V 10	>42V 100	≤42V 1	>42V 2

所谓比较判别，是指将本次测试结果与出厂测试、交接测试或历年常规测试记录作比较，对大修前后作比较，与同类设备相互比较，甚至同一设备的各相间相互比较，以判断绝缘介质的绝缘状况。

必须强调的是，不论采用哪一种判别方法，都应该计入试验环境条件如温度、湿度等产生的影响。采用限值判别法时，应将测试结果换算到规定的环境条件下判别；而采用比较法判别法时，则应将参与比较的各对象的测试数据换算到同一环境条件下进行判别。

2. 介质损耗因数 $\tan\delta$ 测试

介质损耗因数 $\tan\delta$ 的测量在电气设备制造、绝缘材料鉴定和电气设备绝缘试验等方面都有广泛的应用。测量 $\tan\delta$ 一般采用交流高压电桥，对于大电容试品如电力电容器和长电缆等，亦可采用低功率因数瓦特表进行测量。此处简介交流高压电桥的测试方法。

（1）交流介损电桥的工作原理与测试方法

图 1-9 为交流介损电桥（习称西林电桥）的原理接线图，它由 4 个臂和一个桥组成：臂 1 为受试品，图中示出的是其等值 C_x、r_x，臂 2 为无损空气电容 C_N（常用 50pF 或 100pF），臂 3 为可变电阻 R_3，臂 4 由无感固定电阻 R_4 和可变电容 C_4组成。外加交流电压 u 一般为几千伏到十千伏。图中受试品处于高压侧，两极不接地，这种接线方式称为正接线。为确保人身安全，在 A、B 两端都有放电器 F，避免在操作不当时 A、B 两点上出现高电位的危险，桥支路 P 为检流计。

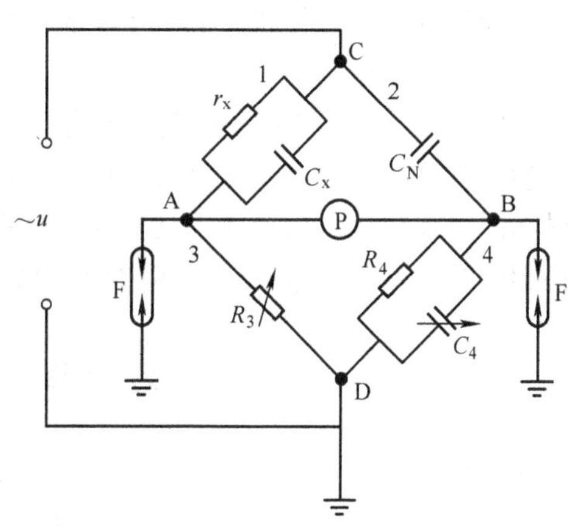

图 1-9　交流介损电桥的原理接线图

调节 R_3、C_4，使检流计中电流为零，电桥达到平衡。根据电桥平衡条件，应有

$$Z_1Z_4 = Z_2Z_3 \tag{1-5}$$

式中　Z_i——臂 i（i=1、2、3、4）的阻抗，且有

$$Z_1 = \frac{r_x}{1 + j\omega C_x r_x};\ Z_2 = \frac{1}{j\omega C_N}$$

$$Z_3 = R_3;\ Z_4 = \frac{R_4}{1 + j\omega C_4 R_4}$$

将其代入式（1-5），并令其实部和虚部分别相等，则有

$$r_x = \frac{R_3(1 + \omega^2 R_4^2 C_4^2)}{\omega^2 R_4^2 C_4 C_N}$$

$$C_x = \frac{R_4 C_N}{R_3(1 + \omega^2 R_4^2 C_4^2)}$$

于是

$$\tan\delta = \frac{I_{r_x}}{I_{C_x}} = \frac{1}{\omega C_x r_x} = \omega R_4 C_4 \tag{1-6}$$

在电桥中 R_4的数值常采用 $10000\Omega/\pi = 3184\Omega$，于是在工频交流电压下，$\tan\delta = \omega R_4 C_4 = 2\pi \times 50 \times 10000 C_4/\pi = C_4 \times 10^6$，即 $\tan\delta$ 在数值上等于 C_4的微法数。在电桥的分度盘上 C_4的数值就直接以 $\tan\delta \times 100\%$ 来表示，读数极为方便。

当测试一极接地的试品时，应采用反接线，如图 1-10所示。此时受试品接在地端，调节元件 R_3、C_4处在高压端，因此电桥本身（图中点画线框内部分）的全部元件对机壳和手柄必须有足够高的绝缘强度才能保

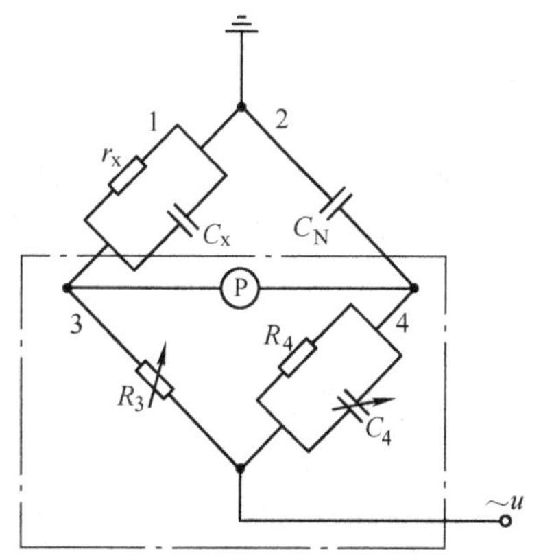

图 1-10　介损电桥反接线原理图

证人身安全。若电桥本身不具备这种绝缘强度，一定不要采用反接线方式。

（2）测试目的与结果判别 tanδ测量值是判断绝缘状况的一个较灵敏的参量，尤其是对整体受潮、老化等分布性缺陷更为有效，对小体积设备比较灵敏。它不仅是判断绝缘介质当前状况好坏的一个指标，还是评价不同绝缘介质性能优劣的一个重要参数。

作为监测绝缘工作状态的一个指标，tanδ并无一个绝对值作为好、坏判别的标准，而需要采用比较法进行判别。

一般来说，绝缘电阻对贯穿性受潮、脏污及绝缘中有导电通道等缺陷反应灵敏，而tanδ是从能量损耗的角度透视绝缘性状的，因此对绝缘普遍劣化和大面积受潮等缺陷反应灵敏，对局部的绝缘缺陷，因介质损耗变化并不明显，tanδ不易反映出来。综合运用两种方法，配合科学的结果判别，可发现大多数的绝缘缺陷，对中、低压系统的电气设备尤其如此。

第四节 接地技术基础

从学科属性看，接地是一门边缘交叉学科，它主要是建立在电学理论基础之上的。但从工程实践角度来看，接地是一种被广泛应用的基础性主流技术，在很多情况下甚至是不可或缺的。接地技术的重要性和实用性不容质疑，但它不是一门精密的科学，因为大地的地质结构非常复杂，地球深处的情况还是科学奥秘，或许还存在各种我们不知道的电磁现象和过程，并且各地面附着物地下部分间的相互影响难以预估。因此，接地技术看似简单，实则非常深奥。我们在电气安全问题中探讨接地技术，更着重实践性。本节介绍接地技术的一般概念，对于接地技术所赖以施行的基本条件——工程接地装置，则在下一节介绍。

一、电气“地”与电气“接地”

电气上的“地”，是指可用来作为参考电位且电容无穷大的物体。能作为参考电位，是指该物体在任何扰动下，其自身电位的变化都可忽略不计，可看成是建立电位的基准；电容无穷大，是指能提供或接受任意多的电荷，能存储任意多的电能和承载任意大的电功率。

一般将大地作为电气上的“地”，工程上取为参考零电位。电子信息系统中也将选定的参考电位点称为“地”，但不一定与大地相连。

“接地”是指将电气系统或装置给定位置处可导电部分与“地”进行电气连接的技术措施。

二、接地的分类

1. 按功能分类

根据接地所起的作用，一般将接地分为以下三大类。

（1）功能性接地 用于保证设备（系统）正常运行，或保证设备（系统）正确可靠地实现其功能所设置的接地，电气系统中主要指工作接地，如电力系统中性点接地，单极大地回流直流输电系统的负极接地等；电子信息系统中主要指逻辑接地、信号接地等。

（2）保护性接地 以人身和设备安全为目的的接地，主要有以下种类。

1）保护接地。电气装置的外露可导电部分、配电装置的金属构架和线路金属杆塔等，由于绝缘损坏有可能带电，为防止其危及人身、设备和环境安全而设置的接地。

2）防雷接地。为向大地泄放雷电能量而设置的接地。

3）防静电接地。将静电导入大地以减小其危害的接地。如加油管道的接地等。

4）防电蚀接地。使被保护金属表面成为化学原电池的阴极，以防止该表面被腐蚀所设置的接地。如对长电缆金属外皮的保护，大地回流直流输电系统接地极的保护等。

（3）电磁兼容接地　为降低电磁骚扰水平，或提高抗扰度所设置的接地。

2. 接地装置按利用方式的分类

按接地装置的利用方式，接地可分为分别接地和共同接地两种类型。

分别接地指若干需要接地的对象分别有各自的接地装置，且这些接地装置是相互独立的，其间没有金属性电气连接。

共同接地指若干需要接地的对象利用同一个接地装置接地。

分别接地的好处是各个地之间互不干扰，但不同接地装置之间可能出现电位差，这个电位差可能通过某些途径作用在设备或人体上，形成危险电压。如电子信息设备的电源线和信号线各自独立接地，若电源地与信号地之间出现电位差，这个电位差就作用在电子设备上，可能损坏设备中的电子元器件。

共同接地的好处是各种地之间不会出现电位差，但各个接地对象间可能通过电气地形成相互干扰，且某一接地对象在接地装置上形成的危险电位会传导到其他对象上，对人身和设备安全造成危害。

三、接地装置原理构成及接地电阻

接地装置一般由接地极和接地线构成，如图1-11所示。接地极与大地土壤（或岩石等）紧密接触，电流可通过其流入大地。接地电阻 R_E 是指接地点（o点）处接地引出线电位 U_{oE}（以无穷远处大地为参考零电位点E）与流入接地极的电流 I_o 之比，即

$$R_E = \frac{U_{oE}}{I_o} \tag{1-7}$$

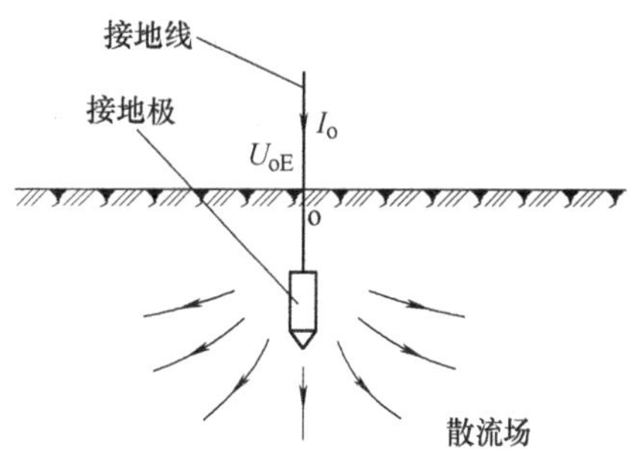

图1-11　接地装置的原理构成

由于通过接地极的电流可能是直流电流，也可能是交流电流或雷电冲击电流等，因此接地电阻随电流的情况也有所不同，后两者实际上是接地阻抗，只是工程上习惯于将其仍称为电阻。在这些接地电阻中，交流工频接地电阻和雷电冲击接地电阻是最为常用的，分别简称为工频接地电阻和冲击接地电阻。

工频接地电阻 R_a 是指50Hz工频电流通过接地极时产生的工频电压与工频电流之比，冲击接地电阻 R_i 是指雷电流通过接地极时所产生的冲击电压幅值与雷电流幅值之比。对于单根接地极构成的接地装置，两者的关系为

$$R_i = \alpha R_a \tag{1-8}$$

式中　α——冲击系数，一般由实验确定。

大多数情况下 $\alpha < 1$，即冲击接地电阻小于工频接地电阻，这是因为在冲击电压作用下，土壤中的空气隙发生击穿放电，从而降低了电阻率。但当接地极电感成分较大时，由于冲击电压作用下的感抗远大于工频感抗，有可能 $\alpha > 1$。

四、参考地、局部地概念及接地电阻的形成

如图1-12所示，接地极周围土壤电阻率不为零且不可忽略，当有电流通过接地极流入大地时，在接地极周围形成的散流场会在土壤中产生电位梯度，整个大地并不是一个等位

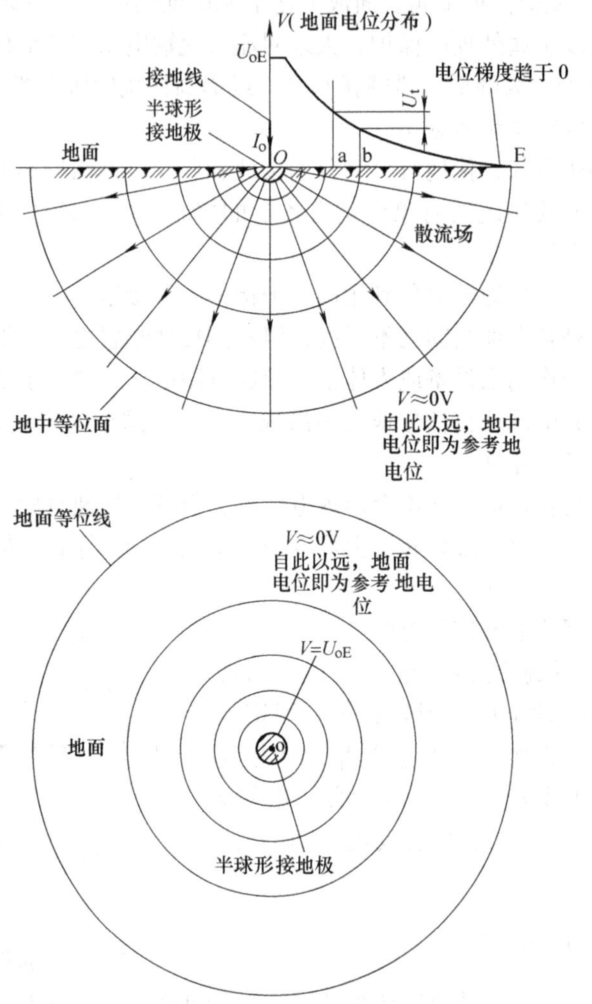

图1-12　参考地电位与接地点附近局部地（含地面和地中）电位

V——地面电位

体。在接地点附近，电位梯度（即单位距离的最大电压降）很陡，地中不同等位面上各点电位是不相同的，但在距接地点很远的地方，散流场的电流密度已趋近于零，电位曲线已近似为一水平线，这些地方的电位已不再受接地点处电流大小的影响。

工程上将接地点附近电位随接地电流变化的区域称为局部地，该区域的范围大小与接地极形式和土壤电阻率等因素有关；将远离接地点的整个大地区域称为参考地，参考地电位不随接地电流变化，简称地电位。

因此，当我们说的“地电位”或“参考地电位”时，是指远离接地点区域的大地电位。而在接地点附近，当有电流流入大地时，大地各点的实际电位称为“地中某一点电位”，或“地面某一点电位”，笼统表述时称为“局部地电位”，它们都不等于参考地电位，且互不相同。例如，如图1-12所示，地面a、b两点位于不同的接地电流散流场等位面上，这两点间存在一个电位差U_t，这就是后面将要讨论的“跨步电压”。

今后在分析与接地有关的问题时，应明确区分接地点（如图 1-12 中的 o 点）与参考地电位点。为避免混淆，本书约定的接地符号的含义如图 1-13 所示。图 1-13a 符号应用于系统图中，表示系统某一部位实施了接地或因故障接了地，该符号所处位置电气上是局部地；图 1-13b 符号应用于等效电路图中，表明距接地点很远的参考地区域在电路图中所对应的节点，标注为“E”；图 1-13c 符号应用于关于接地装置的讨论中，着重表明地中存在接地极实体；图 1-13d 示出了图 1-13a 和 1-13c 符号的等效电路图，图中 R_E 即为接地电阻。

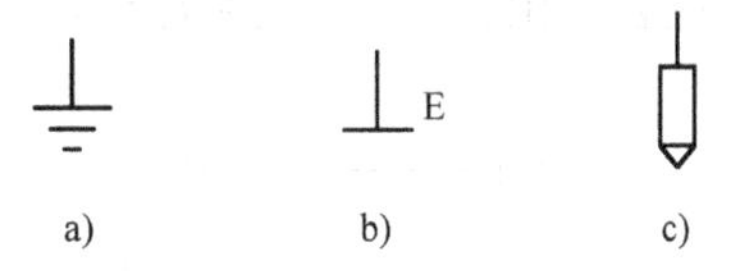

图 1-13　本书约定的接地符号的含义

还可以从电路的角度来认识参考地电位和局部地各点电位的概念，以及接地电阻是如何形成的。如图 1-14 所示，对一个半球形金属接地极，忽略接地极本身电阻，将其周围的土壤看成是由无数个很薄的同心球壳组成，第 i 个球壳的电阻为

$$R_i = \rho \frac{\delta}{2\pi r_i^2}$$

式中　$2\pi r_i^2$——半径为 r_i 的第 i 个球壳的面积；

δ——球壳的厚度；

r_i——第 i 个球壳半径，等于球壳距接地点的距离。

从式中可以看出，距接地点越远，球壳面积越大，电阻值越小，接地电流在其上产生的压降也越小。当距离足够远时，球壳面积趋于无穷大，球壳电阻趋于 0，接地电流不再在球壳上产生压降，这些区域的电位就可以认为是基准电位，也就是参考地电位或“地电位”。但在接地点附近，地中电位和地面电位都是随位置变化的。

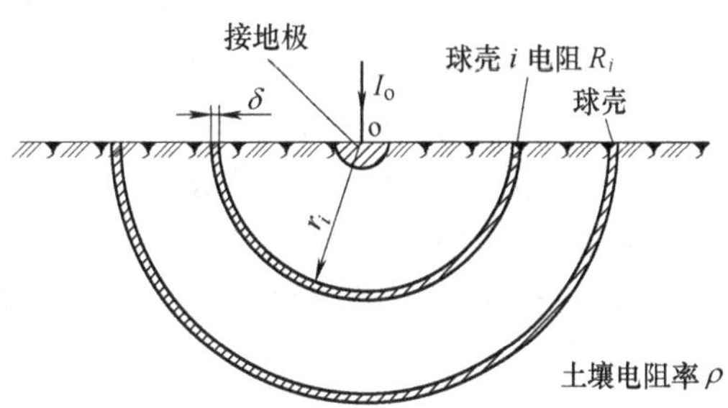

图 1-14　从接地电阻构成角度理解参考地与局部地电位

从图 1-14 中还可看出，半球形接地极的接地电阻可以看成是由所有土壤球壳电阻串联形成的，这其中，离接地点近的球壳因面积小，其电阻值占总接地电阻的比重大。工程上，当接地电阻达不到规定限值时，处理方法之一就是在接地极周围换上高电导率土壤，其原理就源于此。

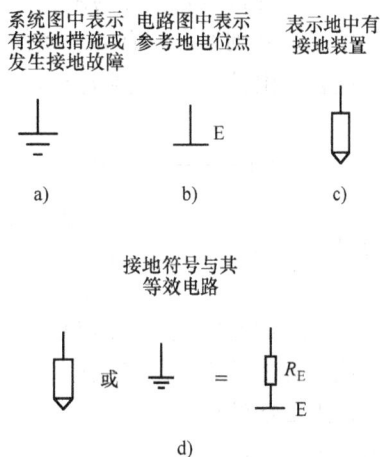

第五节　工程接地装置

接地装置是接地技术得以实施的实物条件，但接地技术并不仅仅指接地装置，不能混淆接地技术与接地装置这两个概念。本节所介绍的接地装置，适用于防雷接地、交流电气装置接地等用途。

工程实用的接地装置分为两类：一类是专为接地目的构建的，称为人工接地装置；另一类是利用建筑基础本来就有的金属件构建的，称为自然接地装置。

接地装置由接地极、接地导体（线）、接地连接板等构成，各部分功能和相互关系如下：

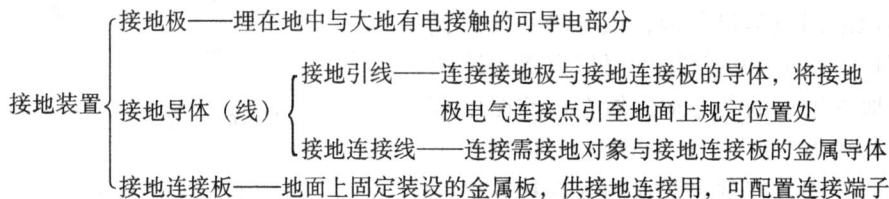

接地装置
- 接地极——埋在地中与大地有电接触的可导电部分
- 接地导体（线）
  - 接地引线——连接接地极与接地连接板的导体，将接地极电气连接点引至地面上规定位置处
  - 接地连接线——连接需接地对象与接地连接板的金属导体
- 接地连接板——地面上固定装设的金属板，供接地连接用，可配置连接端子

接地装置的核心部分是接地极，以下重点介绍接地极。

一、人工接地极

人工接地极由地中单个或若干个单独的金属接地极构成，单独的接地极有垂直接地极和水平接地极两种形式。垂直接地极一般用角钢或钢管制作，水平接地极一般由扁钢或圆钢制作。

1. 垂直接地极接地电阻

如图1-15a所示，单根垂直接地极的接地电阻为

$$R=\frac{\rho}{2\pi l}\left(\ln\frac{8l}{d}-1\right) \tag{1-9}$$

式中　R——接地电阻（Ω）；

l——接地极长度（m）；

d——接地极直径（m），当采用扁钢时 $d=0.5b$，b 为扁钢宽度；当采用等边角钢时 $d=0.84b$，b 为角钢每边宽度；

ρ——土壤电阻率（Ω·m）。

增加垂直接地极的长度可降低接地电阻，但当长度超过一定值（一般为3m左右）后，长度对接地电阻的影响已不明显。

如图1-15b所示，若将多根垂直接地极并联，因相互间的屏蔽作用，其总的接地电阻 R_{Σ} 为

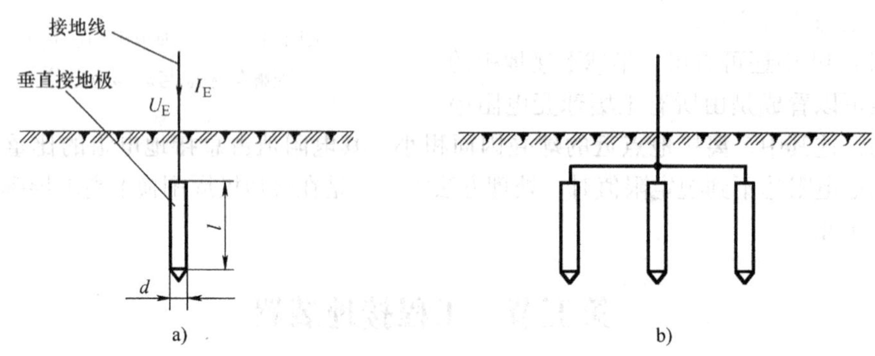

图1-15　垂直接地极
a）单根接地极　b）多根接地极

$$R_{\Sigma}=\frac{R}{\eta n} \tag{1-10}$$

式中　R——单根接地极的接地电阻，按式（1-9）计算；

η——利用系数，一般为0.65~0.8，具体数据可查阅相关手册。

2. 水平接地极接地电阻

水平接地极的接地电阻可按下式计算：

$$R=\frac{\rho}{2\pi L}\left(\ln\frac{L^2}{dh}+A\right) \tag{1-11}$$

式中　R——接地电阻（Ω）；

ρ——土壤电阻率（Ω·m）；

L——接地极总长度（m）；

d——接地极直径（m）。当采用扁钢时 $d=0.5b$，b 为扁钢宽度；当采用圆钢时为圆钢直径；

h——接地极埋设深度（m）；

A——水平接地极的形状系数，也称屏蔽系数，如表1-4所示。

表1-4　水平接地极接地电阻的形状系数值

形状	—	L	人	十	⋇	□	○
A值	-0.6	-0.18	0	0.89	3.03	1	0.48

3. 接地网接地电阻

如图1-16所示，由水平接地极构成了边界闭合的接地网，这种接地网常用于变电所接地，其接地电阻近似计算公式为

$$R=\frac{0.44\rho}{\sqrt{S}}+\frac{\rho}{L} \tag{1-12}$$

式中　R——接地电阻（Ω）；

ρ——土壤电阻率（Ω·m）；

L——水平接地极总长度（m）；

S——接地网面积（m^2）。

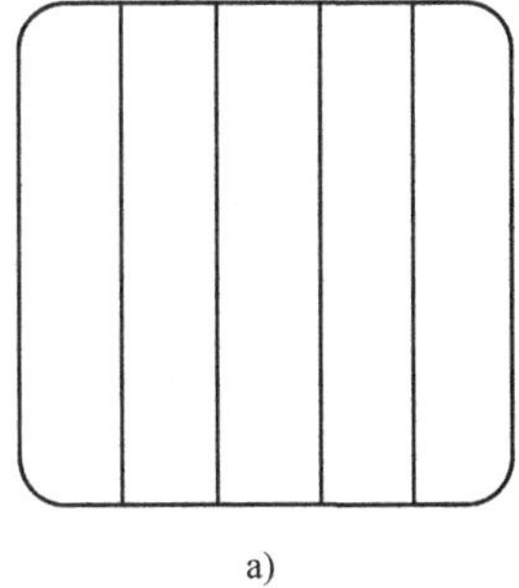

a)

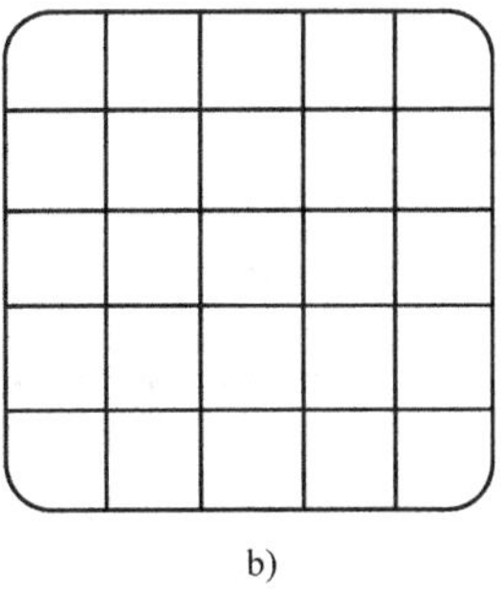

b)

图1-16　接地网

a）长孔　b）方孔

以上计算的接地电阻均为工频接地电阻，冲击接地电阻可通过换算得到。

二、自然接地极

自然接地极主要有建筑物基础构成的接地极、金属管道构成的接地极和电缆金属外皮构成的接地极等。建筑物防雷接地采用自然接地极最为常见，自然接地极在若干方面具有优点，在建筑电气工程中可考虑优先采用。

如图1-17所示，利用建筑物基础金属构件构成自然接地极，其接地电阻可按下式估算：

$$R = \frac{\rho}{\sqrt{2\pi S}} \tag{1-13}$$

式中　R——接地电阻（Ω）；

ρ——土壤电阻率（Ω·m）；

S——结构体地下部分与土壤接触的总表面积（m^2），按建筑地下部分结构体底面积与侧面积之和计算，可忽略基础桩与土壤的接触面积。

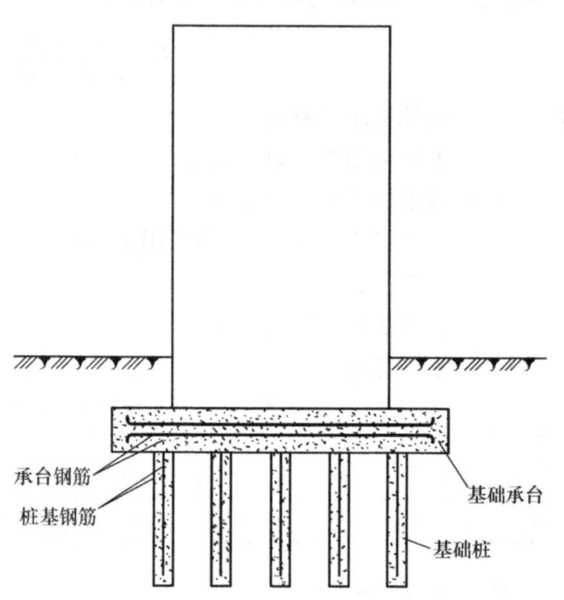

图1-17　建筑物基础结构体作自然接地极

三、跨步电压与转移电压

图1-18为接地装置在地面产生跨步电压的原理图。电流泄入大地时在地面产生电位梯度，若人的两腿站立在不同的等位面上，两腿之间就会有电位差，该电位差称为跨步电压。跨步电压与距接地点的位置有关，还与步距有关。一般步距取1.0m，接地极边缘与距其1.0m处之间的电压为最大跨步电压。

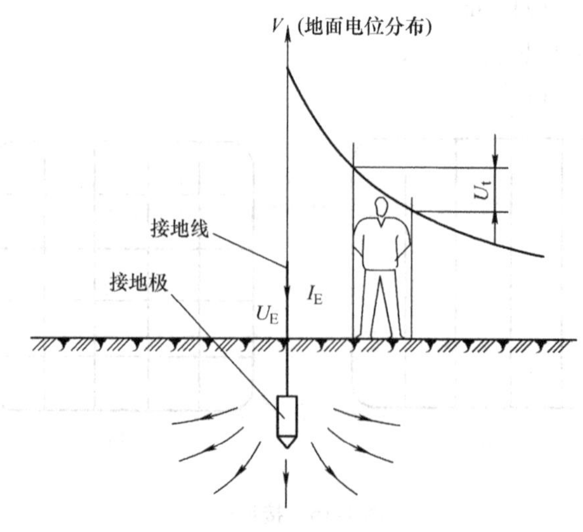

图1-18　接地装置在地面产生跨步电压的原理图

跨步电压计算是一个非常复杂的问题，它与接地极形式、埋深、土壤电阻率及其均匀性和人所处位置、人的身高等因素有关。就单根垂直接地极而言，其最大跨步电压可按下式计算：

$$U_{t \cdot max} = \frac{IR}{\ln \frac{4l}{d}} \ln\left(1 + \frac{2T}{d}\right) \tag{1-14}$$

式中　$U_{t \cdot max}$——垂直接地极最大跨步电压（V）；

I——通过接地极的电流（A）；

R——垂直接地极的接地电阻（Ω）；

l——垂直接地极的长度（m）；

d——垂直接地极等效直径（m），对非圆棒形垂直接地极，其取值方法同式（1-9）；

T——人的跨步距离（m），取值为 1.0m。

跨步电压防护的方法主要有三种：一是换填低电阻率土壤以平缓电位梯度；二是设置均压带（环）平缓电位梯度；三是在接地极上方地面以下覆盖绝缘物质。对于建筑物防雷接地装置而言，引下线的根数达到一定的数量时，因散流点分散降低电位梯度，跨步电压的危险也能消除。详见本书第五章。

接地装置转移电压指一端连接在接地系统上的导体传递的接地系统对参考地的电位差。转移电压有多种形式，如雷电流在接地装置上产生的冲击电压传递至共同接地的设备金属外壳，或高压系统接地故障电流产生的电压传递至共同接地的低压系统等。详见本书第六章。

四、接地电阻测量

1. 两电极法及其所存在的问题

理论上，只要测出电阻的端电压和流过的电流，就能求出电阻阻值大小。图 1-19a 就是一种测量接地电阻的方法，叫作两电极法。这种方法通过一个接地的辅助电流测试极 C 与被测接地极 E 构成回路，接地电阻按 $R = U_G/I$ 计算，式中 U_G 为测试电源电压，I 为电流表上读数。

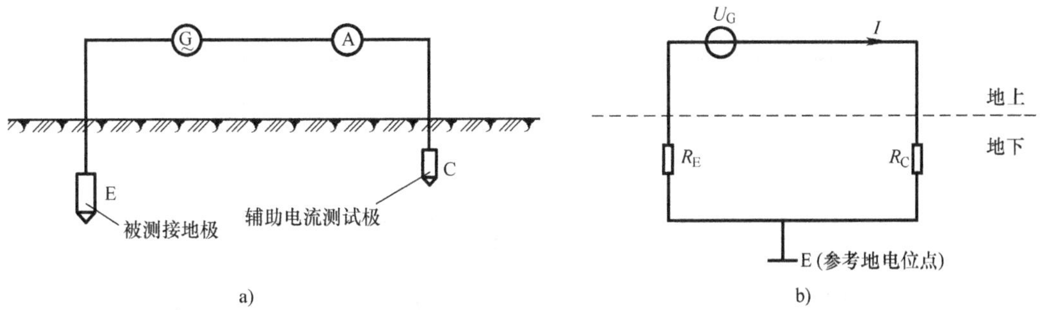

图 1-19　两电极法测量接地电阻

上述测量方法有一个根本的缺陷，即所测出的接地电阻 R 中，既包含有被测接地极 E 的接地电阻 R_E，又包含有辅助电流测试极 C 的接地电阻 R_C，如图 1-19b 所示。通常情况下，辅助电流测试极 C 的尺寸小且埋深浅，其接地电阻阻值显著大于接地极 E 的接地电阻，因此测量误差常超过 100%，这显然不是一个工程实践可以接受的误差量级。

两电极法测量误差的根本原因，在于不能分离接地极 E 和辅助电流测试极 C 的接地电阻。接地电阻是一个分布参数电阻，是由以接地点为起点、以大地无穷远处为终点的整个土壤所构成的，除非辅助电流测试极 C 与被测接地极 E 完全相同，或辅助电流测试极 C 本身的接地电阻可忽略不计（如利用金属水管管网作辅助电流极的情况），否则不能直接用两电极法进行接地电阻测量。

2. 三电极法

三电极法是英国物理学家 G. F. 泰格（Tagg）于 1964 年提出来的，其理论推导立足于尺寸可忽略的半球形接地极，基本方法是设立两个辅助测试电极，分别为辅助电流测试极 C 和辅助电压测试极 P（以下简称电流、电压极）。通过测量被测接地极与电流极间电流和被测接地极与电压极间电压，运算得出接地电阻值。

三电极法的基本想法是在两电极法已测出被测接地极 E 的电流的基础上，再单独测出被测接地极 E 对参考地的电压，由此准确计算出 E 的接地电阻。从图 1-19 中可知，被测接地极 E 和辅助电流极 C 上通过的是同一个直流电流，但方向相反，因此两者对参考地的电压一定为一正一负。由于两个接地极间电压实际上是连续分布在土壤中的，因此两个接地极间土壤中应该有一个电压由负变正（或由正变负）的界线，该界线上电压为零，即与无穷远大地一样为参考地电位。如果能够找到这个界线，在界线上任何一处打下一个电压极 P，则可用电压表测得接地极 E 对参考地的电压。且因为电压表阻抗很大，电压极 P 上基本没有电流，不会影响电流测量的准确度。

三电极法的关键问题在于如何找到这个参考地电位的位置。工程上有多种测试电极位置的选取方法，下面介绍最常用的一种方法，即被测接地极与电压、电流测试极同在一条直线上的方法。

如图 1-20 所示，被测接地极 E、电压极 P 和电流极 C 在一条直线上，且电压极 P 在靠近被测接地极 E 的一侧（称为内侧）。理论分析表明，对小尺寸的半球形接地极，当测试电极与被测接地极距离足够远时，要达到尽可能高的测量精度，各电极间距离应满足关系：

$$d_{EP}=0.618d_{EC} \tag{1-15}$$

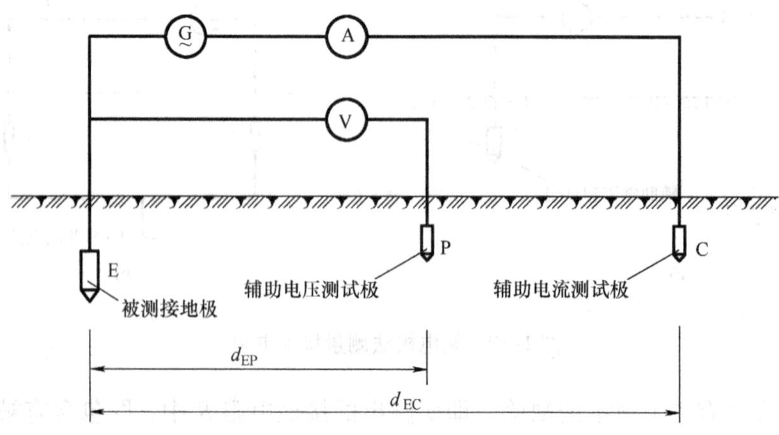

图 1-20　三电极法测量接地电阻

E—被测接地极　P—辅助电压测试极　C—辅助电流测试极

也就是说，先在距 E 很远的地方（比如 60m）打下电流极 C，再按 0.618 比例距离（比如 37m）打下电压极 P，则测试时 P 所在位置大致为参考地电位点，电压表所测电压即为被测接地极 E 对参考地电压。

3. 工程实用接地电阻测量方法

电气工程中通常采用三电极法测量接地电阻。很多情况下，工程接地装置是以接地网的形式构成的，其尺寸不能忽略，且土壤电阻率的均匀性是无法保证的，因此在测量时具体做法与上面所介绍的稍有不同。如图 1-21 所示，以接地网边缘为测量连接点，示出了局部地电位沿测试电极直线上的分布情况。从图中可以看出，当测试电极距被测接地极较远时，局部地中有一个电位平缓的接近于参考地电位的区域，测试电压极 P 就应该设置在这个区域。

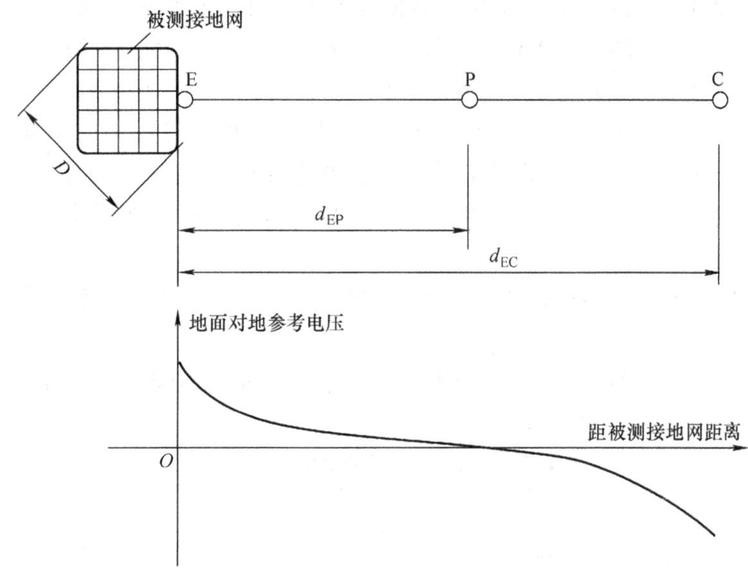

图 1-21　三电极法测量接地网接地电阻

问题的关键在于如何知道这个参考地电位区域的位置。一般取 $d_{EC}=(4\sim5)D$，再在 $d_{EP}=(0.5\sim0.6)d_{EC}$ 范围内确定出一个电极 P 的测试点，然后以该点为基准，在电极连线上移动两次，每次移动距离约为 d_{EC} 的 5%，由此确定出三个电极 P 的实际测试点，并进行三次测试。若三次测试结果相差不超过 5%，则可认为中间位置为零电位点。

工程中一般用接地电阻测试仪测量接地电阻。接地电阻测试仪集电源、电流表和电压表的功能于一体，并能将电压除以电流的运算结果直接显示出来，非常方便。

第六节　外界影响及环境技术基础

一、外界影响

我国电工领域传统的环境技术中没有“外界影响”这一术语，与之最接近的术语是“环境条件”。但 IEC 标准中的“外界影响”比我国的“环境条件”含义更广泛，它除了包含环境条件以外，还包含了场所中人员、建筑结构和材料等因素，更精细地考虑了人员安全问题。我国已经有国家标准采纳外界影响概念，如 GB/T16895.18—2010《建筑物电气装置

第5-51部分：电气设备的选择和安装通用规则》就等同采用了IEC外界影响条款。

外界影响分为环境条件、使用情况和建筑结构三个大的部分。其中使用情况在我国传统的环境条件规定中基本没有涉及，建筑结构有部分内容在我国应用环境条件中有所涉及，但涵盖范围不尽相同。外界影响用代号表示，代号主体由两个字母组成。第一个字母表示大类，比如A表示环境条件，B表示使用情况，C表示建筑物结构；第二个字母表示小类，比如A表示温度，B表示湿度，C表示高度，D表示水，等等。两个字母组合可表示不同的外界影响。

1. 环境条件A简介

（1）环境温度AA 即设备安装场所的温度，应计及安装在同一场所其他设备所产生的影响，但不考虑设备运行时的热影响。根据温度的不同范围分为八级：AA1（-60～+5℃），AA2（-40～+5℃），AA3（-25～+5℃），AA4（-5～+40℃），AA5（+5～+40℃），AA6（+5～+60℃），AA7（-25～+55℃），AA8（-50～+40℃）。其中，AA4与AA5属于正常环境，但AA4在某些特殊情况下可能需要预防措施；AA1、AA2、AA3、AA6、AA7、AA8需要特殊设计的设备或适当的布置，或某些辅助预防措施。

（2）空气湿度AB 这是一个与环境温度有关联的环境条件，在不同温度范围内，湿度对电气设备的影响是不同的。

（3）海拔AC AC1为海拔不超过2000m，属于正常环境；AC2为海拔超过2000m，为高原环境。

（4）水AD 可分为AD1～AD8，如表1-5所示。比如，不同的水条件下，电气设备外壳防护等级（见第三章）要求不同。

表1-5 AD的划分及相对应的IP等级

AD划分	含义	要求的外壳防护等级
AD1	可忽略的。器壁一般不出现水迹，即使短时出现水迹，但只要通风良好，很快就会干燥	IPX0
AD2	水滴。不时有水汽凝结成水滴或不时有蒸汽出现，水滴可能垂直滴落	IPX1
AD3	水花。由于水花飘扬，在器壁或地面上形成一层薄薄的水膜。水花飘落的角度与垂直线间角度可能达60°	IPX3
AD4	溅水。电气设备可能从各个方向遭受水溅，例如户外照明设备和建筑工地设备等。我国按水速分级为1m/s、3m/s、10m/s三种	IPX4
AD5	喷水。电气设备可能从各个方向遭受水喷，例如广场、车辆冲洗间等经常用水冲洗的场所。我国按水速分级为1m/s、3m/s、10m/s、30m/s四种	IPX5
AD6	水浪。电气设备可能遭受水浪冲击，例如码头、海滩、堤岸等处	IPX6
AD7	浸水。电气设备可能间歇地、部分地或整个地浸在水中	IPX7
AD8	潜水。电气设备长期浸泡在水中且所承受的压力超过10kPa，例如在游泳池等场所	IPX8

（5）外来固体物AE 可分为AE1～AE4，如表1-6所示。

（6）腐蚀性或污染性物质AF

AF1：可忽略的。腐蚀性或污染性物质的性质或数量可以忽略。

表 1-6　AE 的划分及相对应的 IP 等级

AE 划分	含　义	设备外壳防护等级
AE1	可忽略的。尘埃或外来固体物的性质和数量都可以忽略的	IP0X
AE2	小物体。外形尺寸不小于 2.5mm，例如工具等小物体	IP3X
AE3	很小的物体。外形尺寸不小于 1mm，例如电线	IP4X
AE4	尘埃。在单位时间内沉积在单位面积上达到一定数量的尘埃	IP5X 或 IP6X

AF2：大气的。一是指空气中存在值得注意的腐蚀性或污染性物质，如海边等；二是产生导电粉末特别严重的场所。

AF3：间歇或偶然的。如试验室、燃油锅炉房、汽车库等场所。

AF4：连续的。例如化工厂长期遭受大量化学物质的腐蚀或污染。

（7）冲击 AG

AG1：轻微的。如家庭或类似环境。

AG2：中等的。如一般工业环境，可采用标准设备或加强保护。

AG3：强烈的。如剧烈振动的工业环境，设备必须加强保护。

（8）振动 AH

AH1：轻微的。如家庭及类似环境，振动可以忽略。

AH2：中等的。如一般工业环境，可采用标准设备。

AH3：强烈的。如剧烈振动的工业环境，必须采用特殊设计的设备或特殊布置。

（9）其他机械应力 AJ　如自由跌落、滚动、稳态加速等。

（10）植物或霉菌 AK

AK1：无害的。生长植物或霉菌为无害的。

AK2：有害的。应采取措施，如用特殊材料或有保护涂层的外护物，从场所的布置上排除植物生长等。

（11）其他　如动物 AL；电磁、静电或电离 AM；日光辐射 AN；地震影响 AP；雷击 AQ；风 AR 等。我国还有雨和砂的分级等。

2. 使用情况 B

使用情况以字母 B 表示，我国的环境条件规定中没有对这一外界影响的系统规定，这一类别不是着眼于设备本身的安全，而是着眼于电气设备对使用者及周围环境的危害，从防护的角度给出的条件。

（1）人的能力 BA

BA1：正常人，即未经训练的人。

BA2：儿童。例如幼儿园的儿童。幼儿园电气设备应置于难以接近之处，设备中温度大于 80℃（幼儿园内为 60℃）的表面应不易被触及，或采用防护等级大于 IP2X 的设备。

BA3：有缺陷的人，指体弱或智弱的人。如老年人和病人，应按缺陷性质采取措施。

BA4：经过训练的人。如电气操作场所的操作人员及维修人员，因经过训练，能避免电气危险，可以在电气操作场所工作。

BA5：熟练人员。具有电气知识或成熟经验，能防止电气危险，如电气工程师和技术员，可在关闭的电气场所中工作。

（2）人体电阻 BB　在不同环境中人体电阻值可能有较大的差异，其分级待定。

（3）人与地电位接触 BC

BC1：不接触。

BC2：不频繁接触。

BC3：频繁接触。

BC4：长期接触，且无法隔离。

（4）紧急疏散条件 BD　根据人员聚集密度与疏散难度分为 BD1～BD4 四个级别。

（5）所加工或贮存物料的性质 BE　根据有无火灾、爆炸、污染危险，分为 BE1～BE4 四类。

3. 建筑结构 C

（1）建筑材料 CA　分为 CA1 不燃的与 CA2 可燃的两种。

（2）建筑物设计 CB　分为 CB1～CB4 四种，主要考虑火灾蔓延、建筑物位移、伸缩等因素对电气设备使用的影响。

二、电工电子产品环境条件与环境试验

电气设备总是工作于某一特定的环境中的，不同的环境状况对电气设备的正常工作、可靠性、使用寿命、故障后果等有不同的影响。比如电气设备一般靠空气散热，散热量的大小是按正常大气压下的空气密度计算的，但若设备工作在高海拔地区，空气密度降低，其散热能力会有下降，若此时设备仍工作于标称额定工况，则可能会因温度超过允许值而使使用寿命缩短，甚至发生故障。再比如有些地方因气候与环境的原因很容易使物品发霉，电气设备发霉时，微生物可能损坏绝缘或降低绝缘性能，从而出现闪络或稳定的短路故障。因此，研究环境情况与电气设备各种性能之间的关系是必要的。研究电气设备性能与环境状况之间关系的技术叫作环境技术，它包括两个方面的内容：一个是环境条件；另一个是环境试验。其中环境条件与上面“外界影响”中的环境条件类型基本一致，但具体参数划分可能有所不同。

1. 电工电子产品环境条件

我国国家标准对电工电子产品的环境条件做了三方面的规定：第一是对不同环境条件的界定进行了规定，主要体现在 GB/T 4796《电工电子产品环境条件分类 第 1 部分：环境参数及其严酷程度》中；第二是对自然环境条件及对应的产品类型做出了规定，体现在 GB/T 4797《电工电子产品自然环境条件》中，如产品有一般型、湿热型、高海拔型等；第三是对工作场所环境条件及对应的产品类型做出了规定，体现在 GB/T 4798《电工电子产品应用环境条件》中，如产品有户内型、户外型以及固定型、车用型、船用型等。

2. 环境试验

环境试验是将产品暴露在自然的或人工的环境条件下经受其作用，以评价产品在实际使用、运输和贮存环境条件下的性能。

环境试验分为自然暴露试验、现场运行试验和人工模拟试验三种。自然暴露试验是将样品长期暴露在自然环境条件下进行测试；现场运行试验是将样品装置在各种典型的使用现场并使其处于正常运行状态进行测试；人工模拟试验是在实验室的试验设备（箱或室）内模拟一个或多个环境因素的作用，并予以适当的强化后对样品进行测试。人工模拟试验应用最多，但人工模拟试验是建立在前两种试验基础之上的。

人工模拟试验的结果与实际环境影响结果之间总是有差异的，这个差异的大小决定了人工模拟试验的可信度。环境试验的一项重要课题，就是要找出产生这种差异的原因并尽力缩小这种差异。自然暴露试验和现场运行试验耗费较大，耗时也多，且不一定能随时进行（如夏季不能进行寒冷条件下的试验等），试验的重复性和规律性也较差，其优点是结果真实；而人工模拟试验的优缺点与前两者正好相反。因此，若能减少它们在结果上的差异，也就是提高了人工模拟试验结果的可信度，人工模拟试验的优点才具有实际意义。

国际上工程界一直在酝酿制订“实际环境条件与试验条件之间的转换导则”，因其工作量十分庞大，又具有很高的技术难度和复杂性，因此还未能形成结论性的成果。

常用的环境试验有湿热试验、外壳防护试验、腐蚀试验、振动试验、耐冲击试验、着火危险试验等。

第七节 安全认证及电气安全相关的标准化组织

一、电气产品安全认证的基本概念

1. “认证”与认证制度

认证是合格评定系统的一个组成部分。合格评定不仅关乎产品安全和市场准入等问题，还关系着双边或多边贸易中的技术壁垒等问题。

认证（certification）一般指由权威机构根据当事人提供的资料和其他信息，对某一事物、行为或活动的本质或特征，经确认属实后给予的证明。按我国行政法规规定，认证是指由认证机构证明产品、服务、管理体系符合相关技术规范的合格性评定活动。由此可知，认证涉及三个方面：被认证的对象、认证机构和认证依据。

认证制度是指为实施认证活动而建立的一套规则、程序和管理制度，一般以法律或行政法规的形式固定下来。电气产品安全认证，其结果就是用认证证书或认证标志来证明某产品或服务符合特定的安全技术规范。在很多国家和地区，电气产品安全认证都实施强制性认证制度，即规定范围内的电气产品必须通过所要求的安全认证，否则不得生产销售。强制认证的原因是这些类产品涉及人身、财产和环境等重大安全问题，必须有强制性的保障措施。

按实施认证的主体，认证可分为企业自我认证、用户方认证和第三方认证等三种，其中第三方认证由于具有独立、客观、公正等优点，成为被最广泛接受的一种认证方式。

2. 电气产品安全的范畴

电气产品的安全性，指按照设计用途安装和使用产品时，产品不应对使用者、牲畜或财产的安全构成危害。现在研究比较热门的关于电气产品在生产、运输、存储、使用、报废等整个生命周期中的广义安全性问题，不属于此处讨论的内容。

关于电气产品安全性的一般性问题，在我国由国家标准 GB19517《国家电气设备安全技术规范》给予了明确规定，该标准覆盖交流 50～1200V、直流 75～1500V 的各类电气设备。

3. 电气产品安全认证在电气安全工程体系中的地位与作用

恰如前面在电气安全问题的背景分析中所述，电气安全问题具有系统性和综合性特征，涉及材料选用、设备制造、设计施工及运行维护等诸多环节，电气产品安全认证是对材料选用和设备设计制造这两个环节安全性是否合格的一种确认。

安全认证尽管涉及诸多方面的技术问题，但本质上不是一种技术行为，而是一种管理行为。从这一意义上讲，它与我们前面介绍的绝缘技术、接地技术、环境技术等不是同一类形的问题，但它们都是电气安全的基础性问题。如果说绝缘、接地、环境技术等是电气安全领域的技术基础，电气产品的强制性安全认证则属于电气安全的制度基础之一。

二、常见认证简介

1. 中国3C认证

3C认证是由中国认证认可监督管理委员会（CNCA，简称认监委）统一负责的强制性安全认证，其英文名称为China Compulsory Certification，3C即该英文名称的缩写。3C认证的范围不只包括电气产品。列入3C强制认证的电气产品包括电线电缆、低压电器、开关插座等家用电具、照明设备、电动工具和各类家电设备等。

3C认证的认证机构由中国认监委指定，认证所需的检测工作由检测机构施行，检测机构与认证机构互不从属。检测机构的检测工作必须由认证机构的签约实验室完成。现负责电气产品3C认证的主要认证机构为中国质量认证中心（CQC）和中国电磁兼容认证中心（CEMC）。

进行3C认证的认证机构、检测机构和签约实验室的资格认定属于认可的范畴，由中国合格评定国家认可委员会（CNAS，简称认可委）负责，该委员会是由认监委批准设立并授权的国家机构，统一负责对实施认证的主体的资格进行认可的工作。

2. 美国UL认证

美国的UL（Underwriters Laboritories Inc）是一个独立的民间技术组织，它并不具备政府背景，因而UL认证并没有强制性认证的属性。但由于UL认证的行业和市场认可度极高，受到很多政府部门和行业组织的信赖，它们接受UL认证的结果，因而使UL认证在很多情况下间接具有了法定效力。

UL是一个公司形式的认证机构，在全球多个地区有自己的实验室，其检测大多在自己的实验室完成。作为认证机构，UL还被其他一些认证机构授权从事它们的认证工作，如在欧洲，UL可以颁发GS（德国安全认证）标志，在日本可以开展PSE认证（日本安全认证）等。

3. 欧盟CE认证和德国GS认证

CE认证属于欧盟强制性安全认证。CE认证并非由一个专门的认证机构完成，该认证只是一个合格性确认，指产品符合LVD的技术要求。LVD（低电压指令——Low－Voltage Directive）是欧盟对电气产品安全性要求的技术文件集，由欧洲电工技术委员会（CENELEC）起草制定，该委员会成员国涵盖了欧盟的大多数国家。因此，使用CE标志不需要任何人授权，但前提是符合欧盟关于CE标志的使用规定，对是否符合该规定可由生产商自我确认，也可由第三方机构检测，本质上属于自我认证。有争议时则由所谓的“公告机构”确认。

公告机构是欧盟成员国内部指定的专家团体，LVD合格性评价并不需要公告机构介入，但公告机构的合格性报告可成为更有力的佐证，或对合格性发生争议时的证据之一。

GS是德国的自愿性安全认证，它是以德国产品安全法为依据，按照欧盟统一标准EN或德国工业标准DIN进行检测的一种认证。GS认证方式为第三方认证，比CE认证更具有可信度，因此尽管它不是强制性认证，但在欧洲市场得到公认，商家也将其作为一种强有力的市场工具看待。获得GS标志的产品通常销售单价更高而且更加畅销。

三、部分相关的标准化组织简介

安全标准是安全相关活动的依据，安全相关活动包括技术实践和社会管理。世界各国、各地区有众多不同的与电气安全相关的标准化组织，此处介绍其中与本课程关系较为密切的两个。

1. 国际电工委员会（International Electrotechnical Commission，IEC）

IEC是负责所有电气、电子及相关技术领域国际标准化工作的组织，从事标准制定、出版和制定合格评定准则等工作，成立于1906年。中国是IEC成员国。IEC有若干技术委员会（TC），还可能下设分技术委员会（SC）和项目组（PT），对应某一技术领域的具体工作。

IEC/ACOS是IEC管理机构中负责标准管理的标准管理局（SMB）设立的“安全顾问委员会”。ACOS负责向各有关技术委员会提出横向安全要求，用于制定基础安全标准；向有关家用及类似场所用技术委员会提出系列安全要求，用于制定安全系列标准。

IEC/CAB是IEC管理机构中负责合格评定的合格评定局。CAB负责制订包括体系认证工作在内的一系列认证和认可准则。

IEC/TC64“电气装置和电击防护技术委员会”是IEC/ACOS安全顾问委员会和IEC/CBA合格评定局的成员之一，其主要任务是为电击防护制定全面标准，为正确选用低压电气设备和安全用电制定标准，是与本课程关系最为密切的技术委员会之一。

2. 国家标准化管理委员会（Standardization Administration of the People′s Republic of China，SAC）

SAC/TC25是SAC下与电气安全相关的主要技术委员会之一，名称是“全国电气安全标准化技术委员”，业务范围主要对应于IEC/ACOS，负责电气安全技术领域的标准化工作，制定基础电气安全标准，协调相关标准化技术委员会的安全共性技术。

SAC/TC205“全国建筑物电气装置标准化技术委员”是SAC下另一个与电气安全相关的技术委员会，业务范围主要对应于IEC/TC64，现阶段工作主要是将IEC/TC64标准转化为国家标准，这些标准与本课程密切相关。

思考与练习题

1-1 供配电系统和建筑物中常见的电气危害有哪些?

1-2 电气危害有哪些普遍性的规律?这些规律对电气安全工程实践有什么意义?

1-3 A、B两根绝缘导线，A导线采用的是Y级绝缘材料，B导线采用的是H级，其他方面完全相同。查导线载流量表发现，相同敷设条件下B导线的长期允许载流量大于A导线，请你对这一现象做出解释。

1-4 甲、乙两台同型号电机，分别进行绝缘电阻测试，测试结果为：甲电机15s、60s测试电阻值分别为15.1MΩ和17.3MΩ，乙电机则分别为13.1MΩ和17.2MΩ，试判断这两台电机哪一台的绝缘性状更好。

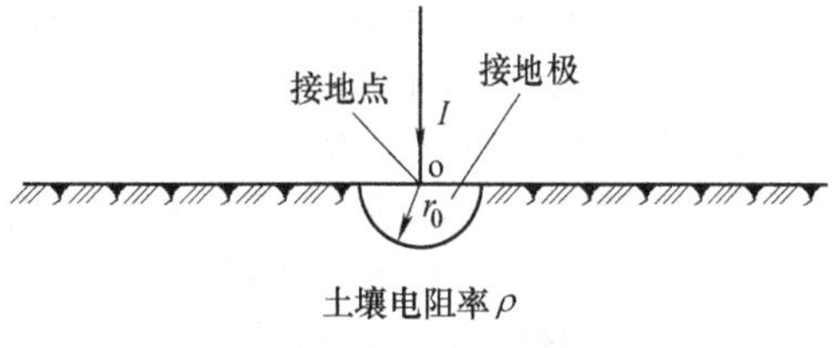

图1-22 题1-5图

1-5 如图1-22所示半球形接地极，其接地电阻计算公式为 $R=\int_{r_0}^{\infty}\frac{\rho}{2\pi r^2}\mathrm{d}r$，式中 ρ 为土壤电阻率，r_0 为半球形接地极的半径。设 $\rho=314\Omega\cdot\mathrm{m}$，$r_0=0.25\mathrm{m}$，若接地直流电流 $I=30\mathrm{A}$。以无穷远大地为参考零电位，试完成如下计算：

（1）试计算距接地点 o 点 10m 和 50m 处的地面电位。

（2）若要地面电位低至 1.2V，则需距接地点 o 点多远距离？

（3）距接地点 o 点 10m 和 10.8m 处的地面电位差是多少？

（4）距接地点 o 点 1m 和 1.8m 处的地面电位差是多少？将结果与（3）对比，能否归纳出有意义的普遍结论？

1-6　如图 1-23 所示，将工频交流电源通过两个接地极接地，忽略电源内阻抗和线路阻抗，试计算接地电流和电源两端（N、W 点）的对参考地电压。

1-7　如图 1-24 所示，为了用两电极法测量被测接地极 E 的接地电阻，有人在 E 附近的地中打了 A、B 两个测试电极，用两电极法（见图 1-19）分别测试 A、B、E 两两之间的接地电阻，测试数据如下：

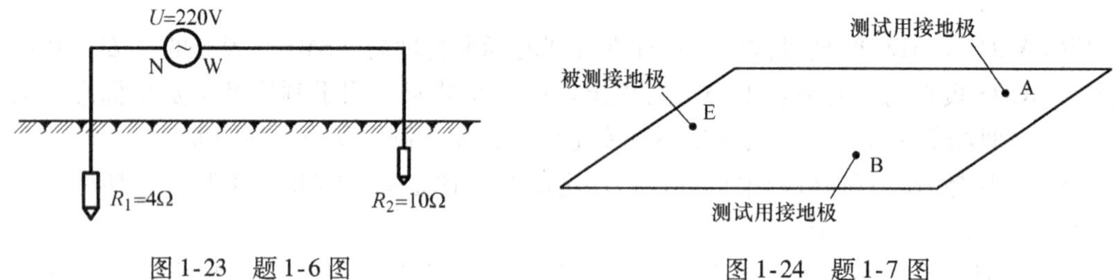

图 1-23　题 1-6 图　　图 1-24　题 1-7 图

（1）测得 E、A 间总接地电阻为 11Ω。

（2）测得 E、B 间总接地电阻为 19Ω。

（3）测得 A、B 间总接地电阻为 22Ω。

请根据以上数据，计算接地极 E 的接地电阻值。

1-8　IEC 的“外界影响”由哪几部分构成？它与我国电工电子产品的“环境条件”有什么不同？

1-9　请列举三种你所知道的电气产品安全认证。

1-10　试判断以下说法的正确性。

（1）通过强制性安全认证的电气产品，在正常使用条件下，可不考虑其发生安全性故障的可能性。

（2）大地并非处处都是良导体，因此在考虑接地点附近局部的问题时，不能将其当作金属那样的导体来看待。

（3）固体、液体和气体绝缘被击穿后，若外加电压消失，都可以自行恢复绝缘性能。

（4）电气危害总是因故障而产生的。

（5）电气危害总源于电能的非期望分配，但电能的非期望分配并不一定都产生电气危害。

1-11　试判断以下说法的正确性。

（1）冲击接地电阻总是大于工频接地电阻。

（2）工频接地电阻阻值实际上是接地阻抗的模。

（3）因接地极是导体，导体是等位体，因此在接地极水平尺度范围内的地面区域，跨步电压较小。

（4）不论接地极附近土壤情况如何，距接地极边缘越近，跨步电压越大。

（5）接地电流会加速金属接地极的腐蚀。

1-12　某地土壤电阻率为 150Ω · m，欲在此处做一个垂直接地极，要求接地电阻不大于 30Ω，试设计一个采用钢管做接地极的方案。钢管可选外直径为（单位：mm）：15、20、25、40、50。

1-13　用直径 16mm 热镀锌圆钢做一个矩形环形水平接地极，长 × 宽 = 15m × 12m，埋深 1.2m，所在位置土壤电阻率为 300Ω · m，试计算其接地电阻。

第二章　低压配电系统

50Hz 工频交流系统中，标称电压 1000V 以下的叫作低压配电系统。我国低压配电系统绝大多数为 220/380V（相电压/线电压）系统，一些工矿企业等有少量的 380/660V 系统。低压配电系统是电力系统的最末端，一般处于非电气专业场所，面向非电气专业人员，且分布广泛，环境状况复杂多样，安全问题特别突出，因此低压配电系统很多问题的出发点与中、高压系统有所不同，技术措施有自己的特点。低压配电系统是电气安全研究的主要对象之一，它在电击防护和电气火灾预防中扮演加害者的角色，在电涌保护中扮演受保护对象的角色。

第一节　城市电网与供配电系统

一、城市电网简介

城市电网是为城市送电和配电的各级电网的总称，它服务于一座城市的市区及所属（部分）郊区，简称城网。城市是最重要的电力负荷中心，电力系统生产的电能大部分消耗在城市中，因此城网既是电力系统的重要组成部分，又比农村电网、电气化铁路电网等更具典型性。此处介绍城网的目的，是为后面将要介绍的低压配电系统建立背景。

1. 城市电网的电力设施

此处所谓设施，是指一系列供配电装置的组合，连同为它们服务的建（构）筑物所共同构成的特定功能单元。这里只介绍供电企业的电力设施，电力用户的设施技术上完全一样，但权属不同。

（1）城市变电所　指城市中起变换电压等级并起集中和分配电能作用的供电设施，按其一次电压可分为 500kV、330kV、220kV、110kV、66kV、35kV 共 6 个等级。城市变电所是联系城网中各级电压电网的中间环节，既可向下级变电所供电，又可直接向电力用户供电。下面将要提到的城市电源变电所、枢纽变电所、区域变电所等，都属于城市变电所。

（2）开关站　指城网中起接受和分配电能作用的配电设施，没有变换电压等级的功能，又称为开闭所，电压等级主要为 10kV 和将要推广的 20kV，也有少量的为 35kV、110kV 和 220kV。由于城市负荷密度很大，要求每座变电所有很多出线回路，而受城市用地紧张的制约，变电所一般很难有足够的出线仓位，城市道路也很少有足够的线路通道。为解决这一问题，可采取分级配电的技术措施，即在负荷较密集的地点设置若干开关站，变电所只负责将电能馈给至开关站，再由开关站配出多个回路满足用户要求。这样就将集中于变电所的出线回路数需求，分散到了若干开关站处，并可增强配电网的灵活性。

10kV 开关站常用的有一进线五出线、两进线十出线等规格。

（3）公用变配电所　指向低压电力用户供电的变配电所，电压等级一般为 10/0. 38kV，个别地区正试运行 20/0. 38kV。这里“公用”一词的含义，是指由供电企业建设、管理并决定使用对象，以区别于电力用户拥有权属的“专用”变配电所。

（4）电力线路　城市电网各级供电设施是靠电力线路连接起来的。将电力线路看成“边”，变电所、开关站看成“点”，则它们共同形成了城市电网的网络拓扑。

城网中 220kV 及以上线路一般为架空线，但部分城市也有局部的 220kV 电缆线路运行。110kV 及以下线路通常要求采用电力电缆，地下敷设。架空线路占用城市地上空间走廊，制约了其下方和近旁地块的空间利用；电缆线路占用城市道路地下管道走廊，加剧了地下空间的拥挤程度。这些都是城网在发展中所受到的实际条件的约束。

2. 城市电网的电源与负荷

向城市电网提供电能的设施统称为城市供电电源。城市供电电源可分为两类：一类是市域内的城市发电厂，通常其所发总电量远不能满足城市电力负荷需求；另一类是城市电源变电所，它们接受从市域外电力系统输送来的电能，是城网主要的电能供给者。城市供电电源设施一般位于市域外围，数量与城市规模有关。随着新能源技术的发展和电力体制的改革，分布式发电作为城网电源的情况开始出现，用户自备电源也可以加入到城网供电电源的行列。

作为供电企业服务资源的城市电网，其商业服务对象为电力用户，因此城市电网的负荷是电力用户，而非用电设备。就城市电网内部来看，其结构又分为若干电压和（或）配电层次，相对于上一级电网，下一级电网的供电设施就是其直接的供电负荷，如 110kV 区域变电所就可以看成是 500kV 枢纽变电所的负荷。

3. 城市电网的结构与电压层次

城市电网由送电网、高压配电网、中压配电网和低压配电网等各级电压电网构成。以送电电压 500kV 城网为例，城网分层结构如下：

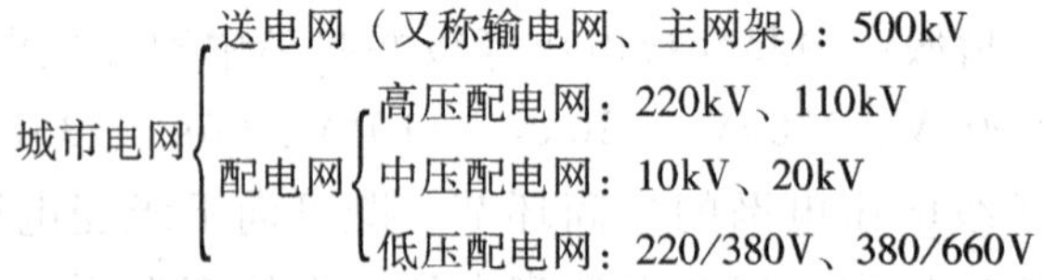

如图 2-1 所示是简化的城市电网的结构模型。

（1）送电网及枢纽变电所　城网中电压等级最高的电网称为送电网，标称电压 220kV 及以上，一般要求形成双环结构。送电网上的城市变电所称为枢纽变电所，其中接受域外电力系统电能输入的枢纽变电所称为电源变电所。图 2-1 所示城网送电电压为 500kV，由一个电源变电所和一个城市发电厂作为供电电源。图 2-2 为某特大城市送电网接线图，该城市送电网正处于从 220kV 向 500kV 过渡的初期，网络中部分双环路尚未形成，220kV 和 500kV 变电所均为枢纽变电所。该城网电源由两个城市发电厂、一个 500kV 电源变电所和若干 220kV 电源变电所组成。

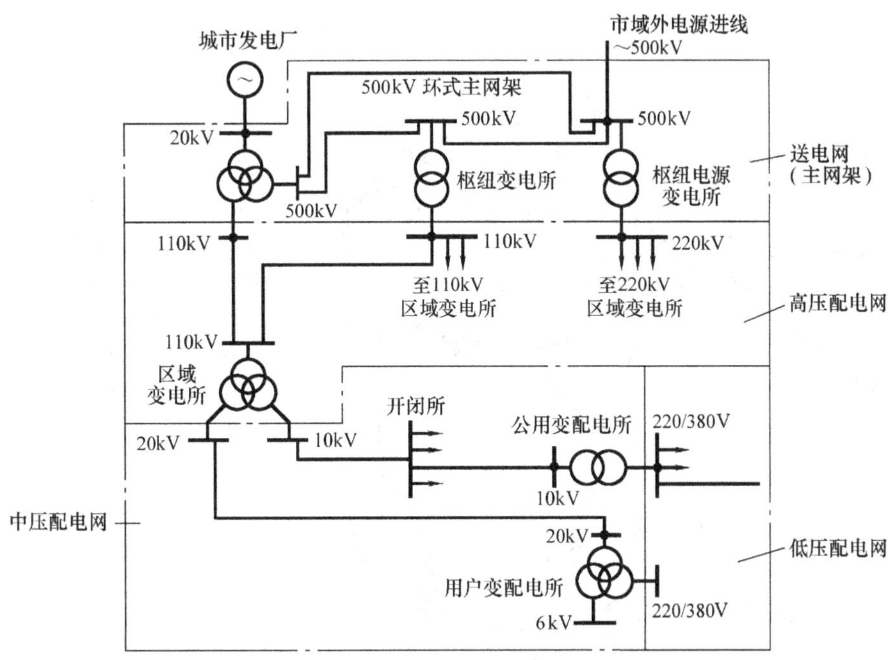

图 2-1　简化的城市电网的结构模型

送电网的作用是将城网的各个电源联络起来，各个电源的电能可以通过送电网线路调配，使送电网整体成为一个电源，为下级城网供电设施提供电能。送电网一般不直接向电力用户供电。部分送电网还承担向市域外转送电能的任务。

既然送电网一般不直接向电力用户供电，那供电企业如何向电力用户提供供电服务呢？这就是各级配电网所要承担的任务。

（2）高压配电网及区域变电所　在市区内，供电企业根据负荷密度和供电半径设置若干区域变电所。区域变电所的电源一般引自送电网上的枢纽变电所，少数情况也可引自城市发电厂。区域变电所电压等级一般为 110kV，但在采用 500kV 送电电压的城网中，已经有较多的 220kV 区域变电所运行。区域变电所的二次电压一般为 10kV，个别地区现正试运行 20kV，一些老的城网还有 35kV 或 6kV，这两个电压等级预计将被逐步淘汰。高压配电网就是指枢纽变电所与区域变电所之间的电力网络。

（3）中压配电网　区域变电所可直接或通过开闭所间接向 10kV、20kV 电力用户供电，也可向 10kV 公用变配电所供电，由公用变配电所将电压降为 0.38kV 后再向低压电力用户供电。中压配电网是指区域变电所与公用变配电所或中压电力用户之间的电力网络。

（4）低压配电网　指城网最末端的 220/380V 电网，向低压电力用户供电，如分散的商业店铺、小型加工作坊等。

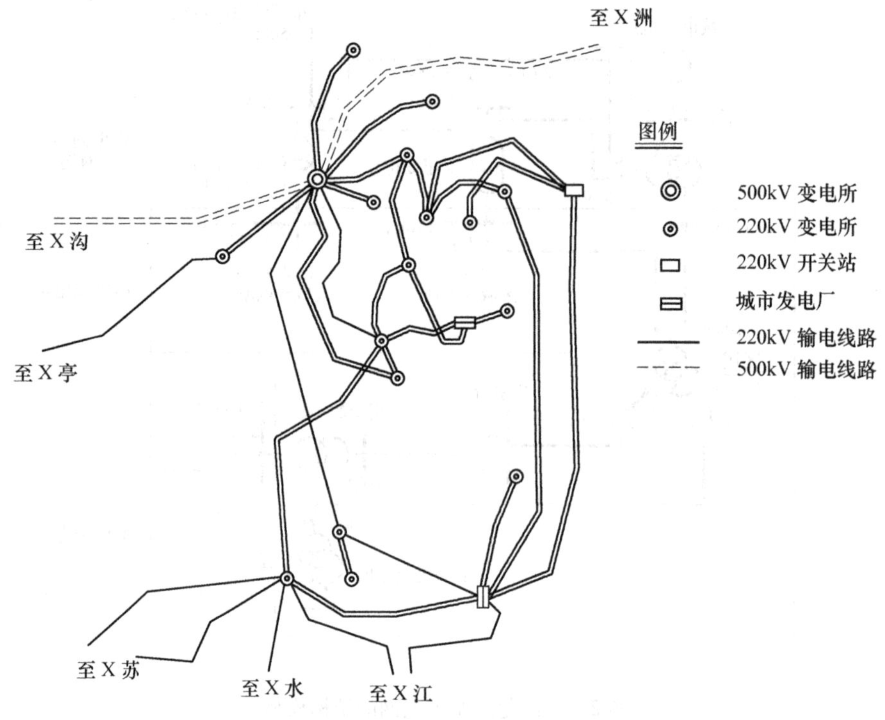

图 2-2　某特大城市送电网接线图

二、供配电系统概念

供配电系统是电力系统的重要组成部分。从技术的角度看，供配电系统是指电力系统中以使用电能为主要任务的那一部分电力网络，它处于电力系统的末端，一般只单向接受电力系统的电能，不参与电力系统的潮流调度。城网中从区域变电所到用电设备之间的电力网络都可称为供配电系统。从工程实践的角度看，供配电系统一般是指电力用户电网。工程上还有更简单的划分方式，一般将 110kV 及以下电网称为供配电系统。

如图 2-3a 所示是某城市小区 10kV 供配电系统电气接线图，该系统由一路引自开闭所的 10kV 电缆作为电源，电源电缆环链 S1、S2、S3 共 3 个 10/0. 38kV 变配电所，为 7 个地块作低压配电。如图 2-3b 所示是该系统的位置接线图，图中示有 S1 ~ S3 等 3 个变电所的位置，以及排管、直埋线管等线路设施的敷设路径和引出线位置等。

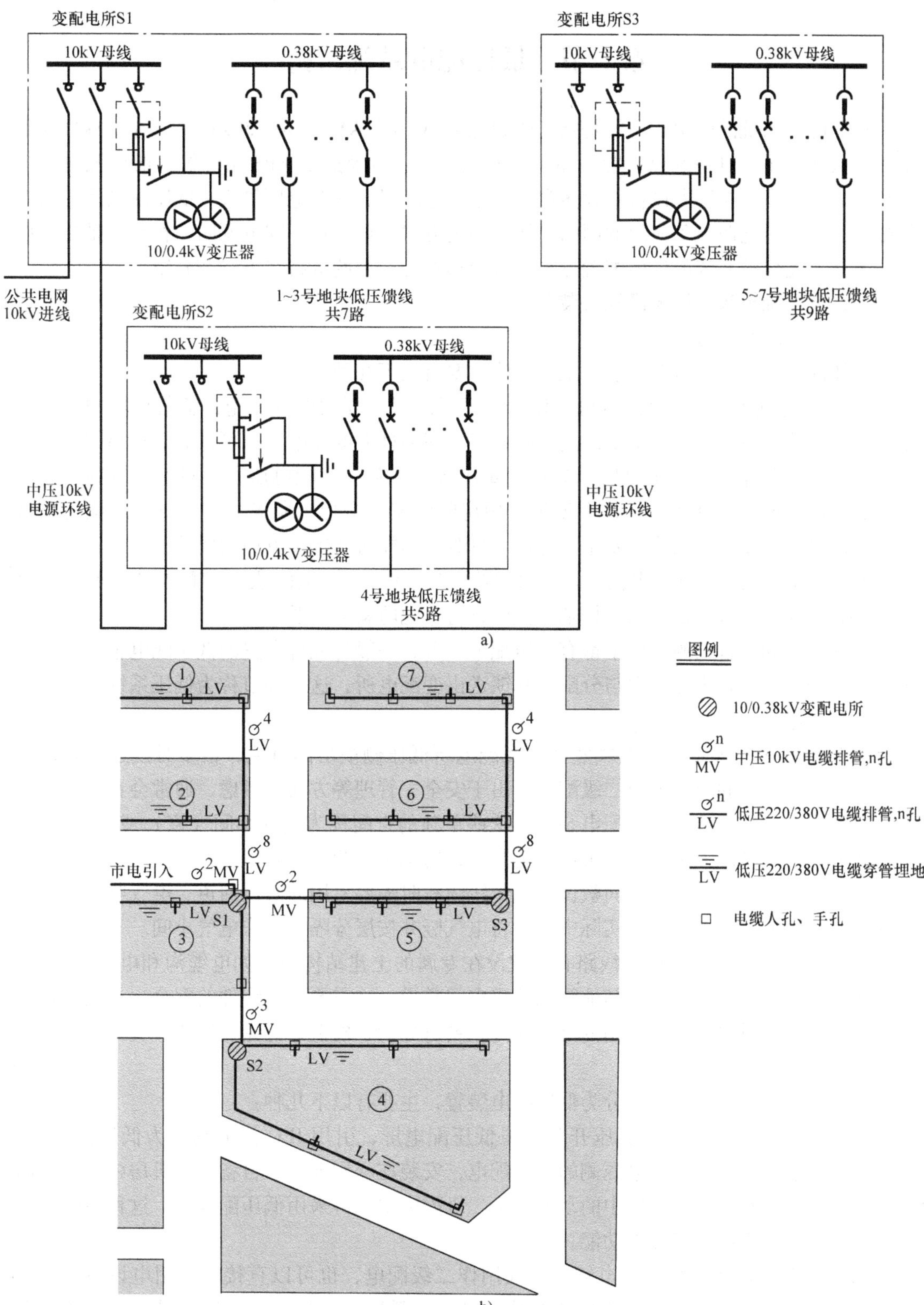

图 2-3　某城市小区供配电系统示例

第二节　低压配电系统结构

低压配电系统的电源，一般是指其电源侧的10/0.38kV、20/0.38kV或35/0.38kV变配电所，或者是用户自备电源装置，如柴油发电机、蓄电池逆变EPS系统等。低压配电系统的负荷，一般指终端用电设备。大多数低压配电系统只有一个电压等级。低压配电系统的结构描述，既包括电源与负荷间的网络接线和实现方式，也包括不同电源间的相互联系与工作配合方式，还包括系统的导体配置形式和接地形式等，后两者将在下一节介绍。

一、低压配电系统配电设施与装置

1. 低压配电设施

低压配电系统深入负荷现场，配电设施主要有以下几种：

（1）变配电所与自备电源机房　作为低压系统最主要的电源设施，负荷现场的变配电所有多种形式，典型的有与架空线路设施共享空间的杆上变配电所，可以灵活选择安装地点的预装式（习称箱式）变配电所，拥有专属建筑物的独立变配电所，依附于建筑物外墙的附设式变配电所，以及在建筑物中划定专用房间的室内变配电所等。由于所处环境复杂多样，变配电所需要满足消防、安全、环保、景观、功能协调等多方面的要求。

柴油发电机房、EPS蓄电池及控制机房等自备电源机房，除满足与变配电所相类似的要求以外，还应特别考虑送排风、排烟、储油、蓄电池防爆等问题。

变配电所和自备电源机房中都有低压配电装置，一般是成排布置的低压配电柜，低压电能在低压配电装置处进行集中与分配，并馈送出变配电所，这一环节称为低压系统电源级配电或一级配电。

（2）电气小间（室）与电气竖井　变配电所低压侧馈出的电能，很多时候还需要进行再次分配，称为中间级配电或二级配电。出于安全、管理等方面的考虑，通常会在建筑物中划定一些单独的空间装设二级配电装置，这些单独的空间称为电气小间（室）或配电小间。配电小间一般不考虑人员值班，可以没有窗户，门锁由专职人员管理。

在多层和高层建筑中，竖向敷设的低压线缆有时需要专用的敷设通道，电气竖井就是专门用来敷设竖向线缆的。工程实际中一般将电气竖井按层分隔，兼作电气小间。

（3）室内线路设施　低压线路有的敷设在专属的土建结构中，如电缆沟和电气竖井等，但多数情况下只能与建筑物中其他管线共用空间敷设，这需要配线附件的配合。在线路敷设中起容纳、承托及机械保护作用的配线附件主要有导管、槽盒、托盘、梯架、支架等。

2. 低压配电装置

低压配电设施中的核心部分为低压配电装置，主要有以下几种：

（1）低压配电柜　又称低压开关柜或低压配电屏，引用IEC标准则称为低压配电盘，是成套配电装置，一般用于电源侧的一级配电，安装在变配电所、自备电源机房中，有多面柜时成排布置。在一些负荷集中的动力机房二级配电中也可采用低压配电柜，这种情况下低压配电柜一般兼有电动机控制功能。

（2）中间配电箱　简称配电箱，一般用作二级配电，也可以直接连接用电设备，安装在电气小间内或建筑物公共空间的恰当位置处，比低压配电柜更接近用电设备。按功能划分，有动力配电箱、照明配电箱、计量配电箱等类别；按服务范围划分，有多（高）层建筑的楼层配电箱、住宅小区的单元配电箱、公共低压电网的分支配电箱等。

（3）终端配电箱 属于末端配电装置，直接连接用电设备及电具，如照明灯具、插座等，一般安装在各种功能房间内，如办公室、教室、演讲厅、宾馆客房、住宅客厅等。

如图2-4所示为低压配电系统的直观示例，该系统变配电所设在建筑物内，有专用电气竖井兼作电气小间，楼层配电箱安装在电气小间中，终端配电箱安装在各房间内。

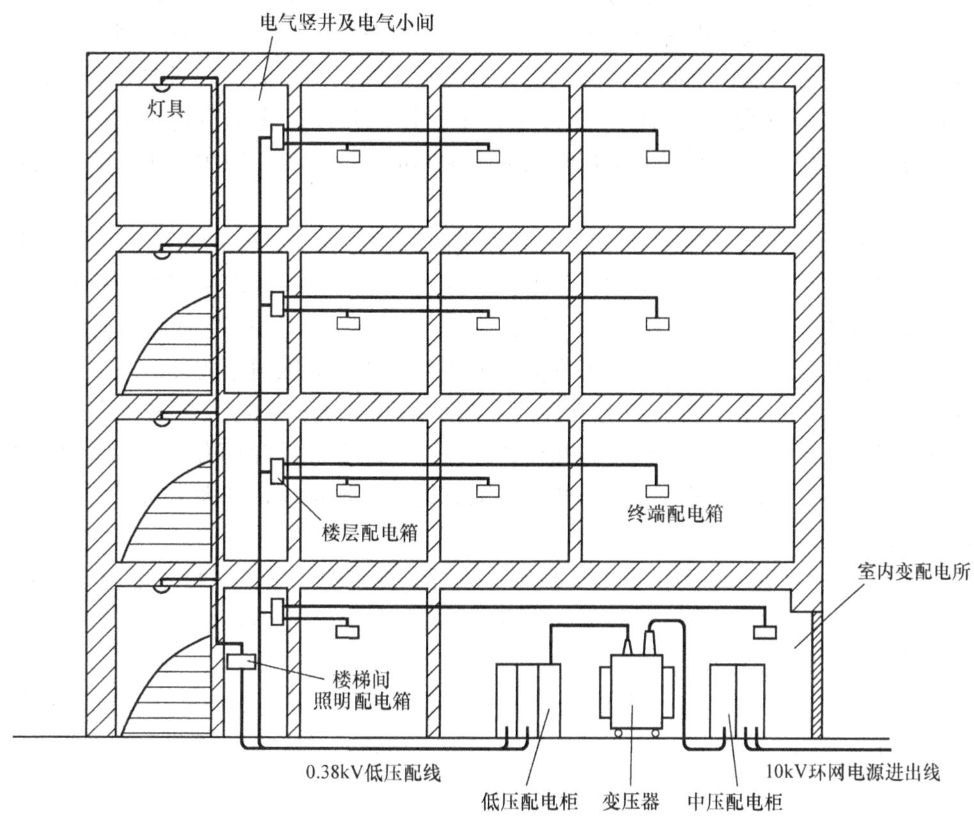

图2-4 低压配电系统的直观示例

二、低压配电系统网络接线

1. 低压配电系统网络接线需考虑的因素

低压配电系统网络接线的主要关联因素是负荷。由于处于供配电系统最末端，低压系统的负荷即指用电设备。用电设备的属性一部分是设备本身固有的，如额定功率、额定电压等；还有一部分与设备所处环境和工作性质相关，如负荷等级等。与低压配电系统网络接线相关联的一些主要因素如下：

（1）负荷等级 负荷按其对供电可靠性的要求可划分为三个等级，其中一级负荷要求最高。一级负荷中还可能包含一种叫作特别重要负荷的子类，对供电可靠性有更高要求。负荷等级的划分除依照一般原则外，就工程设计而言，通常还需要依照与设计对象相关的规范进行划分。如住宅、学校、医院、仓库、车库、商场等，都有相关规范对负荷等级划分给出明确规定。

对属于一级负荷的用电设备，要求有双电源供电，这里不仅指电力用户的供电电源需要双电源，而且还需要将两个电源独立地配送到用电设备的最末一级配电箱处。因为对于用电设备而言，电源指的是为其配电的配电箱的进线。对于一级负荷中特别重要的负荷，还需要有专门的应急电源。对于二级负荷，只需要两个回路供电，不必一定要求双电源。

（2）负荷类别　按负荷用途，民用建筑中有动力、照明、空调等负荷类别，工业建筑中类别更多，如冷加工、热加工、起重运输、通风等；按负荷的商业属性，有居民用电、商业用电、景观用电、市政用电等负荷类别。工程中还有其他一些负荷类别的划分方式。

不同类别的负荷一般由不同的回路供电，有时甚至需要由不同的变压器分别供电。电费费率不同的负荷，宜分类集中供电，以便于计量。特定时段工作的负荷（如季节性负荷）最好由专用变压器供电，以便在非工作时段从一次侧退出变压器，减少变压器空载损耗，达到节能的目的。

（3）负荷量值　负荷量值主要涉及配电方式问题。比如大功率的设备，为降低其启动或转换工作状态时对其他负荷的影响，并考虑到回路容量限制，一般采用放射式配电。再比如分级放射式或树干式配电，根据具体情况，每一线路的总计算负荷通常不宜超过某一范围，若实际负荷超过这一范围，可以考虑分区分级放射式或分区树干式配电。

（4）负荷的空间分布　同一水平或竖向通道上的同类负荷，可以考虑树干式配电，如上下对齐的扶梯配电等。有些负荷集中在设备机房，可以考虑设置动力配电控制中心作为二级配电，如水泵房、制冷机房等。对一些均匀散布的小功率负荷，如大空间照明灯具等，可以按划定区域配电。

220/380V 低压配电系统的供电电气距离（可理解为线缆长度）一般不超过 300m，负荷密度高的城市中心区供电距离一般控制在 150m 左右，但对部分小容量线形分布负荷，供电半径可以延长，如路灯线路等。

（5）负荷工艺关联性　其一是用电设备与服务对象的关联性，如建筑物同一楼层不同防火分区的应急照明，需要划分为不同的配电区域，由各自的配电箱配电；其二是同一工艺流程中不同用电设备的关联性，如空调制冷机房的制冷机、冷冻泵、冷却泵及屋面冷却塔等设备，只要有一个环节设备不工作，整个系统都不能工作，因此应安排在同一供电单元，比如由同一台变压器或同一段母线供电。

2. 低压配电系统配电层次

典型的低压配电系统配电层次为三级配电，分述如下：

（1）电源级配电　又称（第）一级配电，指电源变压器或自备电源通过电源总开关将电能送到低压配电柜母线上，从低压母线上馈出多个回路的电能分配，馈出的回路称为（第一级）配电回路。该级配电装置一般在变配电所或建筑物总配电室，图 2-4 中的低压配电柜即一级配电装置。

此处提到的配电回路，是电气回路的一种类别。所谓电气回路（electric circuit），指能被独立控制并由同一个（组）过电流保护电器提供过电流保护的电气设备及传导介质的组合，简称回路。典型情况如：一台低压断路器及由其提供开关控制与过电流保护的线路构成一个回路。需要注意的是，该术语与电路分析中的“回路”（loop）含义有所不同，但都在使用，应注意甄别。在特别需要避免混淆的情况下，本书用术语“环路”表示电路分析中“回路”（loop）的含义，如故障环路等。

为配电箱供电的回路称为配电回路（distribution circuit），为用电设备或插座供电的回路称为终端回路（final circuit）。区分配电回路与终端回路，在电击防护中有很重要的意义。

（2）中间级配电　又称（第）二级配电，指中间配电箱向终端配电箱供电或直接向用电设备供电，前者馈出回路称为（第二级）配电回路，后者馈出回路则是终端回路。该级配电装置一般装设在楼层配电间或建筑物公共部分其他适当的位置。图 2-4 中位于电气小间的楼层配电箱就属于中间级配电装置。

（3）终端级配电　又称为（第）三级配电，指终端配电箱向用电设备或插座供电，馈出回路均为终端回路。该级配电装置一般以房间或户为单位设置，装设在用户房间内。图 2-4 中各功能房间的终端配电箱就是终端级配电装置。

3. 低压配电系统接线示例

如图 2-5 所示为一某高层建筑 10/0.38kV 变配电所低压部分主接线图，如图 2-6 所示为该高层建筑配电干线（第一级配电回路，楼梯间应急照明线除外）系统图。该供配电系统由一个 10kV 市电电源和一个 400V 柴油发电机自备电源作为供电电源，市电电源通过变压器变成 220/380V 低压供电电源，与柴油发电机电源间设置机械互锁以避免非同期并车和倒送电。三级负荷和一级负荷的工作回路均由正常母线段 WC 配出，一级负荷的备用回路由应急母线段 WC0 配出。正常情况下一级负荷工作回路故障，可以由备用回路供电，此时应急母线段电源取自变压器，不需要起动柴油发电机。只有当正常工作电源失电时，才需要起动柴油发电机。

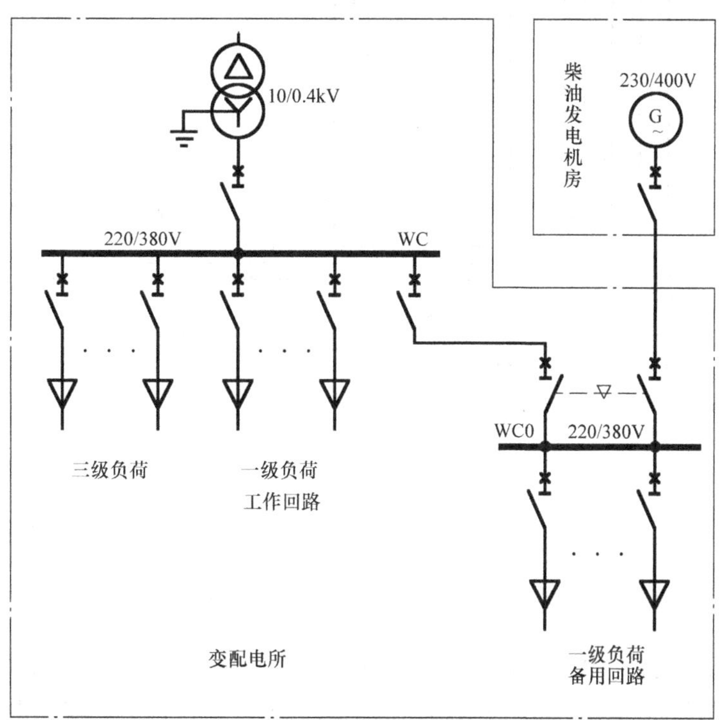

图 2-5　某高层建筑 10/0. 38kV 变配电所低压部分主接线图

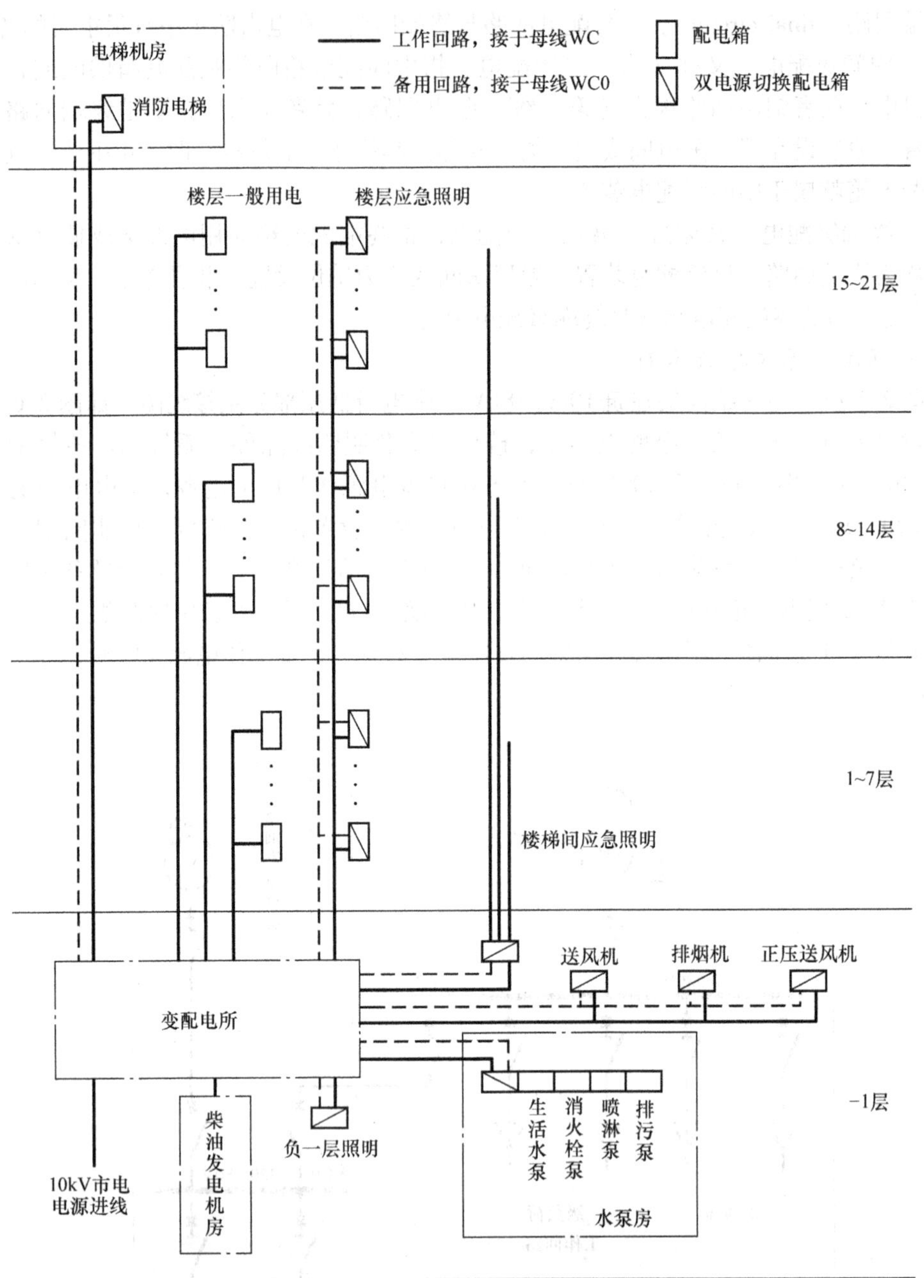

图 2-6　某高层建筑配电干线（第一级配电回路）系统图

消防电梯、消防水泵、消防风机、应急照明等为一级负荷，各楼层一般照明、插座等用电为三级负荷。消防电梯采用双电源双回路放射式配电，电梯机房末端配电箱处双电源切换。楼层应急照明属于均匀散布性负荷，采用双电源双回路树干式配电，按楼层设置双电源切换照明配电箱。消防水泵和生活水泵安装在水泵房中，属于集中布置的同类负荷，以动力配电中心形式作二级配电，采用双电源双回路分级放射式配电。负一层各消防风机位置分散，如果采用双电源双回路放射式配电，回路较多，考虑到单台风机功率都不大且属于同类负荷，故采用双电源双回路树干式配电。楼梯间属于专门的功能分区，服务于整栋建筑而不仅仅是某一楼层，其应急照明配电宜独立于各楼层应急照明，因此在负一层设置一只专用的楼梯间应急照明配电箱配电。各楼层的其他三级负荷考虑采用树干式配电，由于负荷容量较大，用一路干线供所有楼层负荷在技术上不合理，故采用分区树干式配电，按楼层设置配电箱作二级配电。

第三节　低压系统接地形式和导体配置

低压配电系统的形式，主要从供电连续性、电击防护性能和抗电压骚扰性能等方面考虑，尤以电击防护为考虑的重点。在与国际标准接轨的过程中，我国电气工程界对低压配电系统从表述到认识都发生了很大的变化，但长期形成的一些错误观念和不规范表述往往使概念不能被准确地掌握，从而影响对系统形式、分析计算和技术措施等的正确理解，因此，本节的介绍就从规范化的术语开始。

一、术语解释

1. 中性点及系统中性点接地方式

中性点是一个常用术语，就多相工频交流系统而言，它在工程应用中通常有两种含义，应注意甄别。

（1）电路（或系统、绕组）中性点　指多相系统导体元件星形或曲折连接中的公共点，又称电路星接点或中心点。

（2）电气中性点　指多相系统电源或负荷端存在这样一个电气上的点，各相端子与该点间的电压绝对值相等。

电气中性点本质上不是一个实际网络上的点，比如在三角形接线绕组上就找不到这个点的位置，但作为一个电气关系上的对称点，该点是存在的，比如我们在相量图上就可以找到这个点。电路中性点是实际网络上的一个点，是电路结构上的中心点。大多数情况下，多相对称系统电气中性点正好落在电源或负载星形接线的电路中性点上，所以为了方便，在不致引起混淆的情况下，我们可以笼统地使用“中性点”这个称谓。

系统中性点接地方式，指工频交流系统中发电机或变压器绕组中性点与大地的电气连接方式，在输变电系统中又常称为系统中性点运行方式。

2. 可导电部分及其种类

可导电部分指系统或环境中能传导电流的物体。可导电部分中，有的没有被赋予承载电流的任务，如设备的金属外壳、场所中的金属水管等；有的被赋予承载规定电流的任务，如导线、开关的触头等。称用于承载规定电流的可导电部分为“导体”。注意此处“导体”与物理学中导体的含义有所不同，它只包含物理学意义上导体的一部分，是描述电气装置结构的一个专用术语。现状工频交流电气装置所涉及的可导电部分可作如下列示。

- 可导电部分
  - 不关注承载电流
    - （装置）外露可导电部分
    - （装置）外界可导电部分
    - 不属于以上两者的其他可导电部分
  - 承载电流有规定——导体
    - 带电导体
      - 相导体（L导体）
      - 中性导体（N导体）
    - 非带电导体——保护导体（PE导体）

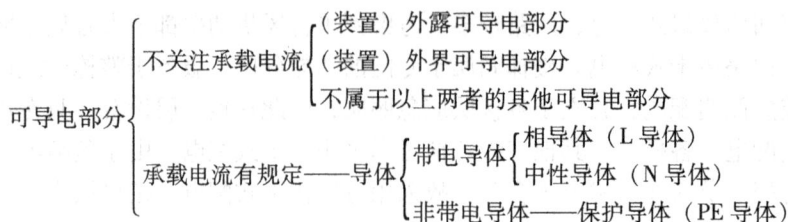

（1）（装置）外露可导电部分　电气装置上容易被触及的可导电部分，平时不带电，但在基本绝缘损坏时带电。一般是指设备的金属外壳。

并不是所有的电气装置都有外露可导电部分，如塑壳电视机等家用电器就没有外露可导电部分，电击防护Ⅱ类设备（见第三章）即使有金属外壳，也不视为外露可导电部分。

（2）（装置）外界可导电部分　给定场所中不属于电气装置组成部分的可导电部分。如场所中的金属管道、金属支架等。当该部分（如钢轨或穿线钢管）被用作PE导体时，其性质变为导体，不再视为外界可导电部分。

（3）中性导体（N导体）　与多相交流系统中性点连接，并起传输电流作用的导体。

（4）相导体（L导体）　交流系统中除中性导体以外的正常运行时带电并传输电流的导体。

（5）保护导体（PE导体）　为安全目的设置的导体，主要用于保护接地或保护等电位联结。

（6）保护中性导体（PEN导体）　兼具有PE导体和N导体功能的导体。

交流系统中各种导体的图形符号如图2-7所示。

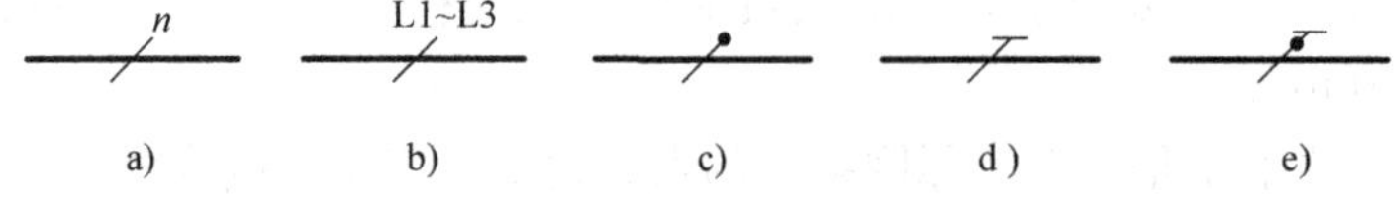

图2-7　交流系统中各种导体的图形符号

a）导体一般符号（示出根数）　b）相导体（示出相别）　c）中性导体　d）保护导体　e）保护中性导体

n——导体根数

3. 带电部分

对可导电部分还可以作另一种划分，即分为带电部分与不带电部分。带电部分指正常运行时带电的可导电部分。作为带电部分的导体称为带电导体，工频交流系统中带电导体含相导体和中性导体，但按惯例不含PEN导体。

带电部分不一定意味着电击危险，在某些条件下可能造成电击伤害的带电部分叫作危险带电部分。

4. 用电设备使用方式

（1）手持设备　正常使用时要用手握住的设备。

（2）移动设备　工作时移动的设备，或在接有电源时能容易地从一处移至另一处的设备。

（3）固定设备　牢固安装在支座（支架）上的设备，或用其他方式固定在一定位置上的设备。

作以上分类的主要原因是这几类设备的电击危险性有差别。

二、低压系统单线与多线接线图表示法

在分析低压系统电气安全问题时，会涉及各导体之间的相互关系，常用的单线系统图表达的信息不够充分，因此一般用多线图表达。

如图2-8a所示为一个低压系统的单线接线图，该系统由一台变压器供电，低压第一级配电主接线为单母线接线，有三个馈出线回路。图2-8b为该系统的多线接线图，它不仅表明了三相系统各元件绕组和导体的连接方式，还表明了变压器和设备金属外壳的接地形式。为了简洁直观，图中未示出开关电器等设备。

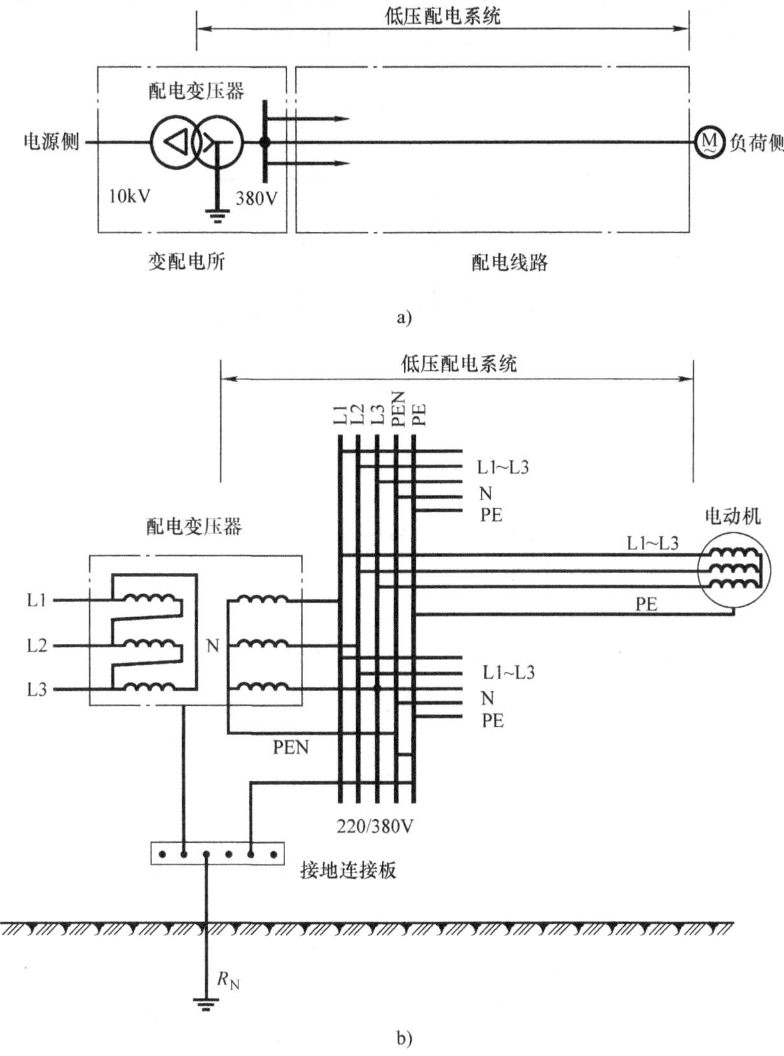

图2-8　低压配电系统接线图的单线和多线表示法

a）单线表示法　b）多线表示法

三、低压系统接地形式

低压系统的接地形式用字母组合表示，有IT、TT、TN三种接地形式。

第一个字母表示电源的接地情况：T为电源一点直接接地；I为电源不接地，或电源一点经高阻抗接地。

第二个字母表示电气设备外露可导电部分接地情况：T为设备外露可导电部分直接接地，且该接地与电源接地间无任何电气连接；N为设备外露可导电部分直接与电源接地电气连接。

这三种接地形式适用于任何相数、任何电源连接方式的系统。为便于理解，以下以三相电源星形联结且电源若有接地一定是中性点接地为例，介绍这三种接地形式。

1. IT系统

IT系统是电源不接地、用电设备外露可导电部分直接接地的系统，如图2-9所示，图中连接设备外露可导电部分和接地极的导体，就是PE导体。

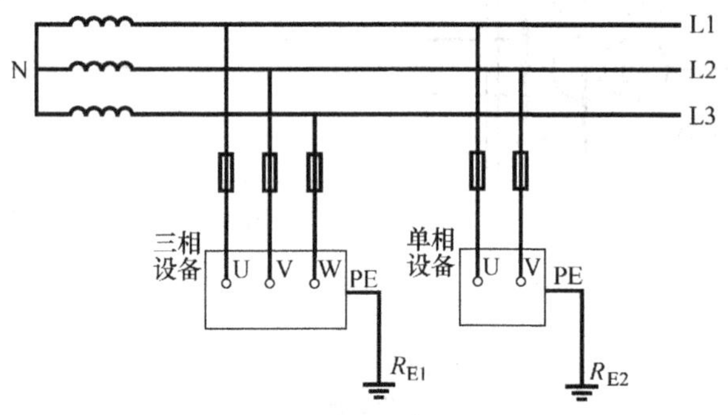

图2-9　IT系统接线

IT系统常用于对供电连续性要求较高或对电击防护要求较高的场所，前者如矿山的巷道供电，后者如医院手术室的配电等。

2. TT系统

TT系统是电源直接接地、用电设备外露可导电部分也直接接地的系统，且这两个接地必须是相互独立的，它们之间不能有有意或无意的金属性电气连接，如图2-10所示。设备接地可以是每一设备都有单独的接地装置，也可以若干设备共用一个接地装置，图2-10中单相设备和单相插座就是共用的接地装置。

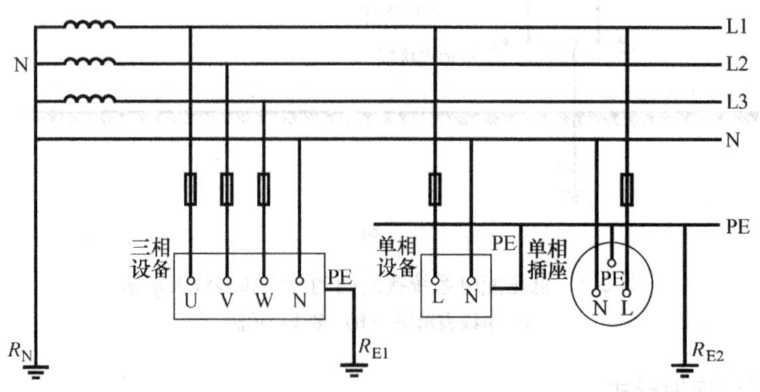

图2-10　TT系统接线

TT 系统在有些国家应用十分广泛，在我国则主要用于城市公共配电网和农网，以及一些低密度的住宅小区等。在辅以剩余电流保护的条件下，TT 系统有很多优点，是一种值得推广的接地形式。

3. TN 系统

TN 系统即电源直接接地、设备外露可导电部分与电源地直接电气连接的系统，它有三种类型，分述如下：

（1）TN－S 系统　TN－S 系统接线如图 2-11 所示，图中相线 L1～L3、中性线 N 与 TT 系统相同，不同的是用电设备外露可导电部分通过 PE 线连接到电源接地点，与电源共用接地极，而不是连接到设备自己专用的接地极上。在这种系统中，中性线（N 线）和保护线（PE 线）是分开的，故后缀“－S”。TN－S 系统中 N 线与 PE 线在电源点分开后，不能再有任何电气连接，这一条件一旦破坏，TN－S 系统便不再成立。电源点可以是变压器中性点，也可以是电源级配电母线。

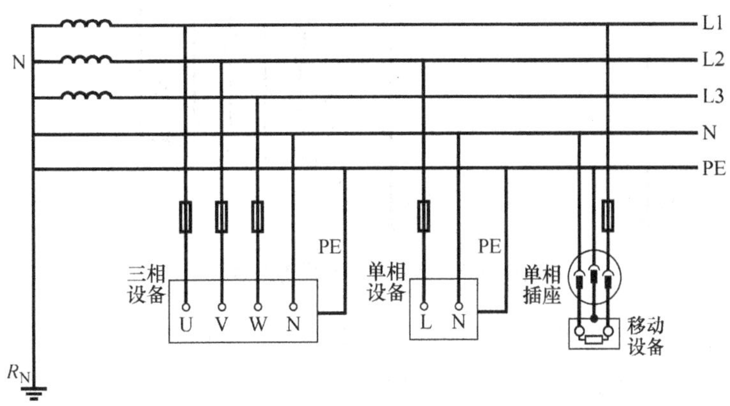

图 2-11　TN－S 系统接线

TN－S 系统是我国应用最为广泛的一种系统。在自带变配电所的建筑物中几乎无一例外地采用了 TN－S 系统，在建筑小区中，也有很多采用了 TN－S 系统。

（2）TN－C 系统　TN－C 系统接线如图 2-12 所示。它将 PE 线和 N 线的功能结合起来，由一根称为保护中性线（PEN 线）的导体同时承担两者的功能。在用电设备处，PEN 线既

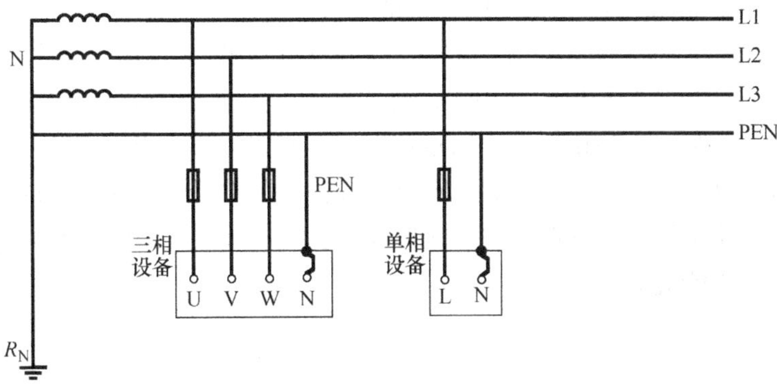

图 2-12　TN－C 系统接线

连接到设备中性点（如果有的话），又连接到设备的外露可导电部分。按安全要求高于工作要求的原则，PEN线应先连接设备外露可导电部分，再连接设备中性端子。

TN－C系统曾在我国广泛应用，但由于它在技术上所固有的种种弊端，现在已经很少采用，尤其是在民用建筑配电系统中已基本上不允许采用TN－C系统。

（3）TN－C－S系统　TN－C－S系统是TN－C和TN－S系统的组合形式，如图2-13所示。TN－C－S系统中，从电源引出的那一段采用TN－C系统，到用电设备附近某一点处，再将PEN线分成单独的N线和PE线，从这一点开始，系统相当于TN－S系统。

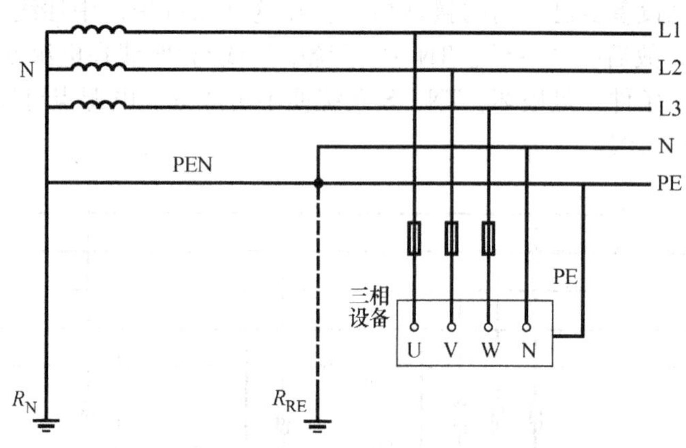

图2-13　TN－C－S系统的接线

TN－C－S系统也是应用比较多的一种系统。工厂的低压配电系统、城市公共低压电网、住宅小区的低压配电系统等常有采用。在采用TN－C－S系统时，一般都要辅以重复接地这一技术措施，即在系统由TN－C变成TN－S处，将PEN线再次接地，以提高系统的安全性能，如图2-13中虚线所示，但重复接地并不是TN－C－S系统成立的必要条件。

四、低压系统导体配置

由于传统习惯的影响，现在还经常有将TN－S系统称为三相五线制系统、TN－C系统称为三相四线制系统等情况出现，但这种称谓是不正确的，比如采用共同接地的TT系统也可能是三相五根线（见图2-10中的共同接地部分）。

实际上，所谓“×相×线”系统的表述，是另外一种含义，它是指低压配电系统导体配置形式。所谓“×相”是指电源的相数，而“×线”则是指正常工作时通过电流的导体（称为载流导体）根数，包括相导体和中性导体，但不包括PE导体。图2-14是低压系统导体配置示例。按照这一定义，TN－S和TN－C系统都是“三相四线制”或“单相二线制”系统。因此，低压系统导体配置形式与接地形式是系统结构形式的两个不同方面，两者无原理上的对应关系，不能混为一谈。

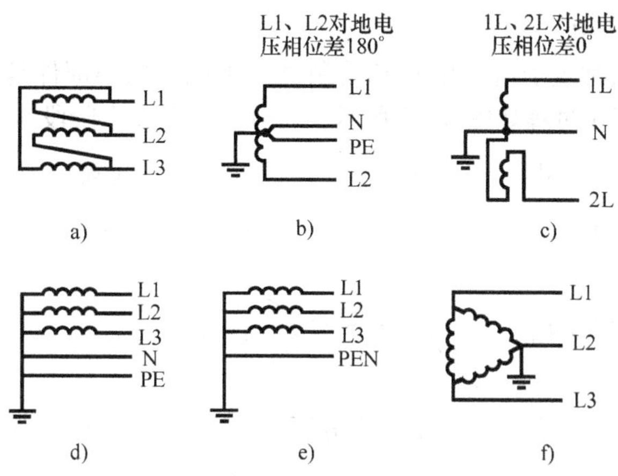

图 2-14　低压系统导体配置示例

a)、f) 三相三线制　b) 两相三线制　c) 单相三线制　d)、e) 三相四线制

第四节　常用低压配电电器

低压配电电器按功能可分为开关电器、保护电器、测量电器、电瓷、母线等类别。本节介绍主要的开关电器和保护电器，并介绍一些常见的开关保护电器组合。

一、低压开关、隔离器

低压开关和隔离器均属于开关电器类别。低压系统对开关电器名称的定义与中、高压系统有所不同，应注意区分。

（1）开关　指能承载、通断正常（含规定的过负荷）电流，并能在规定时间内承受短路电流冲击但不能开断短路电流的机械开关电器。低压开关相当于中、高压系统的负荷开关。

（2）隔离器　指在断开状态符合规定隔离功能要求，能通断空载（含电流可忽略情况）电路，且能承载正常电流和规定时间内短路电流的机械开关电器。低压隔离器相当于中、高压系统的隔离开关。

（3）隔离开关　指在断开状态符合隔离器隔离要求的开关。低压隔离开关相当于中压系统有隔离功能的负荷开关。

以上各类开关、隔离器的功能与图形符号如表 2-1 所示。

表 2-1　开关、隔离器功能与图形符号

类型	功能		
	接通、承载、分断正常电流；承载规定时间内的短路电流；可接通短路电流	隔离功能。断开距离、泄漏电流符合要求，有断开位置指示，可加锁	同时具有左侧两种功能
开关、隔离器	开关	隔离器	隔离开关

二、低压熔断器

熔断器属于过电流保护电器。

1. 熔断器的工作原理

熔断器由熔体（通常置于熔管中）和熔断器座组成，核心部件是熔体。熔体在过电流作用下的温度和物态变化过程如图 2-15 所示，可分为以下几个阶段。

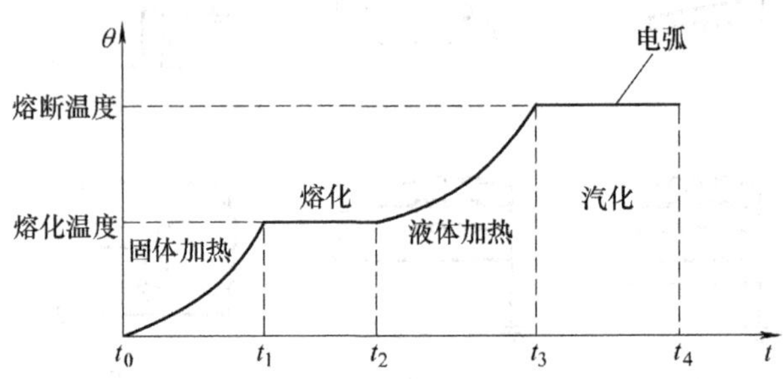

图 2-15　熔体在过电流作用下的温度和物态变化过程

（1）固态温升阶段　这一阶段，电流在熔体电阻上产生的损耗使熔体温度上升，直至熔体熔化温度，熔体开始熔化，即图中的 t_0 ~ t_1阶段。

（2）熔化阶段　这一阶段电流发热全部用于熔化熔体，温度不再上升，即图中的 t_1 ~ t_2 阶段。

（3）液态温升阶段　熔体完全熔化后，电流使熔融的液态熔体温度上升，直至气化温度，液态熔体开始变为金属蒸气，使熔体出现断口，产生电弧，即图中的 t_2 ~ t_3阶段。

（4）燃弧阶段　指自电弧产生至电弧熄灭的阶段，即图中的 t_3 ~ t_4阶段。

一旦熔体“熔化”，便不可能逆转回正常状态，但要到达“熔断”，保护才得以生效。因此从保护可靠性角度看，不该动作的熔体只要发生熔化，就视为误动作；应该动作的熔体只有完全熔断，才算没有拒动。

2. 熔断器的保护特性和主要参数

自过电流通过熔体始，至熔体气化起弧止，这段时间称为熔断器的弧前时间，即图2-15 中的 t_0 ~ t_3时间段；自电弧出现始，至电弧熄灭止，这段时间段称为燃弧时间，即图 2-15 中 t_3至 t_4时间段。

（1）时间—电流特性　熔体的过电流保护特性可以用时间—电流特性来表示，又称安—秒特性，是熔断器熔化时间—电流特性、弧前时间—电流特性和熔断时间—电流特性的总称，图 2-16 示出了第一种和最后一种，分述如下：

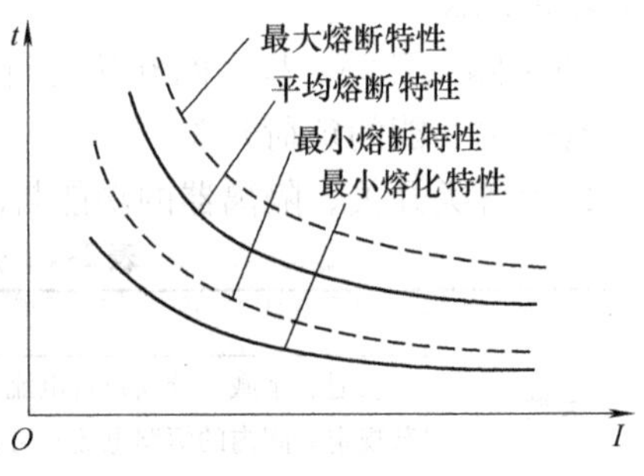

图 2-16　熔断器的时间—电流特性

1）熔化时间—电流特性。指熔体自通过电流起至熔体刚开始熔化止所需时间与电流量值大小的关系，是一个反时限特性，即电流越大，所需时间越短。由于熔断器特性具有分散性，该特性是一个时间—电流带，应用最多的是最小熔化时间—电流特性，即在某一电流作用下可能出现的最小熔化时间。在考察熔断器保护是否误动作时，最小熔化特性是最不利条件。

2）弧前时间—电流特性。指熔体自通过电流起至熔体刚开始起弧止所需时间与电流量值大小的关系，也是一个反时限特性，也同样具有分散性。

3）熔断时间—电流特性。指熔体自通过电流起至熔体熔断且电弧熄灭止所需时间与电流量值大小的关系，它仍然是一个反时限特性。由于产品的分散性，图中用实线表示平均值，虚线表示正、负偏差极限，偏差一般可以控制在±20%以内，有很多产品现已可控制在±10%以内。应用最多的是最大熔断时间—电流特性，在考察熔断器保护是否拒动时，它是最不利条件。

对于熔断时间在0.1s以上的熔体，燃弧时间远小于弧前时间，可用弧前时间—电流特性近似熔断时间—电流特性。

（2）焦耳积分I^2t特性　对于熔体极短时间熔断的限流型熔断器，其保护特性用I^2t特性表示。I^2t特性的提出是基于绝热过程的假定，即熔体因在极短时间内熔断，可不考虑散热因素，熔体是否熔化或熔断完全取决于发热量大小，而对给定的熔体，发热量只取决于电流产生的热脉冲$\int_{t_0}^{t_4} i^2(t)\,\mathrm{d}t$，简记为$I^2t$。最小熔化特性用于核查保护误动的情况，最大熔断特性则用于核查保护拒动的情况。I^2t特性一般用数据给出，由于时间极短、电流又大，熔化与起弧几乎是同一时刻出现的，因此最小熔化I^2t特性基本等同为弧前I^2t特性。某型熔断器的I^2t特性如表2-2所示。

表2-2　某型熔断器的I^2t特性

额定电压/V	额定电流/A	弧前I^2t最小值/（$A^2\cdot s$）	熔断I^2t最大值/（$A^2\cdot s$）
380	20	500	1000
380	25	1000	3000
380	32	1800	5000
380	63	9000	27000

（3）熔体额定电流I_r　指熔体允许长期通过的最大电流。

（4）约定时间的约定熔断/不熔断电流I_f/I_{nf}　为应对熔断器保护特性的分散性，产品标准要求对分散性程度给予表征，参数之一即所谓的约定时间内的约定熔断/不熔断电流，示例如表2-3、表2-4所示。如刀型触头的5A熔体产品，按标准必须在通过电流不大于1.5×5A情况下，保证在1h内不动作；而在通过电流不小于1.9×5A情况下，保证在1h内动作，至于到底是在1h内的什么时刻动作，则不能确定。当通过电流在（1.5~1.9）×5A之间情况下，熔体是否会在1h内动作，则是不确定的。

表2-3　16A以下gG（全范围通用型）熔体约定时间内的约定熔断/不熔断电流

熔体额定电流I_r/A	刀型触头熔断器		螺栓连接熔断器		偏置触刀熔断器	
	I_{nf}/A	I_f/A	I_{nf}/A	I_f/A	I_{nf}/A	I_f/A
4~16（不含）	$1.5I_r$	$1.9I_r$	$1.25I_r$	$1.6I_r$	$1.25I_r$	$1.6I_r$
4及以下	$1.5I_r$	$2.1I_r$	$1.25I_r$	$1.6I_r$	$1.25I_r$	$2.1I_r$
约定时间均为1h，约定不熔断电流I_{nf}，约定熔断电流I_f						

（5）额定开断电流I_{cr}　指熔断器能够开断的最大短路电流有效值。

（6）额定最小开断电流$I_{cr\cdot min}$　指熔断器能够开断的最小短路电流有效

与断路器不同，熔断器除了有最大开断能力限制外，还有最小开断能力限制，即故障电流太小也不能使熔断器可靠开断，这主要是因为故障电流不够大时，其产生的热量不足以蒸发足够多的熔融液态熔体金属使熔体可靠断开。对于后备限流熔断器，额定最小开断电流一般在额定电流的4~6倍范围。

表2-4　16A及以上gG和gM（全范围保护电动机型）熔体约定时间内的约定熔断/不熔断电流

熔体额定电流 I_r/A	约定时间/h	约定电流/A	
	1	I_{nf}	I_f
$16 \leqslant I_r \leqslant 63$	2	$1.25I_r$	$1.6I_r$
$63 < I_r \leqslant 160$	3		
$160 < I_r \leqslant 400$	4		
约定不熔断电流 I_{nf}，约定熔断电流 I_f			

（7）保护配合系数　熔断器的保护配合主要指上、下级之间的选择性配合，用于过负荷保护时也涉及与被保护元件过载特性的配合，此处只讨论前者。当熔断时间大于0.1s时，用时间—电流特性曲线进行配合校验是最准确的一种方法，要求上级熔断器的最小熔化时间曲线应始终在下级熔断器的最大熔断时间曲线之上，但这种方法实际应用起来不方便。大多数熔断器会给出一个叫“保护配合比”的参数，在规定安装条件下，只要上、下级熔体额定电流之比大于保护配合比，就能保证选择性动作，保护配合比的典型值如1.6倍、2.0倍等。对快速熔断的限流型熔断器，熔断时间小于0.01s时，按上级熔断器的最小弧前 I^2t 大于下级最大熔断 I^2t 确认保护选择性。

3. 熔断器类型简介

（1）按应用场所分类　低压系统很多都处于非电气专业场所，面向非电气专业人员，故熔断器按其结构，分为专职人员使用和非熟练人员使用两类，前者主要用于工业场所，后者用于家用及类似场所。

（2）按分断范围分类　按熔体最小分断能力，熔体可分为“g”型和“a”型两类。“g”熔体有全范围分断能力，即能分断自熔化电流至额定分断电流之间的全部电流；“a”熔体仅有部分范围分断能力，其额定最小分断电流大于熔化电流，如熔化电流典型值为熔体额定电流的2~3倍，而额定最小分断电流典型值为熔体额定电流的4~6倍。

（3）按保护对象分类　按使用类别，熔体可分为“G”类（一般用途，用于配电线路保护）、“M”类（用于保护电动机）和“Tr”类（用于保护变压器）三类。

分断范围与使用类别可以有不同的组合，如“gG”“aM”“gTr”等。

4. 开关、隔离器与熔断器组合电器

常见几种基本形式，如表2-5所示。

三、低压断路器

低压断路器是一种机械开关电器，它能接通、长期承载以及分断正常电路条件下的电流，并能接通、规定时间内承载以及分断非正常电路条件（如短路等）下的电流。借助过电流和欠电压脱扣器，低压断路器可以实现过电流保护和欠电压保护功能；配以分励脱扣器，低压断路器能实现远程控制功能。低压断路器还可以配置其他辅助单元实现诸如漏电保护、远程显示、故障报警等功能。

工程实际中，低压断路器绝大多数时候都配有某种脱扣器或辅助单元，最常见的情况是配有过电流脱扣器。因此若无特别说明，后面所说的低压断路器，都是至少配有过电流脱扣器的断路器，它是一种集开关和过电流保护功能于一体的组合电器。与中压系统相比较，它相当于将继电保护、断路器、断路器操动机构等部分的功能组合在一起，实现对电路的通、断控制与故障保护。

表 2-5　开关、隔离器与熔断器组合电器功能与图形符号

类型		功能		
		接通、承载、分断正常电流；承载规定时间内的短路电流；接通、分断短路电流	隔离功能，断开距离、泄漏电流符合要求，有断开位置指示，可加锁；分断短路电流功能	同时具有左侧两种功能
熔断器组合电器	熔断器串联	开关熔断器组	隔离器熔断器组	隔离开关熔断器组
	熔断体动作触头	熔断器式开关	熔断器式隔离器	熔断器式隔离开关

1．低压断路器的结构、工作原理与保护特性

低压断路器由断路器和装于断路器壳架内的脱扣器组成。脱扣器有若干类型，通常一定有过电流脱扣器，还可以选装欠电压脱扣器或分励脱扣器等。低压断路器的结构及各部分功能可归纳如下：

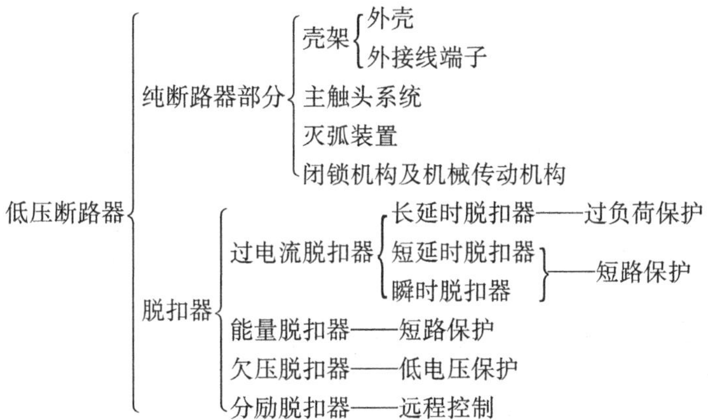

图 2-17 是装有热磁式过电流脱扣器的低压断路器的原理结构。图中断路器的主触头是靠锁扣保持闭合状态的，只要锁扣向上运动（称为失扣），主触头就会在分闸弹簧作用下分断。使锁扣失扣的机构称为脱扣器。图中分励脱扣器主要用于远程分闸，欠电压脱扣器用于低电压保护，它们分别运用电磁力增大和减小的原理脱扣；长延时过电流脱扣器用于过负荷保护，利用双金属片热膨胀系数不一致的特点，使其在过负荷情况下弯曲上顶达到脱扣目的；瞬时脱扣器用于短路保护，也是运用电磁力增大的原理脱扣。如果需要，还可以加装短延时脱扣器，动作原理与瞬时脱扣器相同，延时可以靠机械钟表机构实现。

除了热磁式过电流脱扣器外，还有电子式脱扣器和微处理器式脱扣器等，它们的原理相似，不同之处在于技术实现形式，且后两者在性能上可以更为优异，但可靠性略低。低压断

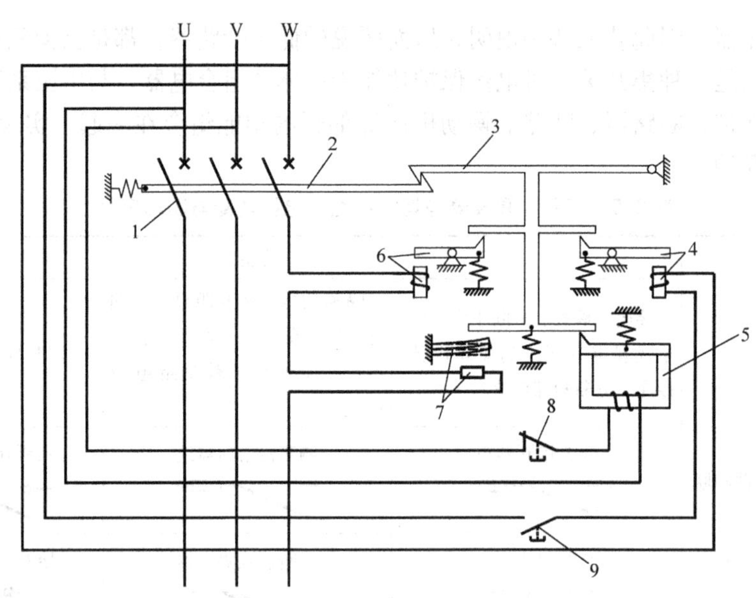

图 2-17　低压断路器的原理结构

1—主触头　2—跳钩　3—锁扣　4—分励脱扣器　5—欠压脱扣器　6—过电流瞬时脱扣器
7—过电流长延时脱扣器（含电加热器）　8—欠电压脱扣试验按钮　9—分励脱扣按钮

路器过电流脱扣器保护特性如图 2-18 所示。图中长延时、短延时和瞬时过电流脱扣器的动作电流值有的是可以在一定范围内调整的，短延时脱扣器的延时时间和部分长延时脱扣器动作时间也可以在一定范围内调整。

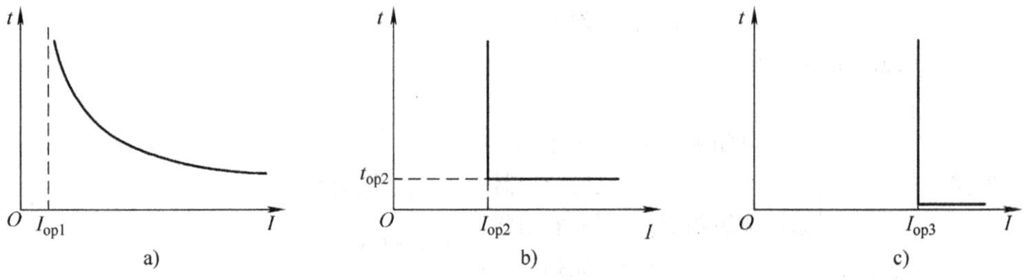

图 2-18　低压断路器过电流脱扣器保护特性

a）长延时脱扣器　b）短延时脱扣器　c）瞬时脱扣器

I_{op1}—长延时脱扣器动作电流　I_{op2}—短延时脱扣器动作电流

t_{op2}—短延时脱扣器动作时间　I_{op3}—瞬时脱扣器动作电流

从图 2-17 中可以看出，各种过电流脱扣器的动作与断路器跳闸是逻辑“或”的关系，因此动作时间短的脱扣器保护作用优先实现，但动作时间短的脱扣器动作电流更大，由此形成了图 2-19a 中的两段式过电流保护特性，以及图 2-19b 中的三段式过电流保护特性，两者的区别在于是否装设有短延时脱扣器。

能量脱扣器是部分限流型低压断路器中一种独立于传统过电流脱扣器的新型脱扣器，其原理为依靠短路电流所产生的能量驱动脱扣器脱扣，具体技术实现方式可各有不同。以应用比较广泛的某型断路器为例，短路时该型断路器在主触头分离但尚未分断时产生电弧，电弧

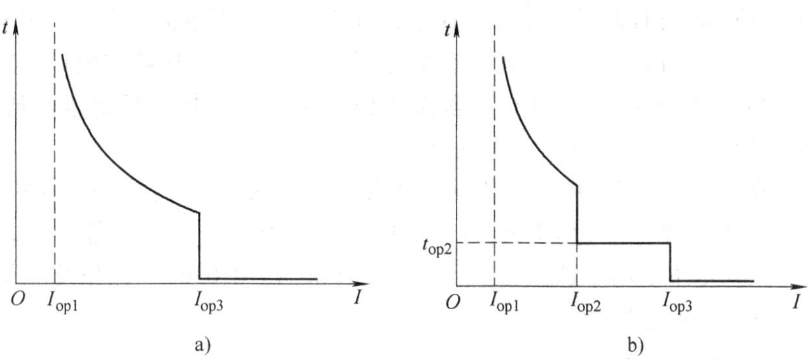

图 2-19　过电流脱扣器综合保护特性

a）非选择性两段式　b）选择性三段式

使触头间空气急剧膨胀，产生强大的压强并作用于一个活塞机构。当能量足够大时，活塞机构驱动断路器脱扣跳闸；若能量不够大，则活塞机构不能够驱动脱扣跳闸。能量脱扣器最快能在几个毫秒内开断故障电流，由此带来限流特性和保护选择性等方面一系列好处。

能量脱扣器需要在故障电流大到一定量值时才起作用，典型值如长延时脱扣器整定电流的 25 倍，因此它并不取代传统的过电流脱扣器的保护作用。

2. 低压断路器的类型

按不同的标准，低压断路器可分为不同的类型，常用的有以下几种分类：

1）按断路器开断短路电流特性，分为非限流型和限流型。非限流型断路器为电流过零灭弧，分断能力较低，分断时间较长，典型值为 0.10 ~ 0.15s；限流型断路器在电流尚未达到最大值时分断电流，预期分断能力较高，分断时间很短，典型值为 20 ~ 50ms。

2）按使用类别，分为非选择型（A 型）与选择型（B 型）。选择型断路器有长延时、短延时和（但不必须）瞬时脱扣器，可以通过短延时脱扣器与下级断路器瞬时或短延时脱扣器在动作时间上的配合达到保护选择性。非选择型断路器只有长延时和瞬时脱扣器。

3）按断电检修安全性，可分为有隔离功能的断路器和不适合隔离的断路器。有隔离功能的断路器指断路器在断开位置时，具有符合隔离功能安全要求的隔离距离，并提供一种或几种方法显示主触头的位置，如独立的机械式指示器、操动器位置指示、动触头可视等。有隔离功能断路器的图形符号如图 2-20 所示。

图 2-20　有隔离功能断路器的图形符号

4）按控制与保护对象，分为电源断路器、配电用断路器、保护电动机用断路器、终端断路器等，分别用于低压配电系统电源级、中间级和终端级配电。

5）按结构形式，分为开启式断路器（缩写 ACB——Air Circuit Breaker，又称框架式断路器）、模压外壳式断路器（缩写 MCCB——Moulded Case Circuit Breaker，又称塑壳式断路器）和微型断路器（缩写 MCB——Micro Circuit Breaker 或 Miniature Circuit Breaker，又称小型断路器）。

开启式断路器 ACB 各部件都安装在一个金属框架上，各部件不封闭，容量大，壳架电流通常为 630 ~ 2500A，高者可达 4000A 以上，一般为选择型，常用作低压电源总开关。模压外壳式断路器 MCCB 所有元件都被封闭在塑料外壳中，壳架电流通常在 630A 以下，常用作一、二级配电，一般为非选择型，现也有部分配以电子或微处理器式脱扣器的模压外壳式断路器是选择型的。微型断路器 MCB 大多做成模数化尺寸结构，额定电流通常在 63A 以下，少数可达 125A，一般用作终端配电断路器。

6）按适用场所，分为工业用（或称配电装置用）和家用及类似场所用两类，它们所遵循的标准不同，前者主要标准为 GB14048. 2《低压开关设备和控制设备　第 2 部分：断路器》，ACB 和 MCCB 基本上属于这一类；后者主要标准为 GB10963《家用及类似场所用过电流保护断路器》，对应的是 MCB。

3. 低压断路器的主要参数

（1）常规参数　低压断路器多数常规参数与中压断路器相同，注意以下几个特别之处。

1）壳架等级额定电流 I_{rQ}。指低压断路器壳架部分的额定电流，产品样本中常标记为 I_{nm}。出于成本和安装便利性等考虑，断路器不可能每种规格都设计一种外壳和接线端子，而是若干不同规格的断路器使用同样一种外形尺寸的外壳和接线端子，甚至使用同样规格的触头、灭弧系统和机械装置等，后者在 MCCB 中最为常见。

2）过电流脱扣器额定电流 I_{rR}（或记作 I_{rT}）。指装于壳架内的过电流脱扣器（release 或 tripper）的额定电流，产品样本中常称为断路器额定电流，标记为 I_n。一只断路器壳架内虽然只能装设一只过电流脱扣器，但脱扣器规格可以有若干种选择，只是脱扣器额定电流 I_{rR} 最大不能超过壳架等级额定电流 I_{rQ}。

3）额定短路分断能力 I_{cn}。它包含额定运行短路分断电流 I_{cs} 和极限短路分断电流 I_{cu}。I_{cs} 指按 o—t—co—t'—co 试验操作顺序分断后，断路器完好，能继续承载并通断额定电流；而 I_{cu} 则指虽保证分断，但分断后断路器可能已受到实质性损伤，须维修或报废。当 I_{cu} 小于 6kA 时，I_{cs} 与 I_{cu} 相等，只标注 I_{cn} 即可。

（2）过电流脱扣器保护特性参数

1）过电流脱扣器动作电流整定范围。长延时、短延时和瞬时脱扣器动作电流分别记作 I_{op1}、I_{op2}、I_{op3}，其整定范围都与脱扣器额定电流 I_{rR} 有关，有的为 I_{rR} 的某个固定倍数，有的则是在 I_{rR} 的给定范围内可调，给定范围及调节步长视产品而定。

2）过电流脱扣器形式分类。家用及类似场所用断路器 MCB，其长延时脱扣器动作电流固定为等于脱扣器额定电流。根据瞬时脱扣器动作电流整定范围与长延时脱扣器动作电流（也即脱扣器额定电流）的关系，将脱扣器规定为 B、C、D 等几种类型，如表 2-6 所示。配电装置用断路器 MCCB 和 ACB 标准没有类似规定，但产品特性有类似划分。国外有的标准中还有 A、K 类型，因较少应用，此处不予介绍。

表 2-6　家用及类似场所用断路器脱扣器类型

脱扣器形式	瞬时脱扣器动作电流范围	适用条件
B	（3～5）I_{rR}	短路电流较低情况，如备用发电机线路，上级线路为长电缆等
C	（5～10）I_{rR}	一般情况，如一般照明线路等
D	（10～20）I_{rR}	高起动电流负载线路，如电动机、变压器等

3）长延时脱扣器约定时间内的约定脱扣/不脱扣电流。与熔断器类似，这也是产品标

准对产品特性分散性程度的一种约束，我国现行标准 GB14048.2 对配电装置用断路器 ACB 和 MCCB 规定如下：

约定时间：$I_{rR}\leqslant 63$A 时，1h；$I_{rR}>63$A 时，2h。

约定不脱扣电流：$1.05I_{rR}$。

约定脱扣电流：$1.30I_{rR}$。

以上数据表明，如果将长延时过电流脱扣器动作值 I_{op1} 整定为 $I_{op1}=I_{rR}$，在断路器冷态情况下通过 $1.05I_{rR}$ 电流，脱扣器必须保证在 1h（或 2h，视脱扣器额定电流而定）之内不脱扣；在此状态下将通过电流调整为 $1.30I_{rR}$，则脱扣器必须保证在其后的 1h（或 2h）之内脱扣。当通过电流在 $1.05I_{rR}$ 与 $1.30I_{rR}$ 之间时，脱扣器是否在 1h（或 2h）之内脱扣则是不确定的。

对于家用及类似场所用的 MCB 断路器，这两个值分别为 $1.13I_{rR}$ 和 $1.45I_{rR}$。

特别应该注意的是，对于热磁式过电流脱扣器中的长延时热脱扣器，其动作特性会受到环境温度的影响。有的热磁式脱扣器有环境温度补偿功能，在一定温度范围（如 5～40℃）内保护特性不随温度变化，但有的热磁式脱扣器没有温度补偿功能，其保护特性应根据环境温度修正。附表 4 列示了 C65 系列 MCB 长延时脱扣器环境温度修正系数，可作为一个示例。

（3）参数示例　以某产品 MTE10N3F500 型断路器为例，该断路器为开启式、选择型，主要用作电源总开关，其主要参数如表 2-7 所示。

表 2-7　MTE10N3F500 型断路器主要参数

参数	数值
额定电压 U_r/V	400
壳架等级额定电流 I_{rQ}/A	1000
额定短路运行分断电流 I_{cs}/kA	65
极限短路分断电流 I_{cu}/kA	65
额定短时耐受电流 I_{sw}/kA	65
额定短时耐受时间 t_{sw}/s	1
额定峰值耐受电流 i_{pw}/kA	143
配用脱扣器型号	Micrologic5.0（还可选配其他指定脱扣器型号）
配用脱扣器额定电流 I_{rR}/A	600、800、1000
长延时脱扣器整定电流范围 I_{op1}/I_{rR}	0.4～0.9，间隔 0.1；0.95、0.98、1.0
长延时脱扣器整定时间范围 t_{op1}/s	$6I_{op1}$ 时：0.5、1、2、4、5、6、7、8、9、10
短延时脱扣器整定电流范围 I_{op2}/I_{op1}	1.5、2、2.5、3、4、5、6、7、8、9、10
短延时脱扣器整定时间范围 t_{op2}/s	0.1、0.2、0.3、0.4、关闭
瞬时脱扣器整定电流范围 I_{op3}/I_{rR}	2、3、4、6、8、10、12、15、关闭
最大分断时间/ms	50

该断路器配用的脱扣器中，长延时和瞬时脱扣器动作电流是以脱扣器额定电流为倍数基准整定的，短延时脱扣器动作电流是以长延时脱扣器整定电流为倍数基准整定的，短延时和瞬时脱扣器都可以关闭。长延时脱扣器动作曲线时间可以调整，厂家约定以 6 倍动作电流对应的时间为时间表述基准。

第五节 低压系统短路电流计算

所谓短路，是指系统带电导体之间或带电导体与其他可导电部分之间发生了阻抗可忽略的非正常电气连接，导致电源与故障点之间形成阻抗量值远小于负载阻抗的回路。短路是电力系统的常见故障之一。

与中、高压系统一样，短路电流对低压系统来说也是一个重要的参数，尤其是单相短路电流和接地故障电流，其重要性更甚于高压系统，因为它不仅涉及系统本身的安全，还涉及人身和环境安全，具有公共安全的属性。因此，掌握低压系统短路电流的工程计算方法，是低压配电系统分析设计的基本要求之一。

一、低压系统短路电流计算的特点

低压系统和中、高压系统短路电流计算在原理上并无差异，但在具体的工程计算方法上有所不同。归纳起来，低压系统短路电流计算有以下一些特点。

1）低压系统一般只有一个电压等级，不具备发挥标幺值法优点的条件，采用有名值法计算更为直接方便。

2）低压系统线缆阻抗中电阻所占比重较大，因此应采用短路阻抗进行计算，不能像中、高压架空线系统那样忽略电阻成分。

3）因短路阻抗数值较小，有时需考虑计入包括母线在内的各种元件的阻抗值，但导线连接点和开关触头接触电阻、短路点电弧阻抗等可忽略不计。

4）电阻计算要考虑温度的影响。计算元件首端（电源端）三相短路电流的目的，一般是为了校验线缆及设备的短路动、热稳定性和断路器、熔断器的开断能力，短路电流越大，条件越偏于严格，因此以保守的原则取常温（如20℃）时的电阻值进行计算。而计算末端单相短路电流的目的，一般是为了校验保护的灵敏性，短路电流越小，条件越偏于严格，以保守的原则必须考虑温度对电阻值的影响，一般以20℃时电阻值的1.5倍取值。

5）变压器一次侧系统阻抗可只以电抗计入，或按电阻等于电抗的10%估算，这时电抗占系统阻抗的99.5%。

6）计算220/380V系统的短路电流时，电源计算电压 cU_N 中，电压系数 c 三相短路时取1.05，单相短路时取1.0。

二、三相与两相短路及短路电流计算

三相和两相短路如图2-21所示，是相导体之间的短路。三相短路是对称短路，两相短路是不对称短路。

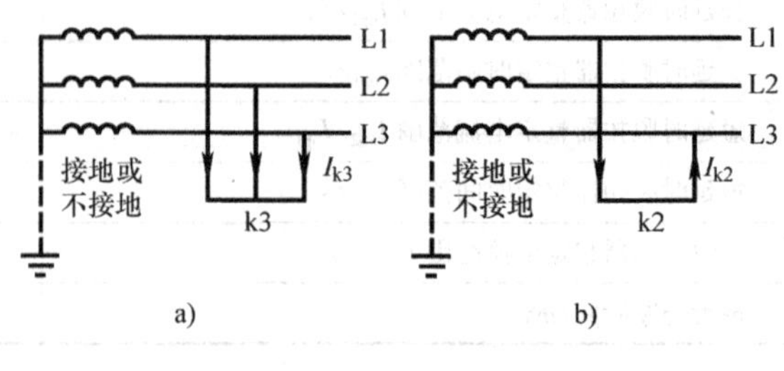

图2-21 三相和两相短路

a）三相短路 b）两相短路

三相短路电流的计算公式为

$$I_{k3}=\frac{cU_N}{\sqrt{3}\,|z_k|}=\frac{cU_N}{\sqrt{3}\sqrt{r_k^2+x_k^2}} \tag{2-1}$$

式中 I_{k3}——三相稳态短路电流有效值（kA）；

U_N——低压电网标称线电压（V）；

c——电压系数，取值1.05；

z_k——短路回路阻抗（mΩ）；

r_k——短路回路电阻（mΩ）；

x_k——短路回路电抗（mΩ）。

短路阻抗由4部分构成：①变压器一次侧系统阻抗；②变压器短路阻抗；③低压母线阻抗；④低压线路阻抗。电阻和电抗应分别相加计算。

两相短路电流I_{k2}计算公式为

$$I_{k2}=\frac{\sqrt{3}}{2}I_{k3}\approx 0.87I_{k3} \tag{2-2}$$

三、单相短路及短路电流计算

1. 对称分量法与相中（或相保）阻抗

低压系统中，对于有中性线的系统，都有可能发生相线与中性线之间的单相短路，简称相中短路；对于TN－S系统，还可能发生相线与保护线间的单相短路，简称相保短路，如图2-22所示。两种单相短路的计算方法相同。

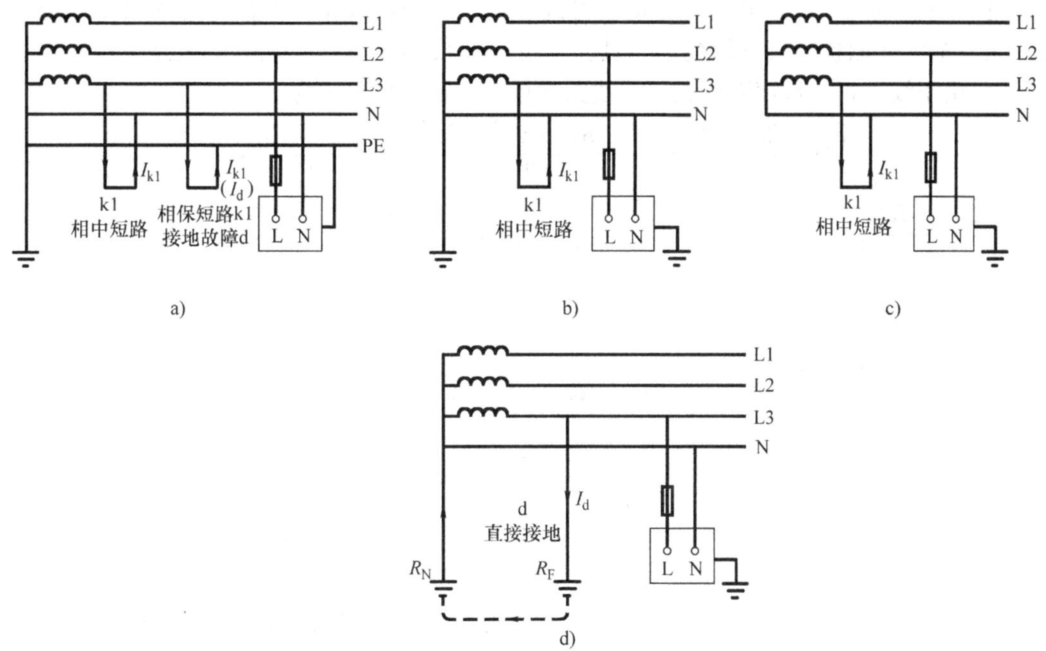

图2-22　低压系统单相短路故障k1与接地故障d

a）TN－S系统相中和相保短路　b）TT系统相中短路　c）IT系统相中短路　d）接地但不构成单相短路

单相短路是不对称短路，需要用对称分量法进行分析计算。对称分量法计算低压系统单相短路电流的公式为

$$I_{k1}=\frac{U_N/\sqrt{3}}{\frac{|Z_k^+ + Z_k^- + Z_k^0|}{3}}=\frac{U_{N\varphi}}{\sqrt{\left(\frac{R_k^+ + R_k^- + R_k^0}{3}\right)^2+\left(\frac{X_k^+ + X_k^- + X_k^0}{3}\right)^2}} \tag{2-3}$$

式中　Z_k^+、Z_k^-、Z_k^0——短路回路的正、负、零序阻抗（mΩ）；

R_k^+、R_k^-、R_k^0——短路回路的正、负、零序电阻（mΩ）；

X_k^+、X_k^-、X_k^0——短路回路的正、负、零序电抗（mΩ）；

U_N——低压电网标称线电压（V）；

$U_{N\varphi}$——低压电网标称相电压（V）；

I_{k1}——单相短路电流（kA）。

（1）相中（或相保）阻抗概念　与三相短路情况类同，式（2-3）中，正、负、零序阻抗包含4个部分：变压器一次侧系统阻抗、变压器阻抗、低压母线阻抗、低压线路阻抗。供配电工程中较少直接采用式（2-3）进行计算，而是通过该式推导出一个叫作“相中阻抗”（或相保阻抗）的参量，再用相中（相保）阻抗进行计算。以下推导以相中阻抗为例。为了更清楚地介绍相中阻抗的概念，先从一种最简单的情况入手：假设短路回路中线路阻抗远大于其他部分阻抗，计算时忽略其他阻抗。

在只考虑线路阻抗的情况下，式（2-3）中正、负、零序阻抗由相线（L线）的正、负、零序阻抗和中性线（N线）的正、负、零序阻抗构成。正序和负序三相电流平衡，不会流过N线，故正、负序阻抗只有相线阻抗；零序三相电流相位相同，有3倍零序电流通过N线，故零序阻抗不仅有相线零序阻抗，还有N线零序阻抗（在等效电路中以3倍值计入）。又由于线路正、负序阻抗相等，线路的单相短路计算阻抗为

$$\frac{R_k^+ + R_k^- + R_k^0}{3} = \frac{R_L^+ + R_L^- + (R_L^0 + 3R_N^0)}{3} = \frac{2R_L^+ + R_L^0}{3} + R_N^0$$

令$\dfrac{2R_L^+ + R_L^0}{3} = R_\varphi$，$R_N^0 = R_N$，再令 $R_{\varphi N} = R_\varphi + R_N$，则

$$\frac{R_k^+ + R_k^- + R_k^0}{3} = R_{\varphi N}$$

同理，令$\dfrac{2X_L^+ + X_L^0}{3} = X_\varphi$，$X_N^0 = X_N$，再令 $X_{\varphi N} = X_\varphi + X_N$，则

$$\frac{X_k^+ + X_k^- + X_k^0}{3} = X_{\varphi N}$$

式中　R_L^+、R_L^-、R_L^0 和 X_L^+、X_L^-、X_L^0——相线的正、负、零序电阻和电抗（mΩ）；

R_N^0、X_N^0——N线的零序电阻和电抗（mΩ）；

R_φ、X_φ——只与相线有关的参量，称为相线的计算电阻和计算电抗（mΩ）；

R_N、X_N——只与N线有关的参量，称为N线的计算电阻和计算电抗（mΩ）；

$R_{\varphi N}$、$X_{\varphi N}$——线路的相中电阻和相中电抗（mΩ）。

最后，令 $Z_{\varphi N} = R_{\varphi N} + jX_{\varphi N}$，称 $Z_{\varphi N}$为线路的相中阻抗。

请注意，相中阻抗 $Z_{\varphi N}$是通过公式推导出来的一个阻抗，因此也是一个计算阻抗。

（2）短路回路各部分的相中阻抗　与线路类似，短路回路其他部分也可以导出相中阻抗参数，总的短路阻抗就是各部分相中阻抗之和。各部分参数的具体计算如下：

1）变压器一次侧系统（S）的相中阻抗。通过变压器一次侧短路容量和本节“一、”段中的特点“5）”，可计算出一次侧系统阻抗 R_S 和 X_S。对于最常用的 Dyn11 和 Yyn0 配电变压器，一次侧线电流中都不可能有零序电流，故不计入一次侧零序阻抗；又因为一次侧无 N 线，相中阻抗就等于相计算阻抗，即

$$\left.\begin{aligned} R_{\varphi N \cdot S} &= \frac{R_S + R_S + 0}{3} = \frac{2R_S}{3} \\ X_{\varphi N \cdot S} &= \frac{X_S + X_S + 0}{3} = \frac{2X_S}{3} \end{aligned}\right\} \tag{2-4}$$

式中　$R_{\varphi N \cdot S}$、$X_{\varphi N \cdot S}$——变压器一次侧系统相中电阻、相中电抗（mΩ）；

R_S、X_S——变压器一次侧系统正序电阻、电抗（mΩ）。

2）变压器（T）的相中阻抗。忽略变压器内部绕组中性点引出至 N 接线端的导体阻抗，变压器相中阻抗也只有相计算阻抗，因此

$$\left.\begin{aligned} R_{\varphi N \cdot T} &= \frac{R^+_{k \cdot T} + R^-_{k \cdot T} + R^0_{k \cdot T}}{3} = \frac{2R_{k \cdot T} + R^0_{k \cdot T}}{3} \\ X_{\varphi N \cdot T} &= \frac{X^+_{k \cdot T} + X^-_{k \cdot T} + X^0_{k \cdot T}}{3} = \frac{2X_{k \cdot T} + X^0_{k \cdot T}}{3} \end{aligned}\right\} \tag{2-5}$$

式中　$R_{\varphi N \cdot T}$、$X_{\varphi N \cdot T}$——变压器相中电阻、相中电抗（mΩ），查变压器阻抗表（如本书附表 25 和附表 26）可得；

$R_{k \cdot T}$、$X_{k \cdot T}$——变压器的短路电阻、电抗（mΩ）；

$R^0_{k \cdot T}$、$X^0_{k \cdot T}$——变压器零序短路电阻、电抗（mΩ），与变压器联结组和铁心结构等有关，对于 Dyn11 变压器，取其等于短路电阻和短路电抗，对 Yyn0 变压器，一般为短路阻抗的若干倍，查变压器产品样本或设计手册可得，示例见本书附表 25 和附表 26。

3）低压母线（WC）的相中阻抗。概念和计算方法与线路相同。

$$\left.\begin{aligned} R_{\varphi N \cdot WC} &= \frac{2R^+_{L \cdot WC} + R^0_{L \cdot WC}}{3} + R^0_{N \cdot WC} \\ X_{\varphi N \cdot WC} &= \frac{2X^+_{L \cdot WC} + X^0_{L \cdot WC}}{3} + X^0_{N \cdot WC} \end{aligned}\right\} \tag{2-6}$$

式中　$R_{\varphi N \cdot WC}$、$X_{\varphi N \cdot WC}$——低压母线相中电阻、相中电抗（mΩ），查母线阻抗表（如本书附表 22）可得；

$R^+_{L \cdot WC}$、$X^+_{L \cdot WC}$——低压相母线的正序电阻、电抗（mΩ）；

$R^0_{L \cdot WC}$、$X^0_{L \cdot WC}$——低压相母线的零序电阻、电抗（mΩ）；

$R^0_{N \cdot WC}$、$X^0_{N \cdot WC}$——低压 N 母线的零序电阻、电抗（mΩ）。

需要特别注意阻抗表给出 $R_{\varphi N \cdot WC}$ 的温度，若为 20℃，应乘以 1.5 进行修正。

4）低压线路（WD）的相中阻抗。已如前述，计算公式为

$$\left.\begin{aligned} R_{\varphi N \cdot WD} &= \frac{2R^+_{L \cdot WD} + R^0_{L \cdot WD}}{3} + R^0_{N \cdot WD} \\ X_{\varphi N \cdot WD} &= \frac{2X^+_{L \cdot WD} + X^0_{L \cdot WD}}{3} + X^0_{N \cdot WD} \end{aligned}\right\} \tag{2-7}$$

式中　$R_{\varphi N \cdot WD}$、$X_{\varphi N \cdot WD}$——低压线路相中电阻、相中电抗（mΩ）；查线路阻抗表（如本书

附表23和附表24）可得：

$R^{+}_{L\cdot WD}$、$X^{+}_{L\cdot WD}$——低压线路相线的正序电阻、电抗（mΩ）；

$R^{0}_{L\cdot WD}$、$X^{0}_{L\cdot WD}$——低压线路相线的零序电阻、电抗（mΩ）；

$R^{0}_{N\cdot WD}$、$X^{0}_{N\cdot WD}$——低压线路N线的零序电阻、电抗（mΩ）。

同样，若阻抗表给出电阻值的温度为20℃，应乘以1.5进行修正。

2. 用相中阻抗计算相中单相短路电流

根据以上分析，式（2-3）可写成如下形式：

$$I_{k1}=\frac{U_N/\sqrt{3}}{|Z_{\varphi N}|}=\frac{U_{N\varphi}}{|Z_{\varphi N\cdot S}+Z_{\varphi N\cdot T}+Z_{\varphi N\cdot WC}+Z_{\varphi N\cdot WD}|}$$
$$=\frac{U_{N\varphi}}{\sqrt{(R_{\varphi N\cdot S}+R_{\varphi N\cdot T}+R_{\varphi N\cdot WC}+R_{\varphi N\cdot WD})^2+(X_{\varphi N\cdot S}+X_{\varphi N\cdot T}+X_{\varphi N\cdot WC}+X_{\varphi N\cdot WD})^2}} \tag{2-8}$$

式中　$Z_{\varphi N}$——短路回路总相中阻抗（mΩ）；

$R_{\varphi N\cdot S}$、$R_{\varphi N\cdot T}$、$R_{\varphi N\cdot WC}$、$R_{\varphi N\cdot WD}$——一次侧系统、变压器、低压母线、低压线路的相中电阻（mΩ），查元件阻抗表可得；

$X_{\varphi N\cdot S}$、$X_{\varphi N\cdot T}$、$X_{\varphi N\cdot WC}$、$X_{\varphi N\cdot WD}$——一次侧系统、变压器、低压母线、低压线路的相中电抗（mΩ），查元件阻抗表可得；

U_N——系统标称线电压（V），取380V；

$U_{N\varphi}$——系统标称相电压（V），取220V；

I_{k1}——相中单相短路电流（kA）。

式（2-8）就是工程上常用的计算低压系统单相短路电流的公式。有时在分析较长线路末端单相短路时，因为线路零序阻抗很大，常忽略高压侧系统和母线的相中阻抗，只考虑变压器和线路的相中阻抗。

四、计算示例

例2-1　某TN－S低压系统如图2-23所示，求F1点的三相短路电流和相中单相短路电流。

解　（1）计算（或查取）短路回路各部分阻抗。

1）变压器一次侧系统阻抗。

$$|Z_S|\approx\frac{U^2_{r2\cdot T}}{S_k}=\frac{0.4^2}{200}\times10^3\text{m}\Omega=0.8\text{m}\Omega$$

根据本节“一”第5）条，有

$$R_S=0.1|Z_S|=(0.1\times0.8)\text{m}\Omega=0.08\text{m}\Omega$$
$$X_S=0.995|Z_S|=(0.995\times0.8)\text{m}\Omega=0.796\text{m}\Omega$$

根据式（2-4），变压器一次侧系统相中阻抗为

$$R_{\varphi N\cdot S}=\frac{2}{3}R_S=\left(\frac{2}{3}\times0.08\right)\text{m}\Omega=0.05\text{m}\Omega$$

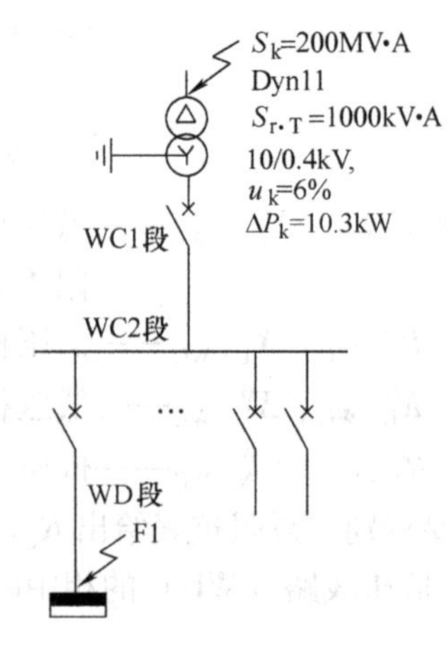

图2-23　例2-1图

WC1段母线：LMY－3（125×10）＋80×8，长5m

WC2段母线：LMY－3（80×8）＋2×50×5，长7m

WD段线路：VLV－3×120＋2×70，长60m

$$X_{\varphi N \cdot S}=\frac{2}{3}X_S=\left(\frac{2}{3}\times 0.796\right)\text{m}\Omega=0.53\text{m}\Omega$$

2）变压器阻抗。因为联结组为 Dyn11，变压器零序阻抗与正、负序阻抗相等，都等于短路阻抗。注意计算公式中功率单位均取 MV · A 或 MW，电压单位取 kV，计算所得阻抗单位为 Ω，再转化为 mΩ。

$$|Z_{k \cdot T}|=\frac{u_k\% \, U_{r2 \cdot T}^2}{100 \quad S_{r \cdot T}}\times 10^3=\left(\frac{6}{100}\times\frac{0.4^2}{1}\times 10^3\right)\text{m}\Omega=9.60\text{m}\Omega$$

根据变压器阻抗计算公式，有

$$R_{k \cdot T}=\frac{\Delta P_k U_{r2 \cdot T}^2}{S_{r \cdot T}^2}\times 10^3=\left(\frac{10.3\times 10^{-3}\times 0.4^2}{1^2}\times 10^3\right)\text{m}\Omega=1.65\text{m}\Omega$$

$$X_{k \cdot T}=\sqrt{|Z_{k \cdot T}|^2-R_{k \cdot T}^2}=\sqrt{9.60^2-1.65^2}\text{m}\Omega=9.46\text{m}\Omega$$

再根据式（2-5），由于变压器为 Dyn11 联结组，零序阻抗等于正序阻抗，变压器相中阻抗为

$$R_{\varphi N \cdot T}=\frac{R_{k \cdot T}+R_{k \cdot T}+R_{k \cdot T}}{3}=1.65\text{m}\Omega$$

$$X_{\varphi N \cdot T}=\frac{X_{k \cdot T}+X_{k \cdot T}+X_{k \cdot T}}{3}=9.46\text{m}\Omega$$

3）WC1 段母线阻抗。根据其规格，查附表 22 母线数据，母线单位长度阻抗为

正序：电阻 0.028mΩ/m，电抗 0.170mΩ/m；相中（与相保相同）：电阻 0.078mΩ/m，电抗 0.369mΩ/m。据此计算出其阻抗（表中相保电阻为 20℃时数据，应乘以 1.5）。

正序：$R_{WC1}=(0.028\times 5)\text{m}\Omega=0.14\text{m}\Omega$，$X_{WC1}=(0.17\times 5)\text{m}\Omega=0.85\text{m}\Omega$

相中：$R_{\varphi N \cdot WC1}=(1.5\times 0.078\times 5)\text{m}\Omega=0.59\text{m}\Omega$，$X_{\varphi N \cdot WC1}=(0.369\times 5)\text{m}\Omega=1.85\text{m}\Omega$

4）WC2 段母线阻抗。根据其规格，查附表 22 母线数据，其单位长度阻抗为

正序：电阻 0.050mΩ/m，电抗 0.170mΩ/m；相中（与相保相同）：电阻 0.169mΩ/m，电抗 0.394mΩ/m。据此计算出其阻抗（表中相保电阻为 20℃时数据，应乘以 1.5）。

正序：$R_{WC2}=(0.05\times 7)\text{m}\Omega=0.35\text{m}\Omega$，$X_{WC2}=(0.17\times 7)\text{m}\Omega=1.19\text{m}\Omega$

相中：$R_{\varphi N \cdot WC2}=(1.5\times 0.169\times 7)\text{m}\Omega=1.77\text{m}\Omega$，$X_{\varphi N \cdot WC2}=(0.394\times 7)\text{m}\Omega=2.76\text{m}\Omega$

5）WD 线路阻抗。根据其规格，查附表 23 和附表 24 铝导体及全塑电缆数据，其单位长度阻抗为

正序：电阻 0.240mΩ/m，电抗 0.076mΩ/m；相中（与相保相同）：电阻 0.977mΩ/m，电抗 0.161mΩ/m。据此计算出其阻抗。

正序：$R_{WD}=(0.24\times 60)\text{m}\Omega=14.40\text{m}\Omega$，$X_{WD}=(0.076\times 60)\text{m}\Omega=4.56\text{m}\Omega$

相中：$R_{\varphi N \cdot WD}=(0.977\times 60)\text{m}\Omega=58.62\text{m}\Omega$，$X_{\varphi N \cdot WD}=(0.161\times 60)\text{m}\Omega=9.66\text{m}\Omega$

（2）计算三相短路电流。短路回路总阻抗为

$$R_k=R_S+R_{k \cdot T}+R_{WC1}+R_{WC2}+R_{WD}=16.62\text{m}\Omega$$

$$X_k=X_S+X_{k \cdot T}+X_{WC1}+X_{WC2}+X_{WD}=16.86\text{m}\Omega$$

F1 点三相短路电流为

$$I_{k3 \cdot F1} = \frac{cU_N}{\sqrt{3} \times \sqrt{R_k^2 + X_k^2}} = \frac{1.05 \times 380V}{\sqrt{3} \times \sqrt{16.62^2 + 16.86^2} m\Omega} = 9.75kA$$

（3）计算单相短路电流　短路回路总相保阻抗为

$$R_{\varphi N} = R_{\varphi N \cdot S} + R_{\varphi N \cdot T} + R_{\varphi N \cdot WC1} + R_{\varphi N \cdot WC2} + R_{\varphi N \cdot WD} = 62.68m\Omega$$

$$X_{\varphi N} = X_{\varphi N \cdot S} + X_{\varphi N \cdot T} + X_{\varphi N \cdot WC1} + X_{\varphi N \cdot WC2} + X_{\varphi N \cdot WD} = 24.26m\Omega$$

F1 点相中单相短路电流为

$$I_{k1 \cdot F1} = \frac{U_{N\varphi}}{\sqrt{R_{\varphi N}^2 + X_{\varphi N}^2}} = \frac{220V}{\sqrt{62.68^2 + 24.26^2} m\Omega} = 3.27kA$$

第六节　低压配电线路的过电流保护

一、过电流及保护原则

超过线路允许载流量的电流称为过电流。工频过电流主要有两种情况：一种是过负荷，主要是线路所带负载过多，或电动机类设备所带机械负荷过重造成的；另一种是短路，是因绝缘破坏造成的。过负荷电流相对较小，一般不超过线路允许载流量的几倍，短路电流则可能高达线路允许载流量的几倍至几十倍，大容量变压器低压侧的小截面线路首端短路时，短路电流甚至可高达线路允许载流量的几百倍。因此，对短路和过负荷的保护，在响应时间和方式上会有所差异。

过负荷有两种不同的后果。对于轻度过负荷（如过载10%），长时间作用下，其后果是绝缘寿命缩短，以及接头、端子等氧化加快，但并不会立刻产生故障；对于严重过负荷（如过载100%或更高），会在短时间内使绝缘软化，介损增大，耐压降低，从而导致短路，引发火灾或其他灾害。就10%～20%的轻度过负荷而言，工程上还未找到有效的保护办法，因此本节所介绍的过负荷保护，主要针对的是中重度过负荷情况。

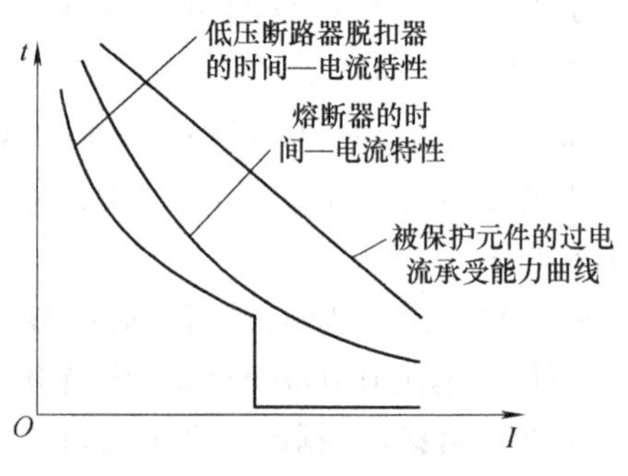

图2-24　线路过电流保护电器与被保护元件的特性配合

线路及电气设备都有一定的承受过电流能力，其特点为过电流倍数越小，所能承受的时间越长，如图2-24所示为线路过电流保护电器与被保护元件的特性配合。过电流保护的原则是：保护装置应先于被保护元件被过电流效应损坏而动作。

低压系统过电流保护的目的，不仅要保证系统本身不受损坏，还应保证不能因系统故障而危及环境安全，在两者不能兼顾的情况下，应优先考虑后者。这也是低压系统不同于中、高压系统之处。

二、低压配电线路的短路保护

1. 短路保护的基本要求和装设条件

（1）短路保护的基本要求　对于低压线路的短路保护，除满足关于保护的可靠性、快速性、选择性和灵敏性要求外，还应满足以下两个基本要求。

1）短路保护电器的开断电流应不小于其安装处的最大预期短路电流。

2）应保证被保护线路的短路热稳定性。即在导体温度上升到允许限值前切断电源。当短路电流持续时间大于 0.1s，小于 5s 时，切断时间应满足

$$t_k \leqslant \frac{C^2 S^2}{I_k^2} \tag{2-9}$$

式中 C——热稳定系数（$A \cdot \sqrt{s} \cdot mm^{-2}$），其值如表 2-8 所示；

t_k——短路电流持续时间（s），等于保护动作时间加断路器全分闸时间，或熔断器的最大熔断时间；

S——线缆导体截面积（mm^2）；

I_k——短路电流有效值（A）。

表 2-8 导体或电缆的热稳定系数

导体种类和材料	热稳定系数 C 值/（$A \cdot \sqrt{s} \cdot mm^{-2}$）
铝母线及导线、硬铝及铝锰合金	87
硬铜母线及导线	171
铝心交联聚乙烯绝缘电缆	94
铜心交联聚乙烯绝缘电缆	143
铝心聚氯乙烯绝缘电缆	76
铜心聚氯乙烯绝缘电缆	115

当短路电流持续时间小于 0.1s 时，按式（2-9）计算需要计及非周期分量对发热的影响。一般只有限流型熔断器或限流型断路器才能在如此短的时间内开断短路电流，对限流型保护电器，可根据最大焦耳积分能量 I^2t 进行热稳定校验，即

$$C^2 S^2 \geqslant I^2 t \tag{2-10}$$

（2）短路保护的装设条件 线路首端应装设短路保护，线路分支处和载流量减小处一般应装设短路保护，且保护装设点应尽可能靠近分支点或载流量减小点，最远不能超过 3m。如图 2-25 所示。

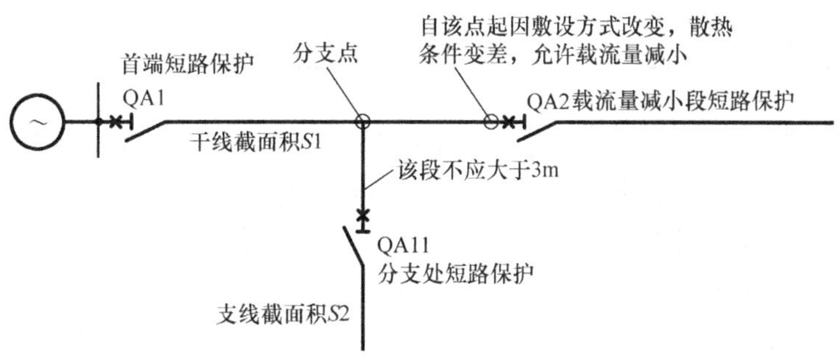

图 2-25 短路保护装设位置示例

若线路负荷电流较小（一般认为小于 16A），且分支线路截面积不变，则分支处可不装设短路保护，前提是干线和分支线间无保护选择性要求，且线路首端短路保护可以有效保护分支线，即分支线短路时保护灵敏系数和热稳定性等都能满足要求。实际工程中末端照明线

路属于这种情况。

如果线路首端短路保护能满足载流量减小线路段的短路热稳定条件，且该段线路敷设在不燃或难燃材料的管、槽内，也可以不单独为该段线路设置短路保护。

2. 由低压断路器实施的短路保护

低压断路器靠瞬时和（或）短延时脱扣器实施短路保护。因低压系统处于电力系统最末端，其保护整定直接受用电设备的影响，且对于最末一级配电线路，不存在选择性问题，故保护动作值整定方法如下：

（1）瞬时过电流脱扣器动作电流整定

1）按躲过配电线路的尖峰电流整定。其目的是防止正常工作时误动作。

对动力类线路为

$$I_{op3} \geqslant K_{rel3}[I'_{st \cdot M1} + I_{C(n-1)}] \tag{2-11}$$

对照明类线路为

$$I_{op3} \geqslant K_{rel3} I_C \tag{2-12}$$

式中　I_{op3}——低压断路器瞬时过电流脱扣器动作值（A）；

K_{rel3}——低压断路器瞬时过电流脱扣器保护可靠系数，动力类线路取1.2，照明类线路取决于光源特性，具体如表2-9所示。

$I'_{st \cdot M1}$——线路上起动电流最大一台电动机的全起动电流（A），包括周期分量与非周期分量，其值可取最大堵转电流的2倍；

$I_{C(n-1)}$——除起动电流最大一台电动机以外的线路计算电流（A）；

I_C——照明线路的计算电流（A）。

表2-9　不同光源的照明线路保护电器选择计算系数

保护电器类型	计算系数	白炽灯、卤钨灯	荧光灯	高压钠灯、金属卤化物灯	荧光高压汞灯
RL7、NT熔断器①	K_m	1.0	1.0	1.2	1.1~1.5
RL6熔断器①	K_m	1.0	1.0	1.5	1.3~1.7
低压断路器长延时过电流脱扣器	K_{rel1}	1.0	1.0	1.0	1.1
低压断路器瞬时过电流脱扣器	K_{rel3}、	10~12	4~7	4~7	4~7

①熔断体额定电流小于63A。

低压动力类线路上的电动机一般不会全部同时起动，因此正常情况下最大可能的尖峰电流是：在其他设备正常工作的情况下，起动电流最大的一台电动机开始起动。式（2-11）表明在这种情况下，低压断路器瞬时过电流脱扣器也不能动作。

低压照明类线路在接通时，白炽灯类负荷冷态电阻较小，接通瞬间有较大的冲击电流；气体放电光源及配用镇流器也会在接通瞬间产生较大的冲击电流。因为瞬时脱扣器为无延时动作，因此必须躲过这个冲击电流。

2）按躲过下一级线路首端最大短路电流整定。这是为了满足选择性要求所做的整定，原理与中压系统的无时限电流速断保护相同，对最末一级配电线路无须作此整定。

低压断路器瞬时脱扣器的动作值取值为以上两者中较大者。

（2）短延时过电流脱扣器动作电流与延时时间整定　短延时脱扣器主要是为了保证选

择性而设置，最末一级线路不会使用短延时脱扣器，因此其动作值整定不涉及末级照明线路。

1）动作电流按躲过短时间尖峰电流整定，即：

$$I_{op2} \geqslant K_{rel2}[I_{st \cdot M1} + I_{C(n-1)}] \tag{2-13}$$

式中　I_{op2}——低压断路器短延时过电流脱扣器动作值（A）；

K_{rel2}——低压断路器短延时过电流脱扣器保护可靠系数，取1.2；

$I_{st \cdot M1}$——线路上起动电流最大的一台电动机的起动电流（A），只包括周期分量，可取最大堵转电流；

$I_{C(n-1)}$——除起动电流最大的一台电动机以外的线路计算电流（A）。

式（2-11）与式（2-13）的区别在于对电动机启动电流取值不同，前者取起动全电流的最大值，后者只取周期分量最大值，这是因为前者为瞬时脱扣器，电流哪怕只有瞬间超过脱扣器动作值，都会导致断路器跳闸；而后者为短延时脱扣器，一般到延时末期时，起动电流非周期分量已经衰减完毕，故不必考虑。

2）动作时间比下一级保护高出一个时限，该时限一般为0.2s。若下级保护电器为熔断器，则下级保护动作时间应取为最大熔断时间。

（3）灵敏系数校验　瞬时和短延时脱扣器的灵敏系数要求不小于1.3。在同时配置了瞬时和短延时过电流脱扣器的情况下，可不校验瞬时脱扣器的灵敏系数。

3. 由熔断器实施的短路保护

（1）动作电流整定　熔断器的保护整定就是确定熔体的额定电流。

1）按躲过配电线路的尖峰电流整定。

对动力类线路，熔体额定电流为

$$I_{r \cdot FA} \geqslant K_r[I_{r \cdot M1} + I_{C(n-1)}] \tag{2-14}$$

对照明类线路，熔体额定电流为

$$I_{r \cdot FA} \geqslant K_m I_C \tag{2-15}$$

式中　$I_{r \cdot FA}$——熔体额定电流（A）；

K_r——动力配电线路熔体选择计算系数，取决于起动电流最大的一台电动机的额定电流与线路计算电流的比值，如表2-10所示；

$I_{r \cdot M1}$——线路上起动电流最大的一台电动机的额定电流（A）；

$I_{C(n-1)}$——除起动电流最大的一台电动机以外的线路计算电流（A），只包括周期分量；

K_m——照明线路熔断体选择计算系数，取决于电光源类型和熔断体特性，取值见表2-9；

I_C——线路的计算电流（A）。

表2-10　K_r值

$I_{r \cdot M1}/I_C$	≤0.25	0.25～0.40	0.40～0.60	0.60～0.80
K_r	1.0	1.0～1.1	1.1～1.2	1.2～1.3

2）按选择性整定。上、下级熔体的额定电流之比不应小于熔体的过电流选择比，过电流选择比因熔体类型而异，典型值如：1.6。

（2）灵敏性校验　用熔断器作短路保护时，灵敏性是否满足要求主要取决于熔体的熔断时间。若熔体的最大熔断时间小于式（2-9）所要求的时间，线路热稳定性得以满足，则认为保护有足够的灵敏性。

三、低压配电线路的过负荷保护

1. 过负荷保护的基本要求与装设条件

低压线路的过负荷保护应满足以下两条基本要求。

1）保护电器应在过负荷电流引起的导体温升对绝缘、接头、端子或导体周围物质造成损害之前分断电路。

2）对突然断电比过负荷造成的损失更大的线路，过负荷保护只动作于信号。

过负荷保护的难点在于上述“1)”中所述的造成损害的时间的确定，这个时间不是一个固定值，而是过负荷程度的函数，见图2-24中“被保护元件的过电流承受能力曲线”。保护电器的保护特性一般并不平行于这条曲线，因此要检验是否能在全过负荷范围内有效保护，需要将整条曲线画出来进行比较，应用起来甚为不便。工程上的做法是：以大量试验为基础确定产品标准，再通过标准之间的配合，以参数的形式进行保护有效性的判断。据此，对过负荷保护动作特性按以下条件进行整定和判断：

$$I_{op} \geqslant I_C \tag{2-16}$$

$$I_2 \leqslant 1.45 I_{con} \tag{2-17}$$

式中 I_{op}——保护电器过负荷保护动作值（A）；

I_C——被保护线路计算电流（A）；

I_2——保护电器在约定时间内的约定动作电流（A）；

I_{con}——被保护线路的允许载流量（A）。

式（2-16）的意义很明确，即保证正常工作时保护电器不误动作；式（2-17）即保证保护电器先于线路被损坏而动作。考虑到保护电器动作电流的分散性，产品标准中一般以I_1表示规定时间下动作电流下限值，用I_2表示规定时间下动作电流上限值。系数1.45和参数I_2都是通过试验及标准之间的配合得出的，保护电器的I_2与I_{op}有一定的关系，如何确定I_2是确定过负荷保护是否有效的关键。

过负荷保护的装设地点原则上与短路保护相同，一般要求装设在线路首端、分支处和线路载流量减小处，其他更详细条件可参见GB50054—2011《低压配电系统设计规范》。

下面讨论典型保护电器I_2的取值问题。

2. 低压断路器实施的过负荷保护

低压断路器由长延时过电流脱扣器实施过负荷保护，I_2即长延时脱扣器在约定时间内的约定脱扣电流，见本章第三节。根据低压配电断路器ACB和MCCB的产品标准，I_2与长延时脱扣器动作电流I_{op1}的关系为$I_2 = 1.3I_{op1}$，式（2-17）于是可写成$1.3I_{op1} \leqslant 1.45I_{con}$，也即$I_{op1} \leqslant 1.16I_{con}$，取保守的估值，工程上一般按下式校验长延时脱扣器过负荷保护的有效性：

$$I_{op1} \leqslant I_{con} \tag{2-18}$$

式中 I_{op1}——低压断路器长延时过电流脱扣器动作电流（A）；

I_{con}——断路器所保护线路的允许载流量（A）。

家用及类似场所用模数化终端断路器MCB产品标准规定$I_2 = 1.45I_{op1}$，按以上同样方法分析可知，式（2-18）仍然适用。

式（2-18）说明，只要低压断路器长延时脱扣器的动作值小于线路的允许载流量，就能保证断路器在线路绝缘发生不可逆的变化（如软化、碳化等）前切断线路。

3. 熔断器实施的过负荷保护

用式（2-17）校验熔断器过负荷保护的有效性时，I_2即熔断器在约定时间内的约定熔断电流，见表2-3和表2-4。如果熔断器缺乏相关的参数，则无法进行校验。校验方法与低压断路器类似，先找出I_2与$I_{r.FA}$的关系，再通过式（2-17）确定出$I_{r.FA}$和I_{con}的关系。现将部分熔断器的校验数据列于表2-11中。

表2-11　用熔断器作过负荷保护时熔体电流与线路允许载流量的关系

专职人员用熔断器类型	$I_{r.FA}$值范围/A	$I_{r.FA}$与I_{con}应满足的关系
螺栓连接熔断器	全值范围	$I_{r.FA} \leqslant I_{con}$
刀型触头熔断器和圆筒帽型熔断器	$I_{r.FA} \geqslant 16$	$I_{r.FA} \leqslant I_{con}$
	$16 > I_{r.FA} > 4$	$I_{r.FA} \leqslant 0.85I_{con}$
	$I_{r.FA} \leqslant 4$	$I_{r.FA} \leqslant 0.77I_{con}$
偏置触刀熔断器	$I_{r.FA} > 4$	$I_{r.FA} \leqslant I_{con}$
	$I_{r.FA} \leqslant 4$	$I_{r.FA} \leqslant 0.77I_{con}$

第七节　低压配电线路带电导体截面积选择

一、相线导体截面积选择

线缆导体截面积选择关系到寿命、经济、电能质量、故障耐受能力、安全防护、机械强度等诸多方面的问题，必须达到每一个方面的要求，导体截面积选择才算正确。因此，导体截面积选择需要按以下步骤逐一进行。

1. 按温升条件选择

为保证线缆工作寿命，要求线缆的允许载流量I_{con}不小于线路的计算电流I_C，即

$$I_{con} \geqslant I_C \tag{2-19}$$

I_{con}首先与线缆截面积相关，但同时还与敷设条件有关。一条线路的敷设路径上敷设条件可能不同，应选择散热条件最差且长度不小于1m的那一段进行校验。确定出I_{con}后，就可选出相对应的导体截面积。

2. 按电压损失校验

线缆单位长度的阻抗与导体截面积相关，因此线路电压损失也与导体截面积相关。根据电能质量对电压偏差的要求，可计算出一条线路的允许电压损失，再根据允许电压损失校验所选线缆是否满足要求。

在有些情况下，还要根据电压闪变校验线缆截面积。

3. 按机械强度校验

按线缆形式和敷设方式，可确定出满足机械强度的最小截面积，所选线缆导体截面积不得小于该最小截面积，详细情况可参见附表9。

4. 按经济电流校验

所谓经济电流，是指在线缆寿命期内，使投资和导体损耗费用之和最小所对应的电流，

一般采用TOC法（综合能效费用法）计算。该条件不是一定要满足的。

5. 按短路热稳定性校验

要求线缆能经受短路电流的热冲击，即

$$S_{\min} \geqslant \frac{I_{k3 \cdot \max}}{C} \sqrt{t_k} \tag{2-20}$$

式中 $S_{\min}$——短路热稳定所要求的最小截面积（mm^2）；

$I_{k3 \cdot \max}$——最大三相短路电流（A）；

C——热稳定系数（$A \cdot \sqrt{s} \cdot mm^{-2}$），见表2-8；

t_k——短路电流持续时间（s）。

6. 按保护灵敏系数校验

在低压系统中，短路阻抗中电阻比重大，而电阻又与导体截面积强相关，因此当线路末端短路电流过小，保护灵敏系数不满足要求时，可考虑加大导线截面积以增大短路电流。

二、中性线导体截面积选择

低压系统中N线（或PEN线）上通过的电流可能与相线不同，PE线上正常时不通过电流，但在发生接地故障时，PE线对安全保护有不可或缺的重要作用。因此对N线和PE的截面积选择应专门考虑。此处讨论N线的截面积选择，PE线选择见本书第四章。

单相二线制系统中，N线截面积总与相线相同。三相四线制系统中，N线上可能有三相不平衡电流（即3倍零序电流）和$3n$（n为奇数，下同）次谐波电流通过，因此其选择应遵循以下规则。

1）不考虑谐波时，平衡三相四线制系统中性线截面积可选为相线截面积的一半，但当相线截面积不大于$16mm^2$（铜）和$25mm^2$（铝）时，N线应与相线等截面积；不平衡三相四线制系统，除按以上要求选择N线截面积外，还应根据3倍零序电流进行校验，若不满足允许载流量要求，应加大N线截面积。

对三相四线制多芯电缆和共管敷设的三相四线制电线，载流量表中的表称载流量是按三相平衡的条件给出的，未考虑N线上电流发热。三相不平衡时，N线上有电流，相当于发热导体增加了一根，相线载流量是否应作修正呢？答案是不必修正。因为选线缆时，都是按电流最大相选取的，因此电流小的相线欠发热，这正好补偿N线的发热。换个角度考虑，若将一路多芯电缆或共管导线看成一个发热整体，其总的发热并未超过以最大电流相为基准的三相平衡线路，因此载流量不需要校正。

2）平衡的三相四线制系统，有$3n$次谐波电流时，N线选择应考虑谐波电流的影响。由于$3n$次谐波既流过相线，又流过N线，因此相线截面积也应考虑谐波影响，但N线$3n$次谐波电流是相线的3倍，因此对N线影响更大。

$3n$次谐波中以3次谐波所占比重最大，一般以3次谐波近似$3n$次谐波。当相线3次谐波电流超过相线工频电流的33.3%时，N线上3次谐波线电流已大于相线工频电流，这时，N线截面积有可能大于相线截面积。

对三相四线制多芯电缆和共管敷设的三相四线制电线，谐波除了在N线上增加发热外，还在相线上增加发热，与三相不平衡的情况不同，线路作为一个整体，其总的发热量是增加的。因此不仅要考虑N线的截面积选取，相线的表称载流量也应进行校正。表2-12给出了各种谐波含有率下的载流量校正系数。当3次谐波成分大于10%时，N线就应与相线等截面积，但选择步骤仍为先选相线截面积。当3次谐波大于33%时，N线截面积单独选择。

表2-12　谐波电流的校正系数

相电流中3次谐波分量（%）	校正系数		相电流中3次谐波分量（%）	校正系数	
	按相线电流选择截面积	按中性线电流选择截面积		按相线电流选择截面积	按中性线电流选择截面积
0~15	1.0		33~45		0.86
15~33	0.86		45以上		1.0

3）既有三相不平衡电流，又有3*n*次谐波。这时中性线截面积应以总的电流有效值选取。总的电流有效值等于基波和各次谐波电流的平方和开方。

思考与练习题

2-1　请列举110kV以下常用电压等级的标称电压。

2-2　联结标称电压10kV和380V电网的配电变压器，其一、二次额定电压比是多少？容量大致在什么范围？

2-3　请判断以下说法的正确性，并说明理由。

（1）只有电源中性点接地的系统，才可能有中性线。

（2）保护线就是地线。

（3）电气设备的金属外壳叫作外界可导电部分。

（4）所有电气设备都有金属外壳。

（5）中性线与保护线作用相同，可以混用。

2-4　如图2-26所示系统，试分别指出它们的接地形式和导体配置形式。

2-5　为什么计算三相短路电流时不考虑温度对线路电阻值的影响，而计算单相短路电流时又必须考虑温度对线路电阻值的影响？温度对线路、变压器的电抗有影响吗？

2-6　请查阅附表22、附表23、附表24、附表25，分别查出以下元件的正序阻抗、相中阻抗和相保阻抗。

（1）铝母线LMY－3(125×10)＋80×6.3。

（2）交联电缆YJV（4×185＋95）。

（3）S11－M－800/10，10/0.4kV变压器，联结组为Dyn11。

2-7　低压断路器壳架等级电流与脱扣器额定电流之间有什么关系？

2-8　低压断路器长延时、短延时和瞬时过电流脱扣器分别用作什么保护？它们的动作值整定范围与脱扣器额定电流是否有关？它们的动作值整定是否与脱扣器额定电流有关？

2-9　低压断路器与低压开关有什么异同？从功能上看，开关熔断器组能否替代低压断路器？

2-10　熔断器熔化是否一定会开断电路？熔断器时间—电流特性有哪几种？什么是熔断器时间—电流特性的分散性？

2-11　试辨析过电流、过负荷电流、短路电流这几个术语的异同。你能否找出既不是过负荷、又不是短路的过电流情况？

2-12　某交联聚乙烯绝缘电缆型号规格为YJV－1kV（4×120＋70），热稳定系数为143 $A\cdot\sqrt{s}\cdot mm^{-2}$，流过该线路的最大短路电流为18kA，短路电流持续时间为0.55s，试校验该线路短路保护能否满足热稳定性要求。

2-13*　某住宅小区供配电系统如图2-27所示，变压器为SC干式变压器，线路WD1为一号楼（9层

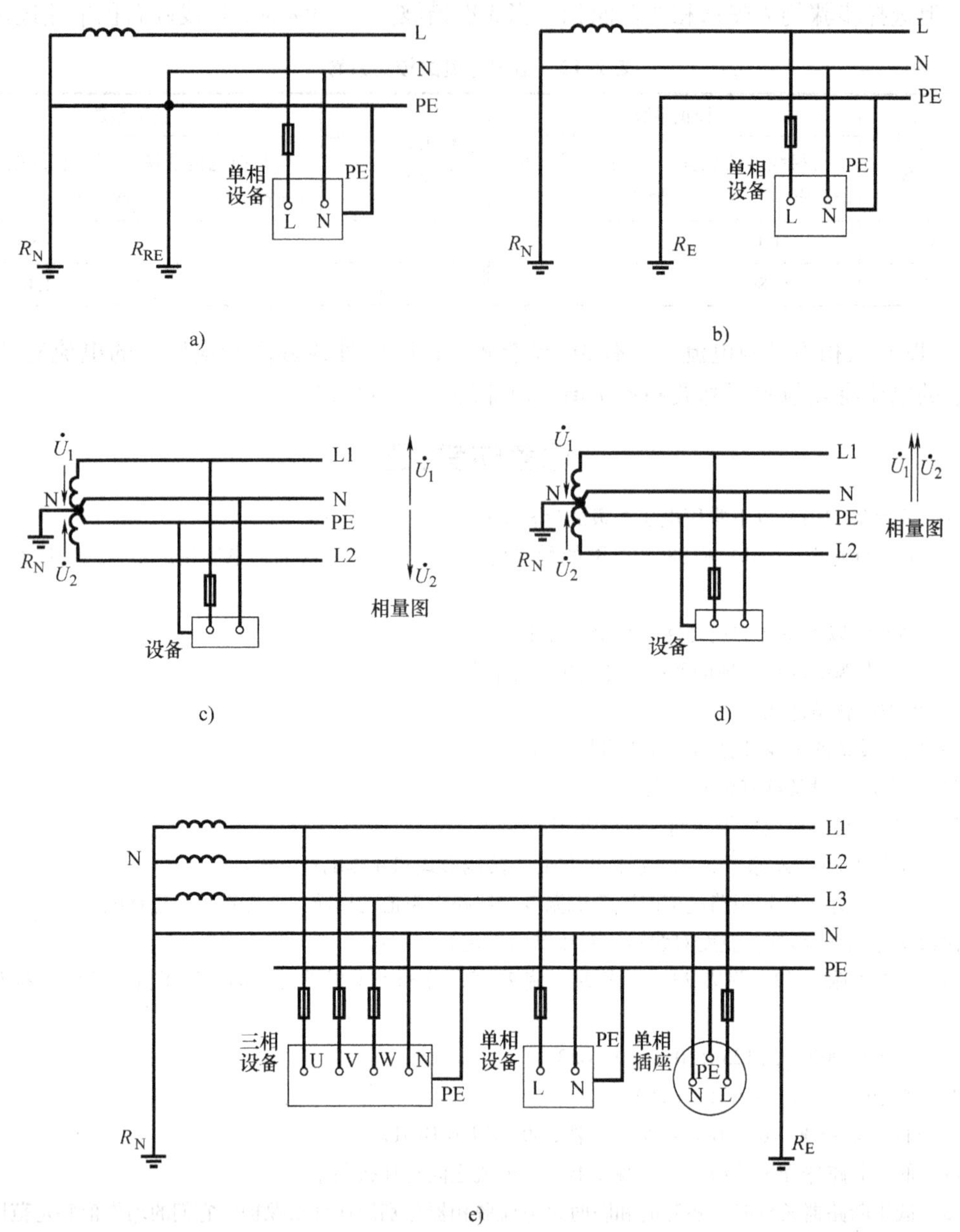

图2-26　题2-4图

住宅）的配电干线。请完成以下计算，并将结果填写在表2-13中。忽略变压器一次侧系统阻抗和低压母线阻抗，计算所需其他参数请查阅附录。

（1）试按表2-13分别计算不同变压器容量条件下线路WD1首端F0、第一分支点F11和末端F19处的三相短路电流，以及F19处的单相短路电流。线路阻抗参数请查阅附表23和附表24；变压器阻抗参数请自行计算。

（2）试计算为满足短路热稳定要求，WD1所需达到的最小截面积。取首端F0处最大三相短路电流进行热稳定校验，电缆热稳定系数为143A·$\sqrt{s}$·mm^{-2}，QA1短路电流全分断时间为0.12s。

（3）若QA1脱扣器额定电流为160A，瞬时脱扣器动作电流为1600A；QA11脱扣器额定电流为40A，瞬时脱扣器动作电流为500A，且QA1和QA11都是非限流型MCCB断路器，请判断QA1与QA11间短路保护是否具有选择性。

（4）按（3）中条件，试计算QA1瞬时脱扣器作WD1短路保护的灵敏系数。

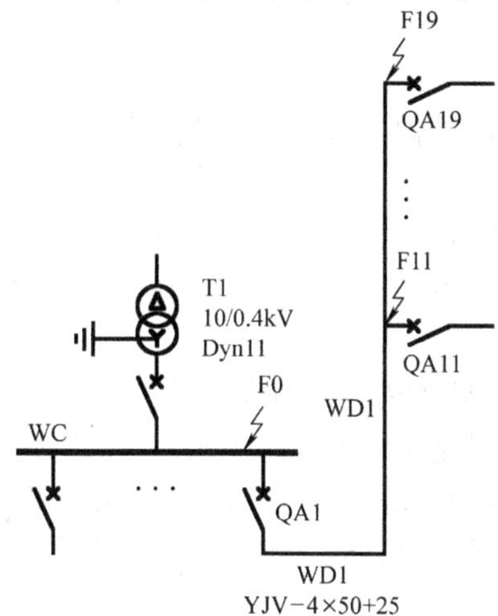

图2-27　题2-13图

线路WD1长度：F0～F11段40m，F11～F19段25m

表2-13　题2-13表

变压器容量/kV·A	500	630	800	1000	1250
$u_k\%$	4	4	6	6	6
ΔP_k/kW	5.1	6.2	7.5	10.3	12.0
$I_{k3 \cdot F0}$/kA					
$I_{k3 \cdot F11}$/kA					
$I_{k3 \cdot F19}$/kA					
$I_{k1 \cdot F19}$/kA					
热稳定最小截面积/mm^2					
QA1短路保护灵敏系数					

2-14　低压断路器作线路短路保护时，为什么瞬时脱扣器需要躲过电动机起动全电流的最大值，而短延时脱扣器只需躲过起动电流周期分量最大值？

2-15　某配电回路计算电流为230A，线缆允许载流量为237A，线路首端低压断路器长延时脱扣器动作值为250A，请判断该回路设计是否正确。

2-16　试解释低压配电系统中“回路”“配电回路”“终端回路”等术语的含义，工程实践中这些术语还可以有其他叫法吗？

2-17　试解释“可导电部分”“导体”“带电部分”“危险带电部分”“带电导体”等术语的含义，并梳理它们之间的关系。

第三章　电击防护技术原理与措施

本章系统介绍现状主流电击防护技术。以防护措施实施的部位为参照，按如下类别分别介绍。

1）实施在电气设备上和电气装置处的电击防护措施。

2）实施在低压配电系统上的电击防护措施。包括专用于电击防护的技术措施，以及可兼作电击防护的技术措施。

3）实施在作业场所的电击防护措施，即环境措施。

实施在电气设备上的防护措施是在工厂完成的，其他措施都是在工程建设这一环节完成的。在工厂完成的措施具有标准化和同一性的特点，而在工程建设环节实施的措施必须根据工程对象的具体情况而定，情况复杂多样。本章主要介绍技术原理，下一章介绍工程应用。

第一节　电流通过人体产生的效应

人身安全是电气安全的首要问题，这个问题的研究需要从“电”对人体的危害入手，即“电”究竟是怎样危及人身安全的？危害受哪些因素影响？危害程度如何度量？等等。搞清楚这些问题，对于制订防护标准、采取有效的防护措施，最大限度地保障生命安全，具有基础性意义。

一、电击形式及对应的防护形式

“电击”指电流通过人或动物躯体而引起的生理效应，也指人或动物因电流通过而受到生理伤害的事件，分为直接电击和间接电击两种类型。

1. 直接电击与基本防护

因接触到带电部分而产生的电击，称为直接电击，又称直接接触。带电部分指正常运行时带电的可导电部分。如电工在检修配电屏时不小心触及带电的相母线，或人插拔电源插头时触及尚未脱离电接触的金属插片等，都属于直接电击。直接电击强度以承受相电压的情况居多，也有部分承受线电压的情况。

无故障条件下的电击防护叫作基本防护。基本防护主要是针对直接接触的防护。

2. 间接电击与故障防护

正常工作时不带电的部位，因故（主要是各类故障）带上危险电压后被人触及而产生的电击，称为间接电击，又称间接接触。如电气设备因保护绝缘损坏发生漏电、TN－C 系统因 PEN 线断线使设备金属外壳带电等造成的电击，都属于间接电击。间接电击发生的情况远较直接电击为多，电击强度范围较大，防护措施更为复杂，是电击防护的重点。

单一故障条件下的电击防护称为故障防护。故障防护主要是针对间接接触的防护。

二、人体通过电流时产生的生理反应

1. 研究历程

早在二战前后，一些国家的科技工作者就相继投入了电击生理伤害的研究工作，并一直

持续到现在。由于这种研究大多不能用活人体进行，研究者们只能从两方面入手展开工作：一是对已经发生的电击伤害事件进行调查分析；二是进行大量的动物性试验，仅在远小于致命电流的范围内进行活体人体试验，极个别研究者在自己身上进行过危险电流活体试验。研究者们对从这两方面工作中所获得的现象和数据进行综合分析，期望得出一些有意义的结论。经过长期的研究，这项工作不断取得成效，其典型成果反映在国际电工委员会（IEC）第479号出版物中，为各国普遍采纳。

2. 生理效应

研究发现，电击危险程度与通过生命体的电流有关，与电流大小呈正相关性，还与通电时间、电流波形、频率等因素有关。为了表达这种相关性，研究者把人受电击时产生的生理反应划分为几种状态，这几种状态的临界点称为生理“阈”，与这些生理阈对应的电流称为阈值电流，或简称阈电流、阈值、阈。

（1）反应阈　能引起人体肌肉不自觉收缩的最小电流值，称为反应阈。反应阈电流本身通常不会产生有害的生理效应，但它所引起的人体肌肉的不自觉收缩，可能造成二次事故，如使人从高处跌落等。反应阈电流很小，典型值为0.5mA。

（2）感知阈　使人产生触电感觉的最小电流值称为感知阈。感知阈有个体差异，其概率曲线如图3-1所示，按50%概率计，成年男性的感知阈为1.1mA，女性为0.7mA。感知阈与电流持续时间长短无关，但与频率有关，频率越高，感知阈越大，即人体对低频电流更敏感。

（3）摆脱阈　手握电极通过电流时，人体受刺激的肌肉尚能自主摆脱电极所能承受的最大电流值，称为摆脱阈。可以认为：当通过人体的电流大于摆脱阈时，受电击者自救的可能性便不复存在。摆脱阈也具有个体差异，其概率曲线如图3-2所示，以50%概率计，成年男性的摆脱阈为16mA，女性为10.5mA，通用值取为10mA。摆脱阈与电流持续时间无关，在20~100Hz频率范围内基本上与频率无关。

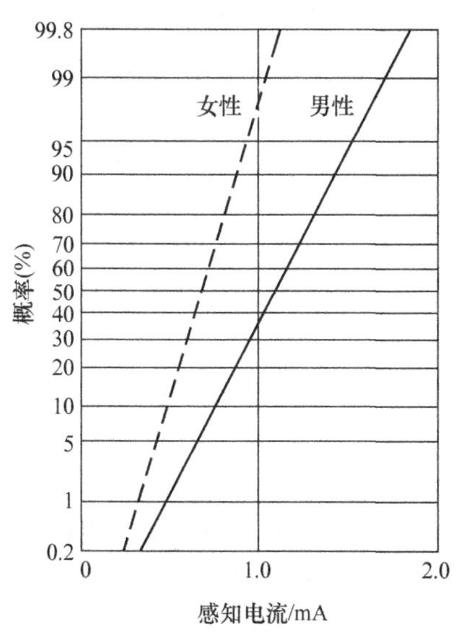

图3-1　感知电流概率曲线

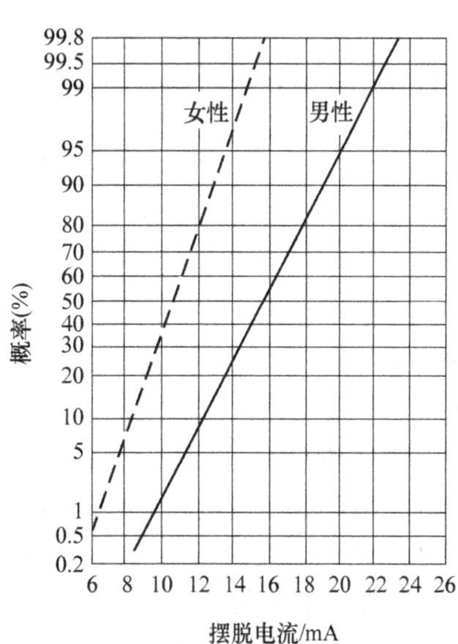

图3-2　摆脱电流概率曲线

（4）室颤阈 通过人体能引起心室纤维性颤动的最小电流值，称为心室纤维性颤动阈，简称室颤阈。从医学上看，室颤很可能导致死亡，故室颤阈被认为是致命的人体电流值。试验发现，室颤阈不仅与通过受试对象的电流大小有关，还与通过电流持续的时间有关。达尔基尔（dalzil）和柯宾（koeppen）的研究小组分别给出了这种关系的具体描述，简述如下：

达尔基尔的研究结果认为，发生室颤的危险性与能量的累积有关，并提出以下公式作为划分室颤界限的依据

$$I^2t = K_D \tag{3-1}$$

式（3-1）在电流持续时间为0.01～5s间有效，系数K_D按0.5%最大不引起室颤电流得出为$116^2mA^2 \cdot s$，也就是说，如果电击发生时$I^2t < 116^2mA^2 \cdot s$，则发生室颤的可能性在0.5%以下。

柯宾的研究结果认为，室颤危险性与电流大小与电流作用持续时间之积有关，并提出室颤界限公式

$$It = K_K \tag{3-2}$$

式中，系数K_K取为50mA · s，$t < 1s$。

三、人体阻抗

虽然流过人体的电流是表征电击强度的最恰当电气参量，但对于低压系统来说，工程上更方便运用电压这一电气参量，它们之间的转换，需要人体阻抗参量。

1. 人体阻抗的构成

人体阻抗由皮肤阻抗和人体内阻抗构成，其总阻抗呈阻容性，人体阻抗的等效电路如图3-3所示。

皮肤阻抗Z_{S1}、Z_{S1}是由半绝缘层（表皮及皮下脂肪）和许多小的导电体（毛孔及其内电解质等）组成的电阻电容并联阻抗。皮肤阻抗随电流、频率的增加而下降，皮肤阻抗与接触面积、湿度、压力、是否受伤等因素关系较大。

体内阻抗Z_i主要由体内电解质构成，基本上是阻性的，其量值由电流通路决定，接触面表面积所占比重较小，但当接触面表面积小至几个平方毫米时，体内阻抗会增大。

2. 人体阻抗量值及其特性

图3-4表示了正常条件下、接触电压工频交流700V以下时，活人的人体阻抗与接触电压关系的统计曲线，电流通道是从手到脚，大的接触面积（$100cm^2$量级，基本上表示整只手掌）及正常压力接触，手脚无水湿润或盐水湿润。从图中可见，当接触电压为220V时，只有5%的受试者人体阻抗小于1000Ω，而同一电压下阻抗小于2125Ω的人占受试总人数的95%，也即有90%的受试者人体阻抗在1000～2125Ω之间。

人体阻抗与电流通路、接触电压、通电时间、电流频率、皮肤湿度、接触面积、施加压力和温度等因素密切相关，总体上呈非线性阻容性。

人体阻抗与接触电压呈负相关性。当接触电压约在50V以下时，由于皮肤阻抗Z_S的变化很大（即使对同一个人也如此），人体阻抗Z_T有很大变化；随着接触电压的升高，人体阻抗越来越不取决于皮肤阻抗；当皮肤被击穿破损后，人体阻抗值接近于内阻抗Z_i。

人体阻抗值与频率呈负相关性，这可能是因为皮肤容抗随频率增加而下降，从而导致总阻抗降低的缘故。

人体阻抗与皮肤潮湿程度总体呈负相关性。潮湿状态下，水湿润阻抗大于盐水湿润阻

抗，且盐水湿润条件下人体阻抗与接触电压相关性明显弱化。

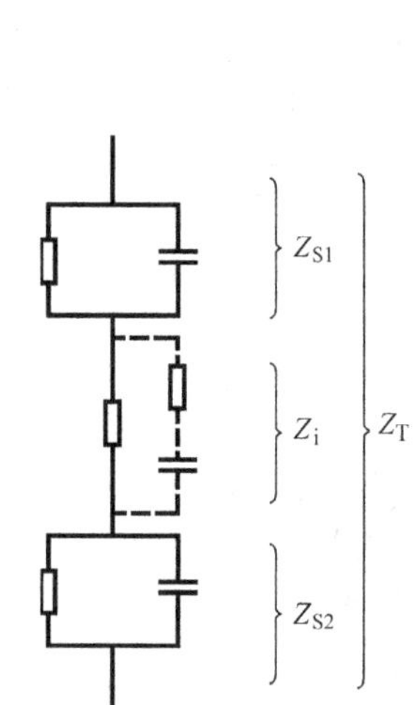

图 3-3　人体阻抗的等效电路

Z_i—体内阻抗　Z_{S1}、Z_{S2}—皮肤阻抗

Z_T—人体总阻抗

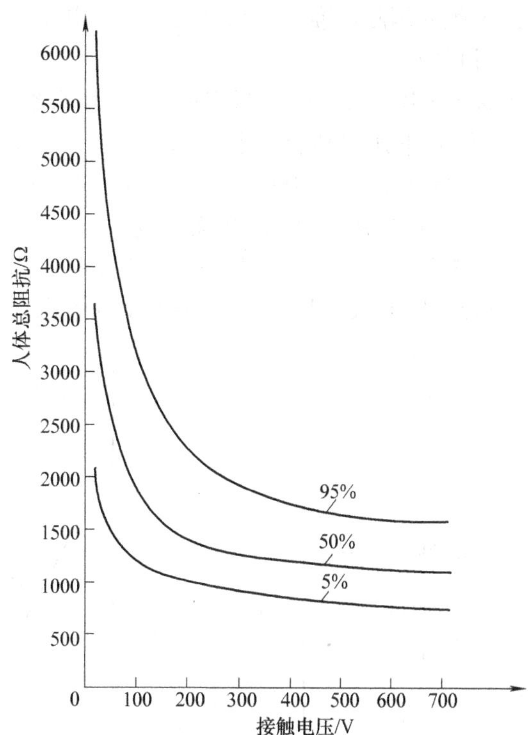

图 3-4　接触电压 700V 以下适用于活人的人体阻抗的统计图

人体阻抗还与接触压力、接触面积及接触时间呈负相关性。

四、工程标准及典型量值

以上研究成果一定程度上揭示了电击伤害的规律。从电击防护工程应用的角度看，需要在研究成果和工程应用之间建立桥梁，使工程实践能够明确有效地利用这些成果，这座桥梁就是工程标准。尽管工程标准是依据这些研究成果制定的，但它具有很强的可操作性和明确的法律意义，这对于涉及安全问题的工程实践来说尤为重要。

"国际电工委员会电气装置与电击防护技术委员会"（IEC/TC64）制定的 IEC60479 技术文件，是有关电击防护的一部基础性标准，该标准通用名为 IEC60479《电流通过人体和家畜的效应》，由以下 5 个部分组成：

IEC/TS 60479－1《第 1 部分：通用部分》。

IEC/TS 60479－2《第 2 部分：特殊情况》。

IEC/TS 60479－3《第 3 部分：电流通过家畜躯体的效应》。

IEC/TR 60479－4《第 4 部分：雷电流通过人体和家畜躯体的效应》。

及 IEC/TR 60479－5《第 5 部分：对于生理学效应的接触电压限值》。

以上"/"下标有"TS"的为技术规范，共 3 个；标有"TR"的为技术报告，共两个。TS 和 TR 都表示技术文件尚不能完全达到国际标准的条件。其中，TS 表示该技术文件不能获得出版一项国际标准所需要的支持，或所讨论的项目仍处于技术发展阶段，在将来而不是立即有可能对一项国际标准达成一致的意见；TR 则表示技术委员会所收集到的数据不是来源于正式出版的国际标准。由此可见，有关电流通过人体和家畜躯体效应的研究，还处在不断深入的过程中。

国家标准 GB/T 13870《电流通过人体和家畜的效应》等同采用了 IEC60479 技术文件，但第 4 和第 5 部分的转化工作尚未完成。本书重点对与供配电系统关系密切的 GB/T 13870. 1—2008 中的 15 ~ 100Hz 交流电部分进行介绍，同时也简介直流的情况，以便比对。

1. 人体效应的约定时间/电流区域

如图 3-5 所示，综合考虑电击危险程度与电流量值和持续时间的关系，划分了电流对人体作用的区域范围，该图中各区域所产生的电击生理效应如表 3-1 所示。

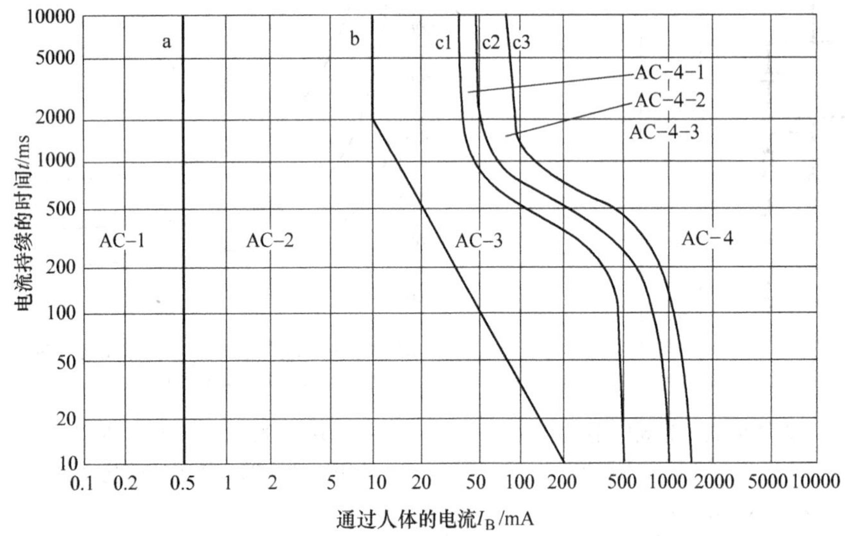

图 3-5 电流路径为左手到双脚的 15 ~ 100Hz 正弦交流电流人体效应的约定时间/电流区域

表 3-1 15 ~ 100Hz 正弦交流电的时间/电流区域

区域代号	区域界限	生理效应
AC - 1	0. 5mA 直线 a 左侧	有感知的可能性，但通常不会被“吓一跳”
AC - 2	直线 a 至折线 b①	通常无有害的电生理效应，但可能有感知和不自主的肌肉收缩
AC - 3	折线 b 至曲线 c1	通常不会发生器质性损伤。可能发生肌肉痉挛似的收缩。呼吸困难。随着电流量和通电时间增加，使心脏内心电冲动的形成和传导有可以恢复的紊乱，包括心房纤维性颤动和心脏短暂停搏。但不发生心室纤维性颤动
AC - 4	在曲线 c1 以右	可能发生心跳停止、呼吸停止以及烧伤或其他细胞破坏等病理生理效应。心室纤微颤动的概率随电流增大和时间加长而增加
AC - 4 - 1	c1 至 c2	心室纤维性颤动概率可增加到 5%
AC - 4 - 2	c2 至 c3	心室纤维性颤动概率可增加到约 50%
AC - 4 - 3	超过曲线 c3	心室纤维性颤动概率超过 50%

①通电时间小于 10ms 时线 b 垂直下延，人体电流值仍保持为 200mA。

从图 3-5 中可以看出，由直线 a、折线 b 和曲线 c（为一簇曲线，分别为 c1、c2、c3）将平面划分为 AC－1～AC－4 共 4 个区域，其中 AC－4 又根据发生室颤的概率分为 AC－4－1～AC－4－3 等 3 个区域。可以认为，发生在 AC－4 区域内的电击，都是致命的。

从图 3-5 中还可以看出，以 c1 曲线为依据，超过 500mA 的电流，哪怕在 10ms 内被切断，都是致命的，而现有的开关电器几乎没有能在 10ms 内切断电路的，仅限流型熔断器或带能量脱扣器的低压断路器在极大电流倍数下开断时间有可能小于 10ms。因此对 500mA 以上的电流，靠切断电源对已经触电的人实施保护是不可靠的。另外，对于约 35mA（工程上取约值 30mA）以下的电流，作用时间长达 10s 以上都是不致命的，而 10s 已经可以认为是长时间接触。

室颤电流与电流在人体中流通的路径有关系。图 3-5 中室颤电流对应于“左手到双脚”通道，是较为不利的一种情况，若电流从别的通路流通，则室颤电流值可能有所不同，这种差别由心脏电流系数 F 表征：

$$F=\frac{\sigma_{\mathrm{h}}}{\sigma_{\mathrm{ref}}} \tag{3-3}$$

式中　σ_{h}——电流通过某一通路在心脏内所产生的电流密度；

σ_{ref}——同一电流从左手到双脚时在心脏内产生的电流密度。

不同电流通路的心脏电流系数如表 3-2 所示。

表 3-2　不同电流通路的心脏电流系数

电流通路	心脏电流系数 F
左手到左脚、右脚或两脚	1.0
两手到两脚	1.0
左手到右手	0.4
右手到左手、右脚或两脚	0.8
后背到右手	0.3
后背到左手	0.7
胸部到右手	1.3
胸部到左手	1.5
臂部到右手、左手或双手	0.7
左脚到右脚	0.04

应用心脏电流系数，可推算出某一通路的室颤电流 I_{h}，这个电流与从左手到双脚通路的电流 I_{ref} 有相同的室颤危险性，即

$$I_{\mathrm{h}}=\frac{I_{\mathrm{ref}}}{F} \tag{3-4}$$

式中　I_{ref}——图 3-5 中左手到双脚的室颤电流；

I_{h}——表 3-2 中某一通路的室颤电流；

F——表 3-2 中某一通路相应的心脏电流系数。

直流电流通过人体效应的约定时间/电流区域如图 3-6 所示，各区域含义与工频交流情况类似，可参考表 3-1。人体能承受的直流电流大于交流电流。

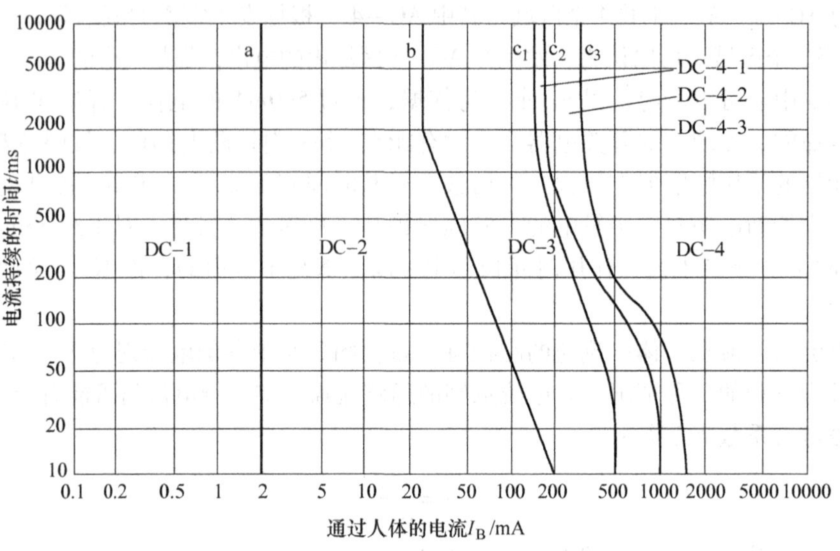

图 3-6　直流电流通过人体效应的约定时间/电流区域

2. 人体效应的约定时间/电压区域及故障防护安全电压

根据图 3-5 所示的约定时间/电流区域曲线和人体阻抗特性，可得出相应的约定时间/电压区域曲线。但人体阻抗与接触面积、压力、湿润情况等诸多因素有关，需规定相关条件，才能确定对应的人体阻抗。规定的条件不同，所得出的时间/电压区域曲线也不相同。现状工程实践中对交流 50Hz 工频交流电所用曲线如图 3-7 所示，两条曲线 L1 和 L2 分别代表正常和潮湿环境条件下的电压—时间关系，发生在曲线右侧区域的触电被认为是致命的。

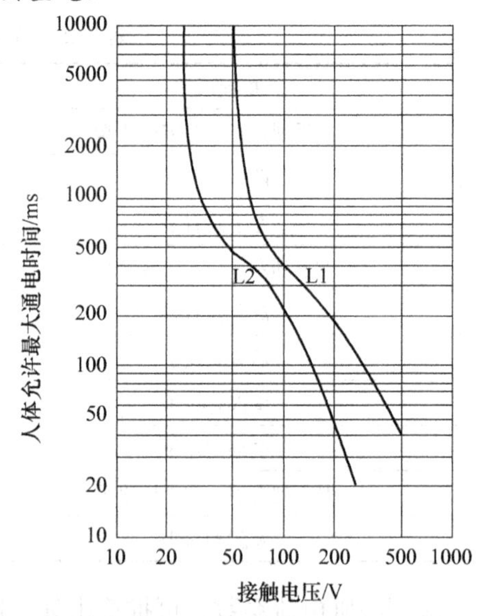

图 3-7　不同接触电压下人体允许最大通电时间

L1—正常环境条件　L2—潮湿环境条件

从图上可知，正常环境条件下，50V 以下电压不论接触时间多长，都不致发生致命电击，因此将 50V 电压作为正常环境条件下故障防护的安全电压。同理可查出潮湿环境条件下故障防护的安全电压为 25V。以上两个电压量值是对大多数故障条件下电击防护措施的效果进行评价的依据性数据。

IEC/TR 60479 - 5：2007《电流通过人体和家畜的效应　第 5 部分：对于生理学效应的接触电压限值》给出了若干不同于图 3-7 的“约定时间/电压区域”曲线，其对电流路径、湿润条件和接触面积的规定更加细致，且数据有所不同。虽然现状工程实践中尚未大规模引用该技术报告，但已经有国家标准采用与该报告相同的数据，如 GB/T 3805—2008《特低电压（ELV）限值》部分数据就与该报告对应。为便于对比和了解技术发展过程，摘录 IEC/TR 60479 - 5：2007 的部分数据列于表 3-3 中，供参考。

表 3-3　心室纤维颤动交流接触电压阈值（摘引自 IEC/TR 60479－5：2007，第 4.7 条，表 2C）

电流路径	心室纤维颤动阈值/mA	长持续时间交流接触电压阈值/V								
		干燥			水湿润			盐水湿润		
		大接触面积	中等接触面积	小接触面积	大接触面积	中等接触面积	小接触面积	大接触面积	中等接触面积	小接触面积
双手到双脚	40	33	82	149	24	71	149	20	36	94
手到手	100	99	165①	260	98	165	260	90	160	257
单手到臀部	57	34	65	100	31	65	100	27	49	99

①该量值在“IEC/TR 60479－5：2007”原文表 2C 中为 99V，但从原文第 5 条的图 12 中查曲线得该量值约为 165V。由于表 2C 数据系查取自图 12，本书取曲线量值。

注：大、中等和小接触面积大致分别指 $100cm^2$、$10cm^2$ 和 $1cm^2$ 数量级面积，分别代表整个手掌接触、掌心部分接触和手指接触。

3. 工程计算中正常环境条件下人体阻抗取值

尽管人体阻抗与诸多因素有关，且个体差异显著，但在一般的工程设计计算中，在正常环境和 50Hz 工频交流电作用下，忽略 5% 以下人群更小的人体阻抗，人体阻抗的典型值可取为 1000Ω，近似按纯电阻考虑。

第二节　电气设备及装置的电击防护措施

一般来说，设备指工厂生产的具备特定功能的完整单元，作为整体提供给用户；装置则指一系列相关设备及零、部件组合而成的整体，具备更完整、复杂的功能，通常在工作现场组装完成，也不排除在工厂（部分）组装。

电气设备及装置采取的电击防护措施，主要技术实现途径有电气绝缘、机械阻隔和空间间距阻隔等，这些措施的共同之处是力图消除接触到带电导体的可能性，是正常工作条件下的基本防护措施，是预防而非补救措施。

一、绝缘措施

基本绝缘用作基本防护。电气设备和装置对基本绝缘的要求是带电部分被绝缘完全覆盖，这一绝缘只有被破坏才能完全除去。在低压系统中，基本绝缘主要指固体绝缘。

附加绝缘用作故障防护。双重绝缘是基本防护与附加防护措施的组合，加强绝缘属于加强防护措施。

二、机械阻隔类防护措施

机械阻隔类措施又称为屏护，在国家标准 GB/T 17045—2008《电击防护　装置和设备的通用部分》不再出现屏护这一术语，但在电力行业中仍在采用这一术语。它是指通过固体屏障的阻拦防止接触危险带电部分的措施，工程体系中属于基本防护措施，技术原理上主要依赖于自然的空气绝缘，靠机械阻隔维持流体（主要是自然存在的空气）绝缘的有效性防止电击。主要有以下三种形式。

1. 外壳（外护物）

外壳（或外护物，英文均为 enclosure）是一个含义较为广泛的术语，它是指能提供与预期目的相适应的防护类型和防护等级的外罩。根据预期目的的不同，防护类型也不一样，如防水、防固体异物、防机械冲击等，其中防止可预见到的电气危险的外壳称为电气外壳。防护等级指防护的程度，与防护类型有关。此处要讨论的外壳是电气外壳中的一种——（电气）保护外壳，它是指能防止人员从任何方向无意或有意接近危险带电部分并围住设备内部部件的外壳。为叙述方便，本书约定将术语“外壳（外护物）”默认为专指（电气）保护外壳，有特别说明处除外。

电气设备外壳的材料和形式由制造厂商确定，电气装置工作现场的外壳常称为外护物，通常采用金属板、金属网、金属栅栏等形式。

外护物主要应用于不便于绝缘（如变压器接线桩头、隔离开关的触头）的场合。

外护物的技术要求为：有足够的机械强度并防火。金属外护物须接地。开孔外护物应根据孔的大小，在带电侧留出足够的安全净距。

外护物不能被随意打开、绕过或翻越，即它们应具有一定的防止有意识接近带电部分企图的功能，这主要是为了防止无（完全）行为能力者（如儿童、精神病人等）或无电气知识者因任何原因产生的故意接近带电体的行为。

2. 保护遮拦

保护遮拦（protective barrier）指为防止从任一通常接近方向无意或有意触及危险带电部分而设置的机械阻隔物。为叙述方便，本书将保护遮拦简称遮拦。遮拦的主要技术要求与外护物类同。

注意遮拦与外护物的区别。遮拦只需防止从某一通常方向接近危险带电部分，如车间行车滑触线，因其处于厂房上方，对一般人员只产生从下方接近的危险，遮拦只设在下方即可，但如果行车大梁上有移动司机仓，则还需在侧面设置遮拦以防止司机接触。外护物则需完全罩住设防对象，避免从任一方位接近危险带电部分，如干式变压器的金属外罩，封闭式开关柜的柜体等。

3. 保护阻挡物

保护阻挡物（protective obstacle）是指通过机械阻挡的提醒，防止人员无意识接近危险带电部分的技术措施。为叙述方便，本书将保护阻挡物简称阻挡物。

阻挡物与遮拦相似，只提供通常接近方向的防护，但不具备防止故意接近的功能，主要起提醒作用。常见的有半高的护栏、挡板、拦绳等。

保护阻挡物只能用于特定人员才能接近的装置，特定人员指熟练技术人员或受过培训的人员，或在他们监督下的人员。因此，在不能限定人员特征的一般场所，不适宜采用阻挡物防护。

三、空间间距分隔类防护措施

在低压配电系统电击防护领域，空间间距分隔措施的名称叫作“置于伸臂范围以外”，我国电力行业采用的与之对应的术语叫“间距”，“间距”的适用范围还要更广泛一些。置于伸臂范围以外是指通过保持带不同电位可导电部分间的空间距离，使人不能同时触及二者，以避免电击事故的技术措施。

伸臂范围指人在通常站立或活动表面上的任一点，不借助任何手段，手所能达到的最大空间范围，如图3-8所示，可根据该范围来确定不能布置带电部分的区域。一般作业场所，2.5m是伸臂范围一个比较重要的数据。

图3-9示出了两个通过置于伸臂范围以外实现保护的例子。图3-9a中人站在大地上，

大地被看着是装置外界可导电部分，因此要求电气装置的带电部分距地2.5m以上，这时人只要脚站在地上，手就不可能触及带电部分。图3-9b中地面为绝缘地板，人一手触及带电部分是没有危险的，但应防止人的左、右手同时触及带不同电位的可导电部分，因此，可能带不同电位的可导电部分间的净距应大于2.5m。

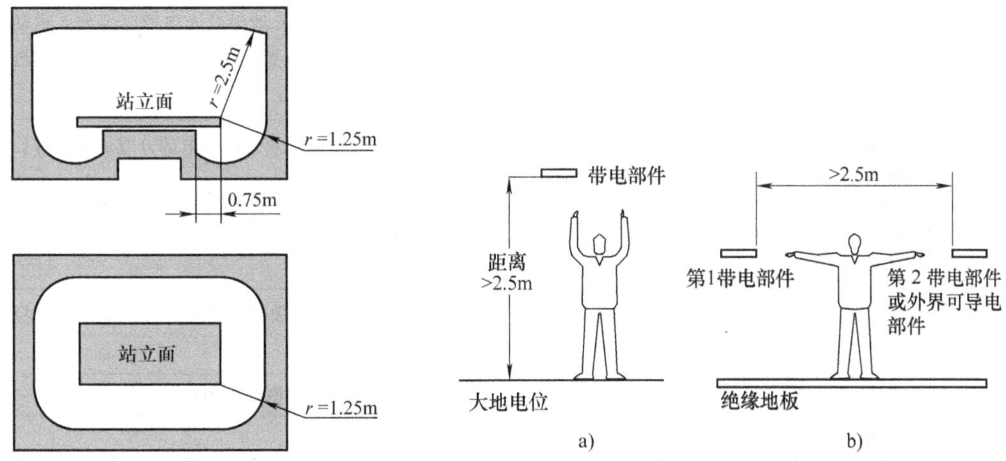

图3-8　手的活动范围

图3-9　通过置于伸臂范围以外实现保护

与阻挡物防护措施类似，置于伸臂范围以外的措施也只适用于熟练技术人员或受过培训的人员、以及在他们监督下的人员才能接近的电气装置。

四、外壳防护等级

1. 外壳防护形式

外壳防护是设备和装置安全的一项重要措施，但必须明确的是，它不仅仅是电击防护措施。外壳防护既有保护人身安全的目的，又有保护设备自身安全的目的，还可能有保护环境安全的目的等。对于前两者，相关标准规定了外壳的两种防护形式。

第一种防护形式：防止人体触及或接近壳内带电部分和触及壳内的运动部件（光滑的转轴和类似部件除外），防止固体异物进入外壳内部。

第二种防护形式：防止水进入外壳内部而引起有害的影响。

对于机械破坏、易爆、腐蚀性气体或潮湿、霉菌、虫害、应力效应等条件下的防护等级，在其他一些相关标准中有专门规定，比如对于防爆电器，就有隔爆型、增安型、充油型、充砂型、本质安全型、正压型、无火花型等多种形式。在这些形式中，外壳是作为因素之一被考虑进去的，但不是唯一因素，也就是说，这些形式是否成立，不是由外壳因素唯一确定的，而此处讨论的电气设备外壳的这两种防护形式，则是完全由外壳的机械结构确定的。

2. 外壳防护等级的代号及划分

表示外壳防护等级的代号由表征字母“IP”和附加在后面的两个表征数字组成，记作IPXX，其中第一位数字表示第一种防护形式的各个等级，第二位数字则表示第二种防护形式的各个等级，表征数字的含义分别如表3-4和表3-5所示。

表 3-4　第一位表征数字表示的防护等级

第一位表征数字	防护等级	
	简述	含义
0	无防护	无专门防护
1	防止大于 50mm 的固体异物	能防止人体的某一大面积（如手）偶然或意外地触及壳内带电部分或运动部件，但不能防止有意识的接近这些部分。能防止直径大于 50mm 的固体异物进入壳内
2	防止大于 12mm 的固体异物	能防止手指或长度不大于 80mm 的类似物体触及壳内带电部分或运动部件。能防止直径大于 12mm 的固体异物进入壳内
3	防止大于 2.5mm 的固体异物	能防止直径（或厚度）大于 2.5mm 的工具，金属线等进入壳内。能防止直径大于 2.5mm 的固体异物进入壳内
4	防止大于 1mm 的固体异物	能防止直径（或厚度）大于 1mm 的工具、金属线等进入壳内。能防止直径大于 1mm 的固体异物进入壳内
5	防尘	不能完全防止尘埃进入壳内，但进尘量不足以影响电器正常运行
6	尘密	无尘埃进入

注：1. 本表“简述”栏不作为防护形式的规定，只能作为概要介绍。

2. 本表第一位表征数字为 1 至 4 的电器，所能防止的固体异物系包括形状规则或不规则的物体，其 3 个相互垂直的尺寸均超过“含义”栏中相应规定的数值。

3. 具有泄水孔和通风孔等的电器外壳，必须符合于该电器所属的防护等级“IP”号的要求。

表 3-5　第二位表征数字表示的防护等级

第二位表征数字	防护等级	
	简述	含义
0	无防护	无专门防护
1	防滴	垂直滴水应无有害影响
2	15°防滴	当电器从正常位置的任何方向倾斜至 15°以内任一角度时，垂直滴水应无有害影响
3	防淋水	与垂直线成 60°范围以内的淋水应无有害影响
4	防溅水	承受任何方向的溅水应无有害影响
5	防喷水	承受任何方向的喷水应无有害影响
6	防海浪	承受猛烈的海浪冲击或强烈喷水时，电器的进水量应不致达到有害影响
7	防浸水影响	当电器浸入规定压力的水中经规定时间后，电器的进水量应不致达到有害的影响
8	防潜水影响	电器在规定压力下长时间潜水时，水应不进入壳内

例如，某设备的外壳防护等级为 IP30，就是指该外壳能防止大于 2.5mm 的固体异物进入，但不防水。当只需用一个表征数字表示某一防护等级时，被省略的数字应以字母 X 代替，如 IPX3、IP2X 等。

3. 外壳防护等级与电击防护的关系

外壳防护等级不仅适用于外壳或外护物，也可用于遮拦。就外壳防固体异物等级而言，不同的等级对应于人身体的不同部位。如 IP2X 表明外护物或遮拦的开孔大小能伸进人的手指，但不能伸进手臂。此种情况下，空间间距阻隔的防护措施就不需要置于“伸臂范围”以外，而只需将危险带电部分与外护物或遮拦的距离保持在“伸指范围”以外，就可以避免直接接触。这个“伸指范围”，包括前面的伸臂范围，减去手指或手臂的规定长度，在我国电力行业中称为安全净距，该净距与电气装置电压等级有关，相关规范有明确的要求。

有水环境条件下的电击防护，与外壳防水等级有关，主要是避免通过水产生漏电，继而引发电击伤害。

五、用电设备电击防护形式分类

用电设备是低压系统发生电击事故的主要部位之一，因此对用电设备的电击防护性能有明确的要求。综合技术、经济、应用场所和使用功能等多方面因素，国家标准对用电设备的电击防护形式作了明确规定，简介如下：

1. 类别划分

相关标准对低压用电设备规定了4种电击防护形式，分别称为0、Ⅰ、Ⅱ、Ⅲ类设备，如表3-6所示。

表3-6　用电设备电击防护形式类别

类别	0类	Ⅰ类	Ⅱ类	Ⅲ类
设备主要特征	有基本绝缘，无保护联结条件	基本绝缘，有保护联结条件	双重绝缘或加强绝缘，无需保护联结条件。若有保护联结条件，只是考虑可将其作为Ⅰ类设备使用而设置	额定电压不高于特低电压限值，设备任何情况下不会产生高于特低电压限值的电压
安全措施	基本绝缘作为基本防护措施，无故障防护措施	基本绝缘作为基本防护措施，保护联结作为故障防护措施	基本绝缘作为基本防护措施，附加绝缘作故障防护措施	以规定的低电压值连同其他安全条件作故障防护，其中部分条件下可作基本防护
应用限制	用于非导电环境，或单独电气分隔系统			用于PELV或SELV系统

（1）0类设备　仅依靠基本绝缘作为基本防护手段的设备，称为0类设备。这类设备的基本绝缘一旦失效，是否会发生电击危险，完全取决于设备所处的场所条件。所谓场所条件，主要是指人操作设备时所站立的地面及人体能触及的墙面，或其他装置外界可导电部分等的情况。

由于0类设备的电击防护条件较差，在一些国家已逐步淘汰。比如我国常见的金属外壳灯具，过去大多数是0类设备，现已不允许使用0类形式。

（2）Ⅰ类设备　Ⅰ类设备靠基本绝缘提供基本防护，设备外露可导电部分设置有连接端子或连接线，可与接地装置或场所中固定布线系统的保护导体相连，形成保护联结，以作为故障条件下的电击防护。

在日常使用的电器中，Ⅰ类设备占了很大部分。上一章所介绍的TT、TN、IT等系统，设备的保护联结方式都是针对Ⅰ类设备而言的。自带电源线的Ⅰ类设备，与设备外露可导电部分连接的PE线一般与相线和中性线配置在一起，由电源护套线一起引出，比如家用电器的三杆插头，其中一杆就是PE线插杆，它通过电源护套线内的PE芯线在设备内部连接着设备外露可导电部分，外部通过插座与室内固定配线系统中的PE线相连。而只有接线端子的Ⅰ类设备，设备外露可导电部分已经通过机内PE导体连接至PE接线端子。

（3）Ⅱ类设备　Ⅱ类设备指采用双重绝缘或加强绝缘的用电设备。Ⅱ类设备即使有金属外壳，也不设置保护联结条件。

Ⅱ类设备一般用绝缘材料做外壳，也有采用金属外壳的，但其金属外壳不视为设备外露可导电部分，不应被有意连接到保护导体上。

（4）Ⅲ类设备　Ⅲ类设备指采用ELV（特低电压）供电的用电设备，这类设备要求在任何情况下，设备内部都不会出现高于特低电压限值的电压。关于ELV，将在本章第六节中详细介绍。

以上四类设备，以罗马数字0、Ⅰ、Ⅱ、Ⅲ进行分“类”而不是分“级”，因为分类只是表示电击防护的形式不同，而并不表明设备运行时的安全水平等级。

2. 电击防护形式类别与电击防护的关系

以上各类设备均具有直接电击防护能力，但间接电击防护途径和性能各有不同，分述如下：

1）0类设备只能用于非导电环境或单独的电气分隔系统，无法通过配电系统附加其他间接电击防护措施。

2）Ⅰ类设备用于正常电网电压供电的TT、TN、IT系统，一旦发生碰壳漏电故障，则需通过实施于系统或环境上的其他措施进行间接电击防护。

3）Ⅱ类设备用于正常电网电压供电的系统，其电击防护既不依赖于系统，也不依赖于使用场所的环境条件，而是完全依靠设备自身绝缘的可靠性，工程应用中不考虑该类设备发生漏电的可能性。

4）Ⅲ类设备用于安全特低电压（SELV）或保护特低电压（PELV）系统，必须同时满足一系列的相关条件，才可以不考虑间接或直接电击发生的可能性。

第三节　低压系统间接电击防护性能分析

本节分析TT、TN、IT系统在没有附加其他专门电击防护措施的条件下，Ⅰ类用电设备发生基本绝缘损坏，导致设备外露可导电部分带电时，系统对间接电击危险性的防护能力。以上故障简称碰壳漏电故障或碰壳接地故障。

TT、TN、IT系统设备碰壳漏电故障均属于接地故障。所谓接地故障，指带电导体与大地或与大地有联系的可导电部分之间的非正常电气连接，如：相线与接地的PE线、PEN线、建筑物金属构件的电气连接，相线跌落大地等。因此从低压配电系统角度看，对碰壳漏电故障作间接电击防护，属于有特定要求的接地故障保护。所谓特定要求，主要是指电击防护对切断时间的要求。站立在地面的人发生直接电击，也是一种接地故障。

在本节的论述中，若无特别说明，均按正常环境条件下故障防护安全电压$U_L=50V$、人体阻抗为纯电阻且电阻值$R_M=1000\Omega$进行分析计算。

在本节及以后的论述中，电击强度主要以“预期接触电压U_t”参量表征，该参量指人体接触到故障带电部分前，故障带电部分上可能出现的最大对地（或对另一个可导电部分）电压。人体触及故障带电部分后，因人体阻抗连同人体接地电阻加入电路，实际接触电压会不同于预期接触电压，但不会超过它。

一、TT 系统间接电击防护性能分析

TT 系统即电源和用电设备外露可导电部分各自独立接地的低压配电系统。由于设备接地装置通常在设备附近，连接设备外壳和接地装置的接地线断线概率小，一旦断线也容易被发现，安全措施可靠性较高。另外，TT 系统正常运行时用电设备外壳不带电，碰壳漏电故障时外壳高电位不会沿 PE 线传导至其他接地设备处，使其在爆炸与火灾危险性场所、低压公共电网和户外电气装置等处有技术优势，其应用范围在我国渐趋广泛。

1. *原理分析*

（1）降低预期接触电压的作用及效果分析　TT 系统设备发生相导体碰壳漏电故障如图 3-10a 所示，这时的等效电路如图 3-10b 所示，图中 Z_T、Z_L 为变压器和相线的计算阻抗。因为接地电阻 R_E、R_N 远大于电网阻抗 Z_T 和 Z_L，故忽略 Z_T、Z_L，于是设备外壳预期接触电压 U_t 约等于设备接地电阻 R_E 对故障相相电压 U_φ 的分压，即

$$U_t \approx \frac{R_E}{R_E + R_N} U_\varphi \tag{3-5}$$

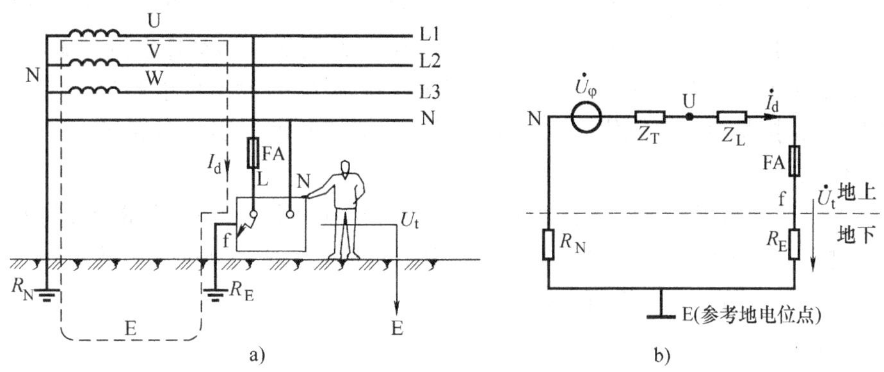

图 3-10　TT 系统碰壳接地故障分析

当人体接触到设备外露可导电部分时，相当于人体接触电阻 R_t（含人体电阻与人体接地电阻）与设备接地电阻 R_E 并联，此时接触电压会有变化，但总会小于式（3-5）的计算值，因此式（3-5）的计算值是一个保守的估值。以保守的原则得出安全条件为

$$U_t = \frac{R_E}{R_E + R_N} U_\varphi \leqslant 50\text{V} \tag{3-6}$$

电源电压 $U_\varphi = 220\text{V}$，低压公共电网电源接地电阻典型值 $R_N = 4\Omega$，要满足式（3-6），则需要 $R_E \leqslant 1.18\Omega$。如此小的接地电阻值是很难实现的。因此在多数情况下，TT 系统设备接地虽然能够降低预期接触电压，但要降低到安全限值以下，是非常困难的。

（2）过电流保护电器自动切断电源动作分析　若故障电流足以驱动保护电器动作切断电源，则电击危险性消除。这里的保护电器指原本为过电流保护设置的低压断路器或熔断器，故障电流为接地电流 I_d。

假设 $R_E = R_N = 4\Omega$，则单相碰壳时，接地电流 I_d 为（忽略变压器和线路阻抗）

$$I_d \approx \frac{220\text{V}}{(4+4)\Omega} = 27.5\text{A}$$

如此小的故障电流一般很难使过电流保护电器动作，分析如下：

按现状工程主流做法，对于固定设备，电击防护要求过电流保护电器在5s内动作切断电源。若过电流保护电器为熔断器，按其时间—电流曲线的反时限特性，要求故障电流 I_d 大于熔体额定电流 $I_{r\cdot FA}$ 5倍以上才可能达到，即

$$\frac{I_d}{I_{r\cdot FA}} \geqslant 5$$

于是 $I_{r\cdot FA} \leqslant \frac{1}{5} \times 27.5A = 5.5A$。一般在整定熔断器熔体额定电流时，为防止正常工作条件下误动作，要求熔体额定电流为计算电流的1.0～1.5倍，即 $I_{r\cdot FA} \geqslant (1.0\sim1.5)I_C$，$I_C$ 为计算电流，故应有 $I_C \leqslant \frac{I_{r\cdot FA}}{1.0\sim1.5} = \frac{5.5A}{1.0\sim1.5} = (3.7\sim5.5)A$，即计算电流5A以下的设备用熔断器作过电流保护时，单相接地故障电流才可能使熔断器在5s内可靠动作。

按最新的国家标准（见本书第四章），TT系统中32A及以下终端回路，自动切断电源电击防护最大允许时间为0.2s，靠熔断器作碰壳接地故障保护几乎已无可能。若用低压断路器保护，0.2s以内切断电源只能依靠瞬时脱扣器，终端回路所用低压断路器MCB，其过电流脱扣器常采用C形曲线（见本书第二章表2-6），瞬时脱扣器动作电流为额定电流的5～10倍，典型值为10倍。按前面计算，TT系统故障电流 I_d 一般不可能超过30A，显然无法达到MCB瞬时脱扣器动作电流值，因此靠低压断路器切断电源实施碰壳接地故障保护也不具备技术可行性。

由此可见，按现状工程主流做法，除非是功率极小的固定设备以熔断器保护，否则TT系统很难靠过电流保护电器切断电源实施间接电击防护。若按最新国家标准要求，则用过电流保护兼做间接电击防护完全没有可行性。

2. 相关问题

（1）中性点对地电压升高　TT系统在正常运行时，电源中性点为参考地电位，但一旦发生碰壳故障，电源中性点对地电压会发生改变。如图3-11a所示，接地故障电流除了在设备接地电阻 R_E 上产生预期接触电压 U_t 以外，还会在电源接地电阻 R_N 上产生压降，该压降使系统中性点N的电位不再是参考地电位，其对地电压大小为 $U_{NE} = R_N I_d = \frac{R_N}{R_N + R_E} U_\varphi$，此即系统中性点电位对参考地电位偏移的量值。

（2）非故障相对地电压升高　升高的中性点对参考地电压一方面会沿N线传导至全系统，另一方面还会使各相对地电压发生变化，非故障相对地电压会高于正常的相电压。例如，若将故障设备外壳上预期接触电压（即 R_E 上压降）降低到50V，则中性点对地电压将达 $(220V - 50V) = 170V$，非故障相对地电压可达 $\sqrt{220^2 + 170^2 - 2\times220\times170\cos120^\circ}V = 310V$，如图3-11b所示。

3. TT系统间接电击防护性能小结

1）TT系统通过降低预期接触电压进行电击防护很难达到要求，从工程角度看可认为是不可行的。

2）TT系统通过接地故障电流驱动过电流保护电器切断电源进行电击防护很难达到要求，从工程角度看是不可行的。

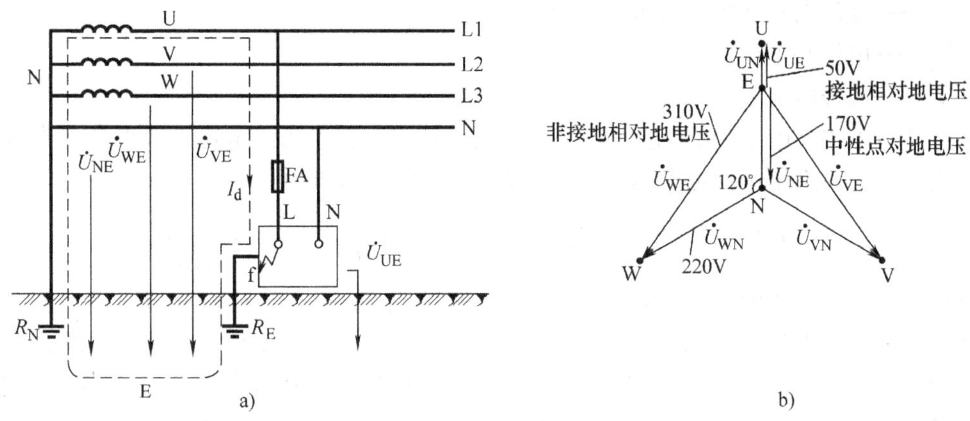

图 3-11　TT 系统碰壳接地故障时各电压相量图

3）TT 系统在电击防护性能上的突出优点，在于可避免故障设备外壳危险电压向其他未与故障设备共用接地装置的设备外壳传导，也可以避免电源中性点对地电压通过 PE 导体传导至设备外壳。

二、TN 系统间接电击防护性能分析

TN 系统即电源与用电设备外露可导电部分共用电源接地的低压配电系统，是我国目前应用最为普遍的系统。

1. 原理分析

以下以 TN－S 系统为例，分析 TN 系统的间接电击防护性能。

（1）降低预期接触电压的作用及效果分析　TN 系统发生相导体碰壳漏电故障如图 3-12a所示，图 3-12b 为故障时的等效电路，故障电流量值为

$$I_d = \frac{U_\varphi}{|Z_L + Z_{PE} + Z_T|}$$

式中　Z_L——故障点到电源间相线计算阻抗（mΩ）；

Z_{PE}——故障点到电源间保护线计算阻抗（mΩ）；

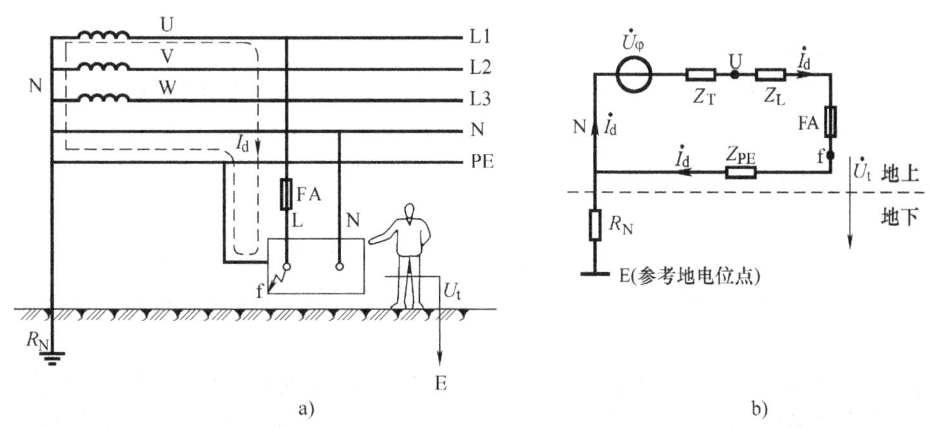

图 3-12　TN－S 系统碰壳接地故障分析

Z_T——变压器相保阻抗（mΩ）；

U_φ——电源相电压（V）；

I_d——故障电流（kA）。

因接地电阻 R_N 上无电流通过，系统中性点 N 点仍保持参考地电位，故设备外壳对地电压等于设备外壳对系统中性点电压，故障设备外壳预期接触电压为

$$U_t = I_d \mid Z_{PE} \mid = \left| \frac{Z_{PE}}{Z_{PE} + Z_L + Z_T} \right| U_\varphi = \left| \frac{1}{1 + (Z_L + Z_T)/Z_{PE}} \right| U_\varphi \tag{3-7}$$

可见预期接触电压大小取决于$(Z_L + Z_T)/Z_{PE}$。在 TN 系统中，PE 线截面积通常不会大于相线截面积（多回路共用 PE 线的情况可能例外），$|Z_{PE}| \geqslant |Z_L|$ 一般是成立的，当线路较长或导线截面积较小时，$|Z_T|$小于$|Z_L|$，且 Z_T 主要成分为感抗，Z_L 主要成分为电阻，此时通常可认为$|(Z_L + Z_T)/Z_{PE}| \approx |Z_L/Z_{PE}| \leqslant 1$，故人体预期接触电压通常不小于 110V。

由此可见，尽管 TN 系统在碰壳故障发生后有降低故障电压的作用，但一般不能将预期接触电压降低至安全范围内。

（2）过电流保护电器自动切断电源动作分析　TN 系统的间接电击防护，主要是 TN 接地形式将漏电碰壳故障转化成了相保单相短路故障（即 $I_d = I_{k1}$），有可能靠单相短路电流驱动过电流保护电器动作切断电源，以消除电击危险。切断电源一是要可靠，即保护电器不拒动；二是要快速，即必须在电击防护规定时间内切断。由于碰壳故障为相保单相短路，属于过电流保护范围内的故障，因此过电流保护动作是肯定的，但其动作时间原本是按热稳定要求确定的，可能符合也可能不符合电击防护时间要求。

较大的故障电流 I_d 对电击防护是有利的，就系统结构而言，以下几种情况对电击防护的影响是明确的。

1）故障设备距电源越远，I_d 因故障回路阻抗增大而越小，但从式（3-7）可知，人体预期接触电压基本不变，即所要求的切断电源时间依旧不变。由此可知，故障设备距电源的距离越远，对电击防护越不利。

2）降低线路（包括相线和 PE 线）阻抗，对电击防护是有利的，因为这会使 I_d 增大，有利于过电流保护电器动作，单独加大 PE 线截面积还会因 PE 线阻抗减小而使预期接触电压 U_t降低。因此加大导线截面积，不仅能降低电能损耗和电压损失、提高线路的过电流保护灵敏性，还可以提高电击防护水平。

3）变压器相保阻抗 Z_T的大小也对 I_d 有影响，对发生在靠近变压器处的故障尤为明显，而 Z_T与变压器的零序阻抗密切相关。选择恰当的联结组（如以 Dyn11 取代 Yyn0）可大幅降低 Z_T的量值，对电击防护是有利的。

2. 相关问题

（1）PE 线对故障电压的传导扩散　TN－S 系统 PE 线是全系统电气连通的，一旦因任一故障使 PE 线产生对地故障电压，则所有 I 类设备外露可导电部分都将带上故障电压，这是非常危险的。

产生 PE 线故障电压的途径有两个：一个是故障电流通过 PE 线产生的压降（见图 3-12），故障点负荷侧 PE 线对地故障电压为 $I_d \mid Z_{PE} \mid$；另一个是故障电流在电源接地电阻上产生的压降，如图 3-13 所示，相线断落大地，电源中性点对地电压为 $I_d R_N = \dfrac{R_N}{R_N + R_F} U_\varphi$，

该电压即 PE 线故障对地电压。前者一定与低压系统自身故障有关，后者还可能是因共同接地由系统其他部分故障引起的，本书第六章将详细介绍高压侧故障引起低压侧 PE 线对地电压升高的情况。若 PE 线上故障电压超过故障防护安全电压，且不能在电击防护规定时间内切除，则低压系统所有设备外露可导电部分都有电击危险。

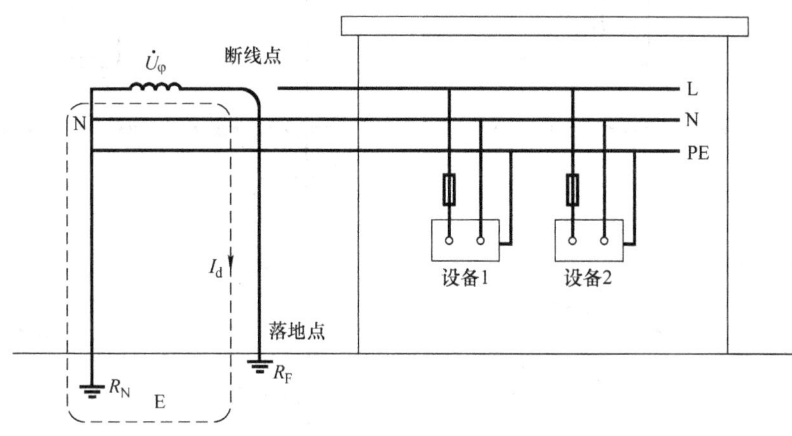

图 3-13 TN－S 系统电源接地电阻上故障电压沿 PE 线传导示例

（2）TN－C 系统的缺陷及重复接地的作用 在 20 世纪 80 年代中期以前，在我国民用低压配电系统中，TN－C 系统占绝大多数。但在其后的低压配电系统中，TN－C 系统逐步被 TN－S、TN－C－S、TT 等系统取代，这主要是因为 TN－C 系统在安全上存在一些固有的缺陷。举例如下：

1）正常运行时 I 类设备金属外壳带电。三相四线制 TN－C 系统正常运行时，三相不平衡电流、$3n$ 次谐波电流都会流过 PEN 线并在其阻抗上产生压降。因系统中性点始终维持为参考地电位，故 PEN 线对地电压沿 PEN 线逐渐升高，有报道称已测到过高达 120V 的电压。对于单相 TN－C 系统，PEN 线上电流等于相线电流，同样会沿 PEN 线产生压降，如图 3-14a所示。因 PEN 线与设备外露可导电部分连接，因此，不管是三相还是单相 TN－C 系统，正常运行时 I 类设备金属外壳带电是不可避免的。

2）PEN 线断线使设备外壳带上危险相电压。单相 TN－C 系统一旦发生 PEN 线断线，负载电流回路便会中断，如图 3-14a 所示。由于单相负载阻抗上无电流通过，其压降为零，又与 PEN 线相连，因此断点负荷侧 PEN 线带相电压，并沿 PEN 线传导至断点负荷侧的每一台设备外壳上，成为预期接触电压，非常危险。三相系统 PEN 线断线危险性小于单相系统，但当三相负荷不平衡时，PEN 线断线会使负荷中性点对参考地电位发生偏移，这个电压也会通过 PEN 线传导至断点负荷侧的所有设备外壳上，大小与负荷不平衡的程度有关，最严重时可能接近相电压，也有很大的危险性。

因此，一些可能导致与 PEN 线断线相同效果的技术措施都是不允许的，如在 PEN 线上装设熔断器或开关的极等。

重复接地是为了使保护导体在故障时尽量接近参考地电位而在电源接地点以外的其他地点对 PEN 或 PE 线实施的接地，它能显著提高 TN－C 及 TN－C－S 系统的电击防护性能，对 TN－S 系统也有好处。如图 3-14b 所示。

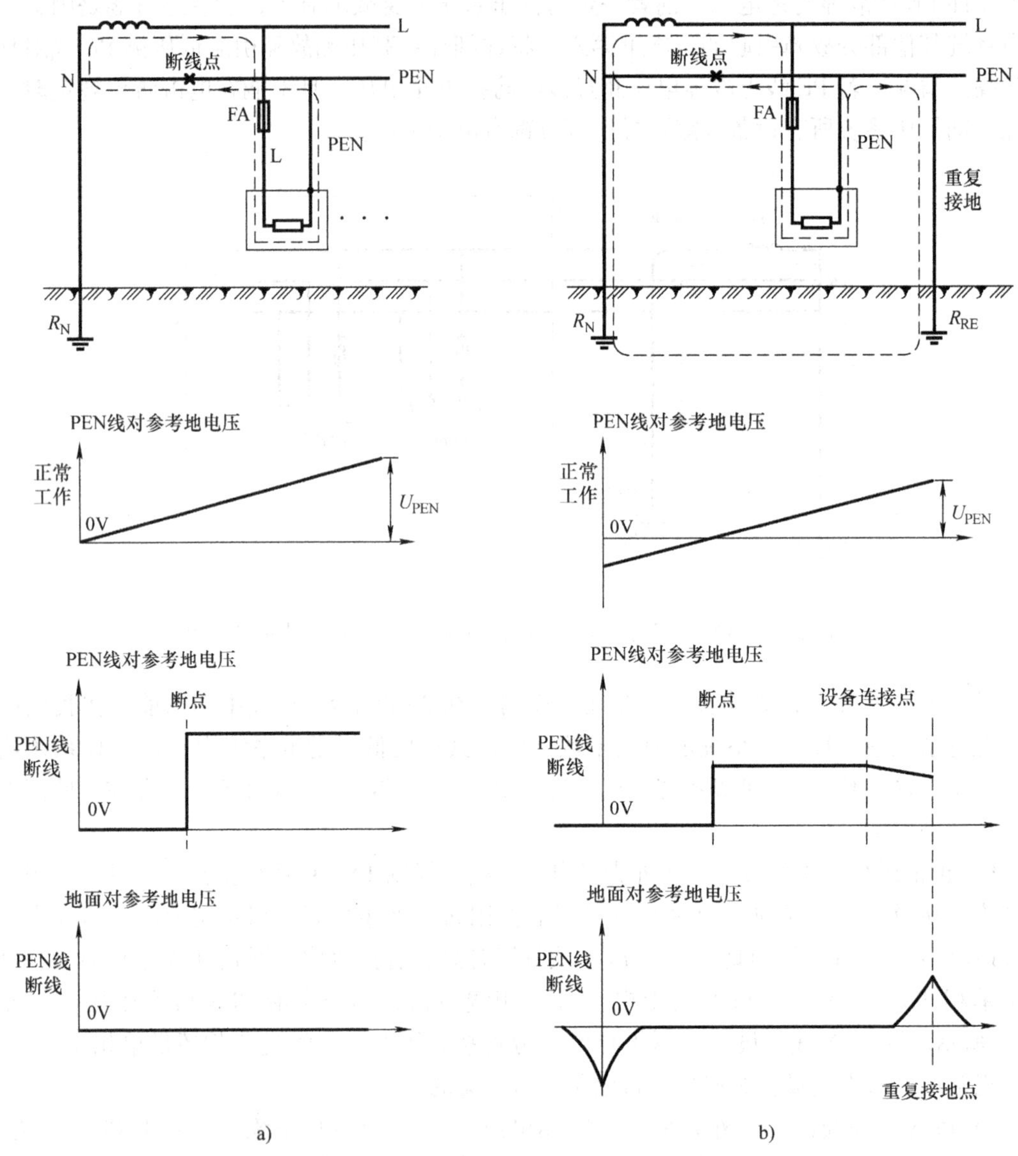

图3-14　TN－C系统存在的问题及重复接地的作用

重复接地不仅能降低正常工作时TN－C系统PEN线上电压，还能在PEN线断线时起到降低预期接触电压的作用。如图3-14b所示，由于重复接地提供了另一个电流通道，正常工作时，负荷电流被重复接地电阻分流，从而降低了正常PEN线上电压。PEN线断线时，由于有接地电流存在，该电流在负载阻抗上产生压降，使得PEN线对地电压降低，从而降低了设备外壳上预期接触电压。

在TN－C－S系统中，由TN－C转为TN－S处PEN线一般都要作重复接地，道理同此。

（3）TN与TT系统混用的危险　正如前述，由于TT系统设备发生碰壳接地故障时系统中性点对地电压升高，该电压通过接于中性点的TN系统的PE（或PEN）线传导至所有TN接线的设备外露可导电部分，如图3-15所示，是相当危险的。因此在未采取其他防护措施的情况下，严禁TT与TN系统混用。但如果TT部分采用了有效的剩余电流保护措施，则无此限制。

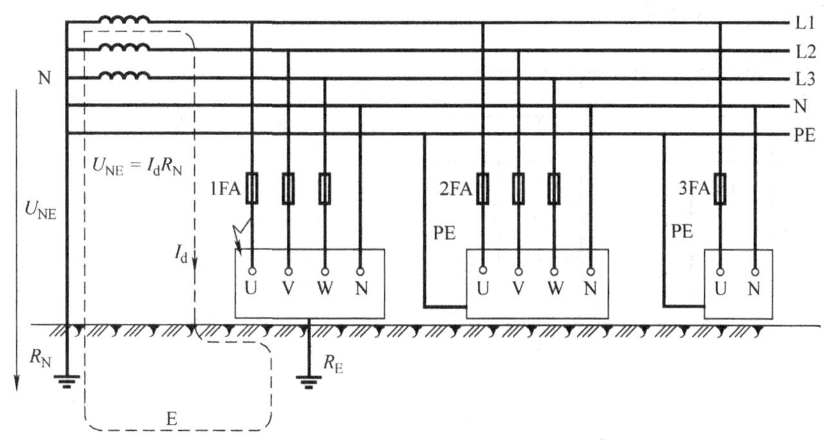

图3-15　TT系统与TN系统混用的危险

3. TN系统电击防护性能小结

1）尽管TN系统在单相碰壳故障发生时有降低预期接触电压的作用，但不能降低到安全的程度。

2）TN系统通过设备外露可导电部分接电源地，将设备碰壳漏电故障转变成相保单相短路故障，可通过过电流保护中的短路保护切断电源进行电击防护，其有效性取决于切断时间是否满足电击防护要求。

3）相保单相短路电流的大小对TN系统电击防护性能具有重要影响。相保单相短路电流大，或过电流保护电器动作电流小，对电击防护都是有利的。

三、IT系统间接电击防护性能分析

IT系统即电源不接地或高阻抗接地、用电设备外露可导电部分直接接地的低压配电系统。IT系统发生单相接地故障时仍可继续运行，供电可靠性较好，因此在矿井等容易发生单相接地故障的场所多有采用；另外，在其他接地型式的低压配电系统中通过隔离变压器构造局部的IT系统，对降低电击危险性效果显著。因此，IT系统除用于矿山660V系统外，在景观照明、医院手术室等特殊场所也常有应用。

1. 原理分析

（1）正常运行状态分析　IT系统正常运行分析如图3-16所示。由于系统存在对地分布电容和电导，使得各相都有对地的泄漏电流，但电导值远小于电纳值，因此忽略对地电导电流，只考虑对地电容电流的影响，并将分布电容的效应集中表示，如图中虚线所示。

正常运行时三相对地电容电流平衡，无净电容电流流入大地，因此R_E上无电流流过，设备外壳为参考地电位。系统中性点尽管不接地，但若假设将系统中性点N通过一个电阻R_N接地，由KCL可验证接地电阻R_N上不会有电流通过，即R_N两端电压为零，因此系统中性点也为参考地电位，各相线路对地电压等于各相线路对中性点电压，均为相电压。图中E为参考地电位点，每相对地电容电流$I_{C\varphi}$为

$$I_{C\varphi}=|\dot{I}_{CU}|=|\dot{I}_{CV}|=|\dot{I}_{CW}|=U_\varphi\omega C_0 \tag{3-8}$$

式中　$I_{C\varphi}$——正常工作时每相导体对地泄漏电流，对低压系统可视为电容电流；

U_{φ}——电源相电压；

C_0——每相对地电容。

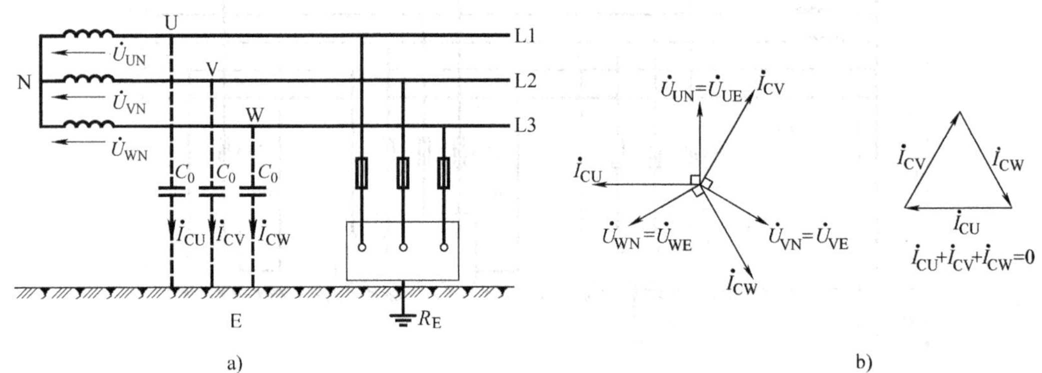

图 3-16　IT 系统正常运行分析

a）系统图　b）相量图

（2）碰壳接地故障分析　假设系统中用电设备发生 U 相碰壳，如图 3-17a 所示，此时线路 L1 相对地电压 $\dot{U}_{UE}$大幅降低，忽略故障电流在 R_E 上产生的压降，近似认为 $\dot{U}_{UE}=0V$。根据 KVL，各相及中性点对地电压如下。

1）碰壳接地相 L1 相对地电压 $\dot{U}_{UE}=0V$，即由故障前的相电压降为 0V。

2）在由 N、U、E 点构成的假想回路中应用 KVL，则系统中性点对地电压 $\dot{U}_{NE}=\dot{U}_{NU}+\dot{U}_{UE}=-\dot{U}_{UN}+0=-\dot{U}_{UN}$，即由故障前的 0V 升高到相电压。

3）非接地相 L2 相对地电压为 $\dot{U}_{VE}=\dot{U}_{VN}+\dot{U}_{NE}=\dot{U}_{VN}-\dot{U}_{UN}$，非接地相 L3 相对地电压为 $\dot{U}_{WE}=\dot{U}_{WN}+\dot{U}_{NE}=\dot{U}_{WN}-\dot{U}_{UN}$，均由故障前的相电压升高为线电压。

以上电压相量图如图 3-17b 所示，非故障相对地电容电流超前对地电压 90°，根据 KCL，此时接地故障电流 $\dot{I}_d$ 为

$$\begin{aligned}|\dot{I}_d| &= |\dot{I}_{CV}+\dot{I}_{CW}| \\ &= \sqrt{3}\,|\dot{I}_{CV}e^{-j30^\circ}| = \sqrt{3}\,|(\sqrt{3}\dot{U}_{VN}e^{-j30^\circ}j\omega C_0)e^{-j30^\circ}| \\ &= 3U_{\varphi}\omega C_0\end{aligned} \tag{3-9}$$

式中　U_{φ}——电源相电压；

C_0——系统单相对地分布电容。

可见，由于三相对地电压不再平衡，因此有净电容电流流过碰壳故障接地点，对比式（3-9）和式（3-8）可知，该故障电流是正常时每相对地泄漏电流的 3 倍。

接地故障电流 $\dot{I}_d$ 通过故障设备接地电阻 R_E 回流电源，在故障设备外壳上产生预期接触电压 $U_t=I_dR_E$。此时若有人触及设备外露可导电部分，则人体接触电阻 R_t 与设备接地电阻 R_E 对该故障电流分流，如图 3-17c 所示，电击危险性取决于 R_t 与 R_E 的相对大小和接地

故障电流量值。例如若 $R_E=10\Omega$，$R_t\approx R_M=1000\Omega$，则人体分到的电流为 $I_M=\dfrac{R_E}{R_E+R_t}I_d=\dfrac{10}{10+1000}I_d\approx 0.01I_d$，而倘若没有设备接地（等效于 $R_E\rightarrow\infty$），则流过人体的电流为 I_d。可见通过设备接地，流过人体的电流被大幅度降低。

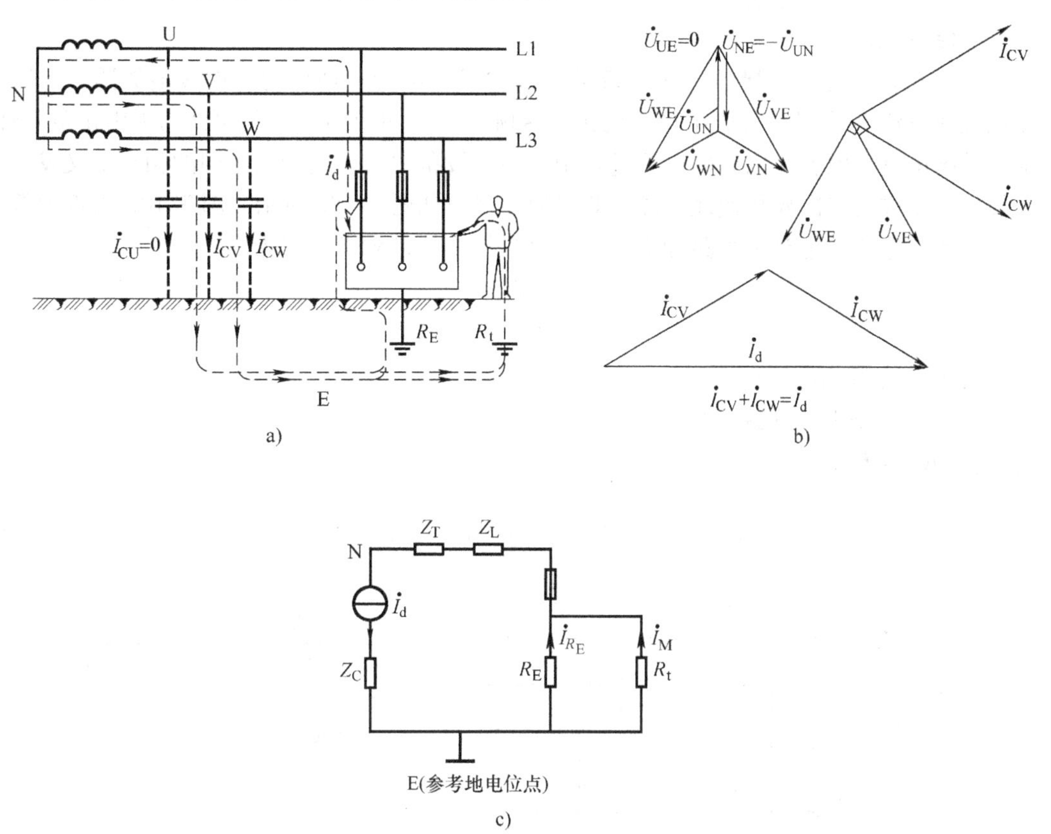

图 3-17　IT 系统碰壳接地故障分析

注意图 3-17c 使用了电流源等效电路，其原理在于接地故障电流只与系统结构有关，而与故障发生在哪一台设备上无关。在系统结构确定的情况下，接地故障电流是一个常量，不随故障位置、相别等而改变，因此可以看成是恒流源，用电流源建模是合理的。

实际上，R_E 上压降是不可能为零的，因此接地相对地电压不可能降到 0V，非故障相对地电压升高也达不到线电压，因此实际的接地故障电流比式（3-9）给出的要小，按式（3-9）计算接地故障电流，是一种最不利的估算。换句话说，若在式（3-9）给出的电流下都能满足电击防护要求，则实际情况只会更安全。

综上所述，IT 系统中用电设备发生碰壳接地故障时，流过人体的电流为

$$I_M=\frac{R_E}{R_E+R_t}I_d \tag{3-10}$$

式中　R_E——故障设备接地电阻（Ω）；

R_t——人体接触电阻（Ω），包括人体电阻 R_M 和鞋、袜与地板的接触电阻，以及量

值小得多的站立面与无穷远大地的土壤电阻。按最不利情况考虑，$R_t = R_M$；

I_d——系统接地故障电流（mA）；

I_M——流过人体的电流（mA）。

I_M 一般远小于人体能够长期承受的电流值（如双手到双脚的30mA），因此IT系统自身电击防护性能是非常出色的。

2. 相关问题

（1）一次接地与二次接地　IT系统某一设备发生碰壳接地称为一次接地故障，此时只要接地故障电流 I_d 在设备外壳上产生的预期接触电压 U_t 小于50V，就可认为无电击危险性，系统可继续运行。但若在以后的运行过程中，另一设备中与一次接地不同的相别上又发生了碰壳接地，则称为二次异相接地故障，此时故障环路如图3-18a所示，图3-18b为近似等效电路图，等效电路中忽略了线路和变压器计算阻抗，于是故障电流为

$$I_d \approx \frac{\sqrt{3}U_\varphi}{R_{E1}+R_{E2}} \tag{3-11}$$

式中　U_φ——电源相电压；

R_{E1}、R_{E2}——设备1、2的接地电阻。

假设 $R_{E1} = R_{E2} = R_E$，则

$$I_d = \frac{\sqrt{3}}{2R_E}U_\varphi \tag{3-12}$$

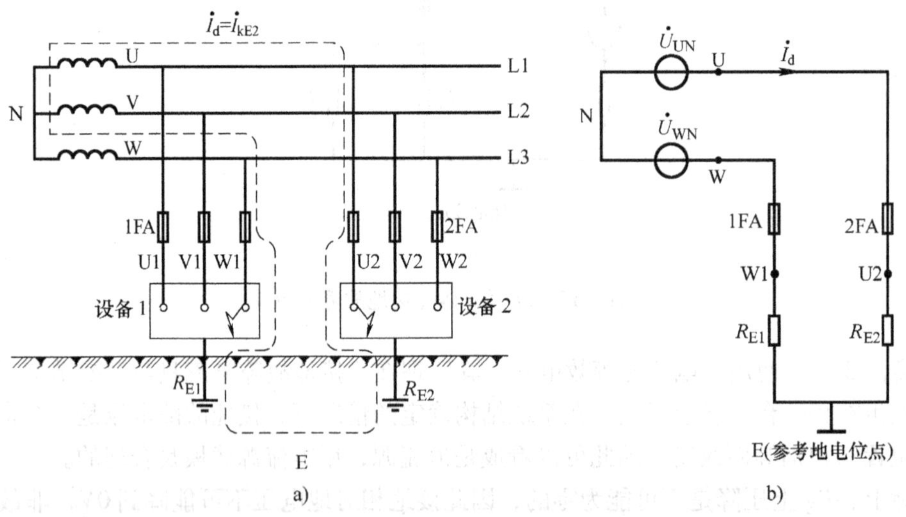

图3-18　IT系统二次异相接地分析

此时熔断器1FA和2FA（或其他过电流保护电器）中至少有一个应在电击防护规定时间内开断，否则肯定会有电击危险。因为此时设备1、2外壳上的对地电压分别为 R_{E1}、R_{E2} 对线电压 $\sqrt{3}U_\varphi$ 的分压，若 $R_{E1} = R_{E2}$，则两台设备的外壳对地电压均为 $\frac{\sqrt{3}}{2}U_\varphi$；若 $R_{E1} \neq R_{E2}$，则总有一台设备外壳电压高于 $\frac{\sqrt{3}}{2}U_\varphi$。对于220/380V低压配电系统，$\frac{\sqrt{3}}{2}U_\varphi = 190\text{V}$，这个电压远

大于50V，是危险的。若不能满足切断电源时间要求，则应考虑采用共同接地方式，将二次异相接地故障转化为相间短路故障，以增大故障电流使熔断器熔断，如图3-19所示。

（2）中性线设置与相电压获取问题　虽然IT系统可以设置中性线，但一般不推荐设置，有的标准甚至强烈建议不设置中性线。这是因为中性线引自电源中性点，一旦中性线故障接地，IT系统就变成了TT系统，系统的接地形式发生了质的变化，原本针对IT系统设置的保护措施有可能失效，系统的电击防护性能和供电可靠性都会受到严重影响。所以一般情况下，IT系统最好不设置中性线。

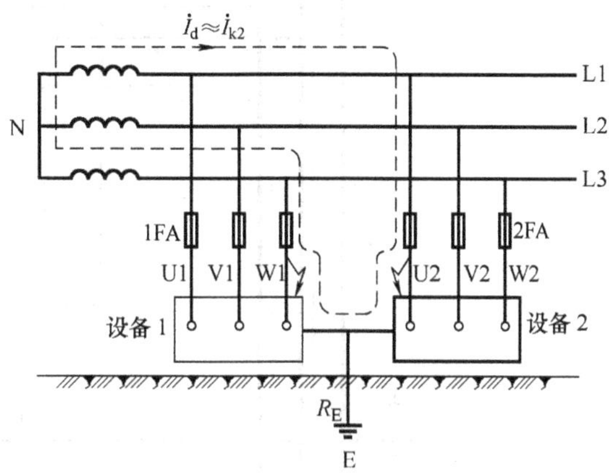

图3-19　共同接地对IT系统二次异相接地故障保护的作用

但是，如果IT系统中接有额定电压为220V的用电设备，又该怎样处理呢？一般有两种方法：一种是用10/0.23kV变压器直接取得220V线电压供电；另一种是通过380/220V变压器从IT系统的380V线电压取得。

（3）多回路IT系统的接地故障电流　当IT系统有若干路馈出回路时，接地点故障电流应是所有回路非故障相电容电流之和。如图3-20所示，当回路W1设备1上发生U相碰壳故障时，不仅回路W1的L1相对地压趋于零，而且通过L1相母线，使系统中其他回路（回路W2，W3）上L1相的对地电压都趋于零，此时尽管回路W2、W3未发生接地故障，但其回路中非接地相上的对地电容电流情况与发生接地故障的回路W1完全一样，只是因接地点在回路W1的设备1上，各回路非接地相的电容电流都要通过设备1的接地电阻R_E从回路W1流回电源。这时流过电阻R_E的电容电流为

$$I_d = \sum_{i=1}^{n} I_{d \cdot i} \tag{3-13}$$

式中　I_d——流过接地故障点的总的接地故障电流；

$I_{d \cdot i}$——回路i单独的接地故障电流；

n——回路数。

3. IT系统电击防护性能小结

1）IT系统发生直接电击时，流过人体的电流不大于正常工作条件下系统每相对地泄漏电流的3倍，电击危险程度显著小于TN和TT系统。

2）IT系统发生一次碰壳接地故障时，流过故障设备接地电阻的电流不大于正常工作条件下系统每相对地泄漏电流的3倍，所产生的预期接触电压很小，只要系统规模（主要指线路总长度）不是特别大，一般无电击危险性。

3）IT系统发生二次异相碰壳接地故障时，若故障设备各自独立接地，则故障设备外壳都会带上危险电压，有很强的电击危险性，而此时接地故障电流较小，与TT系统类似，基本上不可能靠过电流保护电器动作切断电源进行电击防护。若故障设备采用共同接地，则相当于两相短路故障，电击防护情况与TN系统类似，过电流保护会自动切断电源，电击防护

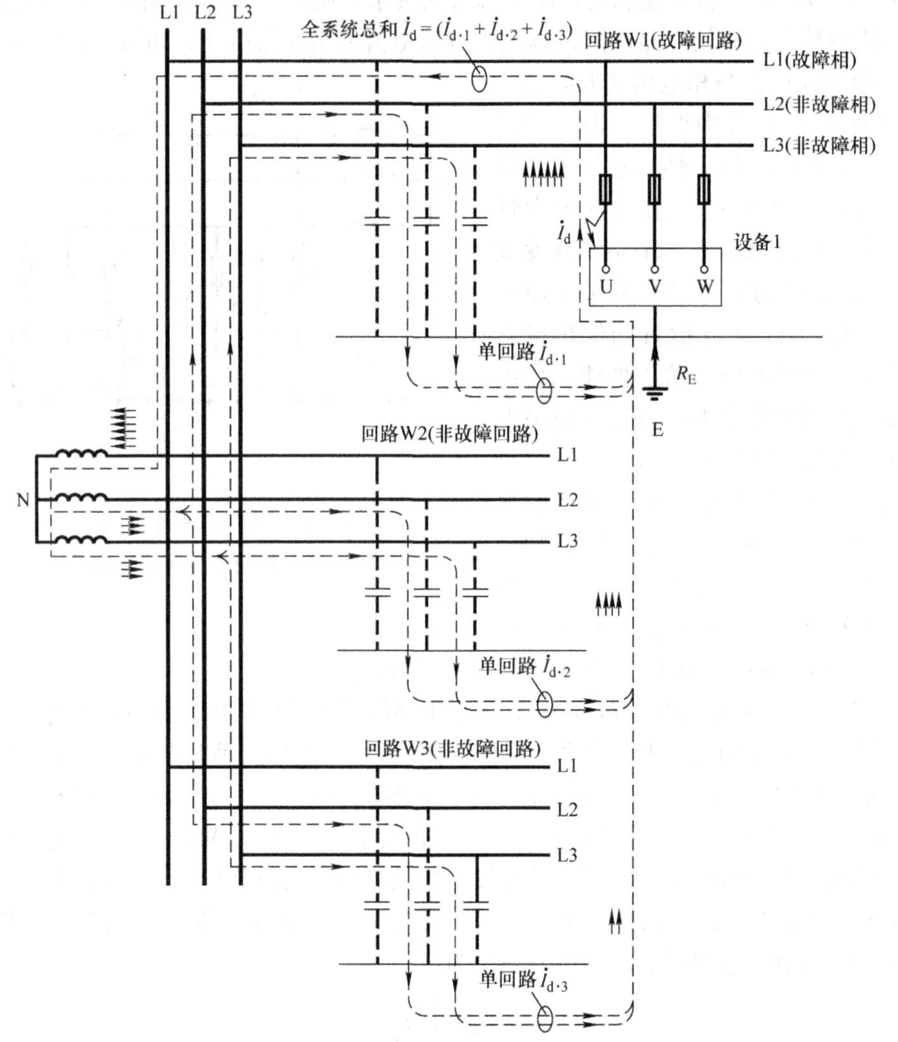

图 3-20 多回路 IT 系统接地故障电流

是否有效取决于切断时间。

第四节 剩余电流保护

从上节介绍可知，应用广泛的 TN、TT 系统自身的间接电击防护性能，在正常环境条件下有效性不足，在人体阻抗降低等特殊场所有效性更低。因此就实施在低压系统上的电击防护措施而言，仍有进一步拓展和深化的需求。本节及后两节所介绍的内容，正是这种拓展和深化所形成的一些典型措施。

一、剩余电流概念及其与电击防护的关系

剩余电流保护是一种电流型漏电保护。漏电保护的概念可追溯到上世纪初，最早采用的是电压型漏电保护，它的原理为利用设备金属外壳上产生的故障电压驱动脱扣器断开电源，

但这种方式有一些不易克服的缺点，且不能用作直接电击防护，因此现在我国规范和IEC标准均不推荐采用电压型漏电保护。而电流型漏电保护因其原理上的优点和工程实施上的方便性，在电击防护和电气火灾预防工程中得到了广泛应用。

所谓剩余电流（residual current），指在同一时刻，在电气回路给定位置处所有带电导体电流的代数和。在我国三相四线制和单相二线制的TT、TN和IT系统中，带电导体为相导体（L1～L3）和中性导体（N）。如图3-21所示，三相配电回路首端A点的剩余电流为$i_{res\cdot A}=i_{L1}+i_{L2}+i_{L3}+i_N$，单相终端回路B点剩余电流为$i_{res\cdot B}=i_L+i_N$。

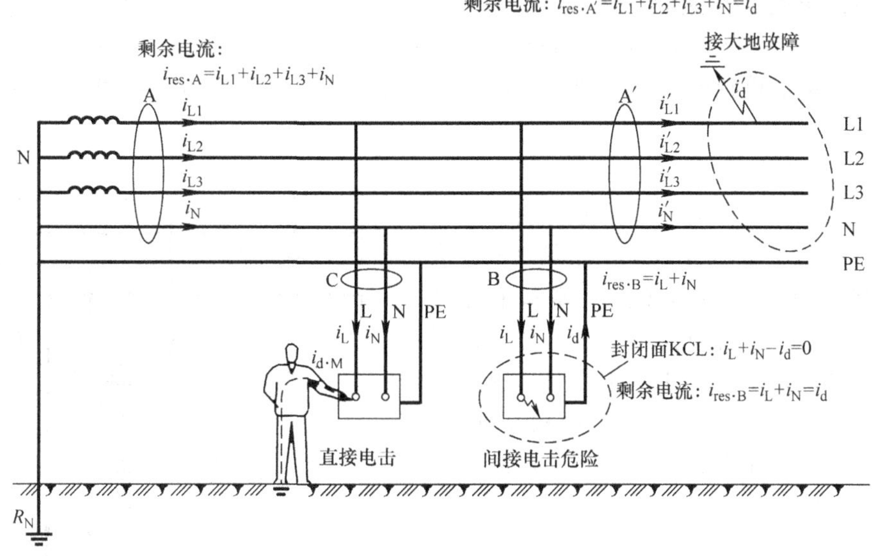

图3-21　剩余电流及其与电击危险性的关系

从定义可知，剩余电流是对所有带电导体电流进行运算所得出的一个特征参量，它并不是一个真实的物理电流，那么提出这个特征参量的目的何在呢？实际上，提出剩余电流这一特征参量的目的，正是为了检测一个真实的物理电流——接地故障电流。如图3-21所示，故障电流i_d、i'_d、$i_{d\cdot M}$等均为接地故障电流。接地故障电流与电击防护的关系有两个要点：①大多数电击发生时，流过人体的电流都是接地故障电流；②大多数间接电击危险性产生时，都伴随有接地故障电流产生，如碰壳漏电故障时，连接设备外露可导电部分的PE线上流过的电流即为接地故障电流。由此可知，检测系统是否产生接地故障电流，是发现电击或电击危险性、进而实施保护的有效途径。

但工程实际中，直接检测接地故障电流是有困难的。接地故障可能发生在任何位置。这些位置中，有些位置接地故障电流路径是可以预知的，如连接设备外露可导电部分的PE线，一定是碰壳接地故障电流的通道，但其数量庞大且分散，又远离电源配电装置，即使能够检测，检测信号也还需通信网络才能到达配电装置，工程应用过于复杂；还有一些接地故障发生位置是随机的，如线路绝缘破损接地等，无法预先设置检测装置。因此，如何在系统中确定的位置处检测出到处都可能发生的接地故障电流，是工程实践对技术措施可行性的要求。而通过检测剩余电流这一特征参量间接检测接地故障电流，就是一个很好的解决方案。

仍如图 3-21 所示，人站立地面发生手到脚的直接电击（故障电流 $i_{d \cdot M}$），或者设备碰壳产生间接电击危险（故障电流 i_d），甚至相导体接大地（故障电流 i_d'）导致的 PE 线带危险电压，都会在故障点的电源侧产生剩余电流，这一结论用针对封闭面的广义 KCL 可以很容易地证明。因此，只要在配电回路或终端回路的电源端检测到剩余电流，就可以及时发现该回路任何位置处出现的接地故障电流，从而实施电击防护。

需要特别说明的是，不是所有的电击都会有剩余电流产生，如人站在绝缘地板上，双手分别直接接触 L1、L3 相导体，这时流过人体的电流来回路径均为带电导体，带电导体电流求和时抵消，电源侧线路上无剩余电流产生，电击位置处也没有接地故障电流。

二、剩余电流保护装置

剩余电流保护装置（Residual Current Operated Protective Devices，RCD）是一类具有剩余电流保护功能的单独或组合电器的总称，本节介绍用于工频交流系统稳态剩余电流保护的 RCD。

1. 剩余电流检测

剩余电流保护电器的核心部分为剩余电流检测器件，如图 3-22 所示为电磁型剩余电流检测器件，将所有带电导体（相导体和中性导体）集束穿过一只电流互感器的铁心环，根据针对封闭面的广义 KCL，正常工作时，这些电流之和为零，它们各自产生的磁通相互抵消，不会在铁心环中产生磁通，电流互感器的二次绕组中没有感应电流；当设备发生碰壳故障时，有接地故障电流 $\dot{I}_d$ 从接地电阻 R_E 上流过，同样根据 KCL 有：$\dot{I}_U + \dot{I}_V + \dot{I}_W + \dot{I}_N = \dot{I}_d \neq 0$。而电流（$\dot{I}_U + \dot{I}_V + \dot{I}_W + \dot{I}_N$）$= \dot{I}_{res}$，剩余电流 $\dot{I}_{res}$ 在铁心中产生磁场，互感器二次绕组感应电流量值与剩余电流大小呈正相关性，并直接表征了接地故障电流 $\dot{I}_d$ 的强度。

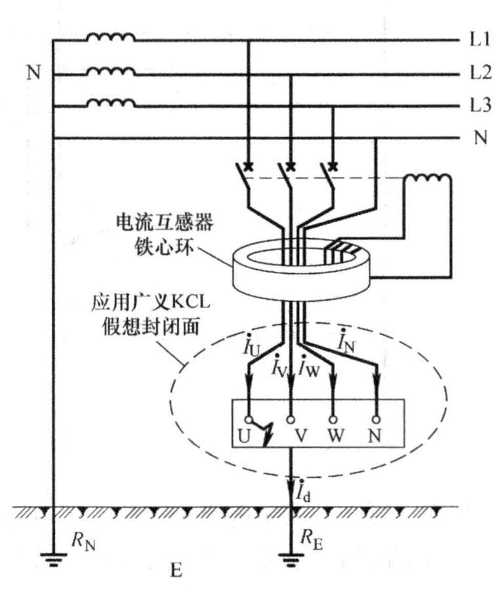

图 3-22　剩余电流检测原理

对于电流比较大导致带电导体集束困难的情况，可以在每一带电导体上都设置一只电流互感器，将互感器二次回路并联求电流和，同样可以检测出剩余电流。

2. RCD 常用种类

现状工程中常用的 RCD 按功能区分有以下两种类型。它们按装置形式又分为固定式和移动式，移动式最常见的是带剩余电流保护的电源转换器和插头，固定式如固定的剩余电流保护插座和装置在配电箱中的各种剩余电流断路器等。

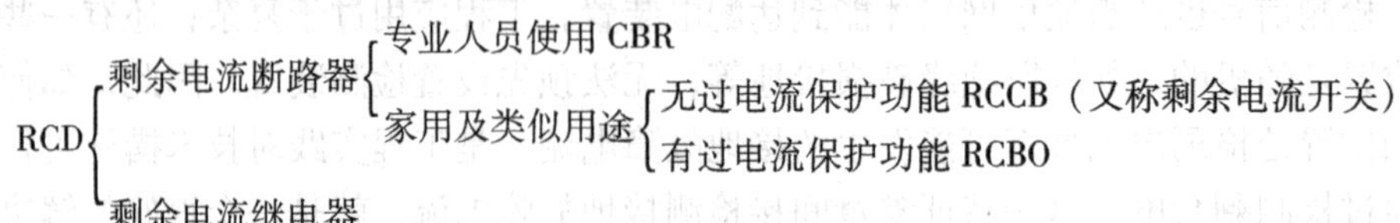

（1）剩余电流断路器　指在正常运行条件下能接通、承载和分断电流，以及在规定条件下当剩余电流达到规定值时能使触头断开的机械开关电器。剩余电流断路器有以下几种类别。

1）专业人员使用CBR。对应于开启式断路器（ACB）和模压外壳式断路器（MCCB），壳架电流一般在100A以上，见本书第二章第四节，应符合断路器标准GB 14048.2《低压开关设备和控制设备　第2部分：断路器》。主要用于一级（主干）或二级（分支）配电回路，要求专业人员安装、使用和维护。

2）家用及类似用途。主要为终端微型断路器（MCB），壳架电流125A及以下，通常使用为63A及以下，主要用于终端回路，适合于非专业人员使用。分为不带过电流保护和带过电流保护两种类型。

不带过电流保护的剩余电流断路器缩写RCCB，它不具备过负荷和短路保护功能，结构上不配置过电流脱扣器，性能上无开断短路电流的要求，故又称为剩余电流开关，产品标准为GB 16916《家用和类似用途的不带过电流保护的剩余电流动作断路器（RCCB）》。带过电流保护的剩余电流断路器缩写RCBO，它相当于在过电流保护基础上附加了剩余电流保护功能的断路器，产品标准为GB 16917《家用和类似用途的带过电流保护的剩余电流动作断路器（RCBO）》。

带剩余电流保护的电源转换器和固定式剩余电流保护插座都属于终端电具，一般由用户自行配置，其技术上看仍属于RCCB或RCBO。

（2）剩余电流继电器　指能够检测剩余电流，并将其与整定值进行比较，最终将比较结果以逻辑形式表达出来的保护电器。它通常具有机械输出触点，但没有切断主电路的主触头系统。常与低压断路器或接触器组成组合开关保护电器，或者用于监测系统。

3. RCD参数与特性

下面介绍剩余电流保护电器的主要参数，主要介绍RCBO和RCCB与保护有关的参数和特性，其他常规参数不再一一罗列。

（1）电流参数及特性

1）额定剩余动作电流$I_{\Delta n}$。指使RCD按规定的条件动作的剩余电流标称最小值。若RCD有若干个动作电流整定值，该参数为最大整定值。

2）额定剩余不动作电流$I_{\Delta no}$。指使RCD按规定条件不动作的剩余电流标称最大值。

额定剩余不动作电流$I_{\Delta no}$总是与额定剩余动作电流$I_{\Delta n}$成对出现的，产品标准推荐优选值为$I_{\Delta no}=0.5I_{\Delta n}$。

以上$I_{\Delta n}$、$I_{\Delta no}$参数表征了产品特性参数分散性的范围。同一型号规格的剩余电流保护电器，每只产品在规定条件下实际剩余动作电流I_{Δ}（可通过试验测出）可能都不相等，同一只产品多次试验结果也不相等，这就是参数的分散性。因此有两个非铭牌参数“剩余动作电流”和“剩余不动作电流”，它们少了“额定”二字，是指重复试验中肯定能使RCD动作的剩余电流最小值，和肯定不能使RCD动作的剩余电流最大值。产品标定的额定值，就是产品标准推荐额定值系列中与实际值最接近的那个系列值。生产商只保证产品的实际剩余动作电流I_{Δ}在区间$(I_{\Delta no}, I_{\Delta n}]$范围内。如果说$I_{\Delta n}$是保证RCD不拒动的下限电流值的话，$I_{\Delta no}$则是保证RCD不误动的上限电流值。当实际剩余电流在$I_{\Delta n}\sim I_{\Delta no}$之间时，RCD是否动作是不确定的。在使用以上参数时，应注意应用的目的，以便做出正确的判断。例如，若工程设计中要求剩余电流保护电器在通过它的剩余电流大于等于 I_1 时必须动作（不拒动），而当通过它的电流小于等于 I_2 时必须不动作（不误动），则在选用参数时，应使 $I_1 \geqslant I_{\Delta n}$，$I_2 \leqslant I_{\Delta no}$；而当我们在判断一只 RCD 是否合格时，试验测出实际剩余动作电流 I_Δ，则一定要 $I_\Delta \leqslant I_{\Delta n}$和 $I_\Delta > I_{\Delta no}$同时满足，该只 RCD 才是合格的。

我国标准规定的额定剩余动作电流推荐系列值，RCBO 和 RCCB 的优选值为 6mA、10mA、30mA、100mA、300mA、500mA，CBR 除以上值外，还有 1A、3A、10A、20A。另外还有 15 个可采用但非优选的系列值。

以 RCD 的额定剩余动作电流 $I_{\Delta n}$为依据，30mA 及以下属于高灵敏度，主要用于终端回路电击防护；50～1000mA 属于中等灵敏度，主要用于配电回路电击防护和漏电火灾防护；1000mA 以上属于低灵敏度，用于漏电火灾防护和接地故障监视。

3）额定剩余接通和分断能力 $I_{\Delta m}$。指规定条件下剩余电流断路器能够接通、承载和分断的剩余电流交流分量有效值。标准规定 $I_{\Delta m}$的最小值取 $10I_n$ 和 500A 中的较大者，I_n 为剩余电流断路器额定电流。对有过电流保护功能的 RCBO，$I_{\Delta m}$与断路器的短路电流分断能力不是同一个参数，一般还要求 $I_{\Delta m}$不小于额定极限短路分断能力的 25%。

这一参量主要用于剩余电流为短路电流条件下校验剩余电流断路器的接通和分断能力，对 RCCB 尤为重要。比如，TN－S 系统碰壳故障电流即为相保单相短路电流，采用 RCCB 时需要用 $I_{\Delta m}$校验 RCCB 电器的接通与分断能力，若是采用的 RCBO，则该分断能力在过电流保护中已经校验。

4）RCCB 的额定限制短路电流 I_{nc}。RCCB 自身无过电流保护功能，需要串联过电流保护电器（SCPD）进行短路保护，RCCB 应能承载短路电流被 SCPD 分断期间在其上产生的电动力效应，这个最大的承载能力用 I_{nc}表征。

对于有限流作用的 SCPD，允许受 RCCB 保护的回路上的预期短路电流大于 I_{nc}，只要被 SCPD 限流后的短路电流不大于 I_{nc}即可。有些厂家会给出自家产品的 SCPD 和 RCCB 的配合表，可直接查取。

（2）时间参数与特性　剩余电流保护装置按动作时间特性分为无人为故意延时的一般型和有延时的延时型两类，其中延时型又有固定延时型和 S 型两种。所谓 S 型是指具有反时限延时特性，可使上下级达成选择性配合。延时型 RCD 只有 $I_{\Delta n}$在 30mA 以上的规格。

1）剩余电流动作保护装置的分断时间。指从突然施加剩余动作电流瞬间起，到所有极触头间电弧熄灭瞬间为止的时长。

2）剩余电流动作保护的极限不驱动时间。指对 RCD 施加一个大于其剩余不动作电流的剩余电流，又没有使其动作的最大延时时间。

延时型 RCD 就是通过极限不驱动时间定义的，其定义为：对应一个给定的剩余电流值，能达到一个预定的极限不驱动时间，这种 RCD 称为延时型 RCD。延时型 RCD 除了固定延时型以外，还有反时限的 S 型。

AC 型和 A 型 RCCB 交流剩余电流（有效值）的分断时间和不驱动时间限值如表 3-7 所示。RCBO 除最后一列试验电流条件不同外，其他部分完全相同。从表中可见，当通过一般型 RCCB 的剩余电流达到额定剩余动作电流 5 倍时，分断电路时间不大于 0.04s。

表 3-7　AC 型和 A 型 RCCB 交流剩余电流（有效值）的分断时间和不驱动时间限值

型号	I_n/A	$I_{\Delta n}$/A	AC 型和 A 型 RCCB 在交流剩余电流（有效值）等于下列值时的分断时间和不驱动时间限值/s						
			$I_{\Delta n}$	$2I_{\Delta n}$	$5I_{\Delta n}$	$5I_{\Delta n}$或 0.25A	5～200A	500A	说明
一般型	任何值	< 0.03	0.3	0.15		0.04	0.04	0.04	最大分断时间
		0.03	0.3	0.15		0.04	0.04	0.04	
		> 0.03	0.3	0.15	0.04		0.04	0.04	
S 型	≥25	> 0.03	0.5	0.2	0.15		0.15	0.15	最大分断时间
			0.13	0.06	0.05		0.04	0.04	最小不驱动时间

（3）工况特性及对应类型

1）动作方式与电源电压无关/有关的 RCD。指剩余电流保护电器的检测、判断和分断功能是否受其安装位置处的电网电压影响，这主要涉及保护功能的可靠性问题。就工程现状来看，电磁式 RCD 检测、判断和分断都是靠无源元件实现的，属于与电源电压无关的典型产品，电子式 RCD 则大多数与电源电压有关，其中电子式 RCCB 和 RCBO 基本上都与电源电压有关。

动作方式与电源电压有关的 RCD，又分为电源电压故障时自动断开（无延时或延时）与不自动断开两种。自动断开者可以有或没有自复功能。不自动断开者应考虑电源电压故障时如果又出现危险情况（如发生有电击危险的接地故障）能否脱扣，这主要是为了在供电连续性与安全防护性能之间取得较好的平衡。

动作方式与电源电压有关的 RCD，有两个电压极限值参数 U_X 和 U_Y，含义如下：

① 电压极限 U_X。指动作方式与电源电压有关的 RCD，在电源电压下降时仍能按规定条件动作的最小电压值。

② 电压极限 U_Y。指电源电压故障时自动断开的 RCD 在电源电压下降时，在没有任何剩余电流的情况下仍能自动断开的最小电压值。

2）用于无直流分量的 AC 型与有直流分量的 A、B 型 RCD。被保护回路中有直流剩余电流分量时，直流分量对剩余电流检测互感器的铁心（见图 3-22）产生直流偏置，使铁心工作点不再位于磁化曲线的对称点，由此产生测量误差。为应对这种情况，产品标准规定了 A、B 两种类型的 RCD，A 型对突然或缓慢上升的剩余正弦电流和剩余脉动直流电流能确保正确脱扣，B 型在 A 型基础上还可对平滑直流剩余电流确保正确脱扣。与 A、B 型对应，AC 型 RCD 只能对突然或缓慢上升的剩余正弦电流确保正确脱扣。RCCB 和 RCBO 标准中只有 AC 型和 A 型。

有直流分量的情况主要出现在有较多数量或较大功率电力电子设备的系统中。

（4）极数与电流回路数　剩余电流断路器的电流回路指与外电路一个独立导电路径相连的内部部件，如果该部件还具有接通和断开外电路的触头系统，则称该回路为 RCD 的一个极（pole）。只用来开闭中性线而不需要有短路通断能力的极叫开闭中性极。

因为剩余电流为各带电导体电流的和，求和是在 RCD 内完成的，因此单相系统 RCD 一定是 2 电流回路，三相系统有中性线者为 4 电流回路，无中性线者为 3 电流回路。接于相导体的电流回路都应该是极，接于中性导体的电流回路可以是极，也可以没有极。就我国现执行的安装标准来看，剩余电流断路器保护时一般都要求断开中性线，因此最常用的是2极2电流回路RCD用于单相二线制系统，或4级4电流回路RCD用于三相四线制系统。如图3-23a、b示出了常用的极数等于电流回路数的配置，图3-23c则示出了极数与电流回路数不同的情况。图中文字N表示开闭中性极，开闭中性极通过机械结构实现比其他极先合后断，接通和断开都是无电流条件下进行的；P（也可省略）表示非开闭中性极。

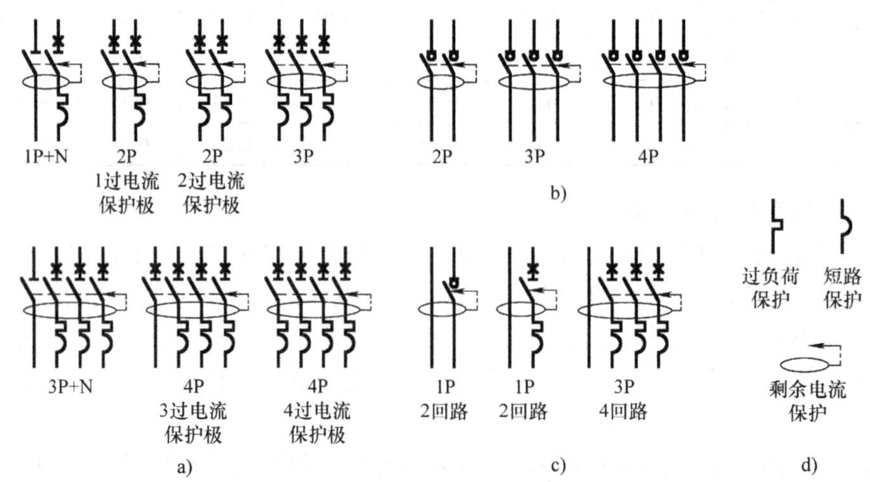

图3-23　RCD的极数与回路数

a）RCBO常用形式　b）RCCB常用形式　c）不断开中性导体的形式　d）符号含义

（5）正常/增强耐冲击电压下误脱扣能力RCD　指RCD在有电涌电流成为剩余电流情况下防误动作能力。详见第七章。

三、剩余电流保护设置

1. 剩余电流保护的性质

1）剩余电流保护主要用作间接电击防护，属于故障防护措施。也可用作直接电击防护的补充保护，属于基本防护的附加防护措施，但不能取代绝缘、外护物等基本防护措施。还可作为电气火灾危险防护。

2）剩余电流保护属于自动切断电源的防护措施，切断电源的时间需要满足规定的要求。

以上内容具体应用详见第四章。

2. 剩余电流保护设置的技术要点

（1）保护对象及装设位置　从电击防护角度看，剩余电流保护主要保护对象为终端回路，作为间接电击防护；也可对配电干线或配电分支线进行保护，主要作为接地故障保护，以防范电气火灾危险为目的。RCD常装设在被保护回路的电源端，但有的也装设在上级电源回路的末端，如农电网中分支线末端集中电能表箱或住宅单元电源进线配电箱的总电源开关处等。

对终端回路，在正常环境条件下，Ⅰ类手持设备、生产用电气设备、住宅和办公用房等处除空调插座外的插座回路等都必须安装RCD，施工工地电气机械设备、户外电气装置、水中供电线路和设备、医院中可能直接接触人体的医疗设备等都必须安装 RCD。

对电击防护Ⅱ、Ⅲ类设备、非导电环境中的电气设备以及电气分隔供电的设备等不需要装设 RCD。消防设备，医院维持病人生命的医疗设备等相关规范明确不能中断供电的设备禁止设置切断主回路的剩余电流保护。

（2）额定剩余动作电流 $I_{\Delta n}$ 及延时时间选择　一般场所终端回路电击防护选 30mA，施工工地单台电气机械设备选 30 ~ 100mA，均为无延时动作。配电回路剩余电流保护主要作防电气火灾危险的接地故障保护，选 $I_{\Delta n}$ 不大于 300mA，延时通常选不大于 5s。电击危险性高的特殊场所 $I_{\Delta n}$ 范围大都在 6 ~ 30mA 之间，应严格遵守相关的规范规定。

（3）分级保护时应达到上下级之间的选择性配合　通常选上级为延时型，下级为一般型，上下级动作时间差不得小于 0.2s，上级 RCD 的极限不驱动时间应大于下级 RCD 的最大分断时间。当有 2 级及以上选择性配合时，最末一级选用一般型，其上一级选用 S 型，再上各级选用固定延时型是一个比较好的方案。

（4）RCD 电流回路数应与被保护回路带电导体数一致，并对应连接　接线要点是必须将主回路的所有带电导体对应接入 RCD 的所有电流回路。具体来说，对三相四线的 TT 和 TN－S 系统，必须将相线 L1 ~ L3 和中性线 N 接入（3P＋N）或 4P 极型的 RCD 的所有进、出线端子，特别注意不得遗漏中性线。对于三相三线制的 TT、TN－S 和 IT 系统，则只能选 3P 极型的 RCD。如图 3-24 所示，以 TN－S 系统为例列示了终端回路 RCD 的正确接法，其中设备 4 采用了直接接地，形成局部的 TT 系统，这在设备 4 设置了一般型 RCD 保护的前提下是允许的。

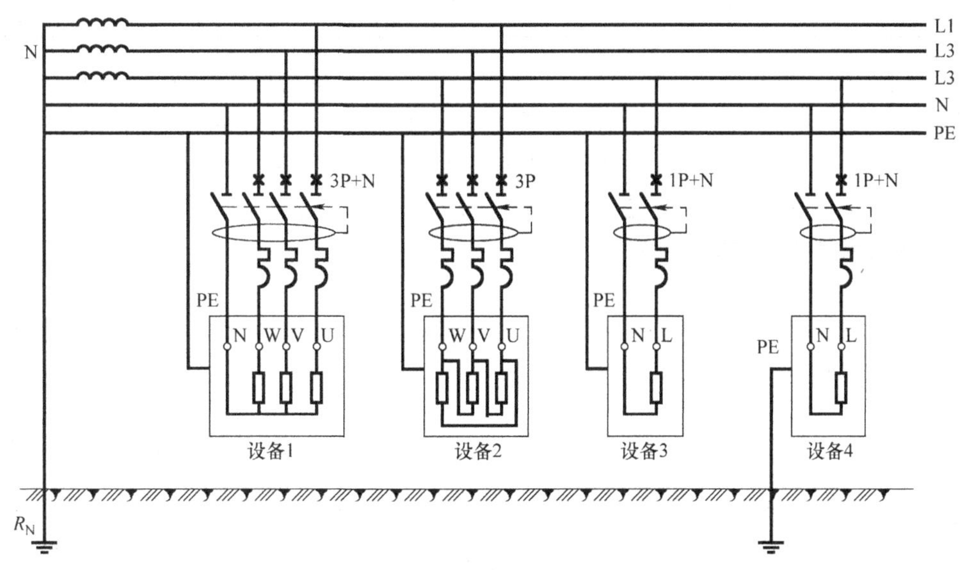

图 3-24　TN－S 系统中 RCD 的典型接线示例

（5）TN－C 系统不能实施剩余电流保护　若确需在 TN－C 系统中设置剩余电流保护，则需将被保护设备改为局部 TT 或局部 TN－C－S 系统。

（6）IT 系统剩余电流保护设置　该保护通常不用于一次接地故障保护，而是用于二次接地故障保护，以及直接电击的附加防护。

3. 自动切断电源的剩余电流保护与过电流保护的关系

1）采用了剩余电流保护后，自动切断电源对碰壳接地故障电流量值的要求大幅度降低，电击防护对系统技术条件的宽容度增大，可取代过电流保护兼做电击防护的任务。以下分别分析 TT 与 TN 系统的情况。

对 TT 系统而言，采用剩余电流保护后可容许更大的接地电阻值。以故障防护安全电压 50V 为例，按安全条件 $I_{\Delta n}R_E \leqslant 50V$ 计算，TT 系统最大允许接地电阻 R_E 与剩余电流保护电器动作值关系如表 3-8 所示。

表 3-8　TT 系统中最大允许接地电阻 R_E 与剩余电流保护电器动作值关系

额定漏电动作电流 $I_{\Delta n}$/mA	30	50	100	200	500	1000
设备最大允许接地电阻/Ω	1667	1000	500	250	100	50

TN－S 系统采用剩余电流保护后，只要接地故障电流（实为相保单相短路电流）大于 RCD 额定剩余动作电流 $I_{\Delta n}$ 即可，即安全条件为 $\frac{U_{N\varphi}}{|Z_S|} \geqslant I_{\Delta n}$，由此推导出电击防护对故障环路总计算阻抗 Z_S 的要求，如表 3-9 所示。如此宽松的故障回路阻抗值要求，即使算上故障点的接触电阻或电弧阻抗，也是肯定能满足的，因为 TN 系统相保短路阻抗一般仅为 mΩ 量级。

表 3-9　TN 系统中 RCD 额定漏电动作电流与故障环路阻抗的关系

额定漏电动作电流 $I_{\Delta n}$/mA	30	50	100	200	500	1000
故障环路最大允许阻抗 $\|Z_S\|$/Ω	7333	4400	2200	1100	440	220

2）剩余电流保护不能用于带电导体间短路保护。相导体之间、相导体与中性导体之间的短路都是过电流，但不产生剩余电流，因为这些短路发生在带电导体之间，根据封闭面的 KCL，各带电导体短路电流的代数和总等于零，无剩余电流产生。

综上可知，剩余电流保护与过电流保护自动切断电源的功能并不简单重叠。

四、剩余电流保护的相关问题

1. 剩余电流与零序电流的异同

剩余电流与零序电流都是对实际物理电流进行运算得出的电流特征参量，但它们是两个不同的概念。所谓零序电流 $\dot{I}_0$，是指三相系统中三相电流之和不为零的那一部分电流，$\dot{I}_0 = \frac{1}{3}(\dot{I}_U + \dot{I}_V + \dot{I}_W)$；而剩余电流 $\dot{I}_{res}$ 则指任何相系统中各带电导体电流之和不为零的那一部分电流，就三相四线制系统而言，$\dot{I}_{res} = (\dot{I}_U + \dot{I}_V + \dot{I}_W + \dot{I}_N)$，三相三线制系统则 $\dot{I}_{res} = (\dot{I}_U + \dot{I}_V + \dot{I}_W) = 3\dot{I}_0$。可见这两个电流特征参量尽管概念不同，但有时又会同时出现，容易混淆。如图 3-25 示出了剩余电流和零序电流常用的检测方法，注意测剩余电流者不排除有零序电流成分，测零序电流者也不排除有剩余电流成分。该图可以帮助我们理解以下结论。

1）正常工作时不论（$\dot{I}_U + \dot{I}_V + \dot{I}_W$）是否为零，$\dot{I}_{res}$ 总是等于零。三相不平衡电流等于 $3\dot{I}_0$，全部从中性线上回流电源，因此三相不平衡电流不是剩余电流，不会使 RCD 产生

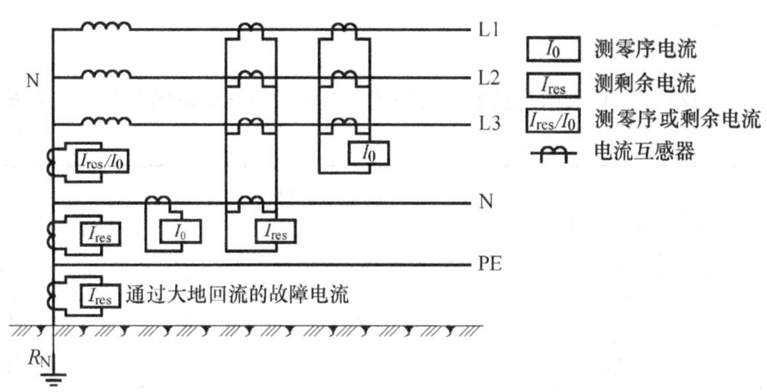

图 3-25　零序电流与剩余电流的测量

误动作。

2）剩余电流保护、零序电流保护及过电流保护三者的关系。以 TN－S 系统为例。①相间三相或两相短路时，除相线外，N 线和 PE 线都无短路电流通过，三相电流之和及带电导体电流之和均为零，故既无零序电流，也无剩余电流，故障防护只能依靠过电流保护；②相线与中性线短路时，三相电流之和不为零，但三相电流与 N 线电流之和为零，故只有零序电流，无剩余电流，故障可以由过电流保护或零序电流保护进行防护；③相线与保护线短路时，既有零序电流，又有剩余电流，过电流保护、零序电流保护和剩余电流保护都能进行防护；④相导体接大地时，既有零序电流，又有剩余电流，但故障电流量值小，大多数情况下不成为过电流，因此只能靠零序电流保护或剩余电流保护进行防护。

2. 正常工作时对地泄漏电流导致 RCD 误动作问题

所谓对地泄漏电流，指无绝缘故障情况下从线路和设备流入大地的电流。由于对地导纳的存在，正常工作时系统带电导体都有对地泄漏电流，但三相导体对地泄漏电流三相基本平衡，N 导体对地电压低，泄漏电流忽略不计，因此三相系统对地泄漏电流成为剩余电流者，只是三相泄漏电流不平衡的那一部分，典型值每 100m 线路约 1～2mA，不致引起 30mA 的 RCD 误动作。

如图 3-26 所示的单相二线制系统中，正常工作时 N 线对地电压可忽略，PE 线本身就是地电位，因此 N 线、PE 线基本无对地泄漏电流产生，而相线对地电压为 220V，相线对地电容上会产生泄漏电流，该电流从相线流出，通过大地从系统中性点接地电阻回流电源，这个电流是剩余电流，一旦其量值超过 $I_{\Delta no}$，便可能引起 RCD 误动作。由于泄漏电流大小与导线型式和敷设方式、敷设部位以及环境、气候等因素相关，准确确定泄漏电流大小是有困难的，表 3-10 给出了 220/380V 系统单位长度导线的泄漏电流典型值，表 3-11 给出了常用电器的泄漏电流值，表 3-12 给出了电动机的泄

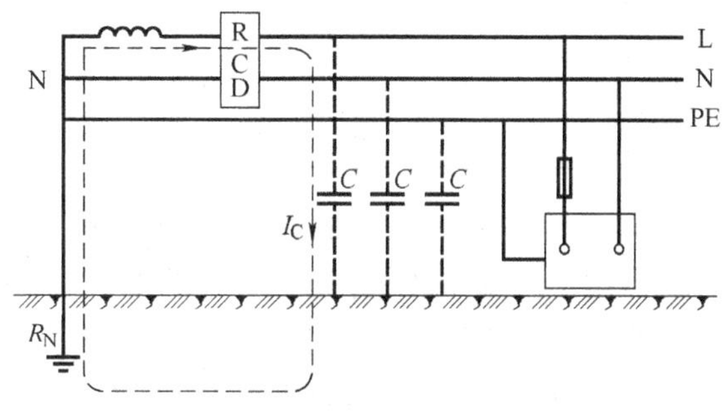

图 3-26　单相系统泄漏电流引起 RCD 误动作分析

漏电流值，可供参考。

表 3-10 220/380V 单相及三相线路埋地、沿墙敷设穿管电线每公里泄漏电流

（单位：mA/km）

绝缘材质	截面积/mm^2											
	4	6	10	16	25	35	50	95	120	150	185	240
聚氯乙烯	52	52	56	62	70	70	79	99	109	112	116	127
橡　皮	27	32	39	40	45	49	49	55	60	60	60	61
聚乙烯	17	20	25	26	29	33	33	33	38	38	38	39

表 3-11 照明灯具及家用电器泄漏电流

设备名称	形式	泄漏电流/mA
照明灯具	荧光灯	0.02
	白炽灯	0.03
家用电器	空调器	0.75
	洗衣机	0.75
	电冰箱	1.5
	电饭煲	0.5
	抽油烟机	0.5
	卫生间排风扇	0.06
	电视机	0.25
	计算机	3.1

表 3-12 电动机泄漏电流 （单位：mA）

运行方式	额定功率/kW											
	1.5	2.2	5.5	7.5	11	15	18.5	22	30	37	45	55
正常运行	0.15	0.18	0.29	0.38	0.50	0.57	0.65	0.72	0.87	1.00	1.09	1.22
电动机起动	0.58	0.79	1.57	2.05	2.39	2.63	3.03	3.48	4.58	5.57	6.60	7.99

3. 动作方式与电源电压有关的 RCD 在防护可靠性上的问题

我国用于终端回路剩余电流保护的 RCD 大多数为电子式，且其工作需要主电路电源供电，属于动作方式与电源电压有关的 RCCB 或 RCBO，这种装置不能在电压过低时自动断开，用于人身安全保护存在固有的缺陷，IEC 标准对其应用有严格的限制，但我国尚未有明确规定。如图 3-27 所示，TN-S 系统中当 RCD 附近设备发生碰壳故障时，由于故障为短路性质，导致 RCD 安装点处相电压过低，可能导致 RCD 不动作。但 TT 系统则无此问题，因为故障电流小，碰壳故障并不明显改变相电压。

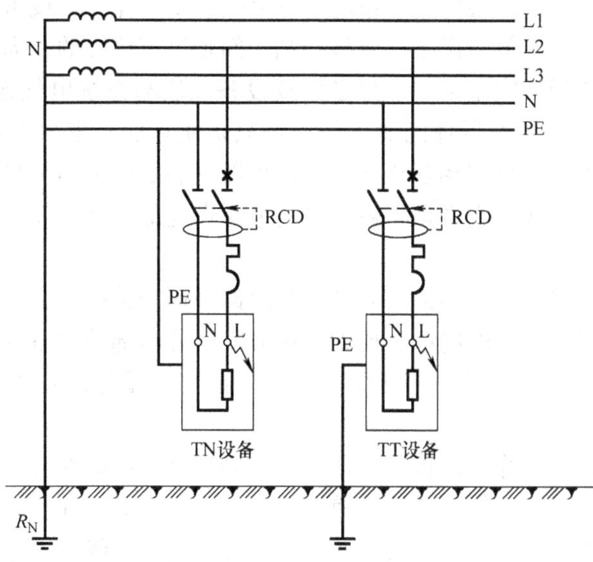

图3-27　故障对动作方式与电源电压有关的RCD保护功能的影响

第五节　电气分隔防护

电气分隔（electrical separation）技术措施在我国过去叫作电气隔离，按照与国际标准接轨的要求，有关低压配电系统的主要国家标准采用IEC标准术语，将其改称为电气分隔，而术语“隔离（isolation）”在IEC标准体系中的含义则指基于安全目的的与电源彻底断开的措施，如隔离器将检修部分与电源隔离。

一、电气分隔的概念性问题

1. 电气分隔概念及系统对电气分隔防护的要求

（1）电气分隔定义及其电击防护原理　所谓电气分隔，是指将系统某一部分的危险带电部分与系统其他部分绝缘，并与周围环境中其他可导电部分（含大地）绝缘，以避免电击危险的防护措施。上述定义中，系统中被绝缘的这“某一部分”称为“被分隔部分”。

直观理解，电气分隔就是将电气系统的某一部分作为一个整体，用绝缘将其危险带电部分全方位整体封闭，使该部分与外界（包括系统其他部分和含大地在内的环境中其他可导电部分）的电气连接完全被绝缘截断，丧失与外界产生任何电流传导的条件。如果用于封闭危险带电部分的绝缘有一处破损，不管是否有人从破损处接触内部危险带电部分，该破损处都不可能有电流流通。因为根据封闭面的KCL，一个封闭面某一处如果有电流流出，必定在另外的位置有相等的电流流入，但绝缘封闭面的破损只有一处（单一故障条件）！这就是电气分隔能够进行电击防护的原理。

（2）电气分隔措施与设备、装置及线缆绝缘措施的区别与联系　电气分隔依靠绝缘，而被分隔部分的设备、装置及线缆本身已经有保护绝缘，这两种绝缘之间有什么区别与联系？这是准确掌握电气分隔概念、正确实施电气分隔工程防护措施所必须明确的问题。

第一，设备、装置及线缆的绝缘存在于各自内部的可导电部分之间，目的是将不同的可导电部分在电气上隔开，但不会将危险带电部分完全封闭。比如，设备中的载流导体与设备金属外壳之间有保护绝缘，但与设备电源接线端子间是没有绝缘的，即绝缘并未对载流导体形成封闭，如果将载流导体完全封闭，势必导致设备无法与系统电气连接，设备不能工作。再如，单相二线制系统 L 与 N 导体间的工作绝缘只是使它们不发生直接的金属性接触，但两个带电导体仍通过电源和负载相互传导电流，也即它们之间虽有绝缘，但并没有达到电气分隔。反观电气分隔的绝缘，它必须将被分隔的危险带电部分在空间上完全封闭，不允许有传导电流通过这个封闭面。

第二，电气分隔的绝缘所封闭的对象是被分隔部分这个整体，它并不能取代被分隔部分内部各设备、装置及线缆自身的绝缘。比如，被分隔部分内部某设备各相导体之间如果工作绝缘破坏，则会产生短路；或者保护绝缘破坏，则会发生漏电，但这些都与电气分隔措施无关。

第三，设备和装置的绝缘可以被兼用作电气分隔绝缘的组成部分，且实际工程中几乎总是这样做的，如将导线本身的保护绝缘，兼用作电气分隔中导线导体这一危险带电部分与环境中其他可导电部分的绝缘。也正因为如此，很容易将电气分隔的绝缘与设备、装置及线缆的保护绝缘在概念上混同，误认为它们是同一种措施。其实这样做只是为了方便和经济地实施电气分隔，并不妨碍我们从概念上明确它们之间的区别。换句话说，不这样做也是可以的，但这样做更具有技术经济合理性。

（3）被分隔部分对电气分隔防护的要求　低压电网是一个从电源到用电设备的电能传输通道，电气分隔的绝缘因其空间封闭性，必定会将被分隔部分导体与外界物理截断，导致电流传导路径中断。比如，将低压系统某一终端回路实施电气分隔，终端回路的电流原本是通过导体连接从配电回路传导而来的，分隔之后终端回路导体与配电回路导体间必须绝缘，那终端回路电流从何而来呢？电气分隔防护既要将系统两个原本导体连通的部分绝缘，又要使被分隔部分和系统其他部分仍能像分隔以前那样正常工作，这就是被分隔部分对电气分隔防护的要求。具体来说，就是电流传导通道必须截断，但电能传输通道不能中断，电气分隔不能使原来的电能传输通道的传输特性发生不可忽略的改变。

由此可以进一步理解在 IEC 标准体系中“分隔（separation）”与“隔离（isolation）”的不同：被“分隔”部分仍正常工作，被“隔离”部分则完全断电。

2. 电气分隔的两种类别

低压系统电气分隔主要有简单分隔和保护分隔两种类别。

所谓简单分隔，指采用基本绝缘使回路之间和回路与地之间分隔。

所谓保护分隔，指采用双重绝缘、加强绝缘或基本绝缘加电气保护屏蔽这三种方法之一，将一个电气回路与另一个电气回路分隔。

注意上面定义中的两个术语：①“回路”的含义，系第二章中所述低压电气系统（装置）中的回路（circuit），而非电路理论中的回路（loop），它是指能被独立控制并由同一个（组）过电流保护电器提供保护的电气设备及传导介质的组合，可简单理解为低压系统一条线路与其电源端配电设备的组合，有配电回路（干线）、分支配电回路（支干线）、终端回路等类别；②所谓“电气保护屏蔽”，是指将接于保护等电位联结系统的金属部件置于不同的电气回路之间的技术措施。保护屏蔽金属体通常位于绝缘内部。等电位联结概念见本章第七节。

不管是简单分隔还是保护分隔，都可以利用设备、装置或线缆本身的保护绝缘兼做电气分隔的绝缘。

二、采用隔离变压器的电气分隔及其电击防护效果分析

电气分隔的具体技术方法示例如图 3-28 所示，其中设备 1 回路为采用电动机—发电机组的电气分隔，设备 2、3 回路为采用隔离变压器的电气分隔，它们分别以“电—机械—电”和“电—磁—电”的能量转换形式，建立被分隔回路与原系统的能量传输通道。设备 1 发电机与电动机之间为加强绝缘；设备 2 隔离变压器为Ⅱ类设备，一、二次绕组间为双重绝缘；设备 3 隔离变压器为Ⅰ类设备，一、二次绕组间为基本绝缘加保护屏蔽，它们都达到了与原系统保护分隔的要求。设备 1、2、3 及为其供电的终端回路，形成三个相互独立的被分隔部分。

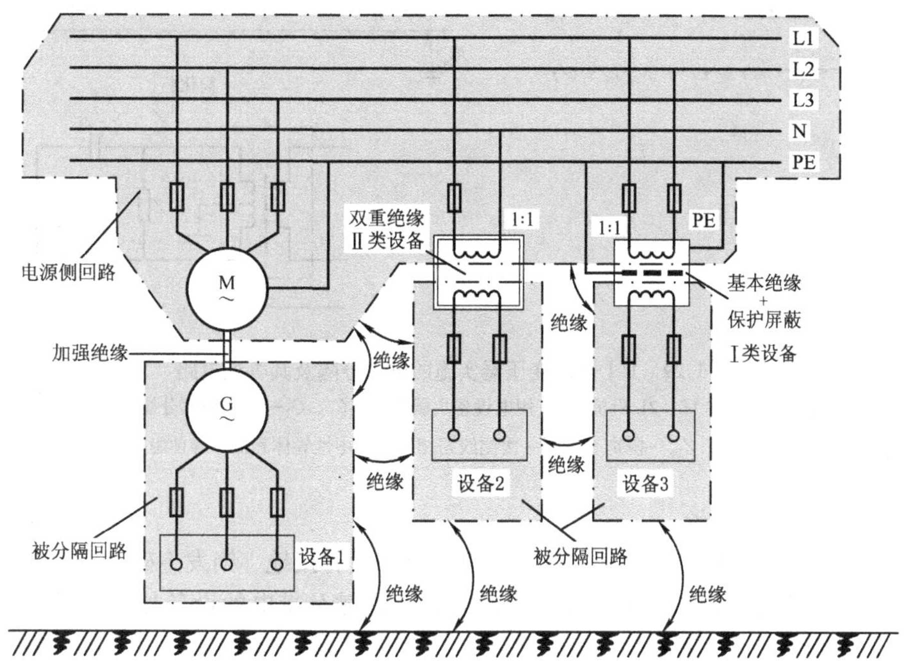

图 3-28　电气分隔的具体方法示例

除了以上形式以外，还可以采用“电—光—电”、“电—化学—电”等能量转换形式形成电气分隔。在工程上，采用 1∶1 隔离变压器是最常用的方法，变压器二次侧为被分隔回路。隔离变压器两侧通过磁路传递能量，一、二次绕组间是绝缘的，正是这一绝缘将被分隔回路与其电源侧回路绝缘，而被分隔回路中设备、装置和线缆原本就有的保护绝缘，被兼用作为被分隔回路中危险带电部分与周围环境中其他可导电部分的绝缘，由此达到电气分隔的要求。下面对这种方式的电气分隔防护效果进行分析。

1. 正常工作情况分析

正常工作时，采用隔离变压器的电气分隔回路及其等效电路如图 3-29 所示，该隔离变压器采用的是基本绝缘加保护屏蔽的保护分隔。等效电路在简化分析时忽略电源绕组和线路阻抗。由于变压器二次侧线路 1L、2L 对地分布电容 C_1 和 C_2 相等，令 $C_1=C_2=C$，则 $1/(j\omega C_1)=1/(j\omega C_2)$

$=1/(\mathrm{j}\omega C)=Z_C$。二次绕组的电压加在两个相等的串联容抗上，每一串联容抗各分得$\frac{1}{2}$绕组电压，此时二次绕组中间位置为参考地电位点，而线路1L和2L对地电压各为$\frac{1}{2}U_\varphi$，因此都是相线。这也就是图3-29a中1L、2L上都可设置熔断器作过电流保护的原因。

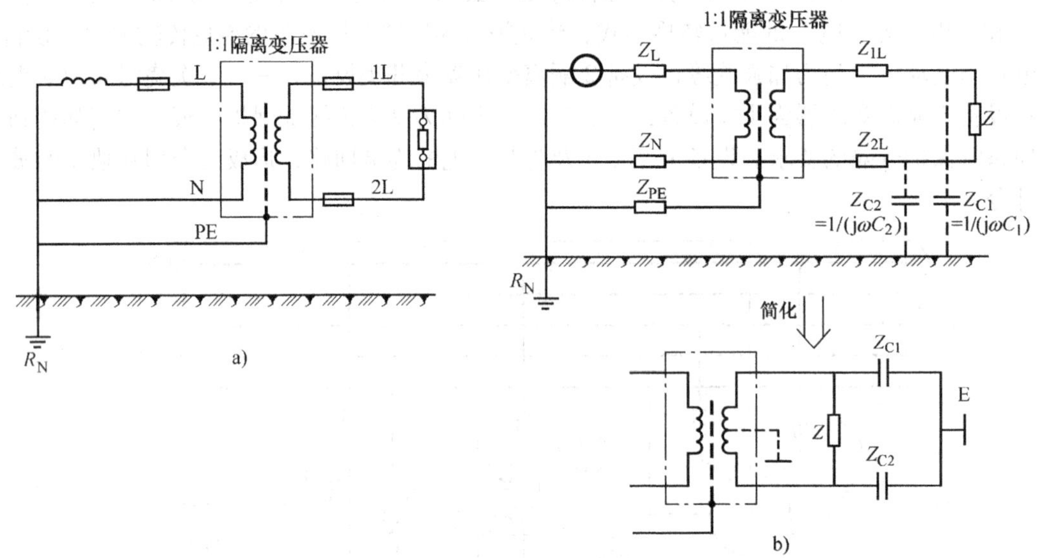

图3-29　1∶1隔离变压器实施的电气分隔及其等效电路

Z_{1L}、Z_{2L}—被分隔部分线路导体1L、2L阻抗　Z—用电设备负载阻抗　C_1、C_2—被分隔部分线路1L、2L对地分布电容

Z_L、Z_N、Z_{PE}—隔离变压器一次侧线路相导体、中性导体和保护导体阻抗

2. 电击防护性能分析

由于被分隔部分的带电部分和外露可导电部分都没有接地，当发生碰壳漏电故障时，系统的运行状态无任何变化，可继续工作。此间若人体触及带电的设备外壳，因人站立于地面，则被分隔部分与大地通过人体电气连通，这时的等效电路如图3-30所示，图中R_M为人体电阻，此处忽略人体与大地间接触电阻，R_M取值为1000Ω；线路对地容抗Z_{C1}、Z_{C2}量级大致为（MΩ/m），而线路长度通常仅几米到十几米，因此$R_M \ll Z_{C1}$总是成立，故$R_M /\!/ Z_{C1} \approx R_M$，符号“//”是并联的含义。这时人体电阻$R_M$与另一导体2L的对地容抗$Z_{C2}$对相电压$U_\varphi$分压，

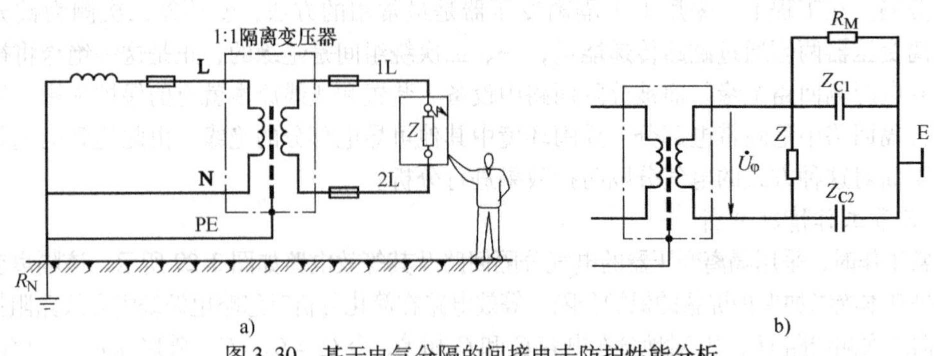

图3-30　基于电气分隔的间接电击防护性能分析

a）碰壳漏电故障　b）等效电路

同样因 $R_M \ll Z_{C2}$，人体分得的电压很小。从电流的角度看，流过人体的电流为

$$I_M = \frac{U_\varphi}{|R_M // Z_{C1} + Z_{C2}|} \approx \frac{U_\varphi}{|R_M + Z_{C2}|} \approx \frac{U_\varphi}{|Z_C|} = 2 \times \frac{1}{2} U_\varphi \omega C = U_\varphi \omega C \tag{3-14}$$

人体电流近似等于正常条件下两根导线上的对地泄漏电流绝对值之和，只要限制住线路对地泄漏电流的大小，间接电击的危险即可有效化解。

从以上分析还可知道，发生触电时隔离变压器二次绕组中的参考地电位点已从绕组的中间位置位移到了触电发生一侧的绕组端。

三、电气分隔防护的性质及安全条件

电气分隔是故障防护措施，是在基本防护措施基础上采取的间接电击防护措施。但从原理上看，电气分隔有部分直接电击防护的作用，如发生于带电导体与大地之间的直接电击，但对发生于带不同电位带电导体之间的直接电击则无防护作用。

采用隔离变压器的电气分隔防护措施一般用于向单台单相设备供电的回路，若有三相设备或多台设备，需要补充其他一些条件。

工程应用中采用电气分隔防护时，应遵守一些规则，这些规则是为了确保电气分隔防护的有效性而提出来的，称为安全条件。下面对电气分隔的安全条件作简要介绍。

1. 电源条件

1）电气分隔回路必须由单独的电源供电，这个电源可以是一台隔离变压器，也可以是一个安全等级相当于隔离变压器的其他电源，如各绕组间等效分隔的电动机—发电机组等。

2）电源电压不应大于交流500V（有效值）。

3）使用隔离变压器时，单相变压器容量不得超过25kV·A，三相变压器不得超过40kV·A，变压器一、二次绕组间至少应达到简单分隔，一般要求达到保护分隔的[⊖]，其绝缘电阻和耐压也应达到规定要求。例如用于交流220V的隔离变压器，进行绝缘电阻试验后立即进行工频耐压试验，要求承受3750V电压不小于1min。

2. 回路条件

1）被分隔部分只允许有一个回路。

2）被分隔回路的带电部分应保持独立，严禁与其他回路、保护导体或大地等有任何电气连接。

应当注意的是，这里所说的“保持独立”，是指其电气分隔程度不低于隔离变压器输入和输出之间的那种分隔。如图3-31所示，继电器KM1的线圈在被分隔回路，而KM1的触点在电源侧回路，则KM1的线圈与触点之间的分隔程度不能低于隔离变压器T的一、二次绕组间的分隔程度。

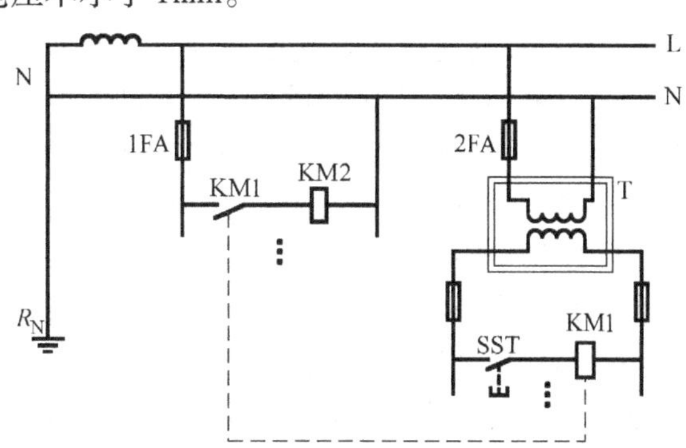

图3-31 被分隔回路保持独立示例

⊖ 按国家标准GB 16895.21—2011《低压电气装置 第4-41部分：安全防护 电击防护》413.3.2条规定，隔离变压器最低要求达到简单分隔即可，但根据现状工程主流做法和安全防护谨慎的原则，还是建议将保护分隔作为最低要求。

带电部分接地运行会严重破坏电气分隔的电击防护性能。如果被分隔部分线路或变压器、用电设备的带电部分（如连接端子）接地运行，则该端线路对地阻抗为零。这种情况对正常工作没有影响，但一旦运行过程中另一端发生碰壳故障，则设备外壳预期接触电压为相电压。假设图 3-30 中隔离变压器 2L 端接地运行，接地电阻为 R_E（几十欧姆以下量值），如果 1L 端碰壳，仿照式（3-14）推导过程，可得出流过人体电流为

$$I_M = \frac{U_\varphi}{|R_M /\!/ Z_{C1} + Z_{C2} /\!/ R_E|}\left|\frac{Z_{C1}}{R_M + Z_{C1}}\right| \approx \frac{U_\varphi}{|R_M + R_E|} \approx \frac{220V}{1000\Omega} = 0.22A = 220mA$$

这是一个非常危险的电流量值。

即使带电部分没有接地，但对地绝缘电阻降低，相当于式（3-14）中 Z_C 减小，这时线路对地泄漏电流增大，电击危险性是上升的。因此即使采取了电气分隔措施，线路的保护绝缘性能仍然是非常重要的。

3）实行电气分隔的单台用电设备，其外露可导电部分严禁与任何其他可导电部分相连，包括大地，以避免从分隔回路以外引入危险电压。形象地说，就是要使设备金属外壳在电气上对外界呈“悬浮”状态。

如果被分隔部分的设备外露可导电部分容易有意或无意地与其他回路的外露可导电部分接触，则电击防护就不再仅依赖于电气分隔，还要依靠其他回路的外露可导电部分的电击防护来实现。

4）被分隔的回路采用软电线电缆时，其中易受机械损伤的路段全长都应可见，以便于及时发现故障。这主要是为了避免因绝缘破损导致的线路中导体接地，破坏电气分隔条件。

5）被分隔回路线缆尽量与其他回路线缆分开敷设，且应采用无金属外皮的多芯电缆，或穿绝缘套管、绝缘线槽、绝缘槽盒的绝缘电线。当与其他回路线缆一起敷设时，应满足两条要求：①被分隔回路额定电压不低于其他回路中最高的标称电压；②每个回路都具有过电流保护。

3. 对多台电气设备电气分隔的补充要求

当被分隔回路上有多台设备时，有新的电击可能性产生，这种新的电击可能性是：当被分隔回路中两台相距较近（≤2.5m）的设备发生不同端二次碰壳故障时，若有人同时触及这两台设备的外壳，则产生相电压电击。如图 3-32 中设备 2 和设备 3 所示。应采取以下 1）~4）的措施保持电击防护有效性。

1）被分隔回路的外露可导电部分应用绝缘的不接地的等电位联结导体互相连通，这些导体不得与任何其他可导电部分相连。

这项措施的原理在于通过等电位联结，将二次碰壳故障变成短路故障，可以通过过电流保护自动切断电源实施防护。图 3-32 中设备 2、3 就通过 PE 线实施了不接地的等电位联结。

2）被分隔回路中所有插座必须带有供等电位联结用的专用插孔，与以上（1）中等电位联结系统相连接。图 3-32 中的插座为单相三孔插座，其中一孔为 PE 孔，已连接至 PE 线。

3）除了为Ⅱ类设备供电的软电缆外，所有软电缆都必须包含一根用于等电位联结的保护芯线，用于以上 2）中的不接地的等电位联结。图 3-32 中设备 2、3 软电缆都有这根 PE 线。

4）在不同设备上发生二次碰壳故障时，应确保有一台设备的过电流保护装置动作自动

切断电源，切断时间应满足电击防护要求。

5）被分隔回路线路长度与标称电压之积不宜大于1 000 000V·m。这主要是为了控制被分隔回路的对地泄漏电流，使其不能达到危险的量值。

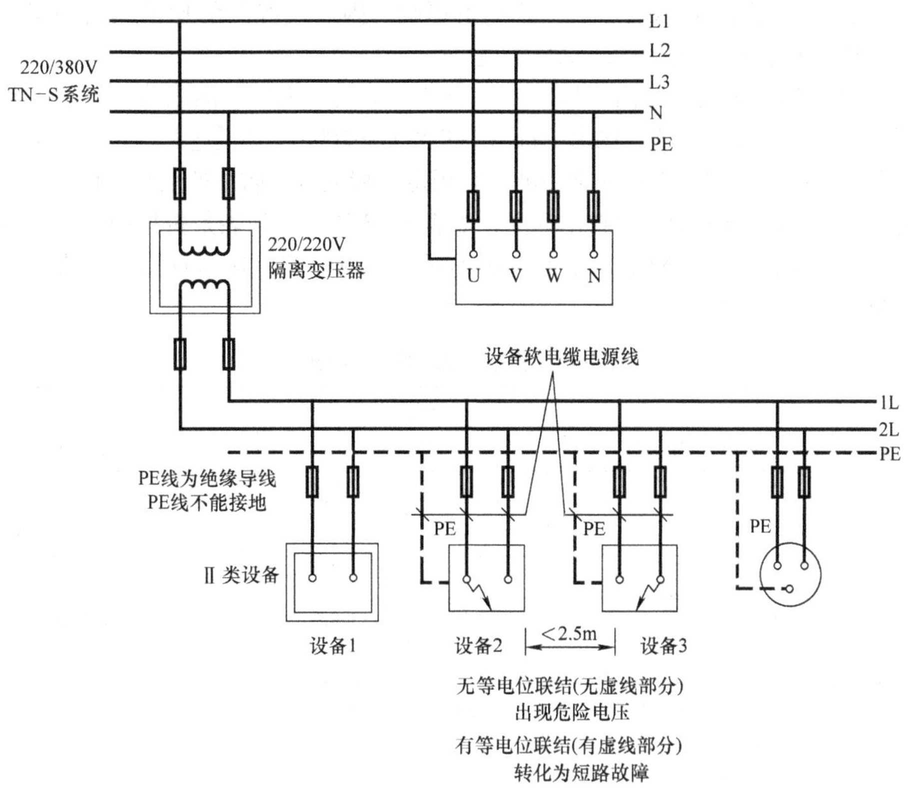

图3-32　多台设备的电气分隔及其额外电击危险性示例

第六节　特低电压防护

特低电压（Extra Low Voltage，ELV）问题是电气安全的一项基础性课题。特低电压的最大特征是很低的电压量值，但到底低到多少算是特低电压，则需要考虑诸多因素并进行多方面的研究，这里面关于特低电压的科学含义与工程应用的联系与区别，以及特低电压的阈值、限值与Ⅲ类设备额定值等是需要注意分清的几个概念。另外，很低的电压量值并不是特低电压防护的全部工程含义，因为仅靠很低的电压量值并不能保证对电击危险性的防护。要用特低电压构成一个完整的防护体系，必须对电压量值、提供这个电压的电源和采用这个电压的回路作出全面规定，完整地符合这些规定的系统才能被称作具有特低电压防护的系统。

一、特低电压及其量值

1. 特低电压及其阈值与限值

特低电压ELV指人体处于规定环境中，以规定方式长时间承受而不造成不良生理效应的最高电压值以下的电压，这个最高电压值称为ELV阈值。最常用的特低电压是工频交流和无纹波直流电压，有纹波直流、中频和脉冲电压也有所应用。

阈值是刺激能够产生某种生理效应的临界值，ELV 阈值是通过大量的科学实验研究得出的，是一种客观规律，本章第一节已有介绍，示例见表 3-3。工程应用中一般不直接选取阈值作为防护依据，这主要是工程应用必须考虑风险评估、安全限设等因素，还需考虑应用条件与实验条件的差别，以及各种技术措施的影响。因此，需要在 ELV 阈值的基础上综合考虑多种因素，制定工程应用中的 ELV 限值。

工程标准的 ELV 限值又分两个层次，一个是基础性安全标准的限值，另一个是在此基础上各行业或专业标准的限值。国家标准 GB/T 3805—2008《特低电压（ELV）限值》就是关于特低电压防护的一部基础性安全标准，它规定了特低电压防护的最高允许电压，用以指导制定各种基于 ELV 防护的专业技术标准，如表 3-13 所示。该表是按接触面积约 $80mm^2$ 制定的，相当于手掌接触。在限值以下的电压不对人构成危险，这与直接接触或间接接触无关，与环境状况关系密切。

表 3-13　稳态特低电压 ELV 限值

环境状况	电压限值/V					
	正常（无故障）		单故障		双故障	
	交流	直流	交流	直流	交流	直流
1	0	0	0	0	16	36
2	16	35	33	70	不适用	
3	33①	70②	55①	140②	不适用	
4	特殊应用					

① 对接触面积小于 $1mm^2$ 的不可紧握部件，电压限值分别为 66V 和 80V。

② 在电池充电时，电压限值分别为 75V 和 150V。

注：1. 环境状况 1：皮肤阻抗和对地电阻均可忽略不计（例如人体浸没条件）。

2. 环境状况 2：皮肤阻抗和对地电阻降低（例如潮湿条件）。

3. 环境状况 3：皮肤阻抗和对地电阻均不降低（例如干燥条件）。

4. 环境状况 4：特殊状况（例如电焊、电镀）。另行规定。

表 3-13 中限值是长时间作用于人体而不产生有害生理效应的最大规定电压值。有害生理效应主要考虑肌肉反应和心室纤维颤动，它们的阈值是不同的。故障和正常条件下风险评估各种系数的取值、安全限设以及所选取的生理效应有差别，还要考虑故障时各种防护措施的作用以及故障的概率等因素，因此导致故障条件下的限值与正常条件不同。

2. 低压电气装置的电压区段

国标 GB/T 18379—2001《建筑物电气装置的电压区段》是关于低压电气装置特低电压划界的一项标准，该标准将交流 1000V 和直流 1500V 以下低压系统按标称电压划分为区段Ⅰ和区段Ⅱ两个区段。区段Ⅰ指标称电压工频交流 50V 和直流 120V 以下电压范围，该范围以外则属于区段Ⅱ。划分电压区段的目的是便于针对每一个区段分别制定相应的防护标准。特低电压 ELV 防护属于区段Ⅰ范围。

应注意的是，表 3-13 中的 ELV 限值数据，是对危险电压上限的一种客观描述，是技术意义上允许的最大值，是采用 ELV 系统进行电击防护时不得逾越的界限，它与低压系统区段Ⅰ电压限值交流 50V 和直流 120V 不是同一个概念。区段Ⅰ电压限值是以表 3-13 中 ELV 限值为依据，针对低压电气装置安全防护制定的。例如，表 3-13 中干燥环境条件下单故障时 ELV 限值为 55V，已超过区段 I 电压限值 50V，这正说明在区段 I 范围内的特低电压作为干燥环境条件下的间接电击防护是安全的，还留有裕量。再如，表 3-13 中干燥环境正常工作条件下 ELV 限值为 33V，而现状常见的所谓使用“安全电压”的Ⅲ类设备额定电压多为 36V 或 42V，实际上最高还可取到 48V，这看起来好像是矛盾的，其实不然。因为低压电气装置特低电压防护标准中，直接电击防护的电压限值仅为 25V，超过 25V 的特低电压只能作为间接电击防护，直接电击防护仍要依靠基本绝缘、外护物等基本防护措施，25V 显然是小于 33V 的。因此选 36V 或 42V 额定电压的特低电压防护只能是故障防护，对应的 ELV 限值如表 3-13 所示还是 55V。如果需要通过特低电压作直接电击防护，则需选额定电压 24V（低于 25V 的最高额定电压为 24V）及以下的Ⅲ类设备，这个电压值已经远小于 ELV 限值的 33V。

3. 特低电压额定值

在区段 I 电压限值以下，规定若干电压值作为设备可选用的额定值，是工程标准化的要求，是工程体系配合的有效手段。相关标准制定了安全特低电压额定值系列，例如，工频交流安全特低电压额定值有 48V（但现状主流为 36V 和 42V）、24V、12V、6V 等。

二、低压电气装置特低电压防护类别

如上所述，工频交流 50V 和直流 120V 以下电压为特低电压。低压电气装置特低电压可分为如下类别：

- ELV
  - 安全防护
    - SELV——安全特低电压
    - PELV——保护特低电压
  - 设备工作：FELV——功能特低电压

特低电压各类别特征及用途如下：

1）SELV 能保证正常条件下和包含其他回路接地故障在内的单一故障条件下，都不会出现超过特低电压的电压值。SELV 用于具有严重电击危险性的场所，作为主要或唯一的电击防护措施使用，所保护的系统不能接地。应用场所如游泳池、娱乐场等。

2）PELV 能保证正常条件下和自身单一故障条件下，都不会出现超过特低电压的电压值，但其他回路接地故障除外。PELV 用于一般电击危险性场所，所保护的系统可以接地，一般还需要配合其他电击防护措施一起使用，如自动切断电源、等电位联结等。

既然 SELV 系统不接地就能达到很好的电击防护效果，为什么还需要接地的电击防护效果反而差一些的 PELV 系统呢？工程实际中有的情况下，特低电压回路接地是难以避免的，如特低电压供电的控制柜防电磁骚扰或电涌保护必须接地，或实施了防雷击电磁脉冲的等电位联结后自然接地，这种情况下必须按 PELV 考虑电击防护。所以 PELV 不是为了通过接地来改善特低电压系统的防护性能，而是因为系统原本必须接地，导致 SELV 条件不能完全满足情况下的一种退而求其次的形式。

3）FELV 指因使用功能（而非电击防护）的原因而采用的特低电压，原本不必满足电击防护的要求。若在 FELV 基础上补充一些条件，使其能达到电击防护的要求，也可将其作为电击防护措施使用。使用 FELV 的设备很多，如电源适配器外置的笔记本电脑、电焊枪等。

三、特低电压防护的性质及安全条件

只有 SELV 和 PELV 才是特低电压防护系统，FELV 作为防护系统的前提是已完全满足

SELV 或 PELV 的条件。

SELV 和 PELV 既可作为基本防护措施，又可作为故障防护措施，但两种防护所需安全条件有所不同。

SELV 和 PELV 是在与其他非 SELV 和 PELV 的回路间实施了保护分隔防护、相互之间又实施了基本绝缘防护的基础上，以限制电压量值为手段的电击防护措施。

1. SELV 和 PELV 的安全条件

使 SELV 和 PELV 达到电击防护安全性要求的条件大致可分为三类，即关于电压值的规定、关于电源的规定和关于回路的规定，下面分别进行介绍。

（1）电压值的选取　电压值划有 3 个限，以区段 I 电压限值（交流 50V、直流 120V）为基值，这 3 个限的标幺值分别为 1、0.5 和 0.25。具体如下：

1）SELV 和 PELV 在干燥环境中作间接电击防护时，应在具有基本绝缘的前提下采用交流 50V 或直流 120V 以下标称电压。

2）SELV 和 PELV 在干燥环境条件下作直接电击防护时，应采用交流 25V 或直流 60V 及以下标称电压。对 PELV 其外露可导电部分和（或）带电部分应通过 PE 导体与总接地端子相连。

3）任何情况下，标称电压不超过交流 12V 或直流 30V，可不采取其他直接电击防护措施[⊖]。但有专门标准规定的特殊场所例外。

（2）电源条件　SELV 和 PELV 必须由安全电源供电，安全电源的含义，不仅包括正常工作时电压值在安全特低电压范围内，还包括发生各种可能的故障时不会引入更高电压。常用的安全电源主要有以下几种：

1）安全隔离变压器或与其等效的具有多个隔离绕组的发电机 - 电动机组。

2）电化学电源（如蓄电池）或与电压较高回路无关的其他独立电源（如柴油发电机组）。

3）即使在故障时仍能确保输出端子上的电压不超过 ELV 限值的电子装置。

如果这类电子装置出线端子上出现较高电压，但能确保带电部分被人体触及或与外露可导电部分发生故障时，出线端子电压立即下降到 ELV 限值以下，也是允许的。验证这一要求的方法为用内阻不小于 3kΩ 的电压表测量时，端子电压在限值以下。换句话说，这类电源不以预期接触电压判断电击危险性，而以实际接触电压为准。

（3）回路配置　回路配置主要考虑外界引入高电位产生电击的问题，即避免产生额外的电击危险性。主要使用电气分隔和基本绝缘的技术方案，具体措施规定很烦琐，主要原则有以下三条：

1）SELV 和 PELV 回路带电部分与其他非 SELV 和 PELV 回路间实施保护分隔。比如，作为电源的安全隔离变压器，其一、二次绕组之间必须达到保护分隔的程度；再如，如果 SELV 线路与具有基本绝缘的非 SELV 线路在同一布线系统中敷设，则需将 SELV 导线置于绝缘线管内，或选用护套线，或在两种线路间设置接地的金属保护屏蔽体，以使两种线路间

⊖ 该数据摘引自 GB 16895.21—2011《低压电气装置　第 4 - 41 部分：安全防护　电击防护》414.4.5 条，该标准前一版 GB16895.21—2004 中，规定条件下干燥场所及不可能有大面积接触情况下，PELV 的数据为交流 6V，直流 15V，SELV 无对应数据。现状部分其他常用标准的数据与后者相同，特此说明。

达到保护分隔的程度。

2）SELV 和 PELV 回路带电部分与其他 SELV 和 PELV 回路间应有基本绝缘，但不必要达到基本分隔或保护分隔。

3）SELV 回路带电部分与地之间应具有基本绝缘，回路内的外露可导电部分不能接地，不能与其他回路的保护导体和外露可导电部分连接。

2. SELV 和 PELV 系统及安全条件示例

如图 3-33 所示，以 24V 电压的 SELV 系统为例，该系统与为其供电的 220/380V 配电回路通过安全隔离变压器 T1 和线路分开敷设达到保护分隔，同时要求接触器 QAC 的线圈和触点间达到保护分隔的要求。设备 11 回路与设备 12 回路均为 SELV 回路，它们的带电部分之间应有基本绝缘，但无须达到电气分隔，图中两个回路导体在电源侧是电气连通的。尽管 24V 电压已经可以防直接电击，该 SELV 系统带电部分与地之间仍应具有基本绝缘，但设备外露可导电部分与大地无绝缘要求，只是不允许有意接地。

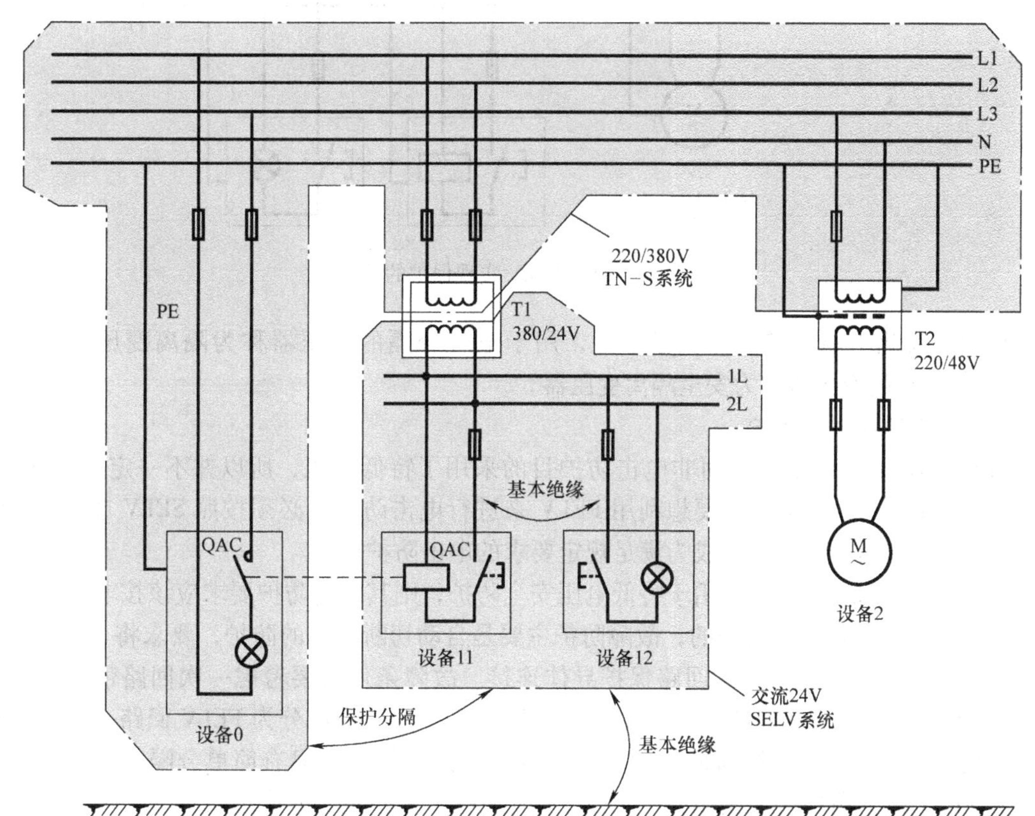

图 3-33　通过 SELV 实现保护

如图 3-34 所示为通过 PELV 实现保护的示例。PELV 系统可以通过一次侧系统 PE 线接地，也可以就地直接接地；可以是外露可导电部分接地，也可以是带电部分接地。

应当注意，尽管电气分隔和 SELV、PELV 都可能采用隔离变压器作为电源，但它们的作用是不完全同的。电气分隔是通过变压器阻断传导电流来进行电击防护的，而用于 SELV 和 PELV 的安全隔离变压器是为了提供一个较低的电压值来进行电击防护的，两者的电压比

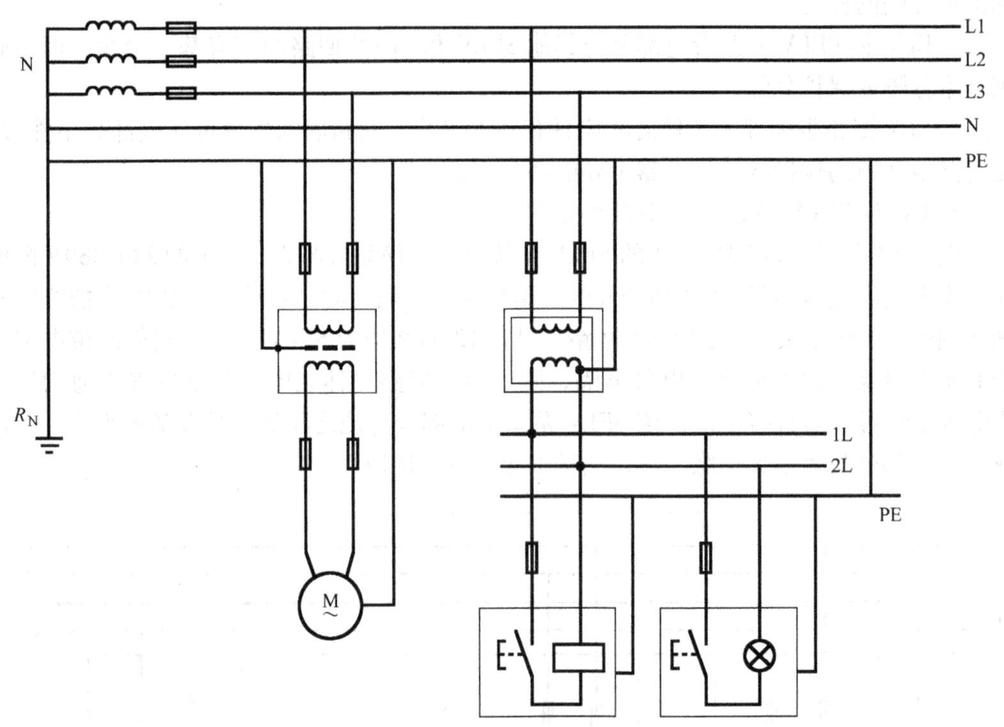

图 3-34 通过 PELV 实现保护的示例

也不相同，因此不能混淆。专业术语上，用于电气分隔的变压器称为隔离变压器，用于 SELV 和 PELV 的变压器称为安全隔离变压器。

四、FELV 系统的防护

FELV 是因功能上的原因而非电击防护目的采用了特低电压，所以并不一定满足 SELV 或 PELV 的全部条件，因此，要想利用 FELV 来进行电击防护，必须按照 SELV 或 PELV 的条件补充完善，才能使 FELV 成为满足规定要求的电击防护措施。

另一方面，如果 FELV 不用于特低电压安全防护，则其电击防护要求应该按非特低电压系统处理。基本防护仍是必需的，故障防护主要是自动切断电源的防护，要求将 FELV 回路中设备外露可导电部分与一次回路保护导体连接。故障条件需要考虑一次回路带电部分与 FELV 回路可导电部分连通的各种情况。如图 3-35 所示，直流部分为 FELV 回路，如建筑物中的火灾自动报警与联动控制系统等，继电器 K 线圈与触点间只有简单分隔，一旦分隔失效，因 FELV 电源负极接至交流回路 PE 线接地，在交流回路中形成剩余电流，可由漏电断路器 QA 自动切断电源实施保护。注意在 PELV 中这种失效是不予考虑的，因为 PELV 要求继电器 K 线圈与触点间必须达到保护分隔。

FELV 的电源要求绕组之间具有简单分隔，因此一般不允许使用自耦变压器。如果使用自耦变压器，则 FELV 回路只应被视为一次回路的延伸，故障保护还是由一次回路上的保护措施予以实施。

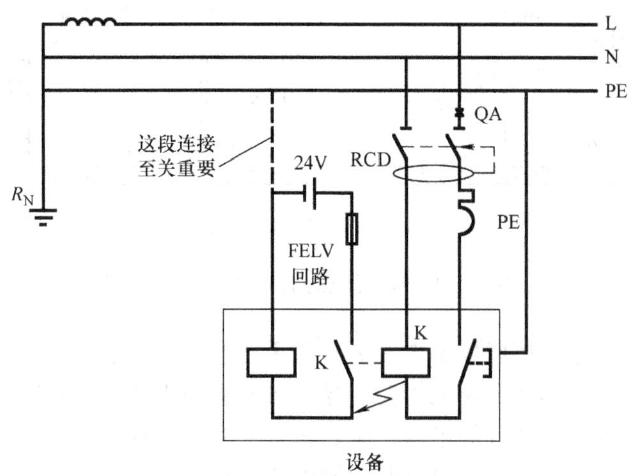

图 3-35　对 FELV 回路的保护

第七节　非导电环境与等电位联结

前面所介绍的实施在电气设备和低压配电系统上的电击防护措施，立足于加害源，通过断隔电击能量来源或降低电击强度实施保护。本节从另一个角度来探讨电击防护的方法，即通过在作业场所采取的安全措施来降低甚至消除电击危险性，技术要点在于对场所中外界可导电部分的处理。

一、非导电环境

理论上，如果不管在正常还是故障情况下，作业场所的人员都无法同时触及可能带不同电位的可导电部分，这种场所就可以称为非导电环境。由于大地本身就是一个可导电部分，与大地有紧密联系的建筑物地板、墙、顶棚等都有导电进入大地的可能，因此，工程上所谓的非导电环境，是指利用不导电的材料制成地板、墙壁、顶棚等，使人员所处环境成为一个有较高对地绝缘水平的场所。在这种环境中，当人体一点与带电部分接触时，不可能通过大地形成电流回路，从而保证了人身安全。

非导电环境是故障防护措施。工程上，非导电环境应符合以下安全条件。

1）地板和墙壁每一点对地绝缘电阻，应用于交流 500V 及以下标称电压时应不小于 50kΩ，500V 以上标称电压时应不小于 100kΩ。规定绝缘电阻阻值，主要是为了保证绝缘的有效性。

2）在非导电环境内若存在伸臂范围以内的可导电部分，应采取措施使人不能同时触及任意两个部分，以避免电击危险。如图 3-36 所示，当两台设备间净距大于 2.5m 时，可认为不能被人员同时触及，满足通过置于伸臂范围以外防止电击的条件；当两台设备间净距小于 2.5m 时，必须通过遮拦防止电击，这时由于被隔离的两部分均可能有人员在场，应采用绝缘材料作遮拦。

3）为了保证对地绝缘的特征，非导电环境内不得设置接地的 PE 线。

4）非导电环境内的外界可导电部分不得向外界传导电位。如图 3-37 所示，穿越非导电

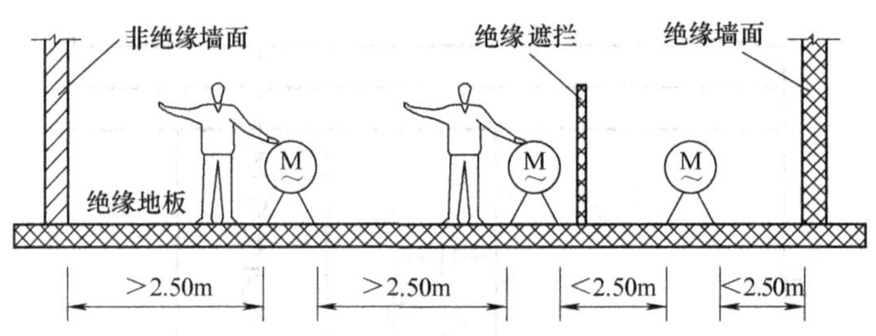

图3-36　非导电环境的机械隔离与空间间距

环境的金属风管，若非导电环境场所内人员一只手触及带电导体，另一只手触及金属风管，则带电导体的电位通过人体和金属风管会传导至非导电场所外，而非导电场所外不能保证金属管道与大地或其他可导电部分的绝缘，于是就有可能形成电流回路，危及人身安全。图中通过对外界可导电部分进行分段绝缘以避免发生这种情况。

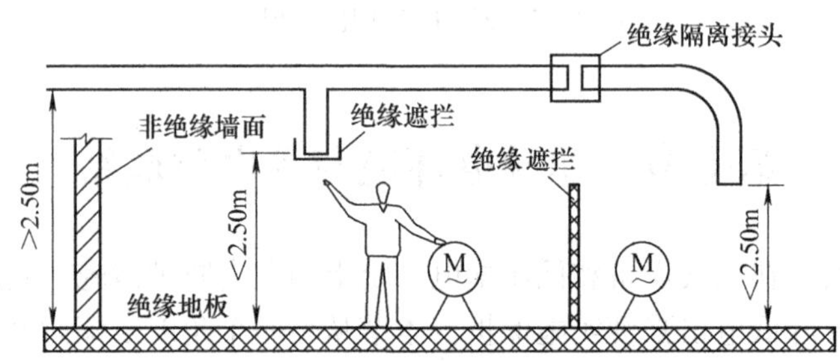

图3-37　非导电环境不得向外界传导电位

5）非导电环境内的非导电性应具有稳定性与持久性，即在预期使用期限内，其绝缘能力不得随环境（如湿度、温度等）的变化或时间的推移而降低至规定要求以下。

二、等电位联结

如果说非导电环境是一种“堵”的电击防护措施的话，则等电位联结就是一种“疏”的电击防护措施。等电位联结不注重于电流通道的阻断，而注重于降低产生人体电流的电位差。最典型的例子是：在可能发生人单手触及带电体的场所，通过等电位联结抬高地板电位，从而降低人体手—脚之间的电位差，以此来降低电击危险性。

等电位联结采用了“联结”（bonding）而非“连接（connection）”一词，是因为等电位联结是一种通过电气连通来均衡电位的技术措施，而电气“连接”是使两个导体产生牢固物理接触的技术措施。等电位联结肯定会用到导体的电气连接，但不仅仅是导体连接，还包括了对连接和导体的种种要求，如哪些对象需要作连接、导体及连接点的电阻值、可靠性等。因此，“通过对×××和×××等进行电气连接，以实现该建筑物的总等电位联结”之类的表述是正确的。

应该指出，等电位联结除均衡电位外，有时还有构造电流通道的作用。如采用电气分隔对多台设备供电时，就需要在相距较近的设备外壳间采取辅助等电位联结措施，以防止不同设备发生异相碰壳，而外壳又被人员同时触及时所发生的电击，见图3-32。这时辅助等电位联结线将两个电位差为相电压的可导电部分连通，形成相间短路，短路电流使过电流保护自动切断电源。

1. 降低预期接触电压原理分析

以 TT 系统为例，如图 3-38 所示。图 3-38a 为一个建筑物内无等电位联结的 TT 系统接线图；图 3-38b 示出了发生碰壳故障时大地中故障电流散流场中的等位面，请关注地面电位分布，以无穷远大地为参考地。图中，U_a为设备外壳对参考地电压，U_b为接地 PE 线末端对参考地电压，U_a与 U_b之差为接地 PE 线 ab 段上的压降。人体预期接触电压 U_t为设备外壳电位与人员站立处地面电位之差，最不利情况为人体离接地极较远，站立处地面电位已接近参考地电位，这时 $U_t=U_a$，它包括了故障电流在接地电阻上的压降和在接地 PE 线上的压降，为这二者之和。

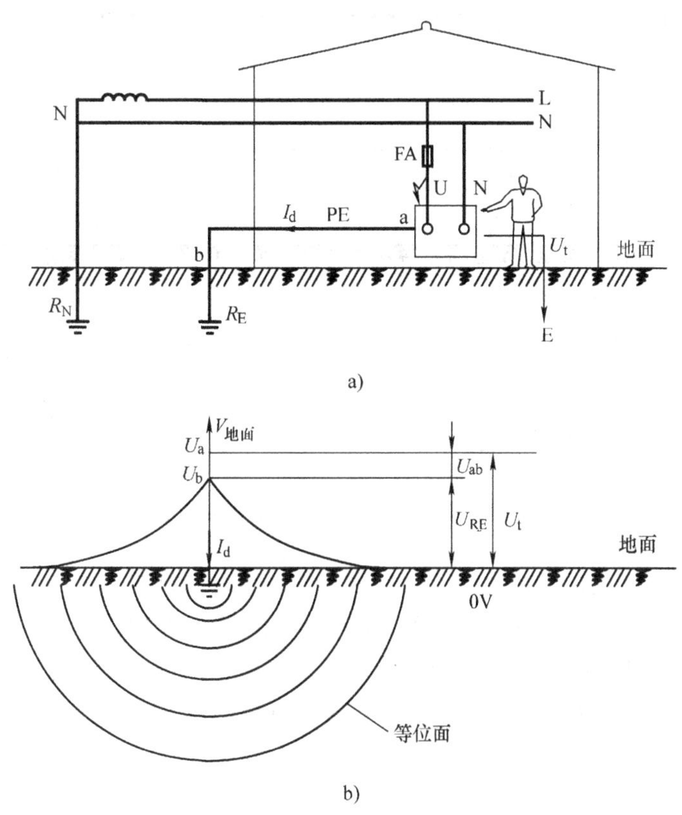

图 3-38　无等电位联结时的预期接触电压

如图 3-39a 所示为建筑物内有等电位联结的情况，此时已将进入建筑物的水管、暖气管、建筑物地板内钢筋等作了电气连接，形成了等电位联结体 EB，并与设备接地装置 R_E电气连接。图 3-39b 表示当设备发生单相碰壳故障时接地极散流场的等位面和地面上的电位分布，从图中可见，等电位联结体 EB 为导体，可认为是等位体，其电位约等于等电位联结板 e 处电位，只要人处于其作用范围以内，人体预期接触电压 U_t' 仅为 PE 线 ae 段上的压降，此时等电位联结体 EB 上电位与接地极上电位基本相等，因而在等电位联结体 EB 范围内的地面电位被抬高，使得人体接触电压被大幅降低。

2. 降低预期接触电压效果计算

仍以 TT 系统为例，估算等电位联结降低预期接触电压的效果。

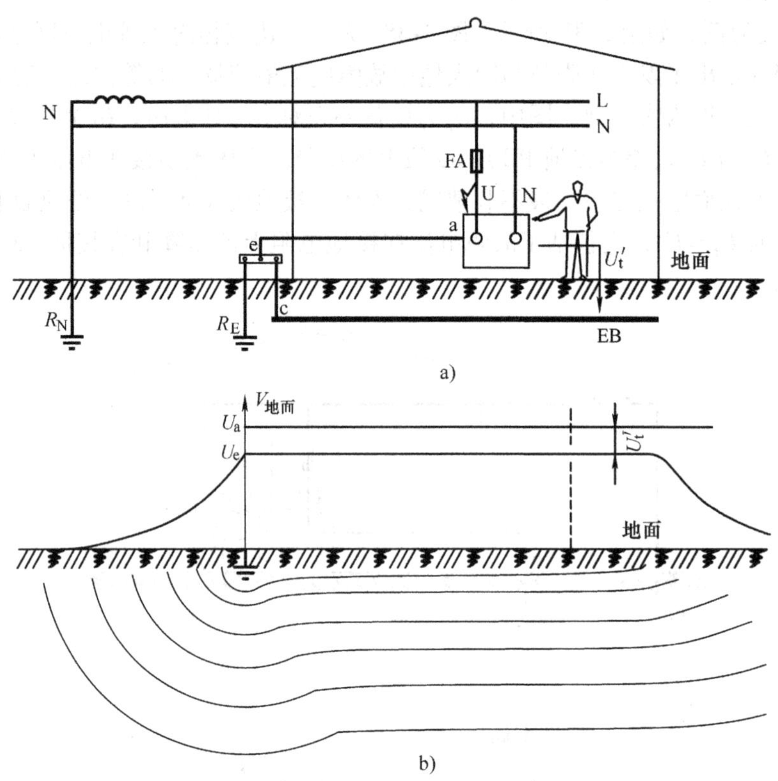

图 3-39　有等电位联结时的预期接触电压

图 3-40a、b 分别表示 TT 系统中无、有等电位联结时的接线。图 3-40b 中，因等电位联结体 EB 本身也在地中，可视为接地，R_{EB} 即为等电位联结体 EB 单独的接地电阻。但应指出，由于原接地装置和等电位联结体间的相互屏蔽作用，设备外壳的总等效接地电阻并不等于 $R_E /\!/ R_{EB}$，而是略大于 $R_E /\!/ R_{EB}$。将此等效接地电阻记作 R_E'，R_E' 满足关系

$$R_E /\!/ R_{EB} < R_E' < R_E$$

令

$$R_E' = R_E - \Delta R_E$$

ΔR_E 即等电位联结前后设备等效接地电阻的变化量。

图 3-40a 中无等电位联结情况下发生碰壳漏电故障时，等效电路如图 3-40c 所示，各电气参量计算如下：

接地故障电流 I_d

$$I_d = \frac{U_\varphi}{|Z_T + Z_L + Z_{PE} + R_E + R_N|}$$

设备外壳 a 对参考地电压 U_a

$$U_a = I_d |R_E + Z_{PE}|$$

人体预期接触电压 U_t

$$U_t = U_a = I_d |R_E + Z_{PE}|$$

式中　Z_T——变压器计算阻抗；

Z_L——相导体计算阻抗；

Z_{PE}——接地 PE 导体计算阻抗；

R_E——设备外壳接地电阻；

R_N——系统中性点接地电阻；

U_φ——相电压。

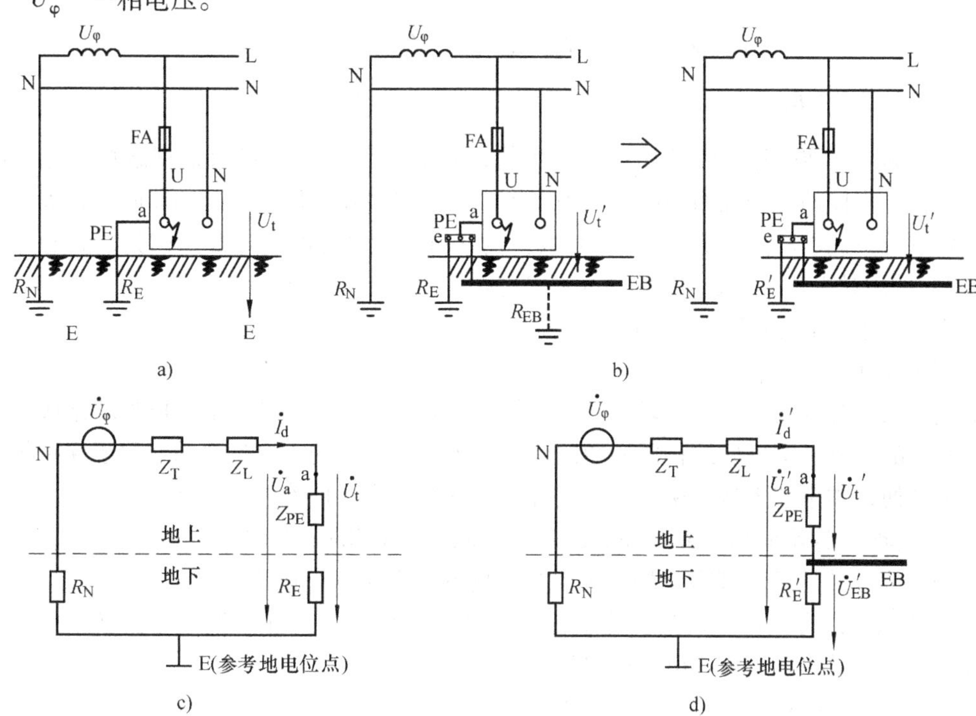

图 3-40　TT 系统等电位联结效果分析

图 3-40b 中有等电位联结情况下发生碰壳漏电故障时，等效电路如图 3-40d 所示，各电气量计算如下：

接地故障电流 I'_d

$$I'_d = \frac{U_\varphi}{|Z_T + Z_L + Z_{PE} + R'_E + R_N|}$$
$$= \frac{U_\varphi}{|Z_T + Z_L + Z_{PE} + R_E - \Delta R_E + R_N|}$$

设备外壳 a 对参考地电压 U'_a

$$U'_a = I'_d |Z_{PE} + R'_E|$$

等电位联结体 EB 对参考地电压 U'_{EB}

$$U'_{EB} = I'_d R'_E$$

人体预期接触电压 U'_t

$$U'_t = |\dot{U}'_a - \dot{U}'_{EB}|$$
$$\approx I'_d |Z_{PE} + R'_E| - I'_d R'_E$$
$$\approx I'_d |Z_{PE}|$$

以上 Z_{PE} 量值远小于 R'_E，故相量差近似等于代数差。若令 $I'_d = I_d + \Delta I_d$（ΔI_d——等电位联结前后接地故障电流的变化量），则等电位联结前后接触电压降低值 ΔU_t 为

$$
\begin{aligned}
\Delta U_t &= |\dot{U}_t - \dot{U}'_t| \\
&\approx U_t - \dot{U}'_t \\
&= I_d |R_E + Z_{PE}| - I'_d |Z_{PE}| \\
&\approx I_d R_E + I_d |Z_{PE}| - (I_d + \Delta I_d) |Z_{PE}| \\
&= I_d R_E - \Delta I_d |Z_{PE}|
\end{aligned}
$$

ΔU_t 即为等电位联结所降低的预期接触电压值，其上限为 $I_d R_E$。形象地理解接触电压降低的原因，在于人体站立处地面的电位被抬高了，故障电流在接地电阻上的压降不再加在人体上，接触电压只剩下故障电流在接地 PE 线上的压降。因 ΔI_d 直接与 ΔR_E 相关，故若 ΔR_E 较大，或 PE 线阻抗 $|Z_{PE}|$ 较大，都会削弱等电位联结降低接触电压的效果。

对 TN 系统，等电位联结效果可作同样分析。

3. 等电位联结类别

等电位联结分为功能等电位联结和保护等电位联结。电击防护中的等电位联结属于保护等电位联结的一种，本书后续将要介绍的建筑物雷电防护中的等电位联结也属于保护等电位联结。为方便，本书如无特别说明，所述等电位联结均指保护等电位联结。

4. 建筑物的总等电位联结（Main Equipotential Bonding，MEB）

总等电位联结是以建筑物“栋”为对象实施的等电位联结措施。

（1）作法　总等电位联结是在建筑物电源进线处采取的一种保护等电位联结措施，它要求在电源进线处将以下可导电部分电气连接。

1）进线配电箱的 PE（或 PEN）母排。

2）公共设施的金属管道，如上下水、热力、煤气等管道。

3）应尽可能包括建筑物金属结构。

4）如果有人工接地，也包括其接地导体。

5）通信电缆的金属护套，但需征得通信电缆业主或营运管理者同意。

总等电位联结系统示例如图 3-41 所示。应注意在对煤气管道作等电位联结时，应采取措施将管道室内段与室外段绝缘隔离，以防止将煤气管道作为接地电流的散流通道。为防止雷电击穿隔离段在煤气管道内产生火花放电，在隔离段两端应跨接火花放电间隙。另外，图中保护接地与防雷接地原本是各自独立的接地极，若需要采用共同接地，可像图中那样通过 MEB 板将它们连接起来。MEB 板是一块有多个连接螺栓的铜质母排，因为要定期对等电位联结进行检测，该母排通常置于一个专用箱（盒）中，与有带电部分的配电箱、屏等完全分开，明装或暗装在墙上。为保证安全，MEB 板箱（盒）应有带锁的门，专门的管理人员才能打开。

若建筑物有多处电源进线，则每一电源进线处都应作总等电位联结，各个总等电位联结板还应互相连接。

图 3-42 为一办公楼的总等电位联结示例，图中预埋件为通过柱内主钢筋从接地极上引出的接地连接板。

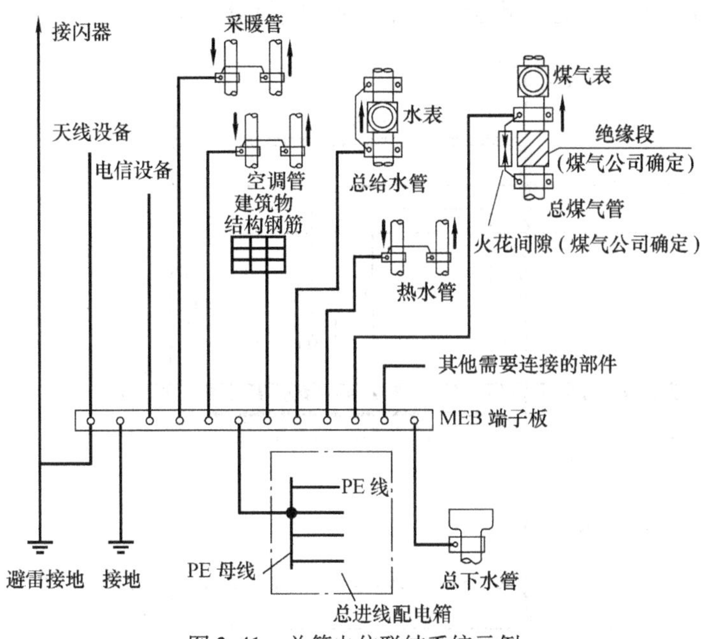

图 3-41　总等电位联结系统示例

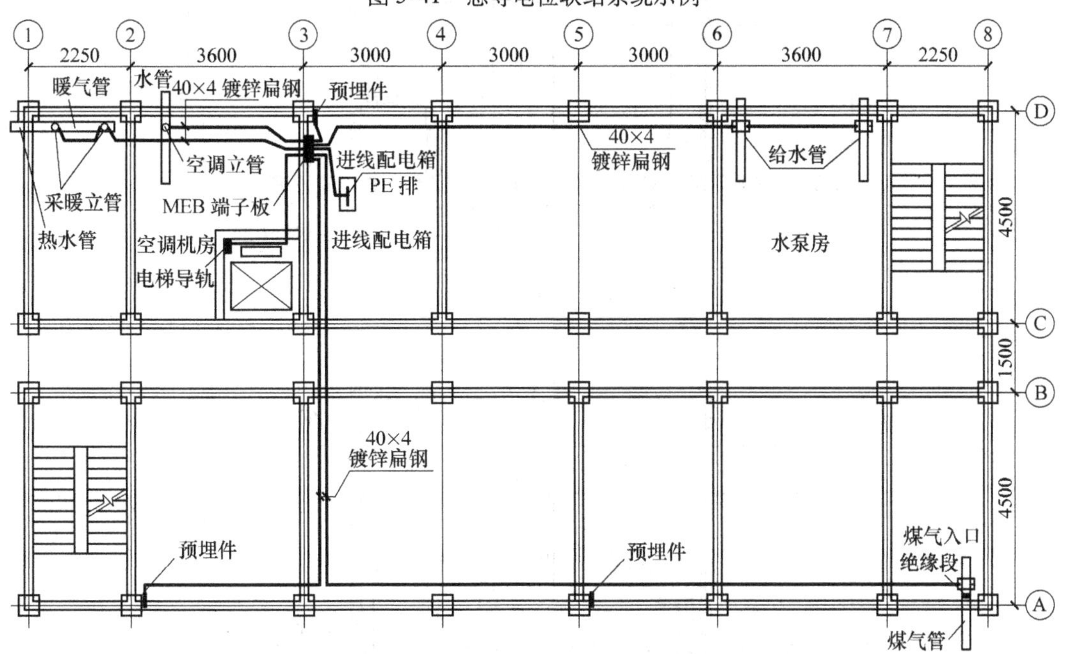

图 3-42　办公楼的总等电位联结示例

（2）作用　总等电位联结的作用在于降低不同金属部件间的电位差，从而降低建筑物内间接电击的接触电压，并消除自建筑物外经各种金属管线引入的危险电压。

如图 3-43a 所示，防雷接地和系统重复接地采用共同接地，当雷击接闪器时，雷电流会在接地电阻上产生很大的对地电压，这个电压通过接地极传导至 PE 线，若金属管道未作等电位联结，则人员同时触及金属管道和设备外壳就会发生电击危险。若人员站立处距接地极较远，即使没有触及金属管道，也会发生手、脚间电击事故。

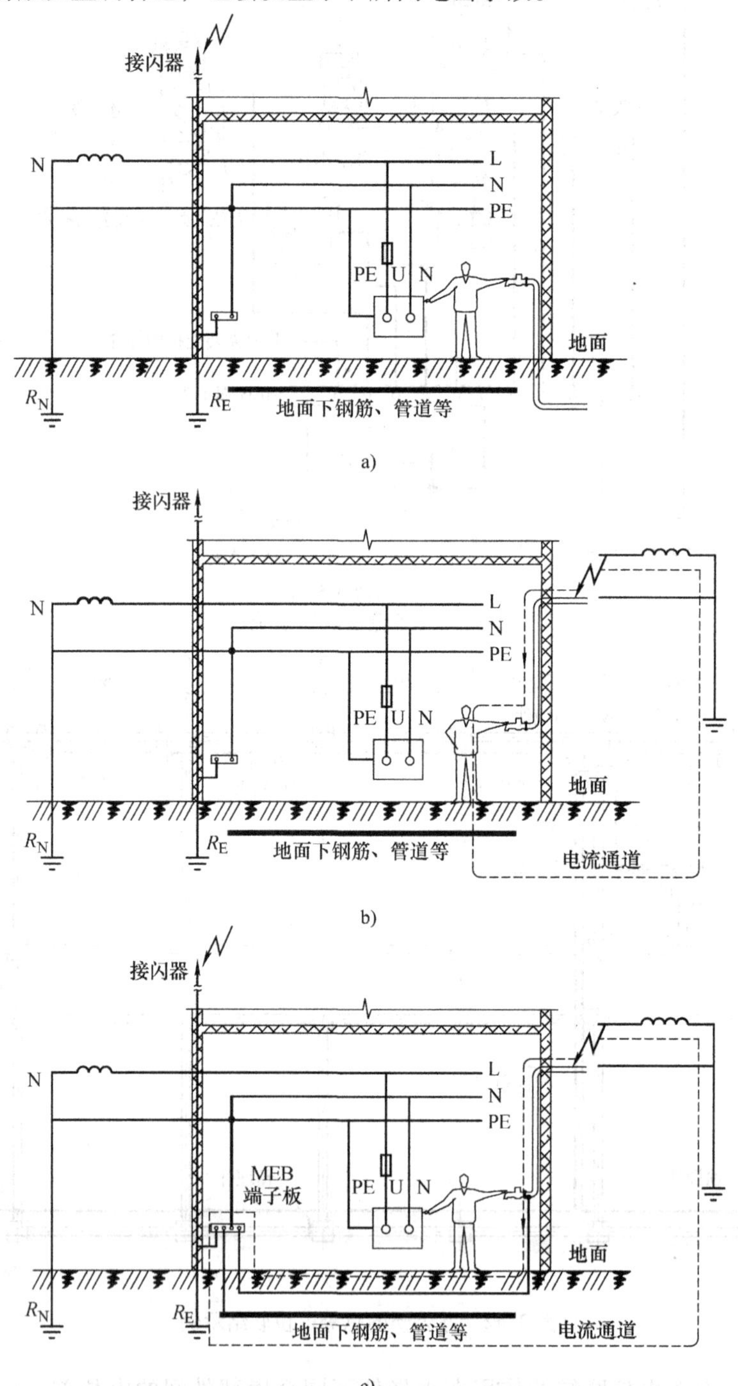

图 3-43　无总等电位联结的危险及总等电位联结作用示例

如图 3-43b 所示，进户金属管道未作等电位联结，当室外架空裸导线断线跌落到金属管道上时，高电位会由金属管道引至室内，若人触及金属管道，则可能发生电击事故。

图3-43c所示为有等电位联结的情况，这时PE线、地板钢筋、进户金属管道等均作总导电位联结，此时即使雷电流在接地极上产生压降，或人员触及带电的金属管道，在人体上都不会产生危险电位差，因为地面、金属管道电位都被抬高到等电位联结端子板的电位。

5. 辅助等电位联结（Supplementary Equipotential Bonding，SEB）与局部等电位联结（Local Equipotential Bonding，LEB）

（1）SEB做法与作用　当自动切断电源的措施不能满足电击防护要求时，可采用辅助等电位联结予以弥补，做法是将可被同时触及的可能带不同电位的可导电部分用导体直接相连，以降低电位差。SEB还可能通过等电位联结构造短路环路，将电击危险转化成短路故障，靠过电流保护自动切断电源实施保护，示例见图3-32被分隔回路中的PE线。辅助等电位联结是低压系统故障防护的附加防护措施。

另一个示例如图3-44所示，展示采用了MEB和自动切断电源措施后电击防护仍然失防的可能性。讨论一栋高层建筑在底楼电源进线处做了总等电位联结的情况下，顶楼一个房间的电击危险性。顶楼房间中，分配电箱AP向固定设备M供电的回路设计电流超过32A，向手持设备H供电回路设计电流小于32A。由于是TN系统，设备碰壳漏电故障时靠过电流保护电器切断电源实施电击防护，切断时间对固定设备回路要求为5s，手持设备回路要求为0.4s。

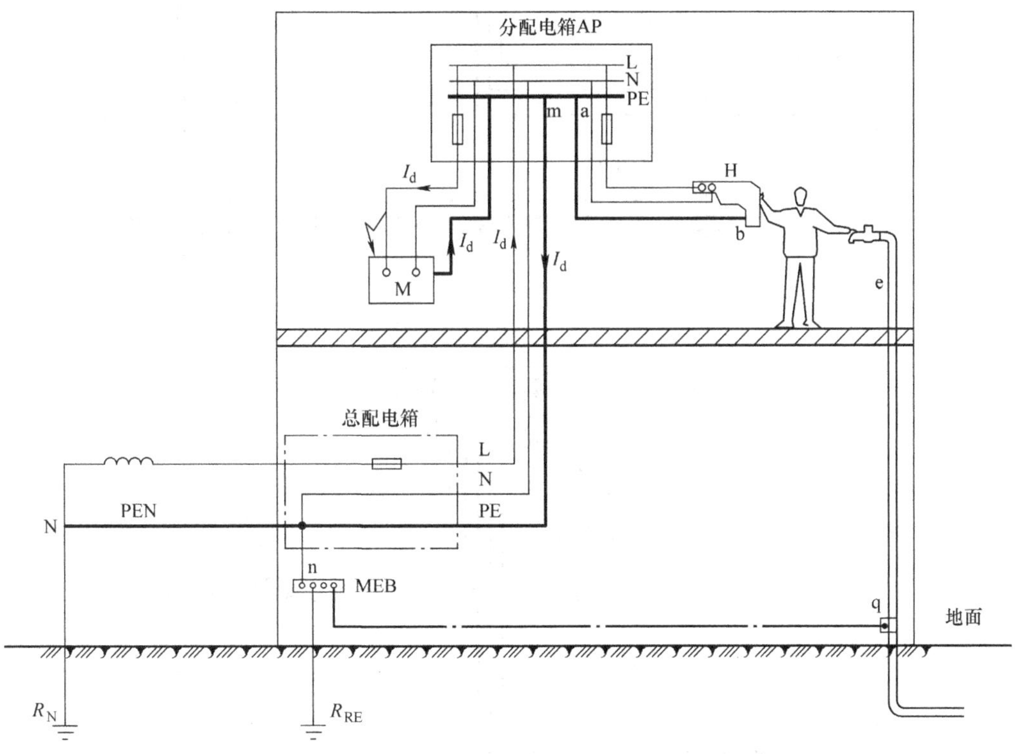

图3-44　总等电位联结和自动切断电源保护失防示例

当M发生碰壳故障时，其外壳上的危险电压会传导至PE母排，再通过PE线ab段传导至手持设备H，H本身并无故障，因此其保护装置不会动作。这时手持设备H的操作人员若同时触及装置外界可导电部分e（图中为一金属水阀），则人体将承受故障电流I_d在PE线mn段上产生的压降。因I_d为短路电流，量值很大，若PE线mn段又足够长，则该压降可能达到甚至大幅度超过安全电压量值，且持续时间可长达5s，这对故障电压持续时间不得超过0.4s的手持设备H来说是不安全的。

若将设备M与水管e用导体de作辅助等电位联结SEB，如图3-45a所示，则故障电流I_d被分成I_{d1}和I_{d2}两部分回流至MEB板，因$I_{d1}<I_d$，PE线mn段上压降比未作SEB时降低，从而使人一只手的触电点b点对MEB板的电压U_{bn}降低，同时I_{d2}在水管eq段和等电位联结导体qn段上产生压降，使人体另一只手的触电点e点对MEB板电压U_{en}升高，这样，人两手之间电位差$U_t=|\dot{U}_{be}|=|\dot{U}_{bn}-\dot{U}_{en}|$会大幅降低，从而降低电击危险性。

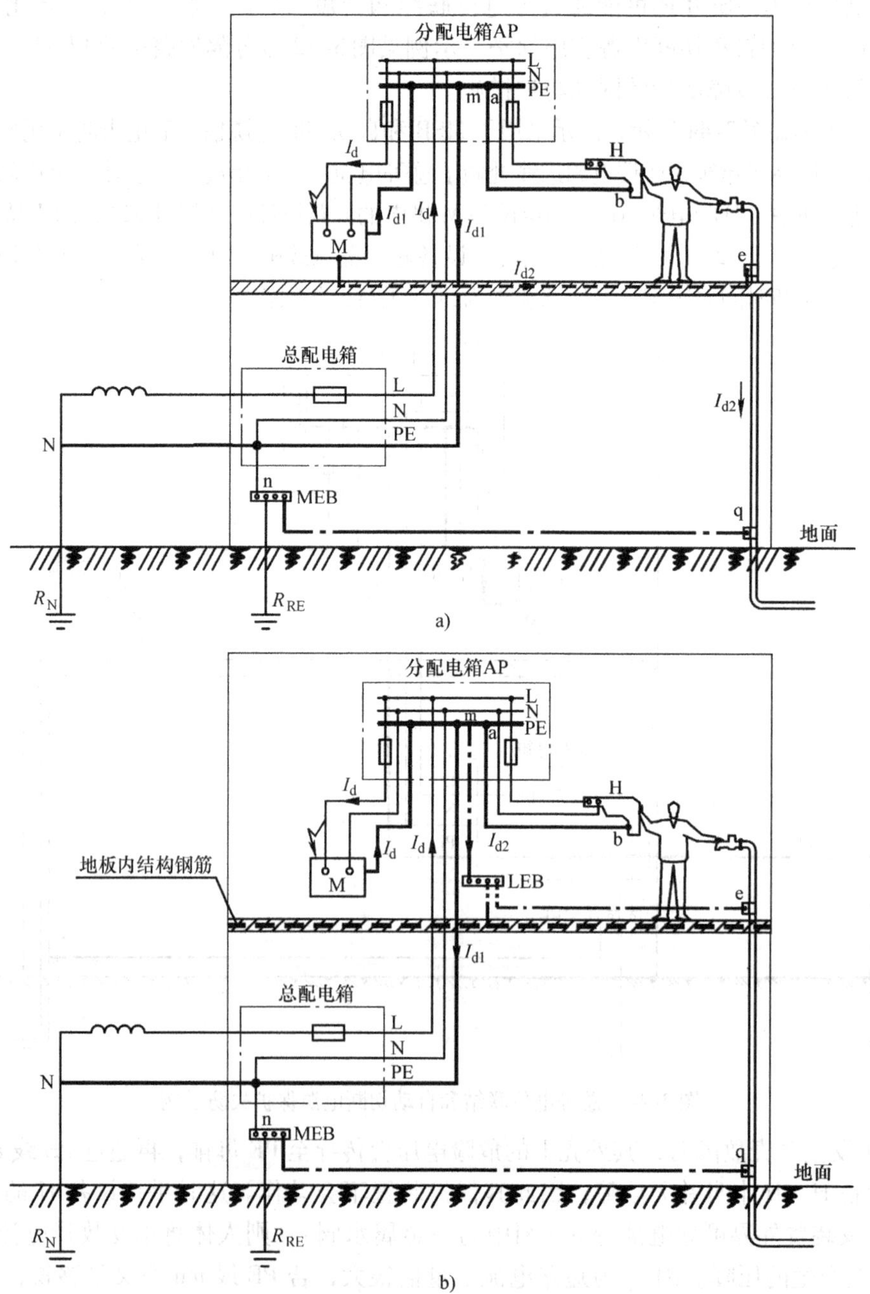

图3-45　辅助及局部等电位联结的作用

（2）LEB 做法与作用　局部等电位联结是多个辅助等电位联结在建筑物局部空间范围的一种实现方式。当作业场所范围内有多个对象需要作辅助等电位联结时，不方便将它们每两个都进行连接，可设置一块金属 LEB 板，将所有需要作辅助等电位联结的对象都接至这块 LEB 板上，如果需要还可以将建筑物的钢筋也连接至 LEB 板，相当于通过 LEB 板做中介实施了若干对辅助等电位联结。

图 3-45b 为实施局部等电位联结 LEB 的情况，其作用与图 3-45a 的 SEB 相同，预期接触电压降低到大约等于故障电流 I_{d2} 在导体 m - LEB - e 段上的压降，由于房间尺寸不会很大，该段导体阻抗很小，易于达到电击防护要求。

思考与练习题

3-1　电流通过人体时的生理状态有哪几种？哪些生理状态是有害的、哪些是致命的？与各种生理状态相对应的电气参量是什么？

3-2　人体阻抗由哪几部分组成？其量值大小与哪些因素有关？

3-3*　工程标准是如何从电流和电压的角度给出电击危险性判据的？正常环境条件下故障防护安全电压和人体阻抗分别是多少？对于工频交流情况，为什么电流人体效应的约定时间/电流区域曲线是唯一的，而约定时间/电压区域曲线却有多种形式？

3-4　试判断以下说法的正确性：

（1）电击防护 0 类设备可用于正常环境条件下的 TN 系统。

（2）电击防护Ⅱ类设备用于 TT 系统时，其外壳需单独接地。

（3）电击防护Ⅲ类设备可直接用于 220/380V 系统。

（4）所谓 TT、TN、IT 系统，都是针对电击防护Ⅰ类设备而言的。

3-5　试判断以下说法的正确性：

（1）电气设备的外壳是专门作电击防护用的。

（2）电气设备的外壳只是为保护设备自身安全而设置的。

（3）外壳防护等级不仅可以描述设备外壳的防护性能，还可以描述保护遮拦的防护性能。

（4）在公共场所，保护阻挡物这一电击防护措施是不可靠的。

3-6　如图 3-46 所示 220/380V 三相四线制 TT 系统，试计算固定设备发生相端子碰壳故障时，故障电流大小，以及电源中性点和各相导体对地电压量值。

3-7　如图 3-47 所示 220/380V 三相四线制 TN 系统，手持设备处相线与保护线间相保阻抗为 440mΩ。试计算手持设备发生相端子碰壳故障时，故障电流大小。若相线与保护线导体截面积完全相同且同在电缆缆芯中，忽略变压器短路阻抗，试计算正常和碰壳故障条件下电源中性点和各相导体对地电压量值。

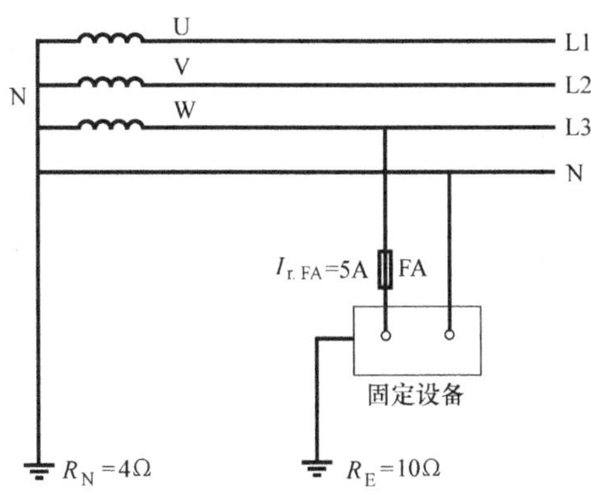

图 3-46　题 3-6 图

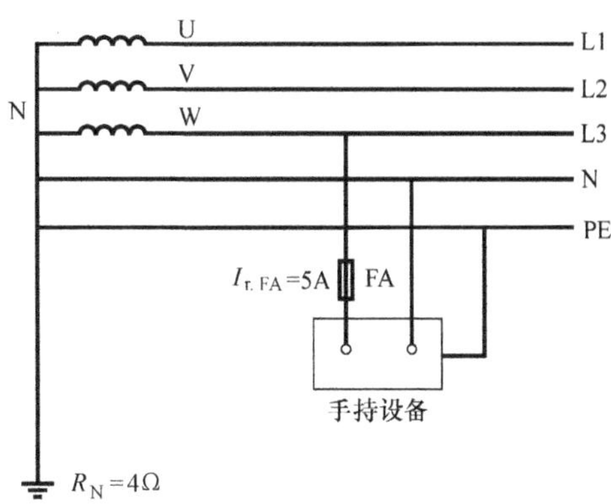

图 3-47　题 3-7 图

3-8　如图3-48所示标称线电压380V的IT系统，查阅表3-10，不考虑设备的对地泄漏电流，试回答以下问题：

（1）试分别计算设备1或设备2碰壳接地时，接地故障电流大小，以及故障设备外壳预期接触电压大小，并判断否有电击危险？

（2）设备1或设备2碰壳接地时，剩余电流保护电器RCD1、RCD2、RCD3所测得的剩余电流分别是多少？

（3）设备3额定电压为220V，通过一台380/220V变压器向其供电。若设备3发生碰壳接地故障，情况与设备1、2碰壳是否会有所不同？

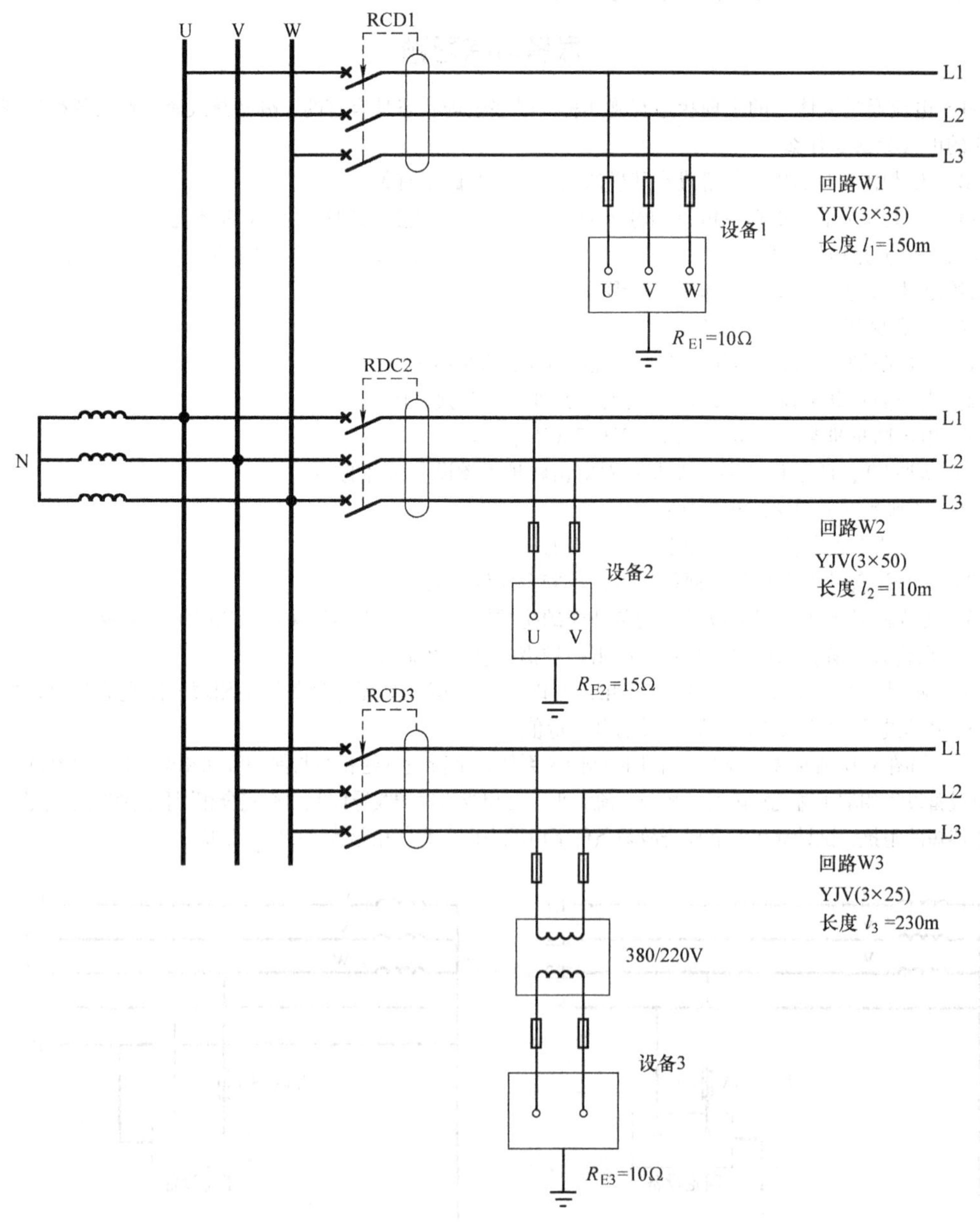

图3-48　题3-8图

3-9　如图 3-49 所示，因施工错误，插座 N 线和 PE 线接反，相当于单相用电设备接到相线和 PE 线上供电，外壳接到 N 线。试分析如果没有 RCD，该设备是否能正常运行；设置了如图所示 RCD 后，情况又会如何？

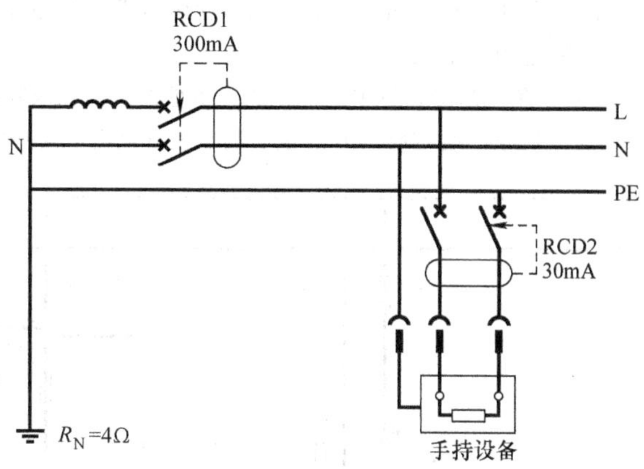

图 3-49　题 3-9 图

3-10　如图 3-50 所示 220V 有重复接地的 TN－C－S 系统，为室内设备供电，其中设备 1 直接供电，设备 2 采用了电气分隔，设备 3 采用 SELV，设备 4 采用 PELV 。若室外线路发生相线断线，电源侧断头跌落在人行道金属护栏上，等效接地电阻 R_E =6Ω，忽略电网阻抗，请回答以下问题：

（1）室内设备 1～4 是否停电？

（2）设备 1～4 中，哪些外壳带电、哪些不带电？带电设备外壳对地电压量值多大？

（3）请至少列举 3 种措施，避免带电设备外壳产生电击事故。

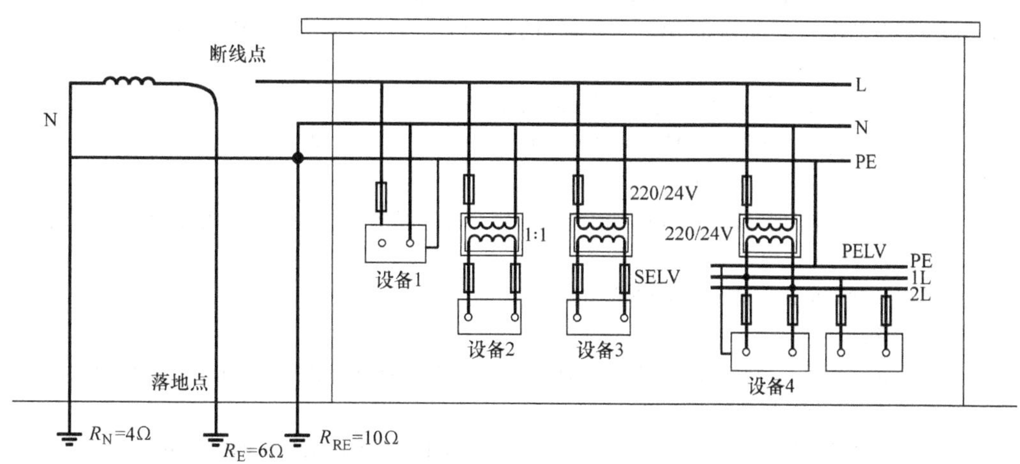

图 3-50　题 3-10 图

3-11*　如图 3-51 所示为工频交流 220V 单相系统，请分析回答以下问题：

（1）当设备 A 发生相端子碰壳故障时，试计算设备外壳对参考地电压。忽略线路、电源及设备金属外壳阻抗。

（2）设备 A 发生碰壳故障时，故障电流约为 15A，该电流流过熔断器。试分别计算设备 A 为一台额定功率 100W 的电阻炉和一台额定功率 2.5kW、功率因数为 0.60 的变频空调机时，设备 A 的额定电流，并合理选择熔断器熔体额定电流。判断以上两种条件下是否能通过熔断器熔断来切除故障。熔体额定电流规格为（单位：A）：4、6、10、16、20、25。

（3）当设备B发生碰壳故障时，若站在地上的人接触到设备外壳，试估算人体通过的电流为多大。人体阻抗按纯电阻1000Ω取值，忽略线路和隔离变压器串联阻抗及设备金属外壳阻抗，隔离变压器二次侧线路对地电容按0.75pF/m取值，长度为12m。（提示：画出隔离变压器T二次侧等效电路，等效电路应包含线路与大地间的电容，但忽略线路电阻和电抗）

（4）设备A电源侧相线L发生断线故障，且电源侧断头掉落地面。但在故障期间，有人在设备A的相接线端子上遭受电击，试解释这一现象。此时设备B的接线端子上有电击危险吗？

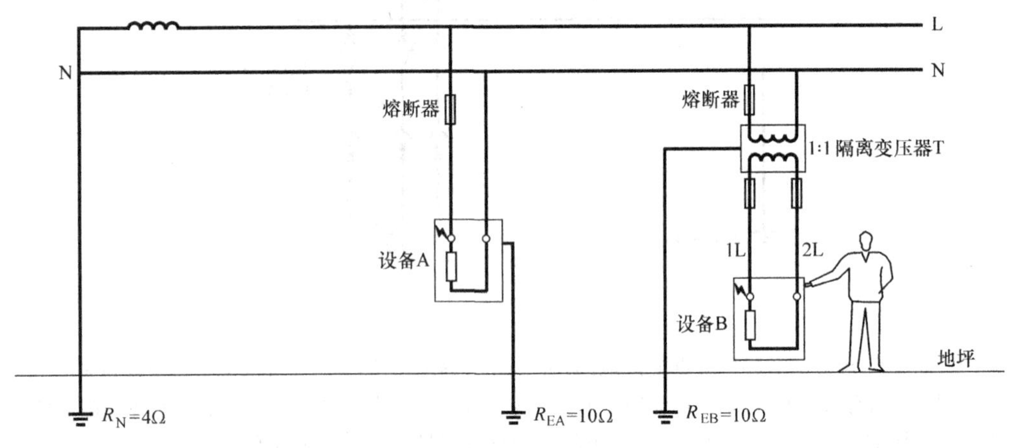

图3-51　题3-11图

3-12　试判断以下说法的正确性：

（1）剩余电流断路器都具有与低压断路器相同的过电流保护功能。

（2）额定剩余动作电流30mA的RCD，当通过的剩余电流超过30mA时一定会动作，而低于30mA时也可能会动作。

（3）自耦变压器不能用作为电气分隔防护的隔离变压器。

（4）单相用电设备的相导体与中性导体是绝缘的，因此它们之间实现了电气分隔。

3-13　试判断以下说法的正确性：

（1）只要将室内地板和伸臂范围内的墙面施以绝缘，且绝缘满足非导电环境对绝缘电阻和耐压的要求，就一定不会在室内发生电击事故。

（2）总等电位联结可以在整个建筑物范围内完全消除电位差。

（3）等电位联结就是接地。

（4）接地也是一种等电位联结，可将大地与接地的可导电部分间等电位。但由于大地的导电性不如金属导体，等电位效果不及金属间的等电位。

3-14　某220/380V TN－S系统中，某用电设备处只设置了低压断路器，由瞬时过电流脱扣器作过电流保护，其动作电流为630A。为满足间接电击防护要求，该设备回路的相保阻抗最大不能超过多少？

第四章　电击防护工程应用

上一章较为详细地介绍了低压电气装置主要的电击防护技术，如何将这些技术有效地应用到一个具体的工程对象上，除了要考虑工程对象的具体情况以外，还必须遵守一系列技术法规的规定。合理选用和有效组合各种技术措施，可以形成有效的防护体系，技术法规正是在长期工程实践基础上，对行之有效的做法作出的肯定。就技术原理而言，任何可能性都是可以探讨的，但工程实践必须遵守法规的约束。本章主要依据现行国家标准，对电击防护技术措施在供配电工程中的应用进行讨论。

第一节　低压系统电击防护工程体系

电击防护是低压系统安全防护体系的一个组成部分，它与安全防护的其他部分多有关联。电击防护措施涉及材料、设备、系统和环境，它们之间有技术和标准上的衔接与配合。为了正确实施电击防护工程，有必要对这些关系进行梳理。

一、低压电气装置的安全防护与电击防护

1. 电击防护与其他安全防护之间的关系

国家标准 GB/T 16895.1《低压电气装置　第1部分：基本原则、一般特性评估和定义》对安全防护的目的做了明确的描述，即为人员、家畜和财产提供安全的规则，防止电气装置在合理使用中可能发生的危险和损坏。该标准列举的安全防护的具体内容及其与电击防护的关系如表4-1所示。

表4-1　低压电气装置安全防护及其与电击防护关系

安全防护名称	防护内容	与电击防护的关系
电击防护	防电流通过人、畜躯体产生的伤害，含基本防护和故障防护（指单一故障条件下的防护）	以电击防护为目的
热效应保护	防电气设备产生的热积聚或热辐射产生的危害，如：使物料燃烧或老化，人、畜灼伤，损坏设备安全性能等	降低设备因绝缘破坏发生漏电的概率
过电流保护①	防导体电流超过规定承载能力引起的高温或机械应力，主要是短路保护和过负荷保护	自动切断电源的过电流保护有可能兼作电击防护用
故障电流保护①	因绝缘损坏而流经故障点的电流称为故障电流。故障电流保护除了防导体及装置其他部分被故障电流损坏外，还应防止其对环境中人、畜及财产产生损害	避免导体（尤其是对电击防护至关重要的保护导体）因故障电流而损坏。对TT、TN、IT系统提供切断电源的间接电击防护
电压扰动防护和防电磁干扰	防不同电压供电电路的带电部分间故障对人、畜产生伤害；防过电压、欠电压对人、畜及财产的危害；防电磁骚扰对电气装置产生干扰及损害	可防高电位传导和感应电压产生的电击。部分防护措施可能与电击防护措施产生冲突，如电涌保护可能导致RCD误动作等

（续）

安全防护名称	防护内容	与电击防护的关系
电源中断防护	对电源中断可能产生的危害进行防护	部分措施可能与电击防护措施冲突，如火灾自动报警系统供电电源不能设置剩余电流保护等

① 过电流保护与故障电流保护有交集，但又有所不同。如短路保护既属于过电流保护，又属于故障电流保护，但过电流保护中的过负荷保护则不属于故障电流保护；再如IT系统设备的碰壳接地故障电流很小，因此其保护（如剩余电流保护）不是过电流保护，但接地故障电流是因设备基本绝缘损坏产生的，属于故障电流，因此其保护是故障电流保护。

表4-1中的6种安全防护，有的是按危害的作用方式划分的，如电击防护和热效应保护；有的是按危害的肇因划分的，如电压扰动防护和电源中断防护。因此这6种安全防护不是安全防护的逻辑分类，而是工程实践中低压电气装置安全防护体系内容的罗列。由此带来的结果是各种防护措施之间可能有交集，或具有某些相关性，相互之间可能达成配合，也可能产生冲突。在工程实践中，电击防护必须放在安全防护这个大的体系中进行考虑，需仔细处理各种防护措施之间的关系。

2. 工程建设阶段实现安全防护目标所涉及的环节

工程建设包括规划设计、施工安装、检查验收等环节，安全防护体现在以下方面：

（1）设计　设计应有两方面考虑：一是功能性考虑；二是安全性考虑。前者是目的，后者有更严格的规则。电源及负荷的特性、环境条件、导体的截面积、布线方式和安装方法、保护设置、应急控制、检修隔离、安装与维护的空间与易接近性等，是设计阶段安全防护应考虑的主要因素。

（2）电气设备选择　设备选择本是设计的内容之一，此处单列主要是为了强调其重要性。选用电气设备首先应明确其所遵循的标准，然后考虑特性参数、安装条件等因素，还应考虑所选设备对其他设备及系统的有害影响等问题。

（3）电气装置安装与检验　安装应按相关的法规进行，安装人员应具备相关资质。电气装置在投运前和任何重要变更之后，都应进行检验，在正常运行阶段也需要作定期检验。

二、电击防护措施的分类及组合

电击防护措施有不同的分类方法，以下是工程中常见的两种划分方式，其中前一种划分方式符合最新的IEC和国家标准，见GB/T 17045—2008《电击防护　装置和设备的通用部分》和GB/T 16895.21—2011《建筑物电气装置　第4-41部分：安全防护　电击防护》，而后一种划分方式也在广泛使用。

1. 按基本防护、故障防护及附加防护的分类与组合

（1）基本概念　基本防护指正常条件下的防护，通常为直接接触防护；故障防护指单一故障条件下的防护，通常为间接接触防护，但也可能有个别情况为直接接触防护。单一故障是指正常时可触及的非危险带电部分或不带电的可导电部分变成了危险带电部分，或原本不可触及的危险带电部分变成了可触及的。

基本防护应由正常条件下能防止与危险带电部分接触的一个或多个措施组成，故障防护应由附加在基本防护上的独立的一项或多项措施组成。常见的基本防护与故障防护措施的要素如表4-2所示。防护措施要素与具体的防护措施可能有不同的名称，如电压限制，具体措施可能是SELV或PELV等。

表 4-2　常见的基本防护与故障防护措施的要素

防护类别	基本防护	故障防护
措施要素举例	（固体）基本绝缘，遮拦或外护物，阻挡物，置于伸臂范围之外，电压限制，稳态接触电流和电荷限制，局部地电位均衡等	附加绝缘，保护等电位联结，保护屏蔽，自动切断电源，简单分隔，非导电环境，局部地电位均衡等

除基本防护和故障防护以外，还有一类防护叫附加防护，它是指不能独立用作基本防护或故障防护，但能对基本防护或故障防护起补充作用的保护措施，最常见的是动作电流不超过 30mA 的剩余电流保护作直接电击的附加防护，它不能取代绝缘、外护物等基本防护措施单独作为直接电击防护措施，但可以在使用者疏忽或其他防护措施失效（但并未发生故障，如手持金属工具使置于伸臂范围外防护措施失效）条件下作直接电击保护。除此之外，辅助等电位联结也是一种常用的附加防护措施，用于故障防护的附加防护。

将兼有基本防护和故障防护功能的单一防护措施称为加强的防护，如加强绝缘、符合要求的限流源等。

常用的防护措施列举如下。其中“特定人员”指熟练技术人员或受过培训的人员，以及在他们监督下的人员，笼统地说就是专业人员。通常只有在电气专业场所才能做到对人员属性的限制，如变电所、配电间等处。

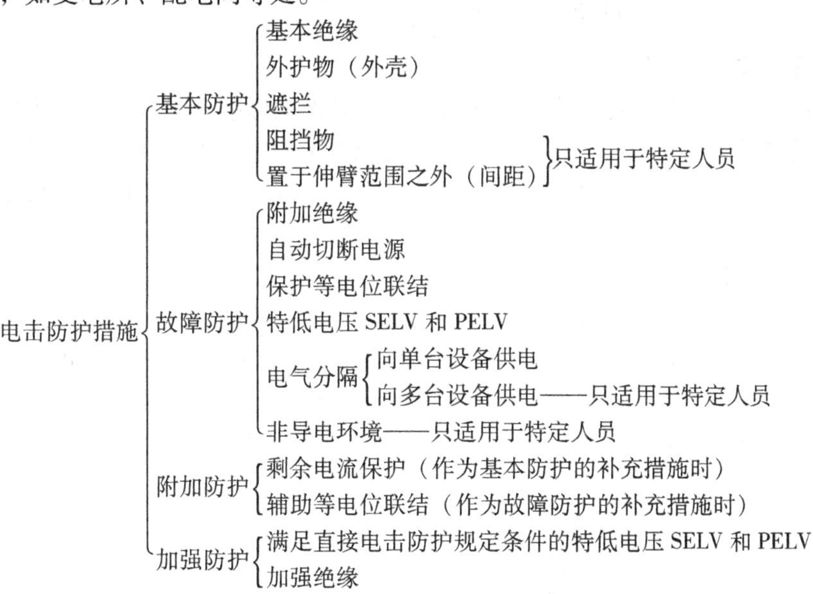

（2）防护措施的组合　电击防护措施应该按以下方式组合。

1）由基本防护措施和独立的一种或若干种故障防护措施适当组合。

2）或者采用兼有基本防护与故障防护功效的加强防护措施。

3）一些特定的部分可以不采用故障防护措施，包括：①附设在建筑物上，且位于伸臂范围之外的架空线绝缘子的金属支架；②架空线钢筋混凝土杆塔内触及不到的钢筋；③尺寸很小（约小于 5cm×5cm），或所在位置不可能被人抓住，或不会与人有大面积接触，且难以与保护导体可靠连接的外露可导电部分。

2. 按防护措施实施部位的分类

将现状供配电工程中常用的电击防护措施按所实施的部位，作如下归纳。其中“特定人员”的含义同上。

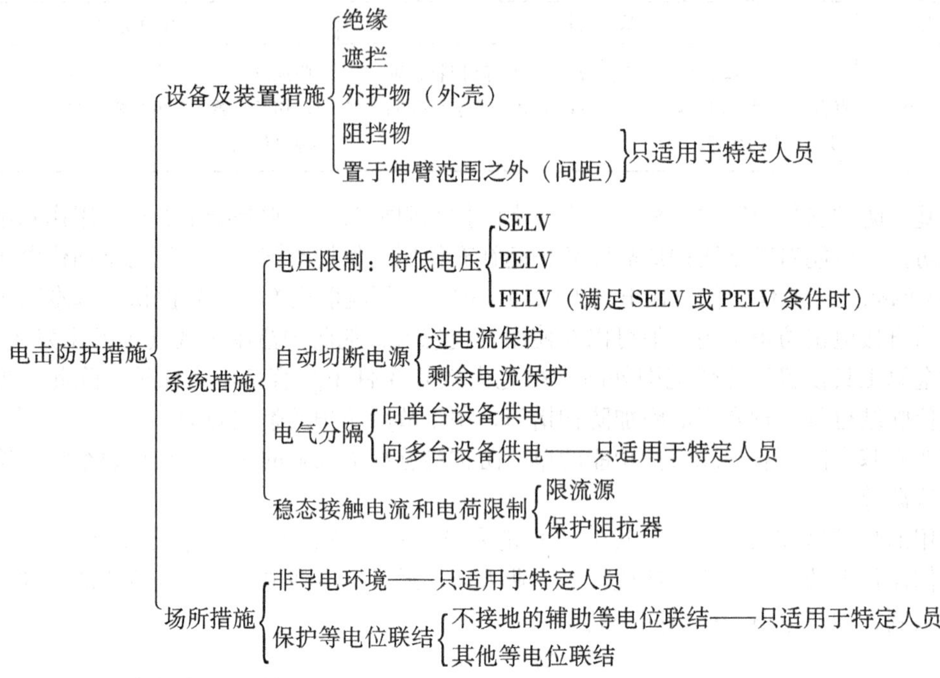

三、外界影响与电击防护

电击防护措施的选用，必须考虑防护场所环境状况的影响。工程界主要从两个方面给出了规则，一是考虑人的能力、人体电阻以及人与地电位的接触等条件，二是罗列一些常见的特殊装置或场所。前者按单一条件考虑问题，后者按工程对象综合条件考虑问题，因此前者的规则也是后者的依据之一。

1. 人的能力 BA

人的能力指应对电击危险性的能力，分为5种情况：BA1——一般人员，指未受过专业培训的人；BA2——儿童；BA3——残疾人，指不能自主支配身体和智力的人；BA4——受过培训的人，如操作、维修人员等；BA5——熟练技术人员，如工程师、技术员等。人的能力与电击防护措施关系非常具体，如前面所述的阻挡物和置于伸臂范围以外的防护措施，只能用于受过培训的人 BA4 或熟练技术人员 BA5，以及在他们监督下的人员，所以在公共场所不能采用。

2. 人与地电位的接触条件 BC

人与地电位接触划分为4种情况：BC1——不接触，一般指非导电环境；BC2——不频繁接触，指通常情况下人员不与场所中外界可导电部分接触，或不站在导电地面上；BC3——频繁接触，指频繁地与场所中外界可导电部分接触，或站立在地面上，场所中外界可导电部分数量既多面积又大；BC4——连续接触，指浸在水中，或长时间固定地同外围金属部分接触，而要中断此接触的可能性是受限的。

以上 BC 条件与电击防护措施的关系非常具体，比如：自动切断电源的措施和电气分隔措施适用于 BC1～BC4，但电气分隔措施应用于 BC4 条件时，一台隔离变压器仅限于为一台移动设备供电；再如，不接地的辅助等电位联结防护只允许在 BC1 条件下采用。还有很多措施，如特低电压、非导电环境等，必须满足给定的一系列安全条件，才能用于指定的 BC

条件场所。

3. 特殊装置或场所

国家标准 GB 16895. ××《建筑物电气装置　第7部分：特殊装置或场所的要求》是一部系列标准，列出了一系列特殊装置与场所的电击防护要求，与民用建筑相关的如装有浴盆或淋浴盆的场所、游泳池、医疗场所等，与生产相关的如施工和拆除场所、农业和园艺设施的电气装置等，特殊的装置如特低电压照明装置、太阳能光伏电源供电系统等。

第二节　低压系统接地形式和用电设备电击防护类别选择

系统接地形式和用电设备电击防护类别的选用，与采用何种电击防护措施有密切的关系。

一、低压系统接地形式选择及其与电击防护的关系

首先应明确以下几点：

1）低压系统接地形式选择关联系统多方面的特性，电击防护只是其中之一。

2）无论何种系统接地形式，只要正确地执行了设计、安装和操作规范，就人身安全而言，效果都是相同的。但选择不同的接地形式，防护措施可能有所不同。

3）系统接地形式的选择，不仅是技术原理问题，还与工程条件相关。综合工程项目各方面条件，系统接地形式在技术合理性等方面有选择的空间。

1. 影响接地形式选择的因素分析及选择推荐

接地形式选择主要应考虑配电网的情况和负荷的情况，以及外部影响等其他一些条件，除规范有明确要求外，其选择条件示例如表4-3所示。

表4-3　低压系统接地形式选择条件示例

<table>
<tr><th colspan="3" rowspan="2">工程条件</th><th rowspan="2">影响因素</th><th colspan="3">接地形式</th></tr>
<tr><th>推荐</th><th>可用</th><th>不宜</th></tr>
<tr><td rowspan="6">配电网络</td><td rowspan="2">网络规模大</td><td>现场接地条件良好（接地电阻≤10Ω）</td><td rowspan="2">网络规模大表明故障多发，故障防护的重要性更高。TN－S系统将设备外露可导电部分接至电源地，可规避负荷现场接地条件较差的问题</td><td></td><td>TT，TN，IT均可</td><td></td></tr>
<tr><td>现场接地条件较差（接地电阻＞30Ω）</td><td>TN－S</td><td>TT</td><td>TN－C，IT</td></tr>
<tr><td colspan="2">雷电较强地区</td><td>IT系统中性点对地电涌保护器被击穿可能性增大</td><td>TN</td><td>TT</td><td>IT</td></tr>
<tr><td colspan="2">对地泄漏电流大（＞500mA）</td><td>TT、IT系统靠RCD切断接地故障电流，RCD可能因泄漏电流大而误动</td><td>TN</td><td>TT，IT</td><td></td></tr>
<tr><td colspan="2">有户外架空线</td><td>架空线相导体故障接地导致电源中性点对地电压升高，TN系统会将该电压传导至所有接地设备外壳，且PE线断线可能性大。IT系统因户外条件差，电源不接地条件难以长期保证（尤其是有N线情况）</td><td>TT</td><td>TN</td><td>IT</td></tr>
<tr><td colspan="2">应急备用发电机组</td><td>IT系统供电可靠性高。TN系统故障电流大，容易损坏发电机</td><td>IT</td><td>TT</td><td>TN</td></tr>
</table>

（续）

工程条件		影响因素	接地形式		
			推荐	可用	不宜
负载	对大故障电流敏感设备	如电动机等，TN 系统碰壳即单相短路，故障电流大	IT	TT	TN
	绝缘水平低的设备	IT 系统无电源接地箝位，且一次接地可继续工作，接地故障时非故障相对地电压升高且持续。TN 系统因电源接地点箝位，且大多数接地故障被短路保护迅速切除，故障电压不高且持续时间短	TN	TT	IT
	大量相中单相负荷（即相电压单相负荷）	碰壳故障概率大，TN－C 电击防护性能差。IT 系统一般不引 N 线，不能为相中单相设备供电	TT，TN－S		IT，TN－C
	有危险性的设备	主要指升降机、传送带等设备，等电位联结靠滑动接触实现，且频繁动作易引发事故	TN	TT	IT
	大批量机床等设备	在维护条件和水平高的车间里，TN－C 系统的有效性可得到较高水平保证。TT 系统的设备接地在车间不易实施。IT 系统通常为局部系统，通过在原系统中装设隔离变压器局部实现	TN－S	TN－C，IT	TT
其他	通过 Y－Y 绕组变压器提供电源	变压器零序阻抗过大，导致 TN 系统相保阻抗大，过电流保护灵敏性降低	TT	IT 无 N 线	IT 有 N 线
	有火灾危险的房屋	TN－C 系统不能实现防火灾的剩余电流保护。IT 系统故障电流小，不易引起电弧或高热	IT	TN－S，TT	TN－C
	低压用户可能因用电量增加改造为中压用户	后期需自建变电所，前期 TT 系统负荷侧接地与电源无关，改建后不需重新处理	TT		
	需经常改动的电气装置	TN、IT 系统安全管理要求更高，有变动时需高水平专业人员处理	TT		TN，IT
	不能保证接地回路电气导通性的装置	如施工现场，老旧装置等。TN－C 系统 PEN 线断线后果严重，IT 系统电源中性点对地绝缘难以保证	TT	TN－S	TN－C，IT
	电子设备	TN－C 系统 PEN 线电流有干扰，TN－S 系统过电压水平低	TN－S	TT	TN－C

2. 不同接地形式系统共存的方式

有的情况下，要求同一个低压系统有不同的接地形式，通常有两种方式满足这种要求。

第一种方式是按电源变压器划分不同的接地形式，如图 4-1 所示，两台变压器分别形成 TN－S 和 IT 系统。如果变配电所中一个电源是变压器，另一个电源是自备发电机，这种方式也可行。现状高层建筑部分应急发电机系统采用 IT 系统，与采用 TN－S 系统的变压器共同为消防负荷供电，就是采用的这种方式。这种情况下，如果两个电源有向同一负荷供电，如图中的消防风机，则 IT 系统的第二个“T”（消防风机外露可导电部分接地），就是 TN 系统的第一个“T”（TN 系统电源接地）。必须一个电源切断后，另一个电源才能投入。

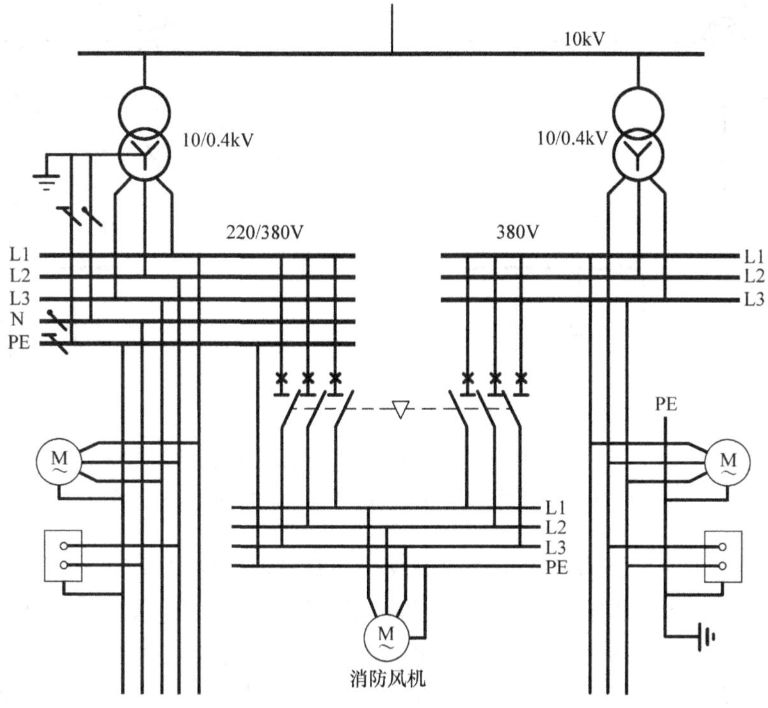

图 4-1　通过不同变压器实现 TN 与 IT 系统共存

如果是 TN 与 TT 系统共存，则应注意两台变压器的中性点接地应该是相互独立的，否则 TT 系统设备碰壳故障导致电源中性点对地电压升高时，故障电压会沿着 TN 系统 PE 线传导至所有接地设备外壳。当高压设备保护接地与变压器低压侧中性点接地共用接地装置时，应特别注意不要使两台变压器的中性点接地通过高压侧设备外壳产生电气连接。

第二种方式是在一种接地形式系统中通过低压/低压变压器构造局部的另类接地形式系统，如图 4-2 所示。图 4-2a 是在 TN－S 系统中构造了一个局部的 IT 系统，图中 IMD 是 IT 系统中性点对地绝缘监视器，为高阻抗装置；图 4-2b 正好相反。这两者都是利用一台 1∶1 变压器作为局部另类接地形式系统的电源。有的出版物将局部另类接地形式系统称为“孤岛”，为避免与微电网同一术语混淆，本书不采用这一称谓。

二、用电设备电击防护类别选择及其与电击防护的关系

用电设备电击防护类别与电击防护有以下几个方面关系：

1）对于一般的家庭和商业、办公等场所，大多数用电设备电击防护类别不是用户可选项，而是根据使用条件在设备制造时就确定了。如电冰箱和家用空调一般是Ⅰ类设备，电视机顶盒一般是Ⅱ类设备等。这些场所的低压系统，其可采用的电击防护措施与这些设备的电击防护类别通常能很好匹配。

2）某些电击防护类别的设备，只能用于特定的场所。如0类设备只能用于非导电环境。

3）特定环境条件下，有些电击防护类别的设备不能采用。比如与外界隔离的场所，如压力容器、锅炉、管道等内部，有人员工作时用电设备除Ⅲ类设备外，不允许采用其他电击

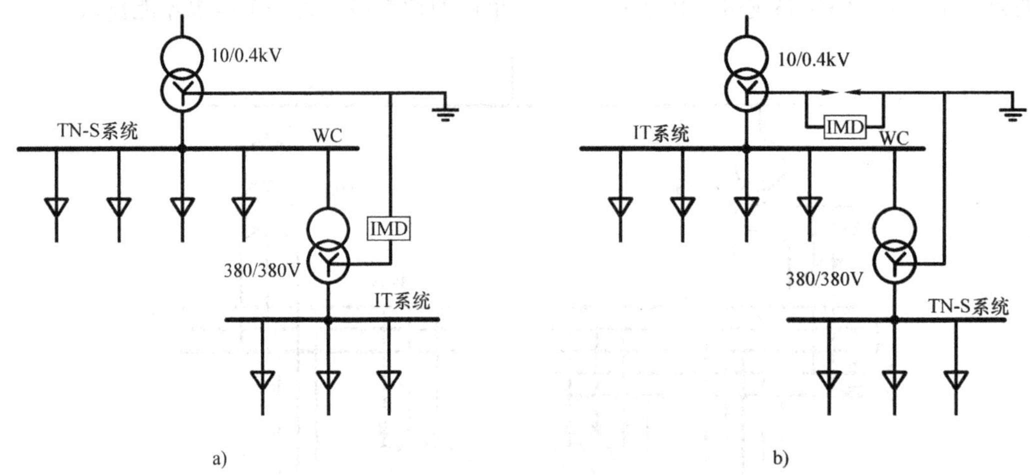

图4-2　通过低压/低压变压器实现局部另类接地形式系统
a）TN－S系统内的局部IT系统　b）IT系统内的局部TN－S系统

防护类别设备。这主要是因为自救条件和事故被外界发现条件太差。

4）用电设备电击防护类别与其他电击防护措施有配合关系。如在与外界隔离场所采用Ⅲ类设备，其特低电压电源可选用Ⅱ类安全隔离变压器，也可选用受高灵敏度RCD保护的带保护屏蔽的Ⅰ类安全隔离变压器。再如在潮湿场所，可以选用Ⅰ类用电设备辅以LEB和高灵敏度RCD，或采取电气分隔措施（此时Ⅰ类设备外露可导电部分不接地），也可以采用Ⅱ类或Ⅲ类设备等。

综上可知，用电设备电击防护类别有的情况下是既有条件，有的情况下可以有非唯一选择，有的情况下只有唯一选择。不管哪种情况，都必须同时考虑其他电击防护措施的配合，才能达到有效防护的目的。工程上主要是一些特殊场所需要特别考虑用电设备电击防护类别选用问题，这需要遵循所给定的特殊场所的专门规范的规定。

第三节　自动切断电源的故障防护的工程设计计算

首先明确，自动切断电源的措施是故障防护措施，是叠加在基本防护措施基础之上的独立的防护措施，但不能取代基本防护措施。另外，可能还需要附加防护措施的补充以保证其有效性，如辅助等电位联结。

其次，自动切断电源的措施是在装置外露可导电部分实施了保护接地，以及场所实施了保护等电位联结（有可能的情况下）条件下的故障防护措施。

第三，本节只针对正常环境条件进行讨论。

低压配电系统的故障防护与系统多方面的属性相关联，如接地形式、导线长度和截面积、保护设置、变压器联结组和运行方式、环境状况等。不同系统间、同一系统不同回路间乃至同一回路的不同设备间的故障防护情况都可能有所差异，需逐一考虑。因此，故障防护是低压配电系统电击防护的重点和难点，也是供配电系统设计阶段的一项重要工作。而自动切断电源的措施，是低压系统最常用的故障防护措施之一，是故障防护的重中之重。

一、自动切断电源的故障防护对切断时间的要求

靠自动切断电源进行故障防护，切断电源的时间应满足图3-5或图3-7所示曲线的要求，预期接触电压是基本参量。考虑到TN和TT系统本身都有降低预期接触电压的作用，以及等电位联结等措施的影响，国家标准GB 16895.21—2011《建筑物电气装置　第4-41部分：安全防护　电击防护》对TN和TT系统自动切断电源进行电击防护的时间做出了规定㊀，IT系统根据情况，或不需切断电源，或采用TN系统时间，或采用TT系统时间，详见后续介绍。

1）对于不超过32A的终端回路，其自动切断电源的最长时间如表4-4所示。就我国220/380V工频交流低压系统而言，按"$120V<U_0<230V$"栏"交流"取值。

表4-4　32A及以下终端回路自动切断电源的最长时间　（单位：s）

系统	$50V<U_0\leqslant120V$		$120V<U_0\leqslant230V$		$230V<U_0\leqslant400V$		$U_0>400V$	
	交流	直流	交流	直流	交流	直流	交流	直流
TN	0.8	见注1	0.4	5	0.2	0.4	0.1	0.1
TT	0.3	见注1	0.2	0.4	0.07	0.2	0.04	0.1

注：当TT系统内采用过电流保护电器切断电源，且保护等电位联结涵盖电气装置处所有外界可导电部分时，该TT系统可以采用TN系统最长切断时间。

采用无延时RCD切断电源时，若故障剩余电流超过$5I_{\Delta n}$，则认为切断时间满足以上所有要求。$I_{\Delta n}$为RCD的额定剩余动作电流。

U_0：交流或直流系统电源线地标称电压。就我国三相星接或单相工频交流电源而言，该参量取值为电源标称相电压。

注1：切断电源的要求可能是为了电击防护以外的原因。

2）对于TN系统中的配电回路和除32A及以下终端回路以外的其他回路，切断时间不应大于5s。

3）对于TT系统中的配电回路和除32A及以下终端回路以外的其他回路，切断时间不应大于1s。

以上切断时间规定与现状工程主流做法的区别主要有以下几点：①对终端回路，由现状主流做法的按手持（或移动）设备与固定设备分别规定最长切断时间，变为按回路设计电流规定最长切断时间；②对TT系统更加明确地规定了最长切断时间。对比现状工程主流做法所依据的GB 50054—2011《低压配电设计规范》，对220/380V工频交流系统，两种切断时间取值的对比如表4-5所示。

表4-5　新标准与现状工程主流做法对最长切断时间取值的对比

系统接地形式	GB 16895.21—2011			GB 50054—2011（或GB16895.21—2004）		
	配电回路	终端回路		配电回路	终端回路	
		≤32A	>32A		手持设备	固定设备
TN	5s	0.4s	5s	5s	0.4s	5s
TT	1s	0.2s	1s	熔断器5s，低断或RCD无延时动作		

㊀ 另一国家标准GB 50054—2011《低压配电设计规范》对切断时间的规定与该标准有所不同，尤其是TT系统相差甚大，但与该标准的上一版本GB 16895.21—2004规定一致。因此，尽管都是尚在有效期内的2011版标准，但GB 16895.21—2011相比于GB 50054—2011应该是更新的标准。按新标准高于老标准的原则，本书采用新标准数据，但工程现状主流是采用老标准数据，特此说明。

二、TN系统自动切断电源故障防护有效性判断

1. 单一切断电源时间要求条件下间接电击防护有效性判断

某一配电回路或配电箱只接有32A及以下终端回路，或只接有32A以上终端回路，称为单一切断电源时间要求条件。当TN系统发生相导体与设备外露可导电部分间阻抗可忽略的碰壳故障时，由保护电器自动切断电源作为电击防护手段，须满足的条件为

$$|Z_S|I_a \leqslant U_0 \tag{4-1}$$

式中 Z_S——故障环路总计算阻抗（Ω），包括电源计算阻抗、电源至故障点间相导体计算阻抗、故障点到电源间保护导体计算阻抗，“计算”阻抗的含义是用对称分量法推导出的阻抗值，Z_S 等于本书第二章第五节中相中（保）单相短路电流计算中的相保阻抗；

I_a——保护电器在电击防护规定时间内自动切断电源的动作电流（A）；

U_0——电源相地标称电压（V）。

式（4-1）的技术含义不够直观，但只要将其作一下变形，就很容易理解。将式（4-1）不等式两边同时除以 $|Z_S|$，有 $I_a \leqslant \dfrac{U_0}{|Z_S|}$，对于我国220/380V工频交流TN－S系统，电源标称相地电压 U_0 等于电源标称相电压 $U_{N\varphi}$，于是 $\dfrac{U_0}{|Z_S|} = I_d = \dfrac{U_{N\varphi}}{|Z_S|} = I_{k1}$，式中 I_d、I_{k1} 分别为碰壳接地故障电流和相保单相短路电流，因此式（4-1）演变为

$$I_a \leqslant I_{k1}$$

式（4-1）表明，TN－S系统碰壳接地故障电流为相保单相短路电流，当该电流大于保护电器在电击防护允许时间内的动作电流时，电源能被足够快速地自动切断，间接电击防护有效。

下面讨论过电流保护电器和剩余电流保护电器是否满足式（4-1）的判断方法。

（1）过电流保护电器实施切断

1）熔断器。熔断器原本用作过电流（短路、过负荷）保护，因TN系统碰壳接地故障同时又是相保单相短路故障，可考虑由它兼作间接电击防护，条件是动作时间满足电击防护要求，判断方法是在熔断器的最大熔断时间—电流特性曲线上查出对应于故障电流 I_d 的熔断时间值，看其是否在电击防护规定时间范围以内。更便捷的方式是查表4-6、表4-7，它们给出了满足动作时间要求所需的故障电流 I_d 与熔体额定电流 $I_{r\cdot FA}$ 的最小比值 K_{es}，熔断器作电击防护时 I_a 取值为

$$I_a = K_{es} I_{r\cdot FA} \tag{4-2}$$

表4-6 切断接地故障回路时间小于或等于5s时的 $I_d/I_{r\cdot FA}$ 最小比值 K_{es}

熔体额定电流/A	4～10	12～63	80～200	250～500
$K_{es}=I_d/I_{r\cdot FA}$	4.5	5	6	7

表4-7 切断接地故障回路时间小于或等于0.4s时的 $I_d/I_{r\cdot FA}$ 最小比值 K_{es}

熔体额定电流/A	4～10	16～32	40～63	80～200
$K_{es}=I_d/I_{r\cdot FA}$	8	9	10	11

2）低压断路器。与熔断器类似，低压断路器过电流脱扣器原本是作过电流保护用的，

在 TN 系统中可兼作电击防护用。若碰壳接地故障电流 I_d 能使瞬时脱扣器可靠动作，由于瞬时脱扣器动作时断路器全分断时间一般不大于 0.15s，故安全条件满足；若 I_d 能使短延时脱扣器可靠动作，安全条件是否满足取决于短延时脱扣器的动作时间；若 I_d 仅能使长延时脱扣器可靠动作，则应从长延时脱扣器特性曲线上按最不利条件查出其动作时间来作出判断。

以上所述“能使脱扣器可靠动作”，系指考虑了一定裕量后 I_d 仍大于脱扣器动作整定值，对于瞬时和短延时脱扣器而言，该裕量即为短路保护灵敏系数所要求的 30%，即低压断路器瞬时和短延时脱扣器作电击防护时 I_a 取值为

$$I_a = 1.3I_{op3 \cdot QA}（或 I_{op2 \cdot QA}） \tag{4-3}$$

式中　$I_{op3 \cdot QA}$——低压断路器瞬时过电流脱扣器动作电流；

$I_{op2 \cdot QA}$——低压断路器短延时过电流脱扣器动作电流，要求动作时间已满足电击防护要求。

（2）剩余电流保护电器。对于 TN－S 系统，碰壳接地故障电流性质为剩余电流。对于瞬时动作的一般型剩余电流保护电器，按表 3-7 数据，只要 I_d 大于其额定剩余动作电流 $I_{\Delta n}$，其切断时间不大于 0.3s，这个时间小于 TN 系统最短切断时间 0.4s 要求，可认为满足安全条件；对于延时动作的剩余电流保护电器，除要求 $I_d \geqslant I_{\Delta n}$外，还要看其动作时限是否满足要求。因此一般型 RCD 作电击防护时 I_a取值为

$$I_a = I_{\Delta n} \tag{4-4}$$

式中　$I_{\Delta n}$——剩余电流保护电器额定剩余动作动作电流。

2. 不同切断电源时间要求条件下间接电击防护有效性判断

某一配电回路或配电箱既接有 32A 及以下终端回路，又接有 32A 以上终端回路，称为不同切断电源时间要求条件。讨论以下两种情况，实际工程中很多系统是以下两种情况的混合。

1）一条配电回路上既接有 32A 及以下回路，又接有 32A 以上回路。当 32A 以上回路设备碰壳时，故障电流在 PE 导体上产生的故障电压部分或全部存在于 32A 及以下回路设备外露可导电部分，如图 4-3a 所示，这时应按 32A 及以下回路切断时间 0.4s 规定 32A 以上回路自动切断电源时间。

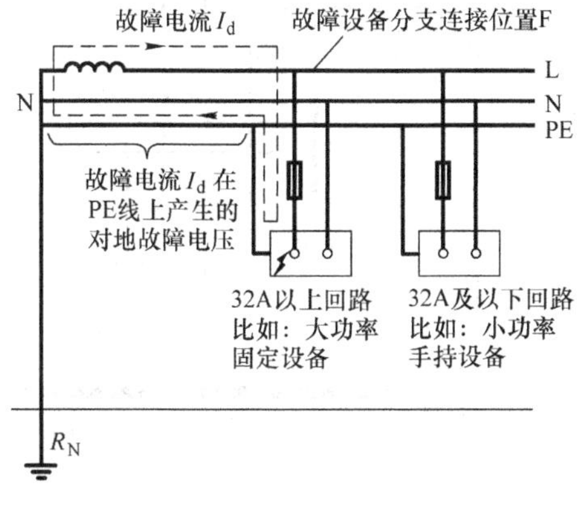

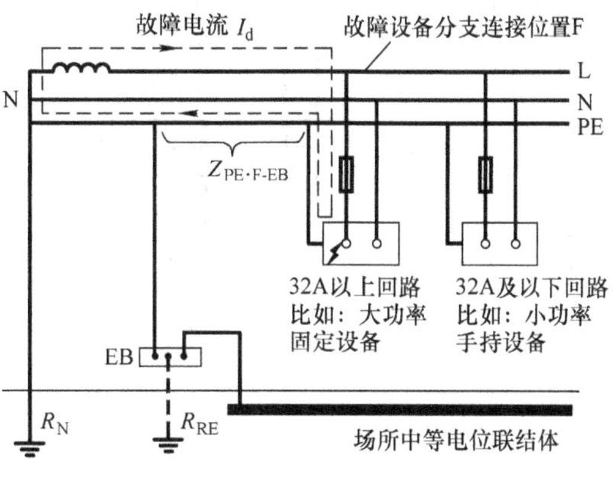

图 4-3　同一配电回路上接有切断时间要求不同的终端回路时电击防护有效性分析

a）无等电位联结　b）有等电位联结

如果现场有等电位联结，如图 4-3b 所示，则当故障设备到等电位联结板 EB 间 PE 导体上电压不大于故障防护安全电压 50V 时，可不考虑切断时间问题。忽略重复接地电阻对故障电流的分流，根据故障回路阻抗分压关系，满足这一要求的条件为

$$\frac{|Z_{PE \cdot F-EB}|}{|Z_s|}U_0 \leqslant 50V$$

简单变换后得

$$|Z_{PE \cdot F-EB}| \leqslant \frac{50V}{U_0}|Z_s| \tag{4-5}$$

式中　$Z_{PE \cdot F-EB}$——从故障回路分支连接点 F 到最近一个等电位联结板 EB 间配电干线 PE 导体的阻抗（Ω）；

Z_s——故障环路总阻抗（Ω）；

U_0——电源相地标称电压（V）。

图 4-3b 中 EB 可以是 MEB，也可以是 LEB，可以有重复接地，也可以没有重复接地，式（4-5）都适用。

2）同一配电箱引出的终端回路中，既有 32A 及以下回路，又有 32A 以上回路。若 32A 以上回路设备发生接地故障，故障电流在配电箱电源侧 PE 导体上产生的故障电压，会通过配电箱 PE 母排沿 32A 及以下回路 PE 导体传导至设备外露可导电部分上，如图 4-4a 所示，因此 32A 以上回路也应该在 0.4s 内切断电源。如果有等电位联结措施，则须使配电箱至等电位联结板间 PE 导体上故障电压降至安全电压以下，道理与式（4-5）相同，如图 4-4b 所示，安全条件为

$$|Z_{PE \cdot A-EB}| \leqslant \frac{50V}{U_0}|Z_s| \tag{4-6}$$

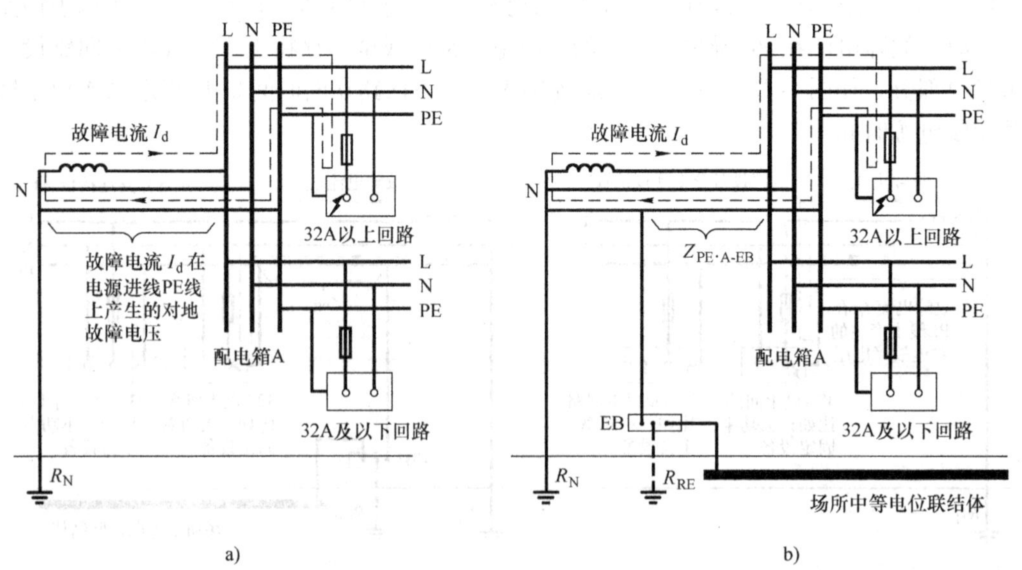

图 4-4　同一配电箱两个终端回路切断时间要求不同时电击防护有效性分析

a）无等电位联结　b）有等电位联结

式中 $Z_{PE \cdot A-EB}$——配电箱 A 到最近一个等电位联结板 EB 间配电干线 PE 导体的阻抗（Ω）。

其他参量同式（4-5）。

3. 自动切断电源措施失效故障条件下间接电击防护途径及有效性判断

TN－S 系统相导体接大地故障时电击防护有效性分析如图 4-5 所示，发生这种接地故障的实际情况包括架空线断线掉落大地、架空线被金属物搭裢水泥或金属杆塔、电缆绝缘破损后浸水等。故障导致电源接地点对地电压升高，该电压沿 PE 线传导至每一设备外露可导电部分，成为设备外壳预期接触电压。故障环路包含两个接地电阻和线路导体阻抗，由于接地电阻远大于线路导体阻抗，因此在忽略线路导体阻抗前提下，设备外壳预期接触电压（也即电源中性点对地电压）为

$$U_t = U_{NE} \approx \frac{R_N}{R_F + R_N} U_{N\varphi} = \frac{R_N}{R_F + R_N} U_0$$

式中的 R_F 为故障点接地电阻。由于该电压通过 PE 线传导，不可能依靠断开终端回路开关电器消除，而故障点电源侧开关电器因故障电流小未必能在规定时间内自动开断，因此电击防护主要靠 $U_t \leqslant 50V$ 实现，于是电击防护有效性判据为

$$\frac{R_N}{R_F} \leqslant \frac{50V}{U_0 - 50V} \tag{4-7}$$

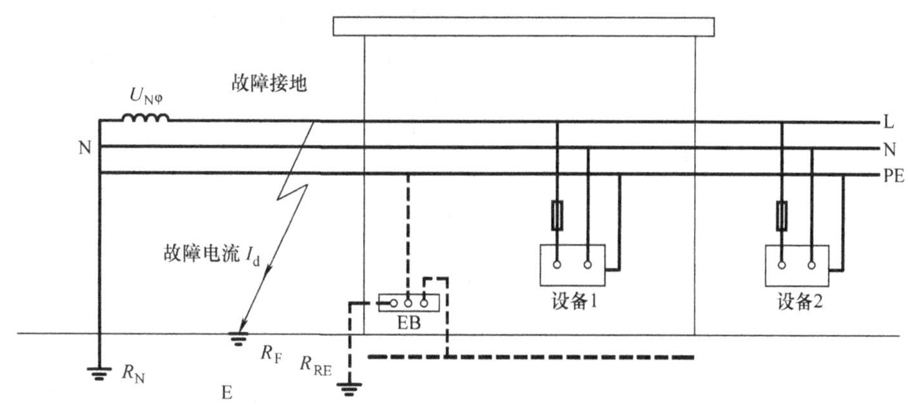

图 4-5 TN－S 系统相导体接地故障时电击防护有效性分析

由于接地故障电阻 R_F 很难确定，电源接地电阻 R_N 阻值通常在一定范围内随时间变化，因此式（4-7）在实际工程中实用价值有限。

PE 导体将电源接地点因故障所带对地电压传导至每一设备外露可导电部分，这是 TN－S系统一个突出的缺陷，通常很难靠式（4-7）条件确保电击防护有效性。工程上常用以下几种方式进行防护：

1）有条件时采用等电位联结措施。如图 4-5 中室内设备 1 情况，通过等电位联结，使场所内地面、墙面及其他外界可导电部分始终与 PE 线处于同一电位，这样不管 PE 线对参考地电压有何变化，室内设备外露可导电部分与外界可导电部分之间都不会出现危险的电位差。

2）对无法实施等电位联结的场所，如图 4-5 中室外设备 2 情况，可设置局部 TT 系统，

或进行电气分隔，使 PE 导体所带故障电压不能传导至设备外壳。

3）在电源侧一级配电处设置剩余电流保护，甚至在电源总开关处设置剩余电流保护，一旦发生干线相导体接地故障，立即自动切断电源。该保护切断时间必须满足整个低压系统中最小切断时间回路的要求，因此在终端回路设备碰壳故障时也可能越级跳闸，这与供电可靠性产生冲突，因此在实际工程中很难实施。

三、TT 系统自动切断电源故障防护有效性判断

1. 设备碰壳故障条件下间接电击防护有效性判据

TT 系统只有少数情况下可通过降低预期接触电压进行电击防护，大多数情况下靠自动切断电源进行电击防护，这两种防护途径有效性的统一判据为

$$R_A I_a \leq U_L \tag{4-8}$$

式中　R_A——设备外露可导电部分接地电阻与接地 PE 导体电阻之和（Ω）；

I_a——满足电击防护时间要求的保护电器的动作电流（A）；

U_L——故障防护安全电压，正常环境条件下取为 50V。

式（4-8）是一个饶有逻辑趣味的电击防护有效性判据。TT 系统间接电击防护的有效分析如图 4-6 所示，设备碰壳接地故障电流为 I_d，故障设备外壳上预期接触电压为 $U_t = R_A I_d$。假设安全条件 $R_A I_a \leq U_L$ 已满足，分析以下两种情况。

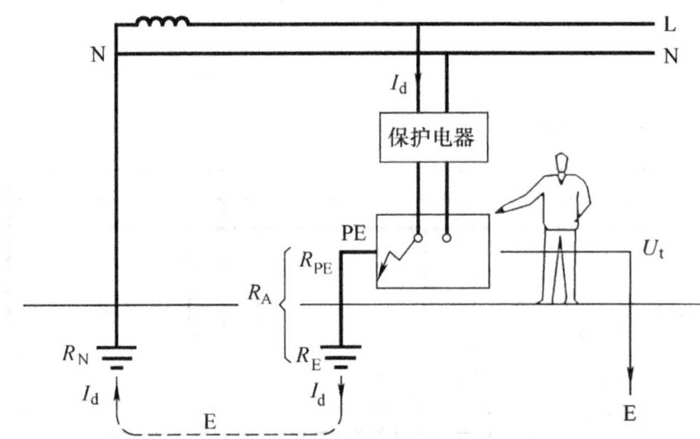

图 4-6　TT 系统间接电击防护的有效性分析

1）若 $I_d < I_a$，则保护电器不能在规定时间内动作，但此时定有 $R_A I_d < R_A I_a$，由于预期接触电压 $U_t = R_A I_d$，且根据式（4-8）已有 $R_A I_a \leq U_L$，根据不等式的传递性可推得 $U_t = R_A I_d < U_L$，即预期接触电压小于故障防护安全电压，不会有电击危险。

2）若 $I_d \geq I_a$，则保护电器肯定在规定时间内动作，这时不管预期接触电压 $U_t = R_A I_d$ 是否大于 U_L，因电源已在规定时间内被切断，同样不会有电击危险。

可见，式（4-8）一个不等式，就将降低预期接触电压和自动切断电源两种技术路径下防护有效性的判断统一了起来，且式中只涉及系统本构参量，与运行参量无关。另外需要说明的是，R_A 本应是设备接地电阻 R_E 与设备外壳接地 PE 线阻抗 Z_{PE} 的复数和的模，考虑到 PE 线阻抗远小于接地电阻，且 PE 线电抗小于电阻的情况，近似认为 $|Z_{PE}| \approx R_{PE}$，则 $|Z_{PE} + R_E| \approx |Z_{PE}| + R_E \approx R_{PE} + R_E = R_A$。

2. 保护电器选择

TT系统终端回路一般应采用剩余电流保护电器做接地故障保护，只有可长期确保故障回路阻抗很小且正常工作电流明显小于故障电流时，才有选用过电流保护电器兼做接地故障保护的可能性。TT系统配电回路也可以采用剩余电流保护，但需要同时考虑供电连续性问题。

即使设置了剩余电流保护，也不能取消TT系统的过电流保护。因为对于带电导体间短路或过负荷等过电流情况，剩余电流保护不起作用。

终端回路采用剩余电流保护电器时，式（4-8）中按必要条件取 $I_a = I_{\Delta n}$。为保证动作时间要求，故障电流 I_d 应显著大于 $I_{\Delta n}$，一般要求 $I_d \geqslant 5I_{\Delta n}$，即按充分条件保守计算应取 $I_a = 5I_{\Delta n}$，这在实际系统中几乎都是自动满足的。无延时动作的剩余电流保护电器，额定剩余动作电流 $I_{\Delta n}$ 为30mA时，5倍动作电流下的动作时间不大于0.04s（见表3-7），已满足TT系统0.2s的切断时间要求。

四、IT系统自动切断电源故障防护有效性判断

1. 接地故障电流 I_d 的估算

接地故障电流大小是评价IT系统发生一次接地故障时系统电击危险性的基础性数据，低压系统中该电流主要是对地电容电流，对地电导电流略而不计。该电流通常只能估算。正常工作时，回路每相对地泄漏电流 $I_{C\varphi}$ 的量值可按表3-10、表3-11、表3-12数据估算，接地故障电流为正常情况下每相对地泄漏电流的3倍，根据式（3-8）、式（3-9）和式（3-13）有

$$I_d = 3\sum_{i=1}^{n} I_{C\varphi \cdot i} \tag{4-9}$$

式中　I_d——IT系统接地故障电流（mA）；

$I_{C\varphi \cdot i}$——第 i 回路正常工作时单相对地泄漏电流（mA），根据表3-10数据和线路长度逐条估算，设备泄漏电流较大时还需根据表3-11、表3-12计入设备对地泄露电流；

n——总回路数。

特别强调，对给定的系统，故障参数 I_d 只与系统的结构形式（如线路长度、导线或电缆截面积、线路数量等）有关，而与接地发生的位置无关，也即该系统任一线路或设备上任一点发生的相导体接地故障，故障电流都是这么大。因此，I_d 是系统的一个本构参数，称为该IT系统的接地故障电流。

2. 电击防护有效性分析

（1）一次接地故障时电击防护有效性判据　当发生第一次碰壳接地故障时，电击防护有效性判据为

$$R_A I_d \leqslant U_L \tag{4-10}$$

式中　R_A——故障设备外露可导电部分接地电阻与接地PE导体电阻之和（Ω）；

I_d——系统接地故障电流（A）；

U_L——故障防护安全电压（V），正常环境条件下取50V。

式（4-10）一般情况下是比较容易满足的。例如，若 $R_A = 10\Omega$，则只要 $I_d \leqslant 50V/10\Omega = 5A$ 就能满足。按线路正常时每相对地泄漏电流60mA/km（典型中间值）估算，线路单位长

度接地故障电流为 3×60mA/km = 180mA/km，需要总长约 20～30km 的线路才能达到条件，这样的长度在低压系统中是很难出现的。

（2）二次异相接地故障时自动切断电源电击防护有效性判断

1）故障设备分别接地情况。分别接地的两台设备发生异相碰壳接地故障时，应切断故障回路，因为此时总有一台故障设备的外壳对地电压达到或超过线电压的一半，对 220/380V 的系统该电压为 190V，见图 3-18，这个电压有电击危险。由于故障电流较小，很难靠过电流保护电器在电击防护规定时间内切断故障，工程实践中主要靠剩余电流保护电器实施防护。这种情况与 TT 系统单一设备故障类似，但故障环路电源为线电压，动作时间应按表 4-4 中"$230V < U_0 \leqslant 400V$"列 TT 系统要求取值，32A 及以下终端回路为 0.07s。

用剩余电流保护实施防护需同时满足两条要求：①一次接地故障时不动作，这要求 $I_{d\cdot一次故障} \leqslant I_{\Delta no}$，考虑到 $I_{\Delta no} = \frac{1}{2} I_{\Delta n}$，则 $I_{d\cdot一次故障} \leqslant \frac{1}{2} I_{\Delta n}$；②二次接地故障时剩余电流保护电器应该动作，这要求 $I_{d\cdot二次故障} \geqslant I_{\Delta n}$，为满足切断时间条件，一般还要求 $I_{d\cdot二次故障}$显著大于 $I_{\Delta n}$，通常以 5 倍为下限。于是 IT 系统分别接地设备二次接地故障采用剩余电流保护的安全条件为

$$2I_{d\cdot一次故障} \leqslant I_{\Delta n} \leqslant \frac{1}{5} I_{d\cdot二次故障} \tag{4-11}$$

式中，$I_{d\cdot一次故障}$按式（4-9）计算；$I_{d\cdot二次故障}$按式（3-11）并参照图 3-18 计算；设备外壳接地 PE 线较长时应计入其电阻值。

2）故障设备共同接地情况。图 3-19 分析了 IT 系统中两台共同接地设备异相碰壳二次故障的情况，此时相当于发生了相间短路，且有剩余电流产生，应由过电流或剩余电流保护电器切断电源。电击防护有效性判断需计算出故障环路的短路电流，再与保护电器动作值比较，确定是否能够自动切断电源。这种情况与 TN 系统发生碰壳故障类似，但故障环路电源为线电压，动作时间应按表 4-4 中"$230V < U_0 \leqslant 400V$"列 TN 系统要求取值，32A 及以下终端回路为 0.2s。

但在工程实践中碰到一个难题：IT 系统中二次碰壳接地故障可以发生在任意两台设备间，当设备数量较多时，任意两台设备的所有组合其数量太大，逐一校验每一组合的防护有效性不符合工程实践的效率原则。工程中常采用一种技术加逻辑判断的方法来应对这一问题，思路是**设立只与单台设备有关的判据，以全部单台设备判断结果的集合覆盖任意一种两台设备组合的判断**。具体方法不止一种，本书采用 GB 50054—2011《低压配电设计规范》中的方法，判据如下：

① 当 IT 系统不配出中性导体时，设备 i 保护电器动作特性应符合下式要求：

$$2|Z_{ci}|I_{ai} \leqslant \sqrt{3} U_0 \tag{4-12}$$

② 当 IT 系统配出中性导体时，设备 i 保护电器动作特性应符合下式要求：

$$2|Z_{di}|I_{ai} \leqslant U_0 \tag{4-13}$$

式中　Z_{ci}——设备 i 碰壳故障时，包含相导体和保护导体的故障回路阻抗（Ω），均取正序阻抗；

Z_{di}——设备 i 碰壳故障时，包含相导体（或中性导体）和保护导体的故障回路阻抗（Ω），均取正序阻抗；

I_{ai}——设备 i 保护电器在电击防护规定时间内的动作电流（A）；

U_0——系统相地标称电压（V）。

IT 系统共同接地设备二次故障电击防护有效性判据分析如图 4-7 所示。用式（4-12）对设备 1 进行校验时，Z_{c1} 包含配电回路电源至分支点 A 之间 L1 相导体阻抗，向设备 1 供电的终端回路 L1 相导体阻抗和 PE 导体阻抗，这些阻抗并未形成一个闭合环路阻抗。设想在设备 1 同一位置接有另一个完全相同的终端回路和设备 1′，当设备 1 和设备 1′发生 U、W 相异相碰壳故障时，电流环路路径为：U 相电源→L1 相导体（含配电回路和终端回路）→设备 1 故障点→设备 1 的 PE 线→设备 1′的 PE 线→设备 1′故障点→L3 相导体（含配电回路和终端回路）→W 相电源，因 L3 与 L1 相导体完全相同，故该故障环路总阻抗为 $2Z_{c1}$，环路电源为线电压，于是故障电流为 $I_{d1}=\frac{\sqrt{3}U_0}{2|Z_{c1}|}$。回到式（4-12）可知，该式的含义在此处可解释为 $I_{a1}\leqslant\frac{\sqrt{3}U_0}{2|Z_{c1}|}=I_{d1}$，即设备 1 和设备 1′发生异相碰壳故障时，故障电流 I_{d1} 大于保护电器动作电流 I_{a1}，电源能在规定时间内被切断。

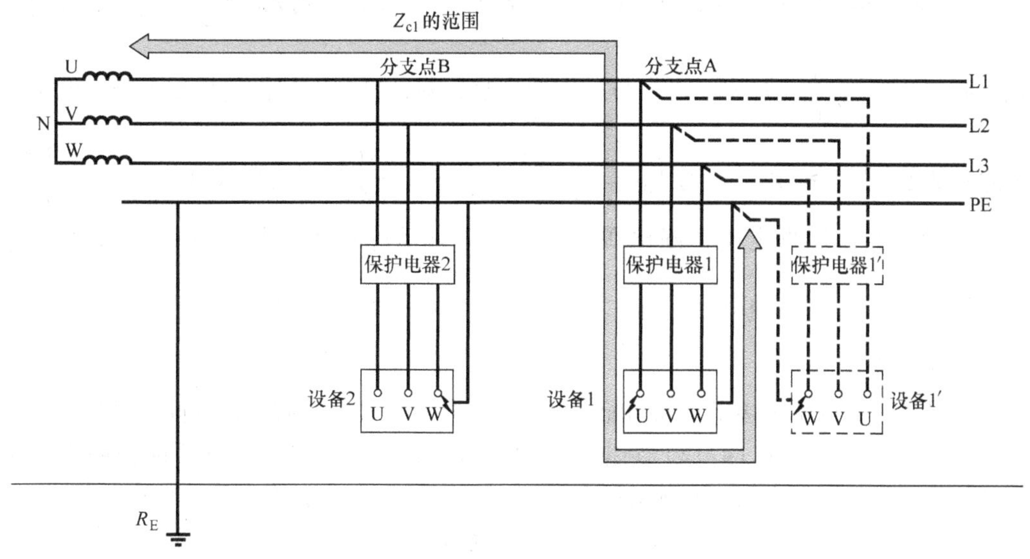

图 4-7　IT 系统共同接地设备二次故障电击防护有效性判据分析

但实际情况并不是设备 1 和假想的设备 1′发生异相碰壳接地，而是设备 1 和其他设备（比如：设备 2）发生异相碰壳接地时如何理解和应用式（4-12）。首先明确，这时设备 1 和设备 2 必须各自满足式（4-12）条件，其次解释满足该条件说明了什么问题。如果忽略设备 1 和设备 2 之间配电干线的阻抗，这时从电气上看设备 2 相当于接在设备 1′的位置。分析这时的故障环路，与前面假想的设备 1 与设备 1′的故障环路不同之处有：①故障环路中配电干线 A、B 段 L3 相导体上故障电流转移到了 PE 干线上，在忽略配电干线阻抗的前提下，这一变化不改变故障环路阻抗；②故障环路中终端回路所形成的阻抗，原来是设备 1 相导体与 PE 导体阻抗串联值的 2 倍，现在变为设备 1 和设备 2 各自相导体与 PE 导体阻抗串联值之和。综合①、②可知，设备 1、2 间故障环路的阻抗与设备 1、1′间假想的故障环路阻抗的不同主要是终端回路阻抗不同。逻辑推理：若设备2终端回路相导体与PE导体阻抗串联值小于设备1′（因此也小于设备1）终端回路，则实际故障电流大于设备1与设备1′异相接地的故障电流，已满足式（4-12）的设备1的保护电器应该动作；反之，若设备2终端回路相导体与PE导体阻抗串联值大于设备1′（因此也大于设备1）终端回路，则已满足式（4-12）的设备2的保护电器应该动作。因此，当设备1和设备2各自都满足式（4-12）时，两者间异相碰壳故障至少会导致其中一个的保护电器动作切断电源，二次故障因此消除。

用故障电流计算式可以更明确地表达以上分析。设备1和设备2间发生U、W相异相碰壳故障，类似于发生了两相短路，只是故障电流并未流经配电干线W相A、B段相导体，而是转移到A、B段PE导体上形成故障电流环路，因此真实的故障电流为 $I_{d12}=\dfrac{\sqrt{3}U_0}{|Z_{c1}+Z_{c2}+Z_{PE \cdot AB}|}$。若忽略配电干线A、B段PE导体阻抗 $Z_{PE \cdot AB}$，并将阻抗复数和近似为实数和，则 $I_{d12}\approx\dfrac{\sqrt{3}U_0}{|Z_{c1}|+|Z_{c2}|}$。只要故障电流 I_{d12} 大于等于设备1、2任一个保护动作值 I_{a1} 或 I_{a2}，即可切断电源。讨论三种情况：①若 $|Z_{c1}|=|Z_{c2}|$，则 $I_{d12}=\dfrac{\sqrt{3}U_0}{2|Z_{c1}|}=\dfrac{\sqrt{3}U_0}{2|Z_{c2}|}$，根据式（4-12），$\dfrac{\sqrt{3}U_0}{2|Z_{c1}|}\geqslant I_{a1}$ 和 $\dfrac{\sqrt{3}U_0}{2|Z_{c2}|}\geqslant I_{a2}$ 同时满足，两台设备保护都能切断电源，电击危险性消除；②若 $|Z_{c1}|\geqslant|Z_{c2}|$，则 $I_{d12}=\dfrac{\sqrt{3}U_0}{|Z_{c1}|+|Z_{c2}|}>\dfrac{\sqrt{3}U_0}{2|Z_{c1}|}$，根据式（4-12），$\dfrac{\sqrt{3}U_0}{2|Z_{c1}|}\geqslant I_{a1}$ 满足，设备1保护肯定能切断电源，电击危险性消除；③若 $|Z_{c1}|<|Z_{c2}|$，则 $I_{d12}=\dfrac{\sqrt{3}U_0}{|Z_{c1}|+|Z_{c2}|}>\dfrac{\sqrt{3}U_0}{2|Z_{c2}|}$，根据式（4-12），$\dfrac{\sqrt{3}U_0}{2|Z_{c2}|}\geqslant I_{a2}$ 满足，设备2保护肯定能切断电源，电击危险性消除。

如果设备1和设备2接于不同的配电干线，分析方法类似，有兴趣的读者可自行分析。

从以上分析可知，式（4-12）判据对单台或部分设备判断合格，并不能说明系统对二次接地故障的防护完全有效，必须对所有设备逐一判断合格才能确认防护的有效性。另外，更精确的数学分析可知，如果以实数运算近似复数运算，当 Z_{c1} 与 Z_{c2} 间的差值大于等于 $Z_{PE \cdot AB}$ 时，式（4-12）是准确的，否则有误差。误差是否导致误判，取决于误差与条件裕量的相对大小，有兴趣的读者可自行分析。

如果IT系统有中性线，一台设备相线碰壳，另一台设备中性线碰壳的二次故障，比相导体异相碰壳故障电流更小，因此需要按式（4-13）进行电击防护有效性判断。

式（4-12）和式（4-13）中阻抗的取值，理论上应按对称分量法取计算阻抗值，但对于两相短路，计算阻抗不包含零序阻抗，而线路的正、负序阻抗总相等，因此按正序阻抗取值。

第四节 保护导体及其选择

为安全目的而设置的导体叫作保护导体。保护导体除了用在电击防护工程中，也用在其他一些安全防护中，如雷击电磁脉冲防护、电气火灾预防等。低压系统中的 PE 导体是保护导体的一种，此处为了方便将其直接简称为保护导体；保护等电位联结中用于电气连接的导体则称为保护联结导体。

既然是导体，意味着对承载电流有规定。除 PEN 导体以外，保护导体都没有承载正常工作电流的任务，因此它们主要对承载故障电流有要求。保护导体的阻抗对电击防护性能会有影响，其电气连通的可靠性更是直接关系着电击防护措施功能能否实现。

1. 保护导体的形式

保护导体可由以下一种或多种导体组成：

（1）多芯电缆中的导体　例如，单相 TN－S 系统采用 3 芯电缆，三相 TN－S 系统采用 4 芯（无中性线）或 5 芯（有中性线）电缆，电缆芯线既包括带电导体，又包括保护导体。

（2）与带电导体一起的外护物　例如，母线槽的金属外壳，开关柜的金属柜体，电缆的金属屏蔽层或铠装层，穿线金属导管等。

（3）固定安装的裸露或绝缘的导体　例如，电缆梯架，金属轨道，裸露或覆塑金属管道等。但金属水管和含可燃流体的金属管道，正常使用中受力的金属构件，柔性或可弯曲的金属导管，柔性金属部件等，不允许用作保护导体。

以上（2）、（3）中被用作为保护导体的金属部件，还需满足以下条件：

1）应利用其固有结构或附加适当的连接，使其对机械、化学或电化学损伤的防护性能达到要求，以保证它们的电气连续性。

2）应达到最小截面积要求。

3）在预留的每个分接点上，应允许并能够与其他保护导体连接。

保护导体不应串入任何电器，包括开关电器的极。如果有测量等需要，可以设置需用工具拆开的接头，这些接头应该是可接近的。

2. 保护导体截面积选择

低压接地系统 PE 导体在正常时无工作电流通过，在碰壳故障发生时有故障电流 I_d 通过，因此在选择 PE 导体时，应考虑两方面的问题：一是其阻抗大小有时会显著影响到 I_d 的大小，而 I_d 的大小又与电击防护性能直接相关；二是故障持续时间内 PE 导体不应被故障电流损坏，且故障切除后应能继续使用。以上两点主要体现在 TN 系统碰壳故障中，以及 IT 系统共同接地设备二次故障中，因为这两种情况下故障电流都是短路电流。工程上为了方便，可以按表 4-8 选择 PE 导体截面积，但仍需同时满足本章上一节的自动切断电源的防护要求。

表 4-8　保护导体最小截面积

相导体截面积 S/mm^2	保护导体最小截面积 S/mm^2
$\leqslant 16$	S
$16 < S \leqslant 35$	16
$S > 35$	$S/2$

若电缆线路采用单独的导体作 PE 导体，或电线线路 PE 导体不与带电导体处于同一外护物之内，则 PE 导体还需满足以下要求：在有机械性的保护时，其截面积不应小于 2.5mm^2（铜）或 16mm^2（铝）；在无机械性保护时，其截面积不应小于 4mm^2（铜）或

16mm^2（铝）。

自动切断电源时间5s以内的故障条件下，保护导体的热稳定最小截面积可按下式校验：

$$S_{\min \cdot PE} \geqslant \frac{I_d}{k}\sqrt{t} \tag{4-14}$$

式中　$S_{\min \cdot PE}$——保护导体满足故障热稳定条件所需的最小截面积（mm^2）；

I_d——预期故障电流周期分量有效值（A）；

t——保护电器自动切断电源的时间（s）；

k——热稳定系数（$A \cdot \sqrt{S} \cdot mm^{-2}$）。

式（4-14）实际上是远端短路导体热稳定校验一般式（2-20）在保护导体上的应用，有两处略有不同，简述如下：

第一，故障电流由三相短路电流变成了接地故障电流，而接地故障中，凡故障环路有接地电阻者，故障电流量值都较小，不存在短时间热稳定问题，只有TN系统碰壳接地故障和IT系统共同接地设备二次碰壳接地故障有短路电流，前者为单相相保短路电流，后者近似为两相相间短路电流。另外，为二次故障设置辅助等电位联结的PELV回路和多台设备电气分隔回路（见图3-32、图3-34），其情况与IT系统共同接地设备相同。

第二，热稳定系数k的取值，当PE导体为电缆芯线，或为与相导体敷设在同一外护物中的电线时，可取与式（2-20）中的热稳定系数C相同的值，该值是按照故障发生前导体温度已经达到长期允许工作温度限值条件计算的，见表2-8。但如果PE导体是单独敷设的，故障前并未达到带电导体的工作温度，则k值应高于C值。具体情况复杂多样，可参见GB 50054—2011《低压配电设计规范》附录A。

如果若干回路共用一个PE导体，则需按最不利的条件选取最大的PE导体截面积。

对PEN导体，按中性导体和保护导体分别选择，取其大者。另外，PEN导体的最小截面积要求为10mm^2（铜）或16mm^2（铝）。

3. 保护联结导体截面积选择

对于总等电位联结用保护联结导体，其最小截面积要求为：铜6mm^2，铝16mm^2，钢50mm^2。

对于辅助等电位联结用保护联结导体，首先应满足电击防护有效性要求。若联结对象为两个外露可导电部分，则其电导不应小于较小一个保护导体的电导；若联结对象为外露可导电部分和外界可导电部分，则保护联结导体电导不应小于保护导体电导的一半。其次还需满足故障电流条件下的热稳定要求。

第五节　故障防护的检验

电击防护措施在施工安装完毕之后，以及在运行过程中，都需要对其有效性进行检验。本节介绍三种常用的故障防护的检验。检验是在安装完毕的低压系统上进行的，应尽可能不对系统的结构进行拆改，不能有超过系统承受力的测试电流和电压，还应考虑系统其他部分对被检验部分的影响，因此其做法与实验室对元件或设备的检验有所不同。

一、故障回路阻抗测量

见式（4-1），TN系统自动切断电源电击防护有效性判据$|Z_S|I_a \leqslant U_0$中，Z_S为故障环

路阻抗，参照第二章式（2-8）可知，Z_S 实为相保回路单相短路计算阻抗 $Z_{\varphi P}$。通过测试得出该参数的实际值，可以更准确地对电击防护有效性作出判断。工程上常采用以下两种方法：

1. 回路电压降法

测试电路如图 4-8a 所示，断开所有负荷，测试装置接于被测回路末端，变压器正常通电，将整个被测回路当作测试装置的电源，将 Z_S 当成测试电源内阻抗进行测量。先不闭合测试开关 Q，读取电压表读数为 U_1，此即变压器二次绕组空载相电压。然后闭合测试开关 Q，读取电压表读数为 U_2，电流表读数为 I，此即变压器带负载电阻 R 后的电压和电流。从如图 4-8b 所示等效电路可知，电压从 U_1 到 U_2 的变化，缘于电流 I 在被测回路阻抗 Z_S 上产生的压降，即 $|\dot{U}_1-\dot{U}_2|=|\dot{I}Z_S|=I|Z_S|$，近似取 $|\dot{U}_1-\dot{U}_2|\approx|\dot{U}_1|-|\dot{U}_2|=U_1-U_2$，则有

$$|Z_S|=\frac{U_1-U_2}{I} \tag{4-15}$$

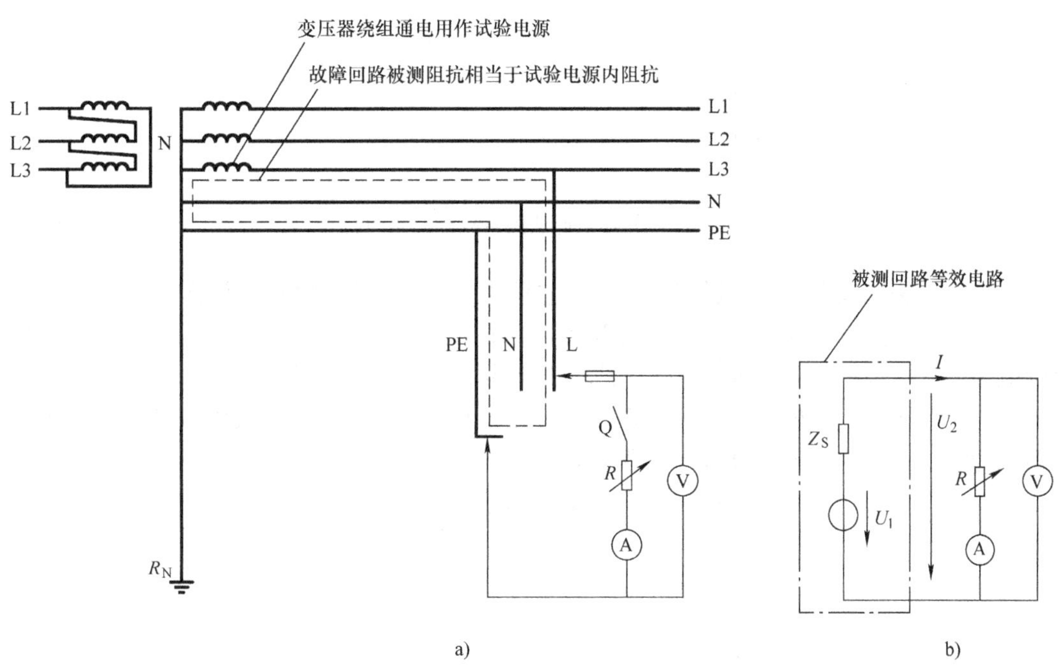

图 4-8　回路电压降法测量故障回路阻抗

按以上方法测试，U_1 与 U_2 的差值不应太小，否则误差可能较大。U_1 与 U_2 的差值取决于电阻 R 的量值，R 越小，U_1 与 U_2 的差值越大，测试结果越准确。但 R 过小会导致测试电流过大，当 $R=0\Omega$ 时，试验电流为相保单相短路电流。因此 R 的阻值应该在测试设备允许范围内选取，还应考虑被测回路对电流的承受能力。

2. 外加电源法

如图 4-9 所示，将变压器一次侧断电，并分别将变压器一、二次三相绕组短接，测试装置自带电源，将 Z_S 当成测试电源的负载阻抗进行测量。调节电源到合适的电压值，读取电压表读数 U 和电流表读数 I，有

$$|Z_S| = \frac{U}{I} \tag{4-16}$$

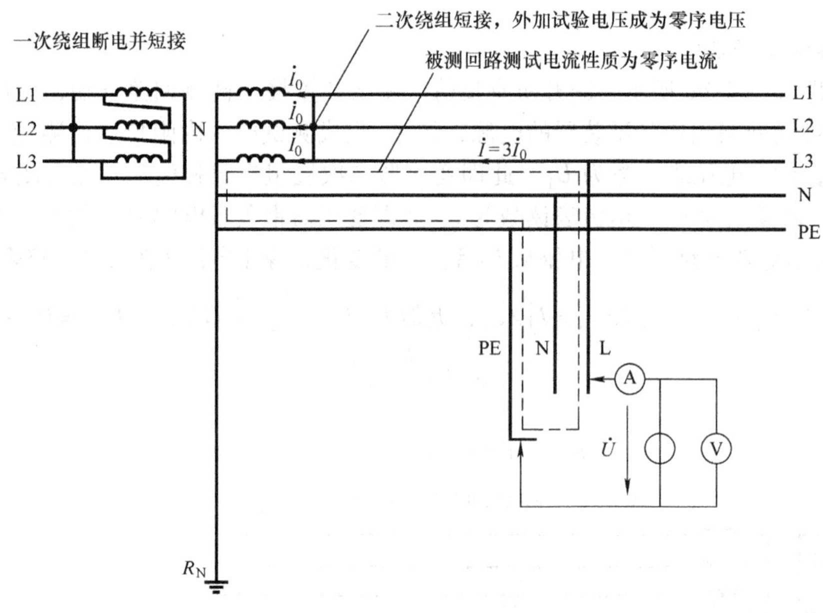

图 4-9 外加电源法测量故障回路阻抗

外加电源法原理上是一个近似的方法，它只计入了变压器零序阻抗部分，而忽略了变压器正、负序短路阻抗对环路计算阻抗的贡献。如图 4-9 所示，因变压器二次绕组短接，外加试验电源电压在绕组处成为零序电压，绕组电流为零序电流，相导体和保护导体上电流为3倍零序电流。按替代定理，在测试端施以三相替代电流源，被测相替代电流源电流为 I，其他两相为零。用对称分量法分析（过程略），有

$$\begin{aligned}\dot{U} &= \dot{I}\left(\frac{Z_L^+ + Z_L^- + Z_L^0}{3} + Z_{PE}^0 + \frac{1}{3}Z_{k\cdot T}^0\right)\\ &= \dot{I}\left(\frac{2Z_L^+ + Z_L^0}{3} + Z_{PE}^0 + \frac{1}{3}Z_{k\cdot T}^0\right)\end{aligned} \tag{4-17}$$

式中 Z_L^+、Z_L^-、Z_L^0——被测回路相导体正、负、零序阻抗；

Z_{PE}^0——被测回路保护导体零序阻抗；

$Z_{k\cdot T}^0$——变压器零序短路阻抗。

参照式（2-5）、式（2-7）和式（2-8），将阻抗下标表示中性导体的“N”改为表示保护导体的“P”，有

$$\begin{aligned}Z_S &= Z_{\varphi P} = Z_{\varphi P\cdot线路} + Z_{\varphi P\cdot变压器}\\ &= \left(\frac{2Z_L^+ + Z_L^0}{3} + Z_{PE}^0\right) + \frac{2Z_{k\cdot T} + Z_{k\cdot T}^0}{3}\end{aligned} \tag{4-18}$$

式中，$Z_{k\cdot T}$为变压器短路阻抗，为正序阻抗，其他参数同前。对比式（4-17）和式（4-18），如果变压器阻抗$\frac{2Z_{k\cdot T}}{3}$占总阻抗比重不大（这在大多数情况下是正确的，但也可能

有例外），可以忽略，则式（4-17）括弧中阻抗近似等于式（4-18）中的 Z_S，式（4-16）得到解释。

以上近似在低压系统中是合理的。因为低压线路导体阻抗中电阻占主要成分，而变压器计算阻抗主要为电抗，且线路较长时其所占比重较小，忽略变压器部分阻抗对总阻抗形成的误差可以容忍。若线路短且截面积大，导致线路阻抗过小，可在测量值上加上三分之二变压器短路阻抗（铭牌参数）予以修正。

3. 温度对故障回路阻抗值的影响

TN 系统发生碰壳故障时，由于故障电流为短路电流，其产生的热量使故障回路导体温度急剧升高，实际电阻值增大，而故障回路阻抗中电阻所占比重又较大，因此实际故障回路阻抗大于测试阻抗，这对自动切断电源是不利的。需要对测试值进行修正。

如果测试电流调节在正常工作电流范围内，则通常按实际值为测试值的 1.5 倍进行修正。

二、RCD 动作电流检验

RCD 本身一般有试验按钮，但试验按钮只能检验 RCD 功能是否有效，不能检测剩余动作电流。RCD 安装完毕后测试剩余动作电流的方法示例如图 4-10 所示，调节可变电阻 R_P 改变剩余电流大小，直到 RCD 动作，这时电流表中读数即为 RCD 的剩余动作电流 I_Δ。图 4-10a适用于方便在配电箱中接线的情况，图 4-10b 适用于在配电箱外测试，电压表用于监测设备外壳对地电压，以免发生电击危险。这两种方法都适用于 TT、TN 和 IT 系统，但图 4-10b 方法在 IT 系统中有可能测试电流达不到使 RCD 动作的量值，这时需要将 IT 系统电源一点临时接地。

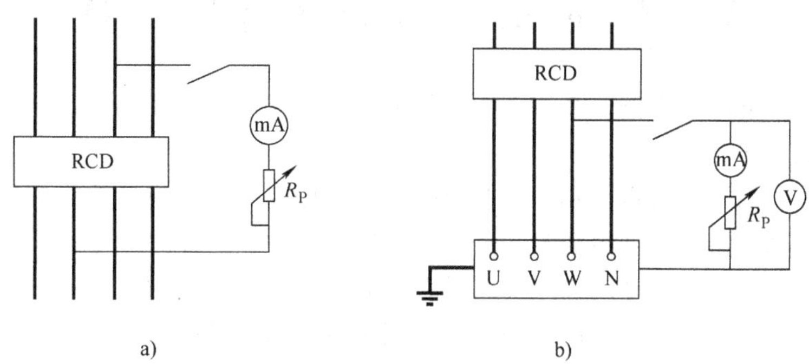

图 4-10　RCD 剩余动作电流检测

测试结果如果 I_Δ 在 $I_{\Delta no}$和 $I_{\Delta n}$之间，则表明 RCD 检验合格。

三、保护联结导体连续性测试

保护联结导体的连续性，指导体电气连通的有效性，通过电阻值反映出来，主要检测接头的电气连通情况。保护联结导体是低阻抗通道，测试电源空载电压一般选择 4 ~ 24V，最小电流不小于 0.2A，直流或工频交流均可。由于单根导体电抗很小，工频交流电源下所测阻抗值可认为是电阻值。

如图 4-11 所示是保护联结导体阻抗测试原理图，被测保护联结导体是一根铜排，中间有接头。测量前先用电桥测出连接线电阻 R_W，将开关 Q 置于断开位置，读取电压表读数

U_1。然后闭合开关Q，调节可变电阻器R，使电流达到0.2A以上的合适值，读取电压表读数U_2和电流表读数I，以及可变电阻器的电阻值R，忽略试验电源内阻抗，电路满足关系$U_2=U_1-I(R_{PE}+R_W)$，于是

$$R_{PE}=\frac{U_1-U_2}{I}-R_W \tag{4-19}$$

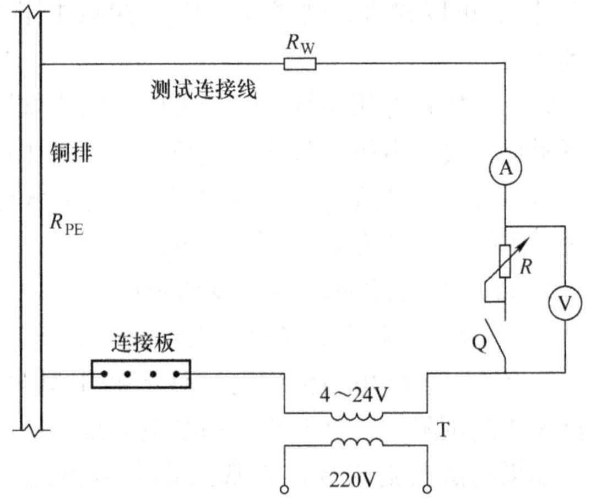

图4-11 保护联结导体电阻测试原理图

对于总等电位联结导体，因其主要作用是传导电位，不传输电流，对电阻值要求不高，一般不大于3Ω即可认为满足要求。对于防二次故障电击的辅助等电位联结，则需按自动切断电源条件校验阻抗值，如在正常环境条件下为

$$R_{PE}I_a\leqslant 50\text{V} \tag{4-20}$$

式中 R_{PE}——辅助等电位联结导体电阻（Ω）；

I_a——保护电器在电击防护规定时间内自动切断电源的动作电流（A）。

一些特殊场所如手术室等对保护联结导体电阻值有特殊要求，应按照相关规定作出判断。

第六节 电击防护措施的综合应用示例

本节以一些典型应用为例，介绍电击防护措施的具体运用。

一、住宅的电击防护

住宅是最重要的一个建筑类别，涉及每一个人。住宅中的人绝大部分不是电气领域的专业人员，这是住宅电击防护外界因素的一个重要使用条件——针对非专业人员的防护。一方面，住宅的类型很多，对住宅的供电形式各有不同，这使得住宅的电击防护措施有一定程度上的多样性；另一方面，住宅内部的功能都是基本相似的，如都有厨房、卫生间、卧室、书房、客厅等，这些房间的基本功能要求大致相似，因而住宅的电击防护又有很大的共同性。以下就对住宅的电击防护进行介绍。

（一）系统接地形式与总等电位联结

1. 低压供电的住宅

一般的多层单元式住宅、连排式别墅、独立式别墅等多采用低压供电方式。这种供电方式下，系统接地形式一般选择TT或TN系统，特殊情况可采用IT系统。

图4-12为采用TN－C－S系统为住宅供电的示例，系统在电源进户处做了重复接地。图4-13为采用TT系统为住宅供电的示例。以上两种系统都在电源进线处做了总等电位联结，住宅建筑总等电位联结的做法如图4-14所示。

（1）TN系统 TN－S和TN－C－S是我国住宅配电最常用的系统接地形式，但TN－C系统是禁止的。注意以下一些细节性问题：

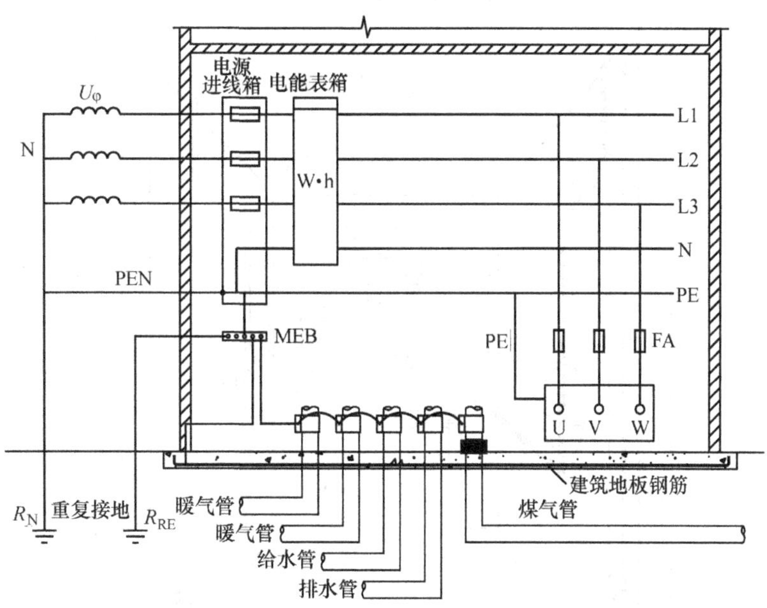

图 4-12　采用 TN－C－S 系统为住宅供电的示例

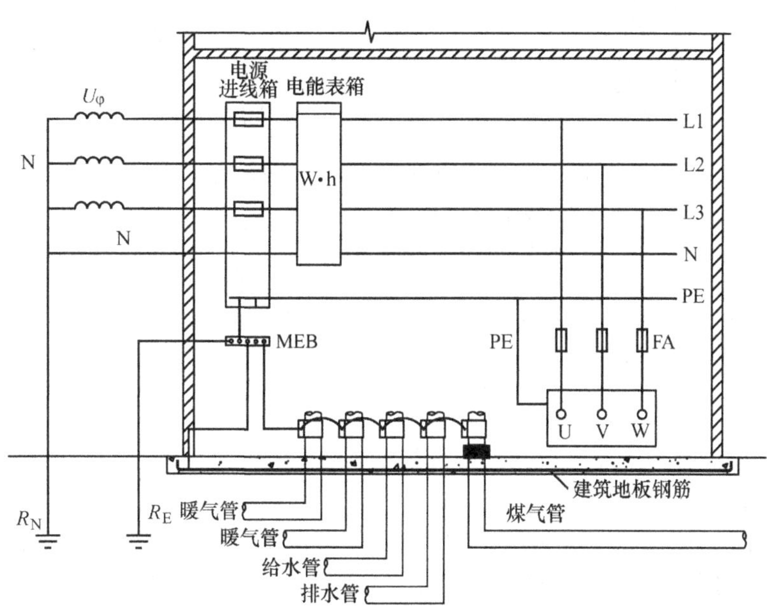

图 4-13　采用住宅 TT 系统为住宅供电的示例

1）在电源进线处作重复接地可以减轻 TN－C－S 系统 PEN 线断线产生的危害。

2）总等电位联结端子板与各金属管道的连接线可采用放射式，也可采用树干式或环式，考虑到等电位联结的重要性，最好采用放射式或环式。

3）水表是否需要作跨接线以确保良好的导通，取决于各国的规范。允许将水管作为保护导体的需要作跨界，但有些国家（含我国）标准中不允许有意将水管作保护导体，这时就不应作跨接连接。

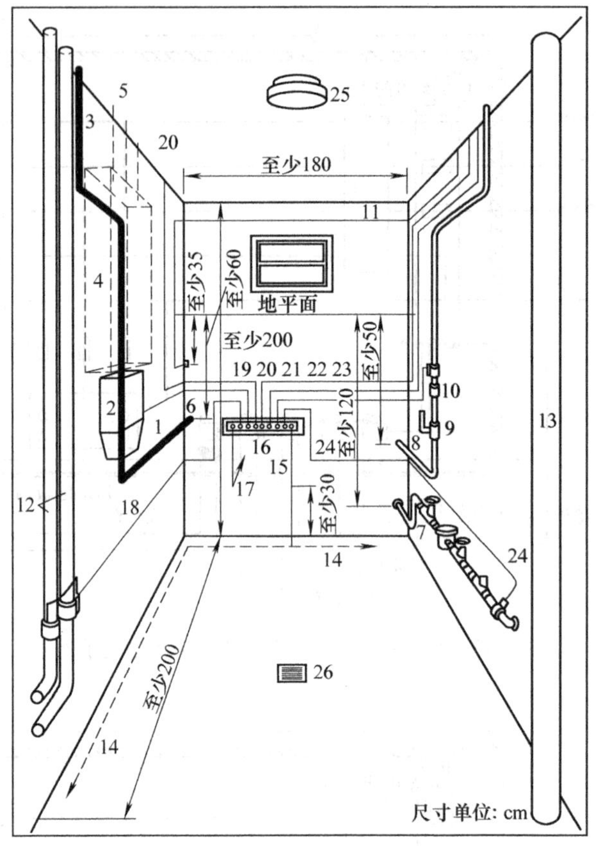

图 4-14　住宅建筑总等电位联结的做法

1—引入住宅的电力电缆　2—住宅总电源进线配电箱　3—电源干线　4—电能表箱　5—配电回路　6—防水套管　7—带水表的自来水连接管　8—煤气管　9—煤气总阀（有些建筑在室外）　10—绝缘段　11—通信设备用的住房连接电线　12—暖气管　13—排水管　14—基础接地极　15—基础接地极的连接线　16—总等电位联结端子板 MEB　17—至防雷引下线的等电位联结线　18—暖气管等电位联结线　19—TN 系统重复接地连线　20—TT 系统共同接地 PE 线　21—至通信系统的等电位联结线　22—天线系统的等电位联结线　23—煤气管的等电位联结线　24—给水管的等电位联结线　25—吸顶灯　26—地漏

4）煤气管道设置绝缘隔离段并旁路火花放电间隙的原理已如前一章所述，在我国这一部分由煤气公司实施。

（2）TT 系统　我国农村和少数城市，以及一些欧盟国家，公共低压电网采用 TT 系统相当普遍，所接用户主要是住宅和沿街商店（铺）等，其技术合理性如下：

1）在公共电网中，TN 系统的 PE 或 PEN 线断线是常见故障，导致用户失去保护接地，断点负荷侧所有用户存在安全隐患或电击危险。而 TT 系统各用户有自己独立的接地装置，其保护接地并不依赖于公共电网，这使得 TT 系统的保护接地更为可靠。

2）TN 系统中各用户 PE 线是电气连通的，任何一处故障产生的 PE 线高电位都会传导至系统中所有设备外壳，这对公共电网的管理和发生事故后的法律程序带来很大不便，而 TT 系统 PE 线是各自独立的，只与每一用户自己的接地相关，这就限制了 PE 线故障高电位的传导，也使故障位置易于确定。

3）虽然 TT 系统发生碰壳故障时，故障电流较小，通常不能使过电流保护电器可靠动作，但在设置 RCD 的条件下，实施自动切断电源的电击防护是强有效的。

在采用 TT 系统的住宅中，每户（或每单元、每栋）只有一个接地极，从该接地极引出 PE 线接至插座的 PE 插孔，因此每一电源进线供电范围内的用电设备都是共同接地。就室内配电而言，TT 与 TN 系统的作法并无差别。

2. 内附变配电所的高压供电住宅

内附于高层建筑内的变配电所内有高、低压开关柜的保护接地和变压器低压侧中性点的工作接地，建筑内又有用电设备的保护接地，以及建筑物防雷接地等，这几个接地是无法单独分开设置的，只能纳入建筑物总等电位联结内而共用接地装置，如图 4-15 所示。这样不论是 10kV 电源侧故障、变电所内高压接地故障还是雷电流在大地中散流使接地极电位升高，都不会在建筑物内出现电位差而导致电击伤害事故。

因为低压用电设备的保护接地与变压器中性点接地共用建筑基础作为接地极，故低压部分不可能构成 TT 系统，而只能是 TN 系统。又因为低压配电距离短，故在这种住宅中都采用 TN－S 系统。

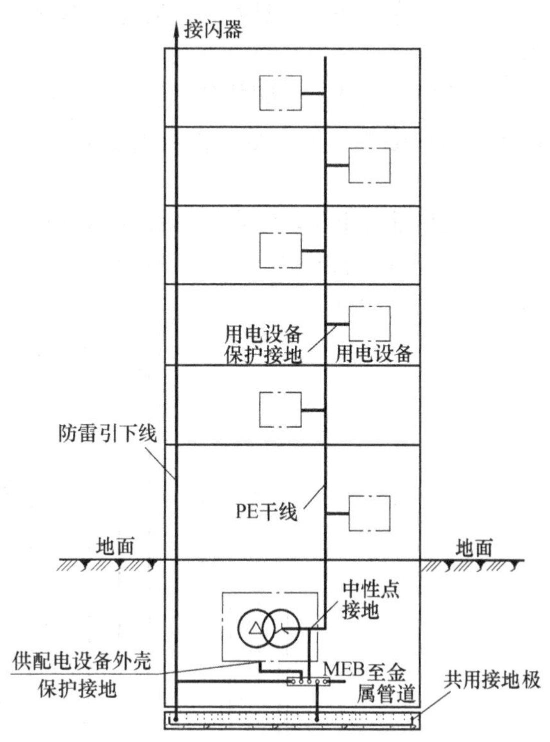

图 4-15　内附变电所的高层住宅的接地和总等电位联结

3. IT 系统的应用

住宅的一些公用设施如电梯、应急照明、消防水泵等在火灾发生时应正常工作，而火灾发生时单相接地故障的概率增大，为满足供电连续性要求，可考虑采用 IT 系统。

一种做法是第一级电源采用 IT 系统，在 IT 系统后再构造一个局部的 TN 系统，供一般负荷用，而 IT 系统则直接供给一级负荷，这种做法 IT 变压器容量大。另一种做法是第一级电源采用 TN 系统，在 TN 系统后再构造一个局部的 IT 系统，这种做法 IT 变压器容量小，但 IT 系统供电可靠性低于前一种。

（二）室内电击防护措施

1. 剩余电流保护的设置

室内的插座回路（空调插座可除外）都应设置剩余电流保护，RCD 的额定剩余动作电流不大于 30mA，RCBO 或 RCCB 都应采用能同时断开中性线的类型。

2. 卫生间的电击防护措施

人在洗浴时阻抗很低，因此在卫生间的电击防护上，除了采用常规的措施外，还应辅以其他一些措施进行综合防护。

1）卫生间应作局部等电位联结。目的有二，一是防止来自住户本户电源的电击伤害事故，二是防止由管道从别处引来的电压产生的电击伤害事故。

就住户本户电源而言，尽管设置有剩余电流保护，且剩余电流保护动作值为30mA，但这并不意味着因此能将通过人体的电流限制在30mA以下。因为人在洗浴时阻抗很低，受电击时通过人体的电流很大，尽管这个电流已足以使30mA的RCD动作，但在RCD动作前流过人体的电流可能远大于30mA，电击伤害可能在RCD动作前就已经发生。因此仅靠剩余电流保护不能可靠地保障人身安全。通过局部等电位联结降低接触电压，才是防止电击伤害的根本对策。

若危险电压是从卫生间的各种管路引来的，则本户电源的剩余电流保护根本不起作用，即使切断本户电源，电击危险照样存在，这时只有完全依靠局部等电位联结降低电击危险性。

卫生间局部等电位联结做法如图4-16所示，基本的要求是将系统的PE线（如果有的话）、建筑结构中的金属体和所有的装置外界可导电部分电气连通，使卫生间内任意两点间都不会出现不同的电位。

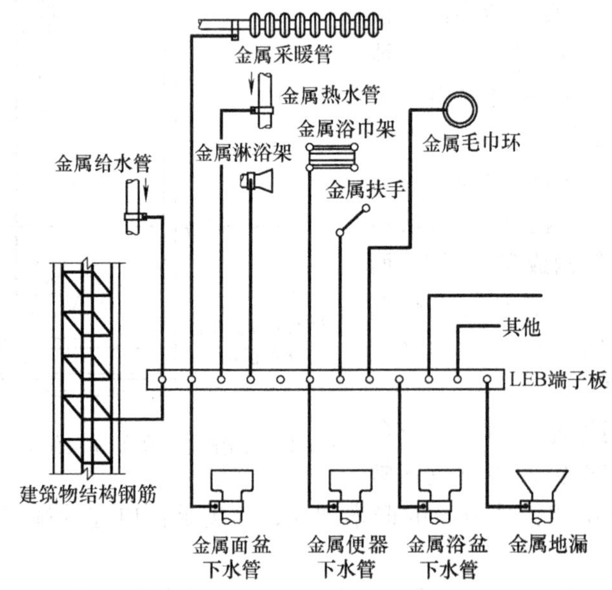

图4-16　卫生间局部等电位联结做法

2）因为卫生间基本都有淋浴或浴盆，卫生间的插座设置应按浴室考虑，只能设置在3区，且宜采用电气分隔，或采用额定剩余动作电流不超过30mA的RCD保护。

3）卫生间电气设备的供电应充分考虑防水、防溅、防潮等要求。现在卫生间内的电气设备主要有照明灯具、电取暖器、电淋浴器、排风扇等，需要电源的坐便器、浴盆等也陆续增多，在给这些设备配电时，应严格采取防水防溅等措施，以防电击事故的发生。

4）卫生间供电宜采用单独的回路。

3. 其他电击防护措施

1）住户配电箱电源进线开关应采用能断开中性线的双极开关，这主要是为了防止在断电检修时有高电位沿中性线引入，危及人身安全。

2）住宅内的插座，若其安装高度低于1.80m，应采用带安全挡板的形式。所谓带安全挡板的插座，是指在插座未被使用时，各插孔（PE插孔可除外）被一块挡板遮挡，只有用插头插入时，才能靠插头的作用力将挡板推开。这主要是为了防止儿童因好奇触碰或用导体插入插座而发生直接电击伤害，1.80m 的高度正是考虑了儿童不可能够得上而确定的。

3）由于已取消了 0 类灯具，住宅照明回路需要配 PE 线，以使 I 类灯具碰壳故障发生时能使电源自动断开。但这一措施导致灯具碰壳故障电流成为剩余电流，在 TT 接地形式系统中，因故障电流小，室内照明回路过电流保护一般不会动作，最终导致单元总电源进线处防火 RCD 动作跳闸，使整个单元停电。因此对 TT 系统供电的住宅，宜考虑在室内照明回路装设 RCD。

4）厨房备餐用插座、洗衣机专用插座应选用防溅型，宜自带开关。

5）当金属门、窗、扶手、栏杆等附近有电源插座时，宜作局部等电位联结；外墙上的金属窗、栏杆、空调支架等也宜做等电位联结。当建筑物需防侧击雷时，可通过均压环实现等电位联结。

（三）公共部分的电击防护

住宅楼的公共部分主要包括走道、电梯前室、楼梯间前室、楼梯间、垃圾间、电气小间等，公共部分的电击防护主要应考虑以下几点：一是电梯召唤按钮、消火栓按钮、带控制或信号装置的排烟口、正压送风口等，一般采用 SELV 或 PELV 供电；二是对一些采用交流电源降压整流供电的弱电系统，如可视对讲系统等，可视为 FELV 系统，应尽可能补充条件，使其达到 PELV 或 SELV 的要求；三是应作好电气管线的机械保护，以免意外破坏绝缘导致电击。一般说来，在住宅公共部分发生电击的可能性远较住户室内为少。

二、装有浴盆或淋浴盆场所的电击防护

这种场所既包括商业性洗浴场所，也包括旅（宾）馆等建筑的卫生间，以及普通住宅中有洗浴功能的卫生间等。

1. 浴室内按电击危险程度划分的区域

在装有澡盆或淋浴盆的房间，根据水的情况，以澡盆或淋浴盆为中心，将房间划分为 4 个区域，这 4 个区域为空间区域。以浴盆为例，其室内危险区域划分如图 4-17 所示。

图中　0 区——浴盆或淋浴盆内部；

1 区——围绕浴盆或淋浴盆外边缘的垂直面内，或距淋浴喷头 0.60m 的垂直面内，其高度止于距地面 2.25m 处；

2 区——1 区至离 1 区 0.60m 的平行垂直面内，其高度止于距地面 2.25m 处；

3 区——2 区至离 2 区 2.40m 的平行垂直面内，其高度止于距地面 2.25m 处。

这 4 个区域按电击危险程度排序，0 区危险程度最高，依次递减，3 区最低。

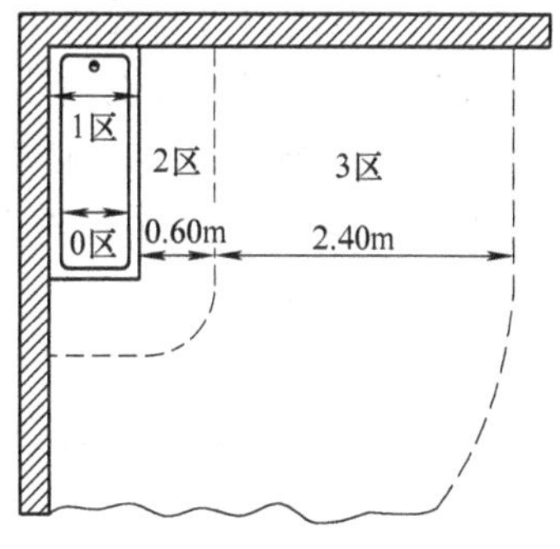

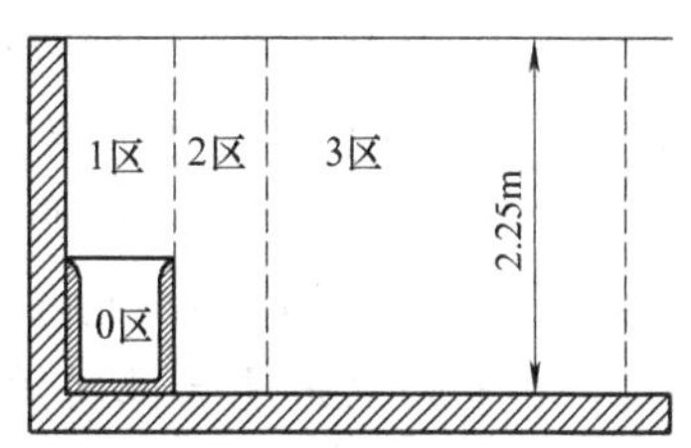

图 4-17　浴盆浴室内危险区域划分

2. 局部等电位联结

与前面介绍住宅卫生间的情况一样，在浴室内因电气故障原因或非电气故障原因出现电位差，即使其量值很低，比如低于 50V，也可能引起电击伤害事故，因此必须做局部等电位

联结。

需注意的是，若浴室内有带金属外壳的Ⅰ类设备，则必须将电源PE线纳入局部等电位联结；但如果浴室内本身没有Ⅰ类设备和PE线，则勿将电源PE线纳入局部等电位联结范围，以避免自浴室外引入高电位，增加电击危险性。

3. 各区域的电击防护措施

1）0区内只允许使用12V及以下安全特低电压（SELV）供电的设备，其电源应设置在0区以外。

2）0、1及2区内不允许装设插座，在3区内装设插座应符合下列条件之一：

① 由隔离变压器供电。

② 由SELV供电。

③ 用额定剩余动作电流$I_{\Delta n}$不大于30mA的剩余电流保护电器作接地故障保护。

3）若采用SELV供电，仍需采取基本防护措施，这些措施应符合下列要求之一：

① 设置防护等级不低于IP2X的遮栏或外护物。

② 采用能耐受500V电压持续1min的绝缘。

4）开关和附件的安装要求如下：

① 在0、1及2区内严禁安装开关和附件，但在1区及2区内允许安装拉线开关的绝缘拉线。

② 当浴室内有成品组装式淋浴小间时，开关和插座的安装位置至少离淋浴小间的门0.60m。

5）电气设备的安装要求：

① 在0区内只允许装设专用于浴盆的用电设备。

② 在1区内只可装设防护等级不低于IPX4的电热水器。

③ 在2区内只可装设电热水器和Ⅱ类照明器。

4. 电气设备选择和线路敷设

1）电气设备和线路至少应具备以下的防水等级：

0区——IPX7级。

1区——IPX5级。

2区——IPX4级，但公共浴室应为IPX5级。

3区——IPX1级。

2）浴室内的明敷线路和埋墙深度不超过50mm的暗敷线路应符合以下要求：

① 应采用无金属外皮的双重绝缘线路，例如套绝缘管的绝缘电线或具有非金属护套的多芯电缆，这主要是防止金属外皮或护套从场所外引入高电位。

② 在0、1、2区内不应通过与该区内用电设备无关的线路。

③ 在0、1、2区内不允许安装接线盒。

5. 水中的电击危险性问题

在潮湿或浸水的场所中电击危险性增大，主要是因为水的导电性使人体阻抗减小。但正是由于天然的水（包括自来水）具有导电性，有人认为，当人完全浸泡在水中时（如游泳的情况），不论水是否带电，因水是导体，导体是等位体，水中的人是安全的。但事实并非如此。

如图 4-18 所示为一根导线断线后电源侧断头跌落水中的情形。将水体面积和深度近似看成无穷大，则导线落水处会有电流从水中均匀扩散，水体成了散流区，这与接地装置处有电流从大地扩散的情况非常相似，只是水的导电性更均匀。天然河水的电阻率大致在 30 ~ 280Ω · m 范围，黄土的电阻率大致在 100 ~ 250Ω · m 范围，而金属铜的电阻率为 $0.017\times10^{-6}\Omega\cdot m$，因此将水看成是金属一样的导体是错误的。水的导电性与土壤更接近，因此水中散流场形成的电位梯度不可忽略，而人体阻抗又远小于地面干燥情况，当人体不同部位处于不同等位面时，会发生多种电流路径的电击，非常危险。另外，人体在水中切割磁力线会产生感应电流，也成为电击电流的一个组成部分。

近年来在游泳池、喷水池和暴雨积水街道等处的电击伤亡事故不断出现，从事实上印证了水中电击危险的存在和严重性。

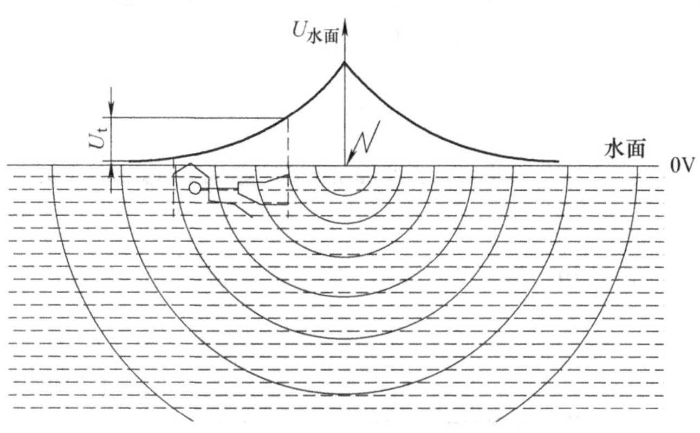

图 4-18　水中电位梯度分布

注：不考虑人体对水中电位梯度的影响

三、医院胸腔手术室的电击防护

胸腔手术中的心脏手术是器械进入人体的手术中电击危险性最大的一种。胸腔手术台的正常泄漏电流按规定不得大于10μA，发生一个绝缘故障时不得大于50μA，进行心脏手术时通过病人心脏的电流如超过50μA，就可能导致病人发生心室纤维颤动而死亡，这种电击被称作为“微电击”。如图 4-19 所示，图中电容为线路对地等效电容，另一线 1L 也有对地电容，未示出。简单分析如下：

1. *采用局部 IT 系统*

在医院 TN－S 系统的基础上，通过一台 1∶1 隔离变压器形成手术室局部 IT 系统。正常工作时，隔离变压器二次绕组中地电位点在绕组中点，两根导线对地电位相等且相位相反，其泄漏电流互为流通回路，只有一小部分通过手术台；而接地故障时，故障电流仅为线路对地电容电流，因线路长度很短，其量值可通过一定措施控制在 50μA 以下。

手术室内局部 IT 系统与医院总体的 TN 系统采用的是共同接地，共同接地的 PE 线是 IT 系统电源侧 TN－S 系统 PE 线的延伸，也就是说 TN－S 中第一个“T”也是 IT 系统中的第二个“T”。切勿为 IT 系统专门打一个接地极，因为两个单独的接地极间往往存在电位差，而手术室的电击防护力图避免的正是电位差。

对手术室的 IT 系统，应装设绝缘监察装置，如图 4-20 所示。如果在做心脏手术过程中发生绝缘破坏故障，绝缘监察装置应发出声光信号。由于故障电流极小，并不危及病人安全，手术可继续进行，医务人员只需取消声信号而保留光信号，待手术结束后再由电气人员排除故障，以便下一次手术正常进行。

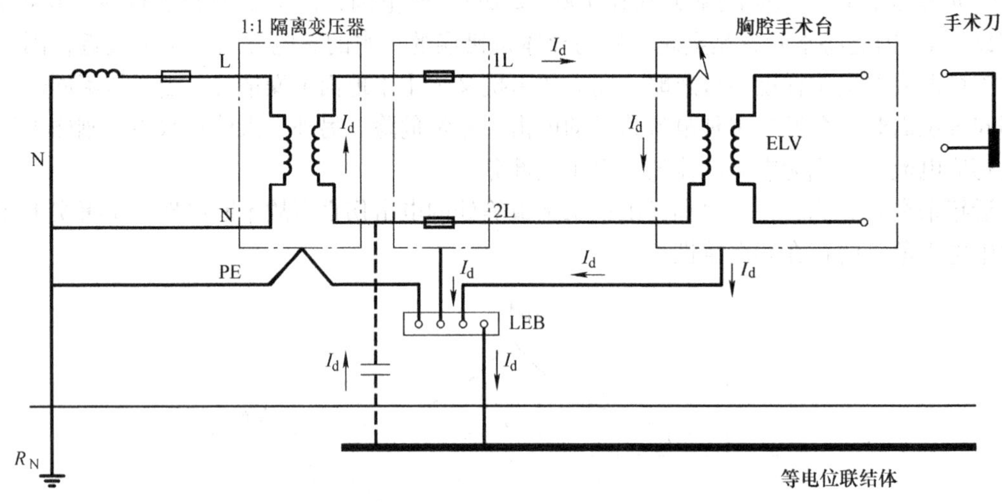

图4-19　胸腔手术室内的IT系统和局部等电位联结

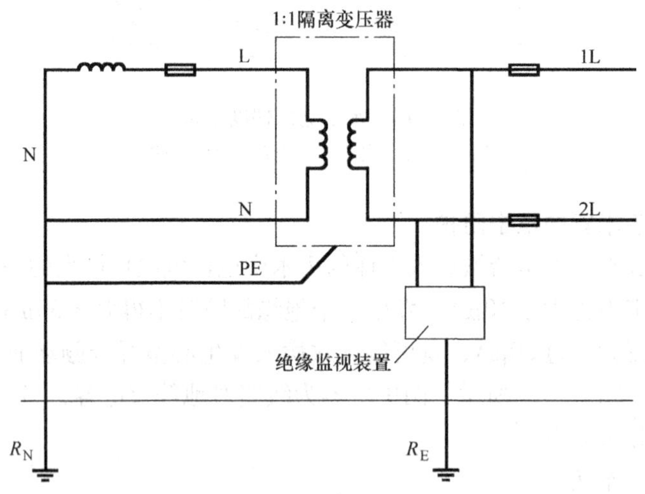

图4-20　胸腔手术室IT系统的绝缘监察

2. 实施局部等电位联结

为了进一步减小电位差和故障电流，手术室内还须作局部等电位联结。从图4-19可知，有了局部等电位联结后，接地故障发生时的电位差减小为故障电流在一小段辅助等电位联结PE线（从设备外壳至局部等电位联结端子板LEB）上的电压降。手术室的局部等电位联结如图4-21所示。

3. 采用SELV系统

进入人体的用电手术器械应采用SELV，实现方式为在IT系统中通过安全隔离变压器

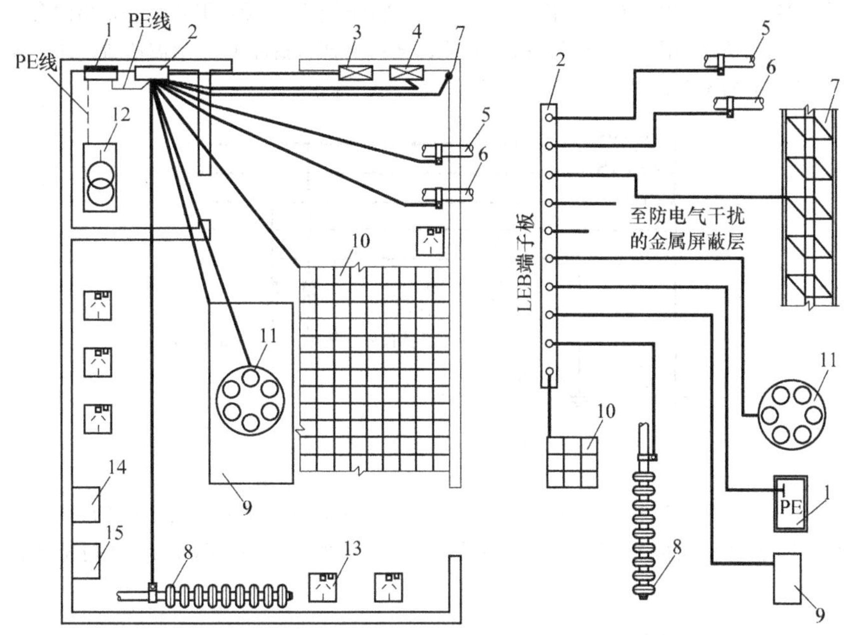

图 4-21　手术室的局部等电位联结

1—手术室分配电箱　2—LEB 端子板　3—无影灯控制箱　4—手术台控制箱　5—水管　6—氧气管　7—建筑物钢筋　8—采暖管　9—非电动手术台　10—导电地板的金属网格　11—ELV 手术灯　12—隔离变压器（用于胸部手术）　13—插座　14—冰箱　15—保温箱

（一般为手术器械电源自带）获取特低电压。手术台、手术灯等也应采用 SELV，电压取值不得大于交流 25V 有效值或直流 60V。

特低电压的设备和线路都应具备防直接电击措施，如绝缘、外护物等。

思考与练习题

4-1　如图 4-22 所示为 220/380V 三相四线制 TT 系统，试判断安装在人不能触及处的固定设备发生碰壳故障时，熔断器能否在 5s 内熔断（参阅表 4-6）。

4-2　如图 4-23 所示为 220/380V 三相四线制 TN 系统，手持设备处相线与保护线短路时，相保短路阻抗为 440mΩ，试判断设备碰壳故障时，熔断器能否在 0.4s 内动作（参阅表 4-7）。

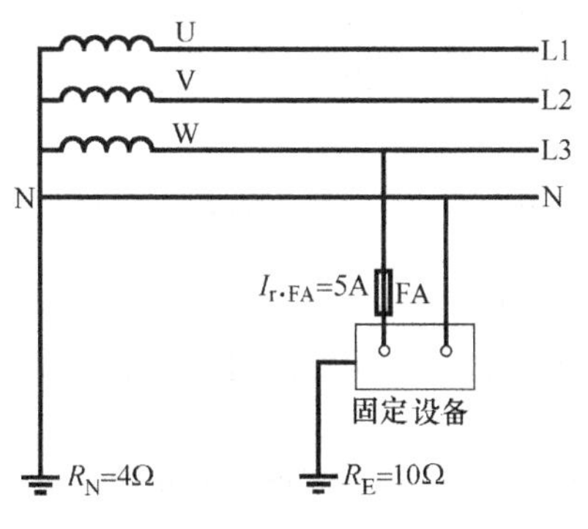

图 4-22　题 4-1 图

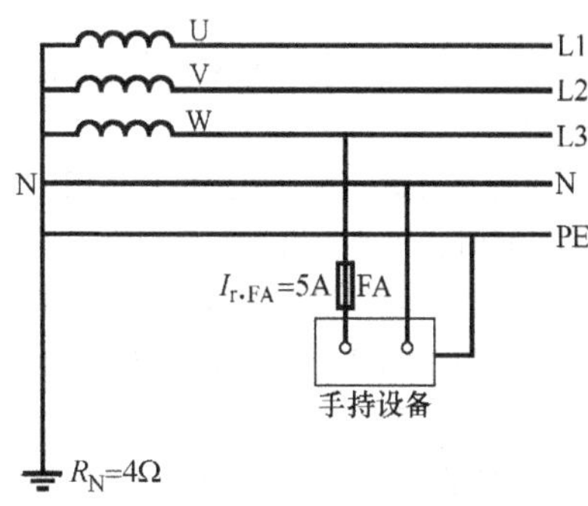

图 4-23　题 4-2 图

4-3 如图4-24所示为220/380V三相四线制系统，请判断系统的接地形式，并指出两台设备的额定电压。若安装在人不能触及处的固定设备发生碰壳故障，试判断故障能否在5s内被切断，并计算在故障被切断前，手持设备外壳上的预期接触电压大小。

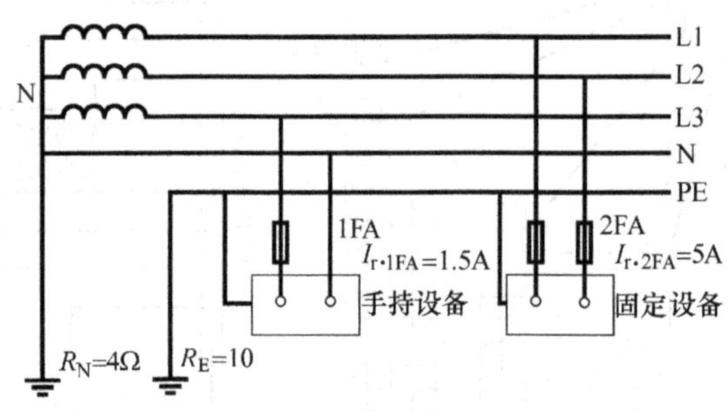

图4-24 题4-3图

4-4 如图4-25所示为220/380V三相四线制系统，请判断系统的接地形式，并指出两台设备的额定电压。若固定设备回路总相保阻抗为770mΩ，手持设备回路总相保阻抗为1870mΩ，试判断电击防护设计是否满足要求。

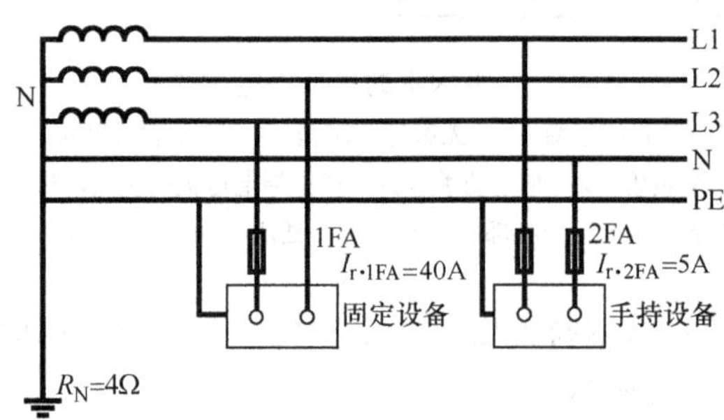

图4-25 题4-4图

4-5 某220/380V三相四线制路灯回路采用TT系统，灯具功率P_r=250W，$\cos\varphi$=0.6，灯具接地电阻R_E=10Ω，系统中性点接地电阻R_N=4Ω。试选择作灯具短路保护用的熔断器熔体额定电流，并校验在单相碰壳故障发生时熔断器能否在规定时间0.2s内动作。本题熔断器按NT型号考虑，可能用到的额定电流系列为4A、6A、10A，该范围内熔体0.2s熔断所需电流倍数K_{es}可取值为15。

4-6* 为测试某TN-S系统终端回路间接电击防护有效性，计划按图4-8所示试验电路对环路阻抗Z_S进行测量。事先进行方案论证时，通过工程设计计算书查得测试点处相保短路电流计算值为1.7kA，被测终端回路断路器额定电流为63A，所接配电干线回路断路器长延时脱扣器动作电流为125A，变压器电压比为10/0.4kV。

（1）试选择合适的测试电路可变电阻R值。（提示：试验电流不能超过系统承载能力，可计入终端回路断路器长延时脱扣器的保护作用，取若干R值试算）

（2）在所选R值条件下，推算Q闭合前电压U_1和闭合后电压U_2量值大小。

（3）根据以上测试准备工作的结果，对用图4-8所示方法测试Z_S的准确度做出事先评估。（提示：分析U_1与U_2的差是否足够大）

4-7 三只某同型号RCD标称额定剩余动作电流均为30mA，按图4-10a所示电路实测，多次测试结果显示，第一只剩余动作电流范围为11～13mA，第二只为14～17mA，第三只为21～25mA。试判断这三只RCD保护特性是否合格。

4-8* 如图4-26所示为一别墅小区的低压配电系统，设计采用各栋别墅分别接地的TT系统。小区电信服务商从通信机房敷设屏蔽通信电缆如图所示，按规定在入户处将电缆屏蔽层做了总等电位联结。

（1）若通信机房与变配电所不在同一处，通信机房和变配电所设备各自独立接地，试分析布设通信电缆后，分别接地的TT系统是否仍然成立。

（2）若通信机房与变配电所同在小区地下车库，通信机房和变配电所设备接地共用车库基础接地装置，试分析布设通信电缆后，分别接地的TT系统是否仍然成立。

（3）在以上（1）的接地条件下，若1号别墅电气设备发生碰壳漏电情况，试分析故障电流的路径，并分析故障电流对通信系统的干扰情况。

（4）如果以上（1）~（3）分析中发现有问题，请探讨解决问题的路径和方法。

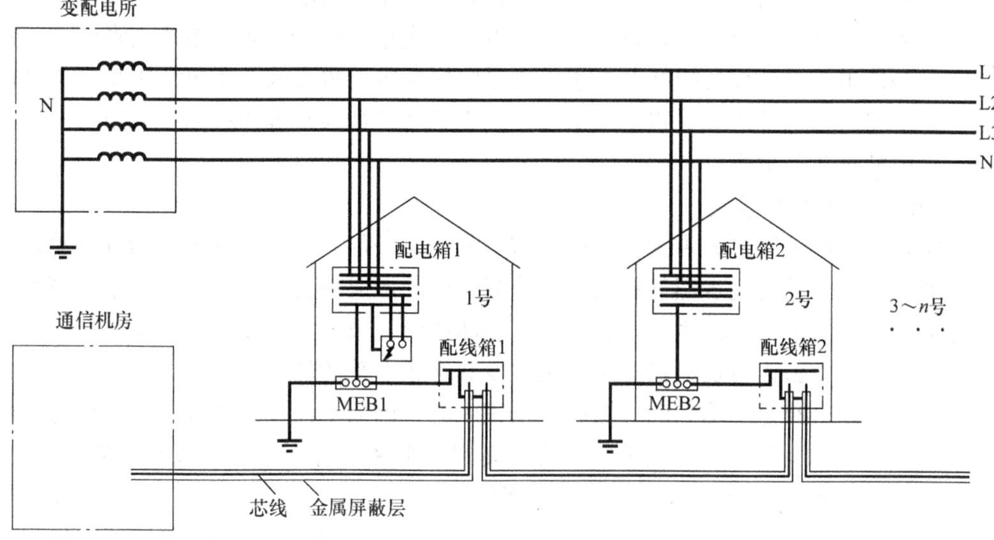

图4-26　题4-8图

第五章 雷电及建筑物雷电防护

第一节 雷电与雷电参数

雷电是雷云之间或雷云与地之间放电的一种自然现象。雷电流通过地表的被击物时，具有极大的破坏性，其电压可达数百万伏以上，电流可高达几百千安培，造成人畜伤亡、建筑物损毁、线路停电、电气设备损坏及电子信息系统中断等严重事故。雷电危害源自于其巨大的能量。以下将对雷电的形成、雷电能量的作用方式和特征参数等作一简要介绍。

一、雷电的形成与危害

1. 雷云及雷电作用形式

大气中带电荷的云团称为雷云，是产生雷电的先决条件。气象学和大气物理学对雷云产生过程的研究表明，首先是水蒸气在高空因冷凝等原因形成积云，积云因其中小水滴和冰晶的密度增大而形成乌云，乌云因小水滴破裂、结冰或吸收被宇宙射线电离的带电粒子而带上电荷，称为雷云。雷云以带负电荷居多，也有少数带正电荷的情况。

雷云中的电荷分布是不均匀的，有许多堆积中心，因而不论是云中或是云对地之间各处电场强度是不一样的。等到一定数量的电荷聚集到一个区域时，这个区域的电势逐渐上升，当它的电场强度达到足以使附近空气绝缘破坏的程度（约 25 ~ 30kV/cm）时，该处空气游离，开始了雷云放电。比之于雷云间的放电，防雷工程更关注的是雷云对地面或大地附着物的放电，也就是本书中所说的对地雷闪。按能量传递的途径，雷云电荷所携带的能量作用于地表附着物（如建筑物、架空线路等）主要有以下几种形式：

（1）直击雷 雷云对建筑物放电初期，只能将雷云附近的空气击穿，形成所谓的向下先导，如图 5-1a 所示。由于先导通道内空气游离不够强烈，放电向下发展到一定距离后因其顶端部场强衰减而暂时停歇下来，待电荷中心向通道补充电荷后再次放电，并继续向下发展。如此反复，形成了逐次发展的向下先导放电通道。

与此同时，因雷云接近建筑物，在建筑物上感应出大量异性电荷，建筑物上的感应电荷也会发展出向上的先导，称为向上（或迎面）先导，如图 5-1a 所示。当向下先导与向上先导间的空气被击穿时，雷云电荷通过游离的放电通道向建筑物泄放，形成雷电主放电，如图 5-1b 所示。主放电持续时间极短，约为 50 ~ 100μs，放电电流可高达数百千安培，伴以强烈的闪光和巨大的声响。主放电之后，雷云中的残余电荷还可能经过主放电通道向建筑物泄放，称为余辉放电。余辉放电电流较小，但持续时间较长，可长达数百毫秒。

由于雷云中可能存在若干个电荷中心，所以在第一个电荷中心的上述放电完成之后，可能引起第二个、第三个中心向第一个通道放电。因此雷闪往往具有多重性，两次放电相隔 30 ~ 50ms，放电次数平均为（2 ~ 3）次，最多曾记录到有四十多次，但第二次以后的放电电流一般较小。

（2）感应雷 有两种形式的雷闪感应，分述如下：

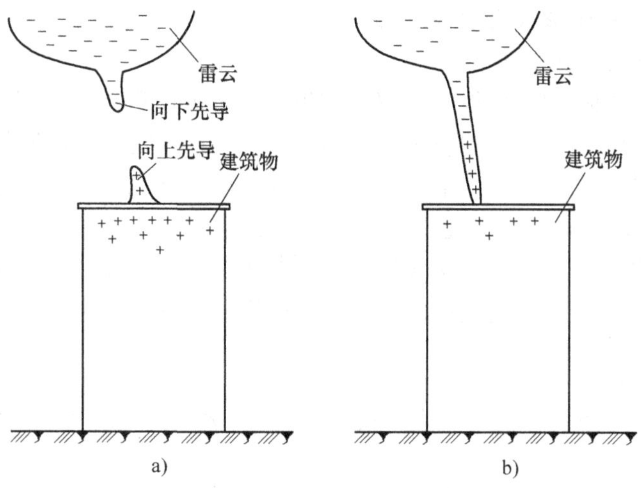

图 5-1　直击雷的形成

1）静电感应。当建筑物上空有雷云时，在附近所有建筑物上都会感应出与雷云异性的电荷。在雷云向大地或某一栋建筑放电后，雷云与大地间电场消失，积聚在其他建筑上部的电荷失去了异性电荷的束缚，会向地中泄放。这种电荷泄放与被击建筑中电荷泄放类似，但泄放的电荷不是雷云的电荷，而是被雷云感应出的电荷，因此称为雷闪静电感应效应。

2）电磁感应。雷击建筑物附近大地或其他建筑物时，放电产生的空间电磁场可能在建筑物内发生电磁耦合，在建筑物内的金属物体或电气电子系统中产生感应电动势，进而发生击穿放电或形成感应电流，这就是雷闪电磁感应效应。

（3）球形雷　球形雷是一个被电离的空气团，以约每秒几米的速度在大气中漂浮运动，它常从烟囱、开着的门窗或缝隙进入建筑物内部，在室内来回滚动几次后，可能沿着原路出去，有时也会自行无声消失，但碰到人、畜后发出爆炸声，还会出现刺激性气体。球形雷的形成与特性，还没有确切的解释，本书不讨论球形雷防护问题。

2. 雷电的危害

（1）热效应　强大的雷电流（可高达几百千安培）通过雷击点，并在极短时间内转换成热能，雷击点的发热量约为（500～20000）MJ，容易造成燃烧或金属熔化，熔化的金属飞溅又容易引起火灾、爆炸等事故。

（2）电磁效应　由于雷电流量值大且变化迅速，在它的周围空间里会产生强大且变化剧烈的磁场，处于这个变化磁场中的导体可能被感应出很高的电动势。感应电动势可使闭合的金属导体产生很大的感应电流，或使开口金属导体产生很高的开口电压，从而引发火花放电危险。

（3）机械效应　其一，雷电流会产生很高的温度，当它通过树木或建筑物墙壁时，被击物体内部水分受热急剧气化，或缝隙中分解出的气体剧烈膨胀，因而在被击物体内部出现巨大的压强，使树木或建筑物遭受破坏，甚至爆裂成碎片，这种破坏又称被击物阻性热效应产生的机械力破坏；其二，雷电流产生的电磁力可能使电气设备或金属构件受力损坏；其三，雷电放电时，电弧高温使周围空气急剧膨胀形成冲击波，可能对周围的物体产生机械破坏。

二、对地雷闪的雷击形式与组合形式

1. 雷闪、雷击及其基本类型

雷电向大地或地表附着物的放电称为对地雷闪（lightning flash to earth），又称闪击。雷闪过程中的单次对地放电称为雷击（lightning stroke）。通常一个雷闪过程包含有若干次雷击。

始于雷云向下先导的雷闪叫作下行雷闪（downward flash），始于建筑物向上先导的雷闪叫作上行雷闪（upward flash），这是雷闪的两种基本类型。雷云放电按先后次序分为首次雷击和后续雷击，按放电的持续时间又分为短时雷击和长时间雷击，雷闪中基本的雷击形式如图 5-2 所示，图中波形为雷电流波形，正负号表示放电电荷的极性。

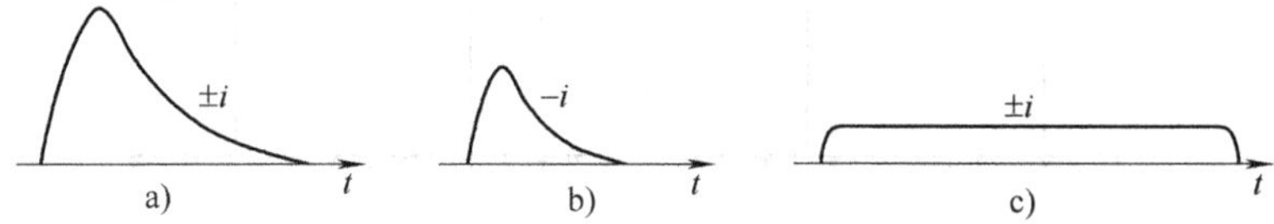

图 5-2　雷闪中雷击的三种形式

a）首次短时雷击　b）后续短时雷击　c）首次或后续长时间雷击

2. 雷闪的雷击组合形式

在平地和低矮建筑物上出现的大多是下行雷闪，在暴露地点（如山峰处）及高耸的建筑上出现的主要是上行雷闪。观测记录表明，下行与上行雷闪的可能组合如下：

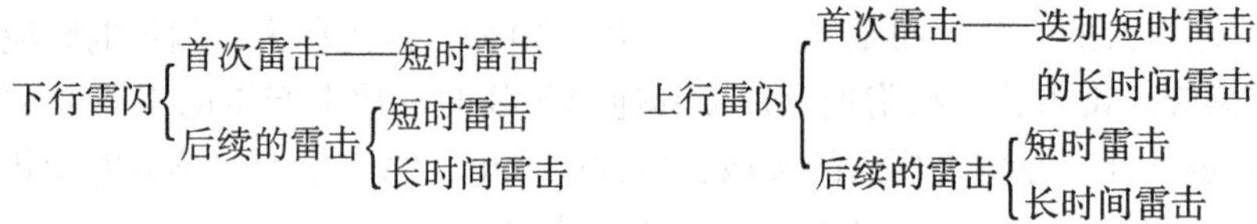

下行雷闪的首次雷击（主放电）从持续时间来看都是短时雷击，后续的雷击（余辉放电）有可能是短时雷击，也可能是长时间雷击；上行雷闪的首次雷击多是叠加了短时雷击的长时间雷击，随后才是主放电的短时雷击，再其后的余辉放电与上行雷闪类似。常见的雷闪组合形式如图 5-3 和图 5-4 所示。

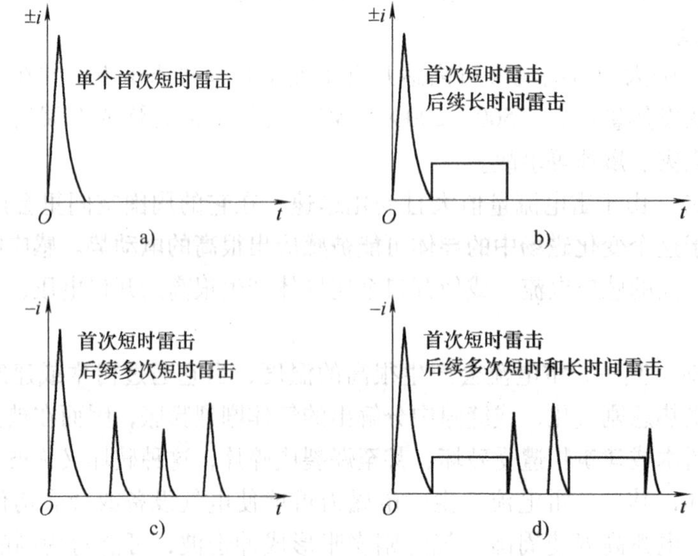

图 5-3　下行雷闪可能的雷击组合形式

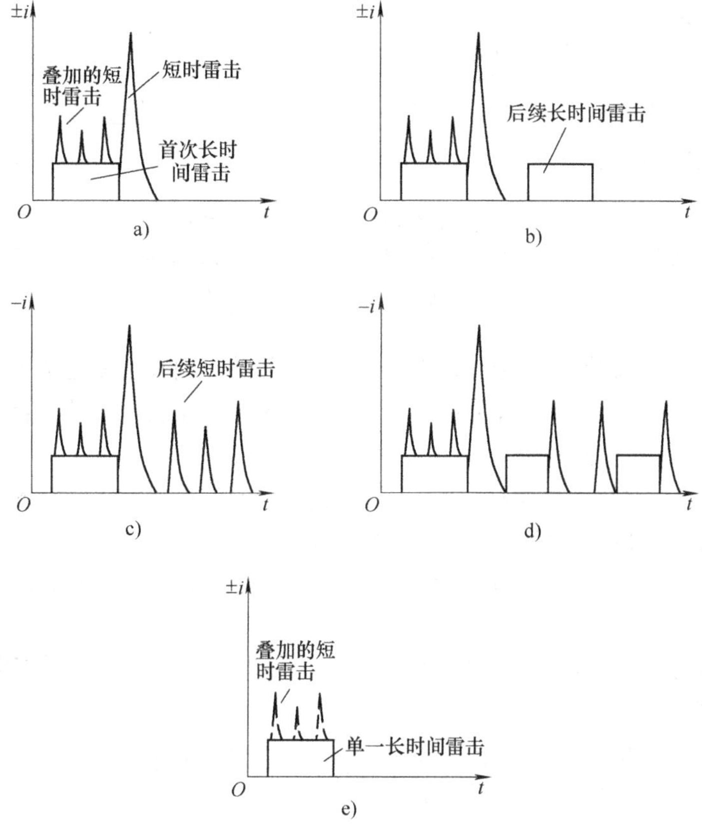

图 5-4　上行雷闪可能的雷击组合形式

通常上行雷闪的所有雷击能量都小于下行雷闪，因此在防雷工程中按不利条件考虑，一般取下行雷闪参数。

三、雷电参数

1. 气象参数

（1）雷暴日　在指定的气象观测点，一天内只要听到过雷声，就叫一个雷暴日。

（2）年平均雷暴日　一年内雷暴日总和的平均值，叫年平均雷暴日，单位：d/a。

我国一般将年平均雷暴日 15 以下的地区称为少雷区，40～90 的地区称为多雷区，超过 90 的地区称为强雷区。年平均雷暴日根据当地气象台、站资料确定。

2. 电气参数

（1）雷电流波形及参数定义　短时和长时间雷击雷电流波形及参数定义如图 5-5 所示，具体解释如下：

1）雷电流幅值 I。又称雷电峰值电流，指短时雷击雷电流的最大瞬时值。

雷电流幅值与雷电的机械效应有关，主要影响电动力的大小。该量值还影响波头陡度，继而间接与雷电电磁效应相关。

2）T_1 波头时间。又称视在波前时间，是短时雷击电流波的一个虚拟参数。将雷电流曲线上升阶段 10%I 和 90%I 两个点连一直线，直线与横坐标的交点 O_1 称为视在原点。以视在

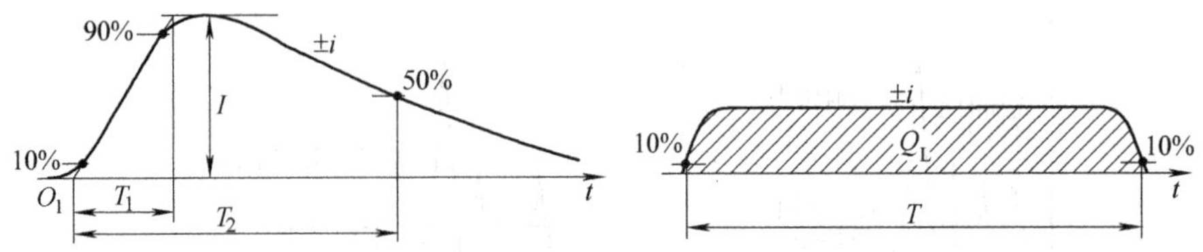

图5-5　雷电流波形及雷击参数定义

I—峰值电流（幅值）　T—从波头10%峰值至波尾10%峰值之间的时间　T_1—波头时间

T_2—半峰时间　Q_L—长时间雷击的电荷量

原点为起点，该直线与幅值水平线的交点为终点，其间的时间长度就是T_1波头时间。

根据直线比例关系，可以很容易地求出$T_1 = 1.25(t_{90} - t_{10})$。式中$t_{10}$和$t_{90}$分别为波前10%$I$和90%$I$电流所对应的时刻。

3）T_2波头时间。又称波尾半峰时间，是短时雷击电流波的一个虚拟参数。指以视在原点为起点，以雷电流下降到幅值I的一半为终点的整个时长。

4）长时间雷击电流持续时间T。指长时间雷击电流波上升到10%峰值与下降到10%峰值之间的时长。

5）波头平均陡度。这是短时雷击电流波的一个导出参量，它表明了雷电流波头上升的速率，量值为I/T_1。

波头平均陡度与雷电流产生的电磁效应有关，如感应过电压大小。

6）雷电流的电荷量Q_S（短时雷击）、Q_L（长时间雷击）和Q_{FLASH}（雷闪）。Q_S、Q_L和Q_{FLASH}统称雷电荷量，是表明雷电流所携带电荷量值大小的参量，直观理解为雷电流波形下的面积。

当雷击装置发生电弧时，电弧热效应与雷电荷量有关。

7）单位能量W/R。$W/R = \int i^2(t)\mathrm{d}t$，$i(t)$是雷电流。$W/R$是雷电流热脉冲，表明了雷电流在1Ω被击负载电阻上产生的能量损耗。

单位能量与雷电流引起的阻性发热有关，继而间接与雷电的机械效应相关。

（2）雷电参数量值的统计特征及标准雷电流波　雷电是随机性的大气物理现象，雷闪发生的时间、频度以及雷击的部位、次数和能量大小等都是随机的。虽然雷电有一定的统计规律，但不同地区统计规律之间有差异，不同专业技术组织发布的数据也常有所不同。防雷工程中雷电参数是以基于统计数据的标准雷电流波为依据的，有关内容如下：

1）雷闪的极性。指雷闪电荷的极性，典型数据是大约10%的雷闪为正极性，90%的雷闪为负极性，随地域而不同。首次短时雷击中，正极性雷击的威胁更严重。

2）雷电流幅值。雷电流幅值范围很大，在电力系统防雷和建筑物防雷工程中数据有所不同。

在电力系统防雷工程中，根据我国各地实测结果，主放电雷电流幅值出现的概率约为

$$\lg P = -\frac{I}{88}$$

式中　P——雷电流幅值概率，用百分数表示；

I——雷电流幅值（kA），用数值表示。

例如，对于超过 100kA 的雷电流幅值，按上式求得其概率为 0.073，即每 100 次雷闪中，大约有 7 次雷闪的主放电雷电流幅值超过 100kA。

在建筑物防雷工程中，雷电流幅值概率有类似规律，但数值不同，比如：幅值超过 100kA 的首次短时雷击发生的概率为 0.05。国家标准 GB/T 21714—2015《雷电防护》中有相关数据列示。

3）时间。首次短时雷击按正极性雷击考虑，取 $T_1=10\mu s$，$T_2=350\mu s$；后续短时雷击按负极性雷击考虑，取 $T_1=0.25\mu s$，$T_2=100\mu s$；长时间雷击取 $T=0.5s$。另外，对于首次负极性短时雷击，可取 $T_1=1\mu s$，$T_2=200\mu s$。

4）短时雷击标准波形函数。指防雷工程相关标准根据统计数据规定的标准波形，适合首次正、负极性短时间雷击和后续负极性短时间雷击，函数关系为

$$i(t)=\frac{I}{k}\frac{(t/T_1)^{10}}{1+(t/T_1)^{10}}e^{-t/T_2} \tag{5-1}$$

式中 I——雷电流幅值（kA）；

k——电流峰值校正系数；

t——时间（μs）；

T_1——视在波前时间（μs）；

T_2——半峰时间（μs）。

按照以上波形，雷电流幅值 I（单位为 kA）、电荷量 Q_S（单位为 C）和单位能量 W/R（单位为 MJ/Ω）有以下关系：

$$Q_S=\frac{1}{0.7}IT_2 \tag{5-2}$$

$$W/R=\frac{1}{2}\times\frac{1}{0.7}I^2T_2 \tag{5-3}$$

（3）雷电波的表述　在以后的讨论中，常用到不同雷电波作用下设备或元件的参数表述，或标准化试验所采用的试验电源参数的表述，这些表述都涉及工程标准所规定的雷电波形式，通常用 T_1/T_2 方式表达，这里符号“/”没有除法运算的含义，仅指雷电波波头时间与半峰时间的一种组合。例如，常用的试验波形有 10/350μs 电流波、8/20μs 电流波、1.2/50μs 电压波等。

第二节　雷电能量在导体上的传输

雷害的本质在于其所拥有的巨大能量，防雷的根本则是让能量无害泄放。在雷害产生和雷电防护的环节，都存在着能量的传递过程，其中能量在导体上的传输又是主要的传递方式之一，本节就对导体上雷电能量传输的基础理论进行介绍。

一、传输线

雷电击中具有良好导电性的被击对象后，泄放到被击对象上的雷电能量便以行波的形式表现。为正确地理解和分析雷电在被击对象上的行为，必须对雷电能量的波过程有所了解。以下介绍的传输线，就是用于理解雷电波过程的一种理想模型。

1. 集中参数电路与分布参数电路

经典电路分析理论是建立在集中参数电路前提下的，它的基础是 KCL、KVL 两条定律和电阻、电感、电容三种理想元件的支路关系。所谓集中参数电路，是指电路的几何尺寸远小于工作于其上的电压波波长，这时每一条支路都有一个支路电压和支路电流，并且回路电压和节点电流代数和分别满足 KVL 和 KCL，每一支路上电压 u 和电流 i 的关系由支路元件的性质（电阻、电感还是电容）与特性参数决定。在分析集中参数电路时，我们关心的是网络拓扑结构和该结构中“节点”与“支路”上的电气参量，并不关心某一“节点”或“支路”的几何尺寸与空间位置。

当一个电路的几何尺寸与工作于其上的电磁波波长可以比拟时，这个电路就叫作分布参数电路。在分布参数电路中，每一点（而非节点）都有各自的电压和电流，因此，“节点电压”“支路电流”等概念已不存在，甚至连“节点”“支路”等理想电路模型的网络拓扑基本元素都失去了存在的基础，KCL、KVL 在分布参数电路中不再成立。在分布参数电路中，“传输线”或称“长线”是最简单也是最常见的一种分布参数电路。

2. 传输线简介

当一条电气线路的长度与工作于其上的电磁波波长可比拟时，这条电气线路就称为传输线，也叫长线。传输线是一种分布参数电路。

（1）“长线”与“短线”的区别　为什么电路的几何尺寸会如此重要呢？下面以同一线路为例，分别考虑工作于其上的电磁波波长远大于和小于其长度时的电压分布情况。

如图 5-6 所示为一条长度 600m 的线路在不同频率正弦交流电压作用下的情形。图 5-6a 中，电源电压 u_a 的频率很低，为工频 50Hz，这时电压波波长约为 $\lambda \approx v_{光速}/f=(3\times10^8\text{m/s})/(50\text{Hz})=6\times10^6\text{m}=6000\text{km}$，线路长度只占电压波波长的万分之一，在这么短的长度内，电压正弦波的幅值变化很小，近似于一条水平线，线路上各点对地电压基本相等，随时间一同按正弦规律变化，因此我们可以说“相线的电压”，而不必指明倒底是相线上哪一点的电压；图 5-6b 中，电源电压 u_a 的频率高达 5MHz，此时电压波波长为 $(3\times10^8\text{m/s})/(5\times10^6\text{Hz})=60\text{m}$，在 600m 长的线路上就分布有 10 个完整的电压正弦波，这时相线上不同位置的对地电压是不同的，如某一时刻 A 点为参考地电位，而 B 点对参考地电压达到电压幅值。此时再笼统地说“相线对地电压”是无意义的，必须指明是相线上哪一点的对地电压。对于电流也可作同样的分析。

从以上分析可知，在“短线”中，电压或电流只是时间的函数，即 $u=u(t)$，$i=i(t)$；而在“长线”中，电流或电压不仅是时间的函数，而且是位置的函数，即 $u=u(x,t)$，$i=i(x,t)$，x 为线路上的坐标点。因此，对“长线”上电磁过程的分析，就涉及时间和位置（空间）两个因素，这是在分析“长线”时必须明确的一个基本概念。

（2）传输线的波阻抗　对于传输线上任意一点，在外界条件不变的情况下，该点处沿同一方向传输的电压与电流之比，称为传输线上该点的波阻抗，记作 $Z_c(x)$，即

$$Z_c(x)=\frac{u(x,t)}{i(x,t)} \tag{5-4}$$

若 $Z_c(x)$ 与电压（或电流）大小无关，则称该点的波阻抗是线性的。若一条传输线上各点波阻抗都相等，则称该传输线是均匀的，称这个相等的波阻抗为均匀传输线的波阻抗，简称传输线的波阻抗。以后若无特别说明，我们所讨论的传输线都是线性均匀传输线。

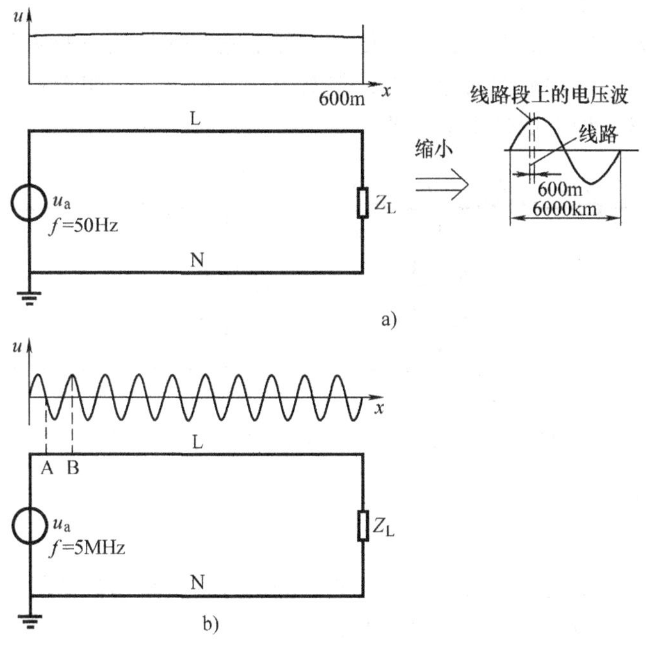

图 5-6　“长线”与“短线”的区别

此处波阻抗是一个实数，是位置的函数。如图 5-7 单相线路所示，线路中每一点都有自己的波阻抗。如 A 点的波阻抗 $Z_c(x_A)$ 就只与 A 点有关，它表明了 A 点电流 $i(x_A,t)$ 与 A 点相线与中性线间电压 $u(x_A,t)$ 之间的关系，即 $u(x_A,t)=Z_c(x_A)i(x_A,t)$。如果从线路中某一点 C 注入电流 $i(x_C,t)$，如图中虚线所示，这好比雷电击中 C 点的情形，则该电流在相线与中性线间产生的电压为 $u(x_C,t)=i(x_C,t)Z_c(x_C)$。

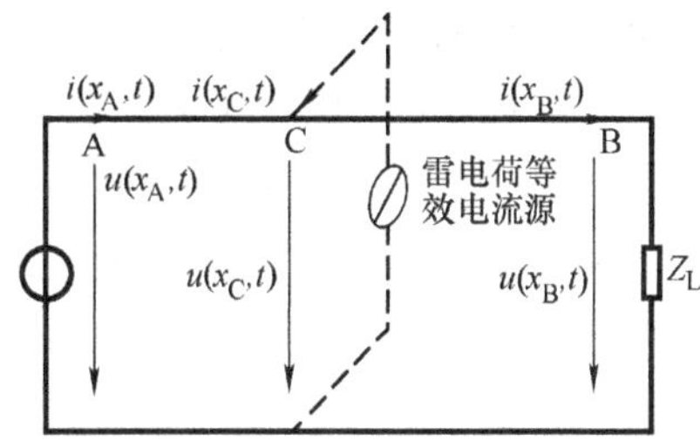

图 5-7　波阻抗与线路阻抗

传输线及波阻抗都是十分重要的概念，它们不仅对于下一章理解雷电过电压及其防护措施有重要作用，而且对有线通信等高频线路也是极为重要的基本概念。

（3）传输线的等效电路　下面以水平单导体为例介绍传输线的等效电路。所谓单导体，就是由一根导体构成的传输线，与它相关的另一极为大地；导体呈水平状态，表明其上各点对地关系一致，可视为均匀传输线。

图 5-8 为水平单导体均匀传输线的等效电路图，图中 L_0、r_0、C_0、g_0 分别为导体单位长度的电感、电阻、对地电容和对地电导。前面已经说过，某一长度导体的阻抗（实际上也包括导纳）是集中参数电路的概念，那么在这里建立传输线的等效电路时为什么又用到这些概念呢？这里使用了一种分析技巧，即将原本属于分布参数电路的长线看成是很多段短导体的级联，每段短导体的长度都至少要短到比电磁波波长小很多，这样对每一小段导体来说，它们都是集中参数电路，就可以用集中参数电路的方法对其进行分析。每段短导体的长度越短，分析结果就越准确。我们能分割出的最短的长度（但不能为零）是数学上所谓的“无穷小” dx，对每一段长度为 dx 的导体，因为它们都是集中参数电路，因此说这一段导

体的阻抗或导纳是符合逻辑的。

近似认为 L_0、r_0、C_0、g_0 均为常数，尽管实际上它们都是频率的函数，且在有电晕发生时还是电压的函数。作这种近似误差不大，但对简化分析过程、明晰物理概念却有很大的帮助，因此工程上容忍这种近似带来的误差。

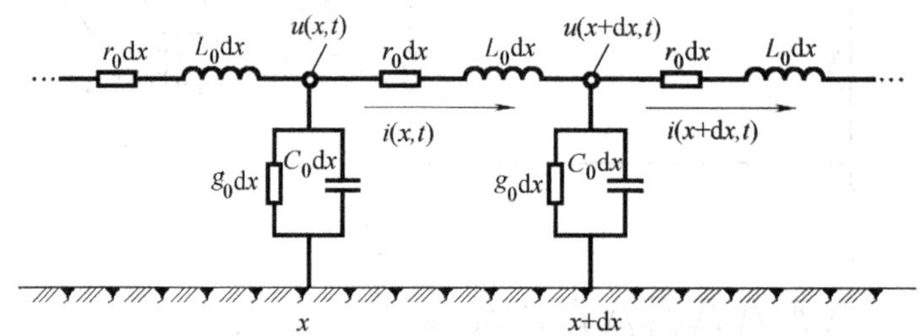

图 5-8 水平单导体均匀传输线的等效电路图

二、传输线上的行波

1. 波动方程

传输线上的电磁能量是以波的形式传输的，波动方程就是用数学的形式表达电磁波沿传输线分布和随时间变化的规律。以电压或电流表达电磁波，它们不仅是时间的函数，还是位置的函数，因此都是二元函数，即电压 $u=u(x,t)$，电流 $i=i(x,t)$，x 为位置坐标，t 为时间。因为只讨论电磁波沿线路的分布，故三维空间的位置简化成一维空间的位置。

参考图 5-8，从传输线上某一点 x 开始，研究电压和电流从点 x 到点 $(x+\mathrm{d}x)$ 所发生的变化。点 x 上的电压和电流分别为 $u(x,t)$、$i(x,t)$，点 $(x+\mathrm{d}x)$ 上的电压和电流分别为 $u(x+\mathrm{d}x,t)$、$i(x+\mathrm{d}x,t)$。根据 KVL 和 KCL 列电路方程并求解（过程略），得

$$\left.\begin{aligned} u(x,t) &= u_{\mathrm{f}}(x,t)+u_{\mathrm{b}}(x,t) \\ i(x,t) &= i_{\mathrm{f}}(x,t)+i_{\mathrm{b}}(x,t) \\ u_{\mathrm{f}}(x,t) &= \sqrt{L_0/C_0}\,i_{\mathrm{f}}(x,t) \\ u_{\mathrm{b}}(x,t) &= -\sqrt{L_0/C_0}\,i_{\mathrm{b}}(x,t) \end{aligned}\right\} \tag{5-5}$$

式中 $u_{\mathrm{f}}(x,t)$——电压前行波；

$u_{\mathrm{b}}(x,t)$——电压反行波；

$i_{\mathrm{f}}(x,t)$——电流前行波；

$i_{\mathrm{b}}(x,t)$——电流反行波。

令 $v=1/\sqrt{L_0C_0}$，电压前行波和反行波可表示为（过程略）

$$\left.\begin{aligned} u_{\mathrm{f}}(x,t) &= u_{\mathrm{f}}\left(t-\frac{x}{v}\right) \\ u_{\mathrm{b}}(x,t) &= u_{\mathrm{b}}\left(t+\frac{x}{v}\right) \end{aligned}\right\} \tag{5-6}$$

由式（5-5）后两式和式（5-6），可得出 $i_{\mathrm{f}}(x,t)$ 和 $i_{\mathrm{b}}(x,t)$ 的表达式。

式（5-5）表明，传输线上电压和电流都是由一个前行波和一个反行波叠加而成，前行波和反行波的波速相同，均为

$$v=1/\sqrt{L_0C_0} \tag{5-7}$$

式中　v——行波波速；

L_0——传输线单位长度的电感；

C_0——传输线单位长度的对地电容。

根据波阻抗定义和式（5-5）的后两式，可知传输线的波阻抗 Z_c 为

$$Z_c = \sqrt{L_0/C_0} \tag{5-8}$$

对于单根裸导线架空线，L_0和 C_0分别如下式：

$$L_0 = \frac{\mu_0}{2\pi}\ln\frac{2h_d}{r}$$

$$C_0 = \frac{2\pi\varepsilon_0}{\ln\frac{2h_d}{r}}$$

式中　h_d——导线对地高度（m）；

r——导线半径（m）；

μ_0——真空的导磁系数，其值为 $4\pi\times10^{-7}$H/m；

ε_0——真空的介电常数，其值为$\frac{1}{36\pi}\times10^{-9}$F/m。

将以上公式代入，则波速和波阻抗分别为

$$v = 1/\sqrt{L_0C_0} = 1/\sqrt{\mu_0\varepsilon_0} = 3\times10^8\text{m/s}$$

$$Z_c = 60\ln\frac{2h_d}{r} = 138\lg\frac{2h_d}{r}$$

可见，架空裸导线上的行波波速约为光速。若架空线为绝缘导线或电缆，因绝缘材料的 ε 比空气大，波速会减小，一般为光速的$\frac{1}{3}\sim\frac{1}{2}$；架空裸导线的波阻抗 Z_c 一般为 300～500Ω，电缆的波阻抗约为十几至几十欧姆之间。

行波在传输线上的运动过程也就是电磁场能量的传播过程。当传输线上有一前行波电压 u_f 和前行波电流 i_f 时，单位长度导体获得的电场能量和磁场能量分别为$\frac{1}{2}C_0u_f^2$ 和$\frac{1}{2}L_0i_f^2$，由式（5-5）可知，$\frac{1}{2}C_0u_f^2 = \frac{1}{2}L_0i_f^2$，即电场能与磁场能相等，单位长度导体获得的总能量为$\frac{1}{2}C_0u_f^2 + \frac{1}{2}L_0i_f^2 = C_0u_f^2 = L_0i_f^2$，其所需时间为 $1/v$，故单位时间内行波传送的能量（也即功率）为 $vC_0u_f^2 = vL_0i_f^2 = u_f^2/Z_c = i_f^2Z_c$。这说明从功率与电压、电流的关系式来看，波阻抗与同一数值的集中参数电阻是等效的，但在物理意义上则不相同，电阻要消耗能量，波阻抗只是表征电压和电流关系的一个系数，是不消耗能量的。

2. 行波的折射与反射

当行波运动到波阻抗发生变化的位置时，根据能量守恒原理，在变化点前后，单位长度导线上电场能和磁场能总和必定相等，而电场能和磁场能又分别与电压、电流量值有关。在电磁总能量不变的前提下，波阻抗的变化只会带来电压和电流比例的变化，这就是电压、电流折射和反射发生的原因。如图 5-9 所示，两条具有不同波阻抗的线路在 A 点相连，设 u_{1f} 是 Z_1线路中的前行波电压，常称为投射到结点 A 的入射波，u_{1b}为反行波电压，是由入射波

在A点发生反射而产生的；在线路 Z_2 中，u_{2f}是前行波电压，但追根溯源，它源自A点入射波，因此称为折射波。

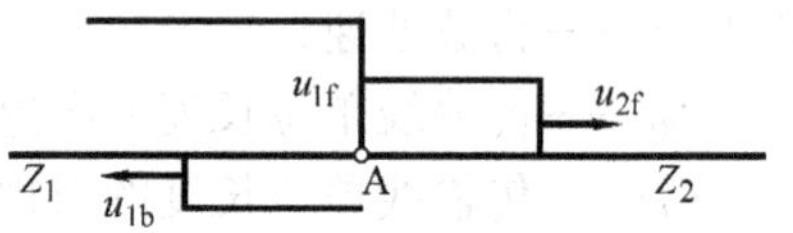

图5-9　行波的折射与反射

折射波、反射波与入射波的关系为

$$u_{2f}=\frac{2Z_2}{Z_1+Z_2}u_{1f}=\alpha_u u_{1f} \tag{5-9}$$

$$u_{1b}=\frac{Z_2-Z_1}{Z_1+Z_2}u_{1f}=\beta_u u_{1f} \tag{5-10}$$

$$i_{2f}=\frac{2Z_1}{Z_1+Z_2}i_{1f}=\alpha_i i_{1f} \tag{5-11}$$

$$i_{1b}=\frac{Z_1-Z_2}{Z_1+Z_2}i_{1f}=\beta_i i_{1f} \tag{5-12}$$

式中　$\alpha_u=\frac{2Z_2}{Z_1+Z_2}$——电压折射系数，为折射波电压与入射波电压幅值之比；

$\beta_u=\frac{Z_2-Z_1}{Z_1+Z_2}$——电压反射系数，为反射波电压与入射波电压幅值之比；

$\alpha_i=\frac{2Z_1}{Z_1+Z_2}$——电流折射系数，为折射波电流与入射波电流幅值之比；

$\beta_i=\frac{Z_1-Z_2}{Z_1+Z_2}$——电流反射系数，为反射波电流与入射波电流幅值之比。

下面举几个行波折射和反射的例子。

例5-1　试分析图5-10所示波阻抗为 Z_1 的线路末端开路和短路时波的行为。

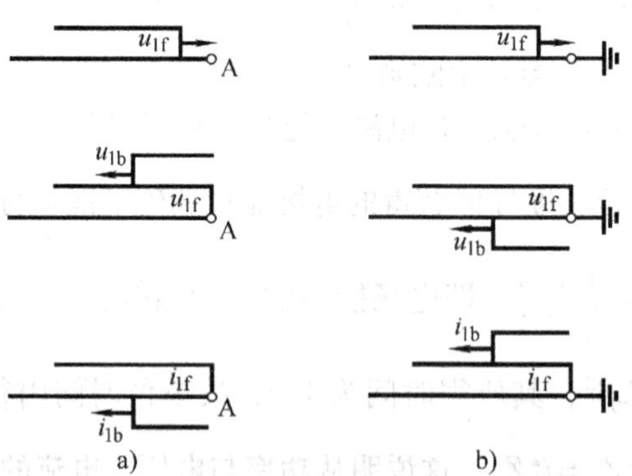

图5-10　传输线末端开路和短路时波的行为

a）末端开路　b）末端短路

解　（1）末端开路时，$Z_2\to\infty$，相当于接有一根波阻抗无穷大、长度为零的传输线。

$$\alpha_u=\frac{2Z_2}{Z_1+Z_2}=\frac{2}{Z_1/Z_2+1}=2,\qquad \alpha_i=\frac{2Z_1}{Z_1+Z_2}=\frac{2Z_1/Z_2}{Z_1/Z_2+1}=0$$

$$\beta_u=\frac{Z_2-Z_1}{Z_1+Z_2}=\frac{1-Z_1/Z_2}{Z_1/Z_2+1}=1,\qquad \beta_i=\frac{Z_1-Z_2}{Z_1+Z_2}=\frac{Z_1/Z_2-1}{Z_1/Z_2+1}=-1$$

于是有

$$u_{1b}=\beta_u u_{1f}=u_{1f},\ i_{1b}=\beta_i i_{1f}=-i_{1f}$$

$$u_{2f}=\alpha_u u_{1f}=2u_{1f},\ i_{2f}=\alpha_i i_{1f}=0$$

可见，因末端开路，电流折射波（即开路点电流）为零，电压折射波（即开路点电压）为入射波的两倍，在开路点处磁场能量全部转化成了电场能量。从反射波角度看，电流电压都发生了全反射，但电压为正的全反射，在线路上与入射波叠加，使线路上电场能量升高一倍；而电流为负全反射，在线路上与入射波抵消，使线路上磁场能量降为0。

（2）末端短路时，$Z_2\to 0$，相当于接有一根波阻抗为零，长度为零的传输线。同理可计算出折射和反射系数如下：

$$\alpha_u=0,\ \beta_u=-1$$

$$\alpha_i=2,\ \beta_i=1$$

于是有

$$u_{1b}=-u_{1f}$$

$$i_{1b}=i_{1f}$$

与末端开路时的情况对偶，如图5-10b所示，此时短路点电流全反射，电流将加大一倍，而电压为零，即行波到达短路点时，全部电场能量都转变成磁场能量而使电流上升了一倍。

三、导体上雷电能量传输与传输线的关系

雷电主放电波形是一个持续时间非常短（μs级）的脉冲，通过傅立叶分析发现，其直流成分较大，还有大量的高次谐波，频率达MHz数量级，因此雷电电流电压的波长都很短，其频谱中一些能量不能忽略的谐波波长已达到可与一般公共建筑几何尺度相比拟的程度。按传输线的定义，建筑防雷工程中的导体，有的情况下可以看成是长线，至于防雷工程中的电力线路，则肯定可以看成是长线。

因此，雷电电磁能量在导体上是以波的形式传输的，电压波表征了雷电的电场能量，电流波表征了雷电的磁场能量。当传输线波阻抗发生改变时，由于电压和电流比例的调整，会产生电压、电流波的折射与反射现象。

有时为了方便，可将建筑防雷工程中几十米左右的导体近似为集中参数电路进行分析，但这并不改变这些导体实质上是分布参数电路的事实。

第三节　综合防雷体系

本章所介绍的防雷都不包括电力系统和信息系统露天架空干线部分，只包括建筑物本体、内部物体与系统，以及进出建筑物的公共管线。

一、与建筑物防雷相关的主要技术领域

1. 建筑物防雷与电气工程其他技术领域的关联

建筑物防雷最初是以建筑物本体为保护对象的一项工程技术，随着建筑、电气和电子信息等技术的发展，建筑物高度、体量越来越大，结构越来越复杂多样，功能越来越丰富，运行要求不断提高，雷电对建筑物的危害从途径、对象到程度都发生了很大的变化，导致建筑物对防雷的要求不断拓展和深化，保护范围从建筑物实体扩展至建筑物室内空间和建筑物中

生命体，随后又拓展至建筑物内的电气系统和电子信息系统。此处不展开讨论所有相关的领域，仅就电气工程而言，建筑物防雷已经与多个相关技术领域产生了交叉，列举如下：

（1）电气绝缘与配合　主要与建筑物内的电气电子系统绝缘特性有关联。建筑物防雷系统对雷电能量的衰减导致其对绝缘的危害程度降低，但可能增加新的危害途径。

（2）电气和电子信息系统　主要与建筑物内低压配电系统和电子信息系统的电涌保护有关联。雷电作为加害源，其危害程度和传递路径都与建筑物防雷相关，内部系统电涌保护是在建筑物防雷基础上实施的。

（3）电磁兼容　主要涉及雷电作为骚扰源对电子信息系统安全与正常工作的影响，也涉及对电气系统电能质量的影响。建筑物防雷与雷电骚扰源的形式、量值和耦合路径有关联。

（4）电击防护与电气火灾预防　建筑防雷可以降低直接的雷电电击和雷电火灾的概率，但可能产生新的雷电电击和雷电火灾的途径。

2. 与建筑物防雷相关的IEC技术委员会简介

建筑物防雷技术的基础是多学科交叉的，在工程实践上便体现为多技术领域交叉。工程标准是工程实践的主要依据，而工程标准又是相关的机构制定的。国际电工委员会IEC是制定防雷国际标准的主要标准化机构之一，为了厘清工程防雷体系，有必要对与防雷有关的IEC相关技术委员会作一简介。

成立于1980年的TC81㊀是制定建筑物防雷相关标准的最主要技术委员会，确定工程防雷体系的框架及措施。成立于1951年的TC37㊁是制定避雷器相关标准的主要技术委员会，主要涉及电力系统雷电防护，原本与建筑物防雷关系不大，但在20世纪80年代末和90年代初，TC37又成立了两个分委会SC37A（1988年）和SC37B（1992年），分别制定电涌保护器标准和电涌保护器元件标准，而雷电电涌防护也在同一时期被纳入建筑物防雷体系，TC37由此与建筑物防雷产生密切的关系。

成立于1967年的TC64㊂技术委员会主要制定低压电气装置及电击防护的相关标准，它在接地与等电位联结、大气过电压防护、低压电气装置绝缘配合、过电流保护、导体选择、布线系统等很多方面与建筑物防雷产生关系。成立于1939年的TC28㊃技术委员会主要制定标称电压工频交流1000V和直流1500V以上电力系统绝缘配合的相关标准，但低压系统绝缘配合的标准也与之相关，因此与建筑物防雷产生关系。

TC77㊄主要制定电磁兼容相关标准，建筑物雷击电磁脉冲防护就是从电磁兼容的角度提出的，并成为建筑物防雷一个新的重要组成部分。另外在接地装置、接地技术、等电位联结、导体选择等诸多方面，建筑物防雷与电磁兼容都有关联，TC77由此与建筑物防雷产生密切关系。

㊀ IEC/TC81——国际电工委员会雷电防护技术委员会。

㊁ IEC/TC37——国际电工委员会避雷器和电涌保护器技术委员会。

㊂ IEC/TC64——国际电工委员会电气装置和电击防护技术委员会。

㊃ IEC/TC28——国际电工委员会绝缘配合技术委员会。

㊄ IEC/TC77——国际电工委员会电磁兼容技术委员会。

二、综合防雷体系结构

1. 综合防雷体系的形成

建筑防雷从目标到措施都不是单一的，需要一系列防护措施相互配合与协作，才能达到各方面所需要的防护效果。由此形成的防护规则，就是所谓的综合防雷体系。

（1）按照雷电所伤害的对象，防雷目标可作如下分类：

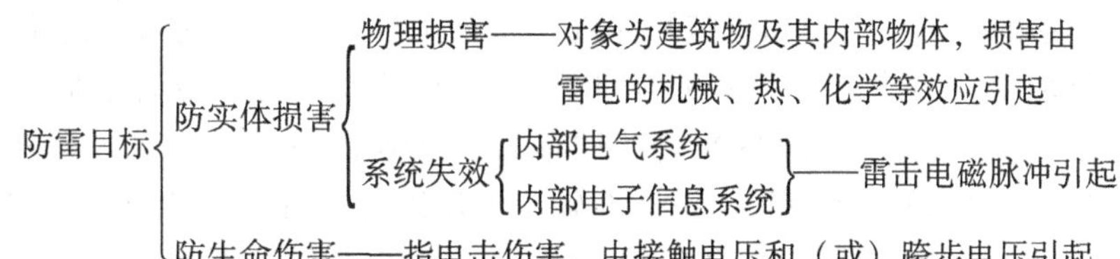

（2）按照防护措施所保护的部位，现状工程防雷体系可归纳如下：

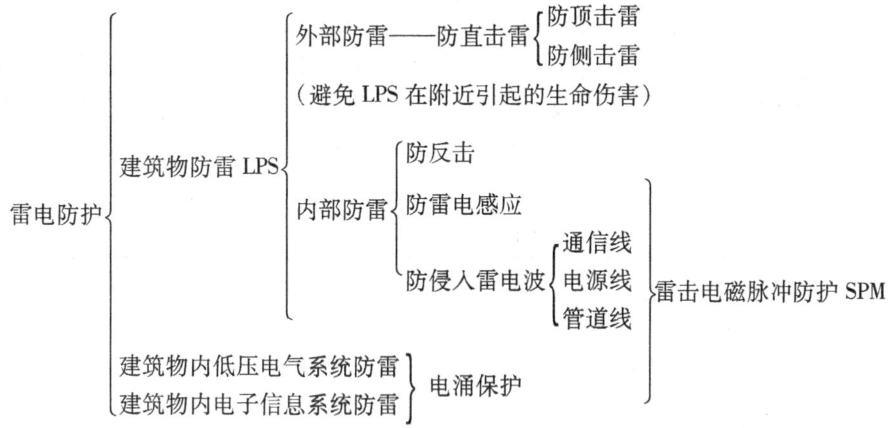

（3）对综合防雷体系的理解　综合防雷体系是由雷电加害形式、防护目标和防护措施等要素综合形成的。这个体系中，建筑物防雷系统（Lightning Protection System，LPS）作为传统防雷体系的全部内容，包括了建筑物外部防雷和内部防雷，还包括了对建筑物防雷系统带来的生命伤害危险的防护。生命伤害危险主要指由防雷系统产生的接触电压和跨步电压带来的电击危险。雷击电磁脉冲防护措施 SPM[⊖]（surge protection measures）是20世纪90年代前后出现的新的防雷技术，缘于电子信息系统从电磁兼容角度提出的雷电防护要求，其保护对象是建筑物内的电气电子系统，设防的防线有两道：一道是在建筑物实体上；另一道是在建筑物内部的电气电子系统中，且将 LPS 作为既有条件。现状工程中术语“建筑物防雷”，既可能指传统的建筑物防雷 LPS，也可能指含传统建筑物防雷 LPS 与雷击电磁脉冲防护 SPM 在内的建筑物雷电防护，需根据语境甄别。

由于技术发展历程的原因，实施在建筑物实体内部的雷击电磁脉冲防护与传统建筑物内部防雷一度出现交错重叠，主要体现在防雷电感应和防侵入雷电波措施上，它们防护的目标

⊖　缩写 SPM 按英文原文直接对应的名称应为“电涌防护措施”，但 IEC 标准将其定义为“LEMP Protection Measures”，国家标准将其表述为“LEMP 防护措施”。“LEMP”是“雷击电磁脉冲”的缩写，因此本书按照业界标准将其称为“雷击电磁脉冲防护措施”。已经有标准修订版草案将其称为“电涌防护措施”，使得缩写与名称一致，但草案尚未正式批准成立。特此说明。

虽然不同，但有些措施相似，这给工程实践带来一些困惑。随着各技术领域相互协调的不断推进，这一现象已在逐渐改善。

以上所列示的防雷措施中，低压电气系统的电涌保护将在本书第七章专门介绍，电子信息系统的电涌保护本书不作专门介绍，其余的部分在本章介绍。

2. 建筑物防雷标准简述

综合防雷体系的框架、内容和措施都体现在防雷工程标准中。建筑物防雷标准是近30年来电气工程领域变化较大、较频繁的标准之一。IEC/TC81技术委员会制定的IEC62305《雷电防护》是一部重要标准，2008年首次颁布的国家标准GB/T 21714《雷电防护》等同采用了该部标准，并于2015年更新。该标准确定了建筑物防雷工程的范围、体系框架和技术措施。IEC/SC37A分委会制定的IEC61643《低压电涌保护器》是专门针对电涌保护的一部重要标准，含器件标准和选择使用导则等内容，我国国家标准GB/T 18802《低压电涌保护器（SPD）》等同采用了该部标准，该标准是一部系列标准，首版从2002年开始陆续颁布，从2011年开始陆续更新。此外，我国住房与城乡建设部、国家质量监督检验检疫总局联合发布了GB 50057《建筑物防雷设计规范》和GB 50343《建筑物电子信息系统防雷技术规范》两部国家标准，是现状工程实践所依据的主要防雷标准。以上几部主要的建筑物防雷标准如表5-1所示。

表5-1 现行主要的建筑物防雷标准

IEC标准	国家标准	标准名称	制定（或发布）机构
IEC62305	GB/T 21714	雷电防护	IEC/TC81，国标等同采用
IEC61643	GB/T 18802	低压电涌保护器	IEC/TC37 - SC37A，国标等同采用
—	GB 50057	建筑物防雷设计规范	住房与城乡建设部等
—	GB 50343	建筑物电子信息系统防雷设计规范	住房与城乡建设部等

标准的多种出处源于建筑物防雷技术的多学科及多技术领域交叉性；标准的变化源于认识的深入、技术的发展和新问题的出现；标准之间存在不一致或不匹配之处源于多种因素，如不同技术领域研究的差异、地域差异、国情差异等。标准的多样性和配套工作的时滞性使防雷工程实践面临一些困难。为避免混乱，本章内容主要以GB/T 21714—2015《雷电防护》为依据，在建筑物防雷类别划分和部分防雷措施上也遵循了GB 50057—2010《建筑物防雷设计规范》的相关规定。

三、工程防雷系统的形成

工程防雷系统是综合防雷体系的技术实现，实现这个系统的工作流程由若干步骤组成，包括雷电威胁的确定、风险管理和雷电防护措施的实施等。

1. 雷电损害与雷电损失

雷电威胁包括加害者、受害者及其相互关系。

加害者的加害结果称为雷电损害，包括损害源、损害成因与损害类型。损害源指雷电流，损害成因指损害是由雷击发生在哪个部位带来的，损害类型指雷击造成了何种破坏。

受害者的受害结果称为雷电损失，雷电损失指雷电损害对个人、团体和社会等带来的后果。

建筑物防雷工程中的雷电损害与损失的类型如表5-2所示。

表 5-2　雷电损害与损失的类型

<table>
<tr><th>类型</th><th>符号</th><th colspan="2">解释</th></tr>
<tr><td rowspan="5">损害成因</td><td></td><td>符号含义</td><td>可能造成的破坏</td></tr>
<tr><td>S1</td><td>雷击建筑物</td><td>电弧发热、导体过热、电弧烧蚀引起直接机械损坏、火灾及爆炸；过电压引起的火花触发火灾及爆炸；接触及跨步电压造成电击伤害；雷击电磁脉冲导致内部系统失效</td></tr>
<tr><td>S2</td><td>雷击建筑物附近</td><td>雷击电磁脉冲导致内部系统失效</td></tr>
<tr><td>S3</td><td>雷击连接到建筑物的线路</td><td>过电压和雷电流产生的火花触发火灾及爆炸；雷电流产生的接触电压造成电击伤害；过电压使内部系统失效</td></tr>
<tr><td>S4</td><td>雷击连接到建筑物的线路附近</td><td>感应到线路上的过电压传输到建筑物使内部系统失效</td></tr>
<tr><td rowspan="3">损害类型</td><td>D1</td><td colspan="2">电击使人或动物受到伤害</td></tr>
<tr><td>D2</td><td colspan="2">包括有火花的雷电流效应引起的物理损害（火灾、爆炸、机械损坏、化学品泄漏等）</td></tr>
<tr><td>D3</td><td colspan="2">雷击电磁脉冲导致内部系统失效</td></tr>
<tr><td rowspan="4">损失类型</td><td>L1</td><td colspan="2">人身生命的损失（包括永久性伤残）</td></tr>
<tr><td>L2</td><td colspan="2">公共服务的损失（指水、电、气、通信等公共服务）</td></tr>
<tr><td>L3</td><td colspan="2">文化遗产的损失</td></tr>
<tr><td>L4</td><td colspan="2">经济损失（建筑物及其内部物体、业务损失）</td></tr>
</table>

通常将 L1、L2、L3 理解为社会价值损失，L4 理解为纯经济价值损失。

雷电损害与损失之间的关系如表 5-3 所示。

表 5-3　雷电损害与损失之间的关系

损害成因	S1			S2	S3			S4
损害类型	D1	D2	D3	D3	D1	D2	D3	D3
损失类型	L1、4①	L1～4	L1②、2、4	L1②、2、4	L1、4①	L1～4	L1②、2、4	L1②、2、4

① 仅对可能有动物的地方。

② 仅对有爆炸危险的建筑物，以及可能因内部系统失效而危及人身安全的建筑物（如医院等）。

2. 风险管理

风险指雷电可能造成的年均损失（人和物）与被保护建筑物总价值（人和物）之比，用 R（risk 的首字母）表示。与损失 L1～L4 相对应的风险为 R_1～R_4，其中 R_1～R_3（即社会价值损失风险）用于确定建筑物是否需要雷电防护，R_4 用于评估雷电防护的经济合理性。将 R_1～R_3 风险评估的结果记作 R，其最大允许值为 R_T。若 $R \leqslant R_T$，则雷电防护不是必须的，是否实施取决于经济合理性评估，反之则必须实施雷电防护。

风险管理就是在风险评估的基础上对雷电防护的必要性和经济合理性作出决策。对于必要性，决策的依据已经基本转化为标准条款，反映在建筑物雷电防护等级划分中；而对于经济合理性，则需要根据具体项目和相关条件分析确定。

3. 雷电防护系统的构成及防护措施的确定

对确定需要雷电防护的建筑物，按综合防雷体系的构架实施雷电防护（Lightning Protection，LP），它包括雷电防护系统（Lightning Protection System，LPS）和雷击电磁脉冲防护措施（Surge Protection Measures，SPM）。其中 LPS 是传统建筑物防雷，SPM 是建筑物内部电气电子系统（统称内部系统）防雷，SPM 含实施在内部系统上的电涌保护和实施在建筑物上的雷击电磁脉冲防护两个组成部分。

工程防雷系统的形成过程如表 5-4 所示。

表 5-4 工程防雷系统的形成过程

步骤	工作		内容	成果
1	雷电威胁确定		确定危害成因、损害和损失类型	为风险管理提供依据。部分既有成果为专家工作结果，如雷电参数统计值、年预计雷击次数计算公式、雷电防护等级划分的依据、防雷区划分的规定等
2	风险管理		风险计算、评估	确定建筑物所需的雷电防护等级，进而确定防雷工程雷电参数取值，确定建筑物防雷区划分等
3	雷电防护 LP	LPS	含外部 LPS 和内部 LPS 设计，防物理损害和生命伤害	确定外部防雷系统形式、布置、参数要求，确定接闪器、引下线、接地装置等防雷装置的材料和结构尺寸，确定防侵入雷电波、防感应过电压和防反击的措施，确定防跨步电压和接触电压的措施，等等
		SPM	含建筑物雷击电磁脉冲防护设计和电涌保护系统设计，防内部系统失效或故障，以及特定条件下的人身伤害	确定建筑物内防雷击电磁脉冲措施的实施部位和方法，确定电气电子系统电涌保护的布局和保护模式，确定 SPD 类型和参数，等等

第四节 雷电防护等级与建筑物防雷类别划分

雷电威胁分析和风险评估的最主要成果之一是明确建筑物所需要的防护程度，防护程度用雷电防护等级表示。一旦建筑物所需防护等级确定，雷电参数取值便可确定，对防护装置的要求也随之确定。建筑物和防护装置都按其所需达到的防护等级分为对应的类别。因此，雷电防护等级与建筑物和防护装置的防雷类别不是同一概念，但有明确的对应关系，而且类别与对应的等级通常还有相同的名称。

根据雷电防护等级（或建筑物防雷类别）所确定的雷电参数，是防雷工程的依据性数据，本节将列示主要的数据。

一、雷电防护等级与建筑物防雷类别的概念

1. 雷电防护等级

所谓雷电防护等级（Lightning Protection Level，LPL），是对建筑物允许遭受的雷电威胁程度的一种划分，这种划分以一组雷电流参数的规定范围为依据，以建筑物遭受这一参数范围内雷击的概率为划分标准。雷电防护等级也表明雷电防护应该达到的要求，与具体的建筑物无关，因此又可称为雷电防护水平。

国家标准 GB 21714. 1—2015《雷电防护 第 1 部分：总则》将雷电防护等级规定为Ⅰ、Ⅱ、Ⅲ、Ⅳ四个等级，划分这 4 个等级的雷电参数及其对应的概率如表 5-5 ~ 表 5-8 所示。表 5-8 中的滚球半径又称最后击距，其含义与用途将在本章第五节中介绍。

表 5-5　各 LPL 对应的首次短时雷击的雷电流参数最大值及概率

雷电流参数及出现概率	雷电防护等级 LPL			
	Ⅰ	Ⅱ	Ⅲ	Ⅳ
I 幅值/kA	200	150	100	
T_1 波头时间/μs	10	10	10	
T_2 波头时间/μs	350	350	350	
Q_S 电荷量/C	100	75	50	
W/R 单位能量/(MJ/Ω)	10	5.6	2.5	
雷电流参数小于以上数据的概率	0.99	0.98	0.95	

表 5-6　各 LPL 对应的后续短时雷击的雷电流参数最大值及概率

雷电流参数及出现概率	雷电防护等级 LPL			
	Ⅰ	Ⅱ	Ⅲ	Ⅳ
I 幅值/kA	50	37.5	25	
T_1 波头时间/μs	0.25	0.25	0.25	
T_2 波头时间/μs	100	100	100	
I/T_1 平均陡度/(kA/μs)	200	150	100	
雷电流参数小于以上数据的概率	0.99	0.98	0.95	

表 5-7　各 LPL 对应的长时间雷击和雷闪的雷电流参数最大值及概率

长时间雷击				
雷电流参数及出现概率	雷电防护等级 LPL			
	Ⅰ	Ⅱ	Ⅲ	Ⅳ
Q_L 电荷量/C	200	150	100	
T 时间/s	0.5	0.5	0.5	
雷闪				
雷电流参数及出现概率	雷电防护等级 LPL			
	Ⅰ	Ⅱ	Ⅲ	Ⅳ
Q_{FLASH} 电荷量/C	300	225	150	
雷电流参数小于以上数据的概率	0.99	0.98	0.95	

表 5-8　各 LPL 雷电流参数最小值及其对应的滚球半径及概率

雷电流参数及出现概率	雷电防护等级 LPL			
	Ⅰ	Ⅱ	Ⅲ	Ⅳ
最小雷电流幅值 I/kA	3	5	10	16
滚球半径 h_r/m	20	30	45	60
雷电流参数大于以上数据的概率	0.99	0.97	0.91	0.84

从以上各表可知，LPL 等级Ⅰ对雷电防护的要求最高，其后依次递减。比如，对于等级Ⅰ，按表 5-5 和表 5-8 列示的参数，需要对雷电流幅值 3～200kA 的首次短时雷击进行防护，

而200kA以上雷电流和3kA以下雷电流出现的概率均已低于0.01，因此防护等级Ⅰ要求能够对大约98%的首次雷击进行防护。

2. 建筑物防雷类别

所谓建筑物防雷类别，是按建筑物需要达到的雷电防护等级，对防雷建筑所做的一种划分。对于一栋具体的建筑物，其需要达到何种雷电防护等级，主要取决于对该建筑物的风险评估，但有管辖权的部门也可以不经风险评估就规定特定应用领域的建筑物所需达到的雷电防护等级，比如有爆炸危险性物质的场所。由此可知，雷电防护等级与建筑物防雷类别的关系，前者是标准，后者是需要达到何种标准，两者不是同一个概念，但表达时有同一个序数，比如，需要达到Ⅱ级雷电防护等级的建筑物，属于Ⅱ类防雷建筑。

二、现状防雷工程对建筑物防雷类别的划分

1. GB 50057《建筑物防雷设计规范》对建筑物防雷类别的划分

从工程实践来看，依据GB 21714《雷电防护》，按照风险评估来确定建筑物的Ⅰ~Ⅳ类防雷类别是困难的，基础数据缺乏和计算工作过于烦琐是两个主要原因，还涉及法律法规、社会价值观等导致的对风险认识的差异等复杂问题。国家标准GB 50057《建筑物防雷设计规范》给出了工程建设领域划分建筑物防雷类别的条款，这些条款主要还是基于风险评估，但不完全依据风险评估。由于可操作性强，成为我国新建、扩建和改建建筑物的主流划分方式。

GB 50057—2010《建筑物防雷设计规范》将建筑物按重要性、使用性质、发生雷电事故的可能性和后果分为三类：一类防雷建筑对雷电防护水平的要求最高，二类次之，三类最低。应特别说明的是，并不是所有的建筑都一定属于这三类防雷建筑中的某一类，对于不属于任何一类防雷建筑的建筑物，不需要专门的工程防雷措施。各类防雷建筑的具体划分方法，可参见附表27，此处不再赘述。

2. 各类别防雷建筑雷电流参数取值

就表5-5~表5-7所示的雷电流最大参数而言，一、二类防雷建筑的雷电流参数取值分别对应于LPL等级Ⅰ、Ⅱ，三类防雷建筑对应于LPL等级Ⅲ和Ⅳ（等级Ⅲ、Ⅳ的雷电流最大参数及概率完全相同）。但对于表5-8所示的雷电流最小参数而言，一、二、三类防雷建筑雷电参数取值分别对应于LPL等级Ⅱ、Ⅲ、Ⅳ。这是建筑物防雷工程中确定雷电威胁程度的依据性数据。

3. 建筑物年预计雷击次数计算

在按GB 50057《建筑防雷设计规范》划分建筑物防雷类别时，建筑物年预计雷击次数是一个重要的依据性风险参数，该参数对应于建筑物受雷击的概率。矩形建筑的年预计雷击次数N按以下公式计算：

$$N = kN_gA_e \tag{5-13}$$

式中　N——建筑物年预计雷击次数（次/a）；

k——校正系数，取决于所在地的地理气象条件、建筑物结构特征等；

N_g——建筑物所处地区雷击大地的年平均密度（次/(km^2·a)）；

A_e——与建筑物截收相同雷击次数的地面等效面积（km^2）。

（1）k的取值　在一般情况下取1；位于湖边、河边、山坡下或山地中土壤电阻率较小处、地下水露头处、土山顶部、山谷风口等处的建筑物，以及特别潮湿的建筑物取1.5；金属屋面的砖木结构建筑物取 1.7，位于旷野的孤立建筑物取 2。

（2）N_g 的取值　应按当地气象部门的资料确定。若无资料，可按下式估算：

$$N_g = 0.1T_d \tag{5-14}$$

式中　T_d——年平均雷暴日（d/a），根据当地气象部门资料取值。

（3）A_e 的取值　A_e 是根据建筑物水平面积和高度确定的一个等效落雷地面面积，它是将建筑物因高度因素增加的落雷概率等效为建筑物地面每边增加了长度和宽度，在增加了长度和宽度的地面面积上计算雷击概率，如图 5-11 所示。具体计算方法如下：

建筑物高度 $H<100\text{m}$ 时，每边增加的长度和宽度为 $D=\sqrt{H(200\text{m}-H)}$，相应的等效面积为

$$A_e = [LW + 2(L+W)\sqrt{H(200\text{m}-H)} + \pi H(200\text{m}-H)] \times 10^{-6} \tag{5-15}$$

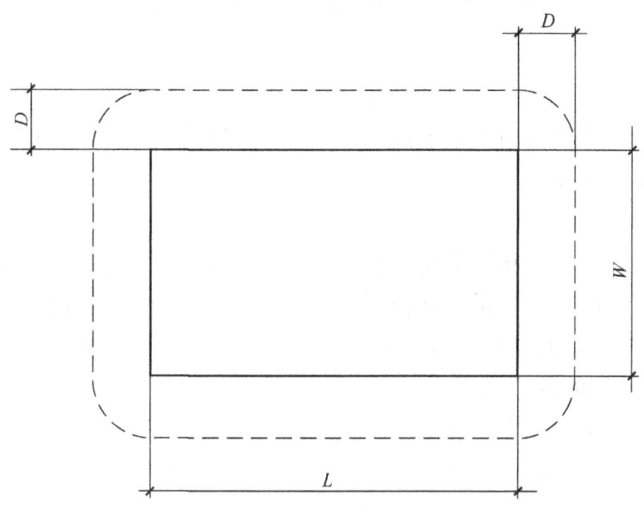

图 5-11　建筑物等效落雷面积

建筑物高度 $H \geqslant 100\text{m}$ 时，每边增加的长度和宽度为 $D=H$，相应的等效面积为

$$A_e = [LW + 2H(L+W) + \pi H^2] \times 10^{-6} \tag{5-16}$$

式中　L、W、H——建筑物的长、宽、高（m）。

若建筑物周边还有其他建筑物，A_e 的计算应进行修正，具体的修正方法可参见 GB 50057—2010《建筑防雷设计规范》附录 A。

若建筑物各部分高度不一致，比如有裙楼和塔楼，或高低不一的塔楼等，可沿建筑物周边逐点算出最大扩展宽度求取等效面积。若建筑物不是标准的矩形，可按近似等效的原则转化成矩形计算，一般按保守的原则估算。

第五节　建筑物外部防雷系统

建筑物防雷系统 LPS 用于防止雷电对建筑物的物理损害（D2），物理损害包括机械损坏、火灾或爆炸破坏、化学品泄漏威胁等，同时还需避免由 LPS 在其附近引起的接触电压和跨步电压导致的电击伤害（D1）。LPS 分为外部防雷系统和内部防雷系统两部分。外部防

雷系统主要防直击雷，含顶击和侧击两种情况。

外部防雷系统是建筑防雷体系中的第一道防线，是内部防雷和雷击电磁脉冲防护的基础，是预防性措施。

外部防雷系统通过引导和控制直接来自雷闪的雷电能量的通行路径，力图无害化地泄放雷电能量。长期的防雷实践表明，这一思路及相应的措施是有效的，但尚不能达到100%有效，且在泄放雷电能量的过程中可能引发次生危害，如反击、电磁感应、跨步电压、接触电压等，这些次生危害需要进一步的防护措施进行防护。

一、建筑物外部防雷系统的构成

按照安装位置，外部防雷系统 LPS 有独立的和非独立的两种形式，前者指 LPS 的雷电流通道与被保护建筑物没有任何接触，后者则可能有接触。独立的 LPS 通常装设在与被保护建筑物分开的专门构筑物上，非独立的 LPS 则需要全部或部分安装固定在被保护建筑物上。

建筑物外部 LPS 由接闪器、引下线和接地装置构成，其构成的基本思路是：引导雷闪击向防雷装置并通过防雷装置向大地泄放，从而避免雷电能量损害建筑物。建筑物外部防雷系统各组成部分的功能分述如下：

1. 接闪器

接闪器有接闪杆、接闪线和接闪带、接闪网等几种形式。设置接闪器的目的是利用其高出被保护建筑物的突出地位，将雷闪通道引向自身而非建筑物其他部分，然后通过引下线和接地装置将雷电流泄入大地，使被保护建筑免受损害。因此，接闪器实质上就是“引雷器”，以截获通向建筑物的雷闪为任务。

接闪器一般由镀锌圆钢、钢管或扁钢等专门制作，也可以利用金属屋面等作自然接闪器，但须满足规定的条件。近年来出现了一些新型的接闪器，但其有效性需要有长期运行数据的支持方能验证，因此对其使用应持谨慎态度。

接闪器只是控制雷云的闪击点，不应具备改变雷云性质的功能，如中和雷云电荷等。凡具有改变雷云性质的防雷装置，都不应视作外部防雷系统中的接闪器，接闪器的设置和保护范围的确定等技术条件不适用于这些装置。

2. 引下线

引下线是连接接闪器与防雷接地装置的金属导体，其作用是构建雷电流向大地泄放的通道。引下线一般由镀锌圆钢或扁钢制作，应满足机械强度、热稳定及耐腐蚀等要求。对于钢筋混凝土结构的建筑，可利用结构钢筋作引下线，在电磁兼容要求高的建筑物中，还可以采用同轴屏蔽电缆作为引下线。

独立的 LPS 引下线可以是一根或少数几根，非独立的 LPS 引下线至少两根。根据建筑物的防雷类别，非独立 LPS 引下线的间距有规定的最大值，一、二、三类防雷建筑沿建筑周边长度计算最大间距分别为12m、18m 和25m，因此一个 LPS 可能有很多根引下线。各引下线间最好有环形导体电气连通，以均衡电位并降低空间电磁感应强度和反击距离。

3. 防雷接地装置

防雷接地装置是防雷系统与大地的交界面，可以使雷电流更有效率地向大地中泄放，并降低这一过程所产生的次生危害的严重程度。

防雷接地装置可以由建筑物基础的自然接地极构成，也可以由专门设置的人工接地极构成，有所谓的 A 型与 B 型两种形式。A 型接地装置安装在被保护建筑物外，且接地极不环绕建筑物，接地极总数不少于 2；B 型接地装置接地极安装在建筑物外且围绕建筑物成闭合环路，环路导体至少 80% 埋入土壤。A 型接地装置不能满足引下线间等电位联结和均衡墙体附近局部地电位要求，B 型接地装置和建筑物基础接地装置则可以较好地满足这些要求。

A 型接地装置工频接地电阻不宜大于 10Ω，如果达不到这一要求，应加长水平或垂直接地极的总长度，其最小总计算长度如图 5-12 所示。注意水平接地极计算长度按实际尺寸计算，垂直接地极计算长度按实际长度 2 倍计算。如果总计算长度超过 60m，或土壤电阻率高于 3000Ω · m，则从技术合理性角度应采用 B 型接地装置。

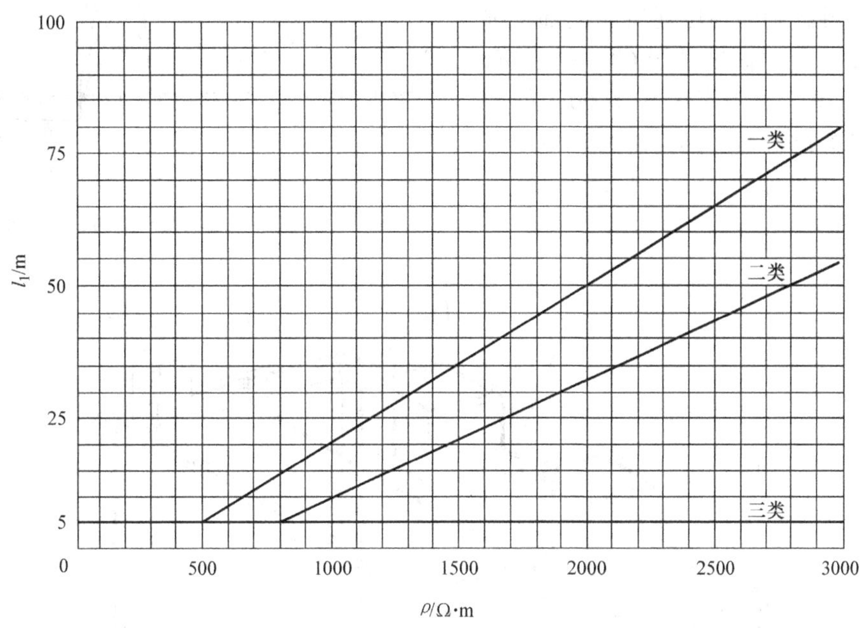

图 5-12 各类建筑 LPS 的接地极的最小计算长度

B 型接地装置接地极最小计算长度 l_1 仍如图 5-12 所示，但要求为其等效圆半径 r_e 不小于 l_1，即 $r_e \geq l_1$，否则应附加水平或（和）垂直接地极，附加接地极计算长度应不小于（$l_1 - r_e$）。等效圆半径 r_e 指与 B 型接地装置围合面积 S_B 等面积的圆的半径，即 $\pi r_e^2 = S_B$。

A 型接地装置适用于低矮建筑或已有建筑，以及使用杆状或线状接闪器的 LPS 或独立的 LPS。B 型接地装置适用于网状接闪器和具有若干引下线的 LPS。

4. 外部 LPS 示例

图 5-13 是独立的建筑物外部防雷系统示例，一座独立接闪杆塔保护一栋建筑物，接闪杆塔与建筑物是分开的。接闪杆塔的接闪器是一根尖端金属棒，置于杆塔顶端；沿杆塔设置专用引下线；接地极由两个垂直接地极和一个水平接地极连接而成，属于 A 型接地装置。图 5-14 是非独立的建筑物外部防雷系统示例，该建筑屋面采用接闪网作整体防护，屋面高出接闪网的设备处用接闪杆作局部防护；用镀锌圆钢作人工引下线，按规定的最大间距装设了多根引下线；在建筑基础四周用镀锌圆钢构成环形接地极，属于 B 型接地装置，埋深应在 0.5m 以上。图中引下线上设有测试接头，又称断接卡，平时连通，断开则可以测量每一引下线的接地电阻。如果是采用建筑物钢筋等作自然引下线，则无须断开，只要留出测试接

头即可。

5. 高层建筑侧击雷防护

侧击雷防护主要涉及需防护部位的确定和接闪器的设置两个问题。

研究和数据统计表明，高层建筑遭受的直击雷中主要是顶击雷，侧击雷仅占百分之几，且雷电流参数比顶击雷低得多，危险性较小。因此，尽管从理论上看，凡是滚球能够触碰到的高层建筑侧面部分都应防侧击雷，但对高度低于60m的建筑，一般不予考虑。对于高度高于60m的建筑，也仅考虑建筑物上部高度为建筑物总高20%、且未延伸到60m以下的部分需要作侧击雷防护。

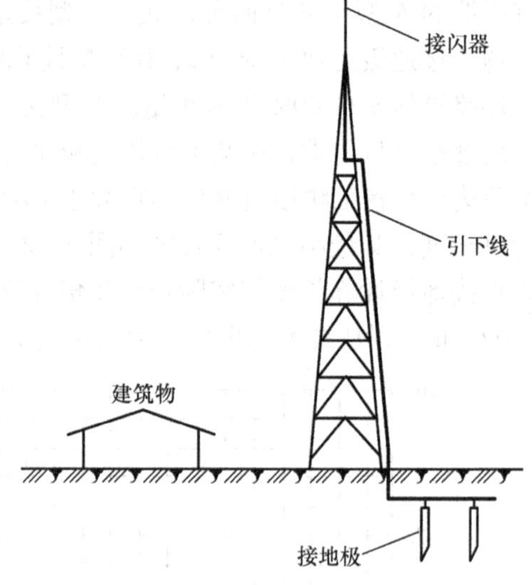

图5-13　独立的建筑物外部防雷系统示例

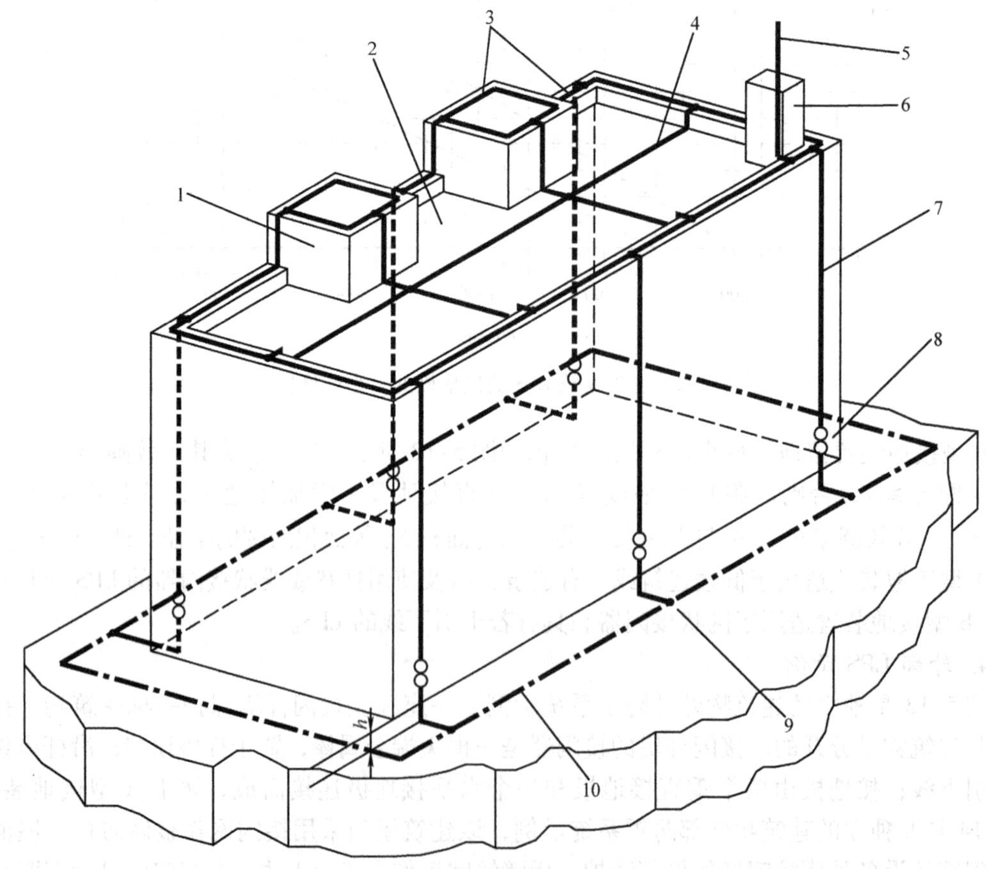

图5-14　非独立的建筑物外部防雷系统示例

1—屋面楼梯间　2—屋面　3—接闪带　4—网格金属　5—接闪杆　6—屋面设备　7—引下线
8—测试接头　9—引下线与接地极连接点　10—环形接地极　h—环形接地极埋设深度

用于侧击雷防护的接闪器，其保护范围统一按三类防雷建筑确定。最好的办法是采用外墙金属装饰构件等自然接闪器，或明敷的引下线兼做接闪器。对于外墙上有突出安装的设备或突出物体的情况，则应设置专门的接闪器，如将安装设备的支架做成金属框架兼做接闪器等。

二、接闪器的保护范围

确定接闪器的保护范围，是外部防雷设计中的一项重要工作，也是 SPM 划分防雷区的重要依据之一。

接闪器保护范围是一个三维空间，确定这个范围的方法是以雷击人工模拟实验为依据发展出来的。常用的方法有折线法、保护角法、滚球法和网格尺寸法。前两种方法常用于输电线路接闪线的保护范围计算，建筑物雷电防护则主要采用后两种方法。

1. 滚球法

（1）滚球法原理　滚球法不仅可用于计算接闪器的保护范围，还可用于计算较高建筑物对邻近较低建筑物的保护范围。滚球法的理论依据为雷电闪击距离理论，该理论的电气—几何模型认为，当雷闪先导到达建筑物、地面和接闪器附近时，其雷击点有一定的选择范围，可能是建筑物或地面，也可能是接闪器，雷闪先导是否发展为主放电、以及最终向何处放电，取决于雷电流大小和距离。在给定雷电流幅值条件下，先导最终发展成为主放电的距离称为最后击距，意指先导从逐步发展到达能够完成“最后一击”的距离。最后击距与雷电流幅值的关系（数值公式）为

$$h_r = 10I^{0.65} \tag{5-17}$$

式中　h_r——最后击距（m）；

I——首次短时雷击雷电流幅值（kA）。

先导会向最先进入最后击距范围的物体放电。当雷电流参数大于表 5-8 所给最小值时，如果先导已到达距接闪器 h_r 处，而距先导 h_r 范围内都还没有其他物体，则主放电击向接闪器的概率为表 5-8 所给出的值，即雷闪按不小于表中给定的概率被接闪器截收。比如，对一类（对应于表 5-8 中等级Ⅱ）防雷建筑，当雷闪先导到达距接闪器 30m 处，而距先导 30m 范围内又没有任何其他物体（包括建筑物实体和大地），此时发生电流幅值大于 5kA 的首次短时雷击，则主放电被接闪器截收的概率不小于 0. 97，这意味着距先导最终放电点距离大于 30m 的物体遭受雷击的概率不超过 0. 03，该 0. 03 就是接闪器的失防概率。

（2）滚球法做法　与上述理论相对应的可操作方法之一为滚球法，滚球法是设立以 h_r 为半径的一个假想硬壳球体（称为滚球），在需要防直击雷的建筑物周边所有可能部位滚动，当球体只能触及接闪器或只触及接闪器和地面（包括与大地接触并能承受雷击的金属物），而不能触及被保护建筑物时，建筑物各部位就得到接闪器的保护，否则需要对建筑物上被滚球触及的区域设置进一步的保护，如图 5-15 所示。

（3）滚球半径的确定　滚球半径取值取决于建筑物防雷类别划分。按 GB 21714—2015《雷电防护》等级划分的滚球半径取值见表 5-8；按 GB 50057—2010《建筑物防雷设计规范》规定，滚球半径及网格尺寸的取值如表 5-9 所示。如果对风险有特殊要求，可根据式（5-17）和雷电流概率统计值计算求取滚球半径。

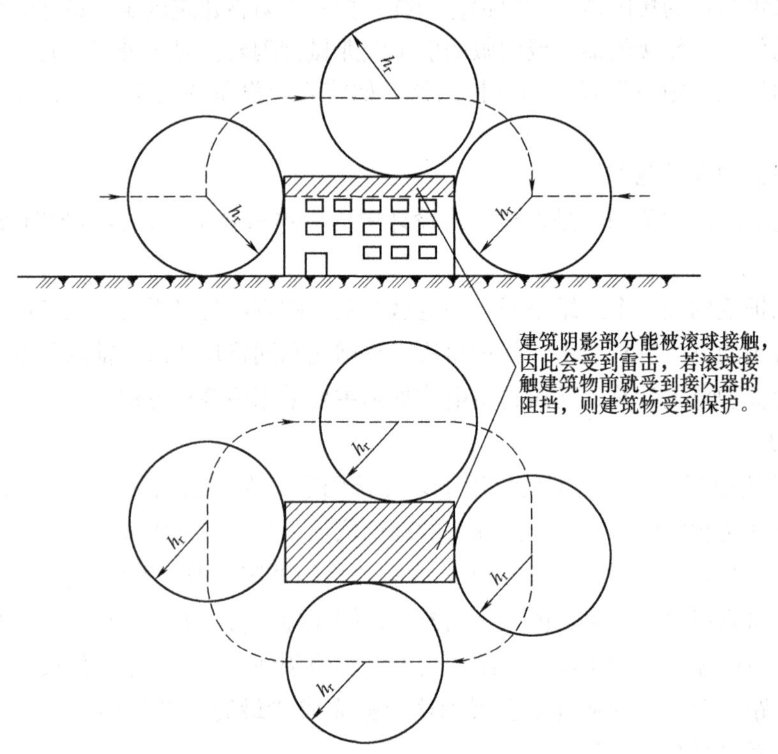

图 5-15　滚球法确定雷击部位的原理

表 5-9　滚球半径及网格尺寸的取值

建筑物防雷类别	滚球半径 h_r/m	接闪网网格尺寸/m
第一类防雷建筑物	30	≤5×5 或≤6×4
第二类防雷建筑物	45	≤10×10 或≤12×8
第三类防雷建筑物	60	≤20×20 或≤24×16

2. 网格尺寸法

在建筑物上设置接闪网作接闪器时，一般应在建筑物的边沿和突出位置装设，接闪网的网格尺寸按表 5-9 确定即可，不必用滚球法对其保护范围进行校核。当然也可以单独按滚球法的原则对接闪网的保护范围进行确定。

网格尺寸法和滚球法是两种相互独立的确定保护范围的方法，它们所确定的保护范围可能出现差别，但只要满足其中任一种，就可认为建筑物得到保护。网格尺寸法相对来说更简单一些，但只能用于接闪网，无普遍性，而滚球法适用于任何形式的接闪器。

三、典型接闪器保护范围计算示例

典型的接闪器有接闪杆、接闪线、接闪带、接闪网等。以下对接闪杆、线的情况进行介绍。

1. 单支接闪杆的保护范围计算

单根接闪杆保护范围是以接闪杆为轴心的一个空间椎体，锥面为弧形，锥底为平面。

1）当接闪杆高度 $h \leqslant h_r$ 时，单支接闪杆的保护范围可按下列步骤通过作图确定，如图

5-16 所示。

① 距地面 h_r 处作一平行于地面的平行线。

② 以杆尖为圆心，h_r 为半径，作弧线交于平行线的 A、B 两点。

③ 以 A、B 为圆心，h_r 为半径作弧线，该弧线与杆尖相交并与地面相切。此弧线以接闪杆为轴的 360°旋转弧面与地面所围合的空间就是保护范围。

④ 接闪杆在 h_x 高度的 xx' 平面上和在地面上的保护半径 r_x、r_0 也可按下列计算式确定：

$$r_x = \sqrt{h(2h_r - h)} - \sqrt{h_x(2h_r - h_x)} \tag{5-18}$$

$$r_0 = \sqrt{h(2h_r - h)} \tag{5-19}$$

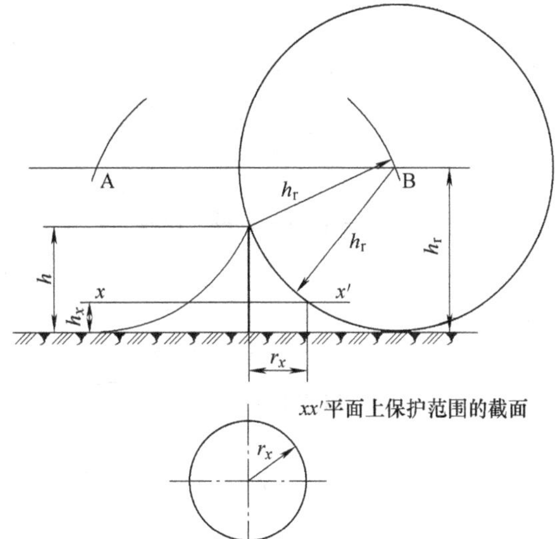

图 5-16　单支接闪杆的保护范围

式中　r_x——接闪杆在 h_x 高度的 xx' 平面上的保护半径（m）；

h_r——滚球半径，按表 5-9 确定（m）；

h_x——被保护物的高度（m）；

r_0——接闪杆在地面上的保护半径（m）；

h——接闪杆的高度（m）。

2）当接闪杆高度 $h > h_r$ 时，接闪杆高出滚球半径的部分无效，在接闪杆上取高度 h_r 的一点代替单支接闪杆杆尖作为圆心，其余的作法同上述（1）项，但式（5-18）和式（5-19）中的 h 用 h_r 代替。

2. 双支等高接闪杆的保护范围计算

有多支接闪杆时，各接闪杆之间保护范围的确定是难点，应注意一定要到将滚球滚到任意可能的位置，才能确定出有效的保护范围。就双支等高接闪杆而言，滚球沿地面滚动至被两针卡住时，就达到极限位置。

（1）接闪杆高度 $h \leqslant h_r$ 的情况　当两支接闪杆的距离 D 满足 $D \geqslant 2\sqrt{h(2h_r - h)}$时，应各按单支接闪杆所规定的方法确定其保护范围，$D$ 是滚球不被两根接闪杆卡住的最小距离；当 $D < 2\sqrt{h(2h_r - h)}$时，其保护范围如图 5-17 所示。

1）AEBC 外侧的保护范围，按照单支接闪杆的方法确定。

2）C、E 点位于两针间的垂直平分线上。在地面每侧的最小保护宽度 b_0 按下式计算：

$$b_0 = \overline{CO} = \overline{EO} = \sqrt{h(2h_r - h) - \left(\frac{D}{2}\right)^2} \tag{5-20}$$

在 AOB 轴线上，距中心线任一距离 x 处，其在保护范围上边线上的保护高度 h_x 按下式确定：

$$h_x = h_r - \sqrt{(h_r - h)^2 + \left(\frac{D}{2}\right)^2 - x^2} \tag{5-21}$$

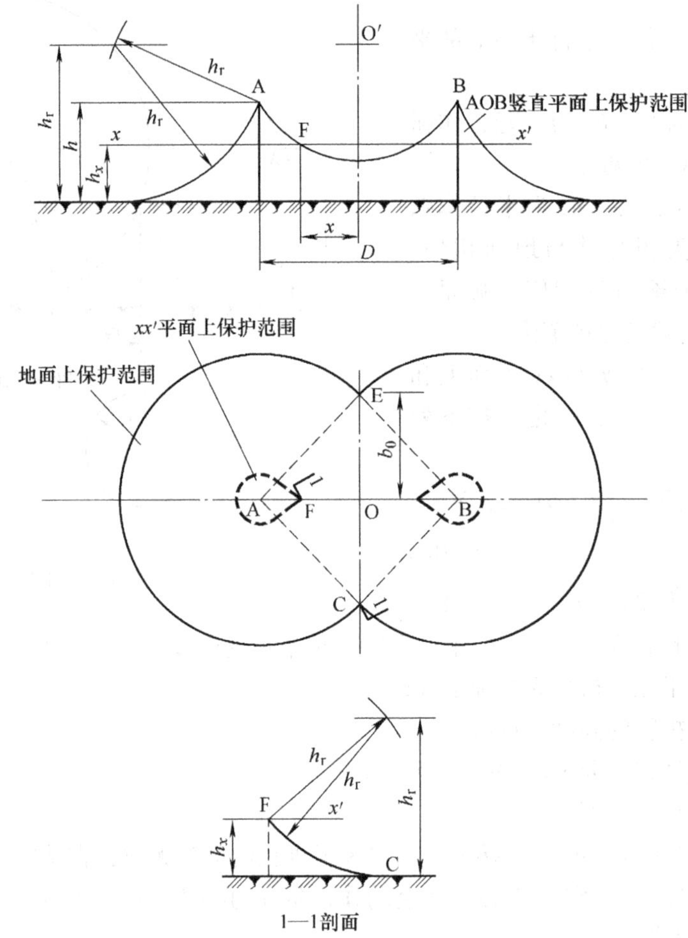

图 5-17 双支等高接闪杆的保护范围

该保护范围上边线是以中心线距地面 h_r 的一点 O′为圆心，以$\sqrt{(h_r - h)^2 + \left(\frac{D}{2}\right)^2}$为半径所作的圆弧 AB。

3）两针间 AEBC 内的保护范围按以下方法确定。在任一保护高度 h_x 和 C 点所处的垂直平面上，以 h_x 作为假想接闪杆，按单支接闪杆的方法逐点确定图 5-17 的 1－1 剖面图。确定 BCO、AEO、BEO 部分的保护范围的方法与 ACO 部分的相同。

4）确定 xx'平面上保护范围截面的方法。以单支接闪杆的保护半径 r_x 为半径，以 A、B 为圆心作弧线与四边形 AEBC 相交；以单支接闪杆的（$r_0 - r_x$）为半径，以 E、C 为圆心作弧线与上述弧线相接，见图 5-17 中的粗虚线。

（2）接闪杆高度 $h > h_r$ 的情况 此时以高度为 h_r 接闪杆取代原接闪杆，按上面同样的方法求取即可，各公式中 h 以 h_r 取代。

3. 接闪线保护范围计算

以等高杆塔单根接闪线为例进行介绍，其保护范围在两端为半弧面圆锥体，沿线为一弧面三角形廊道，保护范围具体确定方法如下：

当接闪线的高度 $h \geqslant 2h_r$ 时，无保护范围；当接闪线的高度 $h < 2h_r$ 时，应按下列方法确定保护范围，如图5-18所示。确定架空接闪线的高度时应计及弧垂的影响。在无法确定弧垂的情况下，当等高杆塔间的距离小于120m时，架空接闪线中点的弧垂宜采用2m，距离为120～150m时宜采用3m。

1）距地面 h_r 处作一平行于地面的水平线。

2）以接闪线为圆心，h_r 为半径，作弧线交于平行线的A、B两点。

3）以A、B为圆心，h_r 为半径作弧线，该两弧线与接闪线相交或相切并与地面相切。该弧线沿接闪线滑动所形成的弧面与地面所围合的空间就是保护范围。

4）当 $h < 2h_r$ 且大于 h_r 时，保护范围最高点的高度 h_0 按下式计算：

$$h_0 = 2h_r - h \tag{5-22}$$

5）接闪线在被保护物高度 h_x 的 xx' 平面上的保护宽度 b_x 按下式计算：

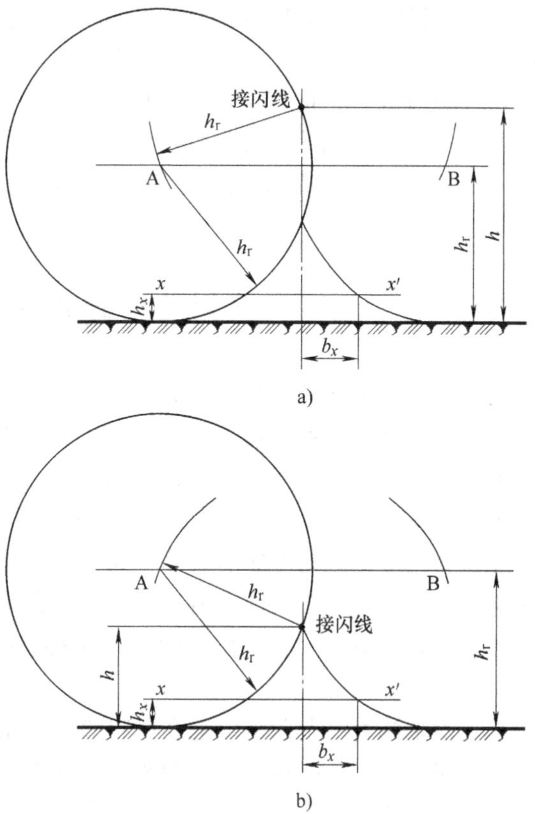

图5-18　单根架空接闪线的保护范围

a）当 $h_r < h < 2h_r$ 时　b）当 $h < h_r$ 时

$$b_x = \sqrt{h(2h_r - h)} - \sqrt{h_x(2h_r - h_x)} \tag{5-23}$$

式中　b_x——接闪线在 h_x 高度的 xx' 平面上的保护宽度（m）；

h——接闪线的高度（m）；

h_r——滚球半径（m）；

h_x——被保护物的高度（m）。

6）接闪线两端的保护范围按单支接闪杆的方法确定。

四、接触电压和跨步电压电击危险性防护

外部LPS通过雷电流时，在引下线附近可能产生电击危险。危险之一是引下线上可能出现接触电压，该电压与雷电流在引下线接触点以下长度上的压降和接地装置上的部分压降有关；危险之二是引下线附近地面的跨步电压，该电压与人员站立处接地电流在土壤中的散流场有关。接触电压和跨步电压防护的技术路径主要是均衡电位和绝缘，具体有以下一些措施。

1）将引下线设置在周围3m内都不可能有人员进入的地点，或用围栏等实体限制措施和/或警告标志，减少人员接近3m内危险区域的概率。

2）对采用建筑物钢筋等金属结构作自然引下线的情况，设置引下线数量不小于10根且相互电气连通，可有效降低每根引下线上的雷电流压降并均衡电位。

3）在引下线入地点3m范围内，保证地表层绝缘电阻率不小于50kΩ·m，或接地极以上土壤中铺设5cm厚沥青层或15cm厚砾石层等绝缘材料。

以上措施既可以防接触电压，又可以防跨步电压。如果不能做到，还可以采用以下措施：

1）将距地面2.7m以下的引下线绝缘，绝缘耐压不低于100kV（1.2/50μs电压波），如3mm厚的交联聚乙烯绝缘层就可达到这一要求。该措施只能防接触电压。

2）用网状接地装置实现电位均衡。该措施主要用于跨步电压防护，对接触电压也有一定降低作用。

第六节　建筑物内部防雷系统

建筑物内部LPS的防护目标是防止雷电在建筑物室空间产生电火花。雷电在室空间产生电火花的能量来源主要有三个：进入建筑物的金属管线引入的雷电电涌、雷闪和雷电流沿外部LPS下泄时产生的电磁感应，以及雷电流沿外部LPS下泄时产生的反击。防室空间雷电电火花的基本技术手段是等电位联结㊀和外部LPS的电气绝缘（旧称间距）。

建筑物内部电火花可能出现在内部金属构件上，也可能出现在外部LPS与内部接地的金属构件之间，还可能出现在引入建筑物的金属管线上及其与内部金属之间。

等电位联结对以上三个来源的电火花都有防范作用，外部LPS的电气绝缘则主要用于防反击。

一、沿金属管线侵入雷电电涌引起的电火花危险的防护

进入建筑物的金属管线可分为两类：一类是金属给水管、暖气管等外界可导电部分；另一类是电力或通信等系统的线路，不排除这些线路敷设在金属管道中或者有屏蔽层。雷电直接击中这些管线（S3），或者击中管线附近（S4），都可能有危险的雷电电涌侵入建筑物，在室空间产生电火花。

进入建筑物的金属管线与室内金属物体之间、管线相互之间以及线缆的屏蔽层（或穿线用金属管道）与芯线导体之间，都可能发生电火花。电火花是因电位差过大引起的，因此等电位联结是有效的防护手段之一。

1. 对外引金属管道的防护

将外引金属管道在进入建筑物处作等电位联结，可有效降低沿管道侵入的雷电电涌产生的管线之间及其与建筑物内金属物体间的电位差。由于等电位联结通常是接地的，因此还可以通过大地泄放大部分雷电电涌电流。

这一等电位联结措施与防电击的总等电位联结措施防护目标不同，但技术路径相同，都是降低电位差，且安装做法几乎完全一致，包括对煤气管道安装绝缘段并桥接隔离火花间隙（Isolating Spark Gap，ISG）等做法都相同，因此可以一并实施。

2. 对外引线路的防护

外引线路如果既没有屏蔽层又没有敷设在金属管道中，为防止芯线导体上雷电电涌过电压击穿绝缘产生电火花，应在建筑物入口处将带电导体通过电涌保护器（详细内容见第七章）连接至等电位联结板（Equipotential Bonding Bar，EBB），低压线路的PE线应直接连接至EBB。

㊀ 英文“Equipotential Bonding”，在现行国家标准中称谓不一，电击防护技术体系中称为“等电位联结”，防雷技术体系中称为“等电位连接”，这是国内工程界的现状。为避免混乱，本书统一称为“等电位联结”。

如果外引线路有屏蔽层，或者敷设在金属管道中，则应在建筑物入口处将屏蔽层或金属管道作等电位联结。雷电流在线路屏蔽层产生的纵向压降会在屏蔽层与带电导体与之间引起电位差，该电位差若超过绝缘的冲击耐压，可能产生电火花，防护措施是将带电导体通过电涌保护器连接至 EBB。

以屏蔽电缆为例，如图 5-19 所示，对长度较小的一段电缆，可近似按集中参数电路模型分析。有雷电流流过线路屏蔽层时，忽略芯线导体的正常工作电压，芯线导体近似处于参考地电位（如果按传输线理论解释，则称为通过波阻抗接地）。雷电流流过屏蔽层时，由于纵向压降的存在，不同位置处屏蔽层与芯线导体间电压是不同的，最不利的情况是屏蔽层接地点处电压近似为零，则进入建筑物作等电位联结处电压最高，这个电压等于雷电流在屏蔽层上产生的纵向压降。也就是说，雷电流在屏蔽层上产生的纵向压降，形成了芯线导体与屏蔽层之间的横向雷电过电压。该电压如果小于绝缘冲击耐压，则无火花放电的危险，即

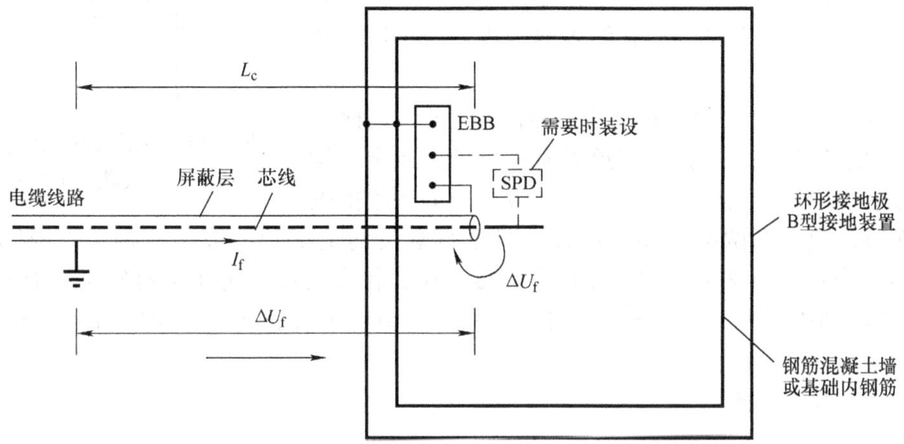

图 5-19 电缆屏蔽层雷电流纵向压降与绝缘过电压的关系
SPD—电涌保护器

$$\Delta U_f = I_f \rho_c \frac{L_c}{S_c} \times 10^6 \leqslant U_w$$

整理得

$$S_c \geqslant \frac{I_f \rho_c L_c}{U_w} \times 10^6 = S_{c \cdot min} \tag{5-24}$$

式中 ΔU_f——电缆芯线导体与屏蔽层间雷电过电压最大值（kV）；

S_c——电缆屏蔽层的截面积（mm^2）；

$S_{c \cdot min}$——消除缆芯导体与屏蔽层之间绝缘击穿危险所需的最小屏蔽层截面积（mm^2）；

I_f——流经屏蔽层的雷电流（kA）；

ρ_c——屏蔽层金属材料电阻率（Ω · m）；

L_c——电缆计算长度（m），屏蔽层与土壤绝缘时为建筑物与最近屏蔽层接地点间电缆的长度，屏蔽层埋在电阻率为 ρ 的土壤中时，该长度最大取值不超过 $8\sqrt{\rho}$。

U_w——芯线导体与金属屏蔽层之间绝缘的冲击耐压（kV）。

若屏蔽层或穿线金属管道截面积不满足式（5-24）要求，则需要将线路的导体通过电

涌保护器连接到 EBB，以防止电火花危险。

二、电磁感应现象及其引起的电火花危险的防护

雷电流通过建筑物外部防雷装置时，会在周围空间产生磁场。雷电流及其所产生的磁场都是急剧变化的，变化的磁场会在建筑物内的金属环路中产生电磁感应。若金属环路是闭合的，会在环路中产生感应电流；若金属环路是开口的，会在开口处产生感应电压。

如图 5-20 所示为引下线中雷电流电磁感应导致的火花放电的示例，若感应电压足够大，可击穿环路开口发生火花放电，可能引发燃烧、爆炸等灾害。建筑物中有很多自然形成的开口金属环，如两根平行敷设的金属管道，相当于有两个开口的金属环，开口在各处，这种开口是横向的；又如，金属管道连接处法兰盘如果电气连接不良，也形成开口金属环路，这种开口是纵向的。以上开口的纵、横向是以管线走向为基准，沿管线走向为纵，跨不同管线为横。

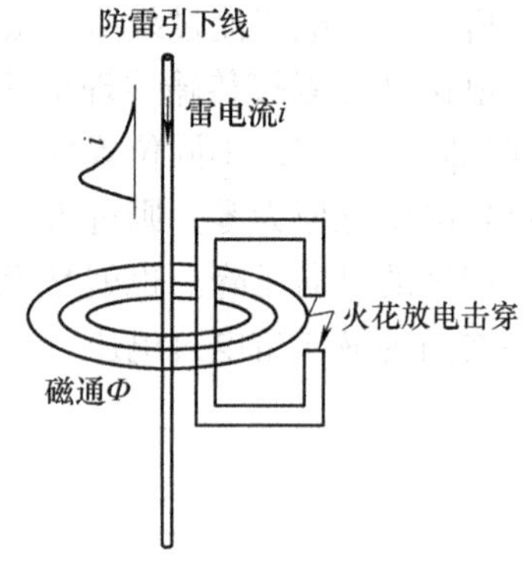

图 5-20　引下线雷电流电磁感应导致的火花放电的示例

防雷电电磁感应电火花的方法是封闭金属环或磁屏蔽，以前者最为常见。对金属管道纵向接头处，或金属构架（如金属梯架、金属电缆槽盒等）连接处，如果不能确保电气连通，应该在两端用导体跨接。对平行敷设的金属管线或金属构架，当间距小于 100mm 时，应最少每隔 30m 用导体横向跨接一次，将大面积金属环路划分为若干小面积金属环路，以减小磁场感应的面积。对于交叉的金属管线或金属构架，如果间距小于 100mm，应在交叉处用导体跨接。

三、反击及其防护

1. 反击现象及产生原理

雷电流通过防雷系统向大地泄放时，外部 LPS 的引下线可能对附近的物体发生放电，这种现象称为反击。

独立的外部 LPS 反击发生的原理如图 5-21 所示，由于引下线和接地装置几何尺寸通常在几十米至一百来米范围内，可以近似按集中参数电路进行分析。引下线和接地装置都有阻抗存在，雷电流下泄时会在这些阻抗上产生电压降。图 5-21 中接闪杆引下线上距接地点 x（单位为 m）高处的对参考地电压为

$$u(x,t)=[R_i+R(x)]i_f(t)+L(x)\frac{di_f(t)}{dt} \tag{5-25}$$

式中　$u(x,t)$——引下线上距接地点电气距离 x 处对参考地的电压（kV）；

$i_f(t)$——引下线上雷电流（kA）；

R_i——接地装置的冲击接地电阻（Ω）；

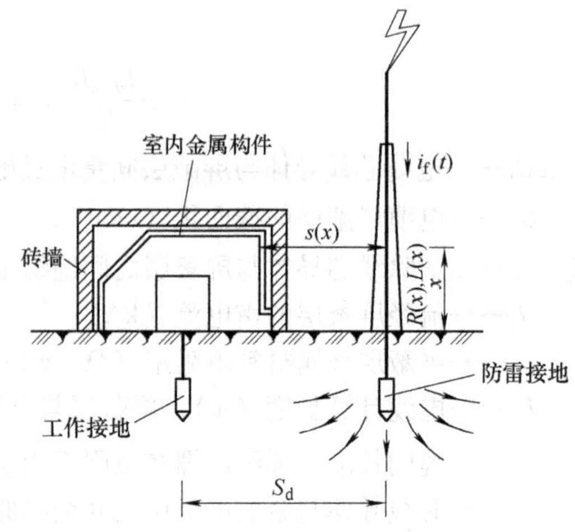

图 5-21　独立的外部 LPS 反击发生的原理

$R(x)$——引下线距接地点电气距离 x 处与接地点间的电阻（Ω）；

$L(x)$——引下线距接地点电气距离 x 处与接地点间的电感（μH），$L(x)=L_0x$，L_0 为引下线单位长度电感（μH/m），典型值可取 1.5μH/m；

$\frac{\mathrm{d}i_f(t)}{\mathrm{d}t}$——雷电流波的波前斜率（kA/μs）。

建筑物内距引下线一定距离的未与地绝缘的金属构件，其电位可能还是参考地电位，这时引下线与金属构件间的电压就等于 $u(x,t)$，越到高处电压值越大。若 $u(x,t)$ 大到足以使尺度为 $s(x)$ 的空气击穿（忽略墙厚），则接闪杆引下线会向建筑物内的金属构件放电，这就是反击。在地中，$u(0,t)$ 也可能达到击穿土壤向室内接地装置放电的量值，形成大地中的反击。

空气中反击发生与否与间距 $s(x)$ 有关。研究发现，空气击穿电压与作用电压的性质密切相关。电阻压降下空气击穿场强 E_R 为固定值，约 500kV/m；电感压降下空气击穿场强大致为 $E_L=600\left(1+\frac{1\mu s}{T_1}\right)$kV/m，式中 T_1 为雷电流视在波前时间，单位为 μs。若按首次短时雷击 10/350μs 波形考虑，则 $E_L=600\left(1+\frac{1\mu s}{10\mu s}\right)$kV/m = 660kV/m。由于混合有电阻压降和电感压降的空气击穿场强尚无有效的计算方法，根据电场强度等于单位长度上最大电压降（即电位梯度）的概念，近似按电阻和电感压降分别计算击穿的距离，然后直接相加得到反击的击穿距离。式（5-25）中忽略引下线电阻 $R(x)$ 上压降，按表 5-5 中防护等级 I 雷电流幅值和斜率以及引下线单位长度电感典型值 1.5μH/m 代入数据，得反击发生的距离为

$$s_{\min}(x)=\frac{R_i\times 200\mathrm{kA}}{500\mathrm{kV/m}}+x(1.5\mu\mathrm{H/m})\times\frac{200\mathrm{kA}}{10\mu\mathrm{s}}/(660\mathrm{kV/m})=R_i\times 0.4\mathrm{m/\Omega}+0.045x \tag{5-26}$$

式中　$s_{\min}(x)$——引下线距接地点电气距离 x 处不发生反击所允许的最小间距（m）；

R_i——接地装置的冲击接地电阻（Ω）；

x——引下线上某一点与接地点间的长度（m）。

同理可推导出土壤中不发生反击所允许的最小间距为

$$s_{\min}(0)=R_i\times 0.4\mathrm{m/\Omega}$$

从式（5-26）可知，地面上反击发生的范围，是引下线旁半径 $0.4R_i$ 内水平尺寸与高度成正比的一个倒锥台形空间范围，越高处范围越大。如果在地面以上有等电位联结，则是以引下线等电位联结处为锥顶的倒锥体。

2. *反击的防护*

防反击的措施主要有外部 LPS 电气绝缘（旧称间距）和等电位联结两种。

（1）外部 LPS 电气绝缘　式（5-26）实际上就是一类防雷建筑独立外部 LPS 电气绝缘防反击的计算公式，绝缘物质为空气，$s_{\min}(x)$ 是绝缘物质的厚度。非独立的 LPS 情况要复杂一些，如图 5-22 所示，引下线附近防反击最小距离为 $s_{\min}(x)$，若有室内接地的金属装置与引下线距离小于该值，则会发生反击，如图中金属散热片与引下线距离 $d<s_{\min}(l)$，就是这种情况。$s_{\min}(x)$ 的计算要考虑雷电流被多根引下线分流的情况，计算公式为

$$s_{\min}(x)=k_{\mathrm{c}}\frac{k_{\mathrm{i}}}{k_{\mathrm{m}}}x \tag{5-27}$$

式中　$s_{\min}(x)$——引下线距接地点或最近一个等电位连接点电气距离 x 处不发生反击所允许的最小间距（m）；

x——引下线上某一点距接地点或最近一个等电位连接点的长度（m）；

k_{i}——取决于建筑物防雷类别的系数，一、二和三类防雷建筑分别取值为 0.08、0.06 和 0.04；

k_{m}——取决于空间绝缘材料的系数，空气取 1，钢筋混凝土、砖瓦、木材取 0.5，有多种材料时取最低值；

k_{c}——分流系数，1、2 和 3 根及以上引下线时分别取值 1、0.66 和 0.44。

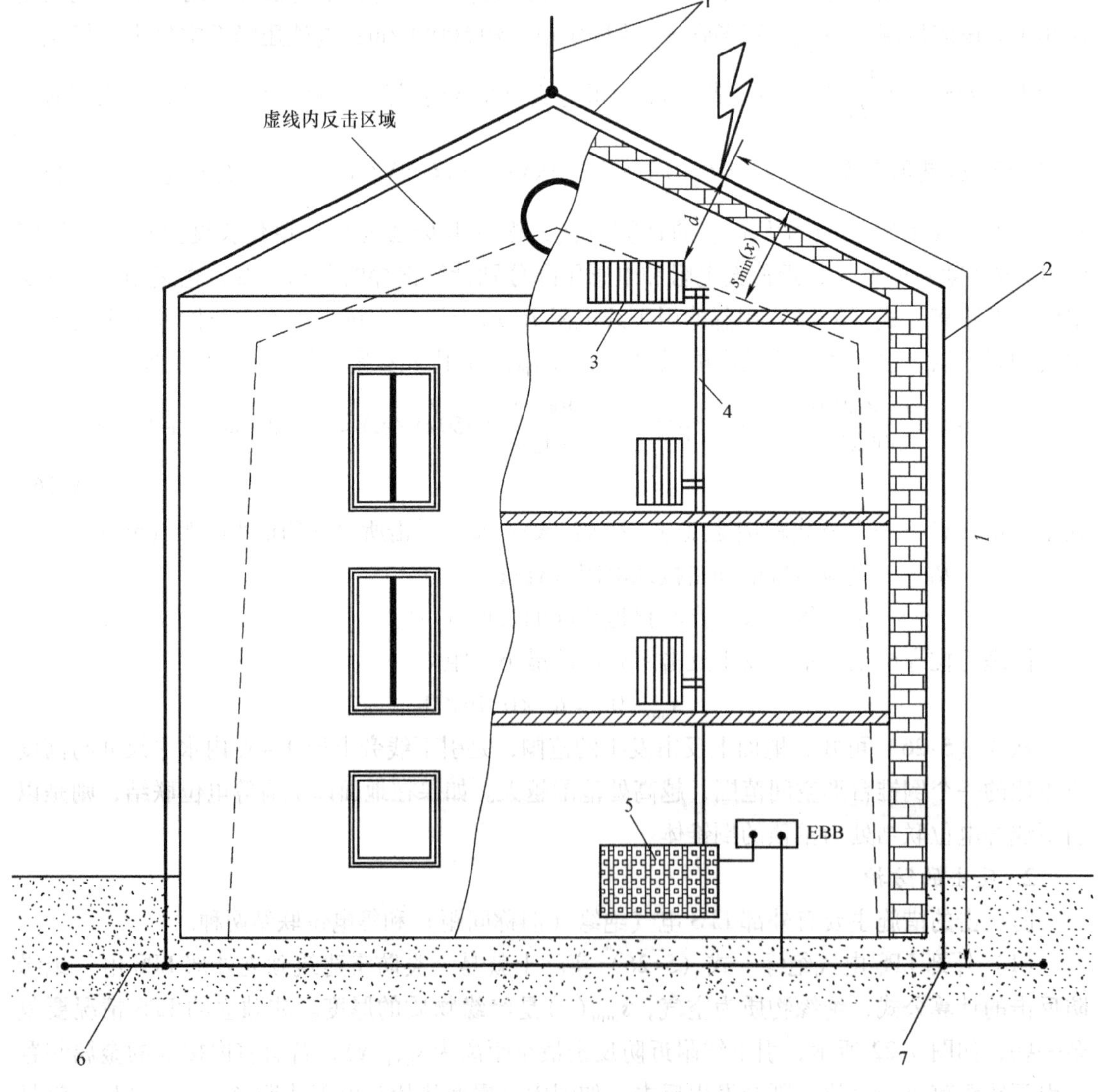

图 5-22　非独立外部 LPS 防反击电气绝缘示意

1—接闪器　2—引下线　3—金属散热片　4—金属管道　5—金属加热器　6—接地装置　7—接地装置与引下线连接点

式（5-27）中，k_i 是反映雷电流参数强度的系数，k_m 是反映绝缘冲击耐压的系数，对给定的建筑都是固定取值。分流系数 k_c 与引下线的数量和相互间是否有连接、连接是否形成网格等诸多因素有关。分流系数的含义是在有多根引下线的情况下，单根引下线可能分得的最大雷电流占总雷电流的份额。以如图 5-23 所示有两根引下线的独立接闪线为例，两根引下线共同接地，雷击避雷线中点时，每根引下线各分得总雷电流 0.5 的份额，但这并不是某根引下线可能分得的最大雷电流份额，0.5 不作为分流系数应用。最大份额是雷击避雷线端点时，端点处引下线上雷电流占总雷电流的比例。分析如下：

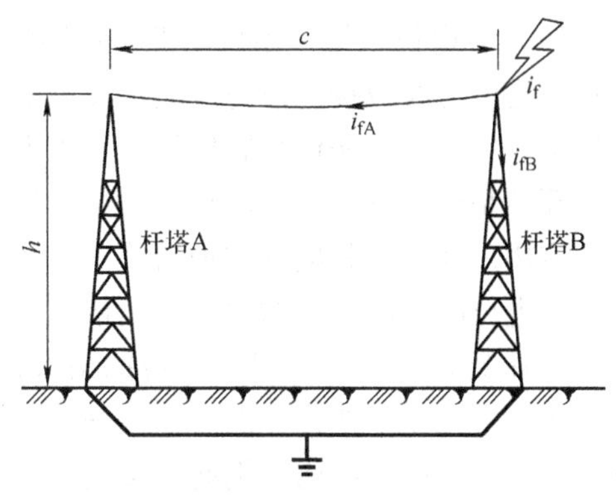

图 5-23　分流系数的概念

由于接闪线和支撑杆塔尺寸都比较小，可近似按集中参数电路计算。雷击点处雷电流 i_f 分流为 i_{fA} 和 i_{fB}，即 $i_{fA}=i_f-i_{fB}$，由于两根引下线对称共同接地，雷电流在两条路径上的压降应相等。假设接闪线和引下线阻抗相同，忽略雷电流在接闪线和引下线电阻上的压降，导线单位长度电感为 L_0，则有

$$L_0(h+c)\frac{\mathrm{d}(i_f-i_{fB})}{\mathrm{d}t}=L_0h\frac{\mathrm{d}i_{fB}}{\mathrm{d}t}$$

化简得

$$\frac{\mathrm{d}i_{fB}/\mathrm{d}t}{\mathrm{d}i_f/\mathrm{d}t}=\frac{h+c}{2h+c}$$

只考虑雷电流波波头的情况，按波头平均陡度计算 $\mathrm{d}i_{fB}/\mathrm{d}t$ 和 $\mathrm{d}i_f/\mathrm{d}t$，由于雷电流分流并不改变雷电流波的 T_1 波头时间，因此

$$\frac{\mathrm{d}i_{fB}/\mathrm{d}t}{\mathrm{d}i_f/\mathrm{d}t}\approx\frac{I_{fB}/T_1}{I_f/T_1}=\frac{I_{fB}}{I_f}=\frac{h+c}{2h+c}$$

式中，I_f、I_{fB}分别为雷电流 i_f、i_{fB}的幅值。这时杆塔 B 引下线上分得的雷电流大于杆塔 A，这是引下线可能分得的最大雷电流份额，因此如图 5-23 所示外部 LPS 的分流系数 k_c 为

$$k_c=\frac{h+c}{2h+c}=\frac{(h/c)+1}{2(h/c)+1}$$

可见，分流系数取决于 h/c 的量值，且与最不利的雷击点相对应。式（5-27）中两根引下线 k_c 的取值 0.66，就是假设 $h=c$ 时的值，是取的工程实际情况中的典型值，用于近似估算。

还需注意的是，反击防护也可能与生命伤害有关。如图 5-24 所示引下线布置情况，要按防反击的要求留足安全间距，以防止雷电流下泄时引下线向人体放电。

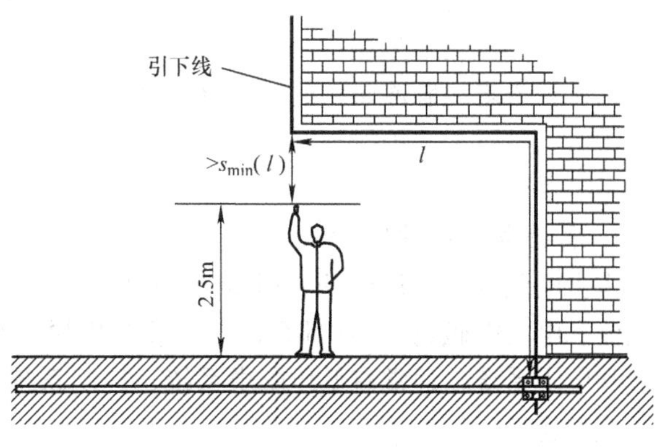

图 5-24　反击产生的生命伤害危险及其防护

（2）等电位联结　当现场没有足够的空间维持防反击间距时，可采用等电位联结措施，即将防雷引下线或接地极与可能被反击的金属构件电气连通，强制消除其间电位差，防止反击发生，但这一做法使金属构件分走雷电流，必须校验金属构件对雷电流的耐受能力，以及周围环境是否允许有雷电流从这些金属构件上通过。对于那些对雷电流敏感的金属构件，应谨慎应用，并采取相应的防护措施。

等电位联结防反击的效果，应按式（5-27）进行校核，有时可能需要若干处等电位联结，以降低 $s_{\min}(x)$ 中 x 可能取得的最大值。对于高层钢筋混凝土建筑，每隔3层左右用环形导体将外围引下线作一次等电位联结是有效的，环形导体因此称为均压环，可以利用建筑物边梁或圈梁中的结构主钢筋焊接连通形成；对于筒体剪力墙主钢筋作引下线的，由于在建筑物内部，附近有电气竖井时，应与电气竖井内的PE排每隔一段距离做一次等电位联结。

第七节　建筑物上的雷击电磁脉冲防护措施

一、传统建筑物防雷与雷击电磁脉冲防护的关系

建筑防雷工程近三十年来的变化和发展大多体现在内部防雷上，主要的工程背景是建筑物内电子信息设备安装密度急剧增加，雷电损坏电子信息设备的情况大量出现，带来一系列严重的后果。这表明传统建筑物防雷体系对电子信息系统已存在着不可忽略的失防。

传统的建筑物内部LPS主要是防反击、雷电感应和雷电波沿管线的侵入，防护的目标是避免在建筑物内引起火花放电。在涉及建筑物内电气电子系统防雷问题时，又将雷电感应（空间辐射的雷电能量）和侵入雷电波（导体传导的雷电能量）统称为雷击电磁脉冲，防护的目标是避免建筑物内部电气电子设备损坏，防护体系的名称叫雷击电磁脉冲防护SPM。

概括地说，当保护对象为建筑物（含建筑物内室空间）时，就是传统的建筑物防雷LPS；当保护对象是建筑物内电气电子系统时，就是雷击电磁脉冲防护SPM。SPM将LPS作为既有条件看待，其本身又有两个实施环节：第一个实施环节仍然在建筑物上，称为建筑物上的雷击电磁脉冲防护措施，目的是衰减进入室内的雷电能量；第二个实施环节是在电气电子系统内部，称为电涌保护，目的是阻隔或耗散耦合进入电气电子系统的雷电能量，以避免对设备造成损坏。

应特别注意的是，在建筑物这一实体上，SPM与内部LPS的技术措施多有重叠，技术条件有的相同，有的又有所差异，因此常会造成理解上的混淆。实际上，如果内部LPS与SMP需要在相同地点采用同一种技术措施，按两者中技术要求更严格者实施一次即可。

二、雷击电磁脉冲防护的防雷区及划分

雷击电磁脉冲防护需要对室内空间进行划分，以便有针对性地采取措施，这种划分的结果就是防雷区。

1. 雷击电磁脉冲防护概念

雷击电磁脉冲（Lightning Eletromagnetic Impulse，LEMP）是指作为内部系统骚扰源的电闪电流和电闪电磁场。“内部系统”在雷击电磁脉冲防护中是一个专用术语，指建筑物内的电气和电子系统，通常有低压配电系统、控制系统、信息通信系统等。LEMP的产生主要有以下三种途径：

1）自然界天空中雷电波电磁辐射对建筑物内部的电磁干扰。

2）当建筑物防雷装置接闪后，流经 LPS 的雷电流对建筑物内部的电磁干扰。

3）由外部的各种金属管线引来的雷电电涌对建筑物内部的干扰。

闪电是一种能量很高的骚扰源，雷击能释放出数百兆焦耳的能量脉冲，而电子设备可承受的雷电脉冲能量可低至 mJ 级，差别悬殊。传统的防雷方式，常常对微电子设备起不到保护作用，对建筑物内低压系统也多有失防。

防雷击电磁脉冲本质上属于内部防雷的范畴，但外部防雷措施对防雷击电磁脉冲也有很大作用。我国现代的平顶建筑大多采用接闪带（网）做接闪器，而较少使用接闪杆，原因之一就是接闪带有利于敷设多根引下线，有利于形成等电位联结和笼式金属网，这对屏蔽雷电电磁波和均衡电位都有很大好处。

2. 防雷区及划分

根据被保护系统所在空间可能遭受 LEMP 的严重程度及被保护系统（设备）所要求的电磁环境，可将被保护空间划分为若干不同的区域，称为防雷区（Lightning Protection Zone, LPZ）。在相邻防雷区交界面的两侧，区内电磁环境有明显差异，造成这种差异的原因有外部防雷系统的作用、建筑物的自然屏蔽作用、人为的屏蔽措施及自然或人为的分流作用等。

下面以图 5-25 为例，说明防雷区的划分原则与方法。

（1）$LPZ0_A$ 区　本区内的各物体都可能遭到直接雷击，因此各物体都有可能导走全部雷电流；本区的电磁场没有衰减。图 5-25 中接闪器保护范围以外的空间都属于 $LPZ0_A$ 区，图中建筑物接闪器除了采用接闪带以外，还专为屋顶高出接闪带的一台电动机设置了接闪杆保护。

（2）$LPZ0_B$ 区　本区内的各物体不可能遭到直接雷击，但本区内的电磁场没有衰减。图 5-25 中接闪器保护范围以内、建筑物外墙及屋面以外的空间就是 $LPZ0_B$ 区。

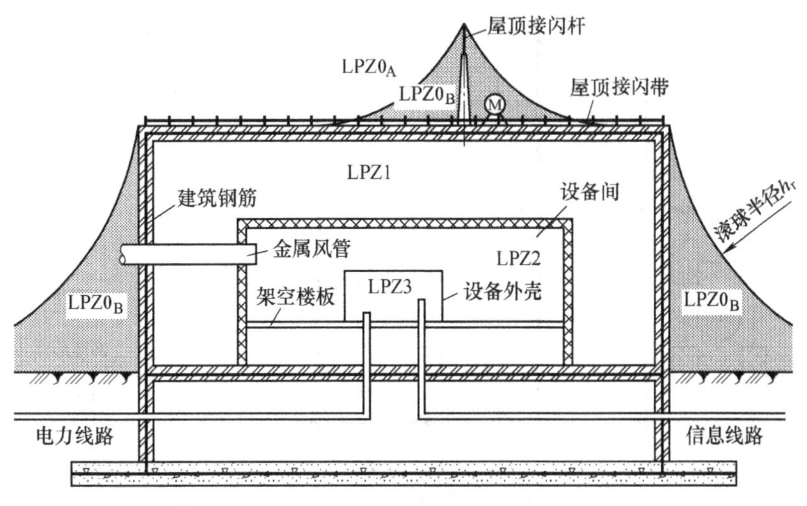

图 5-25　防雷区划分示例

（3）LPZ1 区　本区内的各物体不可能遭到直接雷击，流经各导体的电流比 $LPZ0_B$ 区进一步减小；本区内的电磁场可能衰减，这取决于屏蔽措施。图 5-25 中建筑物以内、信息设备间以外的空间就是 LPZ1 区，此处 $LPZ0_B$ 区与 LPZ1 区的交界面是建筑物的墙体和屋面，由于建筑构件的自然屏蔽和钢筋的分流作用，使得这两个区域的电磁环境有显著差异。

（4）随后的防雷区（LPZ2、LPZ3 等）。如果需要进一步减小所导引的电流和（或）电磁场，应引入随后的防雷区。应根据被保护系统所要求的电磁环境去选择随后防雷区的电磁条件。图 5-25 中信息设备房以内、设备外壳以外的空间就划分为 LPZ2 区，设备外壳以内的空间划分为 LPZ3 区，这是根据设备对电磁环境的要求确定的防雷区。

通常，防雷区的数字越高，电磁环境的参数越低。

三、实施在建筑物上的雷击电磁脉冲防护措施

在建筑物上实施的防雷击电磁脉冲措施主要有屏蔽、等电位联结、接地、间距等，这些措施不仅可直接衰减 LEMP 的强度，还构成内部系统电涌保护的基础。

1. 接地系统与等电位联结

防 LEMP 的接地系统是由接地装置和联结网络（bonding network）共同构成的三维低阻抗金属网络。

接地装置即建筑物 LPS 的接地装置，有向大地泄放 LEMP 能量的作用，最好选用 B 型接地装置，且宜用导体连接形成网格，网格尺寸小到 5m 左右对 LEMP 防护有很好的效果。

联结网络是由建筑物金属构件和内部系统所有可导电部分（带电导体除外）相互连接形成的网络，目的是避免出现危险电位差。联结网络通常是三维的，因此还有一定的磁场屏蔽作用。

实际工程中，通常先将建筑物金属构件相互连接形成联结网络骨架，并预留与内部系统的连接点。内部系统的外露可导电部分、PE 线、屏蔽层等相互连接成 S 形（星形）或 M 形（网格形）结构，接入联结网络，典型的接入方式有 S_S 型（星形结构单点接入）、M_M 型（网格形结构网状接入）和 M_S 型（网格形结构单点接入）等，还可混合成所谓的组合 1 型和组合 2 型，如图 5-26 所示。

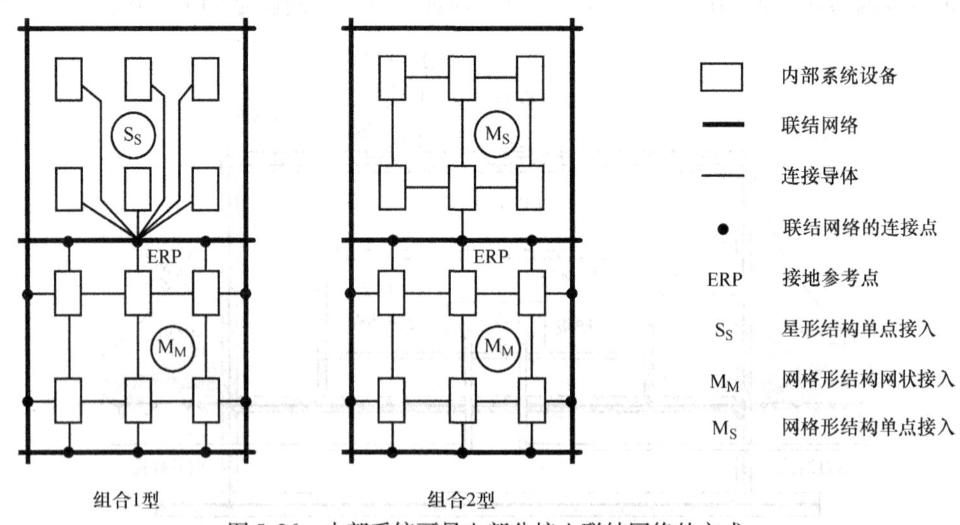

图 5-26　内部系统可导电部分接入联结网络的方式

用于 LEMP 防护的等电位联结，就是人为地将原本分开的诸可导电部分用导体连接起来，其目的在于减小雷电流在它们之间产生的电位差，并可能分走部分雷电流。上面介绍的防 LEMP 的接地系统已经实现了很好的等电位联结，但作为以防雷区为保护对象的 LEMP 防护，还是有必要明确等电位联结的具体要求，以免遗漏。

（1）在防雷区界面处应实施等电位联结　穿越各防雷区界面的金属物和系统，以及在

一个防雷区内部的金属物和系统，均应在防雷区界面处作符合下列要求的等电位联结。

1）等电位联结在 $LPZ0_A$（或 $LPZ0_B$）与 LPZ1 区界面处的具体实施。所有进入建筑物的可导电物均应在 $LPZ0_A$ 或 $LPZ0_B$ 与 LPZ1 区的界面处做等电位联结，这与内部 LPS 的要求完全相同，只是对带电导体设置电涌保护器的目的略有不同，前者是防雷电电涌损坏内部系统，后者是防火花放电引燃引爆。图 5-27 是各种管线从同一位置进入建筑物时等电位联结方法。当外来的可导电物、电力线、通信线等是在不同地点进入建筑物时，宜沿分界面设若干等电位联结带，并将其就近连到内部环形接地连接带或兼有此类功能的钢筋上，它们在电气上是导通的，并应连通到接地装置（含基础接地装置）上，如图 5-28 所示。

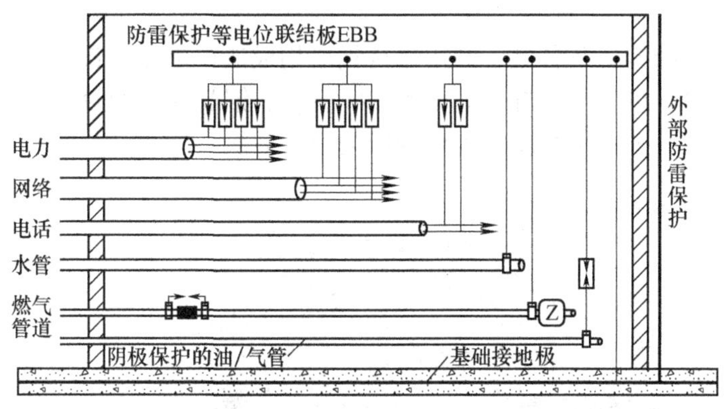

图 5-27　外来金属管线同一位置进入建筑物时的等电位联结

环形接地极和内部环形导体应连到钢筋或其他屏蔽构件上，例如建筑金属立面，宜每隔 5m 连接一次。

2）等电位联结在各后续防雷区界面处的具体实施。各后续防雷区界面处的等电位联结，与在 LPZ0 与 LPZ1 区界面处等电位联结原则相同。

进入防雷区界面处的所有导电物以及电力、通信线路，均应在界面处做等电位联结。具体方式为采用一局部等电位联结带做等电位联结。所谓局部等电位联结带，是指设在 LPZ1 区以后各防雷区交界处的等电位联结带。各种屏蔽结构或其他局部金属物，例如设备的金属外壳，也连到该局部等电位联结带做等电位联结。

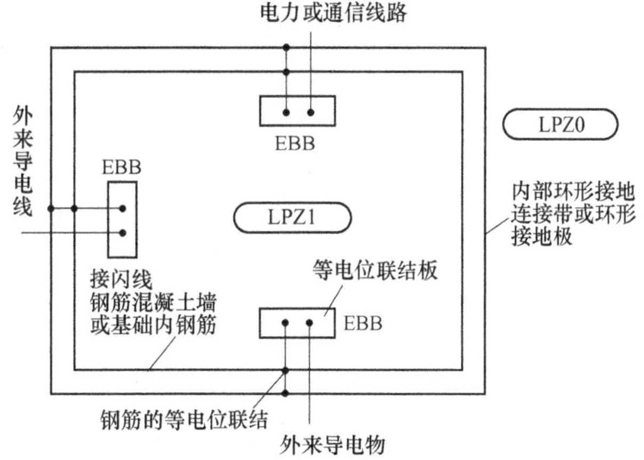

图 5-28　外来金属管线多点进入建筑物时的等电位联结

（2）在防雷区内部实施等电位联结　某一防雷区内所有电梯轨道、吊车、金属地板、金属门框架、设施管道、电缆桥架等大尺寸的内部可导电物，其等电位联结应以最短路径连到最近的等电位联结带或其他已做了等电位联结的金属物体上。平行敷设的长金属管线，各管线之间宜附加多次相互连接。

2. 屏蔽

（1）屏蔽的目的和对象　屏蔽是衰减辐射耦合电磁干扰的基本措施。由于雷电流的电磁辐射可以影响到1km以外的微电子设备，所以无论是本建筑物遭到雷击，还是远处的建筑物或空中发生雷击，都会有电闪电磁脉冲侵入建筑物。因此，有必要对安装有大量电子设备的房间采取屏蔽措施，保证电子设备工作所需的电磁环境。

实施对象包括建筑物室空间的屏蔽、内部线缆的屏蔽、设备机壳的屏蔽以及进入建筑物的外部线路的屏蔽等。

（2）屏蔽的工程方法

1）利用建筑物的金属构件作屏蔽。根据法拉弟原理，封闭的金属笼内电场强度接近于零，因此对外部电磁干扰有较大的衰减作用。可以采用低电阻的金属材料或磁性材料做成六面封闭体。

由于建筑物金属结构遍及各处，利用结构钢筋构成法拉第笼是最常用的做法，这种做法与联结网络做法重叠，可合并实施，如图5-29a所示。钢筋屏蔽的效果与钢筋直径、钢筋网格尺寸及钢筋的层数有关，图5-29b为磁屏蔽的效果曲线。

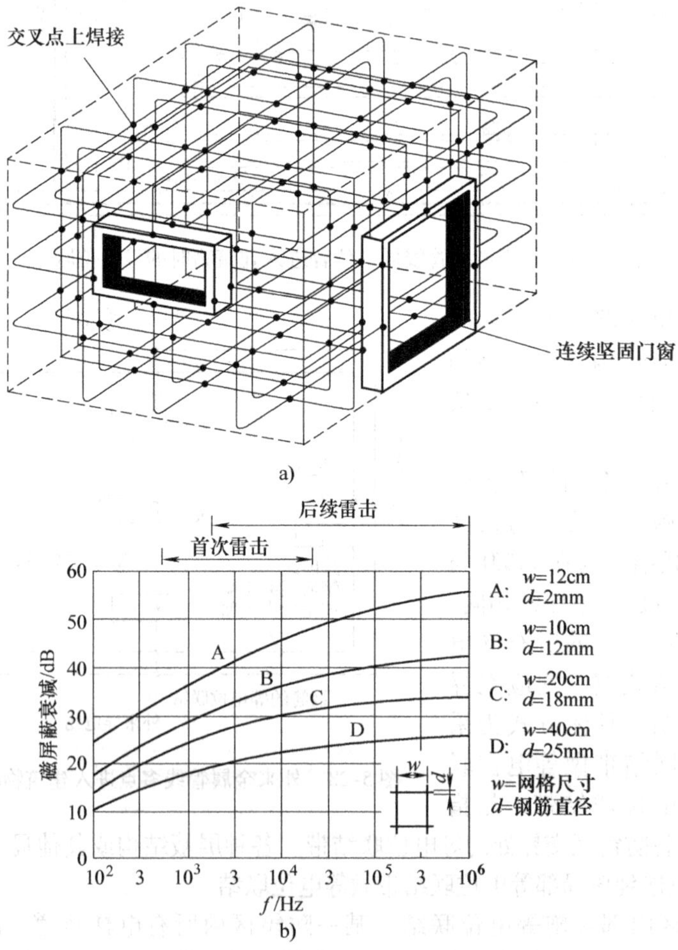

图5-29　利用结构钢筋屏蔽房间

a）屏蔽的做法　b）磁屏蔽的效果

2）人工屏蔽。当自然屏蔽不能满足要求时，应进行人工屏蔽。人工屏蔽室的种类如表5-10所示。

表 5-10　人工屏蔽室的种类

分类形式	屏蔽的种类	作用说明	是否接地	备注
按屏蔽的对象分类	被动屏蔽室	屏蔽敏感设备。防止外电磁场干扰室内灵敏电子设备正常工作而设置的屏蔽室	不需接地	1. 接地电阻≤4Ω 2. 一般屏蔽多指电磁屏蔽
	主动屏蔽室	屏蔽骚扰源。为了防止室内设备辐射电磁骚扰影响环境及泄漏信息而设置的屏蔽室	接地	
按屏蔽的物理现象分类	静电屏蔽室	防止静电场影响，消除两个电路之间因分布电容耦合产生的干扰，屏蔽体采用金属材料	接地	
	电磁屏蔽室	为防止高频电磁场的影响而设置的屏蔽室，屏蔽体采用金属材料	必须接地	
	磁屏蔽室	为防止磁场干扰而设置屏蔽室，屏蔽体采用高导磁率的磁性材料	接地	
按屏蔽材料分类	板式屏蔽室	屏蔽体采用镀锌铜板，铜板或坡莫合金等板式金属材料	不需接地	
	网式屏蔽室	屏蔽体采用铜网组成屏蔽室，用在音频，超高频等范围	接地	经济但是永久性差
	薄膜式屏蔽室	屏蔽体采用塑料制品上镀一层金属，或由金属及塑料组成的塑料制品	接地	逐渐代替金属材料
按施工方法分类	建筑式屏蔽室	将屏蔽体，金属材料埋入墙体中，由建筑专业现场施工	—	
	装配式屏蔽室	屏蔽体由产品生产厂家生产，产品在现场组装	—	

3. 综合示例

图 5-25 所示的建筑，在实施了屏蔽和等电位联结措施后的情形，如图 5-30 所示。

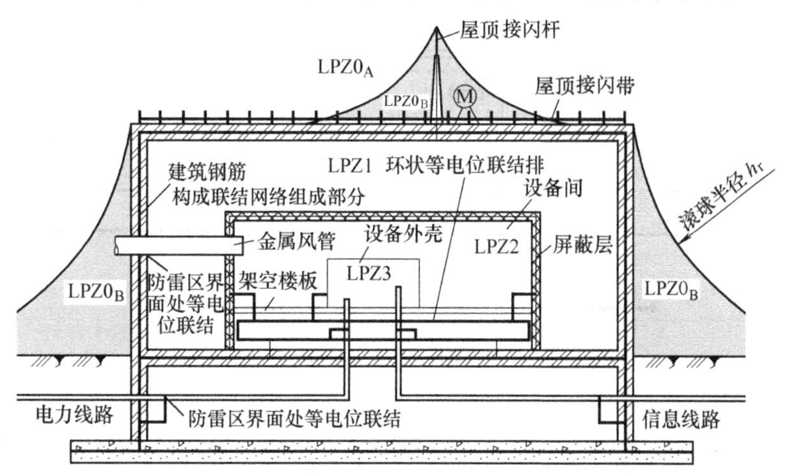

图 5-30　实施在建筑物上的防雷击电磁脉冲措施示例

作为对比，图5-31列示了建筑物内部LPS和实施在建筑物上的SPM的异同，可对照辨析。图5-31中S1～S4为表5-2列示的损害成因；外部管线进入建筑物处的等电位联结在LPS和SPM防护中都相同，无须重复实施；损害成因S2（雷击建筑物附近）通常不需要LPS防护。

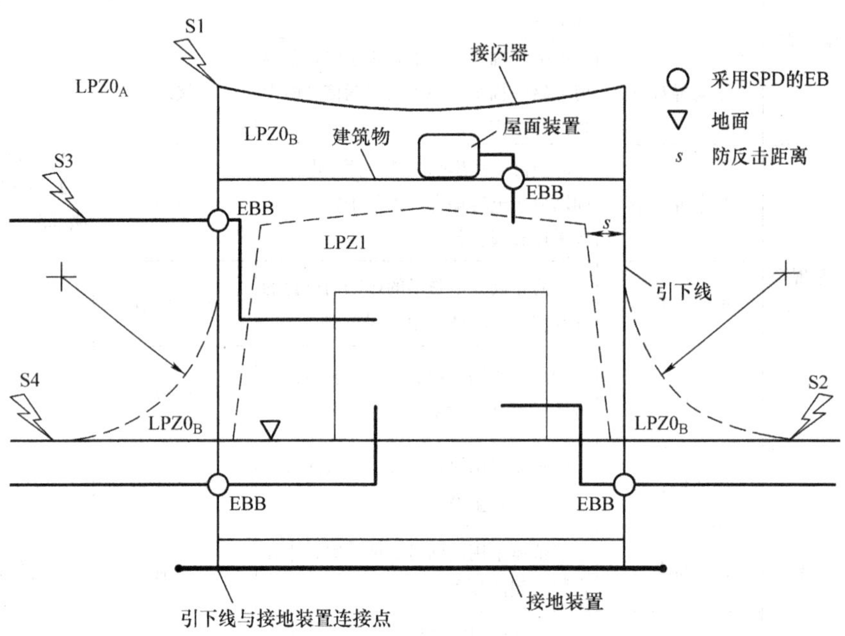

a)

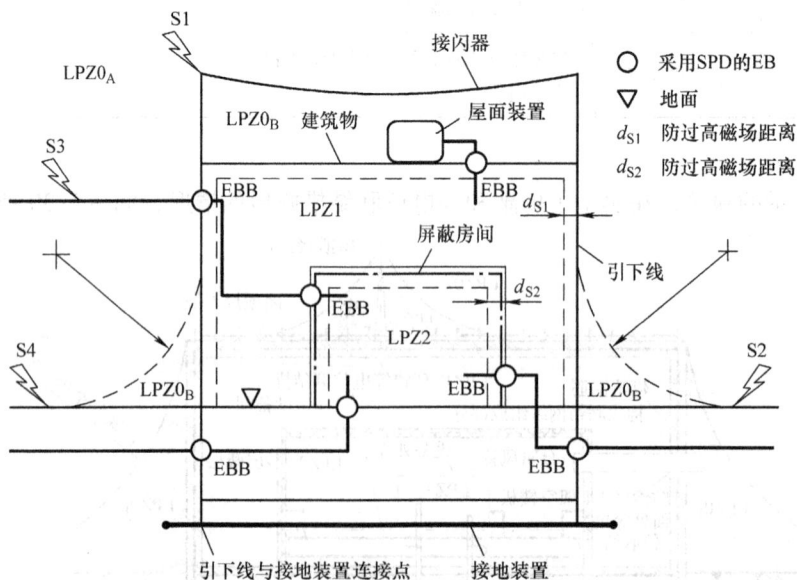

b)

图5-31　建筑物内部LPS和实施在建筑物上的SPM对比
a）建筑物内部LPS　b）实施在建筑物上的SPM防护

思考与练习题

5-1　雷击建筑物有哪些形式？雷击造成灾害的途径有哪些？

5-2　试判断以下说法的正确性：

（1）直击雷指顶击雷，感应雷指侧击雷。

（2）主放电雷击能量最大，持续时间最长。

（3）一次向下雷闪必定包含一次主放电，并可能有多次余辉放电。

（4）受静电感应雷击的建筑并未受到雷云闪击。

5-3　少雷区、多雷区、强雷区是依据什么划分的？

5-4　雷电是一种自然现象，但防雷工程中雷电参数取值为什么与人为划分的建筑物防雷类别相关？

5-5　如何区分一个电路是集中参数电路还是分布参数电路？

5-6　传输线波阻抗与集中参数电路的阻抗有什么不同？

5-7　传输线上电压、电流行波的折射和反射是如何产生的？末端开路和短路的传输线其电压、电流行波行为是怎样的？

5-8　如图5-32所示建筑为三类防雷建筑，欲在其屋顶设接闪杆做保护。

（1）若只允许设一根接闪杆，这种方案是否可行？若可行，请确定接闪杆的位置和高度；若不可行，请用计算证明。

（2）若要求在建筑屋顶4个角上各设一根接闪杆，且4根接闪杆等高，试计算接闪杆的最小高度。

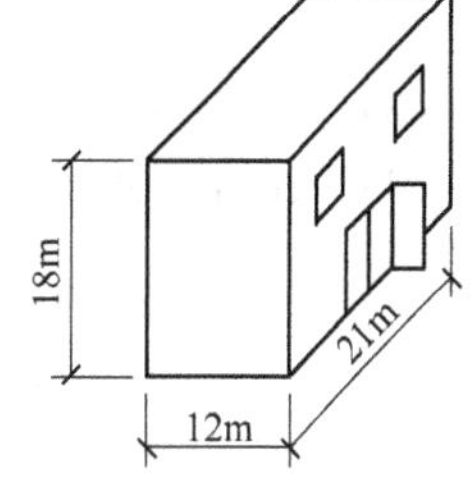

图5-32　题5-8图

5-9　如图5-33所示，在新修三类防雷建筑旁原有一根接闪杆，接闪杆高度为50m，试计算该新修建筑能否得到接闪杆保护。

5-10　如图5-34所示为二类防雷建筑，建筑物塔楼顶已设置了有效的接闪网保护，试回答以下问题。

（1）该建筑是否还需要防侧击雷？

（2）该建筑裙楼是否已受到塔楼的保护？

5-11　如图5-35所示建筑为二类防雷建筑，屋面四周女儿墙上已经设置了接闪带，但屋顶局部玻璃拱顶高出接闪带，未受到保护，且玻璃拱顶上不宜安装接闪器。请设计一个由接闪杆保护玻璃拱顶的方案，确定接闪杆的数量、装设位置，并计算针的高度。

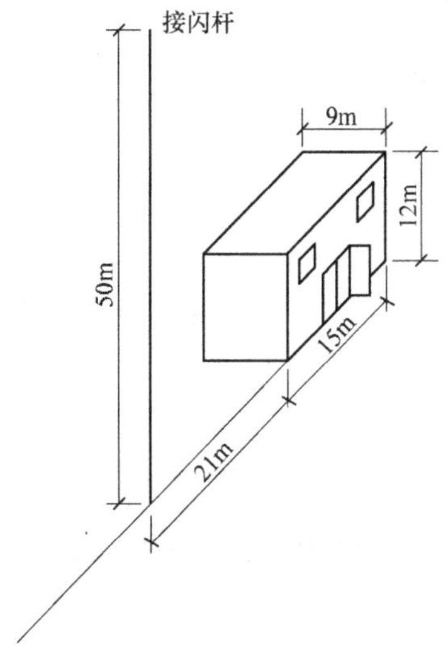

图5-33　题5-9图

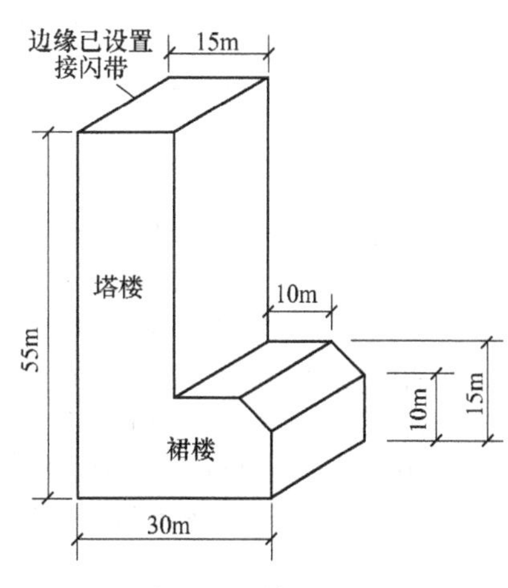

图5-34　题5-10图

5-12　一根接闪杆高40m，作一栋二类防雷建筑的直击雷防护，防雷接地装置冲击接地电阻为10Ω，接闪杆杆尖和引下线单位长度的电阻、电感分别为0.15mΩ/m和1.0μH/m，试估算雷击该接闪杆时，其顶端和距地10m处可能出现的最大对参考地电压幅值。雷电参数按Ⅱ级LPL取值，请查阅表5-5。

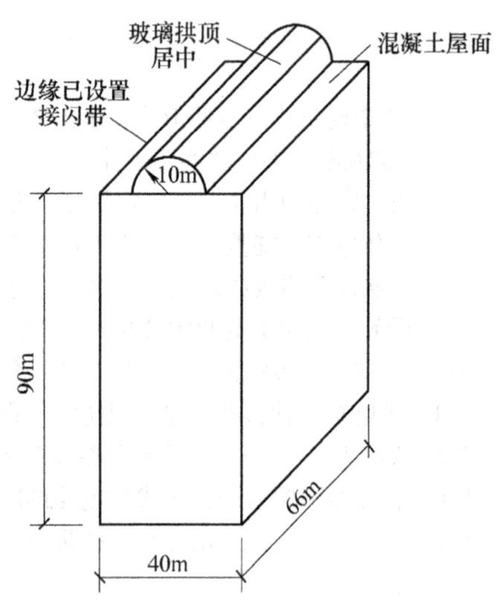

图5-35　题5-11图

5-13*　如图5-36所示，某建筑女儿墙顶端距地高18m，建筑长、宽分别为12m、6m。非独立LPS由女儿墙上接闪带、两根明敷引下线和基础接地极构成，冲击接地电阻10Ω，引下线单位长度电感1.5μH/m，忽略引下线电阻。首次短时雷击电流幅值为100kA。请解答以下问题：

（1）试计算引下线在女儿墙顶端可能产生的最大对参考地电压。

（2）横墙上竖向布置有平行于引下线的条状灯带，距引下线水平距离1m。该灯带由市政路灯变配电所供电，供电线路未进入建筑物作总等电位联结，灯具金属外壳由供电线路PE线连接至远处路灯接地极，试用以上数据计算灯带是否可能遭受反击？如果可能遭受反击，应如何防范？

（3）若（2）中灯带供电线路PE线在建筑物中作了总等电位联结，情况有何不同？

（4）试用本章式（5-27）估算灯带是否遭受反击，并与上面（2）、（3）中计算结果比较。

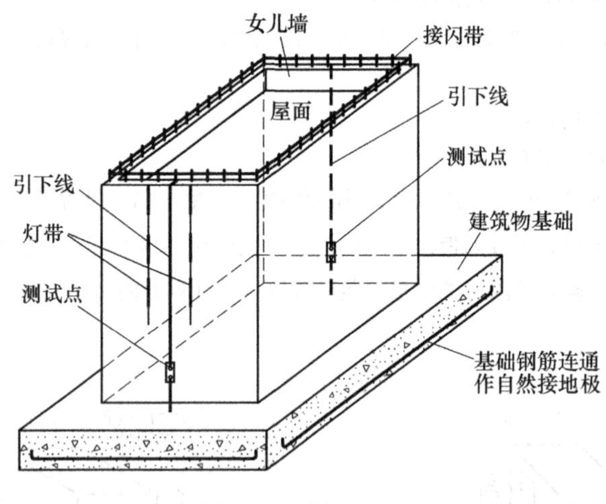

图5-36　题5-13图

5-14　雷击电磁脉冲防护所保护的对象是谁？保护措施实施在哪些环节？与传统的建筑物内部防雷有什么区别与联系？

5-15　关于防雷区划分的标准，有以下三种说法，请判断哪一种最恰当。

（1）防雷区是按空间区域可能遭受的LEMP强度划分的。

（2）防雷区是按照空间区域中电子信息设备所能承受的电磁干扰强度划分的。

（3）$LPZ0_A$、$LPZ0_B$和LPZ1区是按照空间区域内可能遭受的LEMP强度划分的，LPZ1以后的防雷区是按照空间区域中电子信息设备所能承受的电磁干扰强度划分的。

第六章　供配电系统过电压保护

本章介绍供配电系统过电压和电气设备耐压的一般概念，重点介绍用户变配电所的外部过电压防护，分析典型的因高、低压系统故障引起的低压系统内部暂时过电压及其防护。低压系统的外部过电压防护和内部瞬态过电压防护将在下一章电涌保护中介绍。

第一节　过电压与设备耐压

供配电系统过电压是指出现了超过正常电压范围的高电压值，它不仅指工频正弦电压，也包括其他频率或波形的电压。过电压的形式主要有两种，一种是带电导体对地的过电压，称为相地（低压系统还包括中地）过电压或共模过电压；另一种是带电导体之间的过电压，称为相间（低压系统还包括相中）过电压或差模过电压。共模过电压威胁线路和电气设备的对地绝缘，差模过电压不仅威胁相间绝缘，还因为过电压直接作用于负载阻抗，会在负载阻抗上产生过电流，使负载发热增大，可能烧毁设备，甚至引发火灾。

还有另一类形式的过电压，是与电能传输方向一致的过电压，称为纵向过电压，如开关断口间的过电压，或同相绕组的匝间过电压等。与之对应，上述相间和相地过电压都可称为横向过电压。本章主要讨论横向过电压。

过电压与设备耐压是一对矛盾，如果将过电压看作是加害者的破坏强度，则设备耐压就是受害者的承受能力，电气设备是否因过电压损坏，取决于这两者的相对强弱。在过电压强于设备耐压时，为了避免电气设备受到损坏，需要设置过电压保护。

一、过电压

1. 过电压的分类

（1）按能量来源分类　本质上，电压是电路中电场能量的表征参数。根据产生过电压的能量来源，可将过电压分为外部过电压（又称大气过电压）和内部过电压两大类，列示如下：

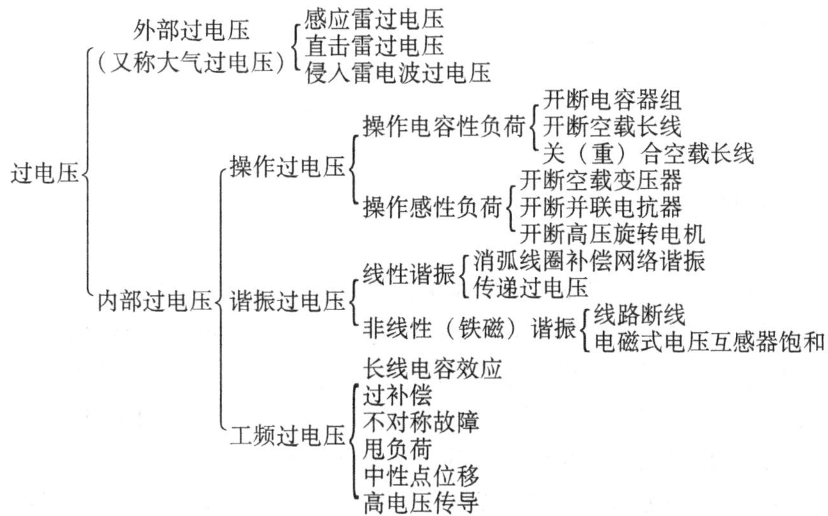

外部过电压和内部过电压有以下一些特点：

1）外部过电压的能量来自于雷电，过电压幅值与系统标称电压无关。中、低压系统绝缘水平较低，所受危害最大，高压和超高压系统绝缘水平比较高，所受危害相对较小。

2）内部过电压的能量来源于系统自身，过电压幅值与系统标称电压密切相关。高压和超高压系统因绝缘裕度较小，所受危害最为严重，而中、低压系统绝缘裕度较大，危害相对较轻。但从用电的角度看，中、低压系统的内部过电压可能导致电击、电气火灾或损坏用电设备等严重后果，也必须予以重视。

3）产生外部过电压的雷电能量量值很大，但瞬间就可释放完毕，而内部过电压能量可以由系统源源不断地补充，持续时间较长，因此在防护方式上，两者有所区别。

（2）按持续时间分类　工程上，根据持续时间的长短，又可将过电压分为瞬态过电压和暂时过电压两类，列示如下：

过电压
- 瞬态过电压
  - 大气过电压
  - 操作过电压
- 暂时过电压
  - 谐振过电压
  - 工频过电压

过电压的持续时间不同，本质上还是能量的特征决定的。瞬态过电压的能量是无补充的，一旦释放完毕就不再显现，持续时间通常为微秒量级；暂时过电压的能量是有补充的，持续时间为毫秒及以上量级。

2. 过电压量值的表示方法

（1）外部过电压　工程上一般用电压幅值有名值表示大气过电压大小，通常还要注明电压的波形。例如：某1.2/50μs雷电过电压，幅值为370kV。

（2）内部过电压　工程上一般用标幺值表示过电压大小，基准值称为p.u。分以下两种情况：

1）相对地工频过电压。基准值为系统最高相电压有效值，即

$$\mathrm{p.u}=U_{\mathrm{m}}/\sqrt{3}$$

式中，U_{m}为系统最高电压（线电压有效值），它是指正常运行条件下，系统中可能出现的最大电压值，但不包括瞬变电压。U_{m}的含义在国家标准GB 156《标准电压》中有明确定义，量值等于该标准中的“设备最高电压”，例如：20kV及以下系统中，U_{m}等于系统标称电压U_{N}的1.2倍；35kV系统为40.5kV，110kV系统为126kV，220kV系统为252kV。

2）相对地操作与谐振过电压。基准值为系统最高相电压幅值，即

$$\mathrm{p.u}=\sqrt{2}U_{\mathrm{m}}/\sqrt{3}$$

二、电气设备耐受电压

1. 作用电压与设备耐压

电气设备的耐受电压是指设备的绝缘对正常工频电压和故障过电压的承受能力，简称耐压。试验表明，绝缘的耐压是一个十分复杂的问题，它不仅取决于绝缘结构本身的属性，还取决于外加电压的形式、量值、作用时间及作用次数等。例如，同一个绝缘结构，在直流电压和交流电压作用下，其耐压值是不相同的，在不同频率交流电压作用下的耐压值也不相同。因此，绝缘的耐压参数一般与作用于其上的电压（称为作用电压）形式一同给出，这些参数是由专门的试验测定的。根据系统可能承受的作用电压形式，工程界规定了一些标准

化的绝缘耐受试验，如表 6-1 所示。

表 6-1　作用电压及相应的耐受试验

分类	低频电压	
	持续（工频）	暂时
电压波形		
电压波形范围	$f=50\text{Hz}$，$T_d \geqslant 1\text{h}$	$10\text{Hz}<f<500\text{Hz}$，$0.03\text{s}<T_d<3600\text{s}$
标准电压波形	T_d在有关设备标准中规定	$48\text{Hz}<f<62\text{Hz}$，$T_d=60\text{s}$
标准耐受试验	在有关设备标准中规定	短时工频试验
分类	**瞬态电压**	
	缓前波（操作过电压）	快前波（雷电过电压）
电压波形		
电压波形范围	$20\mu\text{s}<T_1<5000\mu\text{s}$，$T_2<20\text{ms}$	$0.1\mu\text{s}<T_1<20\mu\text{s}$，$T_2<300\mu\text{s}$
标准电压波形	$T_1=250\mu\text{s}$，$T_2=2500\mu\text{s}$	$T_1=1.2\mu\text{s}$，$T_2=50\mu\text{s}$
标准耐受试验	操作冲击试验	雷电冲击试验

2. 电气设备耐压参数示例

工程上应用较多的参数为电气设备的最高工作电压、1min 短时工频耐受电压和 1.2/50μs 冲击耐受电压，它们分别由持续工频电压试验、短时工频耐压试验和雷电冲击耐压试验得出，用以考察电气设备在长期工作电压、暂时过电压和雷电冲击过电压作用下绝缘的耐受能力。表 6-2 给出了中压系统电气设备的耐受电压要求。

表 6-2　中压电气设备选用的耐受电压

系统标称电压/kV	设备最高电压/kV	设备类别	雷电冲击耐受电压/kV（1.2/50μs 波形）				短时(1min)工频耐受电压（有效值)/kV			
			相对地	相间	断口		相对地	相间	断口	
					断路器	隔离开关			断路器	隔离开关
6	7.2	变压器	60（40）	60（40）	—	—	25（20）	25（20）	—	—
		开关	60（40）	60（40）	60	70	30（20）	30（20）	30	34
10	12	变压器	75（60）	75（60）	—	—	35（28）	35（28）	—	—
		开关	75（60）	75（60）	75（60）	85（70）	42（28）	42（28）	42（28）	49（35）

注：1. 括号内和外数据分别对应是和非低电阻接地系统。
2. 开关类设备将设备最高电压称作“额定电压”。

采用不同波前陡度的冲击电压对相同的试品进行耐压试验，还可得出电气设备冲击耐压与作用时间的关系曲线，称为电气设备的伏秒特性曲线。如图 6-1 所示为气体绝缘冲击耐压的伏秒特性曲线，图中用不同的电压波形对相同试品做试验，对发生在波前的击穿，取击穿时刻和击穿电压为曲线坐标点；对发生在波尾的击穿，取击穿时刻和电压峰值为曲线坐标点。波前越缓，所对应的绝缘击穿电压越低，击穿时间越长。

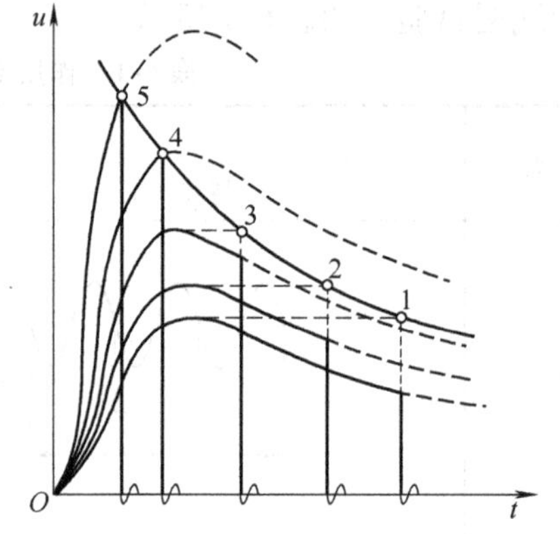

图 6-1　气体绝缘冲击耐压的伏秒特性曲线

第二节　避　雷　器

一、避雷器的工作原理

当过电压强度超过电气设备耐压水平时，电气设备可能遭到破坏，需要对电气设备进行保护。避雷器是中、高压系统最主要的过电压保护器件，在低压系统中使用的电涌保护器，其原理也与避雷器类似。理想避雷器的工作原理如图 6-2 所示，它们连接在相导体与地之间。在工作电压和设备可承受的过电压作用下，避雷器相当于开路，阻抗无穷大，无电流通过；当超过设备承受能力的过电压到来时，避雷器先于设备导通，相当于对地短路，阻抗为零，允许任意大的电流通过，泄放过电压能量。

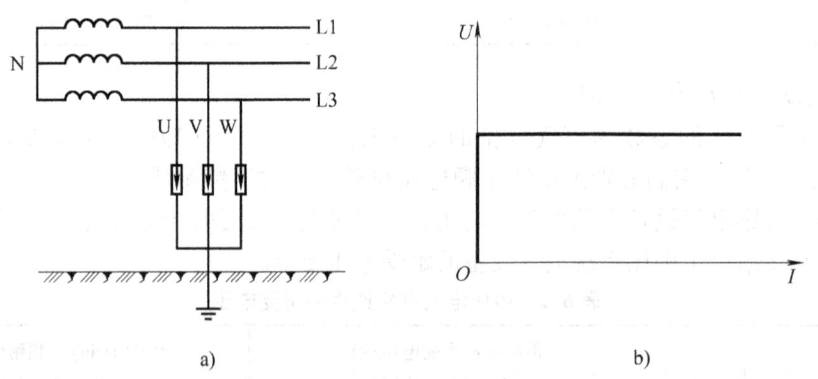

图 6-2　理想避雷器的工作原理

a）接线图　b）理想避雷器的伏安特性

雷电过电压在导体上是以行波的形式传输的，当作用在避雷器上的过电压行波通过后，避雷器仍处于导通状态，这时在系统正常工频电压作用下，避雷器中可能有工频电流通过，称为工频续流。若三相避雷器都导通，则相当于三相导体通过避雷器短路，工频续流量值近似等于三相短路电流。一般要求在工频续流第一次过零时就将其开断，否则会引起继电保护动作，或烧毁避雷器。

二、避雷器的类别与特性

常用的避雷器类别如下：

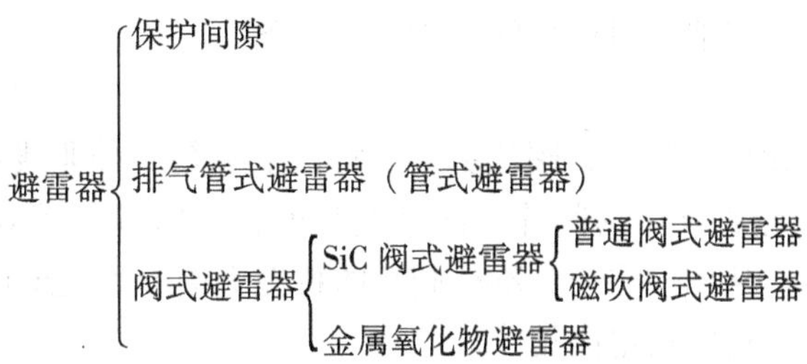

SiC 阀式避雷器已经处于逐步淘汰过程的后期，但其在系统中还有一定的保有量，且追溯历史，很多与避雷器及过电压保护有关的概念、方法和术语都来源于它，因此本书仍将对其进行介绍。

1. 保护间隙与排气管式避雷器

图6-3、图6-4分别为保护间隙和管式避雷器的原理结构，它们都有两个间隙，分别为主（内）间隙和辅助（外）间隙，所不同的是管式避雷器的主间隙位于排气管中，而保护间隙的主间隙暴露在大气中。正常情况下，工作电压不足以使间隙击穿，避雷器相当于开路，对系统的正常工作没有任何影响，辅助间隙可防止主间隙被外物意外短接而导致系统对地短路。当过电压到来时，间隙被击穿，相导体通过间隙电弧接地，限制了相导体上的对地过电压值。保护间隙的灭弧能力较差，往往不能及时熄灭工频续流，引起继电保护跳闸。管式避雷器内间隙的电弧高温使排气管管壁上的产气材料产生大量气体，这些气体从环形电极的排气孔中喷出，对内间隙电弧形成吹弧作用，其灭弧能力比保护间隙有较大提高。外间隙的作用是防止正常工作时内间隙泄漏电流使管壁温度上升，影响使用寿命。

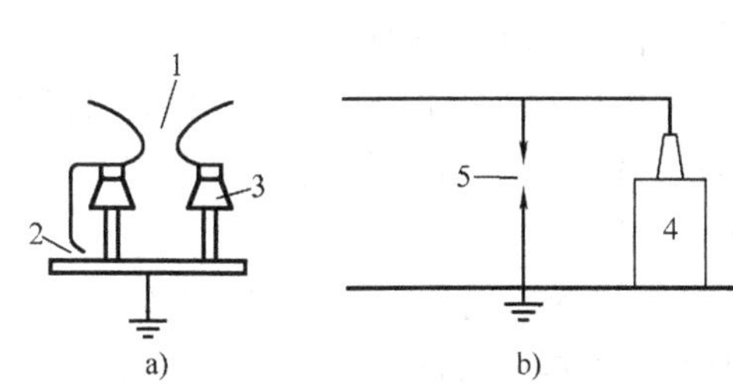

图6-3　保护间隙及其与被保护设备的连接的原理结构

a）结构　b）与被保护设备的连接

1—主间隙　2—辅助间隙　3—绝缘子

4—被保护设备　5—保护间隙

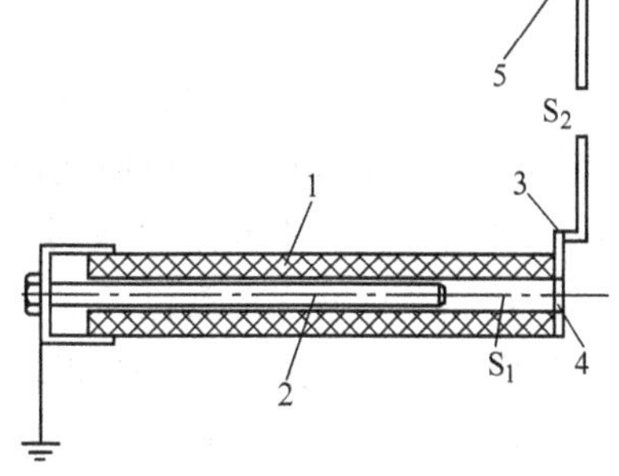

图6-4　排气管式避雷器的原理结构

1—产气管　2—棒形电极　3—环形电极　4—排气孔

5—相导体　S_1—内间隙　S_2—外间隙

管式避雷器的灭弧能力取决于产气量，产气量又取决于电弧电流（主要是工频续流）大小，而工频续流又近似等于该点短路电流。因此在使用管式避雷器时，对安装处的短路电流大小有要求。若短路电流过小，可能因产气量太少而不能吹熄电弧，但短路电流过大造成产气过多，又会使管内气压过度增大而引起爆炸。管式避雷器产品会给出对短路电流上、下限值的要求，设计时应确认安装处实际短路电流在产品给出的允许范围之内，这一工作称为管式避雷器短路电流的校合。

保护间隙和管式避雷器的伏秒特性陡峭，不容易与被保护设备绝缘配合，动作后电压急剧下降，形成陡峭的截波，威胁被保护设备的匝间绝缘，且特性受气象条件的影响较大，因此一般用于线路的保护，以泄放过电压能量为主要任务。

2. 阀式避雷器

阀式避雷器的核心元件是阀片，阀片从电气特性上看是一种非线性电阻器，主要有 SiC 和 ZnO 两种，后者属于金属氧化物阀片。两种阀片的伏安特性如图 6-5 所示，图中还示出了理想阀片的伏安特性。从图中看出，ZnO 阀片的特性更接近于理想特性，即在正常工作电压作用下电阻更大，在导通之后电阻更小。

SiC 阀片关断性能较差，在正常工作电压作用下就会产生较大的泄漏电流，使阀片发热，特性变差，这又会进一步加大泄漏电流，使阀片在短时间内就被热损坏。因此，SiC 阀式避雷器都是由间隙与阀片串联构成的，用间隙来隔断正常工作条件下阀片上的泄漏电流，如图 6-6 所示。根据电压等级的不同，SiC 阀式避雷器串联的间隙数目不一，多者可达上百个。

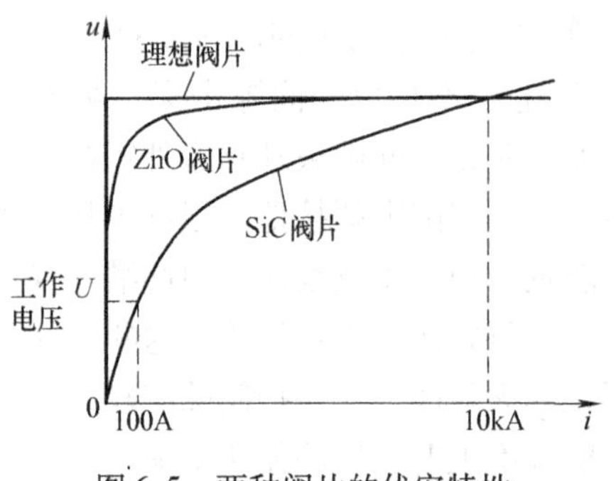

图 6-5　两种阀片的伏安特性

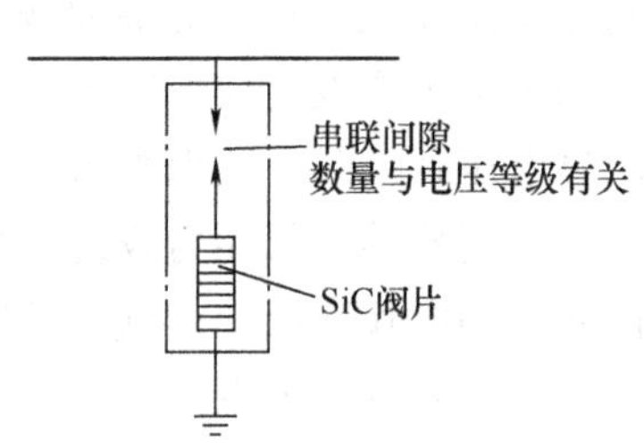

图 6-6　SiC 阀式避雷器原理结构

ZnO 阀片关断性能非常好，在正常工作电压作用下泄漏电流小到可以忽略，不需要用间隙来隔断，因此仅由阀片就可以构成避雷器。由于在过电压波前上升过程中，阀片导通程度随电压上升而增大，不断地泄放过电压能量，因此它不只是在完全导通后才限制过电压幅值，而是在完全导通之前就已经对过电压幅值进行了衰减。

SiC 阀式避雷器由于有串联间隙，间隙逐一击穿后才导通阀片，因此响应时间长，对陡波前过电压防护效果差，且通流容量较小，还需要间隙承担灭弧任务，这些都是它不及金属氧化物避雷器之处。但由于阀片电阻的存在，其动作后无截波现象（指电压瞬间下降一个很大的数值），且因阀片电阻与电流反相关，使得冲击电流过去后阀片电阻增大，限制了工频续流的量值，有利于工频续流的开断，这是它优于保护间隙和排气管式避雷器之处。

ZnO 避雷器由于无串联间隙，响应速度很快，可用于陡波保护，且无续流、通流容量大、耐重复动作，相比于 SiC 阀式避雷器有较大的优势，因此已逐渐取代 SiC 避雷器。

阀式避雷器保护特性比较平缓，可与被保护设备耐压特性较好配合，主要用于变配电所电气设备的保护。

图 6-7 示出了以上几种避雷器动作前后的电压波形，可供比较。

三、阀式避雷器的主要参数

由于有间隙和无间隙的阀式避雷器其动作过程不尽相同，因此 SiC 与 ZnO 避雷器的参数

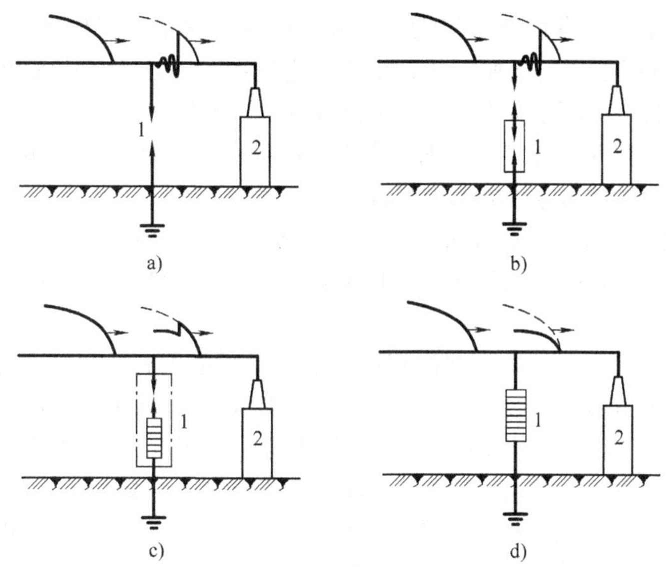

图 6-7　几种避雷器动作前后的电压波形

a）保护间隙　b）排气管式避雷器　c）有间隙阀式避雷器　d）无间隙阀式避雷器

1—避雷器　2—被保护设备

有些是共同的，有些是各自特有的，分述如下：

1. SiC 避雷器的参数

（1）额定电压　又称灭弧电压，指为保证工频续流电弧在第一次过零时熄灭，所允许加在避雷器上的最高工频电压。

电弧在电流过零时刻熄灭后是否重燃，取决于介质绝缘强度恢复速率与外加电压上升速率的竞争，外加电压越高，其上升速率越快，电弧重燃的可能性就越大。避雷器额定电压就是为保证电弧不重燃所允许的最高外加工频电压。因此，避雷器安装处相导体上可能出现的最高相地工频电压应小于避雷器的额定电压。在供配电系统中，最高工频电压主要是指系统单相接地时非故障相的对地电压，对小接地系统，该电压取系统标称线电压的 110%（中性点不接地）和 100%（中性点经消弧线圈接地），对大接地系统，该电压取系统标称线电压的 80%。

（2）工频放电电压　指在工频电压作用下，使避雷器发生放电的最低电压。由于间隙击穿特性的分散性，避雷器产品样本给出的工频放电电压数据为一个范围。

SiC 避雷器因负载能力低，不能在导通情况下承受持续的内部过电压能量，因此不能在内部过电压作用下动作，这要求工频放电电压下限应高于系统可能出现的内部工频过电压值。

（3）冲击放电电压　指在规定的标准波形冲击电压作用下，使避雷器发生放电的最低电压幅值。考虑到产品特性的分散性，通常给出的是上限值。

由于供配电系统操作过电压对绝缘的威胁低于雷电冲击过电压，因此冲击放电电压一般按雷电冲击电压波形给出。

（4）残压　指避雷器导通后，冲击放电电流在避雷器上产生的最大电压降。

冲击放电电流在间隙和阀片上产生的压降，主要与阀片阻抗和电流大小有关，阀片阻抗为非线性特性，其量值本身也与电流大小有关，因此必须指定与残压相对应的电流大小。SiC 阀式避雷器主要用于变配电所保护，由于架空进线的变配电所一般都设置了进线段保护，电缆进线的变配电所不会有直接雷击雷电波侵入，因此进入避雷器的雷电流远小于实测的直接雷击雷电流。根据运行统计数据，我国标准规定对标称电压 220kV 及以下系统的避雷器，与残压相对应的冲击电流取值为 5kA。

（5）通流容量　指避雷器不被热损坏所允许通过的规定电流。我国规定普通型阀片通流容量要达到通过 20/40μs、峰值 5kA 冲击电流和 100A 工频半波电流各 20 次。

2. ZnO 避雷器的参数

（1）额定电压　指避雷器两端允许施加的最大工频电压有效值。它是与避雷器热负载有关的电气参量，意指当等于避雷器额定电压的系统短时过电压加在避雷器阀片上时（这时避雷器的温度已高于正常工作温度），又有雷电过电压到来，这种情况下避雷器仍能吸收规定的雷电过电压能量，且吸收后特性变化在规定范围内，不发生热崩溃。

（2）最大持续运行电压　指允许持续作用在避雷器两端的最大工频电压有效值，这是由避雷器长期老化特性所限定的一个参量。避雷器在不高于此电压的系统上运行，其寿命可达设计值，且当避雷器动作泄放规定限值内的雷电能量后，能在此电压下正常冷却，不至于发生热崩溃。

（3）起始动作电压 U_{1mA}　指避雷器中泄漏电流为 1mA 时所对应的电压。由于无间隙的 ZnO 避雷器无明确的导通点，1mA 电流大约正好位于 ZnO 避雷器伏安特性曲线的转折处，电压超过 U_{1mA}后，电流开始急剧增大，阀片开始明显发挥限压和泄流作用，因此称 1mA 为起始动作电流，而非放电电流。

（4）残压　其物理意义与 SiC 阀式避雷器相同，只是 ZnO 避雷器不仅可用于雷电过电压保护，还可用于操作过电压和陡波保护，因此其残压为一组值，分列如下。

1）雷电冲击下的残压：波形 8/20μs、峰值 5kA 电流作用下的阀片电压。

2）操作冲击下的残压：波形 30～100/60～200μs、峰值 0.5kA、1kA、2kA 电流作用下的阀片电压。

3）陡波冲击下的残压：波形 1/5μs、峰值与雷电冲击相同的电流作用下的阀片电压。

（5）通流容量　概念与 SiC 避雷器相同，通常试验电流波形为冲击电流（4/10μs）与近似方波电流（2ms），电流峰值和通流次数由产品样本给出。

3. 避雷器的参数示例

表 6-3 示出了用于 10kV 系统的几种不同型号 SiC 阀式避雷器的参数，表 6-4 示出了用于 0.22～35kV 系统的 Y15W 系列金属氧化物避雷器的参数。

表 6-3　SiC 阀式避雷器技术参数

型号	系统标称电压	避雷器额定电压	工频放电电压（有效值）/kV		1.2/50μs 冲击放电电压（峰值）/kV	8/20μs，5kA 标称电流下残压（峰值）/kV
	有效值/kV		不小于	不大于	不大于	不大于
配电用 FS3－10	10	12.7	26	31	50	50
电站用 FZ－10	10	12.7	26	31	45	45
旋转电机用磁吹式 FCD3－10	10	12.7	25	30	31	33

表 6-4　Y15W 系列金属氧化物避雷器的参数

型号	系统标称电压	避雷器额定电压	避雷器持续运行电压	直流 1mA 参考电压 /kV	工频 1mA 参考电压（有效值）/kV	陡波冲击电流下残压不大于	8/20μs，5kA 雷电冲击电流下残压不大于	操作冲击电流下残压不大于/kV	2ms 方波冲击电流（峰值）/A
	（有效值）/kV			不小于	不小于	（峰值）/kV			
-0.28/1.3	0.22	0.28	0.24	0.6			1.3		50
-0.5/2.6	0.38	0.5	0.42	1.2			2.6		50
-3.8/17	3	3.8	2	7.5	7	19.6	17	14.5	75
-7.6/30	6	7.6	4	15	14.5	34.5	30	25.5	75
-12.7/50	10	12.7	6.6	25	24.5	57.5	50	42.5	75
-42/134	35	42	23.4	73	72	154	134	114	

第三节　变配电所外部过电压保护

变配电所的雷电过电压，主要是侵入雷电波过电压，也就是线路上的直击雷或感应雷过电压行波沿导线传导至变配电所，对所内设备的绝缘构成威胁。由于雷电过电压行波行至变配电所后，传输通道的特性（如波阻抗等）发生了变化，使波的行为复杂化，再加上避雷器动作后对过电压行波波形产生的改变，使问题变得更复杂。因此，对变配电所过电压及其防护的精确计算是一个极为困难的问题。从工程的角度看，保护的目的是要防止侵入雷电波过电压产生的危害，尽管对一些细节和过程不能精确把握，但只要能把握住结果就达到了目的。因此以下都是采用简化模型进行的粗略分析，但得到的结论已经与多年运行数据进行过反复比对，经过不断修正，防护效果已经比较令人满意。

一、阀式避雷器的保护原理

根据前面对避雷器的讨论可知，为了使避雷器可靠保护电气设备，必须满足以下条件：

1）避雷器的伏秒特性应能与被保护设备配合，在任何大气过电压波形下，避雷器伏秒特性都应在被保护绝缘的伏秒特性之下。

2）避雷器的残压要低于被保护设备的冲击耐压。

满足以上条件以，是否就一定能可靠地对电气设备进行保护了呢？换句话说，以上两条必要条件也是充分条件吗？初看答案是肯定的，但仔细分析，发现这种肯定有一个前提，那就是避雷器与被保护设备所承受的电压完全相同，否则问题就较为复杂。下面以变压器为例进行讨论。

1. 保护过程分析

如图 6-8 所示，以有间隙阀式避雷器为例，假设避雷器与变压器间的电气距离为 l，过电压侵入波为斜角波 $u=\alpha t$，则过电压侵入波在避雷器和变压器上产生的电压分别如图 6-9a 和图 6-9b 所示。以侵入波到达避雷器时刻为 $t=0$，此后避雷器上电压 $u_A(t)$ 按 α 速率上升，变压器上电压暂时为 0。当 $t=T_0=l/v$（v 为侵入波波速）时，侵入波到达变压器，由于变压器上电感电流不能突变，在短时间内仍等于零，因此相当于开路，故侵入波会发生全反射（见图 5-10a），这时变压器上电压 $u_T(t)$ 为入射波与反射波的叠加，按 2α 速率上升，$u_T(t)=2\alpha(t-T_0)$。又经过 $T_0=l/v$ 时间后，反射波到达避雷器，与侵入波叠加，这时避雷器上电压也按 2α 速率上升，$u_A(t)=2\alpha(t-T_0)$，直到与避雷器伏秒特性相交，此时避雷器因其上电压达到冲击放电电压而动作。避雷器动作后，其上电压为残压，但残压还要经过 $T_0=l/v$ 才能到达变压器。

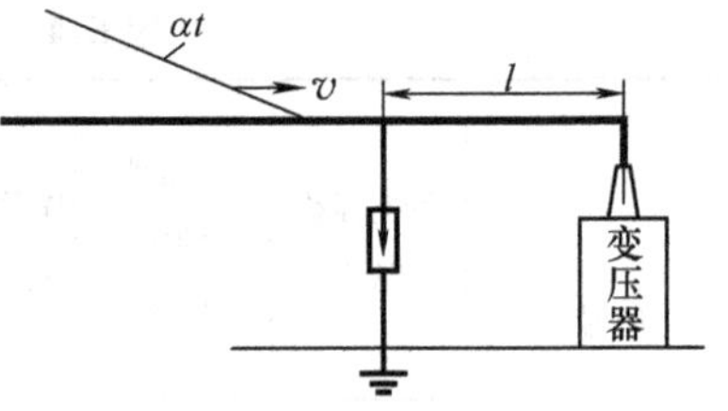

图 6-8　避雷器和变压器间距 l 安装

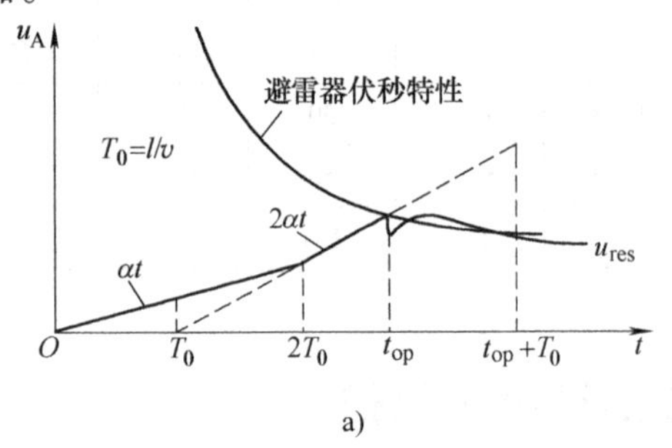

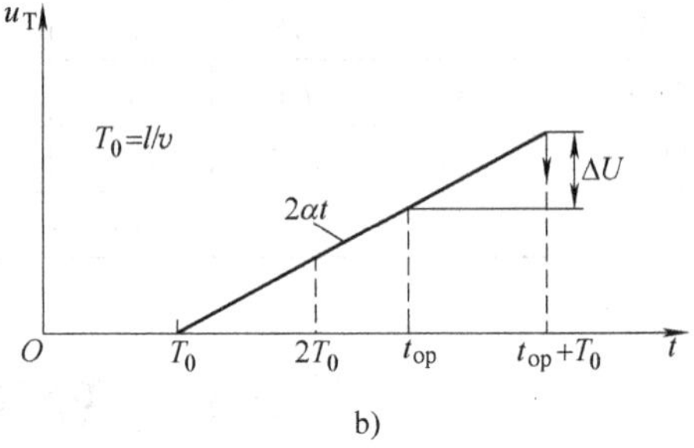

图 6-9　避雷器和变压器间距 l 时的电压波形

a）避雷器　b）变压器

因此可将避雷器和变压器上的电压按以下几个阶段划分。

1）$0\leqslant t<T_0$：行波已到达避雷器，但尚未到达变压器，此阶段

$$u_A(t)=\alpha t$$

$$u_T(t)=0$$

2）$T_0\leqslant t<2T_0$：行波已到达变压器，但反射波尚未到达避雷器，此阶段

$$u_A(t)=\alpha t$$

$$u_T(t)=2\alpha(t-T_0)$$

3）$2T_0\leqslant t<t_{op}$：反射波已到达避雷器，避雷器尚未动作（t_{op} 为避雷器动作时刻），此阶段

$$u_A(t)=\alpha t+\alpha(t-2T_0)=2\alpha(t-T_0)$$

$$u_T(t)=2\alpha(t-T_0)$$

4）$t_{op}\leqslant t<t_{op}+T_0$：避雷器已动作，但残压还未到达变压器，此阶段

$$u_A(t)=u_{res}$$

$$u_T(t)=2\alpha(t-T_0)$$

5）$t\geqslant t_{op}+T_0$：限压效果到达变压器，$u_T(t)$ 开始下降。

可见，当 $t=t_{op}$ 时避雷器上电压最高，之后由于避雷器动作，其上电压不会超过避雷器残压 u_{res} 的上限 U_{res}，但变压器上电压继续上升；$t=t_{op}+T_0$ 时变压器上电压最高，之后由于避雷器残压到达而下降。故变压器和避雷器所承受的最大电压之差为

$$\Delta U=u_T(t_{op}+T_0)-u_A(t_{op})=2\alpha(t_{op}+T_0)-2\alpha t_{op}=2\alpha T_0=2\alpha\frac{l}{v}$$

在避雷器限压作用到达变压器前瞬间，变压器上电压最高，其量值为

$$U_{T \cdot \max} = U_{res} + \Delta U = U_{res} + 2\alpha \frac{l}{v} \tag{6-1}$$

由式（6-1）可知，即使避雷器保护作用生效，变压器上的最大电压也要比避雷器上残压高出 ΔU，避雷器与变压器相距越远，侵入波波头越陡，这个高出部分就越大。因此，缩短变压器与避雷器间的间距，或降低侵入雷电波波头陡度，对降低变压器上的过电压，都是有利的。

2. 变压器耐受雷电过电压能力的校核

以上分析阐明了变压器上所受冲击电压的变化过程，但实际上，由于变配电所具体接线方式的复杂性及对地电容的存在，变压器上的电压与上面的推导结果是有出入的，变压器实际承受的过电压为一振荡波形，该振荡以残压 U_{res} 为中心，第一次振荡超过 U_{res} 的幅度就是 ΔU，其后收敛振荡，如图 6-10 所示。

变压器对雷电过电压的耐受能力本应用变压器的 1.2/50μs 雷电冲击耐压校核，但从图 6-10 可以看出，由于波的反射和避雷器导通对波形的改变，变压器实际承受的过电压波形与标准雷电冲击波形相差较大，因此再用雷电冲击耐压来校核变压器的过电压耐受能力是不合适的。分析和试验都表明，图 6-10 所示过电压对变压器绝缘的作用与截波的作用较为近似，因此常以变压器绝缘承受截波的能力来校核受避雷器保护的变压器承受雷电过电压的能力。变压器承受截波的能力称为多次截波耐压 U_{it}，根据试验和经验，图 6-10 波形与变压器三次截波冲击试验电压 $U_{it \cdot 3}$ 有相关性，关系为 $U_{it} = U_{it \cdot 3}/1.15$，这一结论也可以推广到变配电所其他设备。

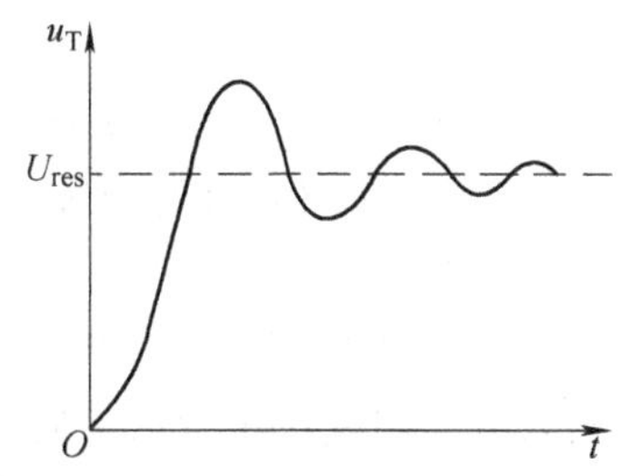

图 6-10　雷电波侵入时，变压器上电压的实际典型波形

当雷电波侵入时，如果受避雷器保护的变压器上受到的最大冲击电压 $U_{T \cdot \max}$ 小于设备本身的多次截波耐压 U_{it}，则设备是安全的。以式（6-1）为依据，即要求

$$U_{res} + 2\alpha \frac{l}{v} \leqslant U_{it} \tag{6-2}$$

式中　U_{res}——避雷器 5kA 冲击电流下的残压（kV）；

U_{it}——变压器的多次截波耐压值（kV）；

α——侵入雷电波波头陡度（kV/μs）；

l——变压器与避雷器间电气距离（m）；

v——雷电波传播速度（m/μs）。

3. 变配电所中变压器与避雷器间最大允许电气距离 l_m

从式（6-2）可以推出

$$l \leqslant \frac{U_{it} - U_{res}}{2\alpha/v} = l_m \tag{6-3}$$

式（6-3）表明，避雷器的保护作用是有一定距离范围的。表 6-5 示出了变压器和避雷器的相关参数，从表中可知，多次截波耐压 U_{it} 比普通阀式避雷器 5kA 残压 U_{res} 高 40% 左右，比磁吹阀式避雷器 5kA 残压 U_{res} 高 80% 左右，因此，若变配电所中采用磁吹阀式避雷器，

则 l_m 比使用普通阀式避雷器要大。另外，降低侵入波波头陡度也能使 l_m 增大。

表 6-5 变压器多次截波耐压值 U_{it} 与避雷器残压 U_{res} 的比较

系统标称电压/kV	变压器三次截波耐压/kV	变压器多次截波耐压/kV	FZ 避雷器 5kA 残压/kV	FCZ 避雷器 5kA 残压/kV	变压器多次截波耐压与避雷器的残压比	
					FZ	FCZ
35	225	196	134	108	1.46	1.81
110	550	478	332	260	1.44	1.83
220	1090	949	664	515	1.43	1.85

4. 变配电所内其他设备与避雷器间的最大允许距离 l'_m

变压器是变配电所中最重要但耐压水平最低的电力设备，因此对其他设备，最大允许距离比变压器大，一般可增大35%左右，即

$$l'_m = 1.35 l_m \tag{6-4}$$

5. 推荐的避雷器至主变压器间的最大电气距离

由于按式（6-3）计算所需参数较多，每一参数的取值又有多种情况，工程应用中很不方便，规程 DL/T 620—1997《交流电气装置的过电压保护和绝缘配合》和 GB50064—2014《交流电气装置的过电压保护和绝缘配合设计规范》给出了可直接引用的避雷器与变压器最大距离取值，如表6-6所示。从表中可以看出，就保护距离而言，金属氧化物避雷器 MOA 的优势在更高电压等级体现更为明显。

表 6-6 普通/金属氧化物阀式避雷器至变压器间的最大电气距离 （单位：m）

系统标称电压/kV	进线段长度/km	进线路数			
		1	2	3	≥4
35	1	25/25	45/40	50/50	55/55
	1.5	40/40	55/55	65/65	75/75
	2	50/50	75/75	90/90	105/105
110	1	45/55	70/85	80/105	90/115
	1.5	70/90	95/120	115/145	130/165
	2	100/125	135/170	160/205	180/230

注：1. 全线架设有避雷线时，按进线段长度为2km选取；进线段长度在1～2km之间时，按补插法确定。
2. 表中数据为“普通阀式避雷器/金属氧化物阀式避雷器”。

二、变配电所电气设备的过电压保护

根据上面的讨论可知，工程上通常采用阀式避雷器对变配电所设备进行保护，避雷器一般安装在母线上，应尽量靠近变压器和其他设备。避雷器与所有被保护设备的电气距离均不能超过其最大允许值，若不能满足要求，则应重新考虑配置方案。

由于变压器是变配电所中绝缘最薄弱的设备，所以只要变压器受到了可靠保护，其他设备受到的保护应该是更可靠的。

三、变配电所的进线段保护

所谓进线段保护，是指在进入变配电所前1～2km这一段架空线路上采取措施以加强防雷。进线段保护的目的，一是要降低雷电流幅值，二是要降低雷电波波头陡度，其作用

如下：

1）因为阀式避雷器的通流容量是有限的，且残压与电流大小正相关，因此减小雷电流幅值既可降低避雷器的动作负载，又可降低被保护设备实际承受的过电压。

2）被保护设备上电压高出避雷器的部分与雷电波波头陡度成正比，或者说保护的最大允许距离与雷电波陡度成反比，因此降低雷电波陡度对保护效果的作用是正面的。

3）降低雷电波陡度可降低电气设备的匝间绝缘被击穿的危险。

对35~110kV全线无避雷线的线路，必须在进线段架设避雷线，且保护角一般不宜超过20°。一般1~2km长的进线段已能够满足限制避雷器中雷电流不超过5kA的要求。

35kV及以上变配电所的进线段保护接线如图6-11所示。图中F1为管式避雷器，设置F1的原因，在于35~110kV变配电所进线隔离开关或断路器可能经常处于断开状态，而线路侧又通常带电，此时若有雷电波侵入，则在断口处发生全反射使电压升高一倍，可能使开路的隔离开关或断路器对地闪络，又由于线路侧带电，对地闪络又将带来工频短路，因此装设F1来避免这种情况的发生。但当断路器闭合时，F1不应在侵入波作用下动作，因为管式避雷器动作后的截波可能严重危及变压器纵绝缘，即此时F1又应作为阀式避雷器F的保护对象之一。

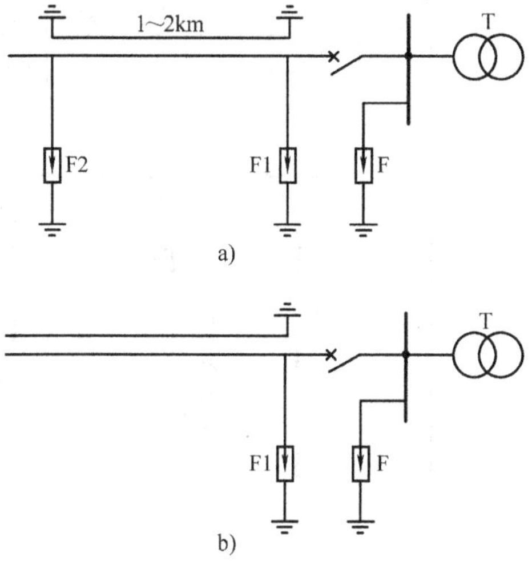

图6-11　35kV及以上变配电所的进线段保护接线

a）未沿全线架设避雷线的35~110kV线路

b）全线有避雷线的线路

F—阀式避雷器　F1、F2—管式避雷器

图6-11a中F2的设置，主要是针对绝缘水平很高的木杆或木横担线路，因绝缘水平高会导致侵入波雷电流幅值增大，可能超过5kA，因此装设F2限制雷电流幅值。

四、10/0.38kV变配电所过电压保护示例

1. 电气主接线与过电压保护配置

某10/0.38kV变配电所的电气主接线如图6-12所示。该变配电所有一路10kV架空进线，三路10kV馈线，其中两路馈给所内两台10/0.4kV变压器，另一路经电缆馈出后上杆改成架空线，转供另一变配电所。两台变压器容量均为400kV·A，其中，T1为Dyn11联结组，低压侧为TN-S系统，T2为Dy11联结组，低压侧为IT系统。

该变配电所位于一栋二类高层建筑物内，变压器工作接地与变配电所保护接地共用接地装置。

架空进线前500~600m设置有避雷线作进线段保护，并在架空线从终端杆上引下转为电缆敷设处设置FS3-10阀式避雷器，作为进线段保护。终端杆距建筑物30m，有自己独立的接地极，接地电阻为10Ω。进线电缆的金属屏蔽层一端在下杆处接在终端杆的接地极上，另一端在进入开关柜处接变配电所地。

在母线上设置FZ-10型SiC阀式避雷器，也可设置金属氧化物阀式避雷器，如Y15W-12.7/50型ZnO避雷器。由于架空进、出线都有一段电缆线路，电缆的对地电容有一定的平

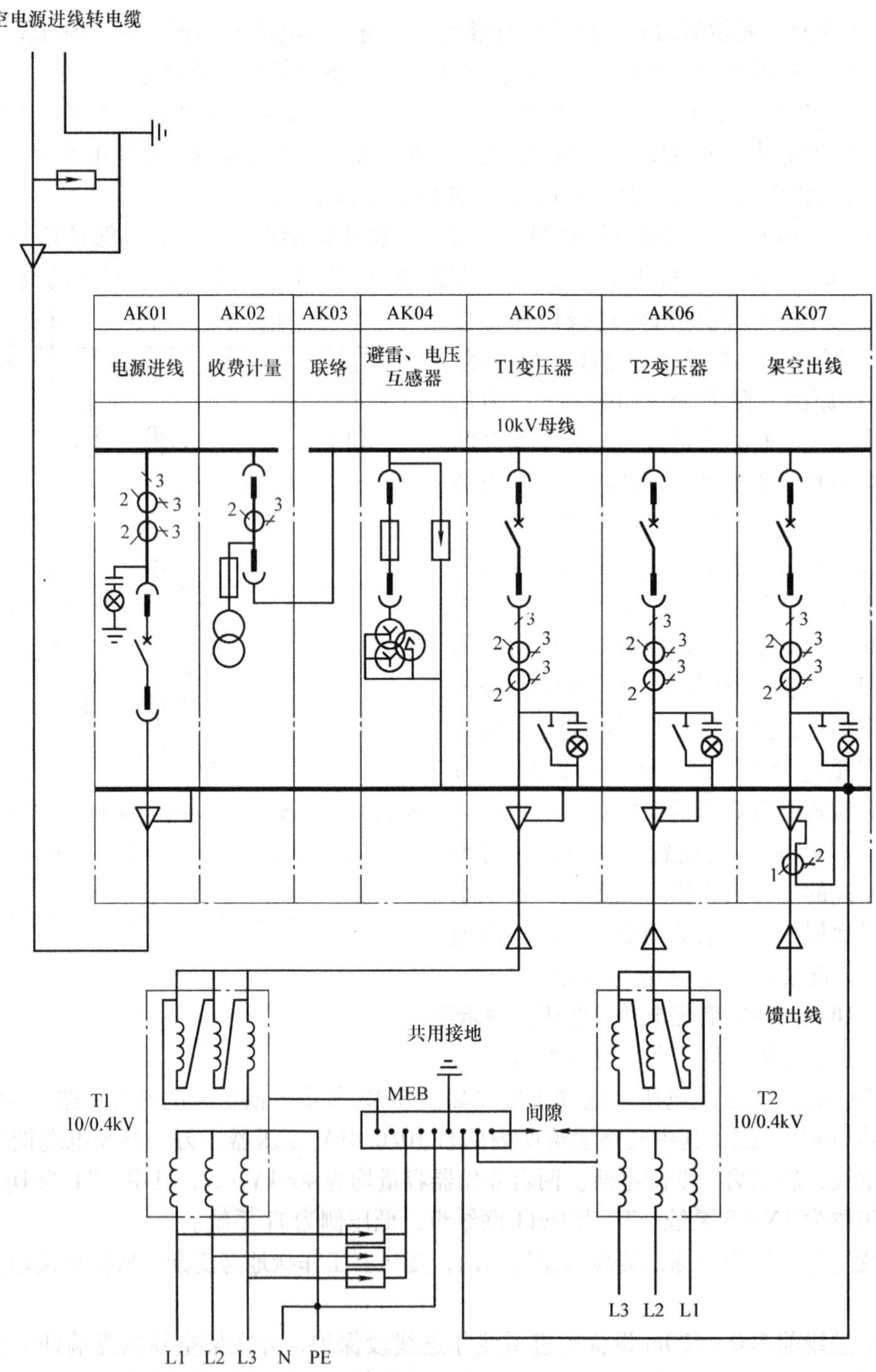

图6-12　某10/0.38kV变配电所的电气主接线

缓雷电过电压波头的作用，故不必考虑避雷器与变压器间的距离，否则应按表6-7确定避雷器与变压器之间的最大允许距离。

表 6-7　3～10kV 避雷器与变压器的最大电气距离

雷季经常运行的进出线路数	1	2	3	≥4
最大电气距离/m	15/15	23/20	27/25	30/30

注：表中数据为“SiC 阀式避雷器/ZnO 阀式避雷器”。

在 T1 低压侧设置了三只低压避雷器，按要求只有一类防雷建筑才必须设置，但非一类建筑也可以设置。设置这组避雷器的主要原因是高压侧避雷器尚不能可靠保护变压器，理由如下：

第一，由低压线路引入的大气过电压有可能会损坏变压器低压侧的绝缘，但高压侧避雷器对此无保护能力。

第二，由低压线路引入的大气过电压作用于低压绕组，其中非直流分量按变压器电压比耦合到高压绕组，由于低压侧的绝缘裕度比高压侧大，有可能在高压侧先引起绝缘击穿，这一过程称为正变换过程。

第三，高压侧避雷器动作时，雷电流经接地极泄入大地，由于高低压共用接地装置，雷电流在接地装置上产生的电压直接加在低压绕组中性点上，而此时低压绕组的出线端相当于经波阻抗接参考地，于是在低压绕组上有一个很大的雷电冲击电压，这个电压除了其中的直流成分外，其余的都会通过铁芯在高压绕组中按变比感应电压，而此时高压绕组的出线端已被避雷器的残压钳位，故高压绕组上将承受很大的电压，可能导致绝缘破坏。这种由高压侧避雷器动作在低压绕组产生高电压，再通过电磁耦合变换到高压侧的过程称为反变换过程。

因此，在低压侧设置避雷器，既能够限制低压侧出现的过电压幅值，又能有效抑制正、反变换过程在高压侧产生的过电压，对变压器的保护作用是确切的。

T2 中性点不接地，低压系统为 IT 接地形式，为了防止由高压系统传导至低压系统的过电压（见下节），需装设中性点对地过电压保护，图中该保护由一保护间隙实施。

馈出线避雷器的设置方法与进线相同。

2. 参数配合

正确选择变配电所中电气设备的参数，是过电压防护的另一项要求。通常因为各相关标准的配合，只要所选择的电气设备额定电压与电网的标称电压匹配，其他与电压和绝缘有关的参数是自动配合的。但由于 10kV 系统的中性点运行方式在发生变化，参数不匹配的情况有可能出现。因此，从原理和工程标准的角度了解参数配合的要求，对于正确选择电气设备，防止过电压产生的危害，是十分重要的。

（1）开关柜的工频耐压与冲击耐压　我国电力行业标准规定，用于 10kV 小接地系统的开关设备，其工频耐压应达到 1min 干式 42kV、湿式 30kV，1.2/50μs 雷电冲击耐压 75kV，因此只要是在我国通过型式试验的 10kV 或 12kV 开关柜，都满足上述条件。这一规定的背景是我国 10kV 系统大多采用中性点不接地或经消弧线圈接地系统，如果系统发生单相接地，可继续运行 0.5～2h，以便查找和消除故障，而此时非接地相的对地电压可达到线电压甚至更高，因此对工频耐压要求较高。而欧盟国家很多 12kV 系统电气设备，其耐压值一般取为额定工频耐受电压 28/42kV（相对地/相间），1.2/50μs 额定雷电冲击耐压 60/75kV（相对地/相间）。可见不论是工频耐压还是雷电冲击耐压，其相对地的耐压要求均低于我国标准，尤以工频耐压低得较多。究其原因，是因为欧盟国家产品大多是按 12kV 系统为中性点接地系统来制定耐压值的。因此，符合IEC标准的12kV开关柜不一定能用于我国的大部分10kV系统。若仅仅以12kV电压高于10kV，且欧盟采用的IEC标准是先进的国际标准，就认为符合IEC标准的12kV开关柜一定能用于我国10kV电网，就会出现参数配合的错误。这是在我国曾经出现过的实际案例。

（2）陡波保护问题　在变配电所中发生的一些雷电过电压事故，经检查为变压器匝间绝缘破坏，但安装的FS或FZ型避雷器并未动作，这就是典型的避雷器对陡波电压失防。串联间隙的阀式避雷器，为满足正常耐压、隔断泄漏电流和灭弧的要求，需要串联数十乃至上百个串联间隙，而每个间隙的动作都有一定的时延，这样保护动作时间就会有累积时延效应。由于雷电波波头有时很陡，在1μs内电压已升至足以破坏绝缘的程度，而串联间隙的阀式避雷器往往还来不及响应，造成变压器纵绝缘破坏，因此应选择有陡波保护能力的避雷器进行保护，这其实是避雷器响应时间与雷电参数和电气设备耐压特性的配合问题。无间隙或串联少量间隙的ZnO避雷器对陡波有较好的防护作用，应优先选用。

第四节　低压系统故障引起的工频过电压及防护

本节讨论由低压系统故障引起的低压电气装置的内部过电压，这些过电压对绝缘的威胁不是非常严重，但对用电设备和人身安全的威胁不能忽视，这是低压系统过电压与中高压系统过电压在危害方面的不同之处。

一、中性导体中断或阻抗过大引起的中性点位移过电压

在220/380V低压配电系统中，中性点位移导致的相电压异常是一种常见的电气事故肇因，它危及大量用户的用电器具和人身安全，也是电气火灾的原因之一。

1. 中性点位移的概念

本书第二章已经明确，中性点有电路中性点和电气中性点两种含义。电路中性点是电路结构对称点，工频三相系统中常见的是Y接电路的中心点；电气中性点是电气关系对称点，一般指各相电压关系的对称点。

“中性点位移”是电气工程中常用的一个术语，但并未有严格的定义。从应用情况来看，它指的是电路中性点电位的改变，主要有如下两种含义：

① 指多相系统电源或负载上电路中性点电位不再等于参考地电位。GB/T 2900.73—2008《电工术语　接地与电击防护》中，对术语“中性点位移电压”定义为：多相系统中，实际的或等效的中性点与参考地之间的电压。以此倒推中性点位移的含义，则应指系统中性点电位偏离了参考地电位。小接地系统单相接地故障分析中常采用这一含义。如图6-13a所示，10kV小接地系统单相接地，电源中性点对参考地电压从零上升为相电压，称发生了中性点位移。

② 指对称多相系统电源或负载上各相电气关系的中性点已不在电路中性点上，简单说就是各相导体与中性导体间电压不再相等。这意味着就电气关系而言，电路中性点已经不处于与各相端子不偏不倚的位置。低压系统中性点位移故障防护中普遍采用这一含义。如图6-13b所示，三相负荷不平衡同时发生中性线断线，导致负载各相电压不再相等，负载电路中性点N′不再是电气关系的对称点，称负载电路发生了中性点位移。

中性点位移的两种含义，关键在于选择的位移的基准点不同，含义①选参考地电位为位

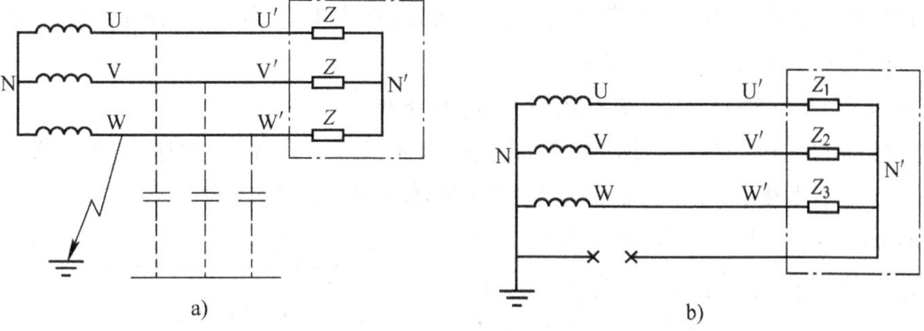

图 6-13　中性点位移的两种含义

a）电路中性点电位偏离参考地电位　b）电路中性点电位变化导致各相电压不再相等 $Z_1 \neq Z_2 \neq Z_3$

移基准点，含义②选择电气关系对称点为位移基准点。对这两种含义，以下三点讨论是有意义的：

第一，系统发生中性点位移本应是一种不正常或故障状态，但如果按照第①种含义理解，则有的系统在正常状态下就有中性点位移。如图 6-14a 所示 TT 系统，Y 接负载的电路中性点 N′在正常工作时对参考地电压即为相电压，这个电压一直存在，不是故障产生的。

第二，电路中性点电位偏离参考地电位，并不一定导致各相电压不相等。如图 6-13a 所示情况，负载中性点 N′对参考地电压虽然升高为故障相相电压，但它与各相端子间的电压仍然对称，它仍然是负载各相电压关系的对称点。这表明以上含义①并不能包含含义②。

第三，对称多相系统相电压变得不相等，并不一定导致中性点电位偏离参考地电位。如图 6-14b 所示，IT 系统三相负荷不平衡，又发生中性线断线，且负荷侧断头掉落大地，这时负载电路中性点 N′电位被落地中性线钳制为参考地电位，但负载各相电压肯定不再相等，Y 接负载的电路中性点不再是各相电压关系的称点。这说明以上含义②并不能包含含义①。

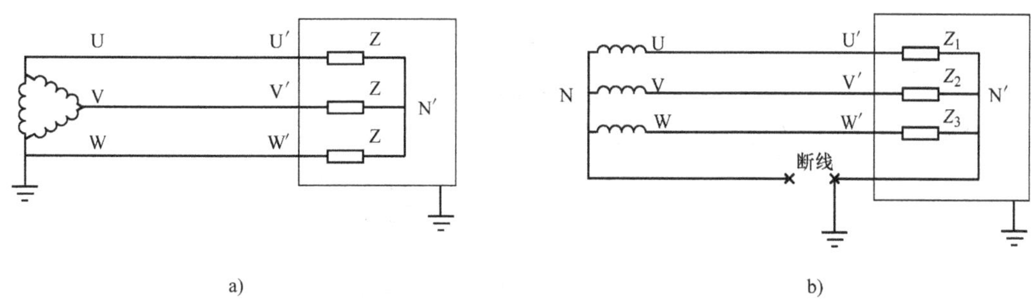

图 6-14　中性点位移两种含义的讨论示例

a）正常状态存在中性点位移　b）有中性点位移但无对参考地电位偏离 $Z_1 \neq Z_2 \neq Z_3$

综上所述，为避免混淆，本书将术语“中性点位移”按以上第②中含义理解，即电路中性点不再是多相系统中各相电气关系的对称点。这种含义下，中性点位移一定会产生各相电压不再相等的结果。对以上第①种含义则采用另一个术语，叫作“中性点对地电位偏移”，即电路中性点电位不再等于参考地电位。需注意的是，系统异常或故障状态下，中性点位移和中性点对地电位偏移可能同时出现（如图 6-13b 中 N′的情况），也可能单独出现（如图6-13a和图 6-14b 中 N′的情况）。

2. 负载中性点位移产生的原因及量值大小分析

在电源对称的三相四线制 220/380V 低压配电系统中，负载发生中性点位移的必要条件之一是三相负荷不平衡，另一必要条件是中性导体中断或阻抗较大。

如图 6-15 示出了中性线断线的情况。严格的计算要用到对称分量法，但现在关注的是因负荷不平衡造成的过电压，因此可以忽略一些次要因素：第一，不考虑变压器（即电源）阻抗，在不对称电流作用下因变压器磁路改变而导致的阻抗参数变化这一因素便可以忽略；第二，假设负载中没有三相电机或三相三芯柱变压器之类带三相磁路的设备，即使有也应是三相磁路相互独立的，这样就不必考虑不对称导致的与磁路有关的负载阻抗的变化；第三，忽略线路阻抗。在这些前提下，系统元件和负载阻抗都不因不对称状态而变化，可以按正序条件进行分析计算。

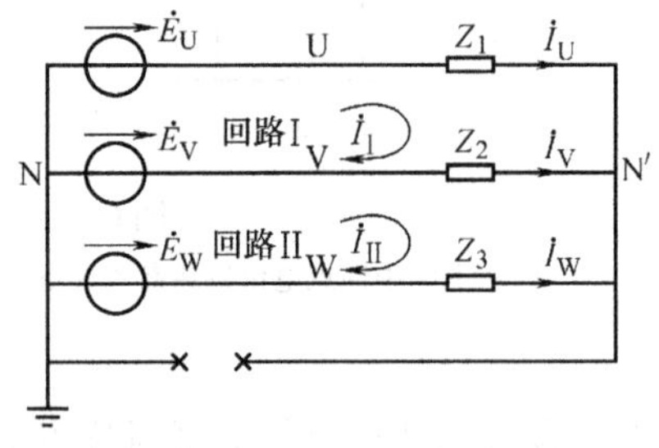

图 6-15 不平衡负荷在中性线断线时的计算分析
$Z_1 \neq Z_2 \neq Z_3$

用回路法对图 6-15 所示的电路进行计算，$\dot{I}_{\mathrm{I}}$、$\dot{I}_{\mathrm{II}}$ 分别为回路 I 和回路 II 的回路电流，根据回路法有方程

$$\begin{cases}\dot{E}_U-\dot{E}_V=(Z_1+Z_2)\dot{I}_{\mathrm{I}}-Z_2\dot{I}_{\mathrm{II}}\\ E_V-\dot{E}_W=-Z_2\dot{I}_{\mathrm{I}}+(Z_2+Z_3)\dot{I}_{\mathrm{II}}\end{cases}$$

且

$$\begin{cases}\dot{I}_U=\dot{I}_{\mathrm{I}}\\ \dot{I}_V=\dot{I}_{\mathrm{II}}-\dot{I}_{\mathrm{I}}\\ \dot{I}_W=-\dot{I}_{\mathrm{II}}\end{cases}$$

为方便分析，假设负荷均为纯电阻，即 $Z_1=r_1$，$Z_2=r_2$，$Z_3=r_3$，解方程得

$$\dot{I}_{\mathrm{I}}=\frac{\sqrt{3}\dot{E}_U[(r_2+r_3)\mathrm{e}^{\mathrm{j}30°}+r_2\mathrm{e}^{-\mathrm{j}90°}]}{r_1r_2+r_2r_3+r_3r_1}$$

$$\dot{I}_{\mathrm{II}}=\frac{\sqrt{3}\dot{E}_U[(r_1+r_2)\mathrm{e}^{-\mathrm{j}90°}+r_2\mathrm{e}^{\mathrm{j}30°}]}{r_1r_2+r_2r_3+r_3r_1}$$

于是

$$\dot{I}_U=\dot{I}_{\mathrm{I}}=\frac{\sqrt{3}\dot{E}_U[(r_2+r_3)\mathrm{e}^{\mathrm{j}30°}+r_2\mathrm{e}^{-\mathrm{j}90°}]}{r_1r_2+r_2r_3+r_3r_1}$$

$$\dot{I}_V=\dot{I}_{\mathrm{II}}-\dot{I}_{\mathrm{I}}=\frac{\sqrt{3}\dot{E}_U[r_1\mathrm{e}^{-\mathrm{j}90°}+r_3\mathrm{e}^{\mathrm{j}30°}]}{r_1r_2+r_2r_3+r_3r_1}$$

$$\dot{I}_W=-\dot{I}_{\mathrm{II}}=-\frac{\sqrt{3}\dot{E}_U[(r_1+r_2)\mathrm{e}^{-\mathrm{j}90°}+r_2\mathrm{e}^{\mathrm{j}30°}]}{r_1r_2+r_2r_3+r_3r_1}$$

考虑到 U、V、W 相负荷功率分别为：$P_1=E^2/r_1$、$P_2=E^2/r_2$、$P_3=E^2/r_3$，则有

$$U_{UN'}=I_U r_1=\frac{\sqrt{3(P_2^2+P_3^2+P_2P_3)}}{P_1+P_2+P_3}E$$

$$U_{VN'}=I_V r_2=\frac{\sqrt{3(P_1^2+P_3^2+P_1P_3)}}{P_1+P_2+P_3}E$$

$$U_{WN'}=I_W r_3=\frac{\sqrt{3(P_1^2+P_2^2+P_1P_2)}}{P_1+P_2+P_3}E$$

$$U_{NN'}=|-\dot{E}_U+r_1\dot{I}_U|=\frac{\sqrt{P_1^2+P_2^2+P_3^2-P_1P_2-P_2P_3-P_3P_1}}{P_1+P_2+P_3}E$$

式中　E——电源相电动势，$E=|\dot{E}_U|=|\dot{E}_V|=|\dot{E}_W|$，取为 220V。

若假设 $P_2=\alpha P_1$，$P_3=\beta P_1$，即 $P_1:P_2:P_3=1:\alpha:\beta$，代入以上各电压表达式，$P_1$、$P_2$、$P_3$ 将被约掉，只剩下 α、β 和 E。可见对纯阻性负载，各相电压大小只与各相负荷功率之比有关，而与具体的功率大小无关。表 6-8 给出了一些给定三相负荷功率比例下三相电压的大小。

表 6-8　三相负荷不平衡且中性线断线时，各相电压变化　（单位：V）

$P_1:P_2:P_3$	$U_{UN'}$	$U_{VN'}$	$U_{WN'}$	$U_{NN'}$
1:1:1	220	220	220	0
1:1:0.75	210	210	240	20
1:0.75:0.75	198	231	231	22
1:0.5:0.75	184	257	224	42
1:0.25:0.75	172	290	218	73
1:0.05:0.75	164	322	217	104
1:0:0.75	163	331	218	113
1:0:0	0	380	380	220

从表 6-8 可知，中性点位移造成有的相电压升高，有的相电压降低，变化程度与负荷不平衡程度正相关。电压升高相过电压倍数极限为$\sqrt{3}$，这时过电压相负荷的实际消耗功率为额定值的 3 倍，烧坏设备几乎是肯定的，还可能引发火灾。另外，负载电路中性点对参考地电压最高也可升至接近 220V，这使得断点负荷侧中性线带电击危险电压。

三相负荷不平衡且中性线阻抗大的情况与中性线断线类似，只是程度稍轻。

3. 中性点位移过电压的危害与防护

与中、高压系统中的操作过电压和大气过电压不同的是，中性点位移产生的过电压为工频交流过电压，幅度较小，一般不会在很短时间内造成绝缘破坏。但这种过电压有差模成分，差模过电压在负载阻抗上形成持续的过电流，会使用电设备发热加剧，绝缘在高温下性能下降，最终导致绝缘破坏引发短路。中性点位移过电压危害范围是中性导体断点负荷侧的所有设备，如果断点发生在变配电所内或一栋建筑的总配电箱处，则危害范围很大。

中性点位移产生的过电压是一种内部工频过电压，过电压程度远低于大气过电压，且持

续存在，不能用避雷器进行保护。工程上对中性点位移的防护，有主动防护和被动防护两种技术路径。

所谓主动防护，是指尽可能消除产生中性点位移的条件，主要包括在设计时应尽量平衡三相负荷，正确选用中性导体截面积，尽可能不使用能断开中性导体的四极开关，严禁在中性导体上设置熔断器等；在安装施工时应将中性导体接头连接牢固等。

所谓被动防护，是指在中性点位移发生时采取措施，以避免造成破坏。工程上现在还少有专门针对中性点位移的保护，但频繁的大面积损坏用户家用电器、引发电击及火灾事故，以及因此引发的各种纠纷，已引起工程界对中性点位移问题的重视，并提出了一些保护方案，如中性线断线保护，中性点位移电压保护等。这些方案大多数还没有经过大规模、长时间运行的检验，其有效性还需要进一步验证，此处不予介绍。

就工程实践而言，已经有设计规范提出了可对中性点位移后果起到保护作用的防护措施，如在 JGJ 242—2011《住宅建筑电气设计规范》中，要求每套住宅都应设置自复式过电压、欠电压保护装置，原理上这不是专门针对中性点位移的防护，但可以防范中性点位移产生的危害。

二、接地故障过电压

各种接地形式的低压系统发生接地故障时，可能在低压电气装置和用电设备上产生工频过电压，这些过电压属于内部过电压，对绝缘的威胁较小，只要严格按设计规范选择装置的绝缘，不需要对绝缘耐压进行校验。但在某些环境条件下，这些过电压可能产生爬电、对地打火等现象，因此应该对这些过电压的原理和量值大小有所了解。

1. 配出中性导体的 IT 系统

以图 6-16 所示为例，IT 系统设备 1 发生 W 相接地时，系统中性点和中性线对地电压 U_{NE}达到相电压，单相设备 2 相导体与外壳间电压 U_{VE}达到线电压、中性导体与外壳间电压达到相电压，故障设备 1 本身的情况也类似。设备 1、2 的保护绝缘应能长时间承受这些过电压，比如，设备 2 选用相地额定电压 250V 的单相设备是不正确的，因为上述故障时设备 2 上 U_{VE}已经达到约 380V。

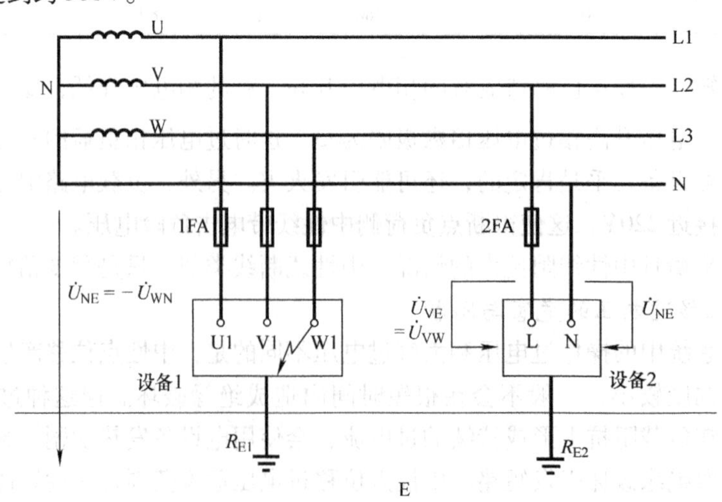

图 6-16 IT 系统接地故障在低压装置上引起的过电压

2. TT 系统

如图 6-17 所示，TT 系统接地故障与 IT 系统类似，故障使系统中性点对地电位偏移，偏移量等于接地电阻对相电压的分压，该分压小于相电压，带电导体与地之间过电压程度也小于 IT 系统。TT 系统设备碰壳接地故障都能被自动切断电源的电击防护很快消除，因此持续时间比 IT 系统短。但发生干线相导体直接接大地故障时，如果干线未设置剩余电流保护，故障可能持续存在，而过电压与设备碰壳接地故障类似。总体来看，TT 系统接地故障引起的过电压强度小于 IT 系统，且多数持续时间短，对设备耐压的要求低于 IT 系统，更接近 TN 系统。

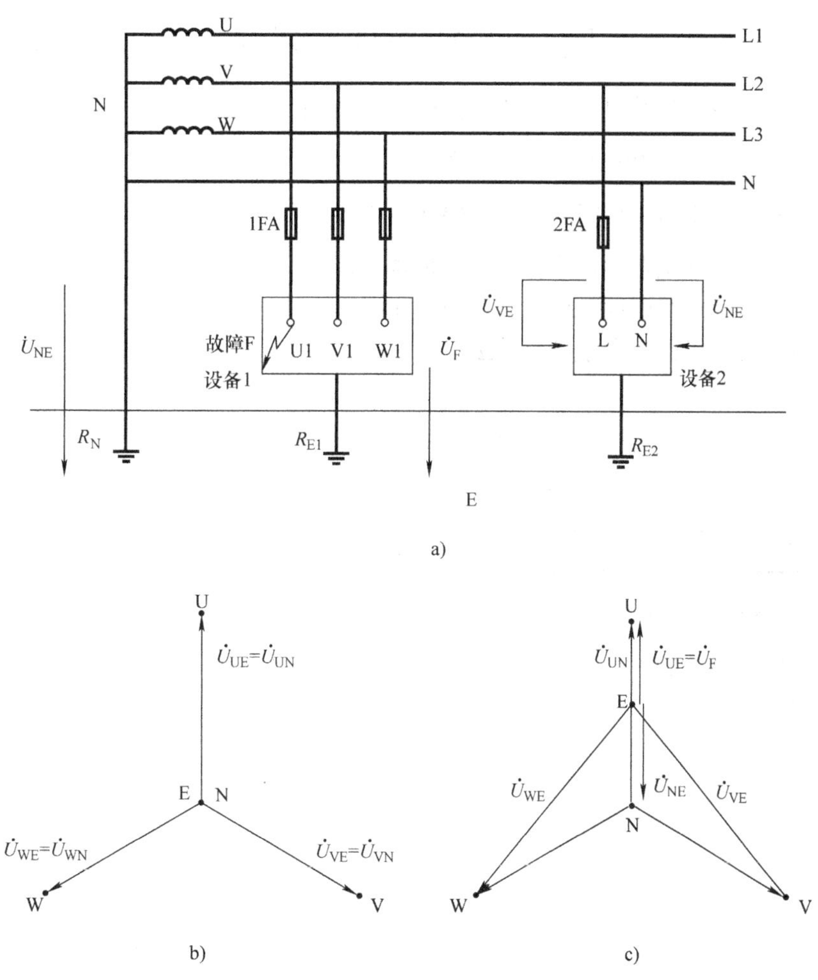

图 6-17　TT 系统接地故障在低压装置上引起的过电压

a）系统图　b）正常工作相量图　c）故障相量图

3. TN 系统

TN 系统相导体直接接大地故障产生的过电压与 TT 系统类似，见图 3-13，系统中性点同样会出现对地电位偏移，但由于 I 类设备金属外壳通过 PE 导体与系统中性点连通，使得设备金属外壳上出现同样的对地电位偏移，因此设备绝缘上不会发生相地和中地过电压。但正因为外壳上存在这个对地电压，不仅有电击危险，还可能出现外壳对地打火情况，在有些特殊场所是危险的。

三、相中单相短路故障过电压

如图6-18a所示，三相四线制系统发生相中短路（如图中的W相导体与N导体短路）时，由于故障回路相导体与中性导体阻抗对故障相电源电压分压，使得故障点电源侧N导体上有较大的故障电压，导致故障点负荷侧健全相（如图中的U相和V相）对中性导体的电压发生变化。忽略工作电流在健全相导体上的压降，故障点F负荷侧健全相V相与中性导体之间电压为

$$\dot{U}_{\mathrm{VNF}}=\dot{U}_{\mathrm{VN}}-\dot{U}_{\mathrm{Fn}}=\dot{U}_{\mathrm{VN}}-\frac{Z_{\mathrm{N}}}{Z_{\varphi\mathrm{N}}}\dot{U}_{\mathrm{WN}} \tag{6-5}$$

式中　$\dot{U}_{\mathrm{VNF}}$——故障点负荷侧健全相V相相电压（V）；

$\dot{U}_{\mathrm{VN}}$——健全相V相电源相电压（V）；

$\dot{U}_{\mathrm{WN}}$——故障相W相电源相电压（V）；

$\dot{U}_{\mathrm{Fn}}$——短路电流在中性导体上产生的电压降（V）；

Z_{N}——故障环路中性导体计算阻抗（mΩ）；

$Z_{\varphi\mathrm{N}}$——故障环路相中阻抗（mΩ）。

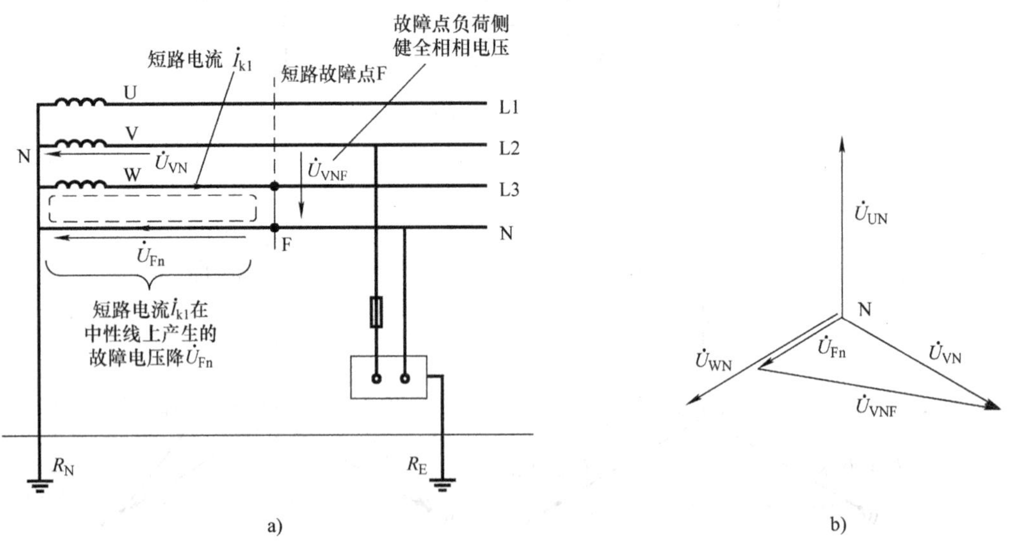

图6-18　三相四线制系统相中短路故障引起的故障点负荷侧相中过电压

a）系统图　b）相量图

一般情况下，N导体与相导体截面积之比为$\frac{1}{2}$或1，考虑到低压线路阻抗中电阻占主要成分，阻抗之比约等于截面积之比，可近似认为$\frac{Z_{\mathrm{N}}}{Z_{\varphi\mathrm{N}}}\approx\left|\frac{Z_{\mathrm{N}}}{Z_{\varphi\mathrm{N}}}\right|\approx\frac{2}{3}$（或$\frac{1}{2}$），即$\dot{U}_{\mathrm{Fn}}\approx\frac{2}{3}\dot{U}_{\mathrm{WN}}$（或$\frac{1}{2}\dot{U}_{\mathrm{WN}}$），代入式（6-5），画出相量图如图6-18b所示，计算出故障点负荷侧健全相V

相与中性导体间的相电压为

$$U_{\text{VNF}} = \sqrt{U_{\text{VN}}^2 + U_{\text{Fn}}^2 - 2U_{\text{VN}}U_{\text{Fn}}\cos120^\circ}$$

对220/380V 低压系统，取 $U_{\text{Fn}} = \dfrac{2}{3}U_{\text{WN}} = 147\text{V}$ 代入，得 $U_{\text{VNF}} = 320\text{V}$，该值对应于N导体截面积等于相导体截面积一半的情况；取 $U_{\text{Fn}} = \dfrac{1}{2}U_{\text{WN}} = 110\text{V}$ 代入，得 $U_{\text{VNF}} = 291\text{V}$，该值对应于N导体与相导体等截面积的情况。取最不利条件计算，过电压倍数为 $\dfrac{320\text{V}}{220\text{V}} = 1.45$。

由此可见，三相四线制系统发生相中短路时，故障点负荷侧健全相相电压最大过电压倍数为1.45。该过电压性质为内部暂时工频过电压，持续时间取决于过电流保护动作时间。

第五节　高压系统故障引起的低压系统暂时过电压及防护

本节中的高压系统指为低压系统供电的变压器一次侧系统，其电压等级主要是中压10kV，以及发展中的中压20kV，一些工业企业等处有少量的高压35kV。

高压系统因故障导致其能量向低压系统非正常传导，是低压系统产生这类过电压的共同原因，但具体的能量传导途径又各不相同，使得过电压的形式与危害各有不同。以下列举两种情况介绍。

一、高低压系统纵向绝缘破坏导致的直接传导性过电压

如图6-19a所示的10/0.4kV变压器，低压侧为IT系统。变配电所电气装置故障可能使高压某相导体与低压绕组中性点短路，如变压器内部故障，或变压器低压中性点接线桩头碰变压器金属外壳未被发现，运行中又发生高压相导体碰高压配电柜外壳故障，由于高压柜外壳和变压器外壳共同接地，使得变压器中性点与高压相导体通过各自金属外壳短接。由于10kV侧每相对地电压均为相电压，低压绕组中性点对地电压也上升为10kV侧的相电压，约5800V。低压侧其他各相的对地电压也相应升高，略高或略低于5800V。如此高的电压会给低压系统的对地绝缘和人身安全带来极大威胁。图6-19b是电压相量图，假设变压器为Dyn11联结组，高压侧电气量用大写下标表示，低压侧用小写下标表示，N为低压侧绕组电路中性点，E为参考地电位点，用位势图的方法作图。为作图方便，高、低压电压相量长度

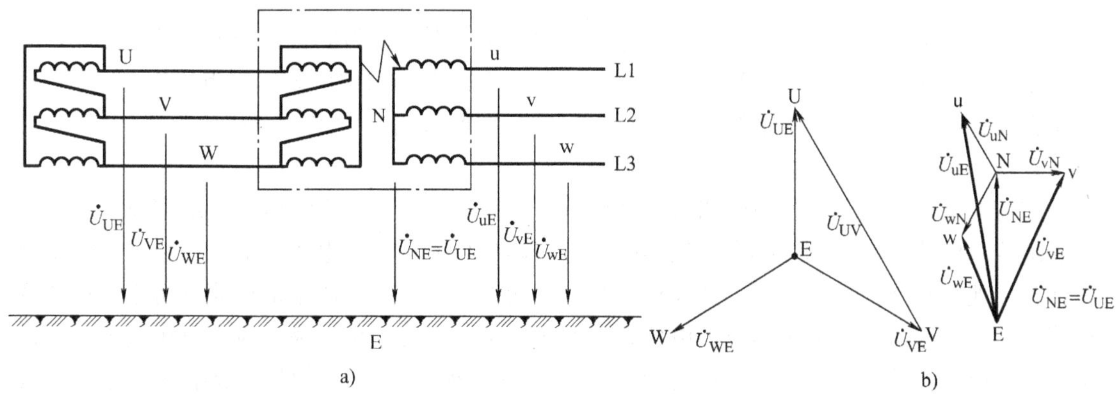

图6-19　直接高电压传导

未按比例画出。

对于这种过电压，常用的保护措施是在中性点装设击穿保护器，并对击穿保护器的状态进行监视，如图6-20所示。正常运行时两只电压表读数各为相电压一半左右，若保护器击穿或内部短路，则其中一只电压表读数降为零，另一只上升为相电压。对保护器间隙进行绝缘监测的目的，是防止在正常运行时，保护器间隙短路，使系统由IT系统变成TT系统，影响系统的供电连续性和电击防护性能。另外，也可将电压表换成继电器等元件，以便能及时发出警报或断开高压侧电源。

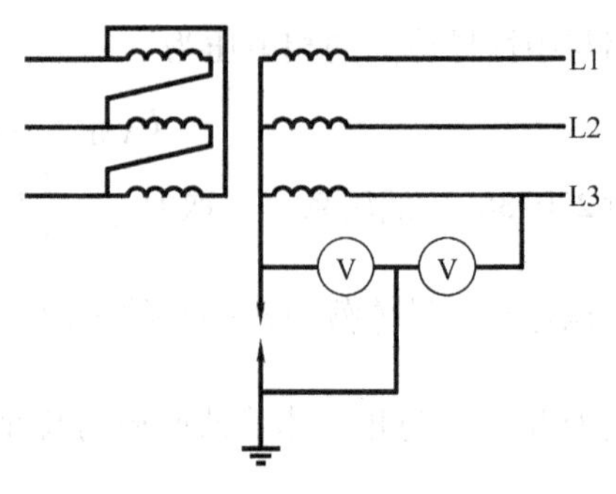

图6-20　中性点过电压保护与绝缘监视

二、变配电所高压接地故障引起的低压系统暂时过电压

为低压系统供电的变配电所内高压系统发生接地故障时，可能通过接地和等电位联结传导故障电压，导致低压装置发生过电压。

1. 工频应力电压与故障电压

国家标准GB 16895.10—2010《低压电气装置　第4－44部分：安全防护　电压骚扰与电磁骚扰》对变配电所高压接地故障条件下低压系统应关注的过电压做出了规定，其名称、表征参量与符号、含义和用途如表6-9所示。

表6-9　高压系统接地故障引起的低压系统过电压类型

名称	符号	含义	主要用途	备注
工频应力电压	U_1	变配电所内低压配电装置带电导体与装置外露可导电部分之间的电压	校验变配电所内电源级配电装置保护绝缘耐压	与各带电导体对应的电压不同，取最大者
	U_2	变配电所外低压装置（含用电设备）带电导体与装置外露可导电部分之间的电压	校验变配电所外中间级、终端级配电装置和用电设备保护绝缘耐压	与各带电导体对应的电压不同，取最大者
故障电压	U_f	变配电所外低压装置（含用电设备）外露可导电部分与参考地之间的电压	可能有间接电击危险，用于电击防护	特殊场所当考虑该电压产生电打火问题

高电压与绝缘工程中将可能降低或损坏绝缘性能的因素称为应力，如强电场、发热、潮湿、紫外线、化学腐蚀、机械塑性形变等。过电压属强电场因素应力。过电压U_1、U_2直接作用在设备保护绝缘上，对绝缘性能有负面影响，因此称为应力电压；故障电压U_f作用在设备外露可导电部分与地之间，因此不是应力电压。

应力电压和故障电压量值受诸多因素影响，主要有：①高压系统电源接地情况，这对高压接地故障电流大小和相位都有直接影响，因而影响故障点接地电压量值和相位；②变配电所保护接地与功能接地的关系，共同接地与分别接地条件下过电压量值可能有所不同；③变压器联结组，这主要影响工频应力电压，工程应用中一般考虑出现最大应力电压量值的联结组；④低压系统接地形式，这与应力电压和故障电压都有关系；⑤IT系统中变配电所外设备接地与变配电所保护接地的关系，共同接地与分别接地条件下过电压量值可能有所不同。以下举例分析，并归纳各种条件下过电压量值计算。

2. 工频应力电压与故障电压量值理论计算示例

如图 6-21a 所示，10/0.38kV 变配电所内高、低压配电装置利用变配电所接地装置 R_{E1}

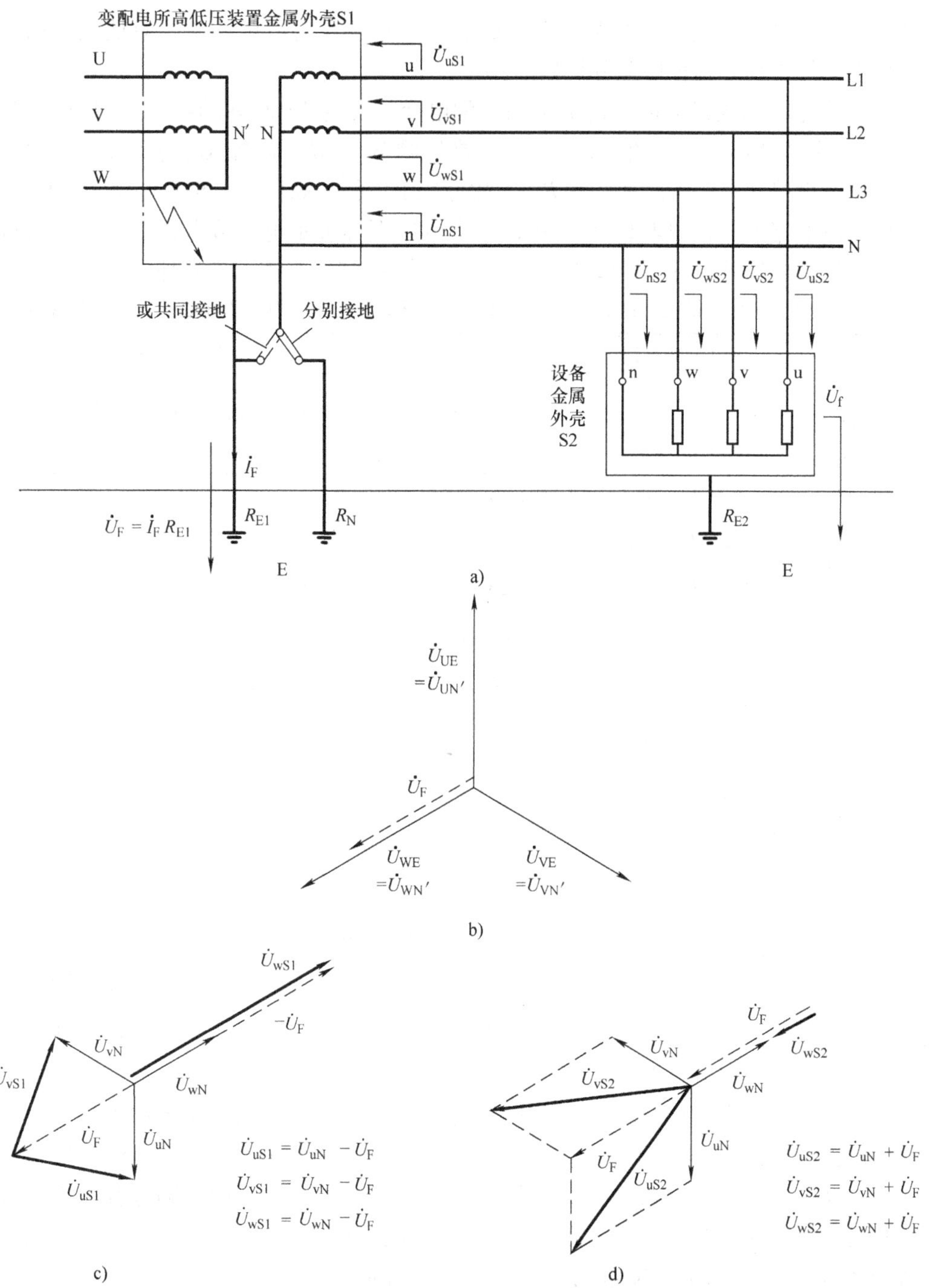

图 6-21　高压接地故障导致低压系统过电压示例

a）系统图　b）高压相量图　c）分别接地时应力电压 U_1 计算相量图　d）共同接地时应力电压 U_2 计算相量图

作了保护接地，10/0.4kV 变压器中性点功能性接地有两种选择：一种是与高低压配电装置保护接地共用变配电所接地装置 R_{E1}；另一种是接低压系统专用接地装置 R_N。R_{E1} 与 R_N 是两个独立的接地装置，通常应相距 20m 以上。假设变配电所高压侧系统电源（在上级变电所）为小电阻接地，则高压侧碰壳接地故障电流 $\dot{I}_F$ 的相位与故障相电源对地电压相位近似相同。以上条件下列举两种情况分析如下：

（1）应力电压出现最大值的情况示例　配电变压器为 Yyn6 联结组，共同或分别接地，低压系统为 TT 接地形式，如图 6-21a 所示。高压侧 W 相端子碰高压配电柜外壳接地，由于高、低压配电柜接同一保护接地装置 R_{E1}，故低压配电柜与高压配电柜等电位。根据 KVL 和故障条件列写电路方程，如表 6-10 所示，表中电压下标表示电路节点，下标顺序表示电压参考方向，设备金属外壳 S1 和 S2 都看成是一个电路节点，E 表示参考地电位点。

表 6-10　Yyn6 联结组变压器高压接地故障条件下 TT 系统的应力电压和故障电压计算过程

<table>
<tr><th colspan="2"></th><th>KVL 电路方程</th><th>故障条件方程</th><th>最大电压量值</th></tr>
<tr><td rowspan="2">应力电压 U_1</td><td>共同接地</td><td rowspan="2">$\dot{U}_{uS1}=\dot{U}_{uN}+\dot{U}_{NS1}$
$\dot{U}_{vS1}=\dot{U}_{vN}+\dot{U}_{NS1}$
$\dot{U}_{wS1}=\dot{U}_{wN}+\dot{U}_{NS1}$
$\dot{U}_{nS1}=\dot{U}_{NS1}$</td><td>$\dot{U}_F=\dot{I}_F R_{E1}$
$\dot{U}_{NS1}=0$</td><td>$U_1=\max\{|\dot{U}_{uS1}|,|\dot{U}_{vS1}|,|\dot{U}_{wS1}|,|\dot{U}_{nS1}|\}$
$=U_0$</td></tr>
<tr><td>分别接地</td><td>$\dot{U}_F=\dot{I}_F R_{E1}$
$\dot{U}_{NS1}=\dot{U}_{NE}+\dot{U}_{ES1}$
$=0-\dot{U}_F$
$=-\dot{U}_F$</td><td>$U_1=\max\{|\dot{U}_{uS1}|,|\dot{U}_{vS1}|,|\dot{U}_{wS1}|,|\dot{U}_{nS1}|\}$
$=I_F R_{E1}+U_0$</td></tr>
<tr><td rowspan="2">应力电压 U_2</td><td>共同接地</td><td rowspan="2">$\dot{U}_{uS2}=\dot{U}_{uN}+\dot{U}_{NE}$
$\dot{U}_{vS2}=\dot{U}_{vN}+\dot{U}_{NE}$
$\dot{U}_{wS2}=\dot{U}_{wN}+\dot{U}_{NE}$
$\dot{U}_{nS2}=\dot{U}_{NE}$</td><td>$\dot{U}_F=\dot{I}_F R_{E1}$
$\dot{U}_{NE}=\dot{U}_F$</td><td>$U_2=\max\{|\dot{U}_{uS2}|,|\dot{U}_{vS2}|,|\dot{U}_{wS2}|,|\dot{U}_{nS2}|\}$
$<U_0+I_F R_{E1}$</td></tr>
<tr><td>分别接地</td><td>$\dot{U}_F=\dot{I}_F R_{E1}$
$\dot{U}_{NE}=0$</td><td>$U_2=\max\{|\dot{U}_{uS2}|,|\dot{U}_{vS2}|,|\dot{U}_{wS1}|,|\dot{U}_{nS2}|\}$
$=U_0$</td></tr>
<tr><td colspan="2">故障电压 U_f</td><td></td><td></td><td>$U_f=0$</td></tr>
</table>

注：U_0 为低压系统相地标称电压，量值等于标称相电压，对 220/380V 系统，该量值为 220V。

根据电路方程可绘制出相量图。如图 6-21b 所示为高压部分相量图，注意该图中对地电压为正常情况下，且接地电阻电压 $\dot{U}_F$ 与故障相电压同相位，这是给定的计算条件，工程实际中并不总是如此，但电路方程不受该条件影响。

如图 6-21c 所示为分别接地条件下计算应力电压 U_1 的相量图，从图中可知，应力电压 U_1 最大值发生在低压 w 相端子与变配电所内低压配电装置外露可导电部分 S1 之间，量值为 $I_F R_{E1}+U_0$，U_0 为低压系统相地标称电压，等于 220V。从表 6-10 中电路方程可知，这时相量和的模已经等于相量模之和，这已经是数学上可能出现的最大值。由于是分别接地，变配电所外设备应力电压 U_2 和故障电压 U_f 与正常时无任何变化。

如图 6-21d 所示为共同接地条件下计算应力电压 U_2 的相量图，应力电压 U_2 并未出现数学上可能的最大值，推测其最大值或许在其他联结组变压器时才会出现。读者可自行分析，当变压器为 Yyn0 联结组，且变配电所采用共同接地时，TT 系统 U_2 出现最大值，量值仍然

为 $I_F R_{E1}+U_0$。由于是共同接地，变配电所内设备应力电压 U_1 与正常时无任何变化。

由于是 TT 系统，变配电所以外的设备接地是独立的，不管变配电所采用共同接地还是分别接地，所外设备外露可导电部分对地故障电压 U_f 始终为零，不会出现电击危险性，这是 TT 系统安全性上的一大优点。

（2）故障电压出现最大值的情况示例　如图 6-22 所示，配电变压器为 Dyn11 联结组，共同接地，低压系统为 TN－S 接地形式。由于共同接地和 PE 导体的电气连通，变配电所内高低压配电装置外露可导电部分 S1 对地电压 $\dot{I}_F R_{E1}$，传导至低压系统中性点 N，以及所有变配电所外低压装置外露可导电部分 S2，低压装置导体和外露可导电部分对地电压同幅度升高，因此应力电压 U_1、U_2 都与正常状态相同，量值还是 U_0。但变配电所外设备外露可导电部分对地故障电压 $U_f=U_F=I_F R_{E1}$，该电压为间接电击的预期接触电压，是高压系统接地故障电流通过共同接地传导至低压系统的，性质为故障转移电压。

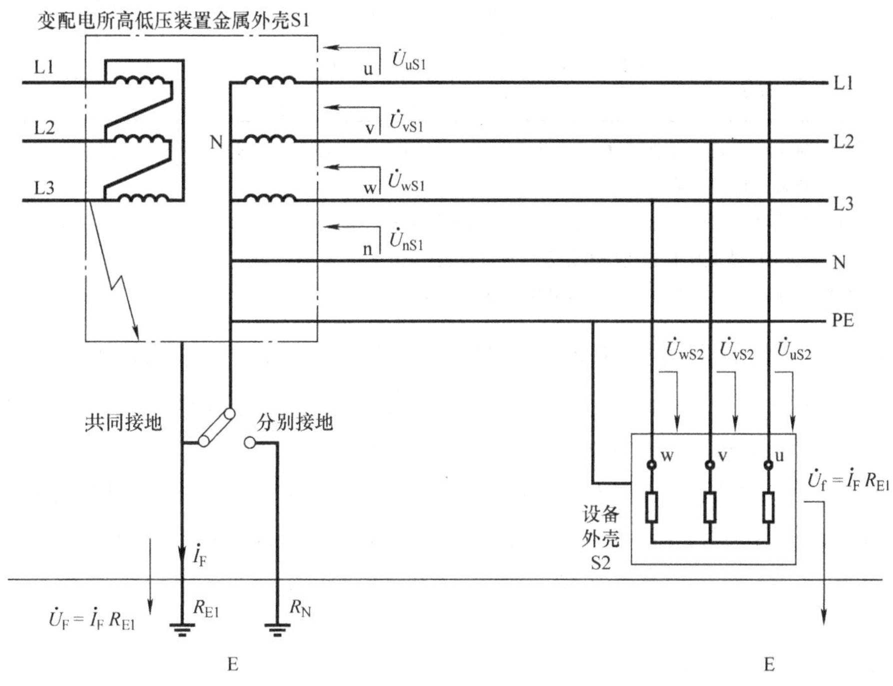

图 6-22　故障转移电压导致电击危险的示例

故障转移电压导致的电击危险来源于高压系统，不可能靠低压系统自动切断电源进行防护，且其量值范围非常大（有效值从几十伏到几千伏），持续时间由高压系统保护动作时间确定。低压系统的防护措施主要是结构措施，比如变配电所采用分别接地形式，或低压系统采用 TT 接地形式，或在低压系统范围内实施等电位联结等。低压系统靠运行措施很难防范这种危险。

3. 工频应力电压和故障电压量值的工程实用计算

从以上分析可知，故障电压 U_f 和应力电压 U_1、U_2 与高压系统接地条件、变配电所接地类型、变压器联结组、低压系统接地形式等诸多因素都有关系，这些因素的不同组合数量庞大，逐一计算太过烦琐。业界通过专家工作，在对各种情况进行全面分析计算的基础上，提出了低压系统内工频应力电压和故障电压的计算公式，并以标准的形式发布，工程应用中可直接引用，如表6-11所示。

表6-11　高压系统故障引起的低压系统内的工频应力电压和工频故障电压计算公式

系统接地形式	变配电所接地类型		U_1	U_2	U_f
TT	共同接地 R_{E1}		U_0	$I_F R_{E1}+U_0$	0
	分别接地，R_N 和 R_{E1}		$I_F R_{E1}+U_0$	U_0	0
TN	共同接地 R_{E1}		U_0	U_0	$I_F R_{E1}$
	分别接地，R_N 和 R_{E1}		$I_F R_{E1}+U_0$	U_0	0
IT	接地高阻抗 Z 与 R_{E1} 连接，用电设备独立接地 R_{E2}	单故障	U_0	$I_F R_{E1}+U_0$	0
		双故障	$\sqrt{3}U_0$	$I_F R_{E1}+\sqrt{3}U_0$	$I_d R_{E2}$
	接地高阻抗 Z 与 R_{E1} 连接，用电设备接 R_{E1} 地	单故障	U_0	U_0	$I_F R_{E1}$
		双故障	$\sqrt{3}U_0$	$\sqrt{3}U_0$	$I_F R_{E1}$
	接地高阻抗 Z 与 R_{E1} 分隔，用电设备独立接地 R_{E2}	单故障	$I_F R_{E1}+U_0$	U_0	0
		双故障	$I_F R_{E1}+\sqrt{3}U_0$	$\sqrt{3}U_0$	$I_d R_{E2}$

注1. 单故障指变配电所内高压接地故障，双故障指变配电所外低压设备内发生接地故障，系统继续运行过程中又发生变配电所内高压接地故障。

2. R_N 是变配电所内低压部分功能性接地；R_{E1} 是变配电所内高、低压装置保护性接地，或兼具 R_N 功能的共用接地；R_{E2} 是变配电所外低压装置及用电设备保护性接地。

3. I_d 是低压IT系统接地故障电流，为电容电流，见第三章式（3-9）和第四章式（4-9）。

表中TT和TN系统部分公式来源前面已经做了推导，比如，TT系统分别接地条件下 U_1 的公式就是按图6-21c相量图中 $\dot{U}_{wS1}$ 确定的。IT系统的情况如图6-23所示，读者可以按前面思路自行设定变压器联结组、列写电路方程、列写故障条件并画相量图进行计算。图6-23中假设IT系统是经过高阻抗 Z 接地的，Z 的量值为无穷大时就是不接地。接地高阻抗 Z 可以与变配电所保护接地 R_{E1} 串接，也可以不连接。变配电所外设备接地可以连接独立接地装置 R_{E2}，也可以共用变配电所保护接地装置 R_{E1}，后一种情况的实例可参见图4-1消防风机由IT系统供电时的接地。

4. 故障电压 U_f 的幅值及允许持续时间

故障电压 U_f 的主要危害是间接电击危险，也可能引起对地打火等现象。除了特殊环境条件以外，主要按间接电击危险进行防护。

如果高压系统有自动切断电源的保护，则需按照本书第三章所述接触电压—时间曲线校验是否满足电击防护要求。为安全考虑，宜用高压侧后备保护时间校验。如果不满足要求，或对高压系统情况不清楚，则应采取其他措施，主要是等电位联结措施。如果无法实施等电位联结，则应考虑放弃TN接地形式，采用TT系统或所外设备独立接地的IT系统。

有一些高层建筑或建筑群，室外广场用电来自建筑物内变配电所，但室外无法或没有实施等电位联结，而室内只能采用TN－S系统，这种情况下可以考虑用局部TT系统或IT系统向室外广场供电，如果室外广场用电设备较少，还可以考虑采用电气分隔措施供电。如图6-24所示。

变配电所采用共同接地时，如果TN系统PE导体在变配电所外多点重复接地，会较大

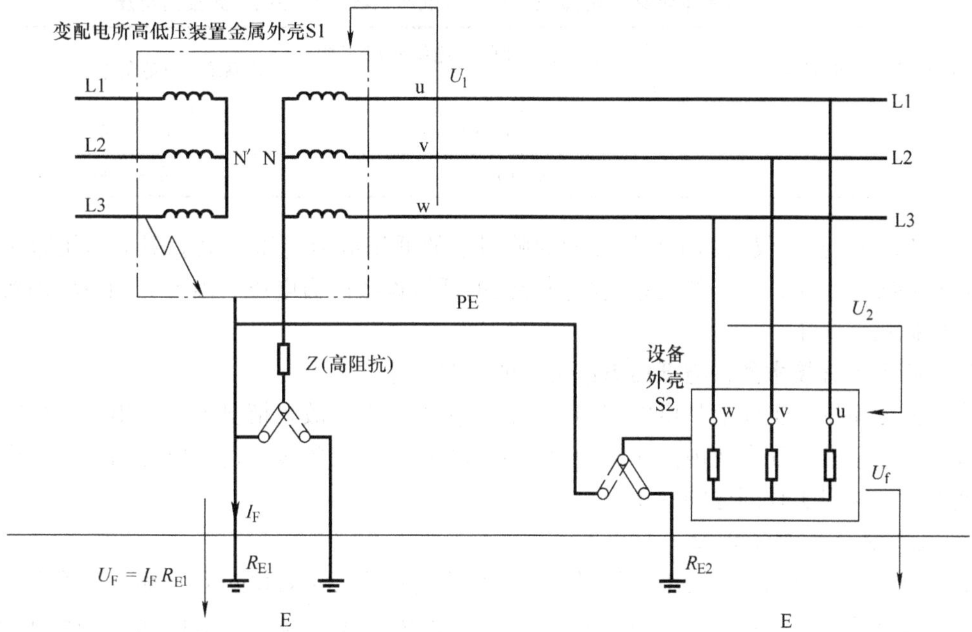

图 6-23　IT 系统应力电压和故障电压计算条件示意

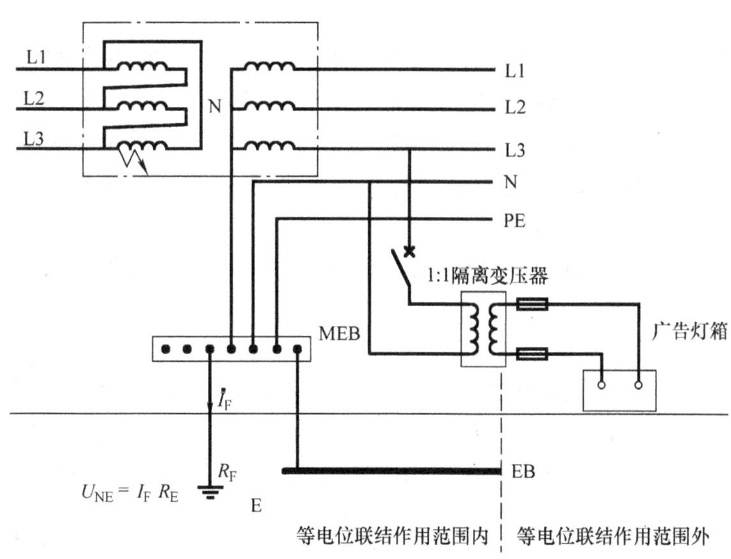

图 6-24　对高压接地故障造成的低压电击危险的防护示例

幅度降低接地电阻量值，一般将 U_f 的量值减半计算。

5. 工频应力电压 U_1、U_2 的幅值及允许持续时间

国家标准 GB 16935. 1—2008《低压系统内设备的绝缘配合　第 1 部分：原理、要求和试验》对固体基本绝缘和附加绝缘的工频暂时过电压承受能力做出了规定，该规定及工频应力电压的允许值如表 6-12 所示。对于加强绝缘，其承受力要求为表中数字的 2 倍。

表6-12　固体基本绝缘和附加绝缘耐压及低压系统内允许的工频应力电压

工频应力电压持续时间/s	固体基本绝缘和附加绝缘暂时工频耐压	低压系统中设备允许的工频应力电压
>5	$U_0+250\text{V}$	$U_0+250\text{V}$
≤5	$U_0+1200\text{V}$	$U_0+1200\text{V}$

表6-12中数据不仅适用于高压接地故障引起的低压应力电压，也适用于其他形式的工频暂时和持续过电压，比如低压系统故障导致的低压设备应力电压。表6-12中U_0仍然是低压系统标称相地电压。

三、高压系统技术条件与低压系统关系的一些讨论

高、低压系统在工作上是供电网与用电网的关系，但在故障情况下，其相互关系比较复杂。以上面介绍的变配电所内高压接地故障引起低压装置工频暂时过电压为例，讨论几个相关的问题，加深对工程问题的认识。

1. 权属划分与责任分担

低压电力用户权属范围为电能计量表后，应力电压U_2和故障电压U_f都会对用户设备和人身安全带来威胁。用户对U_2无任何防护手段，需要公共电网按表6-12要求限制U_2的大小。对于U_f，用户可以通过总等电位联结进行防护，但公共电网也应有相应的措施，并将措施作为技术条件提供给低压用户，这需要标准间的协调与配合。从工程现状来看，这方面工作还有改进的空间。

中压电力用户拥有变配电所的权属，可以选择是采用共同接地还是分别接地，也可以通过计算选择接地电阻量值，还可以选择低压系统接地形式，对应力电压U_1、U_2和故障电压U_f的防护都有技术实施的条件，也需自行承担防护责任。但高压接地故障电流I_F的量值和持续时间取决于公共电网，需要电力公司提供可靠数据才能对防护措施有效性作出正确评估。

高压电力用户拥有高压总降压变电所及以下整个中、低压电网的权属，所有技术条件和技术措施都需用户自己确定。

2. 变配电所接地电阻阻值的意义

先看一简单算例。低压系统为TT接地形式，变配电所采用共同接地，高压侧电网电源是低电阻接地，接地故障电流限值为600A，继电保护瞬时动作，主电路切断接地故障时间0.15s。从表6-11和表6-12可知，最大应力电压为$U_2=I_FR_{E1}+U_0$，且绝缘配合要求有$U_2=I_FR_{E1}+U_0\leqslant U_0+1200\text{V}$，由此计算出$R_{E1}\leqslant\frac{1200\text{V}}{I_F}=\frac{1200\text{V}}{600\text{A}}=2\Omega$。这个电阻值与低压系统标称电压无关，220/380V或380/660V系统都适用，但不是对所有情况都适用。比如，如果低压系统是220/380V的IT接地形式，电源中性点不接地，且变配电所外设备接地与变配电所保护接地各自独立，则绝缘配合条件变为$U_1=I_FR_{E1}+\sqrt{3}U_0\leqslant U_0+1200\text{V}$，由此推算出

$$R_{E1}\leqslant\frac{(1-\sqrt{3})U_0+1200\text{V}}{I_F}=\frac{(1-\sqrt{3})\times220\text{V}+1200\text{V}}{600\text{A}}=1.73\Omega$$

从以上计算可以看出，变配电所保护接地电阻取值原理上不是固定的，随条件而变，而且还要考虑过电压保护以外的因素，是一个多因素关联的技术问题。但有一个结论是可以明

确的，就是接地电阻阻值小，对低压系统工频暂时过电压防护和电击防护都是有利的。

如果是公共电网的公用变配电所，建设时还无法预知今后低压用户的情况，可以按常规规定一个电阻值，如我国现状主流的不大于4Ω，作为技术条件之一，给低压用户提供依据性数据。

3. 高压系统接地故障电流量值

除了接地电阻阻值以外，高压系统接地故障电流 I_F 也是一个关键性的数据。过去我国10kV系统基本上为小接地系统，I_F 为接地电容电流，典型量值为几十安培，由此造成的应力电压和故障电压危害都比较小。但20世纪80年代末开始，由于接地电容电流急剧增大，已经有部分城市将10kV系统逐渐改为小电阻接地系统，虽然当时对10kV电源接地电阻阻值没有统一的规定，但一般都按照将单相接地故障电流限制在1000A以内选取接地电阻值，因此 I_F 通常为几百安培，典型值如600A。

国家标准GB 50613—2010《城市配电网规划设计规范》5.6.2－3、4条规定，10kV和20kV系统当接地电容电流超过100～150A或为全电缆系统时，电源应采用低电阻接地方式，接地电阻按单相接地电流200～1000A选择，接地故障保护瞬时跳闸。这与工程现状是吻合的。对于35kV系统采用低电阻接地方式，该规范规定接地电阻按单相接地电流1000～2000A选择。所以如果是35/0.38kV直降变配电所，应特别注意应力电压和故障电压的防护校核。

4. 高压系统对低压系统接地形式选择的影响

从表6-11可以看出，就电击危险性而言，TT系统对高压接地故障的防护性能是最好的，U_f 总等于零。但TT系统不论变配电所采用共同接地还是分别接地，都会有最高可能达到（$I_F R_{E1}+U_0$）的应力电压出现在低压装置保护绝缘上，绝缘配合对变配电所接地电阻阻值提出较高要求。反之，TN系统在变配电所共同接地条件下不会因高压接地故障引起低压装置过电压应力，但 U_f 较大，会有电击危险性产生。所以，如果变配电所有良好接地条件，选择TT系统是合适的，比如农电网；如果低压系统全范围都有良好的等电位联结条件，选择TN系统是合适的，比如自带变配电所的高层建筑。

从表6-11还可以看出，高压接地引起的IT系统的应力电压是最严重的，如果环境中有显著降低绝缘性能的因素，如长期凝露、污秽等，或变配电所接地条件不好（即使采用电源不接地的IT系统，变配电所仍需保护接地），应慎选IT系统。

5. 变配电所分别接地的实施

分别接地即变配电所保护接地与低压系统电源接地分开设置。为达到有效分开，一般两个接地网在地中水平距离不得小于20m，且变配电所等电位联结不得包含低压系统接地。在市区这是很难做到的，在郊区和一些工业企业中可能具备条件。

思考与练习题

6-1　什么是过电压？过电压按能量来源分为哪些类别？各类别有哪些特点？

6-2　过电压按持续时间可分为哪些类别？

6-3　试分类说明工程上对过电压量值的表达方式。

6-4　什么是作用电压？电气设备耐受电压与作用电压有什么关系？

6-5　试判断以下说法的正确性。

（1）内部过电压能量小、持续时间短。

（2）内部过电压都是暂时过电压。

（3）外部过电压都是瞬态过电压。

（4）相间过电压为差模过电压，相地过电压为共模过电压。

（5）高电压工程中暂时过电压量值一般用标幺值表示。

（6）若雷电冲击过电压直到峰值时刻都未能击穿设备绝缘，则设备绝缘不再会被击穿。

6-6 有一份产品检测报告，上面有该设备“绝缘耐压为75kV”的检测结论，你对这一表述如何评判？

6-7 常用避雷器有哪几种类型？每种类型各有哪些特点？

6-8 避雷器与变压器间电气距离与避雷器保护效果有什么关系？其原理是什么？

6-9 试分析降低雷电波波前陡度的作用。

6-10 中、高压系统中避雷器能否作为内部过电压防护用？

6-11 什么是避雷器中的工频续流？工频续流的量值如何估算？避雷器不能快速切断工频续流有哪些不良后果？

6-12 什么是避雷器的残压？避雷器残压与被保护设备冲击耐压之间最低限度应满足什么关系？

6-13 某额定电压220V纯电阻电热设备，额定功率1500W。若因系统中性点位移使电压升高为260V，试计算其发热功率为多少，单位时间内的发热量增大百分之多少？

6-14 如图6-25所示220/380V低压系统，三个额定功率不等的单相纯阻性负荷S1～S3星形联结，负荷中性点为n。附近配电箱处有一组三相精确平衡的星接电容器，中性点为n0。请回答以下问题：

（1）指出该系统的接地形式。分析正常情况下N、n及n0点间电位差。

（2）当N线发生断线时，负荷中性点n发生中性点位移，n与n0点间的电压$\dot{U}_{nn0}$见相量图，试计算此时各相负荷电压U_{un}、U_{vn}、U_{wn}大小。

（3）试计算此时电压最大相负荷单位时间内发热比额定状态下增加了多少。

（4）试推测图中电容器和虚线部分的作用，并说明理由。

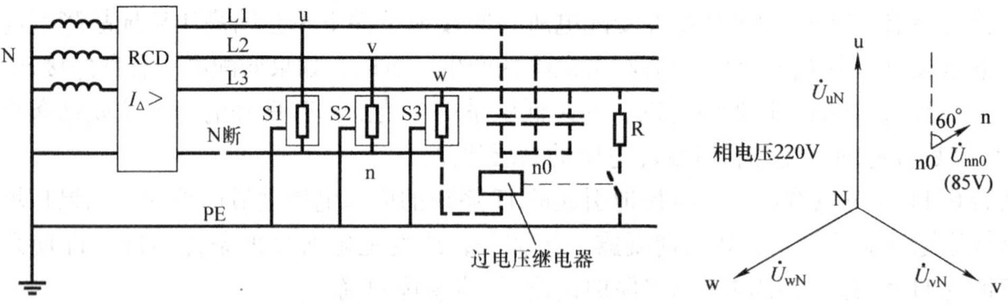

图6-25 题6-14图

6-15* 如图6-26所示，变压器T为路灯变压器，其高压侧为小电阻接地系统，低压侧为TN－S系统，变压器外壳接地和中性点接地采用共同接地方式。在每一路灯杆塔中都设置了剩余电流断路器RCBO，作单只路灯的过电流保护和间接电击防护；每一路灯配电干线也设置了可靠的过电流保护。试分析这种系统设计方案对杆塔上的间接电击危险是否有失防之处。

6-16* 接上题，若低压侧改为TT系统，情况有何不同？

6-17 根据图6-18系统图和相量图，假设中性导体截面积等于相导体截面积，忽略变压器阻抗，试估算故障点F负荷侧健全相U、V相与故障相W相间的线电压$\dot{U}_{UWF}$和$\dot{U}_{VWF}$。

6-18 某10/0.38kV变配电所采用共同接地，接地电阻$R_{E1}=4\Omega$，高压侧为小电阻接地系统，接地故障电流$I_F=550A$，低压侧为TT系统。试分析该低压系统是否满足工频暂时过电压防护要求。

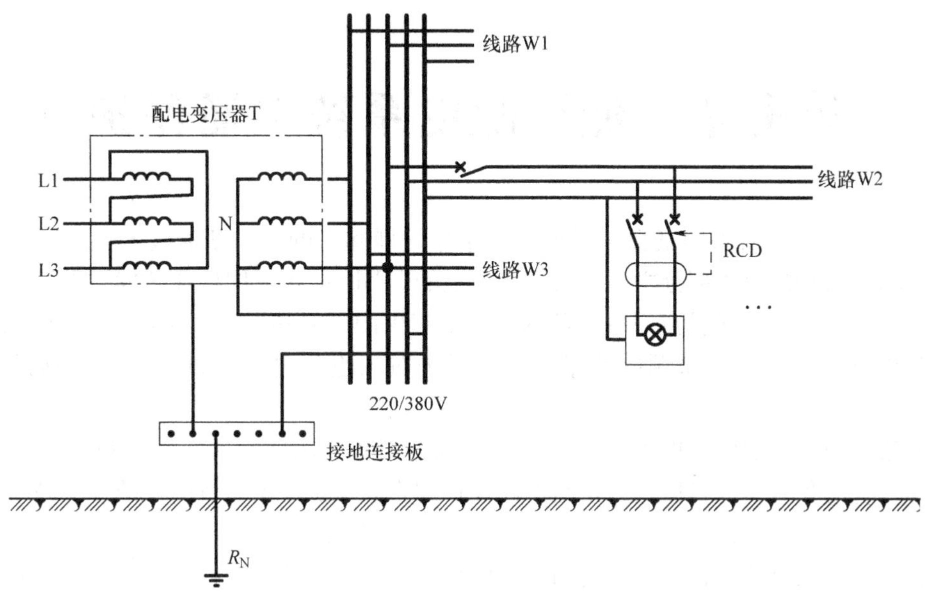

图6-26　题6-15图

6-19　某10/0.38kV变配电所低压侧为IT系统，中性点不接地，所外设备外露可导电部分接地与变配电所保护接地独立，高压侧接地故障电流 $I_F=550A$。试根据暂时工频过电压防护要求，计算变配电所保护接地的接地电阻最大允许值。

6-20　某10/0.38kV变配电所采用共同接地，接地电阻 $R_{E1}=4\Omega$，高压侧接地故障电流 $I_F=550A$，低压侧为TN-S系统，有低压回路向住宅小区路灯照明供电。试计算变配电所内发生高压装置接地故障时，路灯金属灯杆预期接触电压。（提示：路灯灯杆基础埋在地中，相当于变配电所通过PE导体多点接地。）

6-21　如果高压系统接地故障发生在变配电所以外，试分析是否会在变配电所内、外低压装置上产生应力电压和故障电压。

第七章　低压配电系统电涌保护

电涌（surge）研究及电涌保护是近三十来年发展起来的一个新的技术领域，是雷击电磁脉冲 LEMP 防护的组成部分之一，与建筑物上的 LEMP 防护共同构成 SPM。电涌保护是在传统防雷系统 LPS 对电子信息系统失防的背景下产生的，但其设防对象已不只局限于雷电，还包括操作过电压等其他来源的能量冲击，保护对象也从电子信息系统扩展到低压配电系统。

从危害来源看，雷电是电涌保护最主要的设防对象，因此它属于防雷技术体系的一部分；而从受害对象看，电子信息设备是电涌保护的主要保护对象，目的是防止电磁干扰对电子信息设备的破坏，因此它又属于电磁兼容（EMC）技术体系的一部分；低压配电系统作为电子信息系统的电源，也被纳入电涌保护的范围，因此它还属于电力系统过电压防护技术体系的一部分。多个工程技术体系的交叉，导致电涌保护从概念、术语到方法都比电力系统传统瞬态过电压防护有更宽阔的背景。因此本章的内容，既是第五、六章内容的延伸，又是电磁兼容技术体系的一个应用分支。

第一节　电　　涌

本节将对电涌的含义、来源及强度计算等问题进行介绍。

一、电涌及来源

1. 什么是电涌

低压电气系统中的电涌是按瞬态过电压的一种类别来考虑的，电子信息系统中的电涌属于电磁兼容中的电磁干扰和（或）电磁骚扰，关于电涌与电涌保护的很多概念、术语和方法需要用 EMC 的观点才能更好地理解，因此本节主要用 EMC 的观点来介绍电涌。

电磁兼容学科研究由骚扰源（发射器）、耦合机制（路径）及敏感设备（感受器）组成的干扰模型，如图 7-1 所示。

图 7-1　电磁兼容模型

就电涌而言，在以上这个模型中，各部分的具体内容如下：

（1）骚扰源　主要有以下几种：雷电（雷击电磁脉冲 LEMP），电力系统开关操作（操作电磁脉冲 SEMP），电力系统的扰动（如短路故障），静电放电，低频和高频发射机，核爆炸（核爆电磁脉冲 NEMP）等。本书只涉及 LEMP 和 SEMP 这两种骚扰源，其中又以 LEMP 为重点。

（2）耦合机制　主要有导体传导耦合和空间辐射耦合两类，辐射耦合又分为电场耦合和磁场耦合。按电磁兼容等效电路上电路元件与耦合机制的对应关系，将传导耦合称为电阻耦合，电场和磁场辐射耦合分别称为电容耦合和电感耦合。

（3）敏感设备　指建筑物中或建筑群间的电气、电子系统。在本书的讨论中，感受器只考虑低压配电系统。

综上所述可以定义：电涌是以雷击电磁脉冲和（或）操作电磁脉冲为骚扰源，在电气电子系统中耦合的能量脉冲。从该定义理解，电涌是骚扰源耦合到电气电子系统中产生的一种干扰，但一旦系统中产生了电涌，它对系统设备或元件而言又是一种骚扰源。如图 7-2 示出了低压配电线路中工频电压叠加了电涌电压时的波形，从图中可见，雷击电磁脉冲产生的电涌电压幅值远大于工频电压，但持续时间很短。操作电磁脉冲产生的电涌幅值相对较小，持续时间长一些。

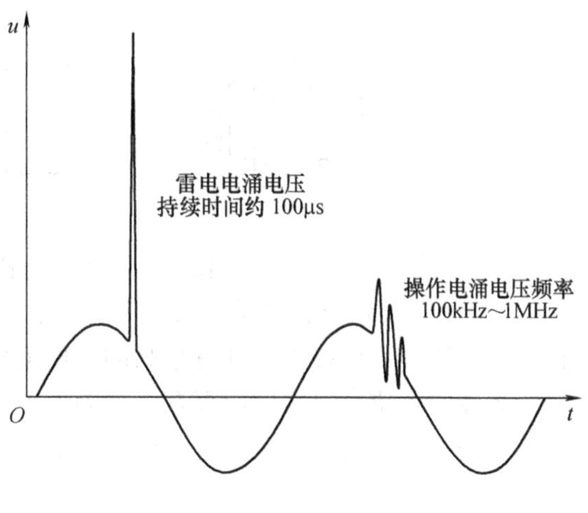

图 7-2 电涌电压波形示例

2. 电涌的来源

（1）雷电耦合的电涌 下面以几个实例展示雷电耦合电涌的途径。

1）传导（阻性）耦合。除了直击雷放电到线路上形成的电涌外，阻性耦合还可能有其他的方式。如图 7-3 所示，雷击建筑 1 的外部防雷系统时，在接地电阻 R_{i1} 上产生了很高的电压，而建筑 2 的接地电阻 R_{i2} 仍为参考地电位，由于两个接地电阻间通过 PE 线和信号线的金属屏蔽层电气连通，雷电流会流向接地电阻 R_{i2}，从而在信号线中形成电涌电流，并以波阻抗的比例在信号线中产生电涌电压。

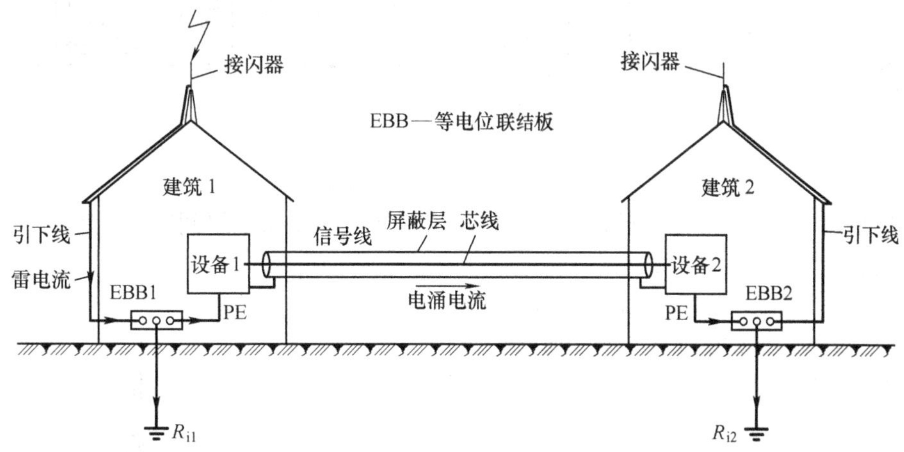

图 7-3 阻性（传导）耦合的电涌

另外，中压系统通过变配电所共同接地耦合到低压系统的雷电电涌也是传导耦合的一种形式，见本书第六章图 6-12。

2）感性辐射耦合。雷电流产生的磁场会在金属环路中感应电动势。若环路是闭合的，则在环路中产生电涌电流；若环路有开口，则在开口上产生电涌电压。图 7-4a 所示为电源线和信号线形成开口环路的例子，当有雷电电磁场时，设备内电源线与信号线端头之间会产生电涌电压。图 7-4b 为两芯电缆的例子，雷电电磁场在芯线环路中感应电涌电流，该电流直接流过负载阻抗和信号源。

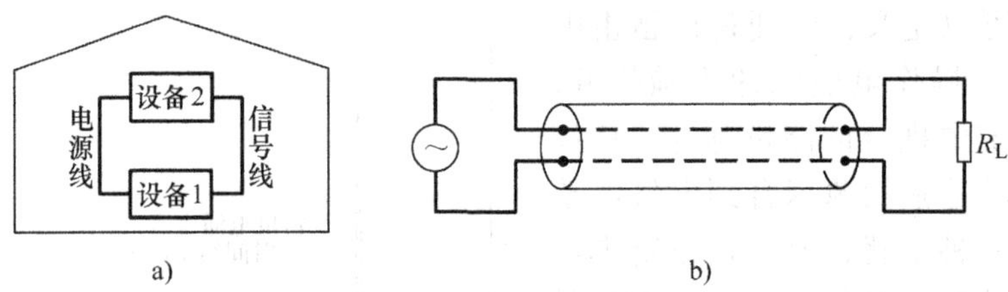

图7-4　感性（电磁场）耦合的电涌

3）容性辐射耦合的电涌。如图7-5所示，雷击接闪器时，雷电流在引下线和接地装置阻抗上产生压降，使接闪器处有很高的对地电压，且迅速积聚大量的雷电荷。接闪器与远方信号线导体间有耦合电容效应存在，接闪器上电荷的快速上升，相当于电容充电过程，信号线导体作为电容的另一极也有电荷注入，形成电涌电流。

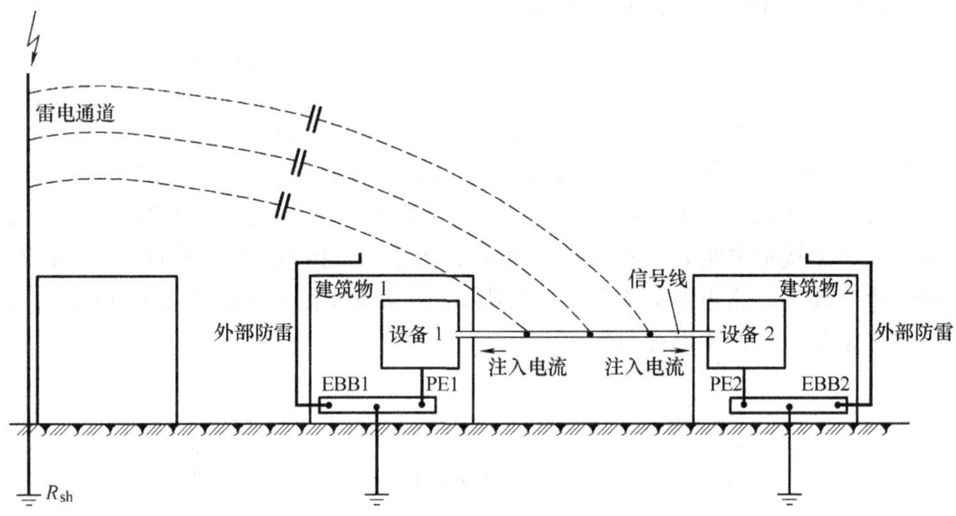

图7-5　容性（静电场）耦合的电涌

容性耦合的另一个常见途径是中、低压系统间通过变压器绕组间等效电容耦合电涌，但其量值通常不大。

一般认为，在距雷击点2km的范围内，电子信息系统都可能被传导或辐射耦合的电涌所破坏，因此称2km为电涌危害的“危险半径”。

（2）电力系统操作耦合的电涌　电力系统操作产生的电磁干扰比雷电干扰更为频繁，因此对低压系统和中高压二次系统的影响也不能忽视。这种影响主要缘于操作所引起的能量分布的调整，如切除电容时可能出现的高频振荡过电压，就是一种电场能量的调整过程，如图7-6所示。

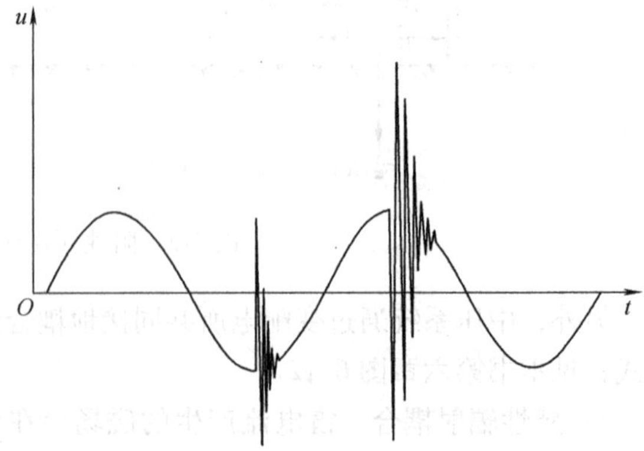

图7-6　切除电容器时的操作电涌过电压

二、电涌强度计算

电涌强度本质上是电涌的能量大小，且与能量释放的速率有关。该能量常以电压或电流参量表征。在评估电涌对电气电子设备的危害以及校核电涌保护装置的负载能力时，电涌的能量都是一个重要参数。在低压配电系统中主要考虑阻性和感性耦合的雷电电涌。以下举例介绍这两种电涌能量的一些估算方法。

1. 电源线上来自被击建筑物分雷电流的估算

这是对损害成因 S1（指雷击建筑物，详见第五章表 5-2）传导耦合的电涌强度的计算。如图 7-7 所示，雷击建筑物时接闪器承受 100% 雷电流，该雷电流幅值大小按第五章表 5-5 ~ 表 5-7 取值，因建筑防雷类别而异。由于在电源线路引入处实施了总等电位联结，故从接闪器引下的雷电流在 EBB 处遵循彼得逊法则按波阻抗关系向各导体分流，其中一部分通过接地装置进入大地，粗略估算这部分电流占 50%，剩余的 50% 雷电流进入作了等电位联结且在远处接地的各种金属管线，并且这些管线均分这剩下的 50% 雷电流。设接闪器的雷电流为 i，则进入各管线的总电流 $i_s=0.5i$；若管线的总数为 n，则进入每一管线的电流为 $i_i=\frac{i_s}{n}=\frac{0.5i}{n}=\frac{i}{2n}$；若一路电缆有 m 芯导体，则每芯导体电流为 $i_v=\frac{i_i}{m}=\frac{i}{2mn}$，这是电缆无屏蔽的情况。若电缆有屏蔽层，则多达 50% ~70% 的电流将沿屏蔽层流走，一般有屏蔽层时缆芯导体总电流按 $50\%i_v$ 计算。

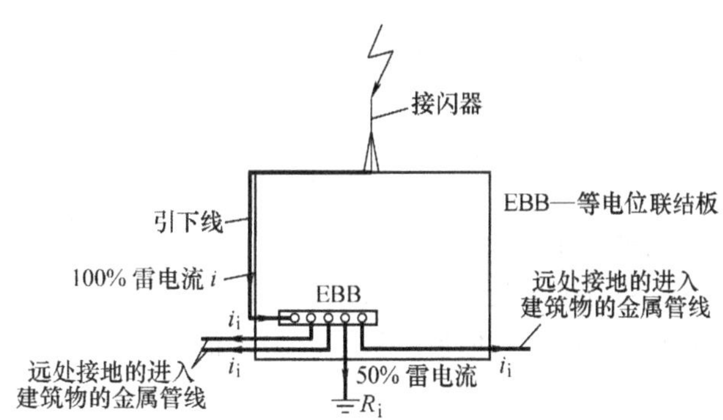

图 7-7　雷击建筑物引入电源系统的雷电流估算方法

需要说明的是，电缆线路只是 PE 导体、PEN 导体或（和）屏蔽层作等电位联结，带电导体并不作等电位联结。之所以考虑雷电流通过 EBB 进入缆芯带电导体中，是因为雷电流在接地装置上产生较高电压，使 EBB 与带电导体之间产生过电压，可能因电涌保护器导通而使雷电流进入带电导体，或发生闪络将雷电流传导至带电导体。如果以上情况都未发生，按行波在传输线上的传播原理，带电导体与屏蔽层或 PE 导体间有行波过电压，带电导体上也会按特征阻抗比例产生行波电流。

雷击建筑物引入电源系统的雷电流估算示例如图 7-8 所示，电涌保护关注的是图中 TT 系统电源线每根导体上的电流 i_v，i_v 分得约 8% 的雷电流。

2. 雷击低压架空线路引起的电涌过电压

这是对损害成因 S3 产生的电涌强度的计算。雷电直接击中低压架空线路时，泄放的电

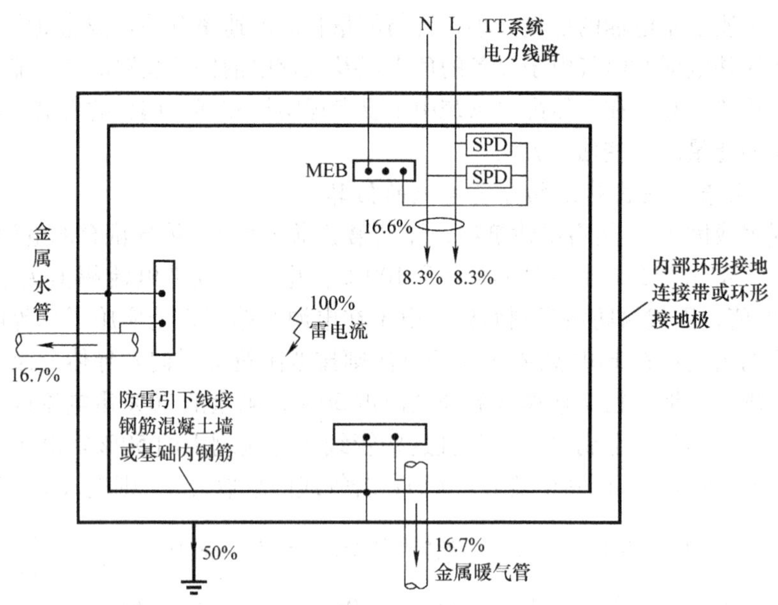

图 7-8　雷击建筑物引入电源系统的雷电流估算示例

荷以雷击点为中心向线路两个方向运动，故线路上电涌电流为雷电流 I 的一半，按传输线原理，产生的电涌电压为

$$U_{ov}=\frac{I}{2}Z \tag{7-1}$$

式中　U_{ov}——雷击点两侧过电压最大值（kV）；

Z——低压架空线路特征阻抗，300～500Ω；

I——雷电流幅值（kA），其取值取决于风险评估。

线路并联导纳有泄放雷电流的效应，且低压架空线路绝缘子的冲击闪络电压为 30～40kV，若按式（7-1）计算出的过电压大于闪络电压值，在距雷击点很远的地方 U_{ov} 可取值为 40kV。

3. 雷击低压架空线附近大地或大地附着物时引起的电涌过电压

这是对损害成因 S4 产生的电涌强度的计算。如图 7-9 所示，当有雷云存在于导线附近时，在雷云放电的初始阶段，存在着向大地发展的先导放电过程，线路处于雷云与先导通道的电场中，因静电感应，在电场强度 $\boldsymbol{E}$ 的水平分量 $\boldsymbol{E}_x$ 的作用下，与雷云所带电荷异性的电荷会沿导线向先导通道附近积聚，形成束缚电荷，而与雷云所带电荷同性的电荷受 $\boldsymbol{E}_x$ 排斥，会远离先导放电通道，经线路的对地电导和系统中性点等泄入大地，这样导线上便有净正电荷存在。由于先导通道发展缓慢，导线上的电荷运动也很缓慢，可近似看成是静电荷。按静电场的原理，电场中的导体应是等位体，因此这时先导通道附近的导线与其远端电压相同。当雷云终于发展到对附近大地或建筑物放电时，有两个途径会使线路产生对地过电压，分述如下：

（1）感应过电压的静电分量　由于放电时雷云中的负电荷向大地泄放，使导线上的正

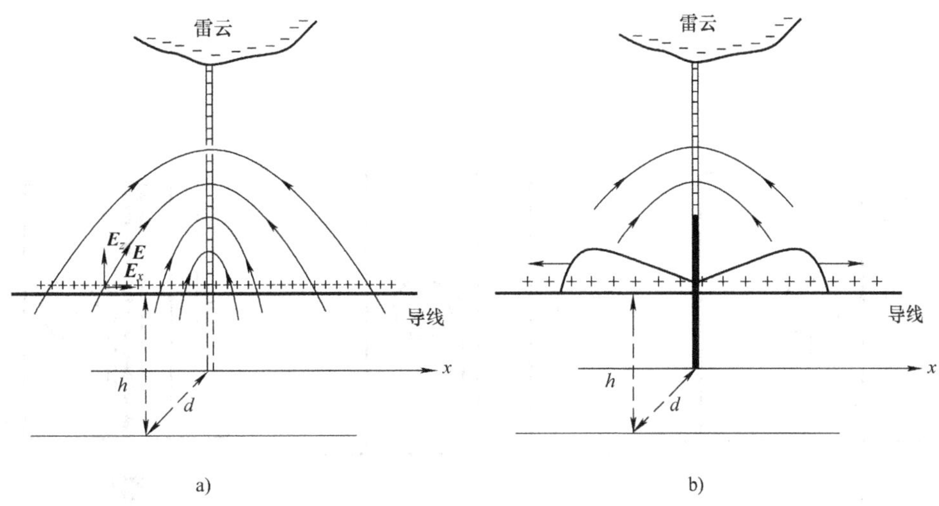

图 7-9　线路上雷电感应过电压形成原理示意
a）主放电前　b）主放电后

束缚电荷失去束缚，在电场力作用下会向导线两端运动形成行波电流。根据传输线理论，波阻抗一定的传输线，行波电流会以波阻抗比例产生行波电压，因此凡有释放电荷通过的地方，导线上都会产生对地电压，该对地电压与电流大小正相关。由于释放电荷产生的电流一般较大且波头较陡，因此过电压幅值也较大，波头也较陡。这种过电压是由于雷云中电荷突然消失、进而使静电场突然消失造成的，故称之为感应过电压的静电分量。

（2）感应过电压的电磁分量　先导放电发展成对地主放电后，形成雷云与大地之间的雷电通道，雷电通道中的雷电流会在通道周围空间产生急剧变化的磁场。变化的磁场与导线耦合，会在导线中产生感应电动势，由此引起的过电压称为感应过电压的电磁分量。

根据统计和理论分析，感应过电压的最大值可按下式估算：

$$U_{ov} \approx k\frac{Ih}{d} \times 30\Omega \tag{7-2}$$

式中　U_{ov}——感应过电压最大值（kV）；

k——系数，取决于雷电流反击的速率，取值范围 1 ~ 1.3；

I——雷电流幅值（kA）；

h——导线悬挂平均高度（m）；

d——雷云放电点与导线在地面投影的距离（m）。

感应过电压同时存在于线路各导体，故不存在导体间电位差，过电压是线路各导体对于大地而言的。以中等强度雷电流 $I = 30$kA，架空线高度 5m，雷击放电点距架空线 1000m 计算，电涌电压幅值在 5kV 左右；若考虑高强度雷电流 $I = 100$kA，则电涌电压可达 15kV 以上。相应的电涌电流可通过低压线路的波阻抗估算。

4. 建筑物内线路中预期感应电压和能量的估算

这是对损害成因 S1 感性辐射耦合的电涌强度的计算。当雷击建筑物的防雷装置时，在电气电子线路中预期最大感应电压和能量的近似估算如图 7-10 和表 7-1 所示。

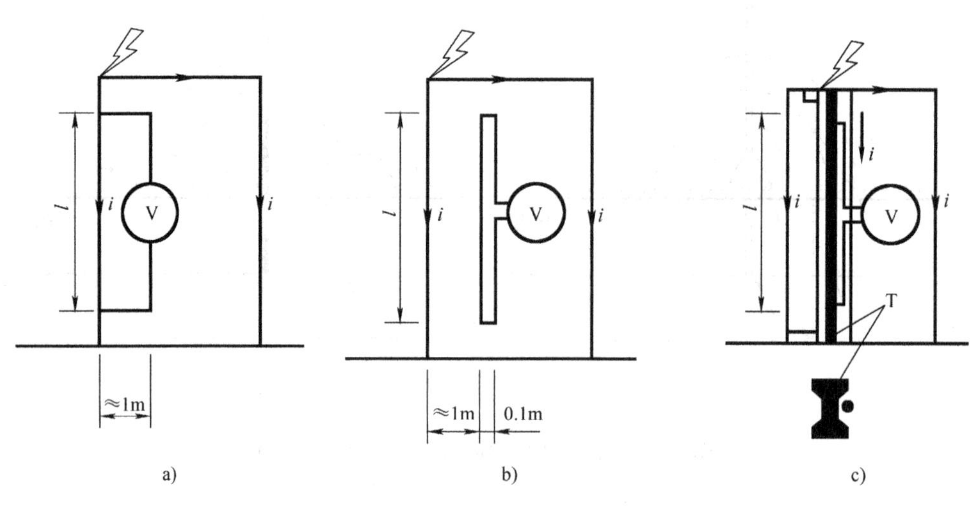

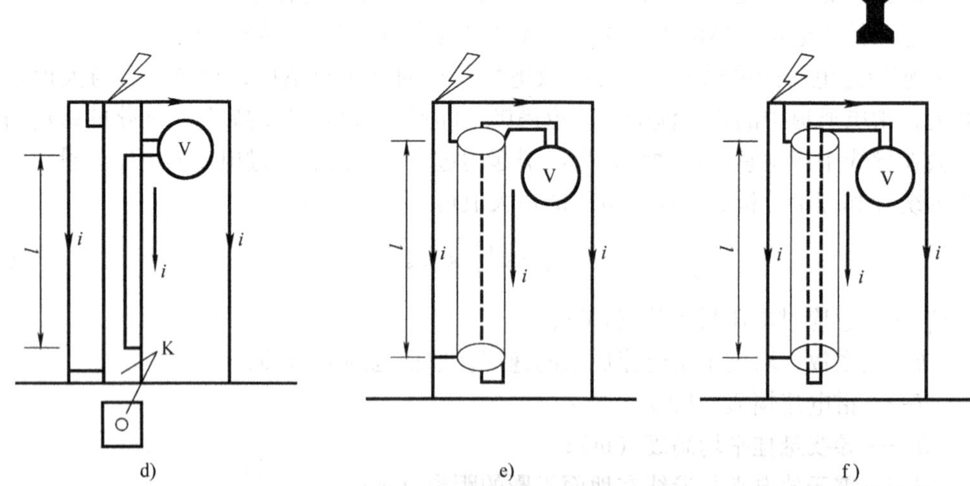

图 7-10　应用于表 7-1 的环路布置

a）包围一大面积并与引下线不绝缘的环路　b）包围一小面积并与引下线绝缘的环路　c）布置相似于 a）但环路包围的面积是小的，装置极靠近引下线并与其接触　d）布置相似于 a)但环路安装在封闭型金属电缆管内　e）布置相似于 a)，线路由屏蔽电缆组成，屏蔽线是引下线的一部分　f）布置相似于 b)，线路由两芯线的屏蔽电缆组成，电缆屏蔽层是引下线的一部分，所考虑的环路与防雷装置绝缘

i—流经引下线的分雷电流　T—作引下线用的金属结构立柱　K—作自然引下线用的金属电缆管道

l—电气装置平行于引下线的长度

表 7-1　闪电击中安装在一类防雷建筑上的防雷装置时所感应的电压和能量的近似计算

外部防雷装置的形式			引下线(至少4根)间距10～20m	钢构架或钢筋混凝土柱	有窗的金属立面	无窗的钢筋混凝土结构
图7-10a	开路环中感应的峰值电压	$\frac{U_i}{l}$ (kV/m)	$100\sqrt{\frac{a}{h}}$	$40\sqrt{\frac{a}{h}}$	$10\sqrt{\frac{1\text{m}}{h}}$	$2\sqrt{\frac{1\text{m}}{h}}$
图7-10b		$\frac{U_i}{l}$ (kV/m)	$2\sqrt{\frac{a}{h}}$	$2\sqrt{\frac{a}{h}}$	$0.4\frac{1\text{m}}{h}$	$0.1\frac{1\text{m}}{h}$
图7-10c		$\frac{U_i}{l}$ (kV/m)	$4\sqrt{\frac{a}{h}}$	$4\sqrt{\frac{a}{h}}$	$0.4\sqrt{\frac{1\text{m}}{h}}$	$0.1\sqrt{\frac{1\text{m}}{h}}$
图7-10d		$\frac{U_i}{l}$ (kV/m)	≈0	≈0	≈0	≈0
图7-10e		$\frac{U_k}{R_M}$ (kV/Ω)	$100\sqrt{\frac{a}{h}}$	$100\sqrt{\frac{a}{h}}$	$10\sqrt{\frac{1\text{m}}{h}}$	$2\sqrt{\frac{1\text{m}}{h}}$
图7-10f		$\frac{U_q}{l}$ (kV/m)	≈0	≈0	≈0	≈0
图7-10a	短路环中感应的最大能量	$\frac{W}{l}$ (J/m)	$2000\frac{a}{h}$	$500\frac{a}{h}$	$30\frac{1\text{m}}{h}$	$1.5\frac{1\text{m}}{h}$
图7-10b		$\frac{W}{l}$ (J/m)	$\frac{a}{h}$	$\frac{a}{h}$	$0.03\frac{1\text{m}^2}{h^2}$	$0.002\frac{1\text{m}^2}{h^2}$
图7-10c		$\frac{W}{l}$ (J/m)	$10\frac{a}{h}$	$10\frac{a}{h}$	$0.1\frac{1\text{m}}{h}$	$0.005\frac{1\text{m}}{h}$
图7-10d		$\frac{W}{l}$ (J/m)	≈0	≈0	≈0	≈0

注：1. 表中各参量含义如下：

U_i——采用首次以后的雷击电流参量（见表5-6）时，预期的最大感应电压（kV）；

U_k——采用首次雷击电流参量（见表5-5）时，在电缆内导体与屏蔽层之间的预期最大感应电压（kV），其值与 R_M 有关，一般取 $R_M/l<0.1\Omega/\text{m}$；

U_q——屏蔽电缆内导体之间的最大差模电压（kV）；

W——当采用首次雷击电流参量（见表5-5）及环路由于产生电火花放电而成闭合环路时，预期产生于环路内的最大能量（J）；

l——与引下线平行的电气装置的长度（m）；

R_M——电缆总长的电缆屏蔽层电阻（Ω）；

a——引下线之间的平均间距（m）；

h——防雷装置接闪器的高度（m）。

2. 该表适用于第一类防雷建筑物的雷电流参量。对第二类防雷建筑物，表中的感应电压计算式应乘以0.75，能量计算式应乘以0.56（即 0.75^2）。对第三类防雷建筑物，表中的感应电压计算式应乘以0.5，能量计算式应乘以0.25（即 0.5^2）。

第二节 电涌保护器

电涌保护器（Surge Protective Device，SPD）是一种用于带电系统中限制瞬态过电压并耗散电涌能量的含非线性元件的保护器件，用以保护电气电子系统免遭雷电或操作过电压及涌流的损害。

电涌保护器分为低压配电系统用和电子信息系统用两大类，相关的要求由 IEC/TC37 技术委员会 SC37A 低压电涌保护器分委会的系列标准规定，而当初成立的 TC37 则负责传统的用于中高压系统和低压室外架空线路的避雷器的相关标准制定。我国关于电涌保护器的主要国家标准是 GB/T 18802《低压电涌保护器（SPD）》，该标准为一套系列标准，等同采用 SC37A 的 IEC61643 系列标准，其中 GB/T 18802. 1—2011《低压电涌保护器（SPD） 第 1 部分：低压配电系统的电涌保护器 性能要求和试验方法》是本节介绍低压配电系统用电涌保护器的主要依据。

一、电涌保护器的原理与类别

1. 电涌保护器工作原理、基本功能和失效模式

电涌保护器工作原理与避雷器类似，所不同的是电涌保护器主要用于建筑物内低压配电系统和电子信息系统，而避雷器主要用于中、高压系统和室外低压架空线路。低压系统电涌保护器应具有以下基本功能：

1）系统无电涌时，SPD 不应对系统正常工作特性产生影响。

2）系统出现电涌时，SPD 呈低阻抗，一则限制电涌电压达至保护要求，二则通过泄放电涌电流耗散电涌能量。

3）SPD 泄放电涌电流后可能继发工频续流，SPD 应能熄灭任何可能的工频续流。

4）在泄放电涌电流和熄灭工频续流后，SPD 应能在系统正常电应力下恢复到高阻抗状态。

当耗散的电涌能量大于 SPD 所设计的最大吸收能量时，SPD 可能因热损坏失效，制造或材料缺陷也可能导致 SPD 在正常工作条件下失效。运行统计证实，低压电涌保护器动作频度和失效概率都远大于中、高压系统避雷器，因此对于 SPD 失效应予以特别的重视。SPD 失效模式分为开路模式和短路模式两种。

在开路失效模式下，失效的 SPD 呈恒高阻抗，不再具有保护作用，但其对系统正常工作无任何影响，也因此难以被发现，通常需要在 SPD 上附加失效指示功能，以起到告知作用。

在短路失效模式下，失效的 SPD 呈恒低阻抗，严重影响系统的正常工作，影响方式和程度与保护模式有关，需要在系统上设置后备保护将失效 SPD 从系统中脱离，或选择配置了短路失效脱离器的 SPD。

脱离器有多种类型，除了用于短路失效模式 SPD 外，还有用于从系统中将其他非正常状态的 SPD 脱离出来的脱离器，如过热、泄漏电流过大等。

2. 电涌保护器的结构和类型

SPD 结构中至少有一个非线性保护元件，非线性元件主要有两种类型：①限压型元件，如压敏非线性电阻、雪崩二极管或抑制二极管（一般选用双向击穿型）等；②开关型元件，

如空气间隙、气体放电管、晶闸管、三端双向晶闸管等。SPD 可以仅由限压型或开关型元件构成，也可以由限压型和开关型元件串、并联构成。如图 7-11 所示。

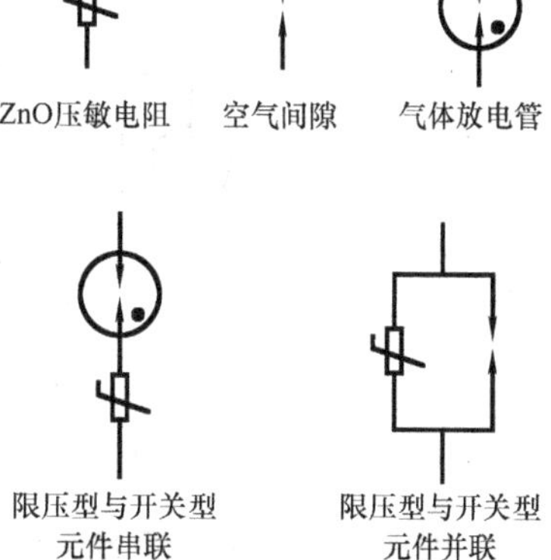

图 7-11 SPD 元件及构成

根据所用非线性元件性质及其组合方式，SPD 按保护特性可以分为以下几种类别。

（1）电压开关型 SPD 简称开关型 SPD。无电涌时呈高阻抗状态，当电涌电压达到一定值时突变为低阻抗，因此又曾称为“短路开关型”，其动作电压波形示例如图 7-12a 所示。这类 SPD 具有通流容量大的特点，适用于 LPZ0 区与 LPZ1 区界面的雷电电涌保护，主要作用是泄放雷电能量，但特性陡峭、残压较高，不适合作设备的保护。

（2）电压限制型 SPD 简称限压型 SPD。无电涌时呈高阻抗状态，但随着电涌电压和电流的上升，其阻抗持续下降，因此又曾称为“钳位型”SPD，其动作电压波形示例如图 7-12b所示。电压限制型 SPD 特性较电压开关型 SPD 平缓，但通流容量小，一般用于 $LPZ0_B$ 及以后防雷区，主要用作设备保护。

（3）混合型 SPD 是将开关型和限压型元件组合在一起的一种 SPD，随其承受的冲击电压不同而分别呈现开关型特性、限压型特性，或同时呈现两种特性，其动作电压波形示例如图 7-12c 所示，该示例是先呈现电压开关型、后呈现电压限制型特性的混合型 SPD，也有呈现特性顺序相反的混合型 SPD。

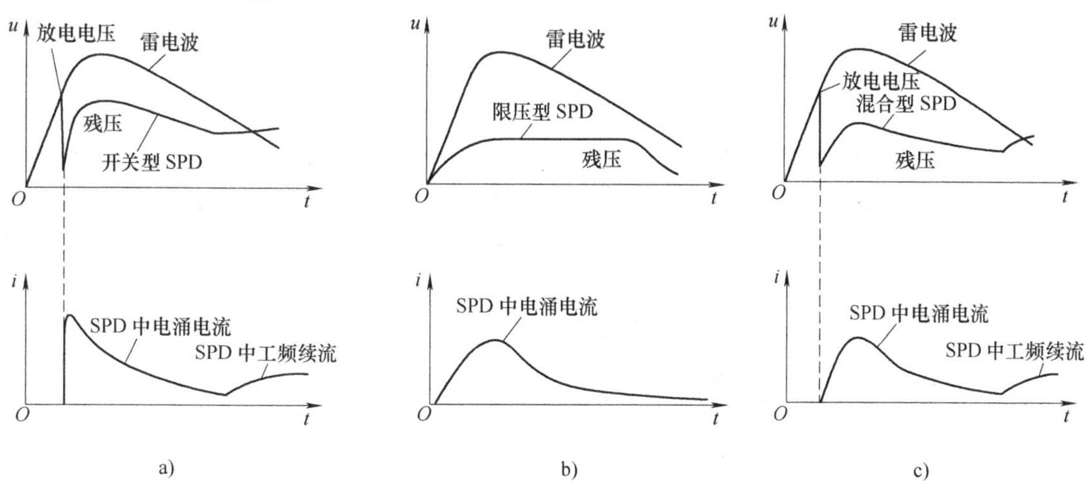

图 7-12 各类型电涌保护器的保护特性示例

a）电压开关型 b）电压限制型 c）混合型

根据端口数，SPD 又分为一端口和二端口两种类型，如图 7-13 所示。二端口 SPD 在输入端口端子与输出端口端子之间有特殊的串联阻抗，输入端口保护特性可能不同于输出端口。一端口 SPD 一般只有两个接线端子，但有一种特殊类型叫做输入/输出分开的一端口 SPD，它形式上有两个输入端子和两个输出端子，但输入输出对应端子间阻抗为零，相当于将一端口 SPD 每一个端子都引出了两个接头。

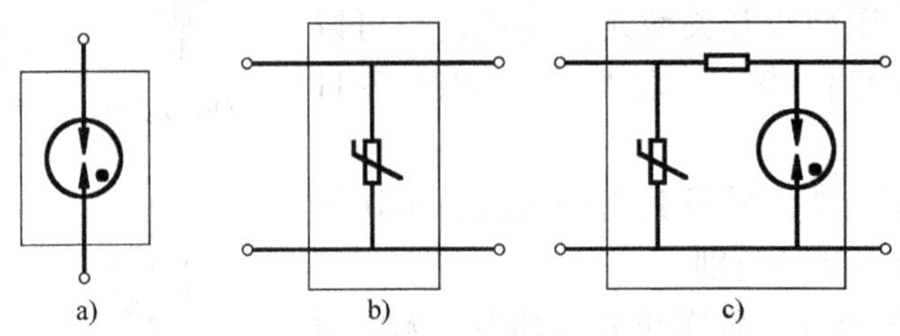

图 7-13　一端口与二端口 SPD 示例

a）一端口　b）输入/输出分开的一端口　c）二端口

二、电涌保护器的冲击分类试验

SPD 产品的参数标定、形式试验和合格性检验等都依赖于一系列配套的标准化试验，此处介绍主要的三种冲击试验，分别叫作Ⅰ类、Ⅱ类和Ⅲ类冲击试验，它们是三种独立的试验。针对电涌保护器的不同应用条件，生产厂家可以选择其中一种或几种进行试验。

所谓电涌保护器的应用条件，主要指其安装位置和保护任务。在建筑物中，可能遭受直接雷击的区域（如 $LPZ0_A$ 区）或雷电能量几乎未衰减的区域（如 $LPZ0_B$ 区）称为自然暴露或高暴露区，装置于该区域分界面的 SPD 可能经受较大的能量冲击，因此其主要任务是泄放雷电能量，因其特性很难与被保护设备相配合，一般不能直接保护设备；在远离高暴露区的区域，系统中的雷电能量已经衰减，波形也发生了变化，装置于这些区域的 SPD 主要任务是进一步泄放能量，并以合适的特性可靠地保护被保护设备。

因此，应用于高暴露区和低暴露区的 SPD，其工作条件、保护要求都有所不同，相应地对其特性参数的要求就会有所差异。设立三种冲击试验，正是为了体现这种差异。

1. 试验用电压电流波形与参数

SPD 的冲击试验是在规定的标准电压和标准电流下进行的，这些标准电压、电流大体上符合特定防雷区的实际雷电能量和波形。

（1）电涌保护器的试验电压　一般采用 1.2/50μs 的冲击电压作为试验电压，这是指视在波前时间为 1.2μs，半峰时间为 50μs 的冲击电压波。波形图见表 6-1 中的快前波。

该波形的视在波前时间 T_1 是将波前 30% 和 90% 峰值点连线得到的，按比例为 1.67（$t_{90}-t_{30}$）；所谓半峰时间 T_2，指视在原点与波尾 50% 峰值对应时间点间的时长。

（2）电涌保护器的试验电流　常用两种试验电流。

1）8/20μs 波形的试验电流 i_{sn}。这种电流波形的视在波前时间 T_1 为 8μs，半峰时间 T_2 为 20μs。该波形的视在波前是将波前 10% 和 90% 峰值点连线得到的，按比例为 1.25（$t_{90}-t_{10}$），如图 7-14 所示。

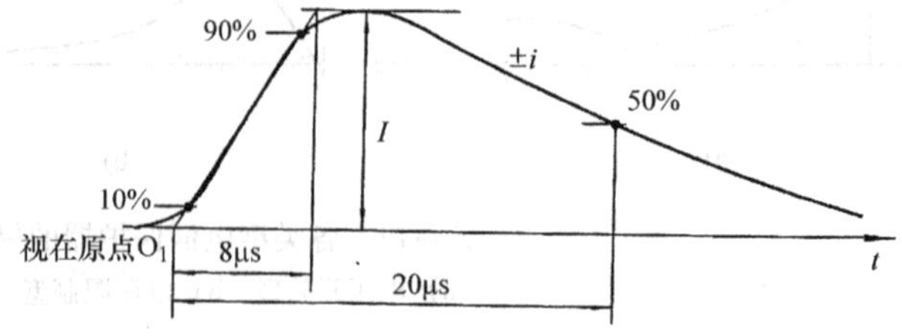

图 7-14　8/20μs 试验电流

该试验电流波形主要模拟系统中低暴露区域的电涌电流，这些地点受直接雷电放电电流冲击的概率低，更多承受的是已经被大幅衰减的雷电放电电流，以及雷电感应电涌电流或操作电涌电流，因此工程中也将其称为电涌冲击电流，且由于其持续时间短，有时又称其为短持续电流波。

2）冲击电流试验电流 i_{imp}。冲击电流（记作 I_{imp}）是一个要测试的参数，试验电流 i_{imp} 则是测试这个参数所用的电流。i_{imp}是一种由三个参量定义的电流，主要模拟高暴露区域受直接雷击形成的电涌电流。这三个定义参量分别是电流幅值 I_{peak}、电荷量 Q 和比能量 W/R。它们的含义如下：

电流幅值 I_{peak}是试验电流 i_{imp}的最大瞬时值。电荷量 Q 等于试验电流－时间波形下的面积，表明试验电流能向被试 SPD 转移的电荷量。比能量 $W/R = \int i_{imp}^2 \mathrm{d}t$，是试验电流的热脉冲，表明试验电流在 1Ω 电阻上产生的热量。这三个参数量值间应满足一些条件（这只是试验的规定），推荐值如表 7-2 所示。

表 7-2　电涌保护器试验电流 i_{imp}的参数

I_{peak}/kA	Q/(A·s)	$\frac{W}{R}$/(kJ/Ω)
20	10	100
12.5	6.25	39
10	5	25
5	2.5	6.25
2	1	1
1	0.5	0.25

具有表 7-2 量值关系的试验电流 i_{imp}，其波形并无统一规定，但有三个对波形的约束条件必须遵守：①电流峰值 I_{peak}应在 50μs 内达到；②电荷量 Q 应在 10ms 内转移到被试 SPD；③比能量应在 10ms 内释放。满足定义参量和三个约束条件的波形不具有唯一性，各国及各行业标准规定不尽相同，学界对此有不同的观点。就我国工程现状来看，用于低压配电系统的 SPD 主要采用 10/350μs 冲击电流波形 i_{imp}进行试验，该波形模拟的是直接雷击引入的电涌电流。由于分流作用，进入低压系统的直接雷击电流量值远小于雷击建筑物的雷电流量值，因此表 7-2 试验电流只规定到 20kA，该量值远小于建筑物防雷参数（见表 5-5）中的雷电流值。当然，如果需要，厂家可以取更大的试验电流值。

因为试验电流 i_{imp}模拟的是直接雷击情况，因此工程中也将其称为雷电冲击电流，且由于其持续时间显著长于 i_{sn}，有时又称其为长持续电流波。

（3）复合波　复合波由复合波冲击发生器产生，这种发生器输出端开路时输出 1.2/50μs冲击电压，短路时输出 8/20μs 冲击电流，且输出开路电压和短路电流幅值之比为 2Ω，称其为发生器的虚拟输出阻抗。发生器接到 SPD 时，SPD 中实际的电流不是发生器的短路电流，而是取决试验电压和 SPD 非线性阻抗特性。

2. 三类冲击试验及动作负载试验

以下三类冲击试验，所测试的主要是表征 SPD 能量耐受性的参数，即 SPD 在耗散电涌能量时自身不被损坏的能力。在此基础上还可以测量一些保护特性参数，如电压保护水平等。

Ⅰ类试验：用 1.2/50μs 冲击电压、8/20μs 电涌冲击电流 i_{sn}和雷电冲击电流 i_{imp}作的试验，用以确定 SPD 的标称放电电流 I_n（8/20μs 试验电流下）和最大冲击电流 I_{imp}（冲击电流试验电流下，如 10/350μs 试验电流）。Ⅰ类试验模拟了部分导入直接雷击冲击电流的情况，通过Ⅰ类试验的 SPD 通常推荐用于高暴露区域，如安装在 LPZ0 与 LPZ1 区界面的电压开关型 SPD 就应进行该项试验。

Ⅱ类试验：用 1.2/50μs 冲击电压和 8/20μs 冲击电流 i_{sn} 作的试验，用以确定 SPD 的标称放电电流 I_n（8/20μs）和最大放电电流 I_{max}（8/20μs）。通过Ⅱ类试验的 SPD 用于较少暴露地点，对电压限制型 SPD 应进行该项试验。

Ⅲ类试验：用开路时输出 1.2/50μs 的冲击电压、短路时输出 8/20μs 冲击电流的复合波发生器作的试验，依次按预定开路电压 U_{oc} 的 10%、25%、50%、75% 和 100% U_{oc} 电压冲击受试 SPD，如果 SPD 满足热稳定性要求，则可以确认该 SPD 的开路电压为 U_{oc}。与前面的 I_{imp}、I_{max} 类似，U_{oc} 也是表征 SPD 能量耐受性的参数。Ⅲ类试验模拟了末端用电设备处电涌保护器工作情况，常用于相导体与中性导体间作差模保护的 SPD，因为这种情况下用电设备阻抗会分走部分电涌电流，冲击发生器 2Ω 虚拟阻抗正是模拟了用电设备阻抗的分流情况。

Ⅰ～Ⅲ类冲击试验的相关信息如表 7-3 所示。

表 7-3 Ⅰ～Ⅲ类冲击试验的相关信息

试验类别	试验波形	所测参数	适用保护模式	主要用途
Ⅰ	1.2/50μs 电压波，i_{imp}、i_{sn} 电流波	冲击电流 I_{imp}，标称放电电流 I_n，电压保护水平 U_P	共模，差共模	高暴露区域 SPD，如 LPZ0/1 区分界面等电位联结处，建筑物架空线进线处
Ⅱ	1.2/50μs 电压波，i_{sn} 电流波	最大放电电流 I_{max}，标称放电电流 I_n，电压保护水平 U_P	共模，差共模	低暴露区域 SPD，如分配电箱处，建筑物电缆进线处
Ⅲ	复合波	开路电压 U_{oc}	差模	配电系统末端 SPD，如终端配电箱处，电源插座处

动作负载试验：在施加最大持续工作电压 U_c 条件下，SPD 应能承受规定的的放电电流或冲击电压而不使其特性发生不可接受的劣化。规定的放电电流即Ⅰ、Ⅱ类试验的 I_{imp} 或 I_{max}，规定的冲击电压即Ⅲ类试验的 U_{oc}。之所以称为动作负载试验，是因为 SPD 动作后，一部分电涌能量通过 SPD 向大地泄放，另一部分则直接消耗在 SPD 中，因此 SPD 相当于一个消耗电涌能量的负载，其负载能力并不是无限大，过大的能量会将其损坏，主要表现形式为热崩溃。表征 SPD 负载能力的参量需要从技术原理和工作状态入手分析得出，有时还需要辅以实验验证，而参量的量值则必须通过试验确定。动作负载试验是Ⅰ、Ⅱ、Ⅲ类冲击试验的组成部分之一。

以上试验电流 i_{imp} 和 i_{sn}，其所携带的能量有较大区别，同一电流峰值下 i_{imp} 所携带的能量远大于 i_{sn}，因此在 i_{imp} 冲击下动作负载更重，这也就是高暴露地点 SPD 需要进行Ⅰ类试验的原因之一。

三、电涌保护器的主要参数

（1）最大持续工作电压 U_c 指允许持续施加在 SPD 保护模式上的最大工频电压有效

值。U_c 与 SPD 的长期工作可靠性、泄漏电流、发热与老化等密切相关。U_c 不应低于线路中可能出现的最大持续运行电压，否则可能出现寿命缩短、特性劣化、不能吸收规定电涌能量等后果。系统中持续时间 5s 以上的工频电压即需要考虑与 U_c 的配合，但 5s 内的暂时过电压不考虑与 U_c 的配合。

较高的 U_c 值对 SPD 的可靠性和寿命都是有利的，但 U_c 与电压保护水平 U_P 有正相关性，其最大取值受电压保护水平的约束。

（2）暂时过电压试验值 U_T 指 SPD 能够承受的暂时过电压（TOV）最大值。电涌保护中，TOV 指持续时间 200ms ~ 5s 的工频过电压，如本书第六章中高压系统故障在低压系统中引起的暂时过电压，或低压系统故障引起的暂时过电压等。

（3）电压保护水平 U_P 这是表示 SPD 将电涌过电压限制到何种程度的参量，该值越小，对过电压的限制效果越好。它的定义基于 SPD 残压和限制电压的概念。

SPD 的残压指放电电流通过 SPD 时，其端子间产生的电压峰值，该值随放电电流波形和量值而异。SPD 的限制电压指施加规定波形和幅值的冲击时，其端子间的电压峰值，即规定条件下的残压。

从原理上看，对电压开关型 SPD，电压保护水平 U_P 等于规定陡度电压波形下最大放电电压，在波前放电情况下，通过 SPD 的过电压不会高于该值；对电压限制型 SPD，U_P 则等于规定电流波形和幅值下的最大残压。按前面定义，规定条件下的放电电压和最大残压可统称为 SPD 的限制电压。即原理上 SPD 电压保护水平等于其限制电压。

但就 SPD 产品标定参数而言，由于产品标准中有 U_P 的系列推荐值，基于标准化的要求，产品给出的 U_P 参数通常取最接近但不小于 SPD 限制电压的标准推荐值。

U_P 与 SPD 放电电流有关。规定对于 Ⅰ 类试验，用不同幅值的 8/20μs 波形的冲击电流测得 SPD 的电流—残压特性曲线，曲线上量值为 I_n 和 I_{imp} 的电流所对应的残压中较大者为限制电压；对 Ⅱ 类试验，以 8/20μs 波形、幅值为 I_n 的电流对应的残压为限制电压。确定限制电压后，再选择产品标准中最接近但不小于限制电压的 U_P 系列推荐值标定 U_P。

电压保护水平应低于设备的冲击耐压，这是保护的必要条件，因此保护水平低对设备是有利的。但保护水平 U_P 与最大持续工作电压 U_c 呈正相关性，例如，当标称放电电流 I_n 在 1 ~ 20kA 之间时，氧化锌压敏电阻 U_P 与 U_c 的比值在 3.3 ~ 4.6 之间。U_P 量值小导致 U_c 过低，容易在正常工作时产生过大的泄漏电流，影响使用寿命。

（4）标称放电电流 I_n 这是表征 SPD 多次通过 i_{sn}（8/20μs）能力的参数，也是确定 SPD 电压保护水平 U_P 时所对应的电流。要求 SPD 通过幅值为 I_n 的电流波 i_{sn} 规定次数后，其特性变化不得超过规定的允许范围。I_n 应接近于安装位置处预期频繁出现的电涌电流，它是表征 Ⅰ、Ⅱ 类 SPD 常规通流容量并规定电压保护水平 U_p 参量条件的参数，可由 Ⅰ 类或 Ⅱ 类试验测出。

（5）最大放电电流 I_{max} 指 SPD 能通过的最大 i_{sn}（8/20μs）电流幅值。SPD 在运行中已经多次动作并泄放不大于 I_n 的电涌电流、已经到达动作次数寿命末期的条件下，再通过幅值为 I_{max} 的电流波 i_{sn}，SPD 应仍能在 U_c 电压作用下熄灭续流，且能在 U_c 电压作用下冷却至正常状态，不会发生热崩溃或闪络等实质性损坏。它是表征 Ⅱ 类 SPD 极限通流容量的参数，由 Ⅱ 类试验测定。

同一 SPD 的 I_{max} 一般为 I_n 的 2 ~ 2.5 倍。

（6）冲击电流 I_{imp}㊀　指SPD能通过的最大 i_{imp}（如：10/350μs波形）电流幅值。SPD在运行中已经多次动作并泄放不大于 I_n 的电涌电流、已经到达动作次数寿命末期的条件下，再通过幅值为 I_{imp} 的电流波 i_{imp}，SPD仍能在 U_c 电压作用下熄灭续流，且能在 U_c 电压作用下冷却至正常状态，不会发生热崩溃或闪络等实质性损坏。它是表征Ⅰ类SPD极限通流容量的参数，由Ⅰ类试验测定。

（7）开路电压 U_{oc}　指SPD在复合波作用下，承受多次规定的不高于 U_{oc} 的1.2/50μs电压冲击，已经到达动作次数寿命末期的条件下，再承受电压 U_{oc}（1.2/50μs）冲击后，SPD仍能在 U_c 电压作用下冷却至正常状态，不会发生热崩溃或闪络等实质性损坏。U_{oc} 可看成是SPD在满足热稳定条件下能够承受的最高冲击电压，主要用于末端差模保护的SPD。末端电涌保护由于负载阻抗分流作用，实际流过SPD的电涌电流不好确定，如果用电流表征SPD通流容量，难以与实际电涌电流进行比对，因此用电压值来表征，负载阻抗的分流效应由试验波发生器的内阻抗模拟，随电压大小和SPD非线性特性而不同，但在SPD上产生热效应的仍然是电流。

（8）额定开断续流 I_{fi}　指SPD本身能断开的预期工频短路电流，主要用于有间隙元件的SPD。

（9）残流 I_{PE}　指SPD按厂家说明连接，施加最大持续工作电压 U_c 时，流过PE接线端子的电流。该电流与SPD的泄漏电流有关，从系统角度看其性质为剩余电流。

（10）响应时间　指从暂态过电压开始作用于SPD的时刻，到SPD实际导通放电时刻之间的时长，一般小于25ns。

作为示例，某系列通过Ⅰ类和Ⅱ类试验的SPD主要参数如表7-4所示，其中a、b型和c、d型分别是同系列的不同型号，a、b型是电压开关型SPD，c、d型是电压限制型SPD。

表7-4　某系列通过Ⅰ类和Ⅱ类试验的SPD主要参数

SPD通过的试验	Ⅰ类试验		Ⅱ类试验	
	a型	b型	c型	d型
额定电压 U_r/V	230		230	
最大持续工作电压 U_c/V	260	440	275	440
电压保护水平 U_P/kV	0.9	1.5	1.5	2.0
标称放电电流（8/20μs）I_n/kA	35/50/100		5/10/20/30	
最大放电电流（8/20μs）I_{max}/kA	—		10/20/40/65	
冲击电流（10/350μs）I_{imp}/kA	35/50/100		—	
额定开断续流 I_{fi}/kA	3（260V电压下）		—	
适用接地系统	TT，TN	IT	TT，TN	IT

㊀　现状工程应用中符号 I_{imp} 有两种含义：一种含义是电流波形名称，即本书中称之为 i_{imp} 的试验电流波，是由 I_{peak}、Q 和 W/R 及相关约束条件定义的一种电流波，是一个时间函数；另一种含义是由 i_{imp} 试验得出的一个SPD参数量值，即SPD所允许的最大 i_{imp} 的幅值 I_{peak}。读者如果在一些资料中看到类似"用冲击电流 I_{imp} 试验得出SPD冲击电流 I_{imp}，其量值等于 I_{imp} 的幅值 I_{peak}"这样很难理解的叙述，原因就源于此。

第三节　低压系统电涌保护配置

在电涌保护技术出现之前，低压系统有传统的避雷器保护，其原理、方法与中、高压系统相同，主要在架空线上实施。但传统避雷器保护措施不仅不能阻止过大的雷电能量通过低压系统进入电子信息设备，而且对低压系统本身的设备也存在失防之处。就建筑物内的低压系统而言，电涌保护不仅将低压系统传统防雷措施纳入其体系，还弥补了传统防雷措施的不足。因此，对于建筑物内的低压系统，电涌保护已完全涵盖了传统雷电过电压保护的功能。

一、电涌保护对象分级

电涌防护等级是以建筑物中电子信息系统为对象划分的，将低压配电系统看作电子信息系统电源时，低压配电系统的防护级别与电子信息系统的防护级别等同，因此有时也可统称为建筑物的电涌防护等级。应注意不要将其与建筑物的防雷类别混淆，尽管它们都是基于雷电风险评估的划分。

电涌防护等级有两个独立的划分依据：一个是雷击风险；另一个是电子信息系统的重要性和使用性质。前者需要计算一个名为“防雷装置拦截效率”的参数，根据参数量值大小分级。两种依据的具体划分方法，在国家标准 GB 50343—2012《建筑物电子信息系统防雷技术规范》中都有明确规定，简要了解可参见本书附表 28。

不论按哪一个依据，电涌防护都分为 A、B、C、D 四个等级，其中 A 级要求最高，D 级最低。对一般建筑，按两种依据中任一种进行分级即可，但对特殊的重要建筑，应取两种分级中较高的一个等级。

二、电涌保护的目的及在综合防雷体系中的地位

电涌保护的目的，是通过在电气电子设备的电源侧限制雷电过电压（兼限制大部分操作过电压）并耗散雷电能量，以保护设备的绝缘及硬件不致损坏。

电涌保护是建筑物内部防雷的重要组成部分，是综合防雷体系的末端环节，是在采取了基本建筑防雷措施的前提下，专门针对耦合到低压配电系统中的雷电能量进行的防护。与基本建筑防雷措施相比较，电涌保护中的雷电能量相对较小，但被保护设备所能承受的雷电能量也小，且对保护的响应时间要求高。考虑到低压系统一般处于非电气专业场所、面向非电气专业人员，对人身安全和环境安全要求极高，电涌保护必须兼顾这些方面的因素。所以，电涌保护与中、高压系统防雷保护既有相似之处，又有一些自身的特点，且与建筑物的其他防雷措施相互关联，这是在理解电涌保护时必须明确的工程背景。

电涌保护主要涉及三个方面的问题：①低压配电系统可能遭受的雷电能量冲击的形式和强度；②低压电气设备承受雷电能量冲击的能力；③如何将雷电能量冲击降低到电气设备的承受能力范围以内，这包括保护的设置、保护器件的选择、保护的配合、保护效果的评估、以及电涌保护与系统其他部分的关系与协调等。以上问题①已在前面作了介绍，后面主要对问题②、③进行讨论。

三、电涌保护对象的耐受水平

低压配电系统电涌保护的对象为低压配电设备和用电设备。按照国家标准 GB/T 16935.1—2008《低压系统内设备的绝缘配合　第 1 部分：原理、要求和试验》，可将低压系统设备分为四种过电压（安装）类别。低压系统各类设备的额定冲击电压耐受值如表 7-5

所示。因系等同采用IEC标准，表中系统标称电压与我国实际情况略有差异，就我国最量大面广的220/380V低压系统而言，应选择230/400V这一行的数据。以下耐压参数均以这一电压等级为准。

表7-5　低压系统各类设备的额定冲击电压耐受值　　（单位：V）

系统标称电压	从交流或直流标称电压导出线对中性点的电压（不大于）	设备的额定冲击耐压			
		过电压（安装）类别			
		Ⅰ	Ⅱ	Ⅲ	Ⅳ
230/400	300	1500	2500	4000	6000
400/690	600	2500	4000	6000	8000
1000	1000	4000	6000	8000	12000

过电压类别Ⅰ：需要将过电压限制到特定低水平的设备，如电子电路或电子设备，如电视、音响、计算机等。这一类别设备的冲击耐压为1.5kV。

过电压类别Ⅱ：由末级配电装置供电的设备，如家用电器、可移动式电动工具或类似负荷。这一类别设备的冲击耐压为2.5kV。

过电压类别Ⅲ：安装于固定配电装置中的设备，如中间级配电箱及安装于配电箱中的开关电器、电缆、母线等，以及永久连接至配电装置的工业用电设备，如电动机等。这一类别设备的冲击耐压为4kV。

过电压类别Ⅳ：使用在低压系统电源端的设备，如主配电柜中的电气仪表和前级过电流保护设备、纹波控制设备、稳压设备等。这一类别设备的冲击耐压为6kV。

低压系统中各类过电压（安装）类别设备在系统中的位置及耐压如图7-15所示。

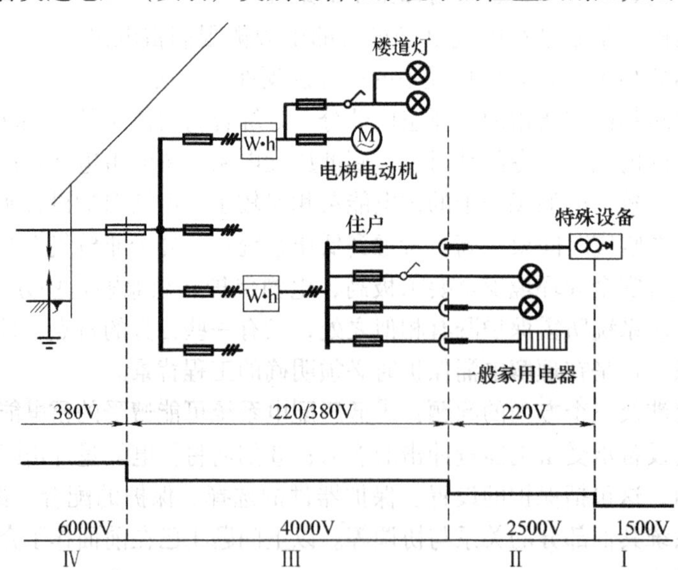

图7-15　低压系统中各类过电压（安装）类别设备在系统中的位置及耐压

四、电涌保护的布局

所谓布局，系指低压电网中电涌保护的设置位置和保护针对性。由于在同一电压等级电网中有多种冲击耐压水平的电气设备，且这些设备分布在电网中不同的位置，电涌保护基本上都采用了分散、多级的布局来应对。该布局要求在系统中恰当的位置设置恰当的电涌保护器。所谓恰当，至少应遵循以下两条原则：

1）电涌保护器的电压保护水平应与被保护设备的冲击耐压相配合。这一原则要求在冲击耐压不同的设备处设置不同电压保护水平的电涌保护器。

2）在任何两个防雷区的界面处，应设置电涌保护器。一般在 LPZ0 区和 LPZ1 区的界面处设置通过Ⅰ类试验的 SPD，其他界面设置通过Ⅱ或Ⅲ类试验的 SPD。这一要求的目的是避免将前一个防雷区中较高的雷电能量引入后一个防雷区。

电涌保护系统的“级”，是按其所保护对象的过电压（安装）类别划分的，按照从电源到负荷的方向，称为第一、二、三级保护，分别保护过电压（安装）类别Ⅳ、Ⅲ、Ⅱ类的设备。对过电压安装类别Ⅰ类的设备，其电涌保护可称为第四级，但保护不是在低压配电系统上实施的，而是在设备本身的电源端实施的。注意不要将电涌保护布局中的分级与前面介绍的电涌防护等级相混淆。

图 7-16 为高层住宅电涌保护系统布局示例。图中第三级 SPD 可以安装在插座中，也可以安装在终端配电箱中，第一、二级都安装在各级配电箱（柜）中。图中电涌保护器电压保护水平数值是必要条件，实际应用中可能须取值更低。

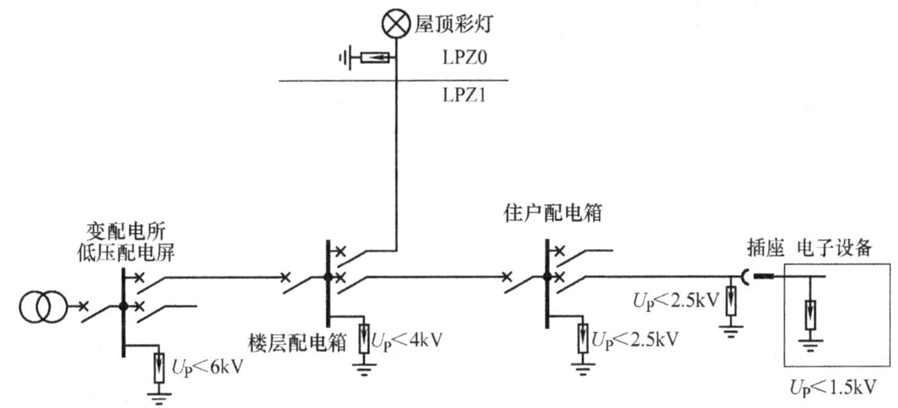

图 7-16　高层住宅电涌保护系统布局示例

五、电压保护模式

所谓保护模式，是指 SPD 在相导体 L、中性导体 N 和地（或接地的 PE 导体）之间的电气连接方式。SPD 保护模式及特点如表 7-6 所示。

表 7-6　SPD 保护模式及特点

保护模式	SPD 连接的导体	保护的对象
共模保护模式	相－地、中－地	载流导体对地绝缘
差模保护模式	相－中	相绝缘、绕组匝间绝缘、负载电路或元件
	相－相	相间绝缘、绕组匝间绝缘、负载电路或元件
全模保护模式	共模＋差模	

低压系统中 SPD 还常采用一种所谓的“3＋1”接法，即在三相导体与中性导体之间、

以及中性导体与地（通常为接地的 PE 导体或配电箱接地端子）之间各接一只 SPD，这实际上是一种不完全的差模与共模混合保护模式。“3 + 1” 接法中，对接于 N – PE 间的 SPD 要求很高，要考虑三相 SPD 的涌流同时通过的情况。这种接法的缺点是共模过电压时，放电电压和残压都较高。

电压保护模式示例如图 7-17 所示。

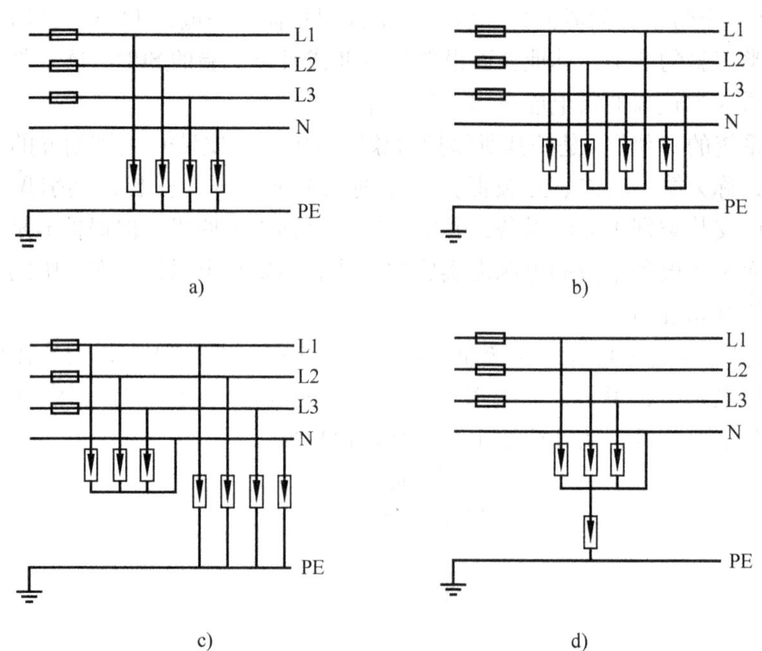

图 7-17 电压保护模式示例

a）共模保护模式（连接方式 1 或 CT1） b）差模保护模式 c）全模保护模式 d）3 +1 模式（连接方式 2 或 CT2）

图 7-17a 中保护模式又叫“连接方式 1”或“CT1”，图 7-17d 中保护模式又叫“连接方式 2”或“CT2”，它们都有 N – PE 间 SPD，用于 N 导体与 PE 导体在 SPD 安装位置附近无连接的情况。如果 N 导体与 PE 导体在 SPD 安装位置附近有连接，如 TN – C – S 系统 PEN 线分开为 PE 线和 N 线位置处，则无须设置 N – PE 间 SPD。

CT1 和 CT2 的共同之处为相间差模过电压都加在两只 SPD 上，中地过电压都加在单只 N – PE 间 SPD 上。不同之处有两点：一是对于相地共模过电压，CT1 是加在单只 SPD 上，而 CT2 是加在两只 SPD 上；二是对于相中差模过电压，CT1 是加在两只 SPD 上，而 CT2 是加在单只 SPD 上。两只 SPD 串联后的电压保护水平和最大持续工作电压等参数，与各单只 SPD 同类参数的关系比较复杂，不是简单相加，需要试验确定。

SPD 制造厂家生产具有多于一种保护模式的 SPD，或将多只 SPD 组合在一起作为单一产品单元供货，这类 SPD 称为多极 SPD。多极 SPD 的参数应该是总体参数，而不是单一一只 SPD 的参数。比如，CT1 连接的 4 只 SPD 作为一个单独的产品单元，其相地和相间电压保护水平是不一样的，相间差模电压保护水平是两只 SPD 串联的后的值，而相地共模电压保护水平是单只 SPD 的值，它们均应由厂家试验确定并标定。如果厂家不承诺将这种产品用于差模保护，则可以不提供差模电压保护水平参数；又如，CT2 连接的 4 只 SPD 作为一个单独的产品单元，有总放电电流 I_{total}参数，表示在规定条件下 4 只 SPD 都导通的情况下通过 PE 导体的电流，实际上就是 N－PE 间 SPD 允许通过的最大涌流。

以上电涌保护的差模与共模模式，与过电压模式是相对应的。在中、高压系统的过电压中，一般多涉及共模过电压，即各带电导体对地出现过电压，但带电导体之间没有过电压，因此只威胁设备对地绝缘。低压配电系统电涌保护中的差模过电压，即带电导体之间的过电压，因为已经是系统最末端，差模过电压直接作用在用电设备负载阻抗上，不仅威胁相间绝缘，还可能因负载阻抗上发热增加而导致热损坏，甚至引发火灾、爆炸等事故。因此，电涌保护中差模保护的重要性是不能忽视的。

第四节 电涌保护器选择

电涌保护配置确定后，系统中何处装设有电涌保护器、电涌保护器与系统的连接形式等都已确定，接下来的工作就是要确定电涌保护器的型号规格。

一、主要参数选择

1. 电压保护水平 U_P的选择

电压保护水平应小于被保护设备的冲击耐压。如图 7-18a 所示，考虑连接电涌保护器的引线阻抗压降、波过程和器件老化等因素，原理上按以下两式计算 SPD 的电压保护水平。

$$\left.\begin{aligned}&\text{对电压限制型 SPD：}\quad K_1\left(U_P + L_0 l\frac{di}{dt}\right)\leqslant K_2 U_w\\&\text{对电压开关型 SPD：}\quad K_1\left(\max\left\{U_P, L_0 l\frac{di}{dt}\right\}\right)\leqslant K_2 U_w\end{aligned}\right\}\tag{7-3}$$

式中 U_P——电涌保护器的电压保护水平（kV），产品样本给出；

U_w——被保护设备的冲击耐压（kV），可按表 7-5 选取；

L_0——连接电涌保护器至线路的引线的单位长度电感（μH/m），由引线设计选型确定；

l——电涌保护器的引线长度（m），由引线安装设计确定；

i——通过电涌保护器的电涌电流（kA），由电涌强度计算和 SPD 特性确定；

$\frac{di}{dt}$——流过电涌保护器的电涌电流波头陡度（kA/μs）；

K_1——考虑 SPD 和被保护设备之间振荡及波过程的系数；

K_2——配合裕度系数。

下面对式（7-3）的原理和工程应用予以阐述。

（1）电涌保护器的有效电压保护水平 $U_{P/F}$ 如图 7-18a 所示，SPD 通过引线连接到低压线路上，当 SPD 导通有电涌电流通过时，电涌电流会在引线电感上产生电压降（忽略引线电阻电压），SPD 限制线路电涌电压的程度因此被削弱。如图 7-18b 所示，SPD 与线路连接处电涌电压 u_{AB}峰值大于 SPD 端子间电压 u_{SPD}，其程度与引线长度、单位长度电感、SPD 类型及电涌特征等有关。式（7-3）左侧 $L_0 l\frac{di}{dt}$项就是电涌电流在引线上的电压降。

对限压型 SPD，引线电压降$L_0 l\frac{di}{dt}$峰值时间与 SPD 残压峰值时间基本一致，故 u_{AB}近似为两者代数和；对电压开关型 SPD，引线电压降 $L_0 l \frac{di}{dt}$峰值时间与 SPD 残压峰值时间是错开的，u_{AB}有两个波峰，故取引线电压降和 SPD 电压保护水平两者较大者近似最大的峰值。

假设线路单位长度电感 $L_0 = 1.0\mu H/m$，SPD 标称放电电流 20kA，引线长 0.5m（每边 0.25m），则引线上最大电感压降为 $L_0 l \frac{di}{dt} = 1.0\mu H/m \times 0.5m \times (20kA/8\mu s) = 1.25kV$。这个电压对于冲击耐压为 1.5～6kV 的低压设备而言是不能忽略的。引线电阻上也有压降，因其量值小而忽略不计。

将引线电压降峰值记作 ΔU，ΔU 按 $L_0 l \frac{di}{dt}$取波前电流平均陡度计算；将 SPD 与线路连接处电涌电压 u_{AB}峰值称为 SPD 在安装处的有效电压保护水平，记作 $U_{P/F}$，则根据式（7-3）有

$$\left.\begin{aligned} &\text{对电压限制型 SPD：}\quad U_{P/F} = U_P + \Delta U \\ &\text{对电压开关型 SPD：}\quad U_{P/F} = \max\{U_P,\ \Delta U\} \end{aligned}\right\} \tag{7-4}$$

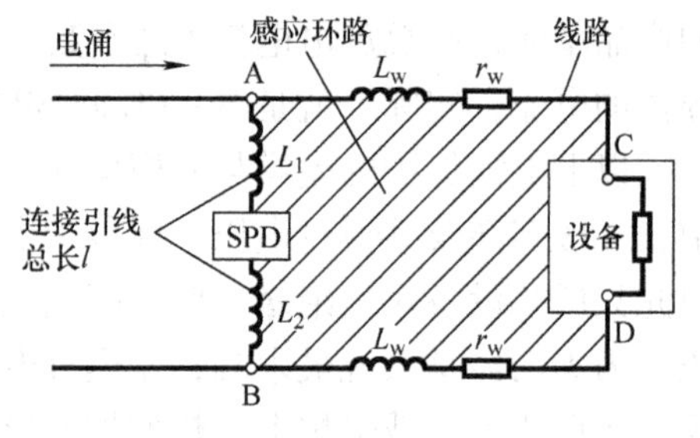

a)

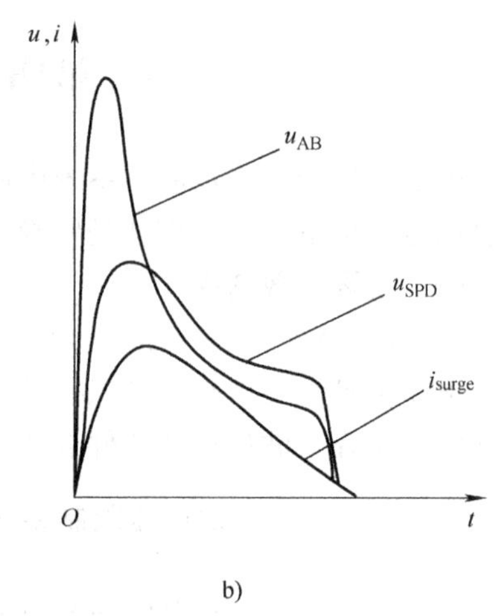

b)

图 7-18　电涌保护器有效电压保护水平确定
L_1、L_2——引线等效电感
L_w、r_w——线路等效电感、电阻

为降低引线电压降 ΔU，可在安装方式上采取一些措施。如图 7-19a 所示为无引线连接方式，又称凯文式接线方式（Kelvin wiring method），该方式引线长度为零，但主线路的长度可能有所增加。如图 7-19b 所示为无感连接方式，通过减小引线所形成的环路面积降低引线电感，从而近似达到图 7-19a 连接的效果。

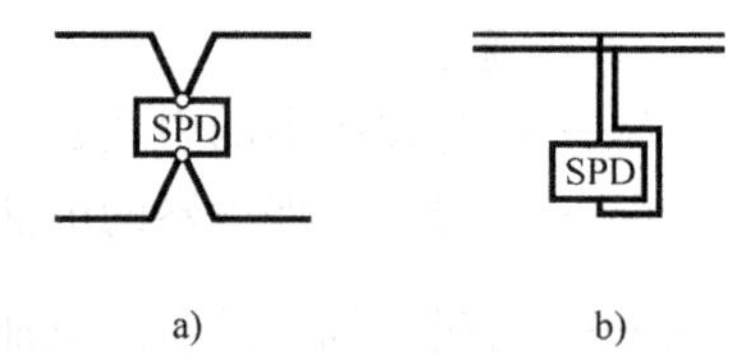

a)　　b)

图 7-19　SPD 降低引线压降的接线方式

（2）电涌保护器有效电压保护水平 $U_{P/F}$与被保护设备电涌电压的关系　仍如图 7-18a 所示，当被保护设备与 SPD 不在同一位置时，线路、设备和 SPD 构成的电路会产生复杂的震荡，由于 SPD 的非线性特性，以及设备阻抗和线路阻抗的多样性，加上行波的折射和反射，这种震荡有很多种可能形态，设备实际承受的电压 u_{CD}可能远高于 SPD 连接处电压 u_{AB}，设备阻抗大时高得更多，有可能达到 u_{AB}的 2 倍左右，式（7-3）左边系数 K_1 正是考虑这种震荡对保护效果影响的修正系数。

K_1 与 SPD 和被保护设备间电气距离有关，但这个关系取决于 SPD 特性、系统形式、负荷特性和电涌波形等诸多因素，很难有统一的标准，相关的研究仍在进行中。就工程实践而言，一般当电气距离不大于 10m 时，可以不考虑震荡现象带来的影响。

（3）被保护设备冲击耐压值的修正　被保护电气设备的雷电冲击耐压是在规定波形下试验得出的，SPD 动作后改变了电涌波形，且改变的形式和程度与诸多因素相关，已如前

述。因此，被保护设备在变化了的电涌波形下的耐压，与标准波形下的冲击耐压有一定的不同，有必要对耐压值进行修正。式（7-3）右侧系数 K_2 就包含了这一因素。

（4）电压保护水平选择的工程实用方法　由于电涌保护相关问题的研究还在不断深入，尤其是器件、设备和系统间的关系在标准层面的配合仍在不断协调过程中，式（7-3）中 K_1、K_2 很难有一个既准确又普遍适用的取值方法，工程实践中更多根据已有的经验选择 SPD 电压保护水平 U_P。在没有相关标准明确规定 U_P 量值的情况下，按国家标准 GB/T 21714.4—2015《雷电防护　第 4 部分：建筑物内电气和电子系统》资料性附录的推荐，采用以下方法选择 SPD 的电压保护水平 U_P。

1）当 SPD 与设备之间的线路长度可以忽略（典型案例如 SPD 安装在设备终端处）时：

$$U_{P/F} \leqslant U_w \tag{7-5}$$

2）当线路长度小于 10m（典型案例如 SPD 安装在插座接口或中间配电箱处）时：

$$U_{P/F} \leqslant 0.8U_w \tag{7-6}$$

但是，如果考虑系统失效可能导致生命伤害或公共服务系统中断，则应满足更严格的条件：

$$U_{P/F} \leqslant 0.5U_w \tag{7-7}$$

3）当线路长度大于等于 10m（典型案例如 SPD 安装在电源进线或中间配电箱处）时：

$$U_{P/F} \leqslant 0.5(U_w - U_i) \tag{7-8}$$

式中　U_i——SPD 与线路、被保护设备所构成的环路（见图 7-18a）中的感应电压。

对有屏蔽的建筑房间和屏蔽线缆，或仅线路有屏蔽但屏蔽层两端有等电位联结的情况，式（7-8）可不计感应电压 U_i。

（5）电压保护水平取值有明确规定的情况　国家标准 GB 50057—2010《建筑物防雷设计规范》以强制性标准条文的形式，对几种情况下 SPD 电压保护水平 U_P 的取值做了规定。

1）对一类防雷建筑，若系低压架空进线，应在进建筑物前转为电缆引入，转为电缆处应设置 I 类试验的户外型 SPD，电压保护水平 $U_P \leqslant 2.5$kV。

2）对一类防雷建筑，电源引入处总配电柜（箱）中应设置 I 类试验的 SPD，电压保护水平 $U_P \leqslant 2.5$kV。

3）对二类防雷建筑，当电气接地与防雷接地共用接地装置时，应在低压电源线路引入处总配电柜（箱）中设置 I 类试验的 SPD，电压保护水平 $U_P \leqslant 2.5$kV。

4）对二类防雷建筑，当变配电所内附于建筑物内时，对 Yyn0 或 Dyn11 联结组变压器，应在高压侧设置避雷器，低压侧有线路引出建筑物至其他有独立接地的配电装置时，应设置 I 类试验 SPD，无线路引出建筑物时应设置Ⅱ类试验 SPD，电压保护水平 $U_P \leqslant 2.5$kV。

2. 最大持续工作电压 U_c 的选择

U_c 不能低于系统中可能出现的最大持续运行电压，以保证 SPD 不被热损坏，或因过热缩短寿命及降低保护性能。系统最大持续运行电压应考虑以下几个因素：

1）系统标称电压及正常运行时的电压偏差，考虑 10% 的裕量。

2）系统故障条件下持续时间大于 5s 的工频故障电压。

系统故障条件下持续时间在 200ms ~ 5s 之间的暂时过电压 TOV，再早也需作为选取 U_c 的因素之一予以考虑，后来的 SPD 标准提出了另一个参数对应 TOV，该参数就是“暂时过电压试验值 U_T”。因此 U_c 的选取只考虑 5s 以上的持续电压，具体如表 7-7 所示。

表 7-7 低压系统中电涌保护器的最大持续工作电压 U_c 最小值

电涌保护器接于	系统接地形式				
	TN-S	TN-C	TT	IT 带中线	IT 不带中线
L-N	$1.1U_0$	不适用	$1.1U_0$	$1.1U_0$	不适用
L-PE	$1.1U_0$	不适用	$1.1U_0$	$\sqrt{3}U_0$	$\sqrt{3}U_0$
N-PE	U_0	不适用	U_0	U_0	不适用
L-PEN	不适用	$1.1U_0$	不适用	不适用	不适用

注：1. 表中 U_0 为系统标称相地电压，等于系统标称相电压。

2. 不考虑10%偏差者，均系严重故障下才可能出现的情况，不考虑不利因素叠加。

从原理上看，选择大一些的 U_c 值，对 SPD 延长运行寿命和降低失效概率都是有利的，但 SPD 电压保护水平 U_P 值与 U_c 值正相关，这是器件本身的特性。较低的 U_P 值和较高的 U_c 值不能兼得，因此只能在两者各自的约束条件下寻找可行值。如果找不到可行值，则应选用另外的 SPD，或改变电涌保护的配置，以提高保护所允许的 U_P 值。

3. 通流容量 I_n、I_{max}、I_{imp} 的选择

标称放电电流 I_n 与电压保护水平 U_P 相关，最大放电电流 I_{max}、冲击电流 I_{imp} 与 SPD 的能量耐受性有关，因此与 SPD 的预期寿命有关。

通流容量选取是一个两难问题。比如，I_n 标称值大，SPD 能够适用于更大强度的电涌，但对于同样的 SPD，更大的 I_n 标称值意味着电压保护水平 U_P 升高，保护效果降低。尽管如果实际通过的电涌电流量值未达到标称放电电流，实际残压小于电压保护水平 U_P，但在系统设计时必须按选定的标称放电电流下的电压保护水平 U_P 进行配合与校验，可能会因为不必要的裕量而使保护系统整体技术经济合理性降低，甚至出现可行性问题。如果既要有较高的 I_n 标称值，又要有较低的 U_P 值，则需增大 SPD 中限压元件的阀片面积和强化散热条件，这又对体积等约束条件提出了份外要求。

通过精确计算确定 I_n、I_{max} 和 I_{imp} 的值在现阶段还是比较困难的，包括风险评估在内的相关理论研究还在不断深入，与电涌保护相关的多个技术领域各自独立研究所获得的成果不尽相同，各自的标准规定常有差异，即使对于已经达成一致意见的成果，有些也会随着研究的深入而出现新的变化。如以下介绍的部分数据，在有些标准的修改草案中已经有所增补或改变。

（1）标称放电电流 I_n 选取　标称放电电流 I_n 应该按系统中预期相当频繁出现的近似 8/20μs电涌电流选取。“相当频繁”取决于一个概率值，该值源于风险评估。如图 7-20 所示为 ZnO 压敏电阻构成的 SPD 的伏安特性，从图中可以看出，SPD 的残压是与通过的涌流量值相关的，而电压保护水平 U_P 是按 I_n 下的残压标定的，如果 SPD 中出现了超过 I_n 的电涌电流，实际残压可能大于 U_P，按 U_P 设计的保护可能失防。根据风险评估，出现这种情况的概率不能超过给定值。

工程实践中可操作性较强的选取方法如下。

1）防护雷电电涌的 SPD，安装在被保护对象起始点处，标称放电电流 I_n 不应小于 5kA。

2）安装在被保护对象起始点处，第二种接线方式（CT2，见图 7-17d）中 N-PE 间

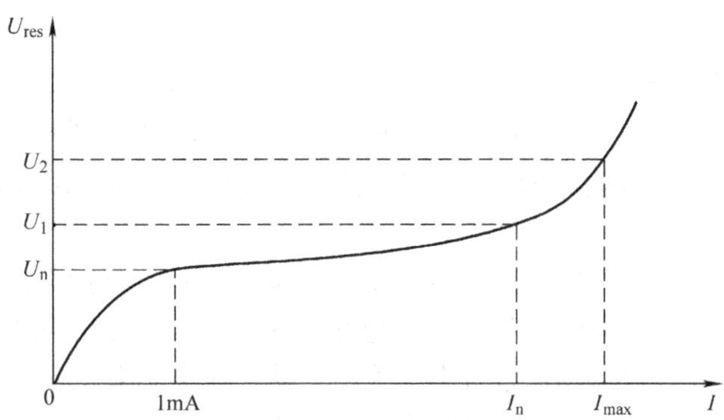

图 7-20　ZnO 压敏电阻构成的 SPD 的伏安特性

U_1—I_n 下的残压　U_2—I_{max} 下的残压　U_n—标称导通电压（或称转折电压）

SPD 的标称放电电流 I_n，在三相系统中不应小于 20kA，单相系统不应小于 10kA。

3）如果是将低压配电系统作为建筑物中电子信息系统的电源系统考虑，则可以按照表 7-8 选取标称放电电流 I_n。

表 7-8　电子信息设备电源系统电涌保护器通流容量推荐值

雷电防护等级	总配电屏（箱）		分配电箱		设备机房配电箱和需要特殊保护的电子信息设备端口处
	LPZ0 与 LPZ1 边界		LPZ1 与 LPZ2 边界		后续防护区的边界
	10/350μs Ⅰ类试验	8/20μs Ⅱ类试验	8/20μs Ⅱ类试验	8/20μs Ⅱ类试验	1.2/50μs 和 8/20μs Ⅲ类试验
	I_{imp}/kA	I_n/kA	I_n/kA	I_n/kA	U_{oc}/kV(或 I_n/kA)
A 级	≥20	≥80	≥40	≥5	≥10（≥5）
B 级	≥15	≥60	≥40	≥5	≥10（≥5）
C 级	≥12.5	≥50	≥20	≥3	≥6（≥3）
D 级	≥12.5	≥50	≥10	≥3	≥6（≥3）

（2）冲击电流 I_{imp} 选取　对可能泄放直接雷击电流的 SPD，应校验冲击电流参数 I_{imp}，要求为按给定的概率，SPD 承受的实际雷电冲击电流不得大于 I_{imp}。这主要取决于风险评估。当无法确定时，可按以下方法取值：

1）每种保护模式下都应满足 I_{imp}≥12.5kA。

2）第二种接线方式（CT2，见图 7-17d）中 N－PE 间 SPD 的冲击电流 I_{imp}，在三相系统中不应小于 50kA，单相系统不应小于 20kA。

3）如果是将低压配电系统作为建筑物中电子信息系统的电源系统考虑，则可以按照表 7-8 选取冲击电流 I_{imp}。

（3）最大放电电流 I_{max} 选取　一般情况下，I_n 已经足以表征Ⅱ类试验 SPD 的特性，I_{max} 仅用于特殊情况，如 SPD 的级间配合，或考虑极端情况下 SPD 电压保护水平值（如图 7-20 中 U_2）等。

I_{max} 是能量耐受指标，其量值与 I_n 有关联性。SPD 的预期寿命，主要取决于安装处超过

I_{max}电涌电流发生的概率，因此I_{max}量值高一些对预期寿命是有利的，但其量值会受到I_n的制约。

4. 额定开断续流I_{fi}的选择

SPD的额定开断续流I_{fi}应大于安装处预期的短路电流；TT和TN系统中N－PE间不会出现短路电流，因此N－PE间SPD的额定开断续流I_{fi}按不小于100A选取即可。

二、类型选择

（1）所通过的试验类别选择　用于第一级电涌保护及LPZ0与LPZ1区交界处的SPD应选用通过Ⅰ类试验的产品，这类SPD一般是电压开关型的，主要作用是泄放雷电能量。用于末级电涌保护的SPD一般选用通过Ⅲ类试验的产品，这类SPD一般是以ZnO或半导体器件为非线性元件构成的，以限制电压幅值为主要任务。用于中间级电涌保护的SPD一般选用通过Ⅱ类试验的SPD，这类SPD一般是限压型或混合型的，非线性元件一般为ZnO或SiC，以限制过电压和进一步泄放能量为主要任务。

（2）自身保护功能选择　SPD自身保护功能主要有热保护和过电流保护。热保护主要在SPD过热损坏时自动脱离，从而将已失效的SPD退出系统；过电流保护主要用于限制SPD导通后过大冲击电流量值，防止发生爆炸等危及环境安全的事故，并在工频续流未能被SPD开断时作后备保护。

并非所有的SPD都具有自身保护功能。在选择SPD时，应根据系统原本的保护设置情况恰当取舍。

（3）信息功能选择　SPD的信息主要是动作次数和失效信息，因此有的SPD具有动作次数显示和失效警告显示，有的还具有就地或远传信号功能，可将失效、动作次数等信息传至远方值班人员处。

第五节　电涌保护的级间配合

如前所述，低压配电系统电涌保护采用的是多级、分散的布局，各级电涌保护必须与本级被保护设备达到保护配合要求，这主要是通过SPD类型和参数选择实现的。除此之外，某一级电涌保护都与其上或（和）下级电涌保护有联系，上、下级电涌保护之间的关系也需满足一系列要求，这就是电涌保护的级间配合问题。

一、级间配合的原理、原则和类型

在需要设置电涌保护的系统中，根据防雷区LPZ划分和被保护对象特性设置多级SPD，是为了逐级削减瞬态过电压幅值和泄放电涌能量，各级SPD自身能够承受的能量也按照由电源至负荷的方向逐级降低，因此，下级SPD既是一种保护器件，又是上级SPD的保护对象。若上级SPD泄放能量不充分，则下级SPD可能被过大的电涌能量损坏，或不能在其规定的条件下实现保护功能。比如，如果下级SPD泄放的电涌电流大于其最大放电电流I_{max}，则下级SPD有可能被损坏，或发生炸裂等危及环境安全的事故；如果下级SPD泄放的电流大于标称放电电流I_n，则其电压保护水平可能超过标定值，以至于不能按设计条件有效保护被保护设备。

由此可知，SPD的级间配合，实际上是各级SPD耗散电涌能量比例的配合。据此得出电涌保护级间配合的原则为：各级SPD应按其能量耐受能力和保护特性要求分摊电涌电流。

1. 电压开关型与限压型 SPD 的配合

如图 7-21 所示，同一线路上装设有两级电涌保护，上级 SPD1 为电压开关型，下级 SPD2 为限压型，电涌电压和电流的波前均近似为斜角波。最严重的情况是 SPD2 所保护的设备退出运行，这时两级 SPD 间线路上的电涌电流可能全部流入 SPD2，即 $i_2(t)=i(t)$。当过电压行波行走到图中位置时，如果 $u_B(t)$ 已超过 SPD2 的转折电压，而 $u_A(t)$ 尚未达到 SPD1 的导通电压，则出现下级 SPD2 先于上级 SPD1 泄放电涌电流的情况。随着泄放电流的增大，SPD2 上残压逐渐升高，当 SPD2 残压加上电涌电流 $i(t)$ 在线路 AB 段上产生的压降大于 SPD1 的导通电压时，SPD1 才开始泄放电流，分担耗散电涌能量的任务。

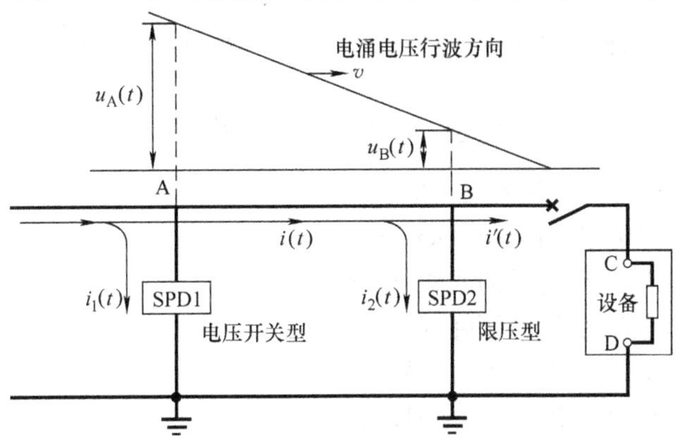

图 7-21　上、下级电涌保护器位置关系

配合有两方面要求：①在 SPD1 导通之前，若 SPD2 上承受的电涌能量（实际上还应包括 SPD1 导通后线路 AB 段上电涌行波的能量，AB 段长度较短时可忽略）未超过其能量耐受能力，则两级 SPD 达到能量配合，否则 SPD2 可能被过大的能量损坏；②在 SPD1 导通之前，若 SPD2 上流过的电涌电流未超过 SPD2 的标称放电电流 I_{n2}，则 SPD2 上残压不会高于其电压保护水平 U_{P2}，SPD2 能按预期限压水平保护设备，否则不能保证实现预期的保护特性。

如图 7-22 所示为图 7-21 的等效电路，由于 AB 段长度远小于电压波波头长度（约千分之几），近似用集中参数电路计算，行波电压在 A、B 点间的差值近似为 A、B 点间线路阻抗压降，各电压关系为

$$u_A(t)=u_B(t)+Ri(t)+L\frac{\mathrm{d}i(t)}{\mathrm{d}t} \tag{7-9}$$

式中　$u_A(t)$——线路上 SPD1 连接点 A 点处电压（kV）；

$u_B(t)$——线路上 SPD2 连接点 B 点处电压（kV）；

L——两级 SPD 连接点间线路 A、B 段的电感（μH）；

R——两级 SPD 连接点间线路 A、B 段的电阻（Ω）；

$i(t)$——两级 SPD 间线路 A、B 段上的电涌电流（kA）；

$\frac{\mathrm{d}i(t)}{\mathrm{d}t}$——电涌电流波头陡度（kA/μs）。

计及连接引线的电感压降（忽略引线电阻压降），由于 SPD1 尚未导通，没有电流通过引线，故 $u_A(t)=u_{SPD1}(t)$，但 SPD2 已导通，故 $u_B(t)=u_{SPD2}(t)+\Delta u_2(t)$，$\Delta u_2(t)$ 为 SPD2 引线电压降，带入式（7-9），有

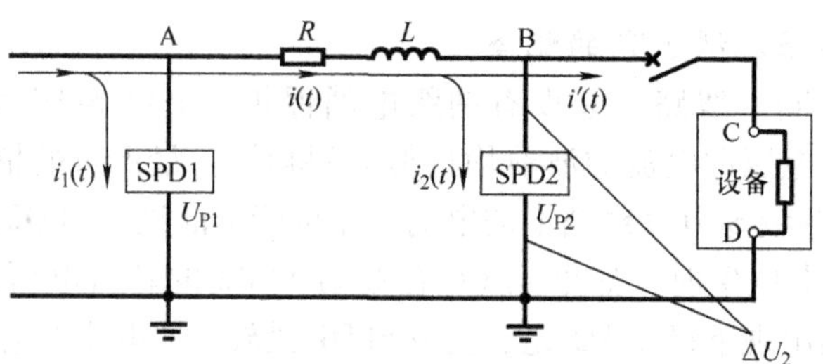

图7-22　上、下级电涌保护器间的电压耦合关系

$$
\begin{aligned}
u_{SPD1}(t) &= u_{SPD2}(t) + \Delta u_2(t) + Ri(t) + L\frac{di(t)}{dt} \\
&= u_{res2}(t) + L_2\frac{di_2(t)}{dt} + Ri(t) + L\frac{di(t)}{dt}
\end{aligned}
\tag{7-10}
$$

式中　$u_{SPD1}(t)$——SPD1 上的电压（kV）；
$u_{SPD2}(t)$——SPD2 上的电压（kV）；
$u_{res2}(t)$——SPD2 导通后的残压（kV）；
$\Delta u_2(t)$——SPD2 引线电压降（kV）；
$i_2(t)$——SPD2 上电涌电流（kA）；
L_2——SPD2 引线电感（μH）。

考虑临界点情况：当 SPD2 中电流 $i_2(t)$量值已经上升到标称放电电流 I_{n2}时，SPD1 必须导通泄放电流，否则 SPD2 中电流将继续上升，导致残压高于电压保护水平，保护特性无法保证。将这一时刻记为 t_{cpt}。以 $i_2(t)$峰值等于 I_{n2}为条件，在 $i_2(t)$波前阶段，$\frac{di_2(t)}{dt}$近似按波前平均陡度计算为常量$\frac{I_{n2}}{T_1}$，$\Delta u_2(t) = L_2\frac{di_2(t)}{dt} \approx L_2\frac{I_{n2}}{T_1}$也为常量，记作 ΔU_2，式中 T_1 为电涌电流视在波前时间（μs）。SPD2 中涌流达 I_{n2}时，其残压 $u_{res2}(t)$约等于电压保护水平 U_{P2}。将这些条件带入式（7-10），则得到临界点 t_{cpt}时刻 SPD1 上的电压值为

$$
u_{SPD1}(t_{cpt}) = U_{P2} + \Delta U_2 + Ri(t_{cpt}) + L\left.\frac{di(t)}{dt}\right|_{t=t_{cpt}}
\tag{7-11}
$$

要求此时 SPD1 必须导通放电，即 $u_{SPD1}(t_{cpt}) \geqslant U_{op1}$，$U_{op1}$为 SPD1 的导通电压，对电压开关型的 SPD1 即为冲击放电电压，约等于 SPD1 的电压保护水平 U_{P1}，于是 $U_{op1} \approx U_{P1}$，结合式（7-11），有

$$
U_{P1} \leqslant U_{P2} + \Delta U_2 + Ri(t_{cpt}) + L\left.\frac{di(t)}{dt}\right|_{t=t_{cpt}}
\tag{7-12}
$$

式中　t_{cpt}——临界点时刻，即 SPD2 中电涌电流达到 I_{n2}的时刻（μs）；
U_{P1}——SPD1 的电压保护水平（kV）；
U_{P2}——SPD2 的电压保护水平（kV）；
ΔU_2——标称放电电流下 SPD2 引线电压降（kV）；
$i(t_{cpt})$——SPD1 与 SPD2 之间线路上电涌电流在临界点时刻的瞬时值（kA）；
R、L——SPD1 与 SPD2 间线路电阻（Ω）、电感（μH）。

如果按 SPD2 负荷侧开路这一最不利条件考虑，有 $i(t) = i_2(t)$，临界点时 $i(t_{cpt}) = i_2$

$(t_{cpt}) = I_{n2}$，$\frac{di_2(t)}{dt}$近似按波前平均陡度计算，则有$L\left.\frac{di(t)}{dt}\right|_{t=t_{cpt}} \approx L\frac{I_{n2}}{T_1}$。于是通过式(7-13)可计算出 U_{P1}和 U_{P2}需满足的关系为

$$U_{P1} \leqslant U_{P2} + L_2\frac{I_{n2}}{T_1} + RI_{n2} + L\frac{I_{n2}}{T_1} \tag{7-13}$$

式中　T_1——电涌电流视在波前时间（μs）；

I_{n2}——SPD2 的标称放电电流（kA）。

其他参数同前。

式（7-12）或式（7-13）就是上级电压开关型 SPD1 与下级限压型 SPD2 达成级间配合的条件。式中，U_{P1}、U_{P2}、I_{n2}是电涌保护器器件参数，R、L 是低压系统结构参数，$i(t)$、T_1 为电涌参数。可见，电涌保护的级间配合取决于器件、系统和电涌三方面参数和特性的协调。

式（7-12）或式（7-13）虽然都不是精确的关系，但就参量的相关性而言，其方向（正或反相关）是正确的，且式（7-13）能方便地给出一个粗略的判据。

如果级间配合只考虑 SPD2 不被损坏，而不考虑 SPD2 保护特性，则式（7-13）中可用I_{max2}替换I_{n2}，用I_{max2}对应的电压取代U_{P2}，该电压高于U_{P2}（见图7-20 中U_2），由于其量值通常难以获取，按保守的原则，可仍以 U_{P2}代入进行计算。

2. 限压型 SPD 之间的配合

当上级 SPD1 和下级 SPD2 都是限压型时，假设两级 SPD 标称导通电压 U_n（如 ZnO 压敏电阻 1mA 电流对应的电压）相等，由于线路阻抗的作用，线路上的电涌电压上升达到使 SPD1 导通时，SPD2 不可能同时导通。只有当电涌电压继续上升，流过 SPD1 的电流增大，使 SPD1 的残压上升，SPD2 两端电压随之上升达到 SPD2 标称导通电压时，SPD2 才导通。只要通过各 SPD 的电涌能量都不超过各自的耐受能力，就实现了能量配合。

如果上级 SPD 标称导通电压大于下级，虽然波前阶段下级 SPD2 承受的电涌电压低于上级 SPD1，但实际泄放的电流未必低于上级 SPD1。因为通常下级 SPD2 残压更低，在伏安特性上同一电压下下级 SPD2 电流更大。其能量配合需要结合 SPD 特性才能确定。

3. 级间配合电流波形的选取

严格的做法应该在长持续波（即 i_{imp}，如：10/350μs 电流波）和短持续波（即 i_{sn}，8/20μs电流波）下都进行配合，通常短持续波更容易达成配合。但如果下级 SPD 只通过了Ⅱ类试验，则长持续波配合无法进行。另外，如果确信安装地点不可能遭受直接雷击，也可以只用短持续波进行配合。

二、级间配合的方法

1. 伏安特性法

这种方法基于 SPD 的静态伏安特性，适用于限压型 SPD 间的配合。该方法对电流波形不是特别敏感，也不需要去耦元件，线路上的分布阻抗本身就有一定的去耦作用。这种方法需要准确的 SPD 伏安特性曲线和烦琐的算法，可以通过仿真软件模拟。

2. 去耦阻抗法

按电磁兼容（EMC）模型，通过上级 SPD1 连接点处的电涌可看成是骚扰源，下级 SPD2 可看成是感受器，电涌能量是从 SPD1 处通过线路传导耦合到 SPD2 上去的，耦合量越

小，SPD2 越不易被损坏。从式（7-12）可知，线路阻抗越大，不等式越容易满足，即耦合量大小与线路阻抗 R、L 反相关。换句话说，线路阻抗具有减小上下级 SPD 间能量耦合的作用，因此将两级 SPD 间的阻抗称为去（解）耦阻抗。

两级电涌保护间的去耦阻抗大小与线路长度正相关，因此要求两级 SPD 间电气距离足够远，这一距离一般最小不低于10m，凑巧的是这个距离正好是电涌电压波的振荡基本不对保护效果产生影响所允许的最大距离。若线路阻抗的去耦作用不能满足要求，安装间距又不能再增加，可在两级电涌保护间串接专门的集中参数阻抗元件以增大去耦作用，这种阻抗元件叫作去耦元件。

一般情况下，电压开关型和限压型 SPD 间的去耦元件采用电感，限压型 SPD 间的去耦元件采用电阻或电感。去耦元件的阻抗值选取可采用式（7-13）进行估算，有的 SPD 产品给出了不同级间距下各型 SPD 的去耦阻抗值配合表，可直接采用。

去耦阻抗的加入会改变系统正常运行的状况，如损耗、电压损失、功率因数等都可能发生变化，应校核确定这些变化的量值大小在允许范围以内。

3. 触发型 SPD 配合

触发型 SPD 根据通过端子的能量值导通，上级 SPD1 选用触发型时，该导通能量整定值应低于下级 SPD2 能量承受值。这种配合方法不需要设置去耦元件，但现阶段可用的产品较少。

4. 通过能量（LTE）法

该方法将上、下级 SPD 都看成是二端口网络，上级 SPD1 输出端口的能量进入下级 SPD2 输入端口。假设下级 SPD2 为通过Ⅲ类试验的电涌保护器，将上级 SPD1 输出端口的电压波形 $u_1(t)$按能量等效的原则转换成Ⅲ类试验标准的 1.2/50μs 开路试验电压，该等效开路电压峰值为 $\sqrt{6\times10^{-3}\int u_1^2(t)\,\mathrm{d}t}$，如果该电压低于 SPD2 的Ⅲ类试验参数开路电压 U_{oc}，则两级 SPD 达到能量配合。

如果下级 SPD2 不是通过Ⅲ类试验的 SPD，只通过Ⅱ类试验，则可将最大放电电流 I_{max2} 看成Ⅲ类试验短路电流 I_{sc} 参数，通过 2Ω 的虚拟阻抗转换成 U_{oc}，再用以上方法进行配合。

该方法不涉及 SPD 内部特性，但需要准确的输出电压、电流波形，并需要进行积分计算。如果 SPD 生产厂家能给出该积分数据，则配合工作就会变得容易。

第六节　电涌保护与低压系统其他保护及接地形式的配合

一、电涌保护与其他保护的配合

1. 低压系统其他保护及其与电涌保护的关系

电涌保护是低压系统诸多保护中的一种，除了电涌保护之外，低系统还有以下一些常见的保护。

TN 系统中：过电流保护，剩余电流保护。

TT 系统中：过电流保护，剩余电流保护，故障电压动作保护（较少采用）。

IT 系统中：过电流保护，剩余电流保护，绝缘监视，故障电压动作保护（较少采用）。

在所有这些保护中，人身安全保护措施是最优先的，不能因为设置其他保护而使人身安全保护降低效能。另外，就电涌保护而言，还必须考虑SPD失效对其他保护的影响。因此，电涌保护与其他保护的协调与配合是必须细致考虑的问题。

2. 电涌保护与过电流保护的配合

主要考虑SPD短路失效和通过电涌电流条件下与过电流保护的配合。

（1）电压保护模式与过电流保护的配合关系　在TN系统中，不管采用差模还是共模接法，SPD短路失效都会造成系统短路故障，能够靠量值很大的短路电流驱动过电流保护电器动作切除失效SPD，如图7-23所示。

在TT系统中，采用共模接法时，SPD短路失效时的故障回路上有两个接地电阻，故障电流很小，一般不足以使过电流保护电器动作，如图7-24中SPD1所示。TT系统中常采用的所谓“3+1”接法，就能与过电流保护良好配合，如图7-24中SPD2所示，接于相导体的3只SPD中任一只短路失效，都会形成相中单相短路，N-PE间SPD为电压开关型，非线性元件为放电管，不考虑其失效问题。

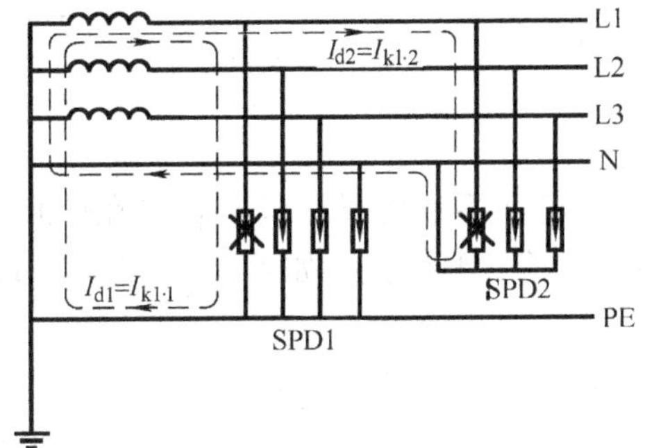

图7-23　TN系统中SPD短路失效时的故障回路

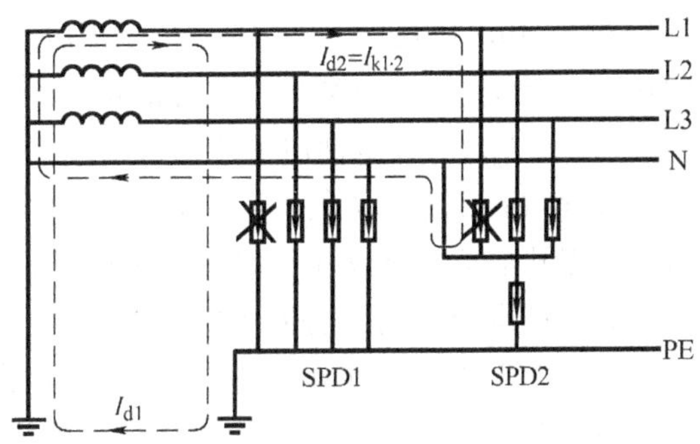

图7-24　TT系统中SPD短路失效时的故障回路

（2）过电流保护设置的优先原则　如图7-25a所示，过电流保护F设置在线路上，如果SPD短路失效，过电流保护切断线路，导致供电中断，但不会出现SPD失效而系统仍在运行的情况，因此称此为优先保证电涌保护连续性方式。如图7-25b所示，过电流保护F设置在SPD引线上，如果SPD短路失效，过电流保护只会切除失效SPD，不会导致供电中断，但其后系统是在失去电涌保护的情况下继续工作的，因此称其为优先保证供电连续性方式。

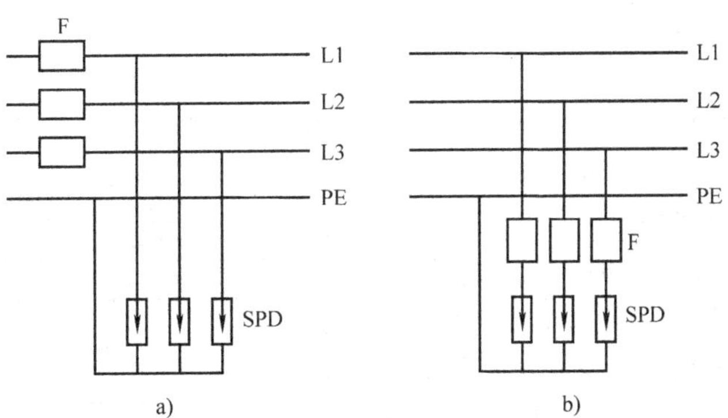

图7-25　SPD过电流保护的优先原则

a）优先保证电涌保护连续性　b）优先保证供电连续性

F—过电流保护电器

(3) 过电流保护电器选择　由于电涌持续时间是微秒量级，而熔断器和低压断路器已知保护特性最低也是在毫秒量级，且主要针对直流和工频交流，因此现状工程主流过电流保护电器与电涌电流的配合问题仍处于研究之中。对于如图 7-25a 所示接线，SPD 动作时过电流保护电器 F 中流过工频电流和电涌电流，它们的叠加是否导致 F 误动作还没有可靠的判据，但有部分低压断路器产品有防电涌误动作功能，可在规定的电流波形和量值内保证不因电涌电流误动作。

对于如图 7-25b 所示接线，过电流保护电器 F 一般不推荐采用普通断路器，因为普通断路器内部脱扣器线圈电感值较大，等效于加长了引线长度，不利于降低 SPD 有效电压保护水平 $U_{P/F}$。采用熔断器是比较好的方案，判断熔断器在泄放电涌电流时是否误熔断，现状工程中主要采用焦耳积分能量法。将熔断器弧前焦耳积分特性表达为$(I^2t)_{FA}$，电涌能量也用焦耳积分形式表达为$(I^2t)_{srg}$，$(I^2t)_{srg}$与电涌电流峰值 I_{crest}间的换算关系如下：

对 10/350μs 电流波　　$(I^2t)_{srg}=256.3I^2_{crest}$　　(7-14)

对 8/20μs 电流波　　$(I^2t)_{srg}=14.01I^2_{crest}$　　(7-15)

式中　$(I^2t)_{srg}$——电涌焦耳积分能量（$A^2 \cdot s$）；

I_{crest}——电涌电流峰值（kA）。

如果满足 $(I^2t)_{FA}>(I^2t)_{srg}$，则熔断器能够承受电涌电流而不致熔断。$(I^2t)_{FA}$可在熔断器特性参数中查到。事实上，除电涌电流外，SPD 中还可能有工频续流，如果续流未能被 SPD 截断，则熔断器应可靠分断工频续流。

(4) SPD 的工频低电流保护及 SCB 电器　SPD 回路正常时无工频电流，如果出现哪怕是几安培的工频低电流，也认为是过电流，这种情况可能是 SPD 性能劣化所致，或工频暂时过电压 TOV 过高所致。过电流保护 F 应及时切断 SPD 回路，以避免 SPD 热损坏。

过电流保护电器既要在几十千安培的电涌电流下不动作，又要在几安培工频电流下动作，传统的低压断路器是难以做到的。近年来出现了一种新型的电涌保护器专用断路器(SPD' s Circuit Breaker，SCB)，这种断路器一次回路电感很小，不会提高 SPD 有效电压保护水平 $U_{P/F}$，其耐受涌流能力最高可达 10/350μs 电涌电流 25kA，8/20μs 电涌电流 120kA，而工频动作电流可低至 3A，切断工频续流能力与常规低压断路器短路开断能力相当，无额定电流参数，是一种值得关注的新型电器。

3. 电涌保护与剩余电流保护的配合

SPD 与 RCD 的配合属于电涌保护与电击防护及电气火灾防范的配合之一，应考虑以下几个方面的问题：SPD 的电压保护模式、SPD 与 RCD 的安装位置、系统的接地形式。

(1) 电涌保护动作造成 RCD 误动作问题　如图 7-26 所示，共模保护模式的 SPD 安装在 RCD 的负荷侧，SPD 泄放电涌电流时，电涌电流从 PE 线流走，因而被 RCD 判读为剩余电流，尽管在电涌持续时间内 RCD 机械机构还不能完成动作全过程，但其动作可能已经启动，在电涌过去后，RCD 还是可能会断开，形成误动作。

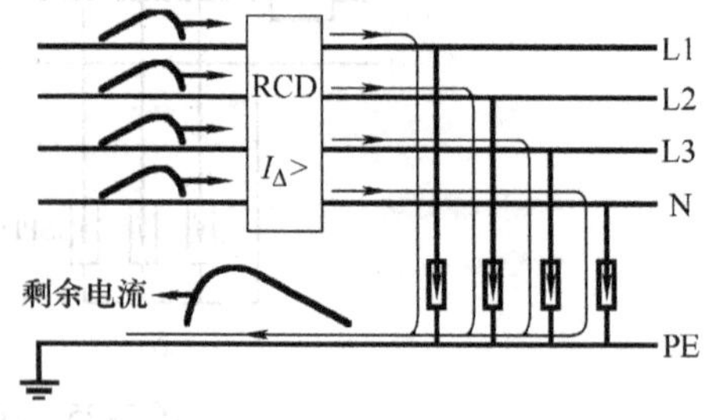

图 7-26　导通的 SPD 中电涌电流成为剩余电流

对这种情况，可采用防电涌的 RCD 来应对，防电涌的 RCD 允许通过一定量值的性质为剩余电流的电涌电流而不动作。就产品现状来看，S 型 RCD 的产品标准（IEC61008－1 和 IEC61009－1）规定该类 RCD 应耐受 3kA（8/20μs 波形）电涌电流而不断开，一般型 RCD 典型耐受值为 250A（8/20μs 波形）。虽然 RCD 耐电涌电流值远小于大多数 SPD 的标称放电电流 I_n，更小于最大放电电流 I_{max}，但 SPD 通流容量是按较小概率情况考虑的，实际泄放电流多数情况下都小于通流容量，因此这种 RCD 能降低因电涌电流通过而误动作的概率。

若将 SPD 安装在 RCD 的电源侧，以上误动作问题会从根本上消除。

（2）RCD 对 SPD 失效的保护　如图 7-27 所示，共模保护模式下相导体与 PE 导体间 SPD 短路失效（一般只对限压型 SPD 考虑这种故障）时，流过失效 SPD 的工频电流成为剩余电流，RCD 因此动作切除故障；差模保护模式下相导体与 N 导体间 SPD 短路失效时，流过失效元件的工频电流不形成剩余电流，RCD 无法实施保护。

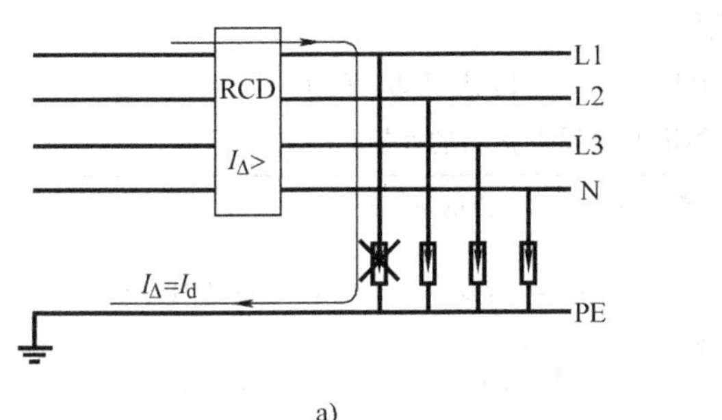

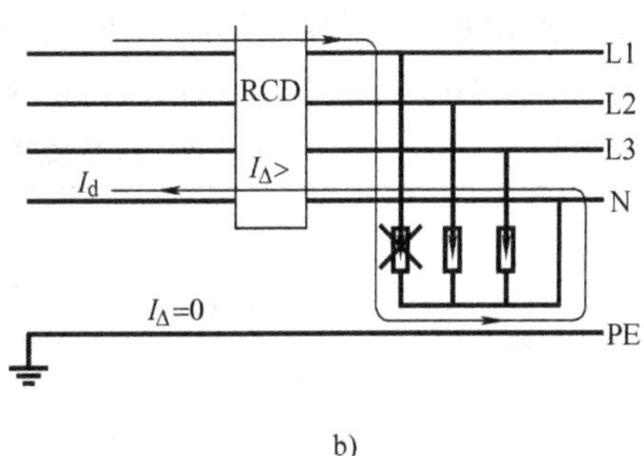

图 7-27　不同保护模式下 RCD 对 SPD 短路失效的保护作用

a）共模接线 b）差模接线

对共模保护模式，应特别注意 N－PE 间 SPD 的短路失效问题。如图 7-28 所示，当 N－PE 间 SPD 短路失效时，若 N 线上原本没有电流，则 RCD 中无剩余电流产生，RCD 无法对失效 SPD 实施保护；当 N 线上原本就有电流时，该电流会从失效 SPD 处流入 PE 线，成为剩余电流，此时 RCD 是否动作取决于 PE 线上电流量值是否超过 RCD 动作值。也就是说，RCD 对 N－PE 间 SPD 失效的保护是不确切的。

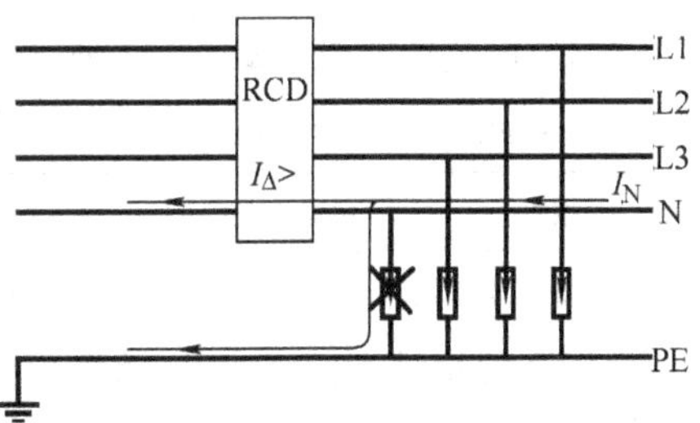

图 7-28　RCD 对 N－PE 间 SPD 短路失效的保护问题

（3）N－PE 间 SPD 短路失效造成 RCD 灵敏性降低问题　如图 7-29 所示，RCD 负荷侧设备发生碰壳接地故障时，接地电流 I_d 原本全部成为剩余电流，但由于之前可能已经发生 N－PE 间 SPD 失效，一部分接地故障电流在失效 SPD 处流向 N 线，使 RCD 中的剩余电流减小，从而降低了保护灵敏性，尤其是对于 S 型 RCD，可能使其延时超过规定范围。

以上问题是两种故障叠加发生的，这种情况发生的概率是否小到可以忽略不计呢？对 N－PE 间 SPD 失效，如果 N 线上原本没有电流，是不会被 RCD 检测到的，更不会引起过电流保护动作，因此故障可能长期存在。在这种情况下又发生碰壳接地故障，实际上是有可能的。

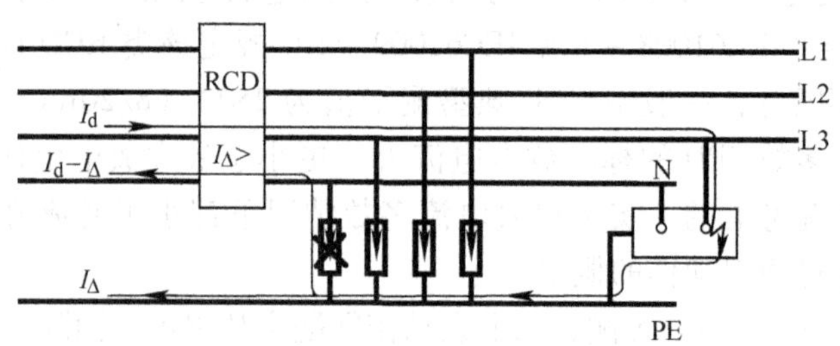

图 7-29　RCD 保护灵敏性因 SPD 短路失效而降低

基于以上讨论和供电连续性的考虑，一般情况下，在低压系统电源级配电和中间级配电处，不建议将 SPD 设置在 RCD 负荷侧，只有在末级配电处，可以考虑将 SPD 设置在 RCD 负荷侧。

二、电涌保护在各接地形式系统中的应用

低压系统不同接地形式下各导体间 SPD 的装设，可按表 7-9 确定。

表 7-9　按系统特征确定的电涌保护器的连接

电涌保护器接于	电涌保护器安装点的系统特征							
	TT 系统		TN－C 系统	TN－S 系统		引出中性线的 IT 系统		不引出中性线的 IT 系统
	装设依据			装设依据		装设依据		
	接线形式 1	接线形式 2		接线形式 1	接线形式 2	接线形式 1	接线形式 2	
每一相线和中性线间	+	●	NA	+	●	+	●	NA
每一相线和 PE 线间	●	NA	NA	●	NA	●	NA	●
中性线和 PE 线间	●	●	NA	●	●	●	●	NA
每一相线和 PEN 线间	NA	NA	●	NA	NA	NA	NA	NA
相线间	+	+	+	+	+	+	+	+

注：“●”表示强制规定装设 SPD，“+”表示需要时可增设 SPD，“NA”表示不适用

低压系统接地形式与 SPD 承受工频暂时过电压 TOV 应力大小密切相关，暂时过电压详细分析见本书第六章第四、五节。对于低压系统故障引起的低压系统 TOV，国家标准 GB18802.1《低压电涌保护器（SPD）　第 1 部分：低压配电系统的电涌保护器　性能要求和试验方法》中规定有专门的试验和要求，该试验名称为“在低压系统故障引起的 TOV 下试验”，通过这项试验的 SPD 在应用时可不再考虑低压系统故障引起的 TOV 产生的电应力问题。

但中高压系统故障引起的低压系统 TOV，其对 SPD 产生的电应力必须予以考虑，暂时过电压试验值 U_T 是用于校验 SPD 耐受 TOV 能力的参数，要求

$$U_T > U_{TOV} \tag{7-16}$$

式中　U_T——SPD 暂时过电压试验值（V）；

U_{TOV}——中高压系统故障引起的低压系统暂时过电压最大值（V），可按表 6-11 计算。

SPD 典型的暂时过电压试验值 U_T 如表 7-10 所示。

表 7-10　SPD 典型的暂时过电压试验值 U_T

实际应用		TOV 试验值 U_T/V	
持续时间		5s	200ms
SPD 连接到:			
TN 系统	L－（PE）N 或 L－N	$1.32U_{cs}$	
	N－PE	—	—
	L－L	—	—
TT 系统	L－PE	$1.55U_{cs}$	$1200+U_{cs}$
	L－N	$1.32U_{cs}$	—
	N－PE	—	1200
	L－L	—	—
IT 系统	L－PE	—	$1200+U_{cs}$
	L－N	$1.32U_{cs}$	—
	N－PE	—	1200
	L－L	—	—
TT、TN 和 IT 系统	L－PE	$1.55U_{cs}$	$1200+U_{cs}$
	L－（PE）N	$1.32U_{cs}$	
	N－PE	—	1200
	L－L	—	—

注：U_{cs}为系统可能产生的最大持续工作电压（V），取 $U_{cs}=1.1U_0$，U_0为系统标称相地电压（V），等于系统标称相电压。

作为示例，以下列举电涌保护在各接地形式系统中的一些典型应用。

1. 在 TN 系统中的应用

TN 系统中，不论是共模还是差模接线，SPD 短路失效都会产生短路电流，驱动过电流保护切除失效元件，因此一般将 SPD 装设在 RCD 的电源侧，一来可避免 SPD 动作造成 RCD 误动作，二来可以使 RCD 也受到电涌保护。电涌保护在 TN 系统中的典型应用如图 7-30 所示。第一级 SPD 安装处 N 线和 PE 线刚分开，故不需要 N－PE 间 SPD。

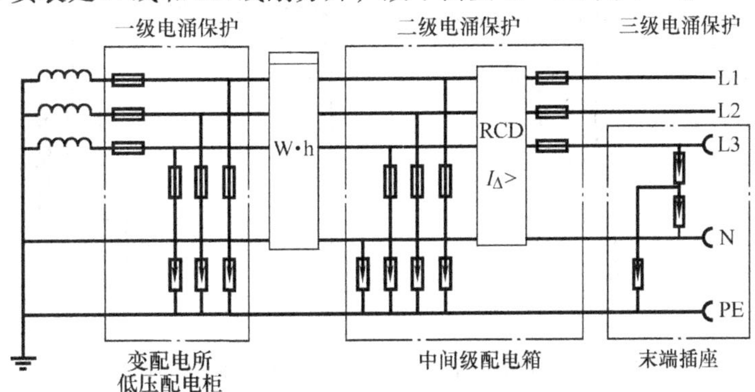

图 7-30　电涌保护在 TN 系统中的典型应用

插座 2+1 电涌保护器电路如图 7-31 所示，该 SPD 由两只压敏电阻串联作相—中差模保护，每只压敏电阻与放电管串联作相—地或中—地共模保护，构成 2 + 1 的接线形式（CT2）。如果只有差模过电压，则压敏电阻导通限压，电涌能量部分消耗在压敏电阻中，另一部分消耗在设备中，由于没有电涌电流从 PE 线流走，不会导致 RCD 误动作。如果是差共模过电压且共模过电压已足以使放电管击穿，则部分电涌电流通过 PE 线导走。绿色信号灯 PGG 是运行指示，红色信号灯 PGR 是故障指示。该电路一只压敏电阻短路失效时熔断器不动作，但红色信号灯 PGR 点亮发出警示，还可并联蜂鸣器发出声报警；两只压敏电阻失效时有工频短路电流，熔断器实施保护。

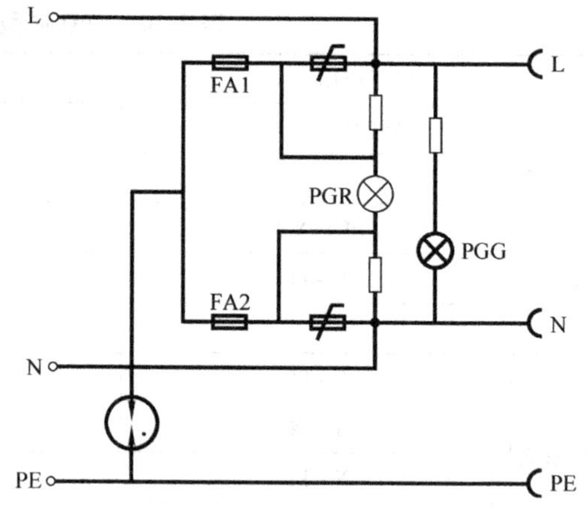

图 7-31　插座 2 + 1 电涌保护器电路

如果 RCD 采用耐电涌的类型，图 7-30 中末端插座 SPD 也可以取消放电管接成共模接线，差模保护由两只压敏电阻串联实现，这种接线压敏电阻每只的 U_c 值均需按标称相电压 1.1 倍选取，而不是 2 + 1 接线那样两只串联的总 U_c 按标称相电压 1.1 倍选取，这会导致差模保护的电压保护水平 U_P 升高，限压效果降低。

2. 在 TT 系统中的应用

如图 7-32a 所示，在 TT 系统中，安装在 RCD 负荷侧的 SPD 可接成共模接法，这种接法中，当一只 SPD 短路失效时，尽管故障电流可能不足以驱动过电流保护电器动作，但故障电流性质为剩余电流，足以驱动 RCD 动作，切除故障元件。这是一种优先保证电涌保护连续性的做法。

在 TT 系统中，当安装在 RCD 负荷侧的 SPD 接成差模接法时，任一只 SPD 短路失效，都会造成系统短路，此时，RCD 检测不到剩余电流，但过电流保护电器能可靠切除故障，也是可行的。如图 7-32b 中 3 + 1 接线中的差模部分所示，这是一种优先保证供电连续性的做法。

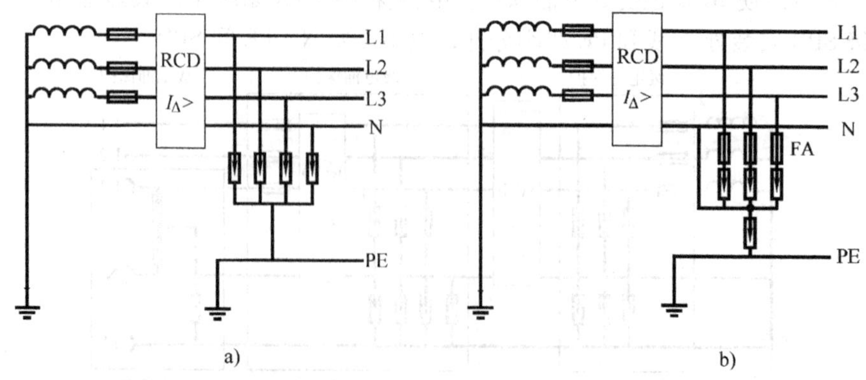

图 7-32　TT 系统中 SPD 设置在 RCD 负荷侧的做法

在 TT 系统中，若将 SPD 安装在 RCD 的电源侧，则必须考虑采用差模或 3 + 1 方式，因为这时短路失效 SPD 只能靠过电流保护切除，其前提条件是 SPD 短路失效必须产生短路电流，而 TT 系统中 SPD 共模接法时，SPD 短路失效是不会产生短路电流的。在 3 + 1 接法中，

N－PE 间 SPD 一般都是采用放电管，其失效概率可忽略，否则若 N－PE 间 SPD 失效，无法得到保护。

图 7-33 为电涌保护在 TT 系统中的典型应用。

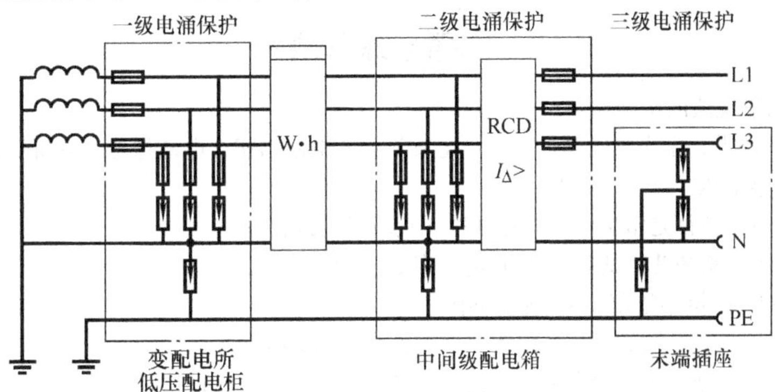

图 7-33　电涌保护在 TT 系统中的典型应用

3. 在 IT 系统中的应用

在共模接法下，IT 系统中一只 SPD 短路失效相当于 IT 系统单相接地，不会产生过电流。若采用 IT 系统的目的是为了提高供电连续性，则不应因此切断电源，这要求将 SPD 安装在 RCD 的电源侧，如图 7-34a 所示二级电涌保护的情况，但 SPD 本身应具有故障报警功能，以通知工作人员及时排除故障。若采用 IT 系统的目的只是为了电击防护，则可考虑将 SPD 设置在 RCD 的负荷侧，靠 RCD 切除失效 SPD，如图 7-34b 所示二级电涌保护的情况。

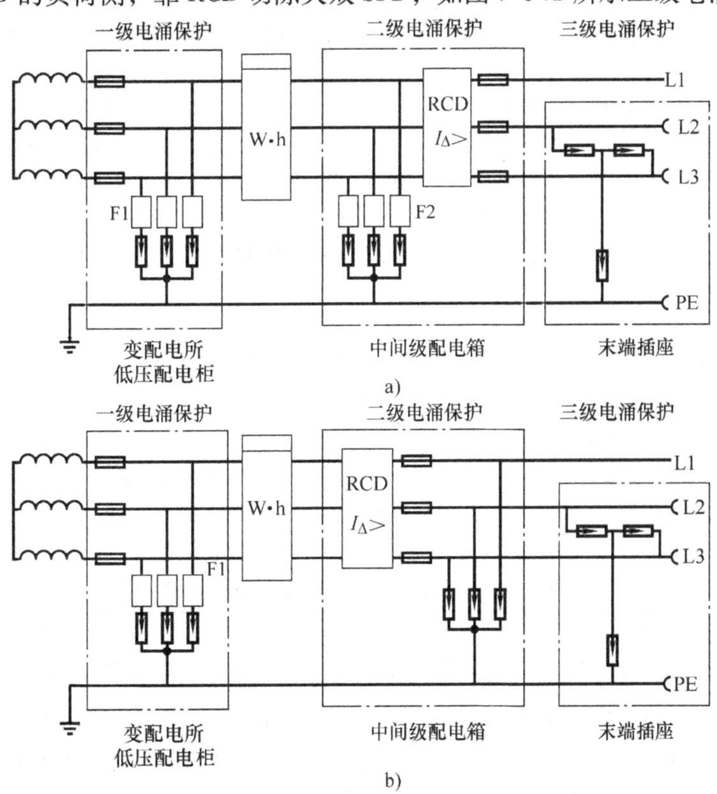

图 7-34　电涌保护在 IT 系统中的典型应用

a）须保证供电连续性时接法　b）只考虑电击防护时的接法

图 7-34 中 SPD 短路失效后备保护器件 F1、F2 无法用一般的过电流保护电器实现，因为 SPD 短路失效并未产生过电流，而只是比较小的工频电容电流。最好由 SPD 自带的脱离器实施保护，如带对地绝缘监测的脱离器等。

思考与练习题

7-1 试判断以下说法的正确性：

（1）按 EMC 的观点，雷击电磁脉冲 LEMP 是发射器的电磁骚扰，电涌是感受器所受到的电磁干扰。

（2）电涌就是过电压。

（3）高暴露地点的特征是雷击电磁脉冲强度无衰减或衰减较少。

（4）SPD 的Ⅰ类试验和Ⅱ类试验有部分参数测试是重叠的。

（5）限压型 SPD 中非线性元件不可能有间隙。

（6）混合型 SPD 一定是先呈现开关特性，导通后才呈现限压特性。

7-2 常有报道，称处于关机状态的电子信息设备在一场雷雨之后被损坏，有的甚至连电源插座的开关都是断开的。请你分析产生这种情况有哪些可能性。

7-3 某建筑物由低压架空线供电，进入建筑物前 25m 改为电缆，并在架空线转电缆处设置了户外电压开关型 SPD。该建筑利用基础金属构件作接地极，防雷接地、电击防护接地和电子信息系统接地共用该接地极。按建筑物内部防雷要求，在电源进线处实施了总等电位联结。试分析雷击架空线（损害成因 S3）和雷击建筑物外部防雷系统（损害成因 S1）时，若雷击点放电电流相同，架空线转电缆处 SPD 承受的电涌电流有何不同。

7-4 试辨析 SPD 的残压、限制电压和电压保护水平这三个参量的关系。

7-5* 电涌保护器Ⅰ类试验中冲击电流 i_{imp} 有 3 个定义参量 I_{peak}、Q 和 W/R，仅从原理（而非试验标准规定）上看，I_{peak} 与 Q 量值有无确定关系？Q 与 W/R 量值有无确定关系？I_{peak} 与 W/R 量值有无确定关系？

7-6 某限压型 SPD 标称放电电流 $I_n=10kA$，最大放电电流 $I_{max}=20kA$，电压保护水平 $U_P=1.5kV$。当通过该 SPD 的实际电涌电流达到 18kA（8/20μs）时，该 SPD 是否被损坏？其残压是否可能超过 1.5kV？

7-7 某限压型 SPD 长期持续工作电压 $U_c=260V$，用于 220/380V 三相三线制 IT 系统，3 只 SPD 采用 CT1 连接方式作共模保护，试判断该 U_c 值选取是否正确。

7-8 低压系统电气设备的冲击耐压分为几个等级？就 220/380V 系统而言，各等级的冲击耐压值分别是多少？

7-9 电涌保护为什么要采用分散、多级的布局？

7-10 用电设备上共模和差模过电压产生危害的途径有何不同？

7-11 （3+1）接线的保护模式中，各只 SPD 一般应选用哪种形式？

7-12* 某Ⅱ类试验 SPD 最大放电电流 $I_{max}=40kA$，用某型熔断器作短路失效后备保护，要求在 SPD 通过幅值不大于最大放电电流的 8/20μs 电涌电流情况下熔断器不熔断，试选择熔体额定电流。在所选熔体条件下，为保证工频短路热稳定要求，连接 SPD 的铜心 BV 导线截面积最少不小于多少？铜芯 BV 导线热稳定系数为 $115A\cdot\sqrt{s}\cdot mm^{-2}$，表 7-11 为某型熔断器的保护特性参数。

表 7-11 某型熔断器弧前焦耳积分特性

熔断器熔体额定电流/A	25	32	40	50	63	80	100	125
弧前焦耳积分值 I^2t/（$A^2\cdot s$）	800	1300	2500	4200	7500	14500	24000	40000

7-13* 某 10/0.38kV 变配电所采用共同接地，共同接地电阻 $R_{E1}=2\Omega$。高压侧为低电阻接地系统，接地故障电流 $I_F=550A$，持续时间 0.2s。低压侧为 TT 系统，接有 CT1 连接方式的 SPD，试选择各级 SPD 的暂时过电压 TOV 试验值 U_T。提示：参见表 6-11 和图 6-21。

第八章　电气环境安全

环境安全需要全社会共同参与，这其中自然包括电气工程领域的参与。目前的情况，从减轻对环境的危害这一角度来看，电气工程领域主要涉及两个问题：一个是电气火灾问题，它属于公共安全问题，是灾害防治的一项重要内容；另一个是电磁污染问题，它涉及各电磁系统间的相互关系，以及各种电磁现象与自然和人之间的关系。电气环境安全是一个广义的概念，它除了传统意义上与生命和财产有关的“安全”的含义以外，更深一层的含义是防止“对任何对象的任何形式的伤害”，如影响其他系统的正常工作，造成公共秩序混乱等。电气环境安全问题目前还不是一个高度成熟的领域，很多问题的研究尚不够深入和完整，甚至可能有更多的问题尚未被发现。因此本章的目的，是通过对目前建筑电气工程实践中常见的电气环境安全问题的列举，使读者得以管窥这个领域的一些情况。

第一节　电气火灾概述

在时间和空间上失去控制的燃烧称为火灾。电能通过设备及线路转化成热能，并成为火源所引发的火灾，以及雷电和静电引发的火灾，统称为电气火灾。我国电气火灾在整个火灾中所占的比例，从20世纪八十年代初的百分之十几，上升到九十年代初的百分之三十以上，并一直维持在这个高比例附近，情况十分严重。因此，正确分析电气火灾产生的原因，采取有针对性的预防措施，减少电气火灾的发生，具有十分紧迫的现实意义。

一、电气火灾的火源

一场火灾得以发生，火源、可燃物、助燃剂是三个必要条件。电气火灾是从火源的角度命名的。电气火灾的火源主要有两种形式：一种是电火花与电弧；另一种是电气设备或线路上产生的危险高温。下面分别予以介绍：

1. 电火花与电弧

电火花与电弧主要在气体或液体绝缘材料中产生，在固体绝缘材料中，因各种原因产生的缝隙或裂纹间也可能发生电弧，但因电弧被绝缘材料包裹，除了损坏绝缘外，一般不会直接引发电气火灾，但固体绝缘外表的沿面放电会直接引发火灾。

使两导体间空气被击穿而建立电弧的静电场场强约为30kV/cm，电弧会产生很高的温度，如2～20A的电弧电流就可产生2000～4000℃的局部高温，0.5A以上电弧电流就可以引发火灾。由于电弧本身阻抗较大，它限制了短路电流的大小，常使过电流保护电器拒动或不能在规定时间内动作，为引燃近旁的可燃物提供了充分的时间。

电火花可以看成是瞬间的电弧，其温度也很高，且极易产生。

电弧与电火花除直接引发火灾外，还可能使金属融化、飞溅，飞溅到远处的高温融溶金属又成为火源，它虽然是由电火花或电弧产生的次生火源，但其火灾危险性并不小，在有些场所可能更危险。

电弧或电火花的能量，都是由电能转化而来的。在故障条件下，短路所产生的电弧能量最大；在正常工作条件下，以切断感性电路时，被切断部分电感中储存的磁场能量部分通过电弧或电火花释放，断口处的电弧或电火花能量较大。当场所内有可燃或爆炸性气体时，若电火花能量超过最小引燃（爆）能量，就可引起燃烧或爆炸。

电弧除了可引起火灾以外，还有另一种严重的危害，就是对人体产生电弧（也称弧光）灼伤，这种事故在实际工作中屡有发生，受害对象多为电气操作人员。因此，电弧也是电热效应的热源，是电热效应防护中一个重点防范对象。

2. 高温

电气设备和线路在运行时总会发热，发热的原因主要有以下几种：

（1）导体电阻损耗产生的热量　这是电能转化成热能最直接的途径。

（2）铁心损耗产生的热量　按电磁感应原理工作的电气设备，常使用铁心磁路。交变电流会在铁芯中产生磁滞和涡流损耗，即所谓的铁损。铁损大小与工作频率、磁通密度等运行参数有关，也与铁心的电磁特性和机械结构等本构参数有关。一般工频电工设备的铁心损耗，在磁通密度为1T时约为（1~2）W/kg。

（3）绝缘介质损耗产生的热量　电能也会在绝缘介质中转化成热能，称为介质损耗。介质损耗大小与绝缘介质的电气性能、制造质量、工作电压、工作频率等有关，一般在高电压下介质损耗较为明显。当绝缘介质局部受损时，可能在局部产生超常的热量。

以上是电气设备和线路产生热量的几种途径。应当明确，发热是温度升高的原因（或动力），但温度升高多少还与散热有关，稳定的温度是发热与散热达到动态平衡的结果。设计、制造、安装正确的设备和线路，在正常运行条件下，发热与散热能在一个较低的温度下达成平衡，这个温度不会超过电气设备的长期允许工作温度，故不会有危险高温出现。只有当正常运行条件或设备、线缆本身遭到破坏，使发热增大而散热不及，才可能出现温度的异常升高，以至出现危险的高温，这种危险的高温在条件恰当的时候就会引发火灾。

二、电气火灾的起因、特点与危害

（一）电能引发火灾的途径

1. 电弧或电火花

电弧与电火花均属于明火，其引发火灾的途径是直接点燃。一般电弧的持续时间较长，不仅能引燃气体和液体可燃物，还能引燃固体可燃物；电火花的持续时间较短，能量相对较小，通常只能引燃（爆）易燃（爆）气体、液体或粉尘。电弧或电火花由于本身温度极高，常使金属因高温融溶而产生飞溅，飞溅出去的融溶金属作为火源又可能引发火灾。

2. 高温

高温引发火灾的途径比较复杂，它的效应主要有：软化绝缘；分解物质产生可（易）燃气体；直接烤燃物质。下面分别介绍：

1）绝缘介质多为高分子材料，当温度高到一定程度后，其物理性状会发生变化，最明显的变化就是软化和碳化。一旦绝缘发生软化，导体间在机械压力作用下发生接触短路的可能性增大。短路一方面导致发热加剧，使导体温度急剧升高而烤燃绝缘介质，另一方面可能产生电弧直接引发燃烧。因此，这种途径引发的火灾，高温是根本原因，但不一定是直接原因，直接原因有可能是高温，也可能是短路热量或电弧。

2）很多绝缘介质如聚氯乙烯、聚乙烯、氯丁橡胶等都会因受热而分解出可燃气体，当温度高到一定值（典型值如三百多摄氏度）时，这些可燃气体便会与氧气产生氧化反应，释放出大量热量，从而引起燃烧。这种途径引发的火灾，高温不仅充当了火源的角色，还充当了可燃物制造者的角色。

3）大多数绝缘介质本身就是可燃的，如PVC塑料绝缘的自燃温度为355℃，因此即使没有因绝缘软化造成短路，也没有分解出可燃气体造成燃烧，当温度高到一定值以后，绝缘材料本身也会燃烧，这时高温就是火灾的直接原因。

（二）电气火灾的具体起因

以上介绍了电气火灾发生的原理，在实际工程中，到底有哪些情况会造成电弧、电火花或产生高温呢？根据事故统计和资料分析，对电气火灾的具体起因归纳如下：

1. 接触不良

在线路与线路、线路与设备端子、插头与插座、开关电器的触头间等导体相互接触处，或多或少都有一定程度的氧化膜存在。由于氧化膜的电阻率远大于导体的电阻率，因此在接触处产生较大的接触电阻，当工作电流通过时，会在接触电阻上产生较大的热量，使连接处温度升高，高温又会使氧化进一步加剧，导致接触电阻进一步加大，形成恶性循环，可能产生很高的温度，可高达千度以上。该高温可能使附近的绝缘软化，造成短路而引发火灾，也可能直接烤燃附近的可燃物而引发火灾。

还有一种接触不良是连接处的松动，在电磁力作用下形成机械振动，时而断开时而连通，产生打火现象，也可能引发火灾。

2. 过电流

最典型的过电流类型包括过负荷和短路，还有谐振过电流、涌流过电流等。从程度上看，过负荷是较轻的过电流，短路是最为严重的过电流。过电流产生的热效应是电气火灾的直接或间接原因。

以聚氯乙烯绝缘导线为例，从空载到正常负载，再到过载和短路，其热效应及后果如表8-1所示。常见可燃物的燃点如表8-2所示。

表8-1　过电流的热效应及后果

空载	正常负载	过电流			
		过负荷		短路	
绝缘温度同环境温度	绝缘温度不超过允许的长期最高工作温度，绝缘能保证其规定的使用寿命	温度升高，但不足160℃，绝缘老化加速，使用寿命缩短	温度升高到160℃以上，绝缘软化，老化加速，使用寿命更加缩短，可能烤燃周围可燃物	温度急剧升高，但小于355℃，烤燃周围可燃物	温度急剧升高到355℃以上，绝缘本身开始燃烧

表8-2　常见可燃物的燃点　（单位：℃）

纸	棉花	布	麦草	木材	煤
130	150	200	200	250	280

从表8-1和表8-2可知，塑料绝缘导线在发生过负荷但绝缘尚未软化时，可引燃的物质不多，只有纸、棉等易燃物，这时的火灾危险性不大；当过负荷达到发生绝缘软化时，通常的后果首先是发生短路，再因短路热效应引发火灾。因此，只要过电流达到绝缘软化的程

度，火灾危险性便大为增加。

3. 异常电压升高

电力系统在运行过程中，运行电压异常升高会从两个方面产生火灾危险性。

1）由于负载阻抗的发热与电压平方成正比，在带电导体间电压升高的情况下，用电设备的发热会超过正常值，而用电设备的散热是按额定发热条件设计的，因此产生的额外温升可能使用电设备的温度达到危险值，从而引发火灾。

2）当相线对地电压升高到250V以上，即超过了与低压单相电器爬电距离相对应的电压值时，因环境污染或潮气冷凝在电器绝缘表面留下的盐分所形成的导电膜上可能发生漏电，漏电可能出现火星使绝缘表面碳化，碳化的绝缘表面在超过250V的电压作用下很易发生闪络，可以引发火灾。这种火灾不乏案例，如我国某城市一地铁机车就曾因这种原因而起火燃烧。

低压系统异常电压升高在第六章已作过介绍，如中性点位移、高压系统故障转移电压等，此处不再赘述。

4. 不稳定的短路或接地故障

不稳定短路或接地指故障导体并未完全金属性牢固连接，这种故障常有电弧产生，故有时又称电弧或弧光短路。弧光短路的特点是有较大的电弧阻抗，这个阻抗限制了短路电流的大小，常使过电流保护电器拒动，或不能在规定时间内动作，从而使得电弧持续较长时间，给引燃周围可燃物创造了有利条件。

5. 绝缘的局部缺陷或受损

当绝缘局部受损时，该处的泄漏电流增大，而增大的泄漏电流产生的温升会使绝缘进一步受损。当泄漏电流大到一定程度时，就会拉起电弧或爆出电火花，从而引发火灾。

6. 铁损过大

电气设备的铁心中，磁通密度或频率过高时，会使铁损过大而产生较大的温升。正确设计制造的设备在正常工作时是不会出现这种情况的，但故障时这种情况有可能发生，如谐波成分过重、电流互感器二次侧开路等。

7. 电动机正常的机械运动受到阻碍

如正常运行的电动机发生堵转，或电动机起动失败等，这时本应转化成机械能的电能全部转化成热能，很可能使电动机及相应的回路因高温而着火。

8. 误操作

如带负荷开断隔离器，或维修电工钳断通有电流的导线等，都可能拉起电弧。

9. 设计选型或施工安装错误

如将单根相线穿金属管敷设，使得金属管壁因磁滞和涡流损耗而产生温升；或将发热量大的用电电器安装在易燃物上，如将白炽灯具安装在纸质吊顶上等。另外，工程上也见到过将用于直流系统的单芯金属铠装电缆用于交流系统且不降容的事例。更有甚者，还有用耐压较低的电话线代替电力电线连接电源插座的情况，这些错误做法造成的火灾隐患是十分严重的。

10. 雷电与静电

雷电的弧光和高温可能直接引发火灾，防雷系统可能因为反击或感应电火花引发火灾，在本书第五章中已经详述。静电主要通过静电放电电火花引发火灾，详见本章第四节。

（三）电气火灾的特点与危害

1. 特点

既然是火灾，则不论起因是什么，火灾形成后的特征主要与可燃物和环境有关。因此这里所说的电气火灾的特点，严格地说应是电气火患的特点。由于电气系统分布广泛，且长期持续运行，电气火患的特点就是火患的分布性、持续性，隐蔽性。分布性指建筑物中到处都有电线、电具或设备，都可能成为火源；持续性是因为电网总是连续不断地持续工作，若非故障或检修不会停歇；隐蔽性是因为电气线路通常敷设在隐蔽处（如吊顶、电缆沟内等），火灾初期不易被火灾报警系统发现，也不易为现场人员所察觉。另外，电气火灾的危险性还与用电情况密切相关，当用电负荷增大时，容易因过负荷而造成电气火灾。

2. 危害

火灾是一种严重的灾害，它所造成的人员伤亡、财产损失和社会震荡都是巨大的。电气火灾主要发生在建筑物内，建筑物内人员密集、疏散困难且排烟不畅，极易造成群死群伤的重大事故。在我国已发生多起歌厅、商场、电子游戏室和礼堂等人员密集场所的电气火灾，造成重大的人员伤亡，产生了恶劣的社会影响。另外，在居民住宅、中小学校、医院、图书馆等建筑中，近年来用电设备大量增加，用电负荷急剧上升，在这些场所一旦因电气故障发生火灾，后果不堪设想。因此，各有关部门除了大力加强消防灭火力量外，还制定了各种技术和行政法规来控制火灾隐患，甚至以立法的形式对消防问题提出了强制性的要求。作为电气工程领域的技术工作者，从技术的角度去尽量减少火灾隐患，是一种义不容辞的社会责任，也是职业责任的一种具体体现。

第二节 电气火灾预防及电热效应防护

电气火灾的预防是一项系统工程，它涉及设备制造、工程设计、施工安装及运行维护等诸多环节，又涉及电气、化学、材料、热力、燃烧与消防等诸多学科，因此它需要一系列的综合配套措施来进行有效防范。以下主要从设计和施工安装的角度，提出一些预防电气火灾的措施。

一、在设备和线缆形式选择上采取的火灾预防措施

1. 设备选择

1）在火灾危险性大或扑救困难的场所，尽可能选用无油或少油电气设备。不管油是用来作为绝缘介质、灭弧介质还是冷却介质，因其在高温下会分解成气体，即使自身不会燃烧，也有爆炸的危险；另外，油一旦着火，会因液体的流溢而使燃烧蔓延，给控制火势增加了困难。我国的建筑设计防火规范就明确规定，设在高层建筑主体内的变配电所，不能选用油浸式电力变压器和油断路器，在这种场所中，一般选用干式变压器，真空或 SF_6 断路器，电流和电压互感器也常选择树脂浇注形式，这些介质本身就是难燃甚至不燃物质，可从根本上消除火灾隐患。

2）开关电器及成套配电装置的选取，应考虑开关电器在操作时的飞弧问题，这一问题属于产品制造的范畴，严格地讲，只要是合格的产品，就应该没有问题。另外，应选择有防误操作的成套配电设备，我国的成套开关柜都要求有“五防”功能，可以避免因误操作产生电弧而引发火灾。

2. 线缆选择

线路火灾占整个电气火灾的60%以上，线路又是整个配电系统中分布最广、隐蔽部位最多的部分，因此有效预防线路着火对减少电气火灾有重要意义。

在建筑物低压配电系统中，电线电缆一般都是在导管或电缆槽盒、电缆托盘等配线附件中敷设，在线路着火点处正好存在可燃物质是很偶然的情况，一般是在线路的某一点着火后，火沿着线路延燃，至某一处遇到可燃物后才发展成火灾，因此，阻止绝缘燃烧沿线路的延伸就显得十分重要。根据这一要求，生产厂商开发出了阻燃绝缘材料，并生产出了阻燃电线电缆可供选用。

阻燃绝缘材料主要是在传统绝缘材料中添加一些物质，使其燃烧时所需的氧气量大为提高，该性能用指标“氧指数”来衡量，高氧指数材料使燃烧不易持续，燃烧最后因缺氧而自熄。过去我国的电线电缆只区别阻燃与非阻燃，现在有些产品已经对阻燃性能进行了分级，在不同的场所可选用不同级别的阻燃线缆，选择范围更加灵活。

对电线电缆的选择还应考虑着火后是否产生有毒气体的问题。据统计，在高层建筑火灾中死亡的人员，绝大部分是因窒息而死亡的，窒息的原因是着火时产生的浓烟中含刺激性有毒气体，这些气体刺激人体呼吸道发生严重水肿，使呼吸道变细，甚至完全封闭呼吸道。含卤族元素的高分子材料是产生这种气体的元凶，而电气线路中常用的绝缘介质聚氯乙烯便是一种含卤族元素的高分子材料。因此，在高层建筑中，应尽量避免选择使用这类绝缘材料的电气线路。现已有无卤低烟类电线电缆，是一种很好的替代品。

二、在配电系统构造上采取的火灾预防措施

1. 线缆规格的选择

1）线路应具有足够的耐压水平和绝缘水平，防止绝缘被击穿而发生短路。这是一个常被忽视的问题，尽管在很多情况下这一条件都能满足，但并不是在所有情况下都是如此，举例如下：

通常对于220/380V的TT或TN系统，要求电缆的额定电压U_0/U（相地电压/相间电压）不小于300/500V，因为系统在正常情况下，相地电压为220V，而相间电压（即线电压）为380V。但对于中性点不接地的IT系统，当某一相接地时，其他两相的对地电压会升高为线电压380V，这种情况下系统仍可继续运行，这时300/500V的电缆显然是不符合要求的，应选择额定电压450/750V及以上的电缆。另外，若有不同额定电压的回路在同一管、槽中敷设，则所有线路都应按最高电压回路的电压来选择。

线路的绝缘电阻也很重要，它决定了泄漏电流的大小，而泄漏电流引起的发热又是损害绝缘的因素之一。一般可按这样的规则来估算对绝缘电阻的最低要求：每伏线路额定电压应具有不小于1000Ω的工频绝缘电阻，如220V线路不小于0.22MΩ，380V线路不小于0.38MΩ等。精确的数据应遵循相关的验收规范。

2）正确计算线路载流量，勿使线路因过载而产生高温。电线电缆长期允许载流量的选取是一个复杂的问题，长期允许载流量是由绝缘介质的长期允许工作温度限定的，在这一温度以下运行，绝缘介质能达到它的设计使用寿命。由于给定导体截面积的线缆通过给定电流时其发热量是确定的，因此绝缘的温度会达到多高就取决于散热条件，而散热条件又与环境温度、敷设部位（空气中还是地下土壤中等）、敷设方式（穿管、线槽或不穿管敷设等）、相邻有无其他管线等多种因素有关。在确定电线电缆长期允许载流量时，应注意以下几点：

① 环境温度不等于载流量表给定的温度时，应进行温度校正。

② 若用电设备接线端子有工作温度限制，或环境中有温度敏感物质，其最高温度限值又低于线缆的长期允许工作温度，则应按设备端子或温度敏感物质最高温度确定允许载流量。

③ 埋地电缆敷设处土壤热阻系数不同时，应按热阻校正系数修正载流量，阻校正系数可从各种手册查知，也可参阅附表20。

④ 穿管电线多管并列敷设，电缆在地中或托盘内多根并列敷设时，应按并敷校正系数修正允许载流量，以计入线缆发热对相互间散热条件的影响，并敷校正系数可以从各种手册中查知，也可参阅附表21。

在实际工程中，以上校正最易疏忽的是并敷校正，如有多根电缆在电缆沟中敷设时，校正系数通常很小，很多时候都在0.6左右甚至更低，这种疏忽所造成的载流量数据的误差常高达40%以上，已足以形成隐患。

3）当有严重不平衡电流和三的倍数次谐波电流时，应特别注意中性线截面积的选取。详见本书第二章第七节。N线截面积过小的火灾危险性有二：一是其因自身过热引发火灾；二是一旦中性线被烧断，三相不平衡负荷上会产生中性点位移，使电压升高相在负载阻抗上产生过热，可能引发火灾。

4）线路的短路热稳定校验不可忽视。满足短路热稳定要求，说明短路对线路的绝缘没有形成不可逆的改变，这既保证了本次短路没有短路点以外的绝缘损坏，也避免了线路恢复运行后新的短路隐患。

5）应考虑末端单相短路的保护灵敏性问题。这对于小负荷长线路尤为重要，如高层建筑电梯供电线路、屋顶空调冷却塔供电线路，以及市政路灯线路等。线路末端单相短路电流过小，可能导致保护不动作，单相短路长时间持续，引发火灾的可能性增加。若仅靠加大导线截面积还不能满足末端单相保护灵敏度要求，则应考虑采取改变系统结构等其他措施。

2. 合理设置系统保护

（1）过负荷保护设置常见问题　整定合理的过负荷保护，图8-1示出了动作特性与被保护元件允许过负荷特性的关系，保护装置一定要在被保护元件被损坏以前动作，保护才可靠。对电气设备过负荷保护的整定一般不易出错，常见的错误出现在对线路过负荷保护的整定上。

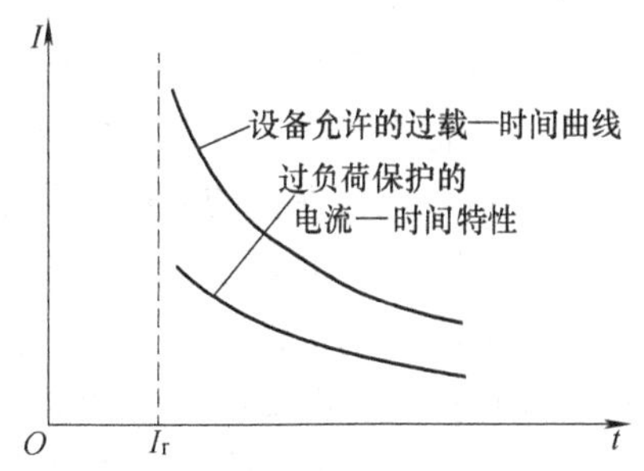

图8-1　过负荷保护动作特性的选取

如图8-2a所示，由一路变截面的母线槽作楼层配电干线，设计者考虑到干线负荷逐层减少，故在第五层将允许载流量为630A的母线槽改为400A，但整条干线的过负荷保护都由干线首端电源断路器的长延时脱扣器负责，动作其整定值为500A，这显然不能保护载流量为400A的线路的过载，因此是一错误设计。

如图8-2b所示配电箱系统图中，AL－W2回路的计算电流为I_C=21A，2.5mm^{2}导线在该设计的敷设条件下允许载流量为23A。低压断路器长延时脱扣器整定电流为分档选择，20A上一档是25A。选20A显然是错误的，因它小于计算电流，可能造成正常工作下误动作，故设计者选择了25A。但25A的过负荷保护不能可靠保护允许载流量仅为23A的线路的过载，因此设计是错误的。在这种情况下，尽管线路允许载流量已经满足计算负荷要求，但为了配合过负荷保护，应选择更大截面积的导线。

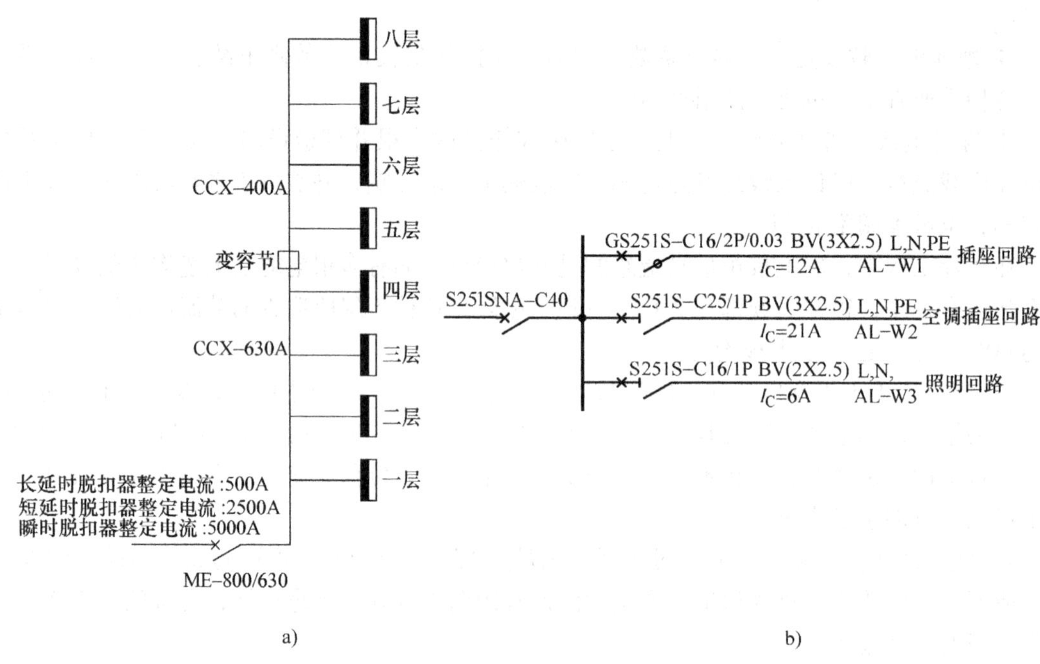

图8-2　不正确的线路过负荷保护示例

（2）短路保护设置存在的问题　在建筑物内低压配电系统的短路保护设置中，从防范电气火灾的角度来看，主要存在两个问题：一是单相短路的保护灵敏度不够，线路的零序阻抗较大，对于较长的线路，其末端单相短路电流较小，常不能满足保护灵敏度要求；二是保护的整定都是按金属性短路计算的，当发生非金属性短路如弧光短路时，较大的电弧阻抗使短路电流小于计算值，保护可能拒动。因此，短路保护的设置对防范电气火灾是有用的，但防护能力可能还不够，还需要配合其他措施来加以完善。

（3）剩余电流保护的应用　剩余电流保护电器RCD除了用于电击防护外，还广泛用于电气火灾的防范。RCD主要用于对单相接地故障引起的火灾进行防范，尤其是对绝缘缺陷产生泄漏电流和电弧性接地故障，过电流保护装置不能确切保护时，RCD的设置可弥补这一缺陷。

1）对绝缘泄漏电流引发的火患的防护。通常情况下，当绝缘受损产生泄漏电流时，若泄漏电流通道截面积为几个平方毫米，则60～100W左右的泄漏功率就能引燃绝缘。如图8-3所示，泄漏通道等效电阻为R，通过该泄漏通道的接地故障电流为I_{1k}，在线路首端或者装设有过电流保护电器，或者装设有RCD。表8-3列出了在保护动作前泄漏电阻R上可能达到的最大功率，从表中可看出，额定剩

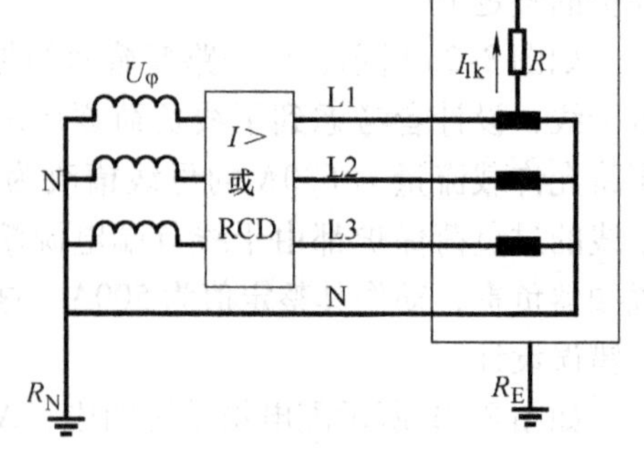

图8-3　绝缘泄漏电流

余动作电流300mA及以下的RCD能较可靠地防止绝缘燃烧。

表8-3　应用不同保护装置时可能产生的最大绝缘泄漏发热功率

保护装置	最大可能持续的电流/A	在220V时的发热功率 P/W
熔断器（10A）	15	3300
小型断路器（B、C特性，16A）	18	3960
RCD（$I_{\Delta n}=500$mA）	0.5	110
RCD（$I_{\Delta n}=300$mA）	0.3	66
RCD（$I_{\Delta n}=30$mA）	0.03	6.6

从表8-3可知，RCD动作电流越小，引发火灾所需能量得以出现的可能性越小，因此，整定较小的动作电流是有好处的，但前提是不能因动作电流太小而产生误动作。另外，动作时间也是能量累积的一个因素，动作时间越长，同样功率下所累积的能量越大，越容易引发火灾。在保证级间动作配合的前提下，动作时间越快越好。

2）对电弧性接地引发的火灾的防护。大于0.5A的电弧能量就能引发火灾，对于如此小的电流，一般的过电流保护电器无法保护，用RCD进行保护是有效的，因为此时的电弧电流就是剩余电流，使用额定剩余动作电流为0.3A的RCD，就可有效切除能引起火灾的接地电弧。

现状工程实践中，住宅要求在电源总进线处装设防接地故障的RCD，一般设计为延时动作，以便与住户插座回路的防电击RCD配合，其主要目的就是防电气火灾。其他情况下可根据需要在配电回路首端装设。另外，在有专业人员管理的一些公共场所，可将防火用RCD动作于信号，因为从电弧性接地或绝缘泄漏电流出现，到最终火灾发生，通常有一段不短的时间，在这期间管理人员有充分的时间寻找故障点，这样可减少停电的时间和次数。

但是，对于应急照明、消防设备、防盗系统、安防中心等负荷，一般不应设置动作于跳闸的RCD，在这些场所，采用动作于信号的RCD是恰当的。

（4）电弧故障保护器的应用　电弧故障保护器（Arc Fault Detection Devices，AFDD）是一种主要针对电气火灾预防的新型保护电器。电弧可能出现在带电导体与地之间，也可能出现在带电导体相互之间。因此有电弧产生时，不一定有足够大的过电流出现，也不一定有剩余电流出现，这就是还需要AFDD进行保护的原因。

国家标准GB/T 31143—2014《电弧故障保护电器（AFDD）的一般要求》于2015年实施，但之前已经有工程中采用了AFDD。AFDD通过对电流的特征分析推算系统中是否有电弧出现，一般对应于单条支路设置。目前的情况是误判率还较高，只用于额定电流不大于25A的回路，且相关的应用标准尚未出台。

（5）绝缘监视装置的应用　对于敷设路径上存在容易使绝缘受损或老化加速因素的线路，可装设绝缘监视装置，监视线路的绝缘状况，一旦发生异常，由监视装置发出警报，通知管理人员检修。

3. 防止异常电压升高

低压系统最常见的异常电压升高为中性点位移，中性点位移大小与三相负荷不平衡的程度和中性线是否完好两个因素有关，最严重的情况是三相负荷严重不平衡时发生中性线断线。因此，在系统设计时，应尽量使三相负荷平衡，并且应谨慎使用四级开关，因为中性线上开关触点若接触不良，等同于中性线阻抗过大或断线。由于中性线开关触点设计要求为无电流断、合，没有电弧来清除触头上的氧化膜及油污等，长时间运行发生接触不良可能性是不能忽略的。与单相二线制系统不同的是，三相四线制系统中性线接触不良并不影响对负荷的供电，因而不易及时被发现，这种隐患就显得尤为危险。

三、施工安装环节应注意的火灾预防事项

电气系统的施工安装，有专门的规范规定，一般说若严格地按照规范要求安装，则因安装造成的火灾隐患是很少的，这里仅针对施工安装中容易出问题的地方做一重点强调。

1）电气连接一定要紧固牢靠。接头与端子之间的连接，除了受到导线本身的应力作用外，还受到电流产生的磁场的电磁力作用，因电流是交变的，作用力引起机械振动。若连接处螺栓压力不够，则长期运行后容易松动打火，成为火灾隐患。另外对于中性线的连接要给予足够的重视，中性线接触不良，不论对电击防护、电气设备安全还是电气火灾预防都是极为不利的。

2）一定要严格保证 TN－S 系统中 N 线与 PE 线在系统中性点以外的电气绝缘，这既是电击防护的要求，也是电气火灾防范的要求。因为一旦 N 线与 PE 线混用，RCD 将误动作，在这种情况下使用者通常会取消剩余电流保护功能，这就使得防火剩余电流电保护这一有效措施失效。

3）在工作中发热较大的电器，不应安装在易燃或可燃材料上。如白炽灯具因发热较重，不能直接安装在纸质天花吊顶上等。

4）电气安装中使用的辅助材料，如绝缘胶带、穿线塑料管、塑料线槽等，一般应选用阻燃类型。

四、电热效应防护

电气设备产生的热和热辐射，可能造成以下危害：①降低设备功能，损坏或烧毁设备；②灼伤人员；③引发火灾。关于第③条，前面已作了详细论述；第①与第②条，本不属于电气火灾防范的内容，但它仍属于电气安全问题，在此附带作一介绍。

1. 灼伤保护

灼伤保护的基本原则如下：

1）将伸臂范围以内的电气设备可接近部分的温度设计控制在不可能造成灼伤人员的程度，如表 8-4 所示。该表规定了伸臂范围内的设备可触及部分在正常运行中的最高温度，这实际上是避免灼伤的通用性要求，而不只是针对电热效应产生的灼伤，因此可作为一般设备的最高温度限值。

表 8-4 在伸臂范围内的设备可触及部分在正常运行中的最高温度

可触及部分	可触及表面的材料	最高温度/℃
手握式操作工具	金属	55
	非金属	65
规定要接触，但非手握的部分	金属	70
	非金属	80
正常操作中不需接触的部分	金属	80
	非金属	90

2）在正常工作条件下，当伸臂范围以内的电气设备的可接近部分，其表面温度哪怕只有短时间超过表8-4规定的限值时，都必须采取防止意外接触这些部分的措施，例如设置围护或警戒。

2. 过热保护

为防止热和热辐射对设备及其部件的损坏，或导致设备功能的下降，可采取以下措施进行防护。

1）从结构设计和安装方面保证电气设备及其组成部分所产生的热或热辐射，不致达到或超过致使设备损坏或功能下降的程度。

2）对产生有害的电热效应的电气设备或部件（设备或部件本身不以产热为其基本功能），应采取相应的散热措施，例如在变压器或静止变流器中采用的散热片、强迫风冷、循环水冷却措施等。在采用强迫冷却时，应采取措施，监测其冷却效果。若冷却不足则应发出报警信号，必要时切断装置的供电，降低设备的负载，或采取其他措施确保安全。

对于热水或蒸气发生设备，应考虑过热安全释放装置。

第三节　爆炸和火灾危险性场所电气安全简介

爆炸和火灾危险性场所的电气安全是一个专门的技术领域，本节仅对这一领域的基本情况作一简介。

一、危险性物质

1. 关于危险性物质的一些术语和参量

（1）燃点　燃点指物质在空气中点燃并移去火源后，燃烧仍能持续下去所需的最低温度。

（2）闪燃与闪点　易燃液体在其表面上方产生有蒸气时，如果在蒸气处点火，蒸气可能会发生一闪而灭的燃烧，称为闪燃现象。闪燃不是一定会发生的，这主要取决于蒸气的浓度，而蒸气的浓度又与温度密切相关，温度越高，液体蒸发量越大，浓度越高。

闪点指能引燃易燃液体蒸气所需的最低温度值，是按规定的标准化试验测定的。

燃点是针对液体和固体物质的一个参量，闪点只针对液体易燃物。对于闪点在45℃及以下的易燃液体，燃点仅略高于闪点，一般只标示闪点。但对于闪点较高的液体易燃物，或固体易燃物，则应标示燃点。

（3）引燃温度　又称自燃温度，指在规定条件下，可燃物在没有外来火源情况下即自行发生燃烧所需的最低温度。

（4）爆炸极限　指在规定条件下，易燃气体、蒸气、薄雾、粉尘、纤维等在空气中形成爆炸性混合气体的最低和最高浓度，分别称为爆炸下限和上限。

浓度过低，爆炸所需能量不够，不能引爆；浓度过高，爆炸所需氧含量不够，也不能引爆。

（5）最小点燃电流比MICR　指在规定条件下，易燃气体、蒸气、薄雾、粉尘、纤维等在空气中形成爆炸性混合气体的最小点燃电流与甲烷爆炸性混合物的最小点燃电流之比。

矿井甲烷是单独的一类爆炸性物质，很多时候将其作为其他爆炸性物质参数的基准。

（6）最小引燃能量　指在规定条件下，使爆炸性混合物发生爆炸所需的最小电火花能量。

2. 危险性物质分类

（1）爆炸危险性物质分类　爆炸危险性物质指点燃后燃烧能迅速在整个范围内传播的空气混合物，主要可分为以下几类：

爆炸性危险物质
- Ⅰ类：矿井甲烷
- Ⅱ类：爆炸性气体、蒸气、薄雾
- Ⅲ类：爆炸性粉尘、纤维

矿井甲烷从物态上看也属于气体，因此有时在叙述时为了简洁，也将其归属于爆炸性气体类。

（2）火灾危险性物质分类　火灾危险性物质主要指易燃物，在有的情况下也泛指可燃物，在火灾危险性场所中主要指以下一些类别：

火灾危险物质
- 可燃液体
- 可燃粉尘
- 固体状可燃物
- 可燃纤维

3. 爆炸危险性物质分组、分级

爆炸危险性物质根据其引燃温度可分为不同的组别，其中爆炸性气体、蒸气等按 T1 ~ T6 分组，爆炸性粉尘、纤维等按 T11 ~ T13 分组，数字越小，引燃温度越高。

爆炸危险性物质根据其引爆所需能量大小，又可分为若干等级，分别为 A、B、C 级，字母序号越靠前，引爆所需能量越大。

二、危险性环境

根据危险性物质出现的频繁程度和持续时间，可将爆炸危险性环境划分成不同的危险区域；根据火灾事故发生的可能性和后果，以及危险程度和物质状态的不同，可将火灾危险性环境划分成不同的区域。划分结果如下：

爆炸和火灾危险性环境
- 爆炸性气体环境
  - 0 区 —— 连续、长时间或频繁短时间出现爆炸性气体
  - 1 区 —— 可能（周期性）出现爆炸性气体
  - 2 区 —— 可能偶尔短时出现
- 爆炸性粉尘环境
  - 10 区 —— 连续、长时间或频繁短时间出现爆炸性气体
  - 11 区 —— 可能偶尔短时出现
- 火灾危险环境
  - 21 区 —— 有可燃液体区域
  - 22 区 —— 有可燃粉尘区域
  - 23 区 —— 有可燃固体区域

以上危险性环境和区域的划分有一套详尽的规则，国标 GB50058《爆炸和火灾危险性环境电力装置设计规范》中有明确规定，此处不予详述。

三、爆炸危险性场所电气设备选择

1. 防爆电气设备类型

防爆电气设备指能防止设备本身的高温、电弧、电火花等引爆外部危险物质的设备。按

防爆结构形式，防爆电气设备主要有以下类型：

（1）隔爆型 d　这类设备能通过外壳阻止其内部爆炸引起外部危险性物质发生爆炸，也能防止设备内部电弧、电火花等引发外部危险物质爆炸。

（2）增安型 e　对在正常运行条件下不会产生电弧或火花的电气设备进一步采取措施，提高其安全程度，尽可能杜绝电气设备产生危险温度、电弧和火花的可能性的防爆型式。

（3）充油型 o　这类设备将可能产生电弧、电火花和危险高温的带电部件浸在绝缘油中，使其不能点燃油面上方的爆炸性混合物。

（4）充砂型 q　这类设备将细粒状物料填充到设备外壳内，使壳内出现的电弧、电火花、高温不能引爆壳外危险物质。

（5）本质安全型 i　这类设备在正常和故障情况下产生的电弧、电火花或危险高温均不足以引爆危险性物质。

（6）正压型 p　这类设备是向壳内冲入清洁的空气或惰性气体，使壳内气压高于壳外，以阻止壳外爆炸性气体进入壳内。

（7）封浇型 m　整台设备或其中部分浇封在浇封剂中，在正常运行和认可的过载或认可的故障下不能点燃周围的爆炸性混合物的电气设备。

（8）无火花型 n　在正常运行条件下，不会点燃周围爆炸性混合物，且一般不会发生有点燃作用的故障的电气设备。

（9）气密型 h　具有气密外壳的电气设备。

（10）特殊型　由上述以外的或上述两种以上形式组合成的电气设备。

另外，按应用场所，防爆电气设备又可分为Ⅰ类和Ⅱ类两种，其中Ⅰ类指煤矿用电气设备，Ⅱ类指煤矿以外的其他爆炸危险性场所用电气设备。对于Ⅱ类设备，按其表面所允许出现的最高温度，又可分为 T1 ~ T6 共六组，如表 8-5 所示。

表 8-5　Ⅱ类电气设备的最高表面温度分组

温度组别	最高表面温度/℃
T1	450
T2	300
T3	200
T4	135
T5	100
T6	85

2. 防爆电气设备的选择

防爆电气设备应根据其使用环境的危险性等级、设备本身的种类和工艺条件等因素选择。作为示例，可参见表 8-6 ~ 表 8-10 的推荐。以下表中符号，○表示适用，△表示尽量避免，×表示不适用，空格表示一般不用。

表 8-6 旋转电机防爆结构选型

电气设备类别	爆炸性气体环境						
	1 区			2 区			
	隔爆型	正压型	增安型	隔爆型	正压型	增安型	无火花型
笼型感应电动机	○	○	△	○	○	○	○
绕线转子感应电动机	△	△		○	○	○	×
同步电动机	○	○	×	○	○	○	
直流电动机	△	△		○	○	○	
电磁滑差离合器（无刷）	○	△	×	○	○	○	△

注：1. 绕线转子感应电动机及同步电动机采用增安型时，其主体是增安型防爆结构，发生电火花的部分应该是隔爆型或正压型防爆结构。

2. 无火花电动机选型只适用于具有比空气轻的介质的场所。对于比空气重的介质通风不良的场所或户内，应慎重考虑。

表 8-7 变压器防爆结构选型

电气设备类别	爆炸性气体环境						
	1 区			2 区			
	隔爆型	正压型	增安型	隔爆型	正压型	增安型	无火花型
变压器（含起动用）	△	△	×	○	○	○	○
电感线圈（含起动用）	△	△	×	○	○	○	○
仪用互感器	△		×	○		○	○

表 8-8 低压开关和控制器类设备防爆结构选型

电气设备类别	爆炸性气体环境										
	0 区	1 区					2 区				
	本安型	本安型	隔爆型	正压型	充油型	增安型	本安型	隔爆型	正压型	充油型	增安型
刀开关、断路器			○					○			
熔断器			△					○			
控制开关及按钮	○	○	○		○		○	○		○	
电抗起动器和起动补偿器			△				○				○
启动用金属补偿器			△	△		×		○	○		○
电磁阀用电磁铁			○			×		○			○
电磁摩擦制动器			△			×		○			△
操作箱、柱			○	○				○	○		
控制盘			△	△				○	○		
配电盘			△					○			

注：1. 电抗起动器和起动补偿器采用增安型时，是指将隔爆结构的起动运转开关操作部件与增安型防爆结构的电抗线圈或单绕组变压器组成一体的结构。

2. 电磁摩擦制动器采用隔爆型时，是指将制动片、滚筒等机械部分也装入隔爆壳体内的结构。

3. 在 2 区内电气设备采用隔爆型时，是指除隔爆型外，也包括主要有火花部分为隔爆结构而其外壳为增安型的混合结构。

表 8-9　照明灯具类设备防爆结构选型

电气设备类别	爆炸性气体环境			
	1 区		2 区	
	隔爆型	增安型	隔爆型	增安型
固定式灯	○	×	○	○
移动式灯	△		○	
携带式电池灯	○		○	
指示灯类	○	×	○	○
镇流器	○	△	○	○

表 8-10　旋转电机防爆结构选型

电气设备类别	爆炸性粉尘环境						
	10 区			11 区			
	尘密型	正压型	充油型	尘密型	正压型	IP65	IP54
变压器	○	○		○			
配电装置	○	○					
笼型电动机	○	○					○
带电刷电动机					○		
固定安装电器和仪表	○	○	○			○	
移动式电器和仪表	○	○				○	
携带式电器和仪表	○					○	
照明灯具	○			○			

四、火灾危险性场所电气设备选择

火灾危险性场所电气设备选择如表 8-11 所示。

表 8-11　火灾危险环境电气设备防护结构选型

<table>
<tr><th colspan="2" rowspan="2">电气设备类别</th><th colspan="3">火灾危险性环境</th></tr>
<tr><th>21 区</th><th>22 区</th><th>23 区</th></tr>
<tr><td rowspan="2">电机</td><td>固定安装</td><td>IP44</td><td rowspan="2">IP54</td><td>IP21</td></tr>
<tr><td>移动式和便携式</td><td>IP54</td><td>IP54</td></tr>
<tr><td rowspan="2">电器和仪表</td><td>固定安装</td><td>充油型、IP44、IP54</td><td rowspan="2">IP65</td><td>IP22</td></tr>
<tr><td>移动式和便携式</td><td></td><td>IP44</td></tr>
<tr><td rowspan="2">照明灯具</td><td>固定安装</td><td>保护型</td><td rowspan="4">防尘型</td><td>开启型</td></tr>
<tr><td>移动式和便携式</td><td>防尘型</td><td>保护型</td></tr>
<tr><td colspan="2">配电装置</td><td rowspan="2">防尘型</td><td rowspan="2">保护型</td></tr>
<tr><td colspan="2">接线盒</td></tr>
</table>

注：1. 在 21 区内安装的 IP44 型电机正常运行时有火花的部分（如滑环）应装在全封闭的罩子内。在 21 区内固定安装的电器和仪表，在正常运行有火花时，不宜采用 IP44。

2. 在 23 区内固定安装的正常运行时有火花的电机（如滑环电机）不应采用 IP21 型，而应采用 IP44。

3. 移动式和携带式照明灯具的玻璃罩应由金属护网。

第四节 静电防护

构成物质的基本单位——原子，是电中性的。原子中原子核带正电荷，电子带负电荷，其电荷量大小相等，但在一定的条件下，原子可能得到或失去电子，使原子不再具有电中性，而是整体对外呈现出正或负电荷的特征。局部有暂时失去平衡的相对静止的正、负电荷的累积，就是工程上所称的静电。

静电广泛存在，它可能产生于电气系统的某一环节或部位，也可能完全是一种自然现象，因此即使在一些与电气完全无关的工艺过程中，也可能有大量的静电产生。从静电的量值大小来看，小到粉尘、大至雷云，所带静电电荷及能量的差距可达天文数字。静电对环境的影响是多样的，本节主要从安全的角度讨论静电与环境的关系。

一、静电的产生与危害

1. 静电产生的机理

除了广为人知的摩擦生电以外，静电还有很多生成途径。简介如下：

（1）接触—分离起电　两种物质相互接触，当其间距小于 2.5nm 时，由于构成两种物质的原子得失电子的能力不同，界面间会因外层电子的能级不同而发生电子的转移，于是在接触界面的两侧，会出现大小相等、极性相反的两层电荷，称为双电层，这两层电荷间存在电位差，称为接触电位差。接触电位差的大小与物质类别和表面状况有关，其量值一般为 mV级，最大可达1V 左右。

以上解释接触—分离起电的理论称为双电层和接触电位差理论，用这一理论可合理解释摩擦生电现象。因两层物质接触形成双电层后再分离，转移的电子可能没有或没有全部回到原来的物质中，使得分离后的表面有净电荷的积聚，而摩擦正是两种物质持续的接触—分离的过程，因此能使参与摩擦的两种物质带上不同的电荷。

不同导体之间也会产生双电层和接触电位差，但由于电荷在导体内能迅速运动，当两导体分开时，由于相互接触的各点不可能同时分离，后分离的点就成了双电层电荷在接触电位差作用下产生电流的通道，使累积的电荷迅速消失，最终导体上无净电荷累积。

由于不同物质得失电子的能力不相同，某两种物质相互接触时谁得电子、谁失电子可由实验确定。对不同的物质两两配对重复实验，可得到一个得失电子能力的排序，这个排序称为静电起电序列。在这个序列中，排序靠前的物质与排序靠后的物质摩擦，总是排序靠前的带正电荷，而排后的带负电荷，而且两种相互摩擦的物质在排序中相距越远，摩擦生电的能力越强。如下是一些常见物质的静电起电序列：

玻璃—头发—尼龙—绸—纸张—黑色橡胶—维纶—聚酯纤维—聚乙烯—玻璃纸—聚氯乙烯—聚四氟乙烯。

（2）破断起电　不论材料破断前其内部电荷是否均匀，破断后都可能在各部分产生净电荷积累，这种现象叫作破断起电。破断起电与接触—分离起电不同，因为材料在破断前是同一种物质，故不能用双电层和接触电位差理论来进行解释。对破断起电的理论，这里不作介绍。就实际情况来看，粉尘、液体分离过程的起电都属于破断起电。

（3）感应起电　严格地说，静电感应不是静电的原始生成方式，它是在已经有静电存在的前提下，通过静电感应产生出新的静电。如图 8-4 所示，带负电荷的带电体 A 接近导体B，B与接地装置相连，这时在B上靠近A一端感应出正电荷，而负电荷被排斥到远离A的一端，由于大地可看成是有无穷大的电容量，因此这些负电荷通过接地装置泄入大地，这时断开B与接地装置相连的开关Q，导体B上就会有净正电荷累积，这就是感应生成的静电。

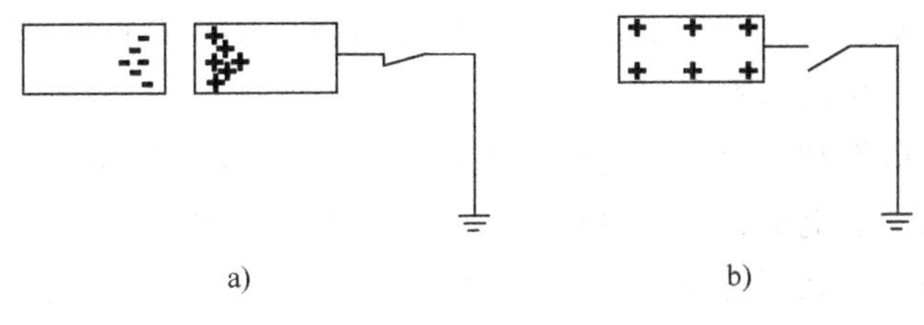

图8-4　感应起电

（4）电荷迁移　当一个带有电荷的物体与一个不带电荷的物体接触时，电荷会在两个物体间重新分配，发生电荷迁移而使非带电体带电。电荷迁移只是静电的一种重新分配，静电的总量并未发生变化。

（5）其他方式　静电产生的方式还有很多，如压电带电、电解带电、热电带电等，在此不再一一介绍。

2. 常见的静电形式

这里介绍几种可能引发安全问题的静电形式。

（1）人体静电　这里所说的人体，不仅指人的肉体，还包括人身上的衣裤鞋袜等穿着物，以及操作时所携带的工具等。人在各种活动如穿衣、坐、行走中，都可能因摩擦产生静电，而人体本身既有导体又有介质，且具有一定的电容量，因此可能被感应出静电，也有可能从带电荷的物体上分得部分电荷。

人体静电与衣着的材料、毛发皮肤的洁净状况、相对湿度等因素有关。由于人体活动范围大，又通常是各种过程的参与者，人体静电就成了一个移动的静电源，而人体静电又常常被人们所忽视，因此，人体静电成为静电危害的重要源头之一。

（2）固体及粉体静电　固体物质大面积的接触—分离或大面积摩擦，以及固体物质的粉碎等过程中，都可能产生强烈的静电，其静电产生的机理，既有接触—分离起电，也有破断起电。固体静电的特征是电压高，可高达数万伏，其原因不在于静电量值大，而在于电容的量值可能很小。以平板电容为例，在电荷量Q一定的情况下，两极板间的电压为

$$U=\frac{Q}{C}=\frac{Qd}{\varepsilon S}$$

式中　ε——极板间电介质的介电常数（F/m）；

S——极板面积（m^2）；

d——极板间距（m）；

C——电容器的电容值（F）；

U——电容器两极板间的电压（V）；

Q——极板上存储的电荷（C）。

可见，U与间距d成正比，与面积S成反比。尽管这是从平板电容器推导出的公式，但对于一般情况也有参考意义。即在ε、S、Q不变的情况下，U与d至少可以说呈正相关性。

假设静电是因接触—分离产生的，则按前面介绍，双电层间距为 2.5nm 以下，接触电位差为 mV 级，假设为 10mV，当将两接触面分开至 1cm，即距离增大了 $(1\times10^{-2})/(2.5\times10^{-9})=4\times10^{6}$ 倍，则电压会升高到 $(10\times10^{-3}\times4\times10^{6})\text{V}=4\times10^{4}\text{V}$。

粉体可看作是处于一种特殊状态下的固体群，粉体在混合、搅拌等加工过程中，由于颗粒与颗粒之间、以及颗粒与器壁和空气之间的碰撞摩擦，还有颗粒的破断，都会产生静电。粉体的静电电压很高，可高达数万伏。

由于粉体具有分散性和悬浮状的特点，因此，粉体的表面积比同等质量的同种固体大很多倍。由于表面积大，静电更容易产生；另外，由于粉体处于悬浮状态，颗粒间、颗粒与金属器皿之间、颗粒与大地之间是通过空气绝缘的，这使得粉体是否产生静电与组成粉体的材料关系不大，一些金属粉体如镁粉、铝粉等也能产生静电。

固体和粉体由于产生的静电电压都很高，若不采取措施，很容易引发火灾或爆炸，很高的电压还对一些电子设备的正常工作造成干扰，乃至威胁这些电子设备的安全，因此在橡胶、塑料、纤维等行业的生产工艺过程中都有消除静电的措施，而在计算机房、通信机房等处也会采取防止产生或者消除静电的措施。

（3）液体静电　液体在流动过程中会产生静，其产生静电的机理较为复杂，简单地说，在液体与固体的交界面上会出现双电层，在液体本体中的电荷不只是集中在一层，而是以一定密度分布的体电荷。当液体内部液体与液体间有相对运动时，这些电荷有一部分就会随液体流走，形成流动电荷。由于流动电荷现象的存在，管道的终端容器里将会有静电荷的净累积。

流动电荷产生流动电流，流动电流与管道长度有关，当管道很长时，流动电流基本上不再随管道的长度变化而趋于稳定，这个稳定值叫作饱和流动电流 I_∞，I_∞（单位：A）的计算公式为

$$I_\infty=\frac{\tau}{4}Dv^2\rho_{m\infty}$$

式中　D——管道内直径（m）；

v——流速（m/s）；

$\rho_{m\infty}$——液体饱和电荷密度（C/m^3）；

τ——体静电时间常数（s）。

通过 I_∞ 的大小，可推算出单位时间内流入终端容器的电荷量的大小，这对计算静电泄放装置的容量是有用处的。

（4）蒸气和气体静电　蒸气或气体在管道内高速流动或由阀门、缝隙高速喷出时会产生静电。蒸气产生静电的原理与液体产生静电类似，也是由于接触—分离或破断等原因产生。完全纯净的气体是不会产生静电的，但由于气体内往往含有固体或液体杂质颗粒，这些颗粒的碰撞、摩擦、分裂等过程照样会产生静电。

有些工艺过程会产生薄雾，它从物态来说仍属于液体，但以微粒状呈分散分布，它们与液体的差异，就像粉体与固体的差异一样。如涂料的喷涂就是一个最典型的例子。薄雾的喷射可能会产生强烈的静电，是一种较危险的静电源。

蒸气和气体的静电比固体和液体的静电要弱一些，但也可高达万伏以上。

3. 静电的特点

（1）能量小　除了雷云的静电积聚了巨大的能量以外，一般生产生活活动中所产生的静电能量都很小，一般不超过 mJ 级。

（2）电压高　生产过程所产生的静电电压示例如表 8-12 所示。

表 8-12　生产过程中产生的静电电压

设备类型	已观测到的静电电压/kV
带传动	60 ~ 100
纤维织物输送	15 ~ 80
造纸机械	5 ~ 100
油槽车	最高达 25
谷物皮带输送	最高达 45

（3）感应性　静电可在邻近的对地绝缘导体上感应出电荷，并可能产生出很高的电压。

（4）积聚性　静电的电荷可以累积，如果没有异性电荷的中和或电荷的泄漏，可积聚较大的电量。接触面积越大，则累积越多。

4. 静电的危害

静电产生的静电场，其物理特性已为大家所熟知，其中场强是一个重要的物理参量。当场强过大时，会使绝缘击穿放电。另外，静电场产生的静电力有时也会是一个危险的因素。具体来说，静电的危害体现在以下几个方面：

（1）引发燃烧或爆炸　静电产生的高场强引发的放电，是燃烧或爆炸的起因。

静电的能量一般很小，但其所产生的场强并不一定小，尤其在小曲率半径部位可能产生很高的场强并将空气击穿，典型的如尖端放电。放电产生的火花对易燃、易爆的气体或液体是极为危险的。表 8-13 是一些易燃气体与蒸汽混合物的最小引燃能量，从表中可以看出，引燃能量都在 mJ 级，与大多数静电的放电能量处于同一数量级。当一些易燃物质混合在空气中时，就很易为静电引燃，如汽油在空气中的体积浓度在 1.4×10^{-6} ~ 7.6×10^{-6}之间时，只要 1mJ 的火花能量就可点燃，医院手术室中常用的乙醚，当体积浓度在 1.85×10^{-6} ~ 36.55×10^{-6}之间时，0.45mJ 的火花能量就能点燃。因此在火药、火箭燃料、有机溶剂仓库、医院手术室等处都要严防静电放电。

表 8-13　气体和蒸汽混合物的最小引燃能量　（单位：mJ）

名称	最小引燃能量	名称	最小引燃能量	名称	最小引燃能量
甲烷	0.28	环乙烷	0.22	乙醚	0.19
乙烯	0.096	丁烷	0.25	氨	6.8
乙炔	0.019	苯	0.20	氢	0.019
丙烷	0.26	丁酮	0.29	戊烷	0.28

（2）静电电击　静电电击作为一种人为的手段，用得最多的是警用电警棍，但这里所说的静电电击是指非人为的。与工频电击不同，静电电击时人体只是承受放电瞬间的冲击电流，已有工程技术人员从电击能量的角度对其伤害性做了研究，但尚未形成标准性的文件。

研究认为，冲击电流引起心室纤维颤动使人致命的能量界限为 $0.054A^2 \cdot s$。

尽管至今尚未有静电电击致命的报道，但静电电击造成二次伤害的可能性是存在的。如对于有心脏病的人员，可能会诱使病情发作或加重其病情，有些国家就明文规定心脏衰弱者不得从事静电喷漆等工作；又如对于高空作业的人员，可能导致人员从高空跌落而造成伤害。

（3）损坏电子元件或设备　集成电路中广泛采用的金属氧化物场效应管，由于其栅极与源、漏极间有很高的绝缘电阻，因而极易因静电感应电压而造成击穿，一般100V的感应电压就足以使场效应管损坏。大家常见的计算机内的各种板卡、硬盘等通常都用抗静电包装袋包装，而安装时工作人员会不时将手放到墙面或金属桌面上按一下，就是为了防止人体静电对元件的损坏。

（4）影响正常的工艺过程或破坏正常的工作状态　静电产生的电场力，会使很多工艺过程受到影响。如纤维加工工艺中，由于橡胶轴辊与丝、纱等摩擦产生静电，可能导致乱纱、挂条、缠花、断头等现象而妨碍工艺流程；又如在粉体加工工艺中，由于静电电场力吸附粉体，常使筛分粉体的筛目变细，降低工作效率，而计量器具还会因附有粉体而使精度降低。

静电放电也会使一些工艺过程受到影响。如在冲洗胶片的暗室中，由于胶片与辊轴之间的高速摩擦产生火花放电，会使胶片曝光而报废。频繁放电产生的干扰，会对无线通信、信号录制等产生不良影响。

静电产生的电位差还可能使一些电子设备工作出错。如因静电使电子设备的逻辑参考电平发生变化，会使计算机运算出错、继电器误动作等，由此带来的次生差错或损失，有时也是相当大的。

另外，当室内有大量电子电气设备频繁发生静电放电时，还可能在空气中产生臭氧，污染环境，使人员健康受到影响。

二、静电危害的防护

静电危害防护的思路：一是抑制静电的产生；二是以无害的方式使已经产生的静电得以消除，三是提高受害对象或场所对有害静电效应的耐受能力。以下就对本着这些思路的具体措施作一简介。

（一）抑制静电的产生

主要是在材料选用和工艺制定等方面采取措施，使静电产生的可能性降低。

1. 采用导电性能良好的材料

例如皮带传动时因皮带的绝缘性而使其摩擦生电。若工艺允许，可采用齿轮传动或连杆传动，因传动件都是金属件，就不会产生静电；若工艺不允许取消皮带传送，则可选用由导电材料制成或涂有导电涂料的皮带。在有两种材料产生摩擦的工艺中，尽量不要选取静电起电序列中相距较远的两种物质，如易燃液体用的搅拌器，其材料就应根据液体的性质恰当选择。另外，粉体生产中所用的粉筛滤网，最好用碳素纤维一类的导电材料制作。

2. 减小摩擦

减小摩擦的途径通常有两种：一种是降低压力和摩擦系数；另一种是降低速度。

以输送燃油的管道为例，首先应保证管道内壁光滑，粗糙的管壁或管壁上有附着物都会使摩擦系数加大；其次应加粗管径，减少弯头，增大弯头的转弯半径等，可在保证流量的同

时降低压力，从而减小摩擦。燃油在管道中的流速与管径应满足以下关系

$$v^2D \leqslant 0.64\mathrm{m}^3/\mathrm{s}^2$$

式中 v——流速（m/s）；

D——管径（m）。

除满足上式以外，允许流速的上限值还与液体的电阻率相关。当电阻率分别为小于 $1\times10^5\Omega\cdot\mathrm{m}$、在 $1\times10^5\sim10\times10^9\Omega\cdot\mathrm{m}$ 之间和大于 $1\times10^9\Omega\cdot\mathrm{m}$ 时，允许流速的上限分别为10m/s、5m/s 和更小值，该更小值应根据液体性质、管道直径、管道内壁光滑程度等条件确定。

3. 合理的工艺安排

如将油注入贮油罐的工艺过程，若将注油口设置在远离罐壁和罐底的位置，则由于注油时流体的喷射和分裂，以及原有流体的搅动，会产生气泡、气体及相互摩擦，很容易产生大量静电，而将注油口按图8-5设置（图中A、B、C分别代表三种不同的设置方式，实际只采用其中一种），则产生静电的可能大为降低。另外，注油口的形状对静电的产生也有很大的影响，因为流体在注油口处产生的破断、飞溅、冲击等都是静电的起因，一般采用T形、锥形、斜口形等抑制静电的效果较好。再有就是应定期清除罐底的水分和杂质，它们也构成静电产生的条件。

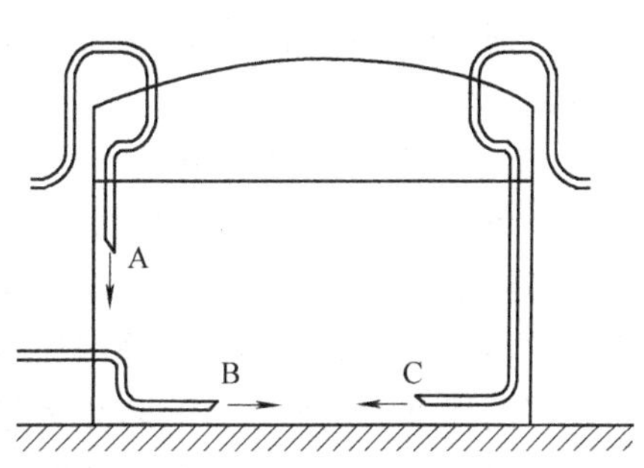

图8-5 合理的注油工艺

（二）恰当的静电消除措施

静电的产生和静电的消失在实际工程中往往是两个同时存在的过程，当静电的产生大于消失时，静电加强，反之则静电减弱，只有当两者达到动态平衡时，静电才趋于稳定。静电的消失方式，有些是有危险性的，有些则没有危险。“恰当”的静电消除措施应避免危险性。

1. 使静电消失

使静电消失主要有两种方式，即中和和散失。

（1）静电中和　静电的中和是指被分离的净正、负电荷之间重新结合，对外呈电中性的过程。静电的中和主要通过以下几种方式进行：

1）火花放电。带异性电荷的物体之间将空气击穿而发生放电，使正负电荷重新结合，这种中和方式是静电危害的主要途径之一，在有火灾或爆炸等危险环境条件不能下被用来作为静电危害防护的手段。

2）导体联通。将带有异性电荷的两个物体通过导体连接，使两个物体上的电荷因电位差而在导体上产生电流，从而使正负电荷重新结合。这种方式对金属带电体效果显著，但对电阻率大的物体效果缓慢且不明显。

3）电荷注入。用电荷发生源强行向带电体注入异性电荷造成中和。

4）泄漏。两带电导体间有绝缘相隔，但绝缘表面和内部因种种原因产生一定的导电性，使两导体的电荷缓慢中和，泄漏中和符合指数衰减规律，衰减时间常数 τ 与材料性质和表面污损受潮等状况有关，τ 越大，对静电中和越不利。

(2) 静电散失 尽管正、负电荷总是同时等量出现的，似乎不会出现除中和以外的其他静电消失方式。但实际上，只要静电荷不再存在于危险的区域，从工程角度来看，就相当于静电已经消失。静电的散失主要有以下一些途径。

1) 电晕放电。它主要发生在场强很强的部位，强场强将空气电离后，静电荷向电离层运动，与电离层中异性粒子结合，而被电离粒子中与静电荷同性的粒子和未被结合的粒子则在空气中散失。

2) 静电转移。将带有电荷的物体与不带电荷的物体接触，不带电荷的物体会分得一定的电荷，分得电荷的比例与两者材质、质量、形状等有关。对于原本不带电的物体，相当于有静电生成，而对原本带电的物体，相当于有静电消失。原本不带电的物体体积越大，导电性越好，则分得的电荷比例就越大。我们能够找到的最大物体就是地球，因此接地是转移静电荷的最有效办法。

2. 通过增加泄漏消除静电

(1) 增湿 增加湿度可以增加静电沿绝缘体表面的泄漏量，特别适合于容易被水湿润的醋酸纤维素、硝酸纤维素、纸张、橡胶等。但对于不能形成水膜的纯涤纶和聚四氟乙烯等效果不明显。增湿的方法可以采用加湿器、喷雾器等，但不应超过工艺过程的允许值。

增湿的程度大至如下：为防止大量带电，相对湿度应在50%以上；为增加消除静电的效果，相对湿度应提高到65%~70%；对于吸湿性很强的聚合材料，为了保证降低静电的效果，相对湿度应提高到80%~90%。

(2) 在材料中使用抗静电添加剂 材料的电阻率对静电泄漏有很大影响。对固体材料，电阻率在$1\times10^{7}\Omega\cdot m$以下者，属于不易积累静电的范围。电阻率在$1\times10^{9}\Omega\cdot m$以上者，容易积累净电造成危害。对于液体，情况有所不同。电阻率在$1\times10^{10}\Omega\cdot m$左右的液体最容易产生静电，电阻率为$1\times10^{8}\Omega\cdot m$以下和$1\times10^{13}\Omega\cdot m$以上的液体，都不易产生静电。因此采用适合的添加剂以改变材质的电阻率，对抗静电大有裨益。

抗静电添加剂是特殊的化学制剂，具有良好的导电性或较强的吸湿性。对于固体材料，若能通过添加抗静电制剂使其体电阻率降至$1\times10^{7}\Omega\cdot m$以下，或将其表面电阻率降低至$1\times10^{8}\Omega\cdot m$以下，即可消除静电危险。对于液体，通过添加抗静电制剂将电阻率提高到$1\times10^{13}\Omega\cdot m$以上是不现实的，一般通过添加剂将电阻率降低至$1\times10^{8}\Omega\cdot m$以下，即可消除静电危险。

常见的添加剂有炭黑、石墨、油酸盐、铬盐、金属粉末等。应该注意的是，不应因添加剂的使用而影响材料本身的使用性能。

3. 接地

地球是一个质量和体积极为巨大的导体，是我们能够又很容易找到的最大的导体。通过接地，可以使带电物体上的电荷在物体与地球之间重新分配。考虑如图8-6所示的两个导体球，导体球之间用导线相连，因此两个导体具有相同电位。导体球1的表面电位为$\frac{Q_1}{4\pi\varepsilon_0 R_1}$，导体球2

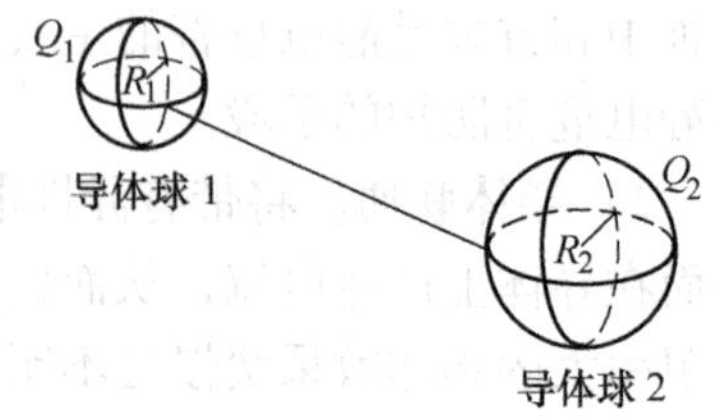

图8-6 两个相连导体球的电荷分配

的表面电位为 $\frac{Q_2}{4\pi\varepsilon_0 R_2}$，因此有

$$\frac{Q_1}{4\pi\varepsilon_0 R_1} = \frac{Q_2}{4\pi\varepsilon_0 R_2}$$

于是有

$$\frac{Q_1}{Q_2} = \frac{R_1}{R_2}$$

若令 $Q_1 + Q_2 = Q$，则

$$Q_1 = \frac{R_1}{R_1 + R_2}Q$$

$$Q_2 = \frac{R_2}{R_1 + R_2}Q$$

若把球 1 设想为带静电物体，球 2 设想成地球，则 $R_2 \gg R_1$，$R_1 + R_2 \approx R_2$，于是有

$$Q_1 = \frac{R_1}{R_1 + R_2}Q \approx 0$$

$$Q_2 = \frac{R_2}{R_1 + R_2}Q \approx Q$$

由上两式可知，几乎所有的电荷都被分配给了地球，原本带静电的物体上的电荷消失殆尽。

但接地并不是对所有类型的静电都有效，如图 8-7 所示的感应静电，若未能将物体 A 接地而是将物体 B 接地，则物体 B 的 b 端正电荷被释放到大地，但 a 端电荷受物体 A 的异性电荷束缚仍然保留，使 A 与 B 的 a 端间仍有静电场存在。

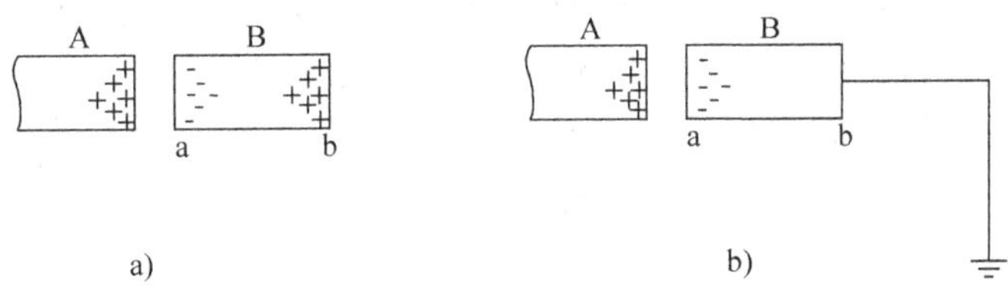

图 8-7　接地对感应静电的作用

对于介质带电体，采取接地措施应慎重。因为对于电阻率为 $1\times10^{9}\Omega\cdot m$ 以上的固体材料和电阻率为 $1\times10^{10}\Omega\cdot m$ 以上的液体材料，即使与接地导体接触，其上静电变化也不大，这是因为静电在介质材料中运动困难的缘故。若将高电阻率介质材料直接接地，相当于在绝缘材料上产生了一点地电位，反而增大了火花放电的危险。对这类介质材料，可通过添加抗静电制剂使固体介质的电阻率降至 $1\times10^{7}\Omega\cdot m$ 以下或液体介质的电阻率降至 $1\times10^{8}\Omega\cdot m$ 以下，再通过 $1\times10^{6}\Omega$ 或稍大一些的电阻接地。

4. 应用专用中和器

中和器是能通过某种途径，将与带电体电荷相异的电荷引入带电体，从而使净电荷减少的设备，常见的有以下几类：

(1) 感应中和器　图 8-8 为一感应中和器的原理图，在一根金属棒上排列有一系列金属针，形成静电梳或静电刷。将其靠近带静电的物体时，物体上的静电荷在静电梳或静电刷

上感应出相反的电荷，由根据尖端产生强场强的原理，针尖附近空气被电离，产生正负离子，正离子在电场作用下向带电体移动使带电体的负电荷被中和，负离子则移向中和器与针尖正电荷中和。由于中和器接地，只要带电体还有负电荷，由于移至中和器的负离子被泄放入地，则针尖总能保持正电荷，这一过程得以持续。感应式中和器的优点是不需电源，缺点是当电荷减少到一定程度时，电场强度不足以使空气电离，这时中和过程便中止，因此难以彻底消除静电。

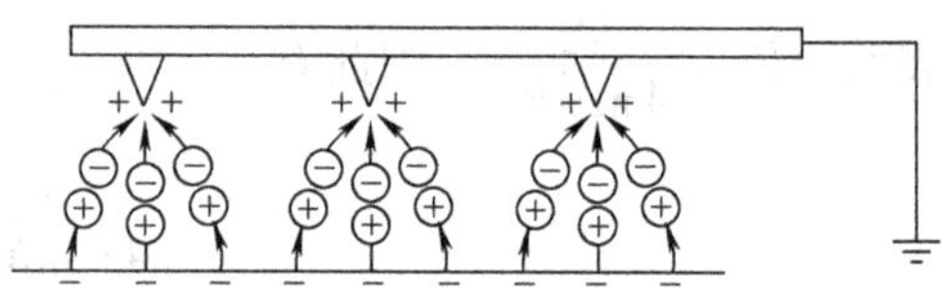

图 8-8　感应式中和器原理图

（2）外加电源中和器　如图 8-9 所示，就是将感应中和器的接地改为接一个电源，使静电中和加速，不管带电物体上电荷多少，都可通过电源的高压使空气电离，使中和过程持续进行，静电消除较为彻底，但有火花放电的危险，故一般不适合用于易燃易爆场所。

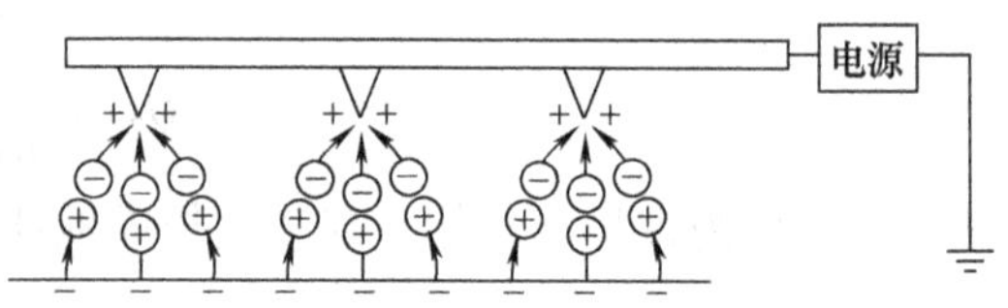

图 8-9　电源式中和器原理图

（3）其他类型的中和器　如放射线中和器和离子流中和器等。放射线中和器使用镭、钋、锶等放射性同位素轰击空气分子产生电离，使带电离子去中和物体所带静电，缺点是有放射性污染源存在。离子流中和器是由离子流发生器将电离的空气送至带电体使物体静电消除。

（三）静电屏蔽

静电屏蔽有两重含义：一是对静电场源电荷进行屏蔽，使静电场被限制在给定的范围内；二是对工作场所进行屏蔽，使静电场不能到达给定的区域。

静电场屏蔽是靠金属空腔实现的。如图 8-10 所示金属空腔存在于静电场中，假设在腔内有静电场电力线存在，由于电力线不可能形成闭环，而腔壁是封闭面，所以每根电力线都与腔壁有两点相交。电力线是指向最大电位降方向的，其与腔壁的两个交点间一定会有电位差，但金属腔壁又一定是等位面，这两者显然是矛盾的。由此反证金属腔内不可能有静电场。

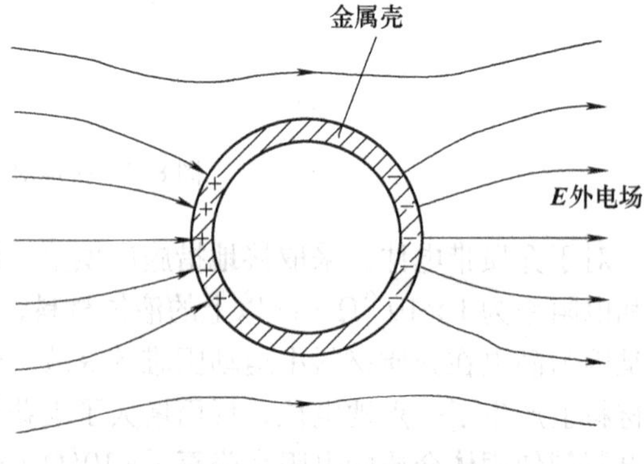

图 8-10　金属空腔的屏蔽效应

图 8-11 是另一种情况，是用金属空腔对静电荷进行屏蔽，这时腔内有电荷存在，如图 8-11a 为不接地的情况，根据高斯定理，有

$$\oint_S \boldsymbol{E} \cdot \mathrm{d}\boldsymbol{S} = \frac{Q}{\varepsilon_0}$$

S 为金属空腔的外表明，很显然外表面的电场都是指向腔外的，故 $\boldsymbol{E} \cdot \mathrm{d}\boldsymbol{S} = E\mathrm{d}S$，因此 E 肯定不会处处为零，屏蔽效果无法保证；而图 8-11b 中将金属外壳接地，则金属外壳电位为参

考地电位，也就是说将电荷从无穷远处移至金属腔体外壳不做功，因此金属外壳以外不会有电场，屏蔽效果显现。

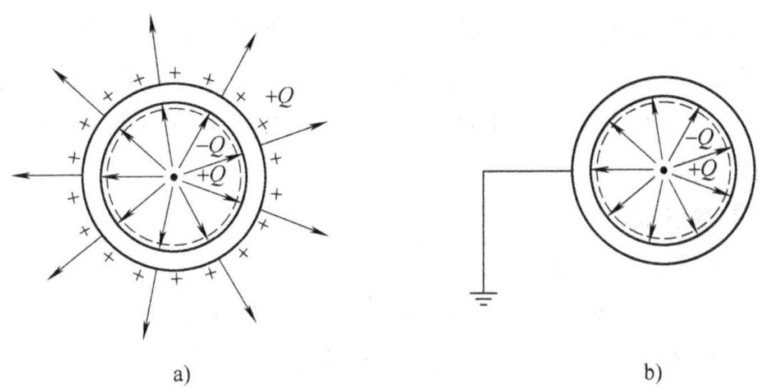

图 8-11　金属腔体对电荷的屏蔽

图 8-10 与图 8-11 均以球体腔为例，是为了作图方便，其结论对任意形状的腔体都成立，因为论证过程并未用到“球体”这一特性。

工程上常用金属空腔这一原理进行静电防护，如常见的各种计算机板卡、内存、硬盘等，通常都是装在一个镀有金属膜的塑料袋内，金属镀膜塑料袋其实就是一个金属腔体。

屏蔽也不一定都是以金属腔体的形式出现。例如将一接地导体靠近带静电物体放置，也能产生一定的屏蔽作用，同时由于带电体与大地的距离变成了与屏蔽导体的距离，距离减小，电容 C 增大，根据关系 $V = Q/C$ 可知，在电荷量相同的情况下，对地电压得到了降低。

屏蔽不仅在防静电中有效，在防电磁干扰中也同样有效。

（四）减少人体静电的积累

人体对地是有电容存在的，典型值如表 8-14 所示，因此人体也会有静电积聚。当人体操作对静电敏感的仪器设备，或处于对静电高度敏感的场所中时，可穿着用高导电纤维编织成的静电工作服式或用高导电纤维纺织的静电手腕带并接地，一是可泄放漏静电，二是有屏蔽作用。

表 8-14　人体对地电容典型值　（单位：pF）

地面	水泥	红橡皮	木板	铁板
帆布橡胶底鞋	450	200	60	1000
棉胶鞋	1100	220	53	3500

第五节　电磁污染与电磁兼容

空间中存在着各种各样辐射形式的电磁波，电气电子系统内部及周围也存在各种形式的电磁波，这些电磁波有些是为了特定的目的而人为制造的，而另一些则是在电子、电气设备和系统的工作过程中附带产生的，不管是哪一种情况，其结果都是使区域内原本的自然电磁环境遭到破坏，因此都可以称作为电磁污染。

处在这样一个大环境中，任何一个电气电子系统或设备，都既是电磁污染的承受者，又是电磁污染的制造者，因此对电磁污染危害的防护，既要提高设备或系统自身对电磁污染的抵抗能力，又要降低它们对电磁环境的污染程度，这就是电磁兼容概念的肇始。

在工程上，电磁兼容首先是一套标准，在这套标准下，电磁污染能够被控制在规定的程度，各种设备和系统的电磁污染防护也按这规定的程度设置；电磁兼容又是一系列的技术措施，这些技术措施是达到电磁兼容标准的手段；电磁兼容还是一系列的标准试验方法，以检验技术措施所达到的效果。

一、电磁干扰基本形式

1. 电磁环境及电磁干扰的基本形式

所谓电磁环境（electromagnetic environment），是指存在于给定场所的所有电磁现象的总和。这个总和与时间有关，对它的描述可能要使用统计的方法。

所谓电磁现象，是指电磁能量的呈现形式。电磁兼容研究的是在给定电磁环境中有害电磁能量的作用问题。

电磁兼容系统的组成取决于电磁干扰的基本形式，图8-12是电磁干扰基本形式的示意图，它由三部分组成，这三部分分别为发射器、感受器和将这两者联系起来的耦合路径。在这三部分上实施电磁兼容的技术措施，就构成电磁兼容系统。

图8-12　电磁干扰的基本形式

（1）发射器　发射器是向电磁环境中发出有害电磁能量的主体，是施害源。

1）电磁骚扰（Electromagnetic Disturbance，EMD）。发射器所产生的任何可能引起装置、设备或系统性能降低，或者对有生命或无生命物质产生损害作用的电磁现象，统称为电磁骚扰。

2）发射水平（Level of Emission）。发射器发出的电磁骚扰的量值。该量值可能是一个物理量值，也可能是一组物理量值，这些量值大多是以时间、频率等为自变量的函数，大多具有随机性。

（2）感受器　感受器是承担环境中有害电磁能量并导致性能降低的主体，是受害者。

1）电磁干扰（Electromagnetic Interference，EMI）。感受器所承受的使装置、设备或系统性能降低的电磁骚扰。

2）（性能）降低（degradation（of performance））。装置、设备或系统的工作性能与正常性能的非期望偏离。

3）（电磁）敏感性（electromagnetic susceptibility）。在存在电磁骚扰的情况下，装置、设备或系统降低其运行性能的程度。

4）（对骚扰的）抗扰度（immunity（to a disturbance））。在存在电磁骚扰的情况下，装置、设备或系统具有不降低其运行性能的能力。

（3）耦合路径　耦合路径是电磁骚扰到达感受器产生电磁干扰的通道，耦合通道会对电磁骚扰产生耦合衰减。

2. 对电磁干扰基本形式的认识

（1）电磁骚扰与电磁干扰　电磁骚扰与电磁干扰是不同的两个概念。电磁骚扰（disturbance）是指一种有害的电磁现象，它是引起设备性能降低的原因，而干扰（interference）

是指设备性能因骚扰而降低这一结果。比如低压配电系统中有一个能引起设备性能降低的谐波电压存在，则应称此谐波为“谐波骚扰电压”而不是“谐波干扰电压”。若该谐波电压进入了某台设备并因此降低了其性能，则称这台设备中存在“谐波干扰电压”；若系统在设备电源侧采取了谐波滤波措施，谐波未能进入设备，则该谐波骚扰电压未能对这台设备产生干扰。

（2）敏感性和抗扰度　敏感性和抗扰度是两个对立的概念，是从相反的角度对同一个问题进行的描述，那么是否可以只用其中一个术语对问题进行描述呢？回答是否定的，理由如下：

敏感性指设备或系统自身原本的特性，可以这样说，没有敏感性就不存在 EMC 问题。而抗扰度是为了实现电磁兼容而提出的对设备或系统的一种要求，通常抗扰度是通过采取防御和调整措施来达到的。

（3）水平与限值　水平是指某个量的大小，因此总是以“XX 水平”的形式出现，比如“电磁骚扰水平”，就是指用规定的方法测得的表征电磁骚扰程度的某个量的大小。

一旦某个量的水平被确定之后，就必须进行评估：这个水平是否是允许的、是否是所要求的水平，等等。在制定 EMC 标准时，若对某些量的水平的可接受范围能达成共识，则界定这些范围的临界值就称为限值。如骚扰限值的定义为：容许的最大电磁骚扰水平。

（4）发射　从源向外发出电磁能量的现象就是电磁发射。工程中遇到的困难是如何确切地确定发射的水平。表面上看，只要知道电磁发射的能量或功率即可，但实际上，“电磁发射”是与“电磁敏感性”相关联的一个概念，能量或功率并不是电磁敏感性的唯一因素。例如对于同样的发射功率，有的设备可能对高频电磁能量极为敏感而对低频电磁能量不敏感，或者对圆极化波敏感而对水平极化波不敏感。因此仅站在源的角度来谈发射水平是不确切的，只有指定了特定的敏感设备或系统，才能贴切地确定发射器的发射水平，这是工程实践中电磁兼容问题的难题之一。

（5）EMI 中的耦合途径　电磁发射是怎样影响到敏感设备的？或者说发射器与感受器之间是怎样建立电磁联系的？这就是 EMI 中的耦合途径问题，电磁能量从特定源传输到另一电路或装置所经由的路径叫作耦合路径。

电磁干扰的耦合路径主要有两条：一是通过空间的辐射耦合；二是通过电路或导线的传导耦合，如图 8-13 所示。将电磁量（如电压或电流等）从一个规定位置耦合到另一规定位置时，目标位置与源位置相应电磁量之比称作耦合系数。耦合系数表明了骚扰源发射水平在感受器中形成干扰的比率。

二、电磁兼容性及其原则评价

1. 电磁兼容性概念

所谓电磁兼容性（Electromagnetic Compatibility，EMC），是指设备或系统在其电磁环境中能正常工作且不对该环境中任何事物构成不能承受的电磁干扰的能力。

通俗地说，如果电磁环境中所有的事物都能和谐地共处在一起，那么这个环境就是电磁兼容的。如果把一台装置加入到该电磁环境中而不会引起 EMI，则意味着这台装置在这一环境中具有电磁兼容性。

应注意上面所说的“在环境中任何事物”一词，除了装置、设备或系统以外，还应包括各种其他生物体或非生物体。例如，环境中有计算机磁盘，其上记录的数据可能因磁场而

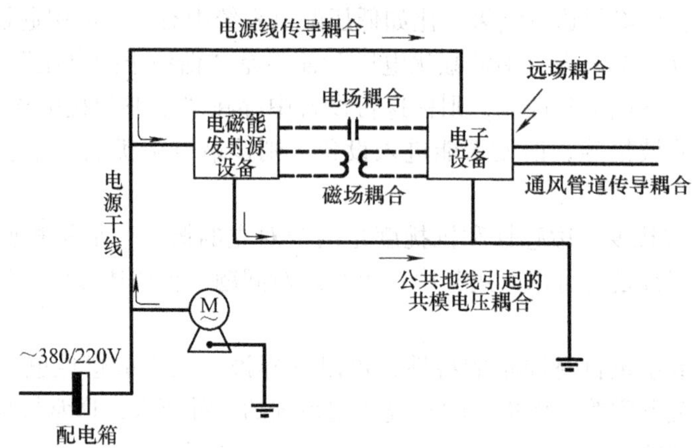

图 8-13 电磁干扰的耦合路径

遭受破坏；又如大型射频加热设备，它可能已不能对采取了防护措施的设备造成危害，但可能使人员在靠近它时承受过量的电磁辐射。这些情况都不能称作是电磁兼容的。

电磁兼容环境没有普遍性。一个装置在某一特定环境中具有电磁兼容性，但在另一环境中它并不一定也具有电磁兼容性。因此对电磁兼容的条件可以这样来理解：对于一个给定的环境，装置是在一个约定的或可接受的水平与概率下具有电磁兼容性。

2. 电磁兼容性的评价

评价一个电磁兼容系统电磁兼容性的好坏是一个复杂的问题，但这件事必须做，否则电磁兼容问题只能停留在概念上。

（1）电磁兼容性评价的原则性指标　之所以叫作“原则性”指标，是因为这些指标并不是用确定的电气参量定义的，在不同的情况下，可代入的电气参量可能是完全不相同的，但这些指标至少从原则上说明了电气兼容性的评价方法。

1）电磁兼容水平（electromagnetic compatibility level）。是指一个规定的骚扰水平，在这个骚扰水平下应具有可以接受的高概率的电磁兼容性。

2）发射裕量（emission margin）。是指电磁兼容水平与发射限值的比值。

发射限值是指发射器允许的最大发射水平。发射裕量越大，电磁兼容水平的“容差性”就越大，即若因某种原因使电磁兼容水平下降或发射水平上升，只要变化部分不超过发射裕量的范围，则电磁兼容性仍能得以保持。

3）抗扰度裕量（immunity margin）。是指抗扰度限值与电磁兼容水平的比值。

抗扰度限值是指感受器要求达到的最小抗扰度水平。抗扰度裕量越大，感受器抵抗由于电磁兼容水平升高或自身抗扰性能降低而失去电磁兼容性的能力就越强。

4）电磁兼容裕量（electromagnetic compatibility margin）。抗扰度限值与发射限值的比值。或发射裕量与抗扰度裕量之积。很显然这个值越大对电磁兼容性越有利。

应当注意的是，上面所说的“比值”、“乘积”等并不一定是指“除”、“乘”等算术运算，这要看“水平”是以什么具体的参量来表达的，比如用分贝 dB 来表达时，应该是“之差”和“之和”，而当“水平”是由特性曲线来表达时，应该是曲线上某些特征值的相应运算，或者是对表征两条特性曲线的函数作某种运算得到一条新曲线。

以上几个指标中，“电磁兼容裕量”是一个比较全面的指标，它综合评价了发射器和感受器两方面的情况，是一个用得比较多的指标。

（2）EMC 原则性评价在工程中的应用　如图 8-14 所示是一个逻辑上正确的电磁兼容系统，在这一个 EMC 系统中，水平是某一独立变量的函数，抗扰度限值大于发射限值。

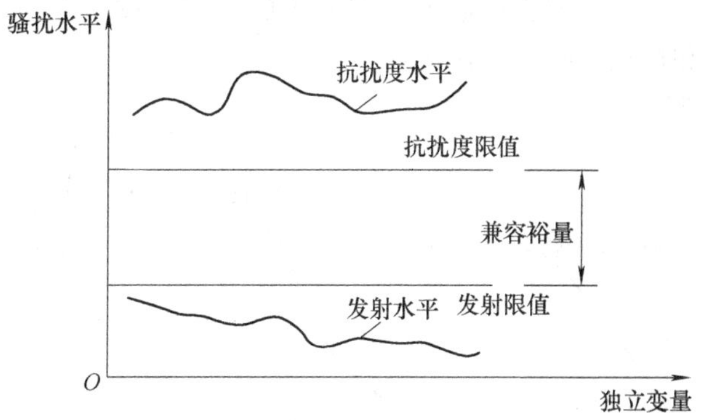

图 8-14　逻辑上正确的单台发射器和感受器的 EMC 关系

工程设计中对于给定的 EMC 系统，首先会提出电磁兼容水平和发射裕量、抗扰度裕量的要求，如图 8-15 所示。然后将发射裕量和抗扰度裕量分解为单台设备指标，对进入该电磁环境的所有设备，都需按给定的单台设备发射裕量和抗扰度裕量指标进行校核，最后确定总的发射裕量和抗扰度裕量，由此核查电磁兼容裕量是否满足预期要求。在确定兼容水平时，应区别以下两种情况：

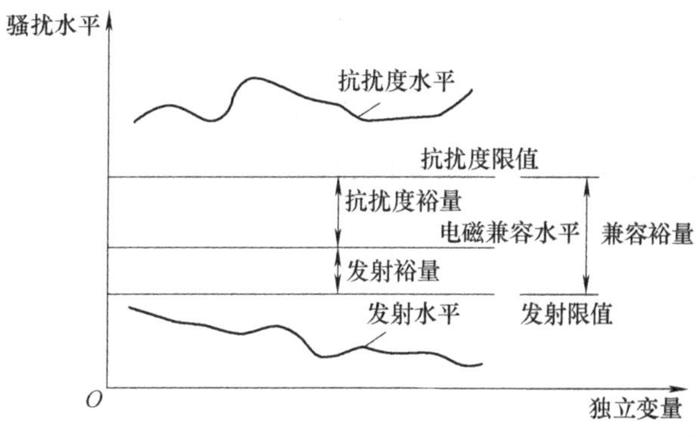

图 8-15　兼容水平与限值的关系

1）如果电磁环境是可控的，则可以首先选定电磁兼容水平，然后，根据电磁兼容水平和裕量推导出发射限值和抗扰度限值，以保证在该环境中具有一个可以接受的高概率的电磁兼容水平。

2）如果电磁环境不可控制，则兼容水平应根据已存在的和预期可能出现的骚扰水平来选定。但是，为了保证新设备加入后，现有的和预期会出现的骚扰水平不再增加，并保证该设备具有足够的抗扰能力，仍需对发射限值及抗扰度进行评估。

（3）发射和抗扰度限值系按概率确定　这涉及电磁兼容标准化试验与实际的电磁现象之间的相关性问题。若相关性良好，则如图 8-15 中不管兼容裕量多大都可满足电磁兼容要求。但由于在实际情况中存在诸多不确定因素，需要通过发射裕量和抗扰度裕量来容差，其分析以统计学方法进行。如图 8-16 所示即为实际骚扰水平的概率密度，图中下部即为根据这种概率密度和兼容水平所确定的限值。从图 8-16 中可以看到，根据图中所确定的兼容水平和电磁兼容裕量，确定了发射限值和抗扰度限值，再根据这两个限值限定了发射源的发射水平和感受器的抗扰度水平，使得电磁不兼容发生的概率（图中阴影部分）很小。这就是按概率方法确定发射和抗扰度限值的含义。

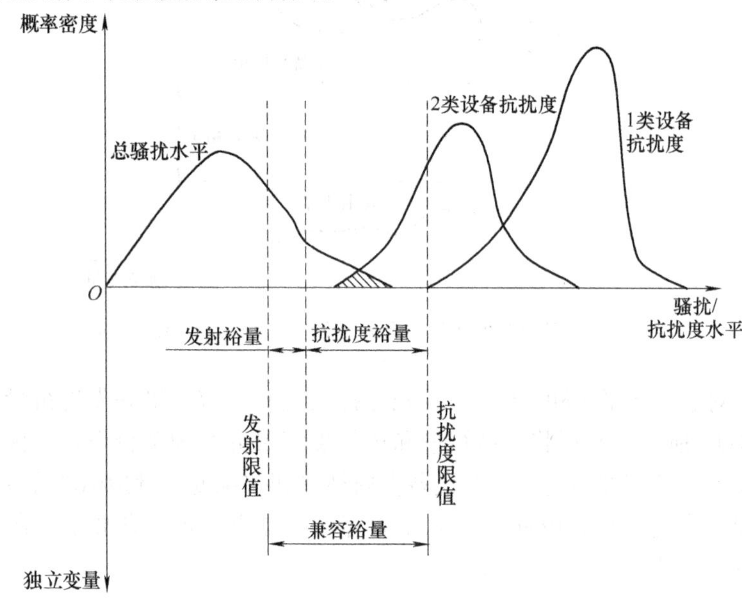

图 8-16　根据概率分布确定限值

思考与练习题

8-1　火灾发生的必要条件有哪些？电气火灾的火源通常是什么？

8-2　在电气系统中，高温可通过哪些路径引燃？

8-3　电气设备和线缆的哪些部位可能因过度发热而引发高温？

8-4　能导致明火点燃的最小电弧电流是多少？

8-5　试判断以下说法的正确性。

（1）阻燃电线不可能燃烧。

（2）差模过电压可导致用电设备发热加剧。

（3）铁心损耗分为磁滞和涡流损耗，主要与磁通密度和频率有关。

（4）电动机被堵转相当于空载，只有很小的空载电流。

（5）剩余电流保护主要针对接地故障形成的火患进行防护。

（6）防火灾剩余电流保护额定漏电动作电流一般为 30mA。

8-6　爆炸和火灾危险性环境可分为哪些区域？

8-7　电气设备在火灾和爆炸危险性场所中是危险对象还是被保护对象？

8-8　电磁骚扰与电磁干扰有什么区别？电磁骚扰、电磁干扰与发射器、感受器之间有什么关系？

8-9　感受器的敏感性是否只针对电磁参量的强度？

8-10　提高感受器抗扰度的常用措施有哪些？

附　　录

附表 1　SC 系列 10kV 铜绕组低损耗电力变压器的技术数据

额定容量/kV·A	额定电压/kV		联结组标号	空载损耗/W	短路损耗/W	短路电压（%）	空载电流（%）
	一次	二次					
315	10	0.4	Yyn0 Dyn11	920	3650	4	1.4
400				1000	4300	4	1.4
500				1180	5100	4	1.4
630				1350	6200	6	1.2
800				1550	7500	6	1.2
1000				1800	10300	6	1.0
1250				2200	12000	6	1.0
1600				2600	14500	6	1.0

附表 2　C65 系列小型低压断路器的技术数据

型号	额定电压/V	额定电流/A	极数	分断能力/kA	脱扣特性	隔离性能
C65a	220/380V	6～63	1～4P	4.5	C	有
C65N		1～63		6	B/C/D	
C65H				10	C/D	
C65L				15	C/D	

注：C65N 断路器额定电流系列为（单位：A）：1、2、3、4、6、10、16、20、25、32、40、50、63。

附表 3　VigiC65 漏电保护附件的技术数据

型号	额定电压/V	额定电流/A	额定剩余动作电流/mA	过电压保护 280V（1±5%）	类型
VigiC65ELE（G）	220/380V	≤40	30、300	有	1P+N、2～4P
VigiC65ELE		≤63	30	无	
VigiC65ELM		≤63	300	无	2～4P

附表 4　C65N、C65H 热脱扣器 B、C 型额定电流温度修正系数

额定电流/A	20℃	25℃	30℃	35℃	40℃	45℃	50℃	55℃	60℃
1	1.05	1.02	1.00	0.98	0.95	0.93	0.90	0.88	0.85
2	2.08	2.04	2.00	1.96	1.92	1.88	1.84	1.80	1.74
3	3.18	3.09	3.00	2.91	2.82	2.70	2.61	2.49	2.37
4	4.24	4.12	4.00	3.88	3.76	3.64	3.52	3.36	3.24
6	6.24	6.12	6.00	5.88	5.76	5.64	5.52	5.40	5.30

（续）

额定电流/A	20℃	25℃	30℃	35℃	40℃	45℃	50℃	55℃	60℃
10	10.6	10.3	10.0	9.70	9.30	9.00	8.60	8.20	7.80
16	16.8	16.5	16.0	15.5	15.2	14.7	14.2	13.8	13.5
20	21.0	20.6	20.0	19.4	19.0	18.4	17.8	17.4	16.8
25	26.2	25.7	25.0	24.2	23.7	23.0	22.2	21.5	20.7
32	33.5	32.9	32.0	31.4	30.4	29.8	28.4	28.2	27.5
40	42.0	41.2	40.0	38.8	38.0	36.8	35.6	34.4	33.2
50	52.5	51.5	50.0	48.5	47.4	45.5	44.0	42.5	40.5
63	66.2	64.9	63.0	61.1	58.0	56.7	54.2	51.7	49.2

附表5　NS系列塑料外壳式低压配电用断路器的技术数据

断路器额定电流/A	长延时脱扣器额定电流/A	极限分断能力代号	额定极限短路分断能力/kA		额定运行短路分断能力/kA		瞬时脱扣器整定电流倍数		电寿命/次
			有效值~380V	cosφ	有效值~380V	cosφ	配电用	保护电动机用	
100	16、20、22	N	18	0.3	14	0.3	10	12	10000
	45、50、63	H	35	0.25	18	0.25			
	80、100	L	100	0.2	50	0.2			
200	100、125	N	25	0.25	19	0.3	5~10	8~12	8000
	160、180	H	42	0.25	25	0.25			
	200、225	L	100	0.2	50	0.2			
400	200、250	N	30	0.25	23	0.25	10	12	5000
	315、350	H	42	0.25	25	0.25	5~10	—	
	400	L	100	0.2	50	0.2			
630	500、630	N	30	0.25	23	0.25	5~10	—	5000
		H	42	0.25	25	0.25			
1250	630、700、800、1000、1250	L	50	0.25	38	0.25	4~7	—	3000

附表6　M系列低压断路器（1000~4000A）的技术数据

额定电流/A	交流380V时极限通断能力有效值/kA				最大飞弧距离/mm	机械寿命/次	插入式触头机械寿命/次	电寿命/次
	瞬时	cosφ	短延时0.4s	cosφ				
1000	40	0.25	30	0.25	350	10000	1000	2500
1500	40	0.25	30	0.25	350	10000	1000	2500
2500	60	0.2	40	0.25	350	5000	600	500
4000	80	0.2	60	0.2	400	5000	—	500

附表 7　M 系列低压断路器（1000～4000A）过电流脱扣器技术数据

断路器额定电流/A	脱扣器额定电流/A	选择性低压断路器半导体脱扣器整定电流/A			非选择性低压断路器脱扣器整定电流/A		
					热－电磁式		电磁式
		长延时	短延时	瞬时	长延时	瞬时	瞬时
1000	600	420～600	1800～6000	6000～12000	420～600	1800～6000	600～1800
	800	560～800	2400～8000	8000～16000	560～800	2400～8000	800～2400
	1000	700～1000	3000～10000	10000～20000	700～1000	300～10000	1000～3000
1500	1500	1050～1500	4500～15000	15000～30000	1050～1500	4500～15000	1500～4500
2500	1500	1050～1500	4500～9000	10500～21000	1050～1500	4500～15000	1500～4500
	2000	1400～2000	6000～12000	14000～28000	1400～2000	6000～20000	2000～6000
	2500	1750～2500	7500～15000	17500～35000	1750～2500	7500～25000	2500～7500
4000	2500	1750～2500	7500～15000	17500～35000	1750～2500	7500～25000	2500～7500
	3000	2100～3000	9000～18000	21000～42000	2100～3000	9000～30000	3000～9000
	4000	2800～4000	12000～24000	28000～56000	2800～4000	12000～40000	4000～12000

附表 8　常用低压熔断器的技术数据

型　号	额定电压/V	额定电流/A		最大分断电流/kA	
		熔断器	熔体	电流	cosφ
RT0－100	交流 380 直流 440	100	30，40，50，60，80，100	50	0.1～0.2
RT0－200		200	（80，100），120，150，200		
RT0－400		400	（150，200），250，300，350，400		
RT0－600		600	（350，400）450，500，550，600		
RT0－1000		1000	700，800，900，1000		
RM10－15	交流 220，380，500 直流 220，440	15	6，10，15	1.2	0.8
RM10－60		60	15，20，25，35，45，60	3.5	0.7
RM10－100		100	60，80，100	10	0.35
RM10－200		200	100，125，160，200	10	0.35
RM10－350		350	200，225，260，300，350	10	0.35
RM10－600		600	350，430，500，600	10	0.35
RL－15	交流 380 直流 440	15	2，4，5，6，10，15	25	
RL－60		60	20，25，30，35，40，50，60	25	
RL－100		100	60，80，100	50	
RL－200		200	100，125，150，200	50	

附表 9　绝缘导线芯线的最小截面积

线路类别		芯线最小截面积/mm^2		
		铜心软线	铜　线	铝　线
照明用灯头引下线	室内	0.5	1.0	2.5
	室外	1.0	1.0	2.5

（续）

<table>
<tr><th colspan="3" rowspan="2">线 路 类 别</th><th colspan="3">芯线最小截面积/mm^2</th></tr>
<tr><th>铜心软线</th><th>铜　线</th><th>铝　线</th></tr>
<tr><td colspan="2" rowspan="2">移动式设备线路</td><td>生活用</td><td>0.75</td><td>—</td><td>—</td></tr>
<tr><td>生产用</td><td>1.0</td><td>—</td><td>—</td></tr>
<tr><td rowspan="5">敷设在绝缘支持件上的绝缘导线（L为支持点间距）</td><td>室内</td><td>L≤2m</td><td>—</td><td>1.0</td><td>2.5</td></tr>
<tr><td rowspan="4">室外</td><td>L≤2m</td><td>—</td><td>1.5</td><td>2.5</td></tr>
<tr><td>2m＜L≤6m</td><td>—</td><td>2.5</td><td>4</td></tr>
<tr><td>6m＜L≤15m</td><td>—</td><td>4</td><td>6</td></tr>
<tr><td>15m＜L≤25m</td><td>—</td><td>6</td><td>10</td></tr>
<tr><td colspan="3">穿管敷设的绝缘导线</td><td>1.0</td><td>1.0</td><td>2.5</td></tr>
<tr><td colspan="3">沿墙明敷的塑料护套线</td><td>—</td><td>1.0</td><td>2.5</td></tr>
<tr><td colspan="3">板孔穿线敷设的绝缘导线</td><td>—</td><td>1.0（0.75）</td><td>2.5</td></tr>
<tr><td rowspan="3">PE线和PEN线</td><td colspan="2">有机械保护时</td><td>—</td><td>1.5</td><td>2.5</td></tr>
<tr><td rowspan="2">无机械保护时</td><td>多芯线</td><td>—</td><td>2.5</td><td>4</td></tr>
<tr><td>单芯干线</td><td>—</td><td>10</td><td>16</td></tr>
</table>

附表10　电线、电缆线芯允许长期工作温度

<table>
<tr><th colspan="2">电线电缆种类</th><th>线芯允许长期工作温度/℃</th><th colspan="3">电线电缆种类</th><th>线芯允许长期工作温度/℃</th></tr>
<tr><td>橡皮绝缘电线</td><td>500V</td><td>65</td><td colspan="3">通用绝缘软电缆</td><td>65</td></tr>
<tr><td>塑料绝缘电线</td><td>500V</td><td>70</td><td colspan="3">橡皮绝缘电力电缆</td><td>65</td></tr>
<tr><td rowspan="4">黏性油浸纸绝缘电力电缆</td><td>1～3kV</td><td>80</td><td rowspan="5">不滴流油浸纸绝缘电力电缆</td><td rowspan="2">单芯及分相铅包</td><td>1～6kV</td><td>80</td></tr>
<tr><td>6kV</td><td>65</td><td>10kV</td><td>70</td></tr>
<tr><td>10kV</td><td>60</td><td rowspan="3">带绝缘</td><td>35kV</td><td>80</td></tr>
<tr><td>35kV</td><td>50</td><td>6kV</td><td>65</td></tr>
<tr><td rowspan="2">交联聚乙烯绝缘电力电缆</td><td>1～10kV</td><td>90</td><td>10kV</td><td>65</td></tr>
<tr><td>35kV</td><td>80</td><td colspan="3">裸铝、铜母线或裸铝、铜绞线</td><td>70</td></tr>
<tr><td colspan="2">聚氯乙烯绝缘电力电缆　1～6kV</td><td>70</td><td colspan="3">乙丙橡皮绝缘电缆</td><td>90</td></tr>
</table>

附表11　确定电缆载流量的环境温度

电缆敷设场所	有无机械通风	择取的环境温度
土中直埋		埋深处的最热月平均地温
水下		最热月的日最高水温平均值
户外空气中、电缆沟		最热月的日最高温度平均值
有热源设备厂房	有	通风设计温度
	无	最热月的日最高温度月平均值另加5℃

（续）

电缆敷设场所	有无机械通风	择取的环境温度
一般性厂房、室内	有	通风设计温度
	无	最热月的日最高温度平均值
户内电缆沟	无	最热月的日最高温度月平均值另加5℃
隧道		
隧道	有	通风设计温度

附表12　铜、铝及钢心铝绞线的允许载流量（环境温度+25℃最高允许温度+70℃）

铜绞线			铝绞线			钢心铝绞线	
导线型号	载流量/A		导线型号	载流量/A		导线型号	载流量/A
	屋外	屋内		屋外	屋内		屋外
TJ-16	130	100	TJ-16	105	80	LGJ-16	105
TJ-25	180	140	TJ-25	135	110	LGJ-25	135
TJ-35	220	175	TJ-35	170	135	LGJ-35	170
TJ-50	270	220	TJ-50	215	170	LGJ-50	220
TJ-70	340	280	TJ-70	265	215	LGJ-70	275
TJ-95	415	340	TJ-95	325	260	LGJ-95	335
TJ-120	485	405	TJ-120	375	310	LGJ-120	380
TJ-150	570	480	TJ-150	440	370	LGJ-150	445
TJ-185	645	550	TJ-185	500	425	LGJ-185	515
TJ-240	770	650	TJ-240	610	—	LGJ-240	610

附表13　矩形母线允许载流量（竖放）（环境温度+25℃最高允许温度+70℃）

母线尺寸（宽×厚）/mm	铜母线（TMY）载流量/A			铝母线（LMY）载流量/A		
	每相的铜排数			每相的铝排数		
	1	2	3	1	2	3
15×3	210	—	—	165	—	—
20×3	275	—	—	215	—	—
25×3	340	—	—	265	—	—
30×4	475	—	—	365	—	—
40×4	625	—	—	480	—	—
40×4	700	—	—	540	—	—
50×5	860	—	—	665	—	—
50×6	955	—	—	740	—	—
60×6	1125	1740	2240	870	1355	1720
80×6	1480	2110	2720	1150	1630	2100
100×6	1810	2470	3170	1425	1935	2500
60×8	1320	2160	2790	1245	1680	2180
80×8	1690	2620	3370	1320	2040	2620
100×8	2080	3060	3930	1625	2390	3050
120×8	2400	2400	4340	1900	2650	3380
60×10	1475	2560	3300	1155	2010	2650
80×10	1900	3100	3990	1480	2410	3100
100×10	2310	3610	4650	1820	2860	3650
120×10	2650	4100	5200	2070	3200	4100

注：母线平放时，宽为60mm以下，载流量减少5%，当宽为60mm以上时，应减少8%。

附表 14　绝缘导线明敷时的允许载流量　　（单位：A）

芯线截面积 /mm^2	橡皮绝缘导线				塑料绝缘导线			
	BLX、BBLX		BX、BBX		BLV		BV、BVR	
	25℃	30℃	25℃	30℃	25℃	30℃	25℃	30℃
2.5	27	25	35	32	25	23	32	29
4	35	32	45	42	32	29	42	39
6	45	42	58	54	42	39	55	51
10	65	60	85	79	59	55	75	70
16	85	79	110	102	80	74	105	98
25	110	102	145	135	105	98	138	129
35	138	129	180	168	130	121	170	158
50	175	163	230	215	165	154	215	201
70	220	206	285	265	205	191	265	247
95	265	247	345	322	250	233	325	303
120	310	280	400	374	283	266	375	350
150	360	336	470	439	325	303	430	402
185	420	392	540	504	380	355	490	458

附表 15　聚氯乙烯绝缘导线穿钢管时的允许载流量　　（单位：A）

芯线截面积 /mm^2	两根单芯线 环境温度			管径/mm		三根单芯线 环境温度			管径/mm		四根单芯线 环境温度			管径/mm	
	25℃	30℃	35℃	G	DG	25℃	30℃	35℃	G	DG	25℃	30℃	35℃	G	DG
BLV 铝芯															
2.5	20	18	17	15		18	16	15	15		15	14	12	15	
4	27	25	23	15		24	22	20	15		22	20	19	15	
6	35	32	30	15		32	29	27	15		28	26	24	20	
10	49	45	42	20	15	44	41	38	20	15	38	35	32	25	15
16	63	58	54	25	15	56	52	48	25	15	50	46	43	25	20
25	80	74	69	25	20	70	65	60	32	20	65	60	50	32	25
35	100	93	86	32	25	90	84	77	32	25	80	74	69	32	25
50	125	116	108	32	25	110	102	95	40	32	100	93	86	50	32
70	155	144	134	50	32	143	133	123	50	32	127	118	109	50	40
95	190	177	164	50	40	170	158	147	50	40	152	142	131	70	
120	220	205	190	50		195	182	168	50		172	160	148	70	
150	250	233	216	70		225	210	194	70		200	187	173	70	
185	285	266	246	70		255	238	220	70		230	215	198	80	

（续）

芯线截面积/mm^2	两根单芯线			管径/mm		三根单芯线			管径/mm		四根单芯线			管径/mm	
	环境温度					环境温度					环境温度				
	25℃	30℃	35℃	G	DG	25℃	30℃	35℃	G	DG	25℃	30℃	35℃	G	DG
BV 铜芯															
1.0	14	13	12	15	15	13	12	11	15	15	11	10	9	15	15
1.5	19	17	16	15	15	17	15	14	15	15	16	14	13	15	15
2.5	26	24	22	15	15	24	22	20	15	15	22	20	19	15	15
4	35	32	30	15	15	31	28	26	15	15	28	26	24	15	20
6	47	43	40	15	20	41	38	35	15	20	37	34	32	20	25
10	65	60	56	20	25	57	53	49	20	25	50	46	43	25	25
16	82	76	70	25	25	73	68	63	25	32	65	60	56	25	32
25	107	100	92	25	32	95	88	82	32	32	85	79	73	32	40
35	133	124	115	32	40	115	107	99	32	40	105	98	90	32	
50	165	154	142	32		146	136	126	40		130	121	112	50	
70	205	191	177	50		183	171	158	50		165	154	142	50	
95	250	233	216	50		225	210	194	50		200	187	173	70	
120	290	271	250	50		260	243	224	50		230	215	198	70	
150	330	308	285	70		300	280	259	70		265	247	229	70	
185	380	355	328	70		340	317	294	70		300	280	259	80	

附表 16　聚氯乙烯绝缘导线穿塑料管时的允许载流量　（单位：A）

芯线截面积/mm^2	两根单芯线			管径/mm	三根单芯线			管径/mm	四根单芯线			管径/mm
	环境温度				环境温度				环境温度			
	25℃	30℃	35℃		25℃	30℃	35℃		25℃	30℃	35℃	
2.5	18	16	15	15	16	14	13	15	14	13	12	20
4	24	22	20	20	22	20	19	20	19	17	16	20
6	31	28	26	20	27	25	23	20	25	23	21	25
10	42	39	36	25	38	35	32	25	33	30	28	32
16	55	51	47	32	49	45	42	32	44	41	38	32
25	73	68	63	32	65	60	56	40	57	53	49	40
35	90	84	77	40	80	74	69	40	70	65	60	50
50	114	106	98	50	102	95	88	50	90	84	77	63
70	145	135	125	50	130	121	112	50	115	107	99	63
95	175	163	151	63	158	147	136	63	140	130	121	75
120	200	187	173	63	180	168	155	63	160	149	138	75
150	230	215	198	75	207	193	179	75	185	172	160	75
185	265	247	229	75	235	219	203	75	212	198	183	90

（续）

芯线截面积 /mm²	两根单芯线			管径 /mm	三根单芯线			管径 /mm	四根单芯线			管径 /mm
	环境温度				环境温度				环境温度			
	25℃	30℃	35℃		25℃	30℃	35℃		25℃	30℃	35℃	
BV 铜芯												
1.0	12	11	10	15	11	10	9	15	10	9	8	15
1.5	16	14	13	15	15	14	12	15	13	12	11	15
2.5	24	22	20	15	21	19	18	15	19	17	16	20
4	31	28	26	20	28	26	24	20	25	23	21	20
6	41	36	35	20	36	33	31	20	32	29	27	25
10	56	52	48	25	49	45	42	25	44	41	38	32
16	72	67	62	32	65	60	56	32	57	53	49	32
25	95	88	82	32	85	79	73	40	75	70	64	40
35	120	112	103	40	105	98	90	40	93	86	80	50
50	150	140	129	50	132	123	114	50	117	109	101	63
70	185	172	160	50	167	156	144	50	148	138	128	63
95	230	215	198	63	205	191	177	63	185	172	160	75
120	270	252	233	63	240	224	207	63	215	201	185	75
150	305	285	263	75	275	257	237	75	250	233	216	75
185	355	331	307	75	310	289	268	75	280	260	242	90

附表 17　聚氯乙烯绝缘及护套电力电缆允许载流量　　（单位：A）

电缆额定电压	1kV				3kV			
最高允许温度	+65℃							
敷设方式 / 芯数×截面积/mm²	15℃地中直埋		25℃空气中敷设		15℃地中直埋		25℃空气中敷设	
	铝	铜	铝	铜	铝	铜	铝	铜
3×2.5	25	32	16	20	—	—	—	—
3×4	33	42	22	28	—	—	—	—
3×63	42	54	29	37	—	—	—	—
3×10	57	73	40	51	54	69	42	54
3×16	75	97	53	68	71	91	56	72
3×25	99	127	72	92	92	119	74	95
3×35	120	155	87	112	116	149	90	116
3×50	147	189	108	139	143	184	112	144
3×70	181	233	135	174	171	220	136	175
3×95	215	277	165	212	208	268	167	215
3×120	244	314	191	246	238	307	194	250
3×150	280	261	225	290	272	350	224	288
3×180	316	407	257	331	308	397	257	331
3×240	361	465	306	394	353	455	301	388

附表 18　交联聚乙烯绝缘聚氯乙烯护套电力电缆允许载流量　（单位：A）

电缆额定电压	1kV　3～4 芯				3kV　3 芯			
最高允许温度	90℃							
敷设方式	15℃地中直埋		25℃空气中敷设		15℃地中直埋		25℃空气中敷设	
芯数×截面积/mm²	铝	铜	铝	铜	铝	铜	铝	铜
3×16	99	128	77	105	102	131	94	121
3×25	128	167	105	140	130	168	123	158
3×35	150	200	125	170	155	200	147	190
3×50	183	239	155	205	188	241	180	231
3×70	222	299	195	260	224	289	218	280
3×95	266	350	235	320	266	341	261	335
3×120	305	400	280	370	302	386	303	388
3×150	344	450	320	430	342	437	347	445
3×180	389	511	370	490	382	490	394	504
3×240	455	588	440	580	440	559	461	587

附表 19　电缆在不同环境温度时的载流量校正系数

电缆敷设地点		空　气　中				土　壤　中			
环境温度		20℃	25℃	30℃	35℃	10℃	15℃	20℃	25℃
缆芯最高工作温度	60℃	1.069	1.0	0.926	0.864	1.054	1.0	0.943	0.882
	65℃	1.061	1.0	0.935	0.866	1.049	1.0	0.949	0.894
	70℃	1.054	1.0	0.943	0.882	1.044	1.0	0.953	0.905
	80℃	1.044	1.0	0.953	0.905	0.038	1.0	0.961	0.920
	90℃	1.038	1.0	0.961	0.920	1.033	1.0	0.966	0.931

附表 20　电缆在不同土壤热阻系数时的载流量校正系数

土壤热阻系数/(℃·m·W⁻¹)	分类特征（土壤特性和雨量）	校正系数
0.8	土壤很潮湿，经常下雨。如湿度大于 9% 的沙土；湿度大于 14% 的沙－泥土等	1.05
1.2	土壤潮湿，规律性下雨。如湿度大于 7% 但小于 9% 的沙土；湿度为 12%－14% 的沙－泥土等	1.0
1.5	土壤较干燥，雨量不大。如湿度为 8%～12% 的沙－泥土等	0.93
2.0	土壤干燥，少雨。如湿度大于 4% 但小于 7% 的沙土；湿度为 4%～8% 的沙－泥土等	0.87
3.0	多石地层，非常干燥。如湿度小于 4% 的沙土等	0.75

附表 21　电缆埋地多根并列时的载流量校正系数

电缆外皮间距 \ 电缆根数	1	2	3	4	5	6	7	8
100mm	1	0.90	0.85	0.80	0.78	0.75	0.73	0.72
200mm	1	0.92	0.87	0.84	0.82	0.81	0.80	0.79
300mm	1	0.93	0.90	0.87	0.86	0.85	0.85	0.84

附表22　低压母线单位长度阻抗值　　（单位：mΩ/m）

母线规格① /mm	R' ③	$R'_{\varphi P}=R'_{\varphi}+R'_{P}$ ③	X' D②/mm		$X'_{\varphi P}$ D_n② =200mm，D/mm	
			250	350	250	350
3[2(125×10)]+125×10	0.014	0.042	0.147	0.170	0.317	0.344
3[2(125×10)]+80×10	0.014	0.054	0.147	0.170	0.340	0.367
4(125×10)	0.028	0.056	0.147	0.170	0.317	0.344
3(125×10)+80×8	0.028	0.078	0.147	0.170	0.341	0.369
3(125×10)+80×6.3	0.028	0.088	0.147	0.170	0.343	0.370
4[2(100×10)]	0.016	0.032	0.156	0.181	0.336	0.366
3[2(100×10)]+100×10	0.016	0.048	0.156	0.181	0.336	0.366
3[2(100×10)]+80×10	0.016	0.066	0.156	0.181	0.350	0.380
4(100×10)	0.033	0.066	0.156	0.181	0.336	0.366
3(100×10)+80×10	0.033	0.073	0.156	0.181	0.349	0.378
4(80×10)	0.040	0.080	0.168	0.193	0.361	0.390
3(80×10)+63×10	0.040	0.116	0.168	0.193	0.380	0.410
铜4(100×10)	0.025	0.050	0.156	0.181	0.336	0.366
铜3(100×10)+80×10	0.025	0.056	0.156	0.181	0.350	0.380
铜4(80×8)	0.031	0.062	0.170	0.195	0.364	0.394
铜3(100×10)+63×6.3	0.031	0.078	0.170	0.195	0.382	0.412
铜3(80×8)+50×5	0.031	0.104	0.170	0.195	0.394	0.423
4(100×8)	0.040	0.080	0.158	0.182	0.340	0.368
3(100×8)+80×8	0.040	0.090	0.158	0.182	0.352	0.381
3(100×8)+63×6.3	0.040	0.116	0.158	0.182	0.370	0.399
4(80×8)	0.050	0.100	0.170		0.364	
3(80×8)+63×6.3	0.050	0.126	0.170		0.382	
3(80×8)+50×5	0.050	0.169	0.170		0.394	
4(80×6.3)	0.060	0.120	0.172		0.368	
3(80×6.3)+63×6.3	0.060	0.136	0.172		0.384	
3(80×6.3)+50×5	0.060	0.179	0.172		0.396	
4(63×6.3)	0.076	0.152	0.188		0.400	
3(63×6.3)+40×4	0.076	0.262	0.188		0.426	
4(50×5)	0.119	0.238	0.199		0.423	
3(50×5)+40×4	0.119	0.305	0.199		0.437	
4(40×4)	0.186	0.372	0.212		0.451	

① 母线规格一栏除注明铜以外，均为铝母线；母线规格建议优先采用100×10、80×8、63×6.3、50×5及40×4。

② 本表所列数据对于母线平放或竖放均适用，PEN线在边位，D为相线间距，D_n为PEN线与邻近相线中心间距。当变压器容量≤630kV·A时，D为250mm；当变压器容量≥630kV·A时，D_n为350mm。

③ R'、$R'_{\varphi P}$为20℃时导线单位长度电阻值。

注：当采用密集型母线作为配电导线时，该导线的阻抗值应按产品生产厂家提供的数值和实际安装长度进行计算；在计算保护线的阻抗时，还要考虑工程中保护线的配置方式。

附表 23　线路单位长度电阻值　　（单位：mΩ/m）

R'①														
S（mm^2）②	185	150	120	95	70	50	35	25	16	10	6	4	2.5	1.5
铝	0.156	0.192	0.240	0.303	0.411	0.575	0.822	1.151	1.798	2.876	4.700	7.050	11.280	
铜	0.095	0.117	0.146	0.185	0.251	0.351	0.510	0.702	1.097	1.754	2.867	4.300	6.880	11.476
$R'_{\varphi P}=1.5(R'_{\varphi}+R'_{P})$③														
$S_P=S$（mm^2）②4×	185	150	120	95	70	50	35	25	16	10	6	4	2.5	1.5
铝	0.468	0.576	0.720	0.909	1.233	1.725	2.466	3.453	5.394	8.628	14.100	21.150	33.840	
铜	0.285	0.351	0.438	0.555	0.753	1.053	1.503	2.106	3.291	5.262	8.601	12.900	20.640	34.401
$S_P \approx S/2$（mm^2） 3×	185	150	120	95	70	50	35	25	16	10	6	4		
$S_P \approx S/2$（mm^2） 2×	95	70	70	50	35	25	16	16	10	6	4	2.5		
铝	0.689	0.905	0.977	1.317	1.850	2.589	3.930	4.424	7.011	11.364	17.625	27.495		
铜	0.420	0.552	0.596	0.804	1.128	1.580	2.397	2.699	4.277	6.932	10.751	16.770		
电缆铅包电阻	1.1	1.3	1.5	1.7	2.0	2.4	2.9	3.1	4.0	5.0	5.5	6.4		
布线钢管电阻	0.7		0.7			0.8	0.9		1.3	1.5	2.5			
管径	G80		G65			G50	G40		G32	G25	G20			

① R'为导线 20℃时单位长度电阻值。相线、N 线、PE 线、PEN 线该值只与导体截面积相关。

② S 为相线线芯截面积，S_P为 PEN 或 PE 线线芯截面积。

③ $R'_{\varphi P}$为计算单相对地短路电流用，其值取导线 20℃时电阻的 1.5 倍。

附表 24　线路单位长度电抗值　　（单位：mΩ/m）

X'															
线芯 S/mm^2		185	150	120	95	70	50	35	25	16	10	6	4	2.5	1.5
架空线①		0.30	0.31	0.32	0.33	0.34	0.35	0.36	0.37	0.38	0.40				
绝缘子布线②	$D=150mm$	0.208	0.216	0.223	0.231	0.242	0.251	0.266	0.277	0.290	0.306	0.325	0.338	0.353	0.368
	$D=100mm$	0.184						0.241	0.251	0.265	0.280	0.300	0.312	0.327	0.342
	$D=70mm$	0.162										0.277	0.290	0.305	0.321
全塑电缆	四芯	0.076			0.079	0.078	0.079	0.080	0.082	0.087	0.094	0.100			
纸绝缘电缆	四芯	0.068		0.070	0.069		0.070	0.073		0.082	0.088	0.093	0.098		
交联电缆（四等芯）			0.077	0.076	0.077	0.078	0.079	0.080		0.082	0.085	0.092	0.097		
管子布线			0.08		0.09			0.10			0.11		0.12	0.13	0.14
布线钢管的零序电抗 X'^{0}_{P}		0.6		0.6			0.8	0.9		1.0	1.1				
管径		G80		G65			G50	G40		G32	G25	G20			
$X'_{\varphi P}$															
S/mm^2		185	150	120	95	70	50	35	25	16	10	6	4	2.5	1.5
架空线	$S_P=S$	0.57	0.59	0.61	0.63	0.65	0.67	0.69	0.71	0.75	0.77				
	$S_P \approx S/2$	0.60	0.62	0.63	0.65	0.67	0.69	0.72	0.73	0.767					

（续）

			$X'_{\varphi P}$													
绝缘子布线	$D=$ 150mm	$S_P=S$	0.448	0.464	0.478	0.493	0.517	0.537	0.563	0.583	0.611	0.643	0.681	0.707	0.737	0.767
		$S_P\approx S/2$	0.470	0.491	0.498	0.516	0.539	0.559	0.587	0.597	0.627					
	$D=$ 100mm	$S_P=S$							0.513	0.533	0.561	0.591	0.631	0.655	0.685	0.716
		$S_P\approx S/2$							0.537	0.547	0.576					
	$D=70$mm	$S_P=S$											0.585	0.611	0.645	0.673
全塑电缆		$S_P=S$	0.152	0.152	0.152	0.158	0.156	0.158	0.160	0.164	0.174	0.188	0.200	0.200		
		$S_P\approx S/2$	0.179	0.161	0.161	0.186	0.178	0.187	0.191	0.192	0.201	0.224	0.211	0.234		
纸绝缘电缆		$S_P=S$	0.136	0.136	0.140	0.138	0.138	0.140	0.146	0.146	0.164	0.176	0.186	0.196		
		$S_P\approx S/2$	0.155	0.155	0.153	0.163	0.163	0.177	0.179	0.182	0.198	0.219	0.219			
钢管布线		$S_P=S$		0.20	0.21	0.23	0.22	0.21	0.24	0.23	0.25	0.26	0.26	0.28	0.29	0.32
		$S_P\approx S/2$		0.21	0.21	0.21	0.23	0.22	0.25	0.25	0.25					
		钢管作保护线		0.69	0.69	0.70	0.70	0.90	1.01	1.00	1.11	1.22	1.42	1.43	1.44	1.45

① 架空线水平排列，PEN 线在中间，线间距离依次为 400、600、400mm。

② 绝缘子布线水平排列，PEN 线在边位，D（mm）为线间距离。

附表 25 S11 – M 系列 10（6）/0.4 变压器的阻抗平均值（归算到 400V 侧）

电压 /kV	容量 /kV · A	短路电压（%）	负载损耗 /kV	Dyn11						Yyn0					
				电阻 /mΩ			电抗 /mΩ			电阻 /mΩ			电抗 /mΩ		
				正、负序	零序	相保	正、负序	零序	相保	正、负序	零序	相保	正、负序	零序	相保
				R^+、R^-	R^0	$R_{\varphi P}$	X^+、X^-	X^0	$X_{\varphi P}$	R^+、R^-	R^0	$R_{\varphi P}$	X^+、X^-	X^0	$X_{\varphi P}$
10/0.4	200	4	2.50	10.00	10.00	10.00	30.40	30.40	30.40	10.00	36.00	18.67	30.40	116.00	58.93
	250	4	3.05	7.81	7.81	7.81	23.75	23.75	23.75	7.81	29.20	14.94	23.75	100.20	49.23
	315	4	3.65	5.89	5.89	5.89	18.43	18.43	18.43	5.89	20.30	10.69	19.43	79.70	39.52
	400	4	4.30	4.30	4.30	4.30	15.41	15.41	15.41	4.30	15.10	7.90	15.41	63.00	31.27
	500	4	5.10	5.26	5.26	5.26	12.38	12.38	12.38	3.26	12.48	6.33	12.38	53.10	25.95
	630	4.5	6.20	2.50	2.50	2.50	11.15	11.15	11.15	2.50	8.70	4.57	11.15	40.24	20.85
	800	4.5	7.50	1.88	1.88	1.88	8.80	8.80	8.80	1.88	6.50	3.42	8.80	31.80	16.47
	1000	4.5	10.30	1.65	1.65	1.65	7.00	7.00	7.00	1.65	5.80	3.03	7.00	28.20	14.07
	1250	4.5	12.00	1.23	1.23	1.23	5.63	5.63	5.63	1.23	4.40	2.29	5.63	22.60	11.29
	1600	4.5	20.00	1.25	1.25	1.25	4.32	4.32	4.32	1.25	3.20	1.90	4.32	17.10	8.58

附表26　SC系列10/0.4变压器的阻抗平均值（归算到400V侧）

电压/kV	额定容量/kV·A	短路阻抗(%)	短路损耗/kV	Dyn11						Yyn0					
				电阻/mΩ			电抗/mΩ			电阻/mΩ			电抗/mΩ		
				正、负序	零序	相保	正、负序	零序	相保	正、负序	零序	相保	正、负序	零序	相保
				R^+、R^-	R^0	$R_{\varphi P}$	X^+、X^-	X^0	$X_{\varphi P}$	R^+、R^-	R^0	$R_{\varphi P}$	X^+、X^-	X^0	$X_{\varphi P}$
10/0.4	160	4	1.98	12.38	12.38	12.38	38.04	38.04	38.04	12.38	37.4	20.72	38.04	405	160.36
	200	4	2.24	8.96	8.96	8.96	29.93	29.93	29.93	8.96	35.46	17.79	29.93	359.8	139.89
	250	4	2.41	6.17	6.17	6.17	24.85	24.85	24.85	6.17	33.03	15.12	24.85	303.4	117.70
	315	4	3.10	5.00	5.00	5.00	19.70	19.70	19.70	5.00	29.86	13.29	19.70	230	89.8
	400	4	3.60	3.60	3.60	3.60	15.59	15.59	15.59	3.60	16.88	8.03	15.59	214.8	81.99
	500	4	4.30	2.75	2.75	2.75	12.50	12.50	12.50	2.75	12.88	6.12	12.50	177.7	67.57
	630	4	5.40	2.18	2.18	2.18	9.92	9.92	9.92	2.18	10.19	4.85	9.92	150.1	56.65
	630	6	5.60	2.26	2.26	2.26	15.07	15.07	15.07	2.26	11.44	5.32	15.07	197.8	75.98
	800	6	6.60	1.65	1.65	1.65	11.89	11.89	11.89	1.65	7.96	3.75	11.89	148.7	57.49
	1000	6	7.60	1.22	1.22	1.22	9.52	9.52	9.52	1.22	7.73	3.39	9.52	109.1	42.71
	1250	6	9.10	0.93	0.93	0.93	7.62	7.62	7.62	0.93	6.49	2.78	7.62	79	31.41
	1600	6	11.00	0.69	0.69	0.69	5.96	5.96	5.96	0.69	4.43	1.94	5.96	58	23.31
	2000	6	13.30	0.53	0.53	0.53	4.77	4.77	4.77	0.53	2.91	1.32	4.77	46.3	18.61
	2500	6	15.80	0.40	0.40	0.40	3.82	3.82	3.82	0.40	2.18	0.99	3.82	36.7	14.78

附表27　建筑物防雷分类（摘引自GB 50057—2010《建筑物防雷设计规范》）

防雷类别	符合条件的建筑物
第一类防雷建筑	在可能发生对地闪击的地区，遇下列情况之一时，应划为第一类防雷建筑： （1）凡制造、使用或贮存火炸药及其制品的危险建筑物，因电火花而引起爆炸、爆轰，会造成巨大破坏和人身伤亡者 （2）具有0区或20区爆炸危险场所的建筑物 （3）具有1区或21区爆炸危险场所的建筑物，因电火花而引起爆炸，会造成巨大破坏和人身伤亡者
第二类防雷建筑	（1）国家级重点文物保护的建筑物 （2）国家级的会堂、办公建筑物、大型展览和博览建筑物、大型火车站和飞机场、国宾馆、国家级档案馆、大型城市的重要给水泵房等特别重要的建筑物。（飞机场不含停放飞机的露天场所和跑道） （3）国家级计算中心、国际通信枢纽等对国民经济有重要意义的建筑物 （4）国家特级和甲级大型体育馆 （5）制造、使用或贮存火炸药及其制品的危险建筑物，且电火花不宜引起爆炸或不致造成巨大破坏和人身伤亡者 （6）具有1区或21区爆炸危险场所的建筑物，且电火花不宜引起爆炸或不致造成巨大破坏和人身伤亡者 （7）具有2区或22区爆炸危险场所的建筑物 （8）有爆炸危险的露天钢质封闭气罐 （9）年预计雷击次数大于0.05次/a的部、省级办公建筑物和其他重要或人员密集的公共建筑物以及火灾危险性场所 （10）年预计雷击次数0.25次/a的住宅、办公楼等一般性民用建筑物或一般性工业建筑物

（续）

防雷类别	符合条件的建筑物
第三类防雷建筑	（1）省级重点文物保护的建筑物及省级档案馆 （2）年预计雷击次数大于或等于 0.01 次/a，且小于或等于 0.05 次/a 的部、省级办公建筑物和其他重要或人员密集的公共建筑物，以及火灾危险性场所 （3）年预计雷击次数大于或等于 0.05 次/a，且小于或等于 0.25 次/a 的住宅、办公楼等一般性民用建筑物或一般性工业建筑 （4）在平均雷暴日大于 15d/a 的地区，高度在 15m 以上的烟囱、水塔等孤立的高耸建筑物；在年平均雷暴日小于或等于 15d/a 的地区，高度可为 20m 及以上的烟囱、水塔等孤立的高耸建筑物

附表 28　建筑物电子信息系统雷电防护等级

（摘引自 GB 50343—2012《建筑物电子信息系统防雷技术规范》）

防护等级	符合条件的建筑物
A 级	（1）国家级计算中心、国家级通信枢纽、特级和一级金融设施、大中型机场、国家级和省级广播电视中心、枢纽港口、火车枢纽站、省级城市水、电、气、热等城市重要公用设施的电子信息系统 （2）一级安全防范单位，如国家文物、档案库的闭路电视监控和报警系统 （3）三级医院电子医疗设备
B 级	（1）中型计算中心、二级金融设施、中型通信枢纽、移动通信基站、大型体育场（馆）、小型机场、大型港口、大型火车站的电子信息系统 （2）二级安全防范单位，如省级文物、档案库的闭路电视监控和报警系统 （3）雷达站、微波站电子信息系统，高速公路监控和收费系统 （4）二级医院电子医疗设备 （5）五星及更高星级宾馆电子信息系统
C 级	（1）三级金融设施、小型通信枢纽电子信息系统 （2）大中型有线电视系统 （3）四星及以下级宾馆电子信息系统
D 级	除以上 A、B、C 级以外一般用途的电子信息系统设备

参考文献

[1] 全国建筑物电气装置标准化技术委员会. 建筑物电气装置国家标准汇编 [M]. 2版. 北京：中国质检出版社，中国标准出版社，2012.

[2] 王洪泽，杨丹，王梦云. 电力系统接地技术手册 [M]. 北京：中国电力出版社，2007.

[3] 刘鸿国. 电气火灾预防检测技术 [M]. 北京：中国电力出版社，2006.

[4] 陈凌峰. 电气产品安全原理与认证 [M]. 北京：人民邮电出版社，2008.

[5] 陈淑芳.《剩余电流动作保护装置》GB 13955—2005 宣贯教材 [M]. 北京：中国水利电力出版社，2006.

[6] 川濑太郎，高桥健彦. 图解接地技术 [M]. 马杰，译. 北京：科学出版社，2003.

[7] 杨岳. 供配电系统 [M]. 2版. 北京：科学出版社，2015.

[8] 北京市电力公司. 配电网技术标准规划设计分册 [M]. 北京：中国电力出版社，2010.

[9] 中国电力科学院研究院系统所. 20kV 中压配电理论研究与工程实践 [M]. 北京：中国电力出版社，2009.

[10] 法国施耐德电气有限公司. 电气装置应用（设计）指南 [M]. 施耐德电气（中国）投资有限公司，译. 北京：中国电力出版社，2011.

[11] 李邦协. 电气设备的安全 [M]. 北京：中国标准出版社，2011.

[12] 贾建革. 医用电气设备电气安全检测技术 [M]. 北京：中国计量出版社，2011.

[13] 周泽存，等. 高电压技术 [M]. 2版. 北京：中国电力出版社，2004.

[14] 牟龙华，孟庆海. 供配电安全技术 [M]. 北京：机械工业出版社，2003.

[15] 米切尔. 电磁干扰排查及故障解决的电磁兼容技术 [M]. 刘萍，等译. 北京：机械工业出版社，2002.

[16] 张宝铭，林文荻. 静电防护技术手册 [M]. 北京：电子工业出版社，2000.

[17] Peter Hases. 低压系统防雷保护 [M]. 叶蜚誉，译. 北京：中国电力出版社，2005.

[18] D 郑钧. 电磁场与波 [M]. 赵姚同，等译. 上海：上海交通大学出版社，1984.

[19] 中国航空工业规划设计研究院，等. 工业与民用配电设计手册 [M]. 3版. 北京：中国电力出版社，2005.

[20] Gunter G. Seip. 电气安装技术手册 [M]. 胡明忠，等译. 北京：中国建筑工业出版社，2002.